Algen

Einführung in die Phykologie

von Christiaan van den Hoek
unter Mitwirkung von Hans Martin Jahns

136 Abbildungen in 930 Einzeldarstellungen,
7 Tabellen

Georg Thieme Verlag Stuttgart 1978

Professor Dr. CHRISTIAAN VAN DEN HOEK
Biologisch Centrum der Rijksuniversiteit Groningen, Haren (NL)

Professor Dr. HANS MARTIN JAHNS
Johann-Wolfgang-Goethe-Universität Frankfurt a. M.

CIP-Kurztitelaufnahme der Deutschen Bibliothek

VandenHoek, Christiaan
Algen : Einf. in d. Phykologie / unter Mitw. von Hans Martin Jahns. – 1. Aufl. – Stuttgart : Thieme, 1978.
Einheitssacht.: Phykologie ⟨dt.⟩
ISBN 3-13-551101-4

Geschützte Warennamen (Warenzeichen) werden *nicht* besonders kenntlich gemacht. Aus dem Fehlen eines solchen Hinweises kann also nicht geschlossen werden, daß es sich um einen freien Warennamen handele.

Printed in Germany

Satz und Druck: Druckhaus Dörr, Inhaber Adam Götz, Ludwigsburg

ISBN 3 13 551101 4 5 4 3 2 1 0

Vorwort

Die Oberfläche der Erde wird zu rund zwei Dritteln von Ozeanen und Seen bedeckt, die – je nach ihrer Lichtdurchlässigkeit – bis zu einer Tiefe von 150 Metern von photosynthetisierenden Pflanzen bewohnt werden, die wir als „Algen" bezeichnen. Sie leben an den Küsten am Boden festgeheftet (benthische Arten) oder frei im Wasser schwebend (planktische Arten). Auch das Süßwasser ist von zahlreichen Algenarten dicht besiedelt, während die landbewohnenden Bodenalgen meistens weniger zahlreich und unauffällig sind. Insgesamt erbringen die Algen wahrscheinlich den größten Teil der Primärproduktion auf der Erde. Praktisch das gesamte Wasserleben ist von dieser Produktion abhängig. Algen sind jedoch nicht nur von großer ökologischer, sondern auch von phylogenetischer Bedeutung. Man vermutet, daß alle Gruppen der Tiere (Phyla) und Pflanzen (Divisiones) im Meer entstanden sind, wo man noch jetzt Vertreter uralter evolutionärer Linien finden kann. Zum Verständnis der Diversität und der Phylogenie der Pflanzenwelt ist deshalb die Untersuchung der Algen unverzichtbar und von fundamentaler Bedeutung.

Dieses Buch ist in den letzten Jahren als Skriptum zu den Algenvorlesungen entstanden, die an der Universität Groningen für Biologiestudenten des vierten Semesters gehalten wurden. Das Skriptum erschien notwendig, da die zahllosen neuen morphologischen und cytologischen Ergebnisse der letzten 15 Jahre bisher kaum Eingang in die vorhandenen Lehrbücher gefunden haben. Vor allem elektronenmikroskopische Untersuchungen haben eine revolutionierende Neubeurteilung des Algensystems möglich gemacht. Auch über die Lebenszyklen zahlloser Algen wurden in diesem Zeitraum neue Erkenntnisse gewonnen, die zu einer Neufassung des Algensystems auf den unteren hierarchischen Rängen beigetragen haben.

Das Interesse von Fachkollegen des In- und Auslandes an dem Vorlesungsskriptum schien einen allgemeinen Bedarf an einer derartigen Darstellung anzuzeigen. Schließlich fand sich dankenswerterweise der Georg Thieme Verlag bereit, das Skriptum in der hier vorliegenden erweiterten und überarbeiteten Form zu veröffentlichen.

Das Buch soll in erster Linie eine übersichtliche und moderne Einführung in Cytologie, Morphologie und Systematik der Algen bieten. Im Rahmen eines – hoffentlich – „natürlichen" Systems werden für jede Gruppe einige charakteristische Beispiele möglichst ausführlich behandelt. Dabei wurde eine weitgehende Schematisierung vermieden, um die Komplexität der besprochenen biologischen Erscheinungen eindringlich zu demonstrieren.

Problematisch war die Frage, wie Ergebnisse elektronenmikroskopischer Untersuchungen übersichtlich dargestellt werden sollten. Die Entscheidung fiel zugunsten von Zeichnungen, die mehrere elektronenmikroskopische Photos zusammenfassen. Zusätzlich wurden einige wenige elektronenmikroskopische Photos wiedergegeben. Eine größere Zahl solcher Bilder wäre natürlich wünschenswert gewesen, hätte jedoch die Kosten des vorliegenden Buches noch vergrößert.

Das erste Kapitel des Buches versucht einerseits eine nüchterne und kurze Einführung in die Arbeit des Pflanzensystematikers zu geben und andererseits einige evolutionistische Theorien über Abstammung und Verwandtschaft der großen Pflanzengruppen darzustellen, wobei natürlich der Nachdruck auf die Algen gelegt wird. Für den Leser dieses Buches ist es sicher sinnvoll, zuerst diese Einleitung zu lesen, da diese phylogenetischen Theorien einen logischen Rahmen bieten, um die kaleidoskopischen Gruppen der Pflanzen, die wir Algen nennen, sinnvoll einzuordnen. Erst danach sollte man sich an das Studium der bunten Sammlung von Eigenschaften machen, durch die diese Gruppen gekennzeichnet werden. Andererseits basieren die oben genannten Theorien natürlich auf der im Laufe der Zeit gesammelten Kenntnis von Systematik, Cytologie und Morphologie der Algen und können deshalb besser verstanden werden, wenn man sich diese Kenntnis einigermaßen zu eigen gemacht hat. Es wäre deshalb empfehlenswert, die Lektüre des Buches mit dem Studium der Einleitung zu beginnen, um sie dann im Anschluß an die übrigen Kapitel nochmals zu studieren. Das erste Kapitel ist somit sowohl Einleitung als auch Schlußfolgerung.

Das Buch soll nicht nur als Lehrbuch, sondern auch als moderne Übersicht über das Algensystem für alle diejenigen dienen, die sich in ihrem Beruf oder aus Interesse mit Algen beschäftigen. Vor allem für sie ist die Liste der über 600 Literaturverweise bestimmt, von denen mehr als 400 aus den Jahren nach 1965 stammen. Eine Erklärung der Fachausdrücke sowie ein Sachverzeichnis sollen den Gebrauch des Buches weiter erleichtern.

Zum Gelingen dieses Buches haben viele Kollegen und Mitarbeiter beigetragen. Neben allen denjenigen, die hier nicht namentlich genannt werden können, sollen einige besonders erwähnt werden. Prof. Dr. H. A. von Stosch (Marburg) hat dankenswerterweise den Text kritisch gelesen und wertvolle Vorschläge gemacht, die im Manuskript verarbeitet wurden. Auch Prof. Dr. W. Nultsch (Marburg) gab wichtige Hinweise und Ratschläge. Prof. Dr. F. ROUND (Bristol) und Prof. Dr. K. KOWALLIK (Düsseldorf) stellten unveröffentlichte elektronenmikroskopische Bilder zur Verfügung. Zahlreiche Abbildungen aus verschiedenen Publikationen wurden umgezeichnet oder bearbeitet. Die Quellen wurden immer angegeben. Einige Abbildungen konnten mit der dankenswerten Zustimmung der Autoren und Verlage unverändert aus den ursprünglichen Veröffentlichungen übernommen werden. Der abschließende Dank gilt dem Georg Thieme Verlag für seine geduldige und verständnisvolle Zusammenarbeit.

Groningen und Frankfurt, im Februar 1978

C. VAN DEN HOEK
H. M. JAHNS

Inhaltsverzeichnis

Kapitel 1: Einleitung

Das Gänseblümchen – die hierarchischen Kategorien – der Begriff der Verwandtschaft in der Systematik

Das Gänseblümchen (wissenschaftlicher Name: *Bellis perennis* L.) ist eine Abstraktion aus all den individuellen Pflanzen, die wir aufgrund ihrer Ähnlichkeit untereinander zu einer gemeinsamen Kategorie rechnen. Es ist eine systematische Kategorie: die Art „Gänseblümchen". Kennzeichen dieser Art, d. h. Eigenschaften, die allen zu dieser Art gehörenden Pflanzen gemeinsam sind, sind zum Beispiel folgende:

- das Köpfchen besitzt in der Mitte gelbe Röhrenblüten und am Rand weiße Zungenblüten,
- die Früchte tragen keinen Pappus,
- der Stengel trägt nur ein Köpfchen,
- die Hüllblätter stehen in zwei Reihen und sind fast gleichlang,
- der Köpfchenboden trägt keine Spreublätter,
- die spatelförmigen, stumpfen, kurz gestielten Blätter haben am Rande einige, flache Zähne und stehen in einer grundständigen Rosette.

Diese recht detaillierte Beschreibung der Merkmale des Gänseblümchens stammt eindeutig von einem Pflanzensystematiker. Man muß jedoch kein Pflanzensystematiker sein, um die Art „Gänseblümchen" zu erkennen. Nur wird ein Laie zum Beispiel eher folgende Merkmale verwenden:

- ein kleines Pflänzchen,
- Unkraut, das in niedrigem Gras wächst,
- weiße Blume mit gelber Mitte.

In etwa derselben Weise, wie wir im täglichen Leben die Kategorie „Gänseblümchen" verwenden, gebrauchen wir abstrakte Begriffe wie „Baum", „Strauch", „Kirche". Die Sprache besteht geradezu aus solchen Abstraktionen.

Ein Gänseblümchen ist eine Pflanze, eine Kirche ein Gebäude. Anders ausgedrückt: die Kategorie „Gänseblümchen" gehört zu der viel umfassenderen Kategorie „Pflanze", die Kategorie „Kirche" zu der viel umfassenderen Kategorie „Gebäude". Die Begriffe „Gebäude" und „Pflanzen" stehen hierarchisch über den Begriffen „Kirche" und „Gänseblümchen". Die Kategorie „Pflanze" gehört ihrerseits wieder zu der hierarchisch übergeordneten (weil umfassenderen) Kategorie „Lebewesen". Wir kommen so zur Konstruktion eines im täglichen Leben gebrauchten hierarchischen Systems, das wir schematisch so wiedergeben können:

höchste hierarchische Kategorie:	Lebewesen
mittlere hierarchische Kategorie:	Pflanzen Tiere
unterste hierarchische Kategorie:	Gänseblümchen Löwenzahn

Der Abstraktionsgrad nimmt von der niedrigsten zur höchsten Kategorie zu.

Biologen ordnen die lebenden Organismen in Systeme ein, die im Prinzip nicht anders gebaut sind als das oben entwickelte alltägliche System. Wir konstruieren fortwährend **hierarchische Systeme,** um die uns umgebende Wirklichkeit erfassen zu können. Natürlich ist das System, in dem Pflanzen und Tiere eingeordnet sind, sehr viel differenzierter, und die Zahl der untersuchten Eigenschaften ist viel größer, als dies beim Aufstellen von Systemen des Alltagslebens üblich ist. Vergleichen Sie nur einmal die Merkmale, mit denen der Botaniker und der Laie das Gänseblümchen jeweils beschreiben!

In der Pflanzensystematik werden – von oben nach unten – sechs systematische Hauptkategorien benutzt:

Divisio	(Abteilung)	–	(z. B. *Chlorophyta)*
Classis	(Klasse)	–	(z. B. *Chlorophyceae)*
Ordo	(Ordnung)	–	(z. B. *Volvocales)*
Familia	(Familie)	–	(z. B. *Chlamydomonadaceae)*
Genus	(Gattung)	–	(z. B. *Chlamydomonas)*
Species	(Art)	–	(z. B. *Chlamydomonas eugametos)*

Oft müssen diese Kategorien noch unterteilt werden (z. B. Subdivisio, Subclassis).

Artgenossen (z. B. der Art Gänseblümchen) ähneln einander mehr als den Exemplaren anderer Arten. Wie kommt das? Schon zu Beginn des vorigen Jahrhunderts führte man die große Ähnlichkeit auf die Tatsache zurück, daß alle Individuen einer Art zu einer einzigen Fortpflanzungsgemeinschaft gehören, oder, wie andere Forscher es ausdrückten, zu einer „Vermischungsgemeinschaft" (commiscuum) (5). Vermischung von Eigenschaften der Individuen kann aber nur bei geschlechtlicher Vermehrung erfolgen. Nun kommen jedoch gerade bei Algen (und Pilzen) viele Arten vor, die nur ungeschlechtliche Fortpflanzung besitzen. Wie können aber Individuen einer Art, die sich nur ungeschlechtlich vermehrt, einander so sehr ähneln? Wir stellen uns in diesem Fall vor, daß alle jetzt lebenden Individuen der Art von einem gemeinsamen Vorfahren abstammen, der schon dasselbe Aussehen besaß. Dies gilt auch für alle Arten mit geschlechtlicher Vermehrung: Man vermutet eine Abstammung der jetzt lebenden Individuen von einem (oder einigen) ähnlichen Vorfahren. Oder mit anderen Worten: Die Individuen derselben Art sind aufgrund ihrer postulierten gemeinsamen Abstammung eng miteinander verwandt. Die große Ähnlichkeit zwischen Individuen einer Art wird durch die (in den meisten Fällen nur postulierte) enge Verwandtschaft erklärt.

In gleicher Weise, wie innerhalb einer Art die Ähnlichkeit der Individuen durch ihre enge Verwandtschaft erklärt wird, soll innerhalb einer Gattung die Ähnlichkeit der zugehörigen Arten auf ihrer (postulierten) nahen Verwandtschaft beruhen. Arten derselben Gattung ähneln einander mehr als den Arten einer anderen Gattung, da sie ja untereinander enger verwandt sind als mit den Arten der anderen Gattung. Entsprechend sollen Gattungen einer Familie untereinander enger verwandt sein als mit Gattungen anderer Familien und soll die Verwandtschaft von Familien einer Ordnung untereinander größer sein als mit Familien anderer Ordnungen. Dieser Gedankengang führt schließlich zu der Annahme, daß alle Lebewesen zumindest entfernt miteinander verwandt sind oder, anders ausgedrückt, einen gemeinsamen Vorfahren besitzen, von dem sie alle abstammen und aus dem sie sich entwickelt haben. Dieser Gedankengang ist bekanntlich von DARWIN (77) auf geniale Weise in seiner Evolutionstheorie ausgearbeitet worden.

Evolution und Abstammung: Die Symbiosetheorie

Man vermutet, daß sich im Laufe der Evolution frühzeitig eukaryotische Zellen aus prokaryotischen Zellen entwickelt haben. *Prokaryota* sind Organismen ohne Kern, Golgi-Apparat, endoplasmatisches Reticulum und Plastiden (S. 22). *Eukaryota* dagegen besitzen die genannten Zellorganellen. Zu den *Prokaryota* gehören die Bakterien und Blaualgen, zu den *Eukaryota* alle übrigen lebenden Organismen. Eine Erklärung für die Entwicklung eukaryotischer Zellen aus prokaryotischen Zellen bietet eine schon 1905 von MERESCHKOWSKY (406) formulierte Theorie, die in den letzten Jahren als Folge neuer elektronenmikroskopischer und biochemischer Untersuchungen wieder Anhang gefunden hat (389, 390, 510). Nach dieser Theorie soll die eukaryotische Zelle durch den Zusammenschluß mehrerer prokaryotischer Zellen entstanden sein. Zellorganellen wie z. B. Chloroplasten und Mitochondrien sollen ursprünglich selbständige, frei lebende *Prokaryota* gewesen sein.

Chloroplasten sollen sich von Blaualgenzellen, Mitochondrien von Bakterien herleiten. Diese Blaualgenzellen und Bakterien sollen mit der Gastzelle zuerst in Symbiose gelebt haben, bevor sie im Laufe der Zeit allmählich zu Zellorganellen (Chloroplasten bzw. Mitochondrien) wurden.

Folgende Argumente werden für die Richtigkeit der Theorie angeführt:

1. Es gibt noch immer Organismen, denen symbiotische Blaualgenzellen als Chloroplasten dienen. Ein Beispiel hierfür ist *Glaucocystis*, eine farblose, einzellige „Alge“, die photosynthetisierende Blaualgenzellen enthält (Abb. 1 a). Die Ultrastruktur dieser Blaualgen-

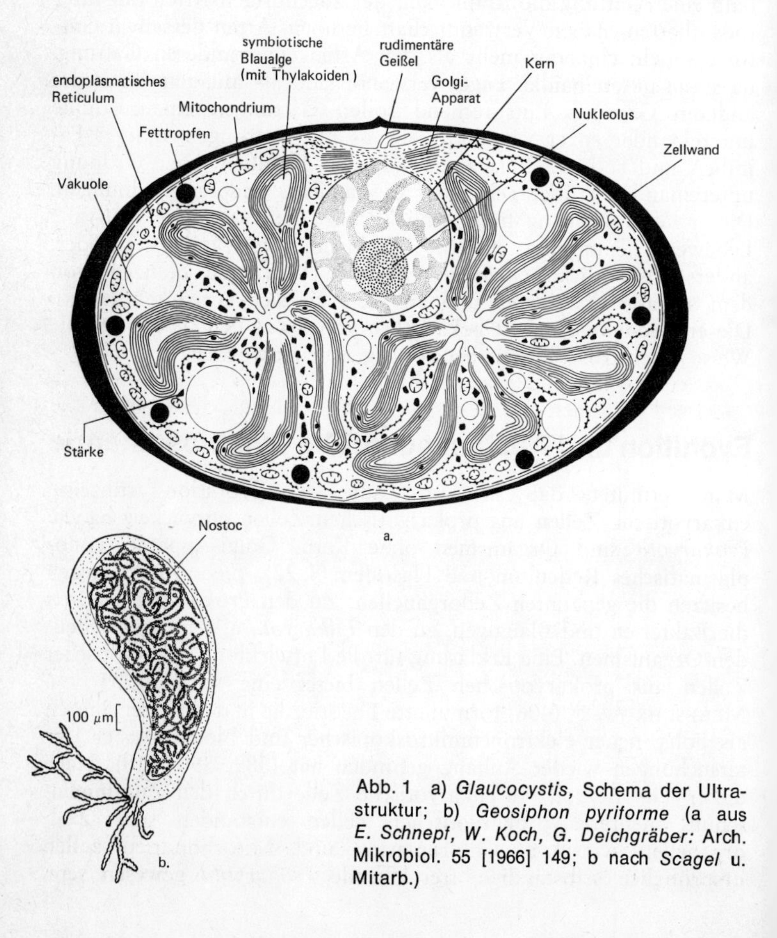

Abb. 1 a) *Glaucocystis*, Schema der Ultrastruktur; b) *Geosiphon pyriforme* (a aus *E. Schnepf, W. Koch, G. Deichgräber:* Arch. Mikrobiol. 55 [1966] 149; b nach *Scagel* u. Mitarb.)

zellen ähnelt sehr dem Zellbau frei lebender Blaualgen: Dicht unter der Zelloberfläche und parallel dazu sind die Thylakoide angeordnet, im Zentrum der Zelle liegt die DNS im Nukleoplasma (110, 527) (vgl. Abb. 1 a mit Abb. 5). Die Blaualgenzellen in *Glaucocystis* besitzen jedoch keine Zellwand und können nicht außerhalb ihrer Wirtspflanze leben – Tatsachen, die zu Zweifeln Anlaß geben, ob es sich hier wirklich um symbiotische Blaualgen handelt (505). Außerdem fehlen bei *Glaucocystis* die für Blaualgen typischen Pigmente Echinenon und Myxoxanthophyll (53).

Ein anderes Beispiel ist *Geosiphon pyriforme*, ein fadenförmiger Pilz, den man im Herbst zusammen mit dem Lebermoos *Anthoceros* auf lehmigen Äckern finden kann. Der Pilz bildet etwa 1 mm große blasenförmige Zellen, die photosynthetisierende *Nostoc*-Pflanzen (eine Blaualge) enthalten (Abb. 1 b, 9 b). Im Gegensatz zu *Glaucocystis* können beide Partner getrennt kultiviert werden (278). Die symbiotische *Nostoc*-Art findet sich auch frei in der Natur (523).

2. Chloroplasten und Mitochondrien sind relativ autonom und weitgehend unabhängig vom Kern der Zelle, in der sie liegen. Chloroplasten teilen sich meistens unabhängig vom Kern; sie besitzen eigene DNS, die für ihre genetische Autonomie sorgt. Dasselbe gilt für die Mitochondrien (26, 590) (vgl. S. 249). Diese Autonomie wäre ein Erbe ihrer Existenz als frei lebende *Prokaryota.*

3. Blaualgenzellen und Rotalgenchloroplasten ähneln einander in ihrer Ultrastruktur (629). Es gibt jedoch auch Unterschiede: Chloroplasten besitzen im Gegensatz zu Blaualgenzellen keine Zellwand, auch fehlen ihnen die verschiedenen Einschlüsse, die man in Blaualgenzellen antrifft (Cyanophycinkörner, Polyphosphatkörner, Gasvakuolen – vgl. Kapitel 2).

Wie man sich die Entstehung einer eukaryotischen, begeißelten Pflanzenzelle durch Vereinigung einzelner prokaryotischer Zellen schematisch vorstellen kann, zeigt Abb. 2.

1. In der noch sauerstofffreien Atmosphäre entsteht ein anaerober, phagotropher, amöboider Prokaryot. Ein derartiger Prokaryot ist jedoch völlig hypothetisch. Nur Zellen mit flüssigem, stark strömendem Protoplasma können Pseudopodien bilden und so Nahrungspartikel aufnehmen. Die Zellen müssen außerdem Vakuolen enthalten. Alle heute lebenden Prokaryoten besitzen jedoch festes Protoplasma, das keine Pseudopodien bilden kann und keine Vakuolen enthält.

2. Dieser phagotrophe Prokaryot verschluckte vor etwa ein bis zwei Milliarden Jahren ein „Promitochondrium". Dieses „Promitochon-

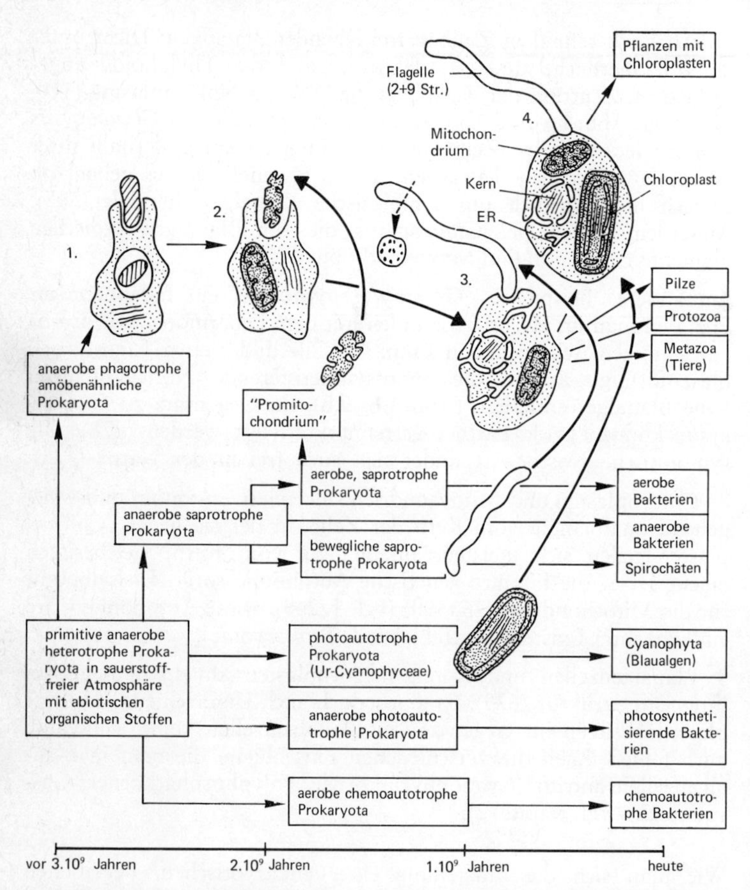

Abb. 2 Entstehung der eukaryotischen Zelle durch Zusammenfügen verschiedener prokaryotischer Zellen (nach *Sagan*)

drium" ist ein inzwischen entstandener aerober, saprotropher Prokaryot (ein aerobes Bakterium). Das Promitochondrium wird nicht verdaut, sondern als Mitochondrium in die Zelle inkorporiert, wo es von nun an für die Atmung des jetzt aeroben, amöboiden, phagotrophen Prokaryoten sorgt. Auch dieser Prokaryot ist völlig hypothetisch. Amöboide Prokaryota sind nicht bekannt, ebensowenig Prokaryota mit Mitochondrien in der Zelle. Der frei lebende Vorfahre des Mitochondriums muß in dieser Theorie ein aerobes Bakterium sein, da das Mitochondrium die Funktion der Zellatmung erfüllt, wofür natürlich Sauerstoff notwendig ist.

3. Vor etwa einer Milliarde Jahren verschluckte der beim zweiten Schritt entstandene Prokaryot einen anderen beweglichen, saprotrophen Prokaryoten. Dieser – vollkommen hypothetische – bewegliche Prokaryot hat die „2 + 9"-Struktur der Geißeln eukaryotischer Zellen (2 zentrale und 9 doppelte periphere Tubuli). Der geißelartige Prokaryot bleibt dem anderen Prokaryoten jedoch in der Kehle stecken und sorgt in der Zukunft für seine Fortbewegung: so ist die Geißel mit der typischen „2 + 9"-Struktur entstanden. Durch Einstülpung des Plasmalemmas haben sich inzwischen das endoplasmatische Reticulum und aus diesem die Kernmembran entwikkelt. Der Kern wird also nicht als ein ursprünglich frei lebender Prokaryot angesehen.

Im Zusammenhang mit der Entstehung der Geißel dachte SAGAN (497) an Spirochaeten, d. h. spiralförmige Bakterien mit einem axialen Filament aus einem Bündel Fibrillen, das der Zelloberfläche anliegt und (durch Kontraktionen?) für die Fortbewegung sorgt. Die Struktur der Spirochaeten unterscheidet sich jedoch völlig von der „2 + 9"-Struktur der Geißel.

Auf die oben beschriebene Weise soll die erste eukaryotische, heterotrophe, begeißelte Zelle entstanden sein. Aus ihr könnten sich Pilze, *Protozoa* (Urtiere) und *Metazoa* (Tiere) entwickelt haben.

4. Die eukaryotische, heterotrophe, begeißelte Zelle schließlich verschluckt eine Cyanophyceenzelle (Blaualgenzelle) und verwandelt sich dadurch in die erste eukaryotische, photoautotrophe, begeißelte Zelle. Die Blaualgenzelle wird zum Chloroplasten. Aus dieser ersten photoautotrophen Zelle entstehen verschiedene photoautotrophe Pflanzengruppen.

Gegen diese Symbiosetheorie lassen sich verschiedene, oben angedeutete Einwände vorbringen (4, 257).

Evolution und Abstammung: Der Stammbaum von Leedale

Die Kombination einiger Prokaryota zu einer eukaryotischen Zelle könnte nach einer Variante der Symbiosetheorie auch mehrfach stattgefunden haben. Jede große systematische Gruppe (z. B. die Abteilungen des Pflanzenreiches) würde dann direkt von *Prokaryota* abstammen. Die Eukaryoten wären nach dieser Variante also polyphyletisch. LEEDALE (325) verdeutlicht diesen denkbaren polyphyletischen Ursprung der Eukaryoten in seinem fächerförmigen Stammbaum (Abb. 3).

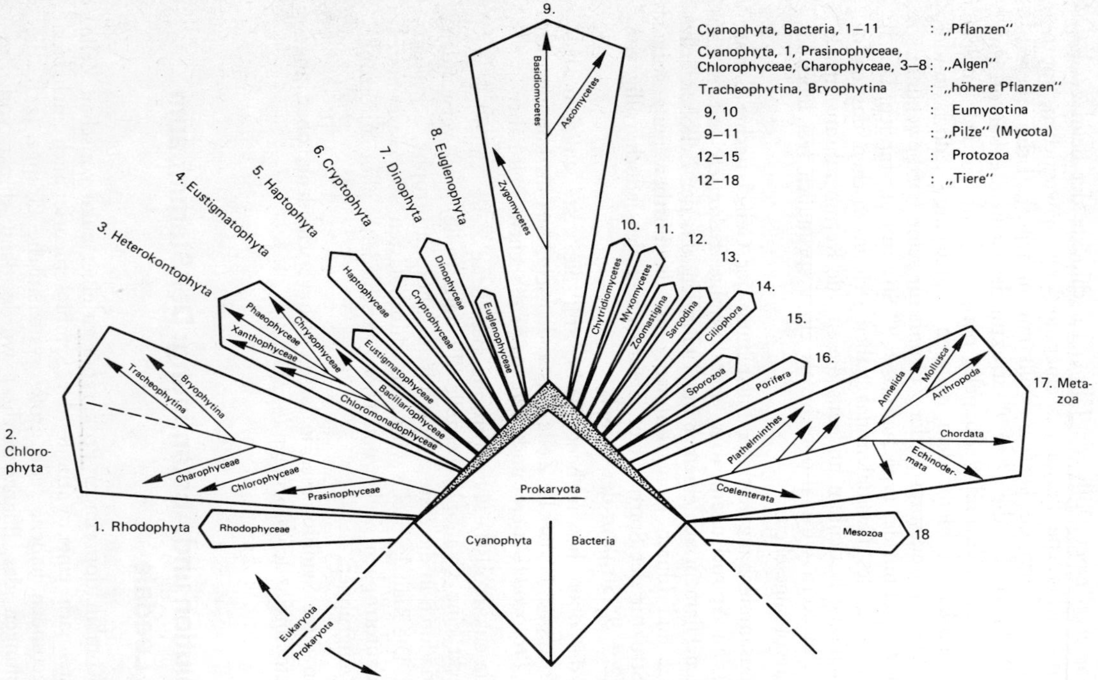
Cyanophyta, Bacteria, 1–11 : „Pflanzen"
Cyanophyta, 1, Prasinophyceae, Chlorophyceae, Charophyceae, 3–8 : „Algen"
Tracheophytina, Bryophytina : „höhere Pflanzen"
9, 10 : Eumycotina
9–11 : „Pilze" (Mycota)
12–15 : Protozoa
12–18 : „Tiere"
9.
Basidiomycetes
Ascomycetes
Zygomycetes
8. Euglenophyta
7. Dinophyta
6. Cryptophyta
5. Haptophyta
4. Eustigmatophyta
3. Heterokontophyta
2. Chlorophyta
1. Rhodophyta
Rhodophyceae
Euglenophyceae
Dinophyceae
Cryptophyceae
Haptophyceae
Eustigmatophyceae
Bacillariophyceae
Chloromonadophyceae
Chrysophyceae
Phaeophyceae
Xanthophyceae
Tracheophytina
Bryophytina
Charophyceae
Chlorophyceae
Prasinophyceae
10.
11.
12.
13.
14.
15.
16.
17. Metazoa
18
Chytridiomycetes
Myxomycetes
Zoomastigina
Sarcodina
Ciliophora
Sporozoa
Porifera
Plathelminthes
Coelenterata
Annelida
Mollusca
Arthropoda
Chordata
Echinodermata
Mesozoa
Prokaryota
Cyanophyta
Bacteria
Eukaryota
Prokaryota

Abb. 3 Stammbaum der Lebewesen (nach *Leedale*)

Die oben erläuterte Symbiosetheorie nimmt dagegen eine monophyletische Abstammung der Eukaryoten an.

Die große Ähnlichkeit aller eukaryotischer Zellen ist ein wesentlicher Einwand gegen die polyphyletische Variante der Symbiosetheorie (4). Das Problem kann gelöst werden, wenn man die Existenz eines einmalig entstandenen Ur-Eukaryoten annimmt, der entweder auf die Entwicklung von eukaryotischen Zellorganellen in einem Prokaryoten oder auf die Kombination mehrerer Prokaryoten (Symbiosetheorie) zurückgeführt werden kann. Aus diesem Ur-Eukaryoten wären dann alle Abteilungen der Pflanzen und Hauptgruppen der Tiere entstanden. Dieser Gedankengang kann durch den fächerförmigen Stammbaum (Abb. 3) erläutert werden, wobei der zentrale Raum zwischen den Prokaryoten und den Abteilungen der Eukaryoten den Ur-Eukaryoten symbolisiert. Nach dieser Darstellung sind also die Eukaryoten monophyletisch entstanden, haben sich aber in ihrer Stammesgeschichte sehr früh in stark unterschiedliche Gruppen eukaryotischer Organismen aufgegliedert.

Eine direkte Herleitung aller Abteilungen der Pflanzen und Hauptgruppen der Tiere aus einer hypothetischen Gruppe von Ur-Eukaryoten erklärt einerseits die Übereinstimmung im Zellbau aller Eukaryoten und andererseits auch die großen Unterschiede, die zwischen den Abteilungen und Hauptgruppen bestehen. Die erste große phylogenetische Auffächerung nach dem Entstehen der eukaryotischen Urzelle erfolgte auf dem zellulären Niveau, wodurch sich zahlreiche, voneinander abweichende, einzellige Organismen entwickelten, die allesamt als Variationen der eukaryotischen Zelle anzusehen sind. Einige dieser Varianten erwarben Chloroplasten und wurden autotroph, während andere chloroplastenfrei und heterotroph blieben. Es ist eine ansprechende Theorie, Chloroplasten als ursprüngliche Endosymbionten zu erklären, wobei der Symbiont sowohl ein Prokaryot (Cyanophycee) als auch ein Eukaryot (vgl. Endosymbionten bei *Crypto-* und *Dinophyta*, S. 206 und S. 234) hätte sein können. Leider schien bis vor kurzem nur der Chloroplast der Rotalgen einem möglichen prokaryotischen Vorfahren, nämlich der Blaualgenzelle zu ähneln (vgl. Abb. 5 mit Abb. 10).

Der Rotalgenchloroplast und die Blaualgenzelle ähneln einander in der Zusammenstellung ihrer Pigmente. Beide enthalten nur Chlorophyll a (kein Chlorophyll b) sowie die akzessorischen Pigmente Phycocyanin und Phycoerythrin. Die beiden letzteren Pigmente liegen in besonderen Körpern (Phycobilisomen) auf den Thylakoiden (vgl. S. 27). Sowohl in den Blaualgenzellen wie in den Rotalgenchloroplasten liegen die Thylakoide parallel zueinander und überall in etwa gleichem Abstand voneinander (vgl. Abb. 5 mit Abb. 10 a, c).

Prokaryotische Algen, die den Chloroplasten der anderen Algenabteilungen ähneln, waren bis vor kurzem unbekannt. Neuerdings fand man jedoch eine interessante einzellige prokaryotische Alge, die als Vorfahre der Chloroplasten der *Chlorophyta* angesehen werden kann. Diese Alge enthält nämlich Chlorophyll a und b, während ihr die akzessorischen Pigmente Phycocyanin und Phycoerythrin und damit auch die Phycobilisomen fehlen, so daß sie in all diesen Merkmalen mit *Chlorophyta* übereinstimmt (334, 529).

In vier der so entstandenen Gruppen einzelliger Organismen – den *Chlorophyta*, den *Heterokontophyta*, den *Eumycotina* und *Metazoa* (Abb. 3) – erfolgte im weiteren Verlauf der Evolution eine Aufspaltung auf dem Gebiet der vielzelligen Gewebe. Die enorme Vielfalt der möglichen Spezialisierung und Funktionsverteilung mehrzelliger Gewebe führte zum Entstehen der kaleidoskopischen Menge mehrzelliger Organismen.

Bedeutung phylogenetischer (evolutionistischer) Theorien für die Systematik

Müssen wir das System der lebenden Organismen, wie oft behauptet wird, von der Evolution herleiten? Müssen wir zuerst, zumindest in großen Linien, den Verlauf der Evolution entwirrt haben, um ein gutes System aufstellen zu können? Das wäre ein hoffnungsloses Unterfangen, denn die meisten Spuren der Evolution sind verwischt. Unsere Rekonstruktionen bleiben immer spekulativ und können wieder durch andere Rekonstruktionen ersetzt werden. Sie sind aber auch nicht notwendig, wie das Beispiel des Gänseblümchens (S. 1) zeigt: Aufgrund der Ähnlichkeit der Organismen untereinander bildet der Systematiker Gruppen und systematische Kategorien, die er in einem hierarchischen System einordnet. Ein hierarchisches System kann auch ohne Evolutionstheorie entwickelt werden!

Andererseits bietet jedoch ein gutes System Argumente und Stützen für Evolutionstheorien, vorausgesetzt, daß die Ähnlichkeit zwischen Organismen auf Verwandtschaft und damit auf gemeinsame Vorfahren zurückgeführt wird.

Was sind Algen? Ihr Platz im System

Linné (337) unterteilte das Pflanzenreich in 25 Klassen, von denen eine – die *Cryptogamia* – alle Pflanzen mit „verborgenen" Fortpflanzungsorganen, d. h. Pflanzen ohne Blüten und Samen enthielt.

Zu den „*Cryptogamia*" rechnete er die „*Algae*", die „*Fungi*", die „*Musci*" und die „*Filices*". Die Einteilung LINNÉs findet sich im wesentlichen auch im System von EICHLER von 1883 (112).

A.	*Cryptogamae* (Sporenpflanzen)
I. Abteilung:	*Thallophyta* (Lagerpflanzen)
1. Klasse:	*Algae* (Algen, Tange)
2. Klasse:	*Fungi* (Pilze, Schimmel)
II. Abteilung:	*Bryophyta* (Moose)
III. Abteilung:	*Pteridophyta* (Gefäßkryptogamen)
B.	*Phanerogamae* (Samenpflanzen)
I. Abteilung:	*Gymnospermae* (Nacktsamige)
II. Abteilung:	*Angiospermae* (Bedecktsamige)
1. Klasse:	*Monokotyleae* (Einkeimblättrige)
2. Klasse:	*Dikotyleae* (Zweikeimblättrige)

Andere ältere Einteilungen stellen die *Thallophyta* (Lagerpflanzen, d. h. Pflanzen mit nicht oder wenig differenziertem Pflanzenkörper) den *Kormophyta* (Sproßpflanzen, d. h. Pflanzen, deren Körper aus Wurzeln und einem beblätterten Sproß besteht) gegenüber.

Das System von EICHLER fand viel Anhang. In der täglichen botanischen Praxis wird es noch immer gebraucht, so daß es jedem Botaniker vertraut sein muß. Die meisten Systematiker halten es jedoch nicht für richtig. Nur die Abteilung der *Bryophyta* ist vielleicht eine „natürliche" Gruppe, während bei allen anderen Abteilungen EICHLERs die „Natürlichkeit" bezweifelt wird. So führt zum Beispiel die Einteilung in die zwei Hauptgruppen der *Cryptogamae* und der *Phanerogamae* dazu, daß Farne (die zu den *Pteridophyta* gehören) enger mit den Blaualgen (die zu den *Algae* gehören) als mit den Blütenpflanzen *(Angiospermae)* verwandt sein sollen. Das ist jedoch unrichtig, denn Farne sind eindeutig viel enger mit den Blütenpflanzen als mit den Blaualgen verwandt (d. h. sie stimmen in viel mehr Eigenschaften überein), eine Tatsache, die ohne tiefgehende Untersuchung festgestellt werden kann. So stehen zum Beispiel Blätter, oberirdische Stengel, Wurzeln und Leitbündel der Farne und Blütenpflanzen den einzelligen oder einfach mehrzelligen kernlosen Blaualgen gegenüber.

Auch die Abteilung der *Thallophyta,* ja selbst die Klassen der *Algae* und *Fungi* gelten nicht länger als richtige Einteilungen. Die Systematiker streben nach einem **natürlichen System,** wobei ihre Versuche in dieser Richtung einander oft sehr ähneln. Wir wollen uns hier auf ein System der Pflanzen beschränken, das einigen neueren Lehrbüchern und Veröffentlichungen entnommen ist (Tab. 1). Auch dieses System kann nicht voll befriedigen. So sind – soweit wir wissen – die Abteilungen *Cyanophyta, Rhodophyta, Heterokontophyta, Haptophyta, Eustigmatophyta, Cryptophyta, Dinophyta, Euglenophyta* und *Chlorophyta* natürliche Gruppen, nicht jedoch die Abteilung *Mycota.*

Warum nun ein Buch über Algen, wenn Algen doch eine unnatürliche Klasse darstellen? Dafür ist die Einteilung der Pflanzen-

Tabelle 1 Organismen, die als „Pflanzen" bezeichnet werden

Cryptogamae:	Prokaryota I, Eukaryota I–VII, VIII a, b, c 1–5, IX
Phanerogamae:	VIII c 6–9
Thallophyta:	Prokaryota I, Eukaryota I–VII, VIII a, IX
Bryophyta:	VIII b
Pteridophyta:	VIII c 1–5
Gymnospermae:	VIII c 6–8
Angiospermae:	VIII c 9

(nach *Kalkman; Leedale; Müller u. Loeffler* verändert)

Regnum (Reich)	Divisio (Abteilung)	Subdivisio (Unterabteilung)	Classis (Klasse)	Subclassis (Unterklasse)	
Prokaryota	I Cyanophyta		Cyanophyceae		Algen
Eukaryota	I Rhodophyta		Rhodophyceae	1 Bangiophycidae 2 Florideophycidae	
	II Heterokontophyta		1 Chrysophyceae 2 Xanthophyceae 3 Bacillariophyceae 4 Phaeophyceae 5 Chloromonadophyceae		
	III Haptophyta		Haptophyceae		
	IV Eustigmatophyta		Eustigmatophyceae		
	V Cryptophyta		Cryptophyceae		
	VI Dinophyta		Dinophyceae		
	VII Euglenophyta		Euglenophyceae		

Regnum (Reich)	Divisio (Abteilung)	Subdivisio (Unterabteilung)	Classis (Klasse)	Subclassis (Unterklasse)	
Eukaryota	VIII Chlorophyta	a) Chlorophytina	1 Chlorophyceae 2 Prasinophyceae 3 Charophyceae		Algen
		b) Bryophytina	1 Hepaticae 2 Anthocerotae 3 Musci		Moose
		c) Tracheophytina	1 Rhyniopsida 2 Lycopsida 3 Sphenopsida 4 Pteropsida 5 Psilotopsida 6 Cycadopsida 7 Coniferopsida 8 Gnetopsida 9 Magnoliopsida	1 Magnoliidae (= Dicotyledoneae) 2 Liliidae (= Monocotyledoneae)	Gefäßpflanzen
	IX Mycota	a) Myxomycotina	1 Myxomycetes 2 Acrasiomycetes 3 Labyrinthulomycetes 4 Plasmodiophoromycetes		Pilze
		b) Eumycotina	1 Chytridiomycetes 2 Hyphochytriomycetes 3 Trichomycetes 4 Oomycetes 5 Zygomycetes 6 Ascomycetes	1 Endomycetidae 2 Euascomycetidae	
			7 Basidiomycetes	1 Phragmobasidiomycetidae 2 Holobasidiomycetidae	

systematik in eine Reihe von Teilgebieten, die schon im vorigen Jahrhundert entstanden sind, verantwortlich. Die Einteilung in Teilgebiete spiegelt die damalige Untergliederung des Pflanzenreiches entsprechend der Systematik EICHLERS wider. So beschäftigt sich das Fachgebiet der Phykologie (oder Algologie) mit den Algen, das Fachgebiet Mykologie mit den Pilzen und das Fachgebiet Bryologie mit den Moosen. Forscher der verschiedenen Fachgebiete nennen sich entsprechend Phykologen (oder Algologen), Mykologen und Bryologen.

Da sich dieses Buch mit Algen beschäftigt, muß es natürlich definieren, was es nun eigentlich unter Algen versteht. Man könnte sagen: Algen sind stark voneinander abweichende, photosynthetisierende Pflanzen ohne Wurzeln, ohne beblätterte Stengel und ohne Leitbündel. Einzelne Algen können nicht photosynthetisieren, werden jedoch trotzdem zu den Algen gerechnet, da sie bestimmten photosynthetisierenden Algen sehr ähneln. Pilze sind systematisch stark voneinander abweichende, nicht photosynthetisierende Pflanzen ohne Wurzeln, ohne beblätterte Stengel und ohne Leitbündel.

Diese Definitionen von „Algen“ und „Pilzen“ verschieben das Problem auf die Frage: Was sind Pflanzen? Und damit auch: Was sind Tiere? Oder in der Terminologie der Systematiker: Welche Organismen gehören zum Pflanzenreich (Regnum Plantarum) und welche zum Tierreich (Regnum Animalium)? Diese Einteilung aller lebenden Organismen in zwei Reiche lag natürlich zur Zeit LINNÉS auf der Hand. Auch jetzt noch haben wir im täglichen Leben keine Mühe, zwischen verwurzelten, grünen, photosynthetisierenden Pflanzen und beweglichen, futterfressenden Tieren zu unterscheiden. Einzellige, farblose, bewegliche und feste Futterteilchen „essende“ Organismen konnten nach ihrer Entdeckung noch ohne viel Schwierigkeiten als „Urtiere“ *(Protozoa)* im Tierreich untergebracht werden. Aber was sollte mit einzelligen, gefärbten, photosynthetisierenden, beweglichen, Futterteilchen essenden Algen (z. B. bei den *Chrysophyceae* und den *Euglenophyceae)* geschehen? Und was mit den Futterteilchen essenden, beweglichen Schleimpilzen (Myxomyceten)? Derartige Organismen werden und wurden bald im Tierreich, bald im Pflanzenreich und bald in einem gesonderten dritten Reich der *„Protista“* eingeordnet. Die Unsicherheit bei der Einordnung dieser Organismen beweist, daß die Einteilung der lebenden Organismen in ein Pflanzen- und ein Tierreich unbefriedigend ist. Im übrigen sind gerade diejenigen Merkmale, die allen „Tieren“ gemeinsam sind, nämlich Beweglichkeit und Aufnahme fester Nahrung, von geringer Bedeutung, denn wirklich wichtig wäre nur eine Übereinstimmung in den Strukturen, die für Bewegung und Futteraufnahme verantwortlich sind. Bei einem Vergleich der Strukturen müssen wir aber zum Beispiel feststellen, daß der Bau der Cilien eines Ciliaten *(Ciliophora,* Abb. 3), die zu seiner Fortbewegung dienen, mit dem unserer Arme und Beine ebensowenig gemein hat wie der Bau seiner Nahrungsvakuolen mit dem unseres Magens und Darmkanals.

Ein weiterer wesentlicher Einwand gegen die Unterteilung in zwei Reiche ist die Tatsache, daß die *Prokaryota* einen Teil eines dieser Reiche – des Pflanzenreiches – darstellen. Demzufolge wäre das Gänseblümchen *(Bellis perennis)* dem Tuberkelbazillus *(Myxobacterium turbeculosis)* näher verwandt als dem Menschen *(Homo sapiens),* da alle Pflanzen untereinander näher verwandt sein sollen als mit irgendeinem Tier. Nach den heutigen Erkenntnissen ist diese Aussage zur Verwandtschaft völlig unsinnig. Mensch und Gänseblümchen sind aufgrund zahlreicher Übereinstimmungen im Bau ihrer eukaryotischen Zellen (Besitz von Kernen, Chromosomen, Mitochondrien, Golgi-Apparaten) enger miteinander verwandt als mit irgendeinem Bakterium oder einer Blaualge *(Cyanophyt),* weil diesen die genannten Zellorganellen immer fehlen.

Deshalb ist es viel annehmbarer, die lebenden Organismen nicht in ein Pflanzenreich und ein Tierreich, sondern in ein Reich der *Prokaryota* (Regnum *Prokaryota)* und ein Reich der *Eukaryota* (Regnum *Eukaryota)* einzuteilen. Es gibt also, zumindest vom Gesichtspunkt des Systematikers aus, weder Pflanzen noch Tiere! Nur in der täglichen Praxis können diese Begriffe noch beibehalten werden.

Algen und Pilze werden oft „Niedere Pflanzen" und die Gefäßpflanzen „Höhere Pflanzen" genannt. Damit wird der höhere Entwicklungsgrad der höheren Pflanzen zum Ausdruck gebracht. Die höheren Pflanzen sollen sich aus den niederen Pflanzen entwickelt haben.

Einteilung der Algen und ihre Merkmale

Die Namen der Algenklassen enthalten meistens einen Hinweis auf die Farbe der hier eingeordneten Algen: *Cyanophyceae* – Blaualgen; *Rhodophyceae* – Rotalgen; *Chrysophyceae* – Goldalgen; *Xanthophyceae* – gelbgrüne Algen; *Phaeophyceae* – Braunalgen; *Chlorophyceae* – Grünalgen. Entsprechend spielen Arten und Zusammensetzung der Photosynthesepigmente, die den Algen die Farbe geben, eine wichtige Rolle bei der Einteilung der Algen. Tab. 2 gibt eine Übersicht über die Photosynthesepigmente und ihr Vorkommen in verschiedenen Algengruppen.

Tabelle 2 Die Pigmente der Algen (die kursiv gedruckten Pigmente sind wichtig für die Systematik). ⊕ = wichtiges Pigment, + = Pigment kommt vor, ± = Pigment selten oder in geringer Menge. [1] = bei den Caulerpales, [2] = bei einigen Cladophorales (nach *Bisalputra* [21]; *Chapman u. Chapman* [56]; *Goodwin* [183]; *Guillard u. Lorenzen* [195]; *Hager u. Stransky* [198]; *Klein u. Cronquist* [274]; *Kleinig* [277]; *Lewin* [333]; *Meeks* [401]; *Nichols* [429]; *Ricketts* [496]; *Swale* [575]; *Whittle u. Casselton* [625])

	Cyanophyceae	Rhodophyceae	Chrysophyceae	Xanthophyceae	Bacillariophyceae	Phaeophyceae	Chloromonadophyceae	Haptophyceae	Eustigmatophyceae	Cryptophyceae	Dinophyceae	Euglenophyceae	Chlorophyceae	Prasinophyceae	Charophyceae
Chlorophylle:															
Chlorophyll a	⊕	⊕	⊕	⊕	⊕	⊕	⊕	⊕	⊕	⊕	⊕	⊕	⊕	⊕	⊕
Chlorophyll b												⊕	⊕	⊕	⊕
Chlorophyll c			⊕	⊕	⊕	⊕	⊕	⊕	⊕	⊕	⊕				
Chlorophyll d		± ?													
Phycobiliproteide:															
Phycocyanin	⊕	⊕								⊕					
Phycoerythrin	⊕	⊕								⊕					
Carotine:															
α-Carotin		±			±					⊕			±[1]	±	
β-Carotin	⊕	⊕	⊕	⊕	⊕	⊕	⊕	⊕	⊕	±	⊕	⊕	⊕	⊕	⊕
γ-Carotin												±	±		+
ε-Carotin					±	±				±					
Xanthophylle:															
Alloxanthin										⊕					
Antheraxanthin	+	+				+			±				+	+	
Crocoxanthin										+					
β-Cryptoxanthin	+	+		+					+			+	+		
Diadinoxanthin			+	⊕	⊕	±	⊕	+			+	⊕			
Diatoxanthin			+	⊕	⊕	±	+	+	+	+	+	+			

	Cyanophyceae	Rhodophyceae	Chrysophyceae	Xanthophyceae	Bacillariophyceae	Phaeophyceae	Chloromonadophyceae	Haptophyceae	Eustigmatophyceae	Cryptophyceae	Dinophyceae	Euglenophyceae	Chlorophyceae	Prasinophyceae	Charophyceae
Dinoxanthin							±				+				
Echinenon	⊕		+									+	+		
Fucoxanthin			⊕		⊕	⊕		⊕			±				
Heteroxanthin				⊕					+						
Isozeaxanthin	+														
Loroxanthin													+		
Lutein		⊕											⊕	⊕	⊕
Micronon														+	
Monadoxanthin										+					
Myxoxanthophyll	⊕														
Neoxanthin		+		+	+				+			+	⊕	+	+
Peridinin											⊕				
Siphonein													+[1]	+	
Siphonoxanthin													+[1,2]	+	
Vaucheriaxanthin				⊕					+						
Violaxanthin						⊕			⊕				⊕	+	+
Zeaxanthin	⊕	⊕				+			±			+	⊕	+	+

Weiterhin spielt die chemische Zusammensetzung der Reservestoffe und der Zellwände eine wesentliche Rolle bei der Abgrenzung der Algengruppen (Tab. 3 und 4).

Die genannten biochemischen Merkmale korrelieren jedoch mit einer großen Zahl anderer, vor allem cytologischer und morphologischer Merkmale, die für die Charakterisierung der Abteilungen und Klassen im allgemeinen noch wichtiger sind als Pigmente, Reservepolysaccharide und Zellwandpolysaccharide. Wichtige Kennzeichen sind zum Beispiel das Vorkommen oder Fehlen begeißelter Zellen, der Bau der Geißeln, die Stapelung der Thylakoide im Chloroplasten, das Vorkommen oder Fehlen einer Hülle, mit der das endoplasmatische Reticulum die Chloroplasten einschließt, und der mögliche Zusammenhang dieser Hülle mit der Kernmembran. Diese Merkmale sollen bei den einzelnen Klassen und Abteilungen besprochen werden. Jeder Klasse und jeder Abteilung ist eine Zusammenfassung der wichtigsten Merkmale vorangestellt.

Oft ist für die Abgrenzung einer Klasse die Art des **Lebenszyklus** von Bedeutung. Man unterscheidet diplonte, heteromorphe diplohaplonte, isomorphe diplohaplonte und haplonte Lebenszyklen. Abb. 4 erklärt die verschiedenen Typen von Lebenszyklen, die bei Pflanzen vorkommen. Von den verschiedenen Formen der Lebenszyklen weisen manche Klassen nur einen Typ auf (z. B. die *Bacillariophyceae* nur den diplonten Lebenszyklus), während in an-

Tabelle 3 Die wichtigsten Reservepolysaccharide der Algenklassen. Von den Chloromonadophyceae ist kein Reservepolysaccharid bekannt. [1] = bei den Dasycladales, [2] = bei den Cladophorales, [3] = bei den Caulerpales (u. a. nach *Craigie* [71]; *Klein u. Cronquist* [274]; *Lewin* [332]; *Percival u. Mc Dowell* [462])

	Cyanophyceae	Rhodophyceae	Chrysophyceae	Xanthophyceae	Bacillariophyceae	Phaeophyceae	Chloromonadophyceae	Haptophyceae	Eustigmatophyceae	Cryptophyceae	Dinophyceae	Euglenophyceae	Chlorophyceae	Prasinophyceae	Charophyceae
Cyanophyceen-Stärke	+														
Florideen-Stärke		+													
Floridoside		+													
Stärke										+	+		+	+	+
Chrysolaminarin (Laminaran)			+	+?	+	+		+?	?						
Mannitol			+		+	+								+	
Fructan													+[1,2]		
Paramylon								+				+			
Saccharose													+[2]		
Galaktoaraban													+[2,3]		

Tabelle 4 Die wichtigsten Zellwandstoffe der Algenklassen. [1] = bei einigen Chlorococcales (Pediastrum), [2] = bei den Caulerpales, [3] = in der Cuticula einiger Bangiophycidae, [4] = bei Prasiola, [5] = sicher nicht bei allen Chlorophyceae, [6] = ein β-D-Glucan bei Vaucheria und Monodus, [7] = bei den Dasycladales, [8] = bei einigen Chlorococcales (Scenedesmus, Chlorella, Prototheca), [9] = nur wenige Arten untersucht (u. a. nach *Darley* [76]; *Dodge* [95]; *Mackie u. Preston* [350]; *Manton u. Mitarb.* [378]; *Percival u. McDowell* [462])

	Cyanophyceae	Rhodophyceae	Chrysophyceae	Xanthophyceae	Bacillariophyceae	Phaeophyceae	Chloromonadophyceae	Haptophyceae	Eustigmatophyceae	Cryptophyceae	Dinophyceae	Euglenophyceae	Chlorophyceae	Prasinophyceae	Charophyceae
Lipopolysaccharide	+														
Murein	+														
Cellulose		+	+[9]	+[6,9]		+		+[9]			+[9]		+[5]		+
Xylan		+											+[2]		
Galaktansulfate (Agar, Porphyran, Furcellaran, Carragenan, Funoran)		+													
Kieselsäure			+	+	+	+							+[1]		
Kalk (Calcit)		+						+							
Kalk (Aragonit)													+[2]		
Alginate						+									
Fucoidan						+									
Mannan													+[2,7]		
Xylomannan		+[3]											+[4]		
Sporopollenin													+[8]		
Ca-Galakturonat („Pektine") (+ Arabinogalaktan)														+[9]	
unbekannte Polysaccharide									+						
keine Zellwand							+			+		+			

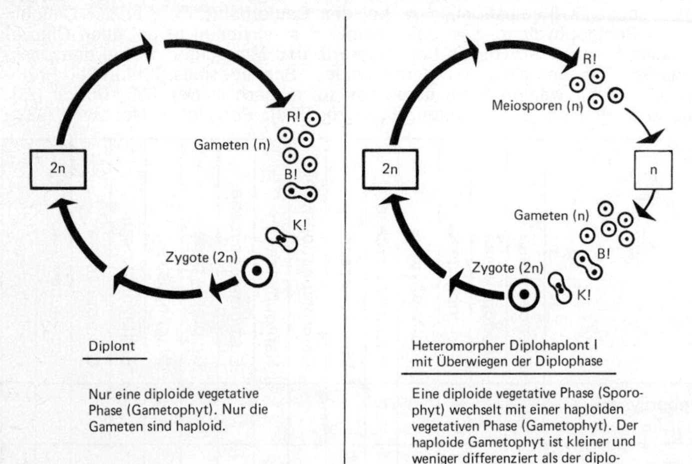

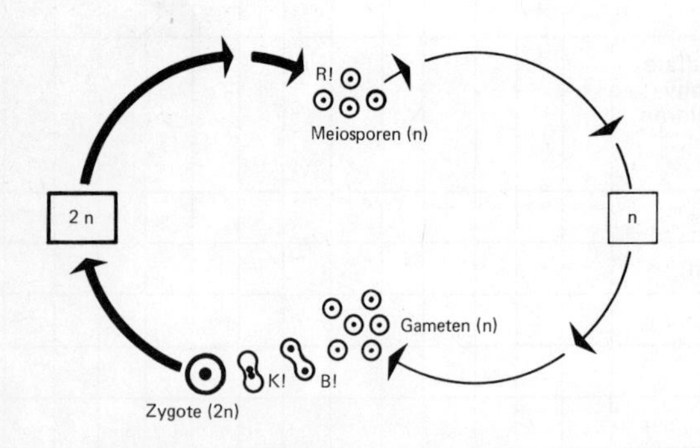

Abb. 4 Lebenszyklen eukaryotischer Pflanzen (➡ diploide Phase, ⟶ haploide Phase, n – haploid, 2n – diploid, R! – Reduktionsteilung, B! – Befruchtung mit Verschmelzung der Protoplasten, K! – Karyogamie)

deren Klassen verschiedene Typen vertreten sind (z. B. bei den *Phaeophyceae* heteromorphe diplohaplonte, isomorphe diplohaplonte und diplonte Lebenszyklen).

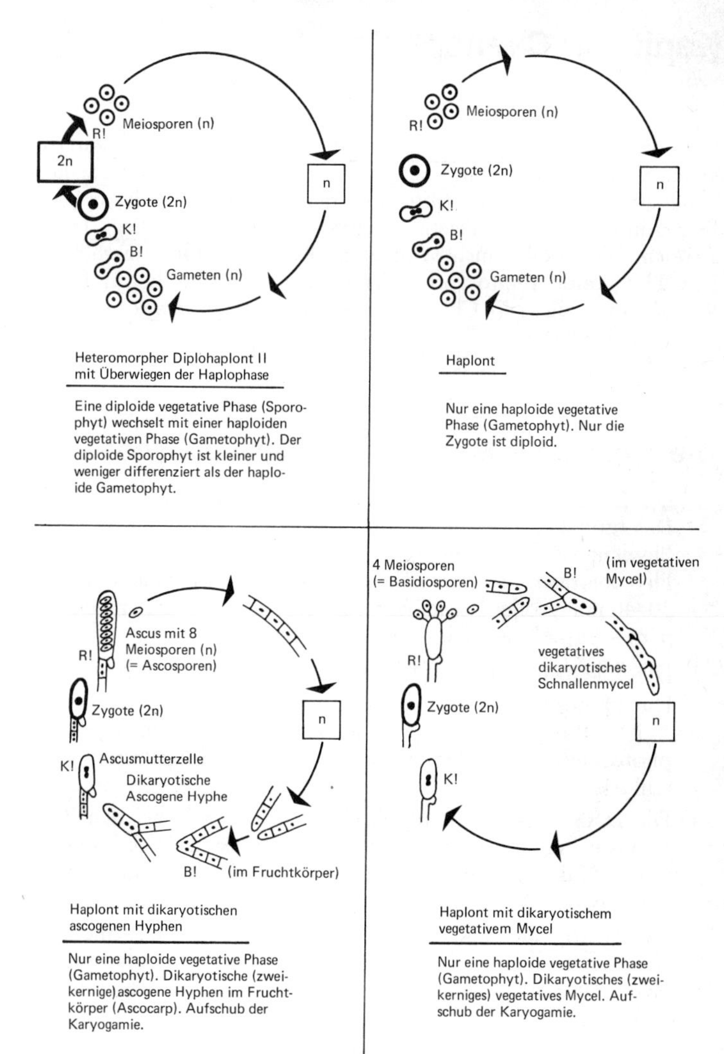

Abb. 4

In systematisch getrennten Algenklassen können parallel zueinander bestimmte Organisationsstufen auftreten, die auf S. 93 und 104 sowie in der Tab. 5 (S. 98) näher behandelt werden. Tab. 1 gibt eine Übersicht über das hier benutzte System.

Kapitel 2: Cyanophyta

Die Abteilung der *Cyanophyta* gehört zum Reich der *Prokaryota*. Prokaryoten sind Organismen, deren Zellen keine Kerne, keine Golgi-Apparate, keine Mitochondrien, kein endoplasmatisches Reticulum und keine Plastiden enthalten. Die DNS liegt frei im Zentrum der Zelle (nicht von einer Kernmembran umschlossen). Die Thylakoide photosynthetisierender *Prokaryota* liegen frei im Protoplasma (nicht in Chloroplasten). Zu den *Prokaryota* gehören die *Cyanophyta* (Blaualgen) und die *Bacteria* (Abb. 3). Die *Cyanophyceae* sind die einzige Klasse der *Cyanophyta*.

Die wichtigsten Merkmale der Cyanophyceae

1. Die Zellen sind blaugrün bis violett (manchmal rot oder grün). Das grüne Chlorophyll wird durch das blaue akzessorische Pigment Phycocyanin und das rote akzessorische Pigment Phycoerythrin maskiert. Diese akzessorischen Pigmente liegen in 30–40 nm großen, scheibenförmigen oder kugelförmigen Körpern – Phycobilisomen – auf den Thylakoiden.
2. Die Zellen enthalten nur Chlorophyll a, Chlorophyll b fehlt.
3. Die Photosynthesepigmente sind an Thylakoide gebunden, die frei im Protoplasma liegen und nicht – wie bei eukaryotischen photosynthetisierenden Pflanzen – in Chloroplasten eingeschlossen sind.
4. Die DNS (Desoxyribonucleinsäure) liegt – wie bei den Bakterien – gebündelt im Zentrum des Protoplasten. Dieses Zentrum wird „Nukleoplasma" genannt. Die DNS liegt nicht – wie bei den *Eukaryota* – in einem Kern.
5. Genau wie die Bakterien besitzen die Blaualgen keine Mitochondrien, keine Golgi-Apparate, kein endoplasmatisches Reticulum (ER) und keine von einem Tonoplasten umgebene Vakuolen.
6. Das Reservepolysaccharid ist Cyanophyceenstärke. Die winzigen Körner liegen zwischen den Thylakoiden und sind nur elektronenmikroskopisch sichtbar. Außerdem enthalten Blaualgenzellen oft Cyanophycinkörner, die aus Polymeren der Aminosäuren Arginin und Asparagin bestehen.
7. Die feste Zellwand (die Stützschicht) besteht – wie bei Bakterien – aus Murein.

8. Es gibt einzellige, koloniebildende und fädige Blaualgen.
9. Blaualgen vermehren sich nur vegetativ, geschlechtliche Fortpflanzung fehlt.
10. Bei keiner einzigen Blaualge kommen im Lebenszyklus begeißelte Zellen vor.

Größe und Verbreitung der Klasse

Die Klasse enthält etwa 150 Gattungen und rund 2000 Arten (148). Blaualgen kommen fast überall vor. Sie leben in den unterschiedlichsten Biotopen: im Süßwasser und in der See, aber auch auf feuchter Erde und sogar in extrem ungünstigen Biotopen wie Gletschern, Wüsten und heißen Quellen. Die meisten Arten sind jedoch Süßwasserbewohner.

In stehendem oder nur leicht bewegtem Süßwasser sind Blaualgen ein häufiger Teil des Planktons. In Seen, die mit organischen Abwasser und Nährsalzen, z. B. Phosphaten, verunreinigt sind, können bestimmte planktische Blaualgen eine Massenvegetation bilden. Der Grund für die Stimulierung des Blaualgenwachstums durch organische Stoffe ist jedoch noch immer unbekannt (142). Vor allem Blaualgen mit Gasvakuolen („Schwimmbläschen" in den Zellen, vgl. S. 28 und Abb. 7 q, 8 e) bilden häufig an der Wasseroberfläche einen dichten „Blaualgenbrei", der durch den Wind zu faulendem und stinkendem Schaum zusammengetrieben wird. Die rote Blaualge *Oscillatoria rubescens* – die „Blutalge" – kann die Wasserfläche eutrophierter Seen blutrot färben; man spricht dann von einer **Wasserblüte.** Schon im vorigen Jahrhundert war diese rote Wasserblüte in Seen des Schweizer Alpenrandgebietes ein Anzeichen für Wasserverschmutzung durch Abwässer.

Einige planktische Blaualgen besitzen außer Gasvakuolen auch Heterocysten, abweichend gebaute Zellen mit farblosem Inhalt und dicker Wand (vgl. S. 34), mit deren Hilfe sie atmosphärischen Stickstoff binden können. Auf diese Weise können sie ihren Nitratbedarf in Gewässern decken, die durch Verunreinigung mit polyphosphathaltigen Waschmitteln eine hohe Phosphatkonzentration besitzen. *Anabaena flos-aquae* (Abb. 9 j) und *Aphanizomenon*-Arten (Abb. 9 d, e), zwei Beispiele für planktische Süßwasserblaualgen mit Heterocysten, sind berüchtigte Verursacher giftiger Wasserblüte (184, 264, 537). Vögel, Federvieh, kleine und große Haustiere, die Wasser mit giftiger Wasserblüte trinken, bekommen Atembeschwerden, heftigen Durchfall und können sterben. Menschen trinken dieses vergiftete Wasser zum Glück kaum, weil Aussehen und

Geruch unangenehm sind. Menschen, die in solchem Wasser schwimmen, können jedoch Reizungen von Haut und Schleimhaut und, wenn sie etwas von diesem Wasser verschluckt haben, auch Dysenterie bekommen. Wenn Trinkwasserbecken mit stark eutrophiertem Wasser gefüllt werden, können giftige Blaualgen zu einem Risiko werden.

Auch die koloniebildende Blaualge *Microcystis aeruginosa* (Abb. 8 g) verursacht giftige Wasserblüte. Die giftige Wasserblüte des Meeres wird dagegen durch Arten der eukaryotischen Klasse der *Dinophyceae* (S. 230) verursacht.

Am Rande verschmutzter Seen und Kanäle ist der Boden im flachen Wasser häufig mit einer dicken Schicht fadenförmiger benthischer Blaualgen (vor allem Arten der Gattung *Oscillatoria*, Abb. 8 a) bewachsen. Diese Algen können durch Sauerstoffentwicklung oder durch Gas, das aus dem Boden entweicht, an die Oberfläche treiben und dort schwimmende Watten bilden. Blaualgen sind oft nahezu die einzigen Algen, die in stark mit organischen Abwässern verschmutztem Wasser noch wachsen können.

Im oberen Teil der Gezeitenzone der Meere und im Bereich der Spritzzone von Binnenseen bilden **epilithische** Blaualgen auf Felsen oft ein schwärzliches, horizontales Band. Wenn die Felsen aus Kalk bestehen, wächst dieses Band zum größten Teil im Inneren des Gesteins, denn Blaualgen-Arten sind imstande, sich in Kalkgestein hineinzubohren. Man nennt diese Arten **endolithische** Algen.

Schlickiger Boden im Bereich der Quellerrasen an der Nordseeküste oder vor den tropischen Mangroven ist oft mit einer gelatinösen Haut aus untereinander verflochtenen Blaualgenfäden (oft *Lyngbya*-Arten, Abb. 8 v, und *Microcoleus chthonoplastes*, Abb. 9 i) bedeckt. Wenn der Schlickboden längere Zeit trockenfällt, bilden sich Trockenrisse in der Erde, durch die auch die Blaualgenschicht in polygonale Häutchen zerrissen wird. Beim nächsten Hochwasserstand kann dieses polygonale Algengeflecht das Wachstum wieder aufnehmen und zwischen seinen Fäden Sedimente einfangen. Setzt sich dieser an einen wechselnden Wasserstand gebundene Prozeß jahrelang fort, so entstehen feingeschichtete Sedimentsäulen, die in tropischen Lagunen zu **Stromatolithen** versteinern können. Stromatolithen finden sich verbreitet in präkambrischen Ablagerungen. Man nimmt deshalb an, daß Stromatolithen und damit Blaualgen im Präkambrium große Oberflächen bedeckten. Durch diese Vermutung wird die Annahme gestützt, Blaualgen seien die ältesten photosynthetisierenden Organismen gewesen (40, 339). Aus präkambrischen Ablagerungen sind übrigens auch fossile, mikroskopisch erkennbare Blaualgen bekannt.

Terrestrische Blaualgen leben auf feuchtem Boden, Felsen, Dächern und Baumrinde. Auf Kalkfelsen bilden einige Blaualgen (z. B. *Gloeocapsa*-Arten, Abb. 8 h) auffallende schwarze Streifen, die in Richtung des ablaufenden Wassers ausgerichtet sind. Diese **„Tintenstriche“** sind periodisch einer starken Austrocknung ausgesetzt.

In den Tropen sorgen *Anabaena*-Arten (Abb. 9 j) in bewässerten Reisfeldern für eine zusätzliche Stickstoffversorgung, weil sie mit ihren Heterocysten Luftstickstoff fixieren. Bodenbewohnende Blaualgen sehr unterschiedlicher Biotope (z. B. Felsen, Wüsten, arktische und antarktische Tundren, feuchte Tropen und Subtropen) können Luftstickstoff binden und – z. B. in Form von Nitrat – an das Ökosystem abgeben.

Einige Blaualgen leben als Symbionten in anderen Pflanzen, so z. B. in manchen Flechten, in Wurzeln von *Cycas (Nostoc,* Abb. 9 b), in der Blatthöhlung des Wasserfarns *Azolla (Anabaena,* Abb. 9 j) und in der einzelligen Alge *Glaucocystis* (S. 4). Die symbiotischen Blaualgen baumbewohnender Flechten können vielleicht durch ihre Fähigkeit, Stickstoff zu binden, nahrungsarme Wälder „düngen“.

Mastigocladus laminosus und *Phormidium laminosum* sind Blaualgen, die in heißen Quellen bei einer Temperatur von etwa 50 °C leben, die aber sogar bis zu 70 °C vertragen können.

Diese kurze Aufzählung zeigt deutlich, daß Blaualgen ökologisch wichtige Organismen sind. Ihre Biologie ist neuerdings in zwei ausführlichen Werken behandelt worden (52, 142).

Bau und Eigenschaften der Cyanophyceae

(52, 142, 164, 174, 316)

Pigmente und Chromatoplasma

Die Blaualgen verdanken ihre Farbe dem akzessorischen Pigment Phycocyanin (Tab. 2). Zusätzlich kommt das rote Pigment Phycoerythrin vor. Phycocyanin und Phycoerythrin sind eng miteinander verwandte Pigmente, die unter dem Namen **Phycobiliproteide** zusammengefaßt werden und deren Chromophore **Phycobiline** heißen. In den meisten Blaualgen überwiegt der Anteil des Phycocyanins, so daß sie blau bis blaugrün gefärbt sind (54). Blaualgen enthalten nur Chlorophyll a, während Chlorophyll b fehlt. Zusätzlich hat man bei Blaualgen Carotinoide gefunden, von denen das β-Carotin bei allen und die Pigmente Zeaxanthin, Echinenon und Myxoxanthophyll bei fast allen untersuchten Stämmen vorkommen (429). Auffallend ist das Fehlen von Lutein. Myxoxanthophyll kommt außer bei Blaualgen in keiner anderen Alge vor. Phycobiline findet man, wenn auch in etwas anderer Form, auch in den eukaryotischen Algenklassen der *Rhodophyceae* und der *Cryptophyceae*.

Die genannten Pigmente sind nicht wie bei allen eukaryotischen Pflanzen in lichtmikroskopisch sichtbaren Chloroplasten lokalisiert, sondern liegen meistens mehr oder weniger konzentriert im äußeren Teil des Protoplasten der Zelle. Diesen äußeren gefärbten Teil des Protoplasmas nennt man **Chromatoplasma** (Abb. 8 a, b; 7 c, d,

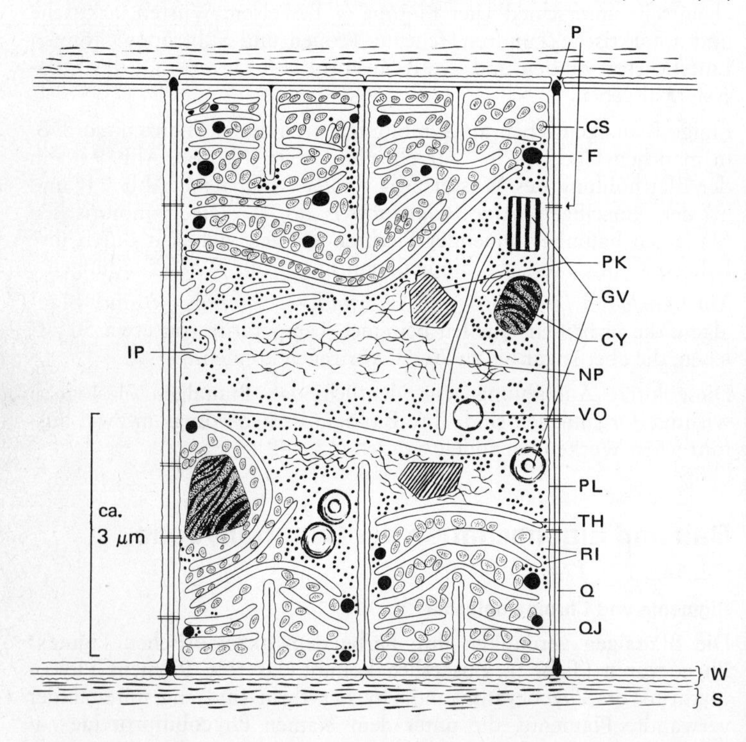

Abb. 5 Zelle einer Blaualge (CS – Cyanophyceenstärke ⌀ ca. 30 nm, CY – Cyanophycinkorn ⌀ ca. 0,5 µm, F – Fetttropfen ⌀ ca. 30–90 nm, GV – Gasvesikel 0,1 × 1 µm, IP – Invagination des Plasmalemmas, NP – Nukleoplasma, P – Poren, PK – ‚polyedrischer Körper' [Carboxysoom], PL – Plasmalemma 7 nm dick, Q – Querwand, QJ – junge Querwand wächst als Diaphragma nach innen, RI – Ribosomen ⌀ 10–15 nm, S – Scheide aus Gallertstoffen, TH – Thylakoid ca. 15 nm dick, VO – vakuolenähnliche Organelle ohne Tonoplast, W – Wand) (nach *Pankratz* u. *Bowen*)

f). Elektronenmikroskopische Untersuchungen zeigen im Chromatoplasma Thylakoide, die frei im Protoplasma liegen und bei den meisten Blaualgen parallel zur Zellperipherie ausgerichtet sind (Abb. 5) (3, 17, 441). Die Thylakoide enthalten die Photosynthesepigmente. Die Phycobiliproteide liegen in dicht aufeinandergestapelten Körperchen (Größe etwa 30–40 nm) auf den Thylakoiden; diese Körperchen werden **Phycobilisomen** genannt. Phycobilisomen sind scheibenförmig, wenn sie Phycocyanin, und kugelig, wenn sie Phycoerythrin enthalten. Auch bei den *Rhodophyceae* kommen Phycobilisomen vor (Abb. 10 b). Die Ultrastruktur von Blaualgen und Rotalgenchloroplasten ist ähnlich: In beiden Fällen sind die Thylakoide getrennt voneinander in etwa gleichbleibendem Abstand angeordnet (vgl. Abb. 5 mit Abb. 11 c). Die Thylakoide anderer Pflanzen liegen meistens in Stapeln (Abb. 22 h, 74 b).

Einige Zellorganellen

Der zentrale Teil der Blaualgenzelle – das **Centroplasma** – ist oft weniger stark gefärbt als das periphere **Chromatoplasma** (Abb. 7 c, d, f; 8 a, b). Färbt man die Zellen mit einem Kernfarbstoff, so kann man mit dem Lichtmikroskop im Centroplasma gefärbte stabförmige Strukturen sehen, die ein wenig an Chromosomen erinnern (Abb. 8 c, d). Diese chromosomenähnlichen Gebilde, die im Elektronenmikroskop eine faserige Struktur zeigen, enthalten tatsächlich DNS (Abb. 5). Der Teil des Centroplasmas, in dem die DNS liegt, wird **Nukleoplasma** oder **Kernäquivalent** genannt. Das Nukleoplasma einer Blaualge ist im Gegensatz zum Kern der *Eukaryota* nicht von einer Falte des endoplasmatischen Reticulums – der Kernmembran – umgeben (vgl. Abb. 5 mit Abb. 6). Ein endoplasmatisches Reticulum fehlt den Blaualgen übrigens völlig.

Das Protoplasma der Blaualgenzelle ist sehr viskos, so daß es im Gegensatz zu den meisten eukaryotischen Zellen nicht strömt. Ribosomen (etwa 10–15 nm) liegen verstreut im Protoplasten, was den Verhältnissen bei eukaryotischen Zellen entspricht (Abb. 5). Die Blaualgenzellen enthalten häufig Körner aus hochpolymeren Polyphosphaten (Abb. 7 n):

$$HO-\overset{\overset{O}{\|}}{\underset{\underset{H}{|}}{P}}-O-\left[\overset{\overset{O}{\|}}{\underset{\underset{H}{|}}{P}}-O\right]_n-\overset{\overset{O}{\|}}{\underset{\underset{H}{|}}{P}}-OH$$

Polyphosphatkörner (oder Volutinkörner) sind etwa 0,5–2 μm groß, färben sich mit Toluidinblau und lösen sich in schwach saurem Milieu auf. Sie dienen wahrscheinlich als Phosphatreserve der Zelle

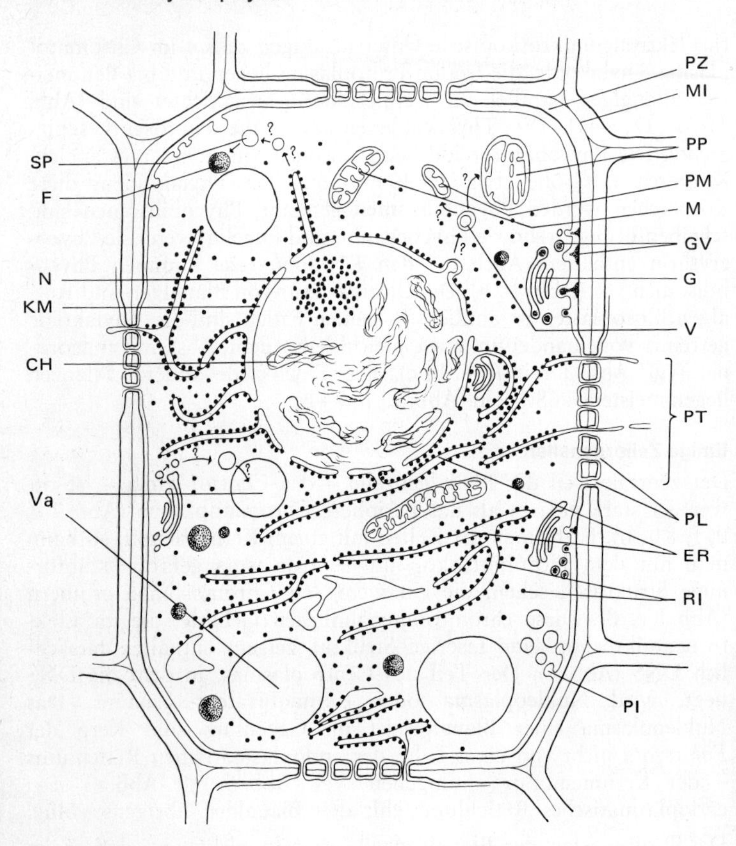

Abb. 6 Meristematische Zelle eines Tracheophyten (CH – Chromatin, ER – endoplasmatisches Reticulum, F – Fetttropfen, G – Golgi-Apparat, GV – Golgi-Vesikel lagern Zellwandbaustoff ab, KM – perforierte Kernmembran, M – Mitochondrien, MI – Mittellamelle, N – Nucleolus, PI – Pinozytose, PL – Plasmodesmen, PM – Promitochondrium, PP – Proplastid, PT – primäres Tüpfelfeld, PZ – primäre Zellwand, RI – Ribosomen, SP – Sphaerosom, V – Vorläufer von Promitochondrien oder Proplastiden, Va – Vakuole)

und haben unter Umständen auch eine Bedeutung bei der Energiespeicherung in Form von ATP. Auch Bakterien, Pilze und eukaryotische Algen besitzen Polyphosphat, während es dagegen höheren Pflanzen fehlt (163–165, 204, 307).

Unter bestimmten Umständen können **Gasvakuolen** in den Zellen von Blaualgen entstehen, die zu ganz verschiedenen systematischen Gruppen gehören. Gasvakuolen sind unregelmäßige, sehr stark lichtbrechende Hohlräume, die dadurch im Lichtmikroskop bei geringer Apertur schwarz umrandet erscheinen. Sie sind mit Gas und nicht, wie die Vakuolen eukaryotischer Pflanzen, mit Flüssigkeit gefüllt (Abb. 8 e, 9 d, j). Bei einigen planktischen Blaualgen dienen Gasvakuolen als „Schwimmbläschen" (S. 23). Auch bei Bakterien finden sich Gasvakuolen, jedoch bei keiner eukaryotischen Pflanze.

Elektronenmikroskopische Untersuchungen zeigen, daß Gasvakuolen (Abb. 8 e) aus zahlreichen zylindrischen, hohlen Bausteinen, den **Gasvesikeln** zusammengesetzt sind (Abb. 5, 70 p, q). Schon beim Druck weniger Atmosphären (z. B. dem Druck einer Präpariernadel auf ein mikroskopisches Blaualgenpräparat) verschwinden die Gasvakuolen, weil die Gasvesikel dann offenbar zusammengedrückt werden. Denselben Vorgang kann man wie folgt demonstrieren: Man füllt eine dickwandige Glasröhre bis an den Rand mit Wasserblüte einer Blaualge. Die Flüssigkeit sieht trübe aus, weil das Licht an den zahlreichen Gasvakuolen reflektiert wird. Mit einem Korken schließt man die Röhre luftfrei ab und drückt dann kräftig (z. B. durch einen Hammerschlag) darauf. Hierdurch brechen die Gasvesikel zusammen, die Trübung der Suspension verschwindet, und die Blaualgen sinken auf den Boden der Röhre.

Die feste Wand der Gasvesikel besteht aus Eiweiß und unterscheidet sich so von anderen Zellmembranen wie Plasmalemma und Tonoplast. Diese bestehen im Prinzip aus einer bimolekularen Lipidschicht, die beiderseits mit Eiweiß bedeckt ist (614).

Reservestoffe

Der wichtigste Reservestoff ist ein Glucan – die Cyanophyceenstärke –, die Ähnlichkeit mit dem Glycogen und der Amylopektin-Fraktion der Stärke höherer Pflanzen zeigt (165, 402). Das Glucan liegt in Form kleiner, lichtmikroskopisch nicht sichtbarer Körner zwischen den Thylakoiden (Abb. 5). Auch ohne besondere Färbung lichtmikroskopisch sichtbar sind dagegen die leicht eckigen Cyanophycinkörner, die vor allem gehäuft an den Querwänden (Abb. 8 a) oder der Grenze von Centro- und Chromatoplasma liegen (Abb. 7 c, d). Aus elektronenmikroskopischen Untersuchungen sind Cyanophycinkörner als „structured granules" bekannt (Abb. 5). Da sie durch Pepsin abgebaut werden, bestehen sie offenbar aus Reserveeiweißen (163, 164). Es handelt sich ausschließlich um Polymere der Aminosäuren Arginin und Asparagin. Für die Blaualgen sind Cyanophycinkörner als Eiweißreserve deshalb von großer Bedeutung, weil darin Stickstoff in leicht zugänglicher Form gespeichert ist. Auf gleiche Weise sorgen Polyphosphatkörner für leicht zugängliches Phosphat. Diese Stickstoff- und Phosphorreserven ermöglichen den Blaualgen auch dann noch reichliches Wachstum, wenn dem Wasser durch eine reiche Vegetation anderer Algenarten die Nährstoffe wie Nitrate und Phosphate entzogen sind (142).

Zellwand

Blaualgen sind zum Teil nur von ihrer Zellwand umgeben (z. B. *Oscillatoria* Abb. 8 a), zum Teil besitzen sie zusätzlich noch eine äußere Gallertscheide (z. B. bei *Synechococcus,* Abb. 7 a, und *Chroococcus* Abb. 8 f). Bei vielen Arten schwellen die Gallertscheiden zu einer dicken, gemeinsamen Gallertmasse an (z. B. bei *Gloeocapsa,* Abb. 8 h, *Microcoleus,* Abb. 9 i, und *Nostoc,* Abb. 9 b). Elektronenmikroskopische Untersuchungen haben gezeigt, daß die eigentliche Zellwand aus vier Schichten besteht (Abb. 7 m, L I–L IV) (102). Diese Ultrastruktur der Zellwand ähnelt sehr dem Zellwandbau gramnegativer Bakterien. Wie bei den Bakterien besteht auch die feste Schicht der Zellwand, die sogenannte Stützschicht (LII in Abb. 7 m), aus Murein (Polysaccharidketten aus abwechselnd N-acetyl-glucosamin und N-acetylmuraninsäureresten mit Peptidseitenketten). Soweit bekannt, besteht bei keiner einzigen eukaryotischen Alge die Zellwand aus Murein. Die Zellwand der Blaualgen wird genau wie die Bakterienzellwand durch das Enzym Lysosym abgebrochen.

Die Zellwandschichten außerhalb der Mureinschicht enthalten neben Aminosäuren und Fettsäuren Polysaccharide. Die Gallertscheide zeigt im Elektronenmikroskop eine faserige Struktur.

Bei der Zellteilung wächst die neue Querwand als Diaphragma vom Rand her zur Zellmitte (Abb. 7 a–g, i, j, 8 a). Bei einzelligen oder koloniebildenden Arten trennen sich die Tochterzellen an der neugebildeten Querwand, während dieser Vorgang bei mehrzelligen Formen unterbleibt. Elektronenmikroskopische Untersuchungen

---

Abb. 7 a–h) *Synechococcus major,* Stadien der Zellteilung; i, j) *Oscillatoria,* Querwandbildung (die Zahlen bezeichnen das relative Alter der Querwände); k) Schema der Zellteilung bei einzelligen Blaualgen und bei *Nostoc* (alle Wandschichten wachsen nach innen); l) Schema der Zellteilung bei *Oscillatoria* (die Querwand wird nur von der Mureinschicht gebildet); m) Zellwand der Blaualgen; n) Polyphosphatkörner („Volutin") in den Zellen von *Oscillatoria;* o–q) Wachstum von Gasvakuolen (jeweiliges Alter 7, 9 und 48 Stunden). (Ce – Centroplasma, Chr – Chromatoplasma, CM – Zellmembran (Plasmalemma), CW – Zellwand, Cy – Cyanophycinkorn, L I–L IV – die vier Schichten der Zellwand, L II – Mureinschicht, P – Pore, S – Gallertscheide, Sch – dünne Schleimschicht) (a–j aus *L. Geitler:* Schizophyzeen. In: Handbuch der Pflanzenanatomie, Bd. VI/1, hrsg. von *W. Zimmermann, P. Ozenda.* Borntraeger, Berlin 1960; k–m aus *G. Drews:* In: The Biology of Blue-green Algea, hrsg. von *N. G. Carr, B. A. Whitton.* Blackwell, Oxford 1973; o–q nach *Waaland* u. *Branton*)

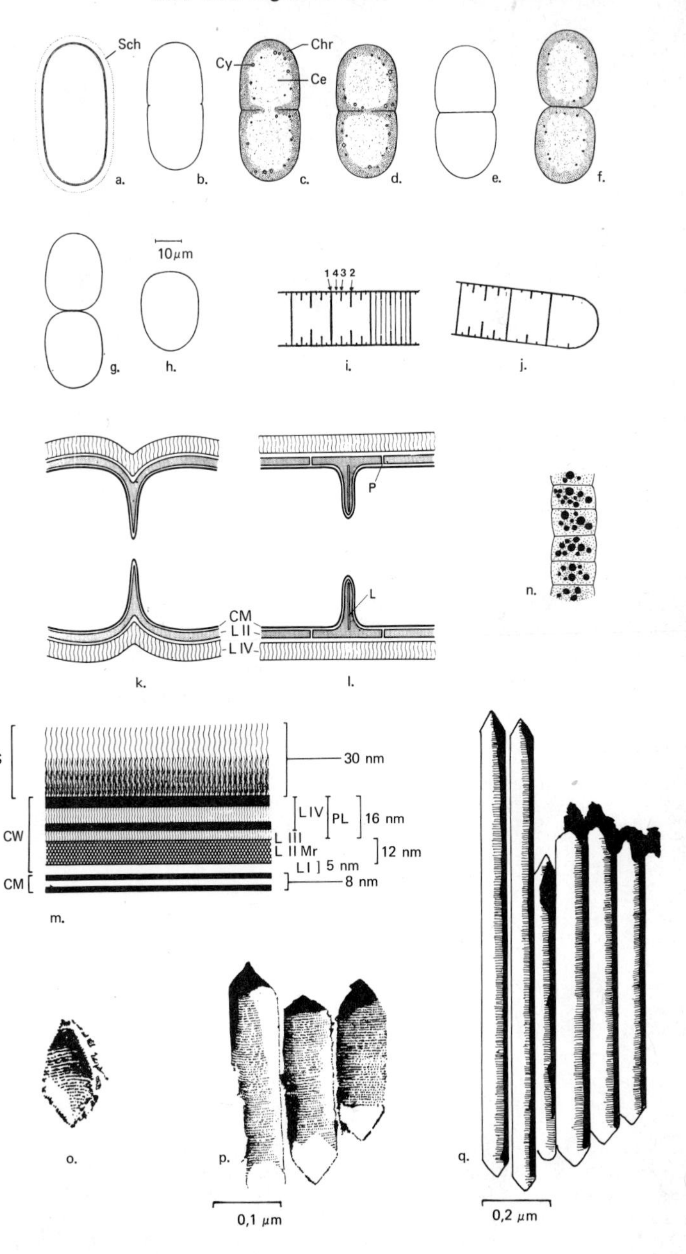
Sch
Cy
Chr
Ce
a.
b.
c.
d.
e.
f.
10 μm
g.
h.
1 4 3 2
i.
j.
P
L
CM
L II
L IV
k.
l.
n.
S
30 nm
CW
L IV
PL
16 nm
L III
L II Mr
12 nm
L I] 5 nm
CM
8 nm
m.
o.
p.
0,1 μm
q.
0,2 μm

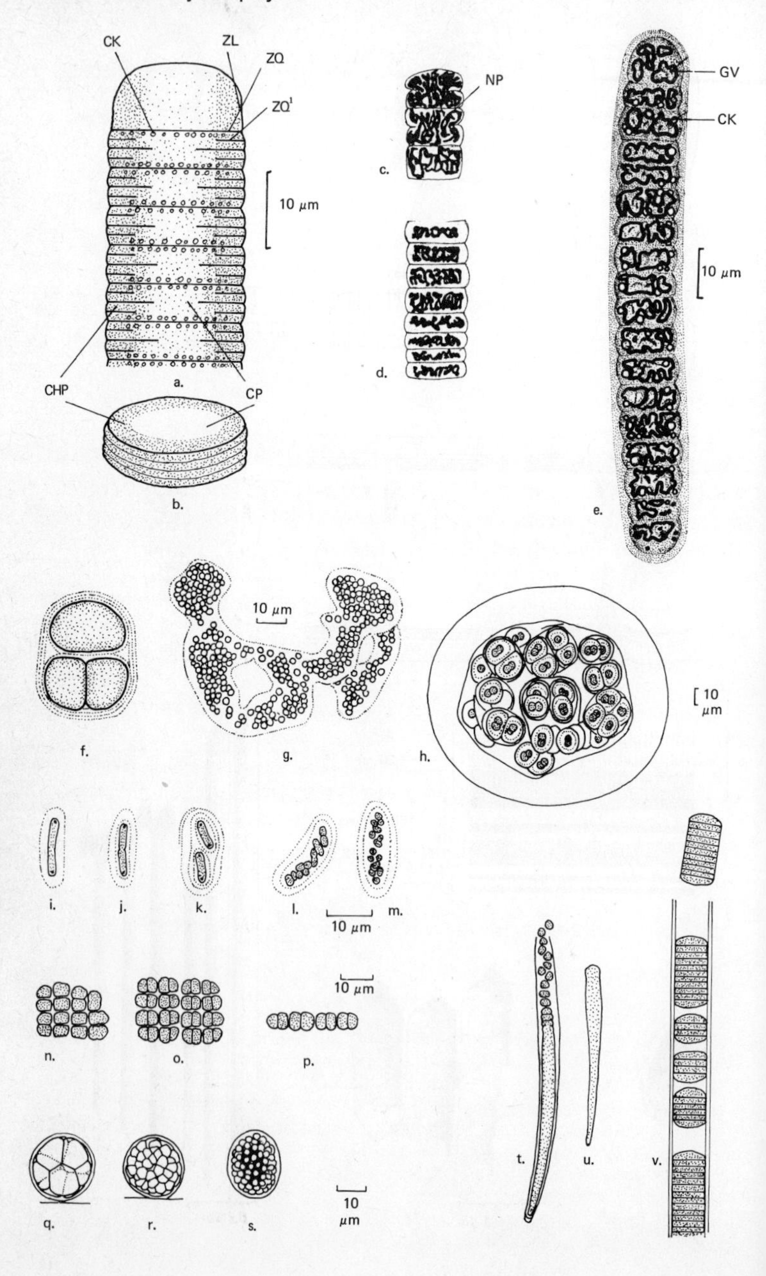
CK
ZL
ZQ
ZQ'
10 μm
CHP
CP
a.
b.
NP
c.
d.
GV
CK
10 μm
e.
10 μm
f.
g.
h.
10 μm
i.
j.
k.
l.
m.
10 μm
10 μm
n.
o.
p.
q.
r.
s.
10 μm
t.
u.
v.

zeigen, daß sich bei der Zellteilung zuerst das Plasmalemma diaphragmaartig einstülpt (CM in Abb. 7 k, l), worauf sofort die feste Zellwandschicht ebenfalls wie ein Diaphragma nach innen wächst (L II in Abb. 7 k, l). Bei einzelligen Formen (sowie bei *Nostoc* und verwandten Arten) wachsen danach auch die äußersten Wandschichten centripetal nach innen (L IV in Abb. 7 k), wobei gleichzeitig die Tochterzellen voneinander gelöst werden (Abb. 7 k).

Bei mehrzelligen Formen bestehen die Querwände immer nur aus Material der Stützschicht (Abb. 7 l). Auch die Fäden der mehrzelligen Algen können durchbrechen. Der Bruch wird durch Porenreihen erleichtert, die in der Nähe der Querwände im Kreis um die Fäden angeordnet sind (Abb. 5, 7 l).

Viele Einzelzellen (z. B. *Synechococcus major*, Abb. 7 a–h) und Fäden der Blaualgen sind zu gleitenden Kriechbewegungen fähig. Einzelzellen zeigen unregelmäßig ruckartige Bewegungen, während *Oscillatoria*-Fäden und die Hormogonien anderer fadenförmiger Blaualgen (Abb. 8 a, e, v) regelmäßige gleitende Bewegungen ausführen. Ihre Bewegung, deren Richtung sich hin und wieder umkehrt, gleicht der Bewegung einer Schlange (Geschwindigkeit 2–11 μm/sec). Für eine gleitende Bewegung ist ein festes Substrat notwendig, über das der Faden oder die Zelle kriechen kann. Bei der Kriechbewegung bleibt hinter der Blaualge eine Schleimspur zurück, eine Erscheinung, die man auch bei beweglichen Kieselalgen (S. 116) und Desmidiaceen (S. 384) kennt. Bei Kieselalgen und Desmidiaceen soll die Fortbewegung auf Schleimsekretion beruhen. Auch bei Blaualgen führte man früher die gleitende Bewegung auf die Absonderung von Schleim zurück, der durch die Poren der Wand ausgeschieden wird (174). Nach einer neueren Theorie dienen jedoch zahlreiche Mikrofibrillen, die direkt außerhalb der Mureinschicht spiralförmig um den Faden oder die Zelle gewunden sind, als Fortbewegungsorganellen. Schnell aufeinanderfolgende Wellen, die alle in derselben Richtung verlaufen, erzeugen durch Reibung mit dem

---

Abb. 8 a, b) *Oscillatoria* in Längsschnitt und räumlicher Darstellung; c, d) *Oscillatoria*, chromosomenartige Strukturen nach einer Kernfärbung; e) *Oscillatoria*, Gasvakuolen in einem Hormogonium; f) *Chroococcus turgidus;* g) *Microcystis aeruginosa;* h) *Gloeocapsa alpina;* i–m) *Aphanothece caldariorum*, Stadien der Bildung von Nanocyten; n–p) *Merismopedia glauca;* q–s) *Cyanocystis xenococcoides*, Bildung von Endosporen; t, u) *Chamaesiphon curvatus*, Bildung von Exosporen; v) *Lyngbya*, Bildung von Hormogonien. (CHP – Chromatoplasma, CK – Cyanophycinkörner, CP – Centroplasma, GV – Gasvakuole, NP – Nukleoplasma, ZL – Zellwand, Längswand, ZQ – Zellwand, Querwand, ZQ' – Querwand einwachsend) (c–e, h–u nach *Geitler*, f, g nach *Smith*, v nach *Bourrelly*)

Substrat eine rotierende Bewegung (102). Diese rotierende Bewegung ist auf die *Oscillatoriaceae* beschränkt, während sich andere Blaualgen ohne Rotation bewegen. Als festes Substrat dient der Blaualge oft der eigene ausgeschiedene Schleim, der an festen Gegenständen anklebt. Auch mit dem Elektronenmikroskop wurde kürzlich eine Mikrofibrillenschicht entdeckt, die für die Gleitbewegung verantwortlich sein könnte (199). Die Mikrofibrillen sind etwa 5 nm dick und liegen dicht aneinander. Auch die „Mikrowellen" (Länge etwa 70 nm, Breite etwa 40 nm) wurden beobachtet. Die Mikrofibrillen bestehen aus Eiweiß.

Trockenfallende Sandplatten des Wattenmeeres sind oft auffallend grün gefärbt. Die grüne Farbe wird durch eine Massenentwicklung der koloniebildenden Blaualge *Merismopedia* (Abb. 8 n–p) verursacht. *Merismopedia* kann in das Sediment hineinkriechen, wodurch die Alge vielleicht vor der Gefahr des Abspülens bei Hochwasser geschützt wird. Kriecht die Alge dann wieder aus dem Sediment heraus, wird die Sandplatte in kurzer Zeit grün. Die meisten Sand- und Schlickplatten des Wattenmeeres sind jedoch durch Massenvorkommen von Kieselalgen braun gefärbt (S. 111).

Heterocysten

Heterocysten unterscheiden sich von vegetativen Zellen durch ihren glasigen, oft gelblichen Inhalt, der durch das Fehlen von körnigen Reservestoffen und Gasvakuolen charakterisiert wird. Auffallend ist auch die dicke Wand der Heterocysten, die an den beiden Zellenden noch mit einem zusätzlichen Höcker (**polarer Nodulus**) ins Zellinnere vorspringt (Abb. 9 a, b, d). Terminale Heterocysten am Ende eines Fadens besitzen nur einen polaren Nodulus an dem Ende der Zelle, das dem Faden zugekehrt ist (Abb. 9 f). Der polare Nodulus wird von einem Kanal durchbohrt, der eine Verbindung zwischen Heterocyste und angrenzender vegetativer Zelle herstellt. Viele mehrzellige Blaualgen besitzen Heterocysten (z. B. die meisten Vertreter der *Nostocales* und *Stigonematales* s. unten).

Die Funktion der Heterocyste war bis vor kurzem ein „botanisches Rätsel". Es scheint jetzt aber so gut wie sicher zu sein, daß Heterocysten die Aufgabe haben, Luftstickstoff zu binden, auch wenn einige Blaualgen ohne Heterocysten unter anaeroben Bedingungen

---

Abb. 9 a) *Scytonema hofmannii*, Scheinverzweigung (Pfeil); b) *Nostoc piscinale;* c) *Pleurocapsa minor;* d, e) *Aphanizomenon gracile;* f) *Rivularia haematites;* g, h) *Stigonema ocellatum*, echte Verzweigung (Pfeile); i) *Microcoleus vaginatus;* j) *Anabaena flos-aquae.* (A – Akinete, G – Gasvakuole, H – Heterocyste) (nach *Bourrelly*)

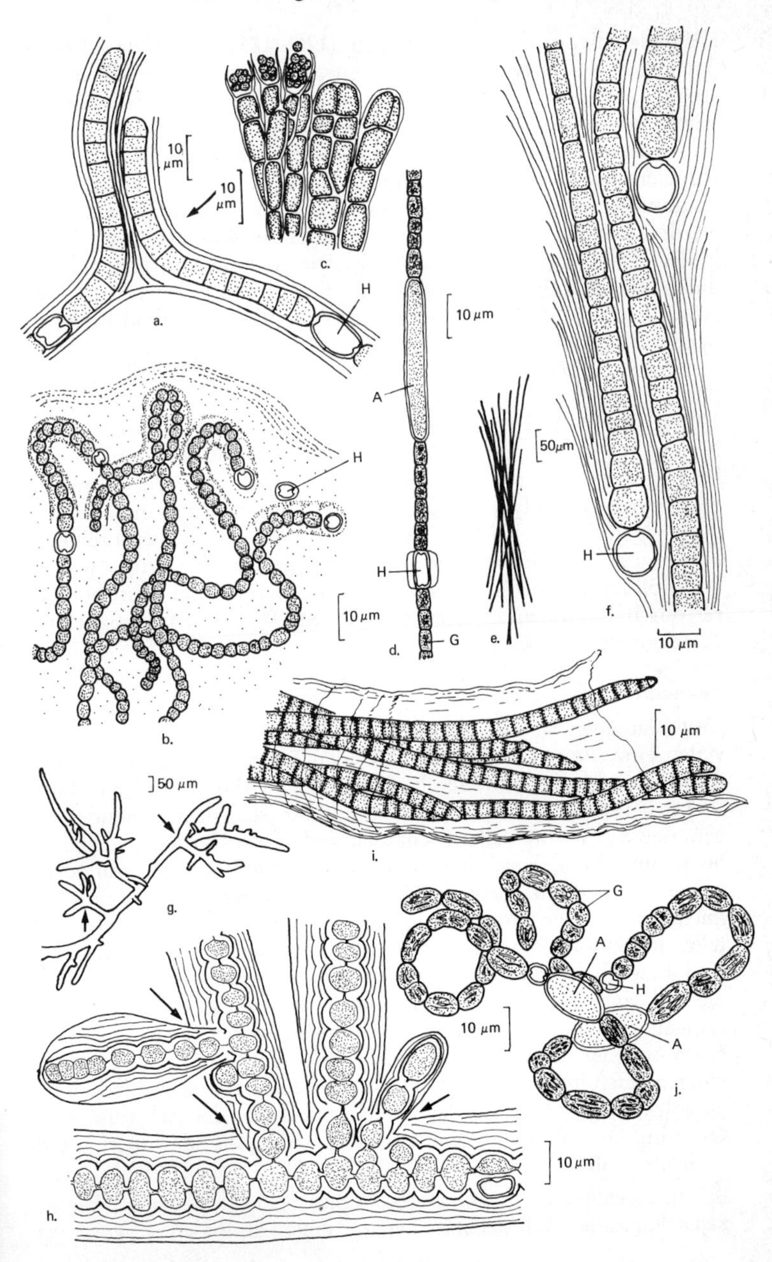
10 µm
10 µm
c.
H
a.
10 µm
A
H
H
50µm
H
10 µm
d.
G
e.
f.
10 µm
10 µm
b.
50 µm
i.
g.
G
A
H
10 µm
A
j.
10 µm
h.

ebenfalls Stickstoff binden können (129, 185, 556). Die Blaualge hat sich in der Heterocyste selbst ein „O_2-freies inneres Milieu“ geschaffen, in dem N_2 gebunden werden kann. Die Heterocyste ist nämlich nicht zur Photosynthese und damit zur Sauerstoffproduktion imstande. Das Enzym Nitrogenase, durch das N_2 zu NH_4^+ reduziert wird, ist sehr empfindlich gegen Sauerstoff. Stickstoffverbindungen, die nach der N_2-Fixierung in der Heterocyste gebildet werden, können durch den Kanal im polaren Nodulus an vegetative Zellen weitergegeben werden (185). Die Bildung von Heterocysten durch die Blaualge wird durch das Fehlen gebundenen Stickstoffs (vor allem als NH_4^+) im Milieu stark stimuliert, während bei reichlichem Angebot dieser Stoffe die Entwicklung von Heterocysten ganz oder teilweise unterbleibt. Blaualgen können auf diese Weise den für die Eiweißsynthese benötigten Stickstoff aus der Luft beziehen, wenn andere Algen den Vorrat an im Wasser gelösten Nitrat und Ammonium verbraucht haben. Das Wasser muß für die Blaualgen freilich noch ausreichend Phosphat besitzen, woran jedoch durch die Polyphosphate moderner Waschmittel im Abwasser meist kein Mangel ist. Blaualgen können so in verunreinigten Binnengewässern hinderliche oder sogar gefährliche giftige Wasserblüte bilden (s. oben). Wenn diese Massenvegetation abstirbt, wird sie durch Bakterien zersetzt, wobei dem Wasser zuviel Sauerstoff entzogen wird.

Vermehrung

Von Blaualgen ist nur ungeschlechtliche Vermehrung bekannt. Bei vielen einzelligen und koloniebildenden Formen erfolgt die vegetative Vermehrung nur durch Zellteilung (Abb. 7 a–h, 8 f, n–p). Wenn bei diesen Formen die Teilungen so schnell aufeinander folgen, daß die Tochterzellen nicht Zeit finden, zur normalen Zellgröße heranzuwachsen, entstehen Zwergzellen, sogenannte **Nanocyten** (Abb. 8 i–m). Blaualgenzellen können sich vergrößern, worauf sich im Inneren dieser Mutterzellen der Protoplast in Tochterzellen aufteilt, die **Endosporen** genannt werden (Abb. 8 q–s, 9 c). Endosporen sind beweglich, aber unbegeißelt. Das gleiche gilt für **Exosporen,** die von einer Mutterzelle abgeschnürt werden (Abb. 8 t). Bei mehrzelligen Blaualgen werden Fadenstücke abgestoßen, die man **Hormogonien** nennt (Abb. 8 v). Hormogonien können Kriechbewegungen ausführen (s. oben). Hormogonien brechen wahrscheinlich an solchen Stellen ab, an denen die Stützschicht der Zellwand einen Querring aus Poren aufweist. Dabei stirbt die darunterliegende Zelle ab (Abb. 71, vgl. S. 33).

Bei Blaualgen gibt es keine geschlechtliche Fortpflanzung, bei der zwei haploide Geschlechtszellen zu einer diploiden Zygote verschmelzen. Genetische Rekombination kann jedoch genau wie bei Bakterien durch „parasexuelle Prozesse“ erfolgen. Es gelang zum Beispiel, einen gegen Polymyxin-B und Streptomycin resistenten Stamm von *Synechococcus* spec. zu erhalten, indem zwei Stämme der Alge zusammengebracht wurden, die jeweils nur gegen eines der beiden Antibiotika resistent waren (14). Man weiß nicht, wie die genetische Rekombination erfolgte. Vermutlich konjugieren zwei Zellen miteinander, wobei DNS aus einer Zelle in die andere übertragen wird, was den Verhältnissen bei einigen Bakterien entsprechen würde.

Trichome, Verzweigungen, Dauerstadien

Der Zellfaden einer Blaualge ohne die ihn unter Umständen umgebende Gallertscheide wird Trichom genannt.

Bei einer echten Verzweigung teilt sich eine Zelle eines Trichoms, worauf eine der Tochterzellen zu einem Seitenzweig auswächst (Abb. 9 h). Bei einer unechten Verzweigung bricht das Trichom in der Gallertscheide durch. Die beiden neuen Enden (oder nur eines davon) wachsen seitwärts aus der Scheide heraus (Abb. 9 a). Ein **Akinet** ist eine große, dickwandige, mit Reservestoffen gefüllte Zelle, die der Alge das Überleben unter ungünstigen Umweltbedingungen ermöglicht (Trockenheit, Kälte, Nährstoffmangel). Ein Akinet entsteht aus einer vegetativen Zelle (Abb. 9 d, j).

Systematische Einteilung der Cyanophyceae

Die Klasse der *Cyanophyceae* wird in die folgenden fünf Ordnungen unterteilt (36): *Chroococcales, Chamaesiphonales, Pleurocapsales, Nostocales, Stigonematales.* Die systematische Einteilung der *Cyanophyceae* ist sehr umstritten. In diesem Buch wird im Prinzip die klassische Einteilung (168) benutzt, weil die modernen Überarbeitungen, in denen die Gesamtzahl der Arten stark reduziert wird, noch zu viele Unsicherheiten enthalten (105, 106).

Ordnung: Chroococcales

Die Ordnung enthält einzellige oder koloniebildende Blaualgen. Die Vermehrung erfolgt durch Zellteilung und Nanocyten.

Synechococcus (Abb. 7 a–h)

Die einzellige Alge besitzt breite, ellipsenförmige bis zylindrische Zellen mit unauffälliger Gallertscheide. Die Zellteilungen erfolgen in Querrichtung. Die Gattung enthält etwa 15 Arten, die im Süßwasser leben.

Chroococcus (Abb. 8 f)

Die Zellen sind kugelrund bis halbkugelförmig (nach Teilung). Zwei, vier oder acht Zellen sind zu Kolonien vereinigt. Jede Zelle und jede Zellgruppe wird von einer eigenen Gallerthülle umgeben, die meistens nur dünn ist. Die etwa 25 Arten der Gattung leben im Süßwasser, im Meer, auf feuchter Erde und feuchten Felsen.

Aphanothece (Abb. 8 i–m)

Die Zellen sind zylindrisch. Die Zellteilungen erfolgen in Querrichtung. Die Zellen sind in großer Zahl zu gelatinösen Kolonien vereinigt. Die Gallertscheiden der Einzelzellen sind (fast) unsichtbar. Bei einigen Arten werden Nanocyten gebildet. Etwa 20 Arten leben im Süßwasser und im Meer, auf weichem Schlick.

Gloeocapsa (Abb. 8 h)

Die Zellen sind kugelrund oder halbkugelförmig (nach einer Teilung). Jede ist von einer konzentrisch geschichteten Gallertscheide umgeben. Durch gemeinsame Gallertscheiden entstehen ausgedehnte gelatinöse oder krustige Kolonien. Die etwa 40 Arten der Gattung leben vor allem auf feuchten (aber regelmäßig austrocknenden) Felsen in den Bergen, in Bächen, an Seeufern und an den Meeresküsten, wo Gloeocapsa schwarze Bänder bildet (S. 25).

Microcystis (Abb. 8 g)

Die kugelförmigen Zellen sind in großer Zahl in einer gemeinsamen Gallerte vereinigt. Kugelförmige oder unregelmäßig gelappte, ausgedehnte Gallertkolonien treiben an der Oberfläche von Süßwasserteichen und Seen. *Microcystis*-Arten mit Gasvakuolen können an der Wasseroberfläche giftige Wasserblüte verursachen (S. 24).

Merismopedia (Abb. 8 n–p)

Die runden Zellen sind oft mehr oder weniger stark gegeneinander abgeplattet. Sie bilden plattenförmige Kolonien von der Dicke einer Zelle. Die Kolonien besitzen eine homogene, gemeinsame Gallerthülle. Zellteilungen erfolgen streng in zwei senkrecht aufeinanderstehenden Richtungen, so daß die Zellen in regelmäßigen, senkrecht zueinander ausgerichteten Reihen liegen. Etwa 15 Arten kommen im Süßwasser und im Meer (z. B. auf Sandplatten des Wattenmeeres) vor.

Ordnung: Chamaesiphonales

Die Blaualgen dieser Ordnung sind einzellig oder kurz fadenförmig. Die Fäden sind unverzweigt und sitzen mit dem basalen Ende fest. Am apikalen Ende der Fäden werden Exo- oder Endosporen gebildet.

Cyanocystis (Abb. 8 q, r, s)

Die kugel- oder birnenförmigen Zellen sind in Gruppen an festem Substrat (Stein oder eine andere Alge) befestigt. Endosporen kommen vor. Etwa 25 Arten der Gattung leben überwiegend an Meeresküsten.

Chamaesiphon (Abb. 8 t, u)

Die eiförmig bis langgestreckt birnenförmigen Zellen sind an festem Substrat (Stein oder andere Algen) befestigt. Exosporen kommen vor. Die etwa 25 Arten leben überwiegend im Süßwasser, besonders auf Steinen in schnell strömenden Bächen.

Ordnung: Pleurocapsales

Die Algen der Ordnung bestehen aus kurzen, verzweigten und unverzweigten Fäden, die oft zu einem Pseudoparenchym vereinigt sind. Die Vermehrung erfolgt durch Endosporen.

Pleurocapsa (Abb. 9 c)

Die kurzen, verzweigten und unverzweigten Fäden der Alge sind zu einem krustenförmigen Pseudoparenchym vereinigt. Etwa 10 Arten leben im Süßwasser und im Meer. Die Alge bildet Krusten auf Felsen im oberen Teil der Gezeitenzone oder auf Steinen in Bergbächen.

Ordnung: Nostocales

Die fadenförmigen Blaualgen vermehren sich durch Hormogonien. Als Verzweigungen kommen nur Scheinverzweigungen (unechte Verzweigungen) vor. Heterocysten und Akineten treten auf oder fehlen.

Oscillatoria (Abb. 8 a, b)

Die zylindrischen Trichome sind frei und nicht zu Kolonien vereinigt. Sie besitzen keine Gallertscheide. Die scheibenförmigen Zellen enthalten immer einwachsende Querwände unterschiedlichen Alters (Abb. 7 i, j). Heterocysten, unechte Verzweigungen und Akineten fehlen. Fortpflanzung erfolgt mit Hilfe von Hormogonien.

Mehr als 100 Arten kommen im Meer, im Süßwasser, in heißen Quellen und in Abwässern vor.

Lyngbya (Abb. 8 v)

Die Trichome ähneln *Oscillatoria,* jeder Faden ist jedoch einzeln in eine kräftige Gallertscheide eingeschlossen. Mehr als 100 Arten kommen im Süßwasser, im Meer und häufig im Brackwasser vor.

Microcoleus (Abb. 9 i)

Die Trichome ähneln *Oscillatoria,* die Fäden sind jedoch bündelweise in eine gemeinsame, steife Gallertscheide eingebettet. Die Gattung enthält nur wenige Arten. Besonders häufig sind die Algen im Salzwasser, auf regelmäßig trockenfallendem Schlick (z. B. im Quellerrasen) und in Lagunen.

Nostoc (Abb. 9 b)

Die gebogenen Trichome sind unverzweigt und an den Querwänden eingeschnürt (so daß die Trichome wie Perlschnüre aussehen). Die Algen besitzen Heterocysten und Akineten. Die durcheinanderwachsenden Trichome sind in eine kräftige homogene, gemeinsame Gallerte eingebettet. Die Gallerte besitzt eine feste Form, welche die Kolonien rund (ähnlich blauen Trauben oder Pflaumen), warzig, gelappt oder blattförmig aussehen läßt. Etwa 50 Arten kommen vor allem im Süßwasser, oft auch auf feuchter Erde vor. Einige Arten der Gattung sind Symbionten anderer Pflanzen (Abb. 1 b) (z. B. auch in Wurzelknollen von *Cycas).*

Anabaena (Abb. 9 j)

Die Form der Trichome erinnert an *Nostoc,* die Fäden sind jedoch nicht zu kräftigen Gallertkolonien vereinigt. Mehr als 100 Arten sind bekannt. Sie kommen vor allem im Süßwasser vor, wo einige Arten Wasserblüte verursachen (S. 23).

Aphanizomenon (Abb. 9 d, e)

Die Trichome ähneln *Nostoc,* liegen jedoch gerade ausgerichtet in Bündeln beieinander. Sie sind nicht in kräftigen Gallertkolonien vereinigt. Vier Arten kommen im Süßwasser vor. Besonders *Aphanizomenon flos-aquae* ist als Verursacher von Wasserblüte bekannt.

Scytonema (Abb. 9 a)

Die zylindrischen oder perlschnurförmigen Trichome besitzen interkalare Heterocysten. Jeder Faden liegt getrennt in einer dicken, kräftigen Gallertscheide. Doppelte Scheinverzweigungen sind häufig. Die etwa 60 Arten finden sich besonders im Süßwasser. *Scytonema myochrous* lebt auf Kalk- und Dolomitfelsen, wo die Alge in der Richtung des ablaufenden Wassers Tintenstriche bildet.

Rivularia (Abb. 9 f)

Die Trichome nehmen von der Basis zur Spitze hin in der Breite ab. Jeder Faden endet in einer basalen Heterocyste. Unechte Verzweigungen kommen vor. Die Gallertscheiden der Trichome schließen sich zu einer kräftigen, halbkugelförmigen (einige Millimeter großen) Kolonie zusammen, in der die Trichome radiär angeordnet sind. Etwa 20 Arten leben im Süßwasser und an der Meeresküste.

Ordnung: Stigonematales

Die Fäden dieser Blaualge sind oft mehrere Zellreihen dick. Die Fortpflanzung erfolgt durch Hormogonien. Echte Verzweigungen, Heterocysten und Akineten kommen vor.

Stigonema (Abb. 9 g, h)

Die Trichome sind oft einige Zellreihen dick. Echte Verzweigungen und Heterocysten kommen vor. Hormogonien entstehen aus jungen Zweigenden. Etwa 25 Arten leben auf feuchten Felsen und im Süßwasser (z. B. Moortümpel).

Kapitel 3: Rhodophyta

Die Abteilung *Rhodophyta* enthält nur eine Klasse, die *Rhodophyceae.*

Die wichtigsten Merkmale der Rhodophyceae

1. Die Chloroplasten (Plastiden) sind durch das akzessorische Pigment Phycoerythrin rot gefärbt. Auch das blaue akzessorische Pigment Phycocyanin kommt bei den Rotalgen vor (Tab. 2). Phycoerythrin und Phycocyanin liegen in scheibenförmigen oder kugeligen 30–40 nm großen Körpern (Phycobilisomen) auf den Thylakoiden.
2. Die Chloroplasten enthalten nur Chlorophyll a (kein Chlorophyll b).
3. Begeißelte Stadien kommen im Lebenszyklus keiner einzigen Rotalge vor (ein neuerer Bericht, wonach männliche Gameten „innere Geißeln" besitzen sollen, ist eindeutig falsch [306, 539, 540]).
4. Die Chloroplasten werden nur von der Chloroplastenmembran und nicht auch noch zusätzlich von einer Falte des endoplasmatischen Reticulums umschlossen.
5. Die Thylakoide im Chloroplasten sind nicht in Stapeln angeordnet, sondern liegen überall in etwa gleichem Abstand voneinander.
6. Das wichtigste Reservepolysaccharid ist die „Florideenstärke". Sie wird in Körnern am Chloroplasten abgesetzt. (Die Stärke der Chlorophyta wird im Inneren der Chloroplasten gebildet.)
7. Alle Arten mit geschlechtlicher Vermehrung sind oogam.
8. Zu der Klasse gehören einige einzellige Arten. Die Mehrzahl der Arten ist jedoch vielzellig und oft recht kompliziert gebaut.

Größe und Verbreitung der Klasse

Es gibt 3500–4500 Arten von Rotalgen, die sich auf etwa 500–600 Gattungen verteilen. Davon sind nur etwa 50 Arten (aus ca. 12 Gattungen) aus dem Süßwasser bekannt. Die genannten Zahlen weisen die Rhodophyta als eine recht kleine Abteilung aus, wie zum

Beispiel ein Vergleich mit der dikotylen Familie der *Compositae* zeigt, die sich aus etwa 900 Gattungen und 20 000 Arten zusammensetzt.

Die meisten Rotalgen leben festgeheftet an felsigen Meeresküsten. An der Nordseeküste findet man sie auch auf anderen festen Substraten, zum Beispiel auf Deichen und seltener auch auf Muscheln und Seegras im Wattenmeer. Im Gegensatz zu den Landpflanzen oder dem pflanzlichen Plankton (Phytoplankton), das an der Wasseroberfläche treibt, haben die Rotalgen nur einen verhältnismäßig kleinen Lebensraum, da sie auf den schmalen, felsigen Küstensaum der Weltmeere angewiesen sind. Selbst an diesen Stellen wird ihre Verbreitung durch den Trübungsgrad des Wassers weiter beschränkt, denn das Wasser muß ausreichend Licht für Photosynthese durchlassen. Im trüben Wasser vor der niederländischen Küste zum Beispiel kommen Rotalgen nur bis zu einigen Metern unter der Niedrigwassergrenze vor, während man sie im Mittelmeer noch in 100 m Tiefe findet. Die größte Tiefe, aus der lebende Rotalgen bisher gefischt wurden, liegt bei etwa 180 m (134).

Felsenküsten sind im unteren Teil der Gezeitenzone, der bei Niedrigwasser trockenfällt, oft mit einem dichten Teppich aus zahlreichen Rotalgen-Arten bedeckt.

Bau und Eigenschaften der Rhodophyceae

Pigmente und Chloroplasten

Die rote Farbe der Rotalgen wird durch das akzessorische Pigment Phycoerythrin verursacht, das in den Chloroplasten lokalisiert ist (Tab. 2). Zusätzlich kommt auch das blaue Pigment Phycocyanin vor. Phycoerythrin und Phycocyanin sind eng miteinander verwandte Pigmente, die unter dem Namen Phycobiliproteide zusammengefaßt werden. Da bei den meisten Rotalgen das Phycoerythrin überwiegt, sind sie immer rot. Bei einigen Arten kann die Farbe jedoch in Abhängigkeit vom Mengenverhältnis der beiden Farbstoffe variieren. So sind zum Beispiel Exemplare des Irisch Moos *(Chondrus crispus)* (Abb. 19 a) in der Gezeitenzone blauviolett, da in ihnen das Phycocyanin überwiegt, während *Chondrus*-Pflanzen in tieferem Wasser durch einen überwiegenden Gehalt an Phycoerythrin dunkelrot gefärbt sind. *Chondrus*-Pflanzen, die in direktem Sonnenlicht wachsen, nehmen eine hellbraune bis grüne Farbe an, da in ihnen das Chlorophyll a und die Carotinoide nicht mehr durch Phycobiline maskiert werden. Absterbende Rotalgen werden meistens schnell grün, da die Phycobiliproteide im Gegensatz zum

Chlorophyll wasserlöslich sind, so daß sie aus den absterbenden Chloroplasten ausgewaschen werden können.

Bei den Rotalgen kommt ausschließlich Chlorophyll a vor, das für die Photosynthese unentbehrlich ist, während Chlorophyll b fehlt. Von den Carotinoiden sind bei Rotalgen β-Carotin, Lutein und Zeaxanthin von Bedeutung (Tab. 2).

Die besprochenen Pigmente liegen in den Chloroplasten. Die Form der Chloroplasten kann unterschiedlich sein (Abb. 10, 11). Bei den meisten Rotalgen liegen die Chloroplasten gegen die Zellwand an („parietal"). Sie sind (oft gelappt) scheibenförmig (Abb. 10 c, 11 d) oder bandförmig (Abb. 10 c, 11 a). Bei einigen Arten (z. B. *Ceramium*, Abb. 10 c) kommen sowohl scheibenförmige als auch bandförmige Chloroplasten vor. Der Thallus von *Ceramium* besteht aus Fäden großer Zellen, die an ihren Querwänden Manschetten kleiner Rindenzellen tragen. Die großen axialen Zellen enthalten parietale, bandförmige Chloroplasten, die kleinen Rindenzellen dagegen gelappte, scheibenförmige Chloroplasten. Einige wenige Arten, meistens aus der Unterklasse der *Bangiophycidae*, besitzen zentrale, mehr oder weniger unregelmäßig sternförmige Chloroplasten (Abb. 10 a, d, 11 b, 13). Chloroplasten mit Pyrenoiden kommen ebenfalls nur bei wenigen Arten vor (Abb. 10 a, d, 11 b, d). Ein Pyrenoid ist eine runde Struktur in der Mitte des Chloroplasten, die lichtmikroskopisch sichtbar ist. Die Funktion der Pyrenoide ist bei den Rotalgen unbekannt. Bei Grünalgen wird in den Chloroplasten an den Pyrenoiden Stärke gebildet (S. 254). Bei den Rotalgen entsteht die Reservestärke jedoch außen am Chloroplasten (Abb. 10 a).

Die Rotalgen-Chloroplasten haben eine sehr charakteristische Ultrastruktur (Abb. 11 c). Der Chloroplast wird nach außen hin durch eine doppelte Grenzmembran begrenzt, deren zwei Teilmembranen etwa 13 nm voneinander entfernt liegen. Während bei allen anderen eukaryotischen Pflanzen die Thylakoide im Inneren des Chloroplasten jeweils zu mehreren in Stapeln zusammenliegen, halten in den Chloroplasten der Rotalgen die Thylakoide immer den gleichen Abstand voneinander. Die Thylakoide sind etwa 18–20 nm dick.

Bei *Ceramium* (Abb. 11 c) und bei vielen anderen Rotalgen verläuft direkt unter der Grenzmembran ein peripheres Thylakoid, das bei *Porphyridium* jedoch fehlt (Abb. 10 a). Trotz dieses Unterschiedes stimmen aber die parietal plattenförmigen Chloroplasten von *Ceramium* und die zentral sternförmigen Chloroplasten von *Porphyridium* im wesentlichen überein, da die Thylakoide in beiden Fällen in regelmäßigem Abstand voneinander getrennt liegen. Die

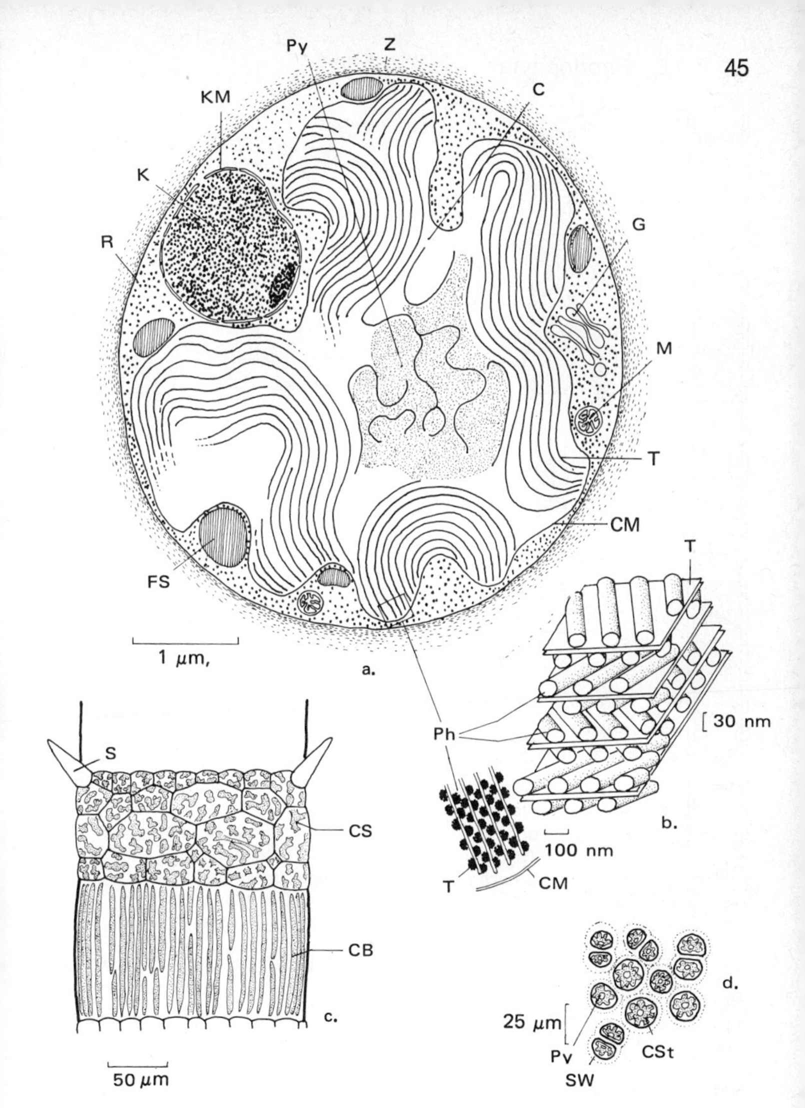

Abb. 10 a) *Porphyridium purpureum,* Ultrastruktur; b) *Batrachospermum,* Ultrastruktur der Thylakoiden (Schema); c) *Ceramium* spec.; d) *Porphyridium purpureum,* Gruppe von Einzelzellen. (C – zentraler Chloroplast, CB – bandförmiger Chloroplast, CM – Chloroplastenmembran, CS – scheibenförmiger Chloroplast, CSt – sternförmiger zentraler Chloroplast, FS – Florideenstärke, G – Golgi-Apparat, K – Kern, KM – Kernmembran, M – Mitochondrium, Ph – Phycobilisomen, PY – Pyrenoid, R – Ribosomen, S – Stachelzelle, SW – Schleimwand, T – Thylakoid, Z – faserige Zellwand) (a nach *Gantt* u. Mitarb., b nach *Lichtlé* u. *Giraud,* d nach *Bourrelly*)

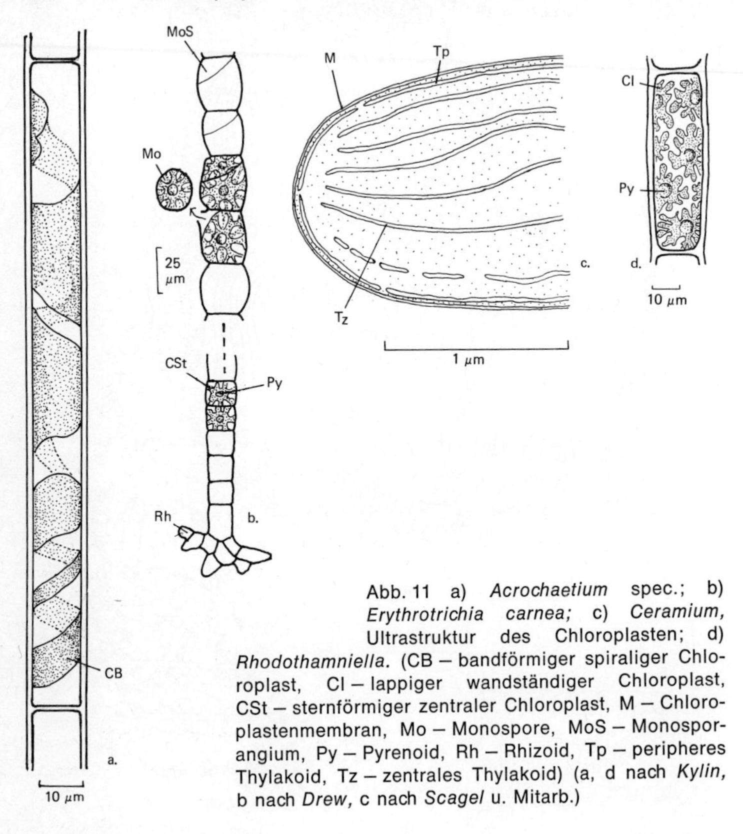

Abb. 11 a) *Acrochaetium* spec.; b) *Erythrotrichia carnea;* c) *Ceramium,* Ultrastruktur des Chloroplasten; d) *Rhodothamniella.* (CB – bandförmiger spiraliger Chloroplast, Cl – lappiger wandständiger Chloroplast, CSt – sternförmiger zentraler Chloroplast, M – Chloroplastenmembran, Mo – Monospore, MoS – Monosporangium, Py – Pyrenoid, Rh – Rhizoid, Tp – peripheres Thylakoid, Tz – zentrales Thylakoid) (a, d nach *Kylin,* b nach *Drew,* c nach *Scagel* u. Mitarb.)

Regelmäßigkeit, mit der diese typische Ultrastruktur bei morphologisch unterschiedlichen Rotalgen vorkommt, bestätigt die Annahme, daß es sich bei den *Rhodophyta* um eine natürliche Gruppe handelt (203).

Auf den Thylakoiden liegen dicht nebeneinander kugelige Körperchen (etwa 30–40 nm im Durchmesser), die die Phycobiliproteide enthalten und deshalb Phycobilisomen genannt werden. Abbildung 10 b zeigt einen Querschnitt durch Thylakoide mit Phycobilisomen (168). Phycobilisomen, die man bei den verschiedensten Rotalgen findet, sind nicht immer rund. So sind zum Beispiel bei *Porphyridium aerugineum* die Phycobilisomen scheibenförmig und liegen wie Geldrollen hintereinander auf den Thylakoiden. Kugelige Phycobilisomen enthalten Phycoerythrin, scheibenförmige dagegen Phycocyanin. Bei

Batrachospermum virgatum sind die Phycobilisomen zylinderförmig (335) (Abb. 10 b). Phycobilisomen kommen auch bei *Cyanophyceae* vor (S. 27).

Zusammensetzung der Zellwand (Tab. 4)

In der Zellwand kann man eine fibrilläre Fraktion unterscheiden, die der Zelle ihre Festigkeit gibt. Der fibrilläre Teil ist in eine amorphe Fraktion der Zellwand („Matrix" oder „Grundsubstanz") eingebettet. Der fibrilläre Anteil besteht meistens überwiegend aus Cellulose (298, 350, 462). Bei höheren Pflanzen und bei einigen Grünalgen sind die Glucoseketten der Cellulose in geraden, parallelen, gleichmäßig breiten Bündeln – den Mikrofibrillen – angeordnet, während die Mikrofibrillen bei Rotalgen ein filziges Geflecht bilden.

Bei *Porphyra* und *Bangia* (S. 51 und 54) besteht der fibrilläre Teil der Zellwand aus einem Xylan (Polymer der Xylose) (462).

Der amorphe Teil der Zellwand besteht bei den Rotalgen überwiegend aus Schleim, wobei man unter „Schleim" hier denjenigen Teil der Zellwand versteht, der sich in heißem Wasser löst. Zumindest bei zwei Rotalgen wird der Schleim der Zellwand durch Golgi-Vesikel zur Zelloberfläche transportiert (486). Der Golgi-Apparat spielt also bei den Rotalgen genau wie in vielen anderen Pflanzengruppen eine wichtige Rolle bei der Ablagerung von Zellwandstoffen. Der Schleim besteht bei vielen Rotalgen aus Galactanen (Polymeren von Galactose mit Sulfatestergruppen). Bei verschiedenen Arten von Rotalgen können verschiedene Galactane vorkommen, von denen Agar und Carrageen die wichtigsten sind.

Agar und **Carrageen** werden in großem Maßstab für die Zubereitung von Gelen gebraucht. Agar ist zum Beispiel für mikrobiologische Untersuchungen von großer Bedeutung, da einem Gel aus Wasser und 1–2 % Agar Nährstoffe für Pilze und Bakterien zugesetzt werden können, wobei das Gel selbst gegen die Organismen in hohem Maße resistent ist. Da Agar nicht giftig ist, wird er wegen seiner kolloidalen Eigenschaften auch in der Lebensmittelindustrie viel verwendet (z. B. beim Konservieren von Fleisch und Fisch).

Agar wird aus verschiedenen Rotalgen (Arten der Gattungen *Gelidium, Gracilaria, Acanthopeltis, Ahnfeltia, Ceramium, Campylaephora, Phyllophora* und *Pterocladia*), den sogenannten „Agarophyten" gewonnen. Schon seit dem 17. Jahrhundert wird in Japan Agar hergestellt und gehandelt. Japan ist noch immer der wichtigste Produzent von Agar (jährlich etwa 2000 Tonnen) (462), jedoch bestand auch in Europa und Amerika, besonders während des letzten Weltkrieges, eine eigene Agarproduktion.

Carrageen ist ebenfalls ungiftig und wird genauso wie Agar wegen seiner kolloidalen Eigenschaften in der Industrie verwendet. Besonders in der Lebensmittelindustrie, der pharmazeutischen Industrie und der Textilindustrie wird Carrageen zur Stabilisierung von Emulsionen und Suspensionen benötigt. Demselben Zweck können auch Agar oder Alginate (kolloidale Zellwandstoffe bestimmter Braunalgen) dienen. Die industrielle Verwendung gelbildender Zellwandstoffe wird auf S. 142 näher behandelt. Carrageen wird aus *Chondrus crispus* (Irisch Moos) und *Gigartina stellata* gewonnen, Arten, die auch an der Nordseeküste auf Deichen im unteren Teil der Gezeitenzone vorkommen. Die größten Mengen Carrageen werden in den Vereinigten Staaten produziert (etwa 1000 Tonnen im Jahr 1960). An zweiter Stelle stehen die europäischen Länder an der Atlantikküste (139, 462, 640).

Inkrustierung der Zellwände mit Kalk (Tab. 4)

In der Familie der *Corallinaceae* sind die Zellwände der Algen mit Kalk in Form von Calcitkristallen inkrustiert. Kalkrotalgen kommen zwar in allen Meeren vor, treten jedoch besonders in den hellen tropischen Meeren stark in den Vordergrund. Korallenriffe bestehen zu einem beträchtlichen Teil aus Kalkrotalgen, die die Korallenkolonien zu einem festen Gebilde zusammenkitten. *Lithothamnion* ist ein Beispiel für eine Kalkrotalge.

Tüpfel

Bei vielen Rotalgen, vor allem bei Arten aus der Unterklasse der *Florideophycidae,* sind die Zellen untereinander durch auffallende punktförmige oder mehr oder weniger strichförmig ausgedehnte Tüpfel verbunden (Abb. 15 d, 19 b). In Zeichnungen von Rotalgen (z. B. Abb. 15) werden die Tüpfel oft wiedergegeben, um zu zeigen, welche Zellen einen gemeinsamen Strukturverband bilden. In der älteren Literatur findet man unterschiedliche Ansichten über den Bau der Tüpfel. So besteht z. B. keine Einigkeit darüber, ob der Tüpfel von einer oder mehreren oder keiner Plasmaverbindung durchbrochen ist (314). Einige neuere, elektronenmikroskopische Untersuchungen haben jedoch gezeigt, daß die Tüpfel zwar die Zellen als Löcher oder Kanäle miteinander verbinden, daß sie aber durch Pfropfen verstopft sind (Abb. 12) (27, 32, 123, 208). Neuerdings wurde festgestellt, daß durch das Gewebe einiger Rotalgen organische Stoffe transportiert werden, wobei möglicherweise die Tüpfel eine Rolle spielen, auch wenn die Pfropfen diesem Transport im Weg zu stehen scheinen (205).

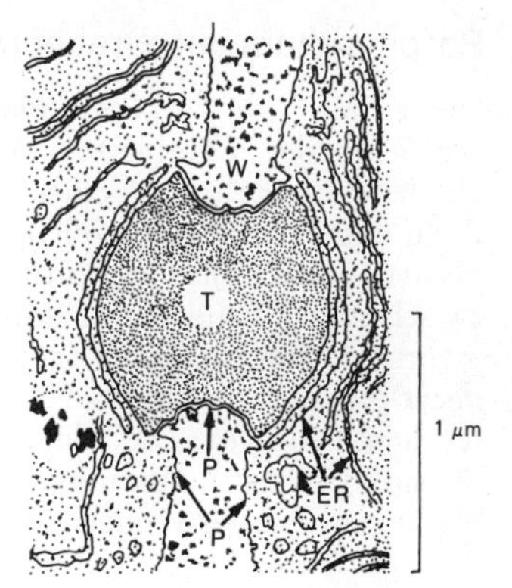

Abb. 12 *Rhodymenia,* Tüpfel in der Zellwand (ER – endoplasmatisches Reticulum, P – Plasmalemma, T – Pfropfen im Tüpfel, von einer eigenen Membran umgeben, W – Zellwand) (nach *Evans*)

Systematische Einteilung der Rhodophyceae

Die Klasse wird in die beiden Unterklassen der *Bangiophycidae* und der *Florideophycidae* unterteilt.

Unterklasse Bangiophycidae

Die Rotalgen dieser Gruppe sind relativ einfach gebaut, einzellig, fädig oder blattförmig. Das interkalare Wachstum ist häufig über den ganzen Thallus verteilt. Tüpfel fehlen meistens. Der sternförmige Chloroplast steht zentral und besitzt ein Pyrenoid. Bei Arten mit geschlechtlicher Vermehrung wächst aus der befruchteten Eizelle kein diploides sporogenes Gewebe (Gonimokarp) hervor (vgl. im Gegensatz dazu die *Florideophycidae*, S. 57).

Von den *Bangiophycidae* sollen drei Vertreter besprochen werden, die die drei wichtigsten Baupläne dieser Gruppe repräsentieren:

- die einzellige Alge *Porphyridium purpureum (= cruentum)* (Ordnung: *Porphyridiales),*
- die fädige Alge *Erythrotrichia carnea* (Ordnung: *Bangiales),*
- die blattförmige Alge *Porphyra* (Ordnung: *Bangiales).*

Die beiden übrigen Ordnungen der *Compsopogonales* und der *Rhodochaetales* sollen hier nicht behandelt werden (86).

Ordnung: Porphyridiales

Die Ordnung enthält einzellige Formen, die zum Teil durch Schleimscheiden zu Kolonien vereinigt sind. Geschlechtliche Fortpflanzung ist unbekannt.

Porphyridium purpureum (Abb. 10 a, d)

Die Zellen von *Porphyridium purpureum* sind kugelförmig oder gegeneinander abgeplattet. Meistens findet man Gruppen oder Haufen von Zellen in einer gemeinsamen Gallerte vereinigt. Jede Zelle enthält einen zentralen, unregelmäßig sternförmigen Chloroplasten und in dessen Mitte ein Pyrenoid. Der Kern liegt seitlich zwischen Zellwand und Chloroplasten gedrückt. *Porphyridium* vermehrt sich immer durch Zellteilungen. Die Kolonien von *Porphyridium purpureum* kommen in der Natur auf feuchten Mauern und feuchter Erde vor. Die Alge wird häufig als Versuchsobjekt in der physiologischen Forschung, besonders bei Untersuchungen zur Photosynthese, verwendet.

Ordnung: Bangiales

Die Algen der Ordnung sind mehrzellig, fädig, scheiben- oder blattförmig. Sie besitzen interkalares Wachstum. Bei einigen Arten kommt geschlechtliche Fortpflanzung vor.

Erythrotrichia carnea (Abb. 11 b)

Der Thallus von *Erythrotrichia carnea* besteht aus einem aufrechten, unverzweigten Zellfaden, der an der Basis mit einigen kurzen Rhizoiden am Substrat festgewachsen ist. Der Faden wächst durch interkalare Zellteilungen. Jede Zelle ist einkernig und enthält einen zentralen sternförmigen Chloroplasten mit einem Pyrenoid.

Vegetative Zellen können durch eine schräg eingezogene Wand ein **Monosporangium** abschnüren. Das Monosporangium enthält eine Spore – die Monospore –, die durch einen Porus in der Wand des Monosporangiums austreten kann. Monosporen sind anfangs nackte Protoplasten, die sich für kurze Zeit amöboid bewegen können. Aus der Monospore wächst direkt ein neuer *Erythrotrichia*-Faden hervor, die Monospore sorgt also für die vegetative Vermehrung. Geschlechtliche Vermehrung konnte bisher bei *Erythrotrichia* nicht beobachtet werden.

Monosporangien und Monosporen sind besonders charakteristisch für Rotalgen, auch wenn sie in seltenen Fällen in anderen Algengruppen vorkommen (z. B. bei *Phaeophyceae*). Die Monosporen sind in gewissem Sinne auch mit den geschlechtlichen Fortpflanzungszellen der Rotalgen vergleichbar, da immer nur eine Fortpflanzungszelle in einem Sporangium bzw. Gametangium gebildet wird (S. 60). In einem Tetrasporangium entstehen 4 Tetrasporen (S. 61).

Erythrotrichia carnea ist ein verbreiteter Epiphyt auf größeren Tangen.

Porphyra (Purpuralge) (Abb. 13)

Der Thallus ist ein aufrechtes Blatt (Abb. 13 a), das bei fast allen Arten nur eine Zellschicht dick ist (Abb. 13 c). Das Blatt ist gefaltet und am Rand oft eingerissen. Seine Basis ist durch Rhizoide befestigt. Der Thallus wächst durch interkalare Zellteilungen, die überall im Blatt vorkommen. Jede Zelle enthält einen zentralen, sternförmigen Chloroplasten mit Pyrenoid.

Porphyra umbilicalis kommt sehr häufig an europäischen Felsküsten vor. Auch an den Deichen der Nordsee kann die Alge bis hoch in die Gezeitenzone in Massen auftreten. *Porphyra umbilicalis* kann extreme Austrocknung bei Niedrigwasser und trockenem Wetter überleben. Unter diesen extremen Bedingungen trocknen die Pflanzen zu spröden, papierartigen Häutchen ein. Werden sie dann wieder untergetaucht oder durch Spritzwasser befeuchtet, nehmen sie wieder ihre normale Gestalt an. Sie bilden dann schlappe, gefaltete, purpurne Blättchen.

Lebenszyklus von Porphyra (Abb. 13)

Hier wird der Lebenszyklus der japanischen Art *Porphyra tenera* behandelt, da diese Art am genauesten erforscht wurde. Man kann aber aufgrund zahlreicher Untersuchungen annehmen, daß der Lebenszyklus anderer *Porphyra*-Arten (z. B. der nordatlantischen Art *Porphyra linearis)* sich von *Porphyra tenera* nicht wesentlich unterscheidet (19). *Porphyra tenera* wird in Japan in großen Mengen als Nahrungsmittel angebaut. Aus diesem Grund wurde die Art häufig untersucht.

Ausgewachsene Pflanzen von *Porphyra tenera* (Abb. 13 a) findet man in Japan im Winterhalbjahr (September bis Mai). Sie sind im allgemeinen einhäusig, jedoch kommen auch völlig „männliche" Pflanzen vor. **Spermatangien** (= männliche Gametangien) entstehen durch Aufteilung einer vegetativen Zelle, einer sogenannten Spermatangium-Mutterzelle (Abb. 13 d). Aus einer Mutterzelle entwickeln sich zahlreiche (64 oder 128), winzige Spermatangien. Jedes Spermatangium enthält eine bleiche, männliche Geschlechtszelle, ein Spermatium. Die Spermatien kommen durch Verschleimen der Zellwände frei (Abb. 13 e). Ein Spermatium ist ein kleiner, nackter Protoplast mit einem Kern und einem stark reduzierten Chloroplasten.

Karpogonien (weibliche Gametangien, d. h. im Prinzip nichts anderes als Oogonien) sind meistens nicht von vegetativen Zellen zu

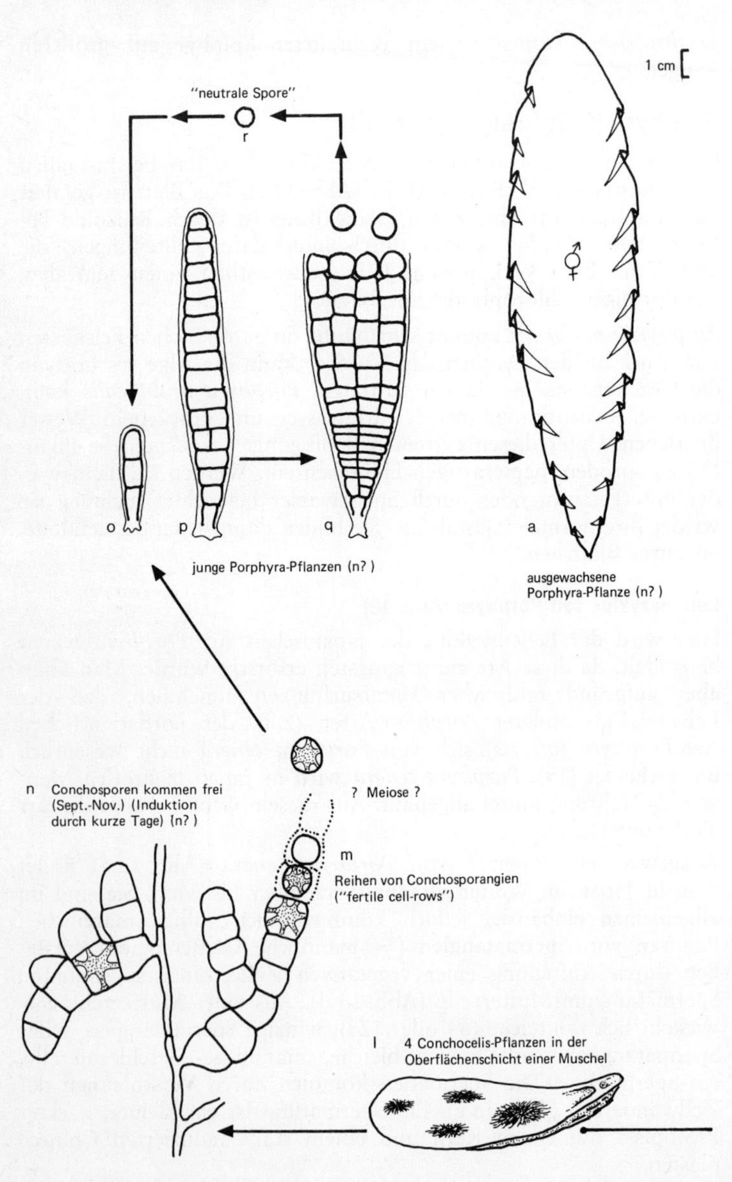

Abb. 13 *Porphyra tenera*, Lebenszyklus (nach *Kurogi*)

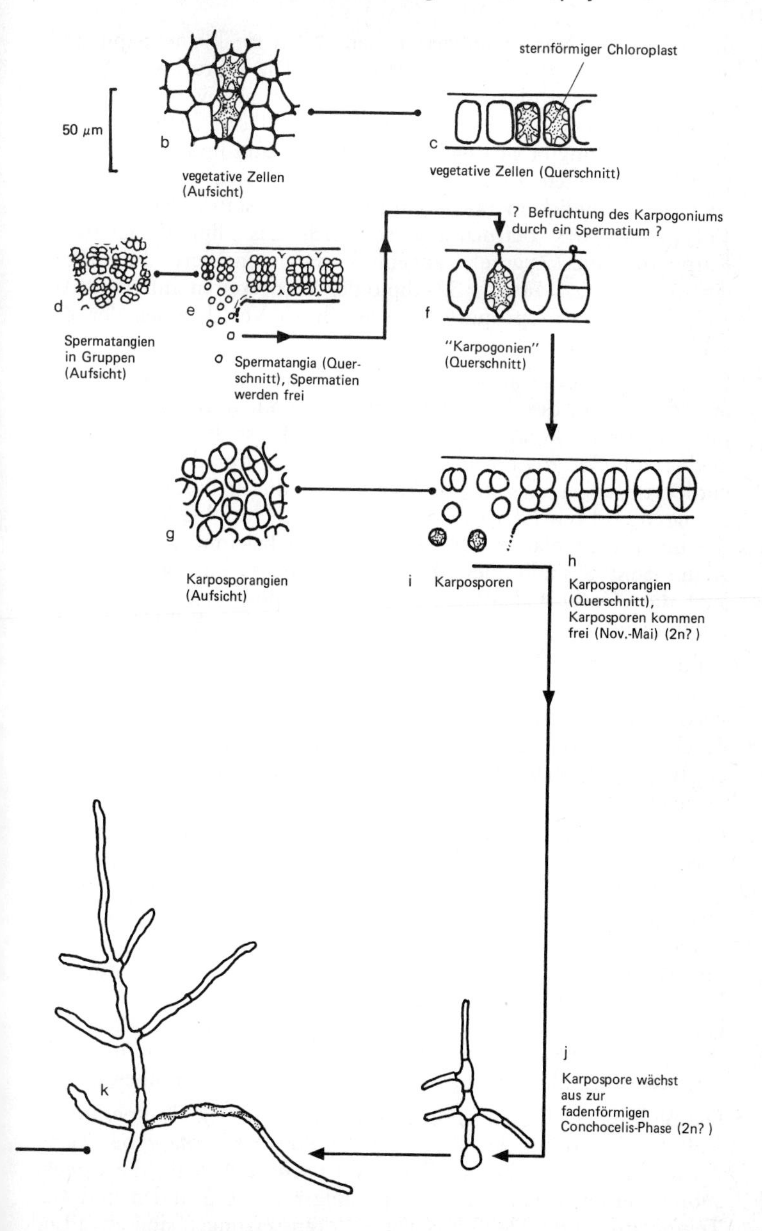

sternförmiger Chloroplast
50 µm
b
c
vegetative Zellen (Aufsicht)
vegetative Zellen (Querschnitt)
? Befruchtung des Karpogoniums durch ein Spermatium ?
d
e
f
Spermatangien in Gruppen (Aufsicht)
Spermatangia (Querschnitt), Spermatien werden frei
"Karpogonien" (Querschnitt)
g
h
Karposporangien (Aufsicht)
i
Karposporen
Karposporangien (Querschnitt), Karposporen kommen frei (Nov.-Mai) (2n?)
j
Karpospore wächst aus zur fadenförmigen Conchocelis-Phase (2n?)
k

unterscheiden. Nur in einigen Fällen sollen sie kleine papillenförmige Ausstülpungen besitzen (Abb. 13 f). Die Befruchtung soll auf folgende Weise erfolgen: Spermatien werden passiv zum Karpogon transportiert, wo sie sich an der Blattoberfläche festheften. Jedes Spermatium umgibt sich danach mit einer Wand und injiziert seinen Kern durch einen Kanal in das Karpogon, wo die Karyogamie zwischen männlichem und weiblichem Kern stattfinden soll (Abb. 13 f). Nach der Befruchtung soll sich das diploid gewordene Karpogon (die Zygote!) angeblich durch mehrere Mitosen in eine Anzahl (4, 8, 16 oder 32) diploider **Karposporen** aufteilen (Abb. 13 g, h, i). Die Karposporen werden durch Verschleimen der Zellwand freigesetzt.

Eine Karpospore wächst zu einem System verzweigter Zellfäden aus, die sich in den Kalk von Muscheln und in Gehäuse von Seepocken bohren können (Abb. 13 j, k, l). Diese Phase des Lebenszyklus von *Porphyra* wurde bei der Laborkultur der Karposporen entdeckt, wobei sich herausstellte, daß die kalkbohrenden, verzweigten, fädigen Pflanzen mit einer kleinen Rotalge identisch sind, die unter dem Namen *Conchocelis rosea* bekannt war (99, 101). Man nennt deshalb diese Phase des Lebenszyklus von *Porphyra* jetzt die „*Conchocelis*-Phase“. Da die Karposporen wahrscheinlich diploid sind, gilt für die *Conchocelis*-Phase wahrscheinlich dasselbe.

Kulturversuche haben gezeigt, daß die *Conchocelis*-Phase einen bestimmten Typ von Monosporen (Conchosporen) bilden kann, die wieder zu normalen *Porphyra*-Pflanzen auswachsen können, wodurch der Zyklus geschlossen wird (Abb. 13 m–q). Conchosporen entstehen in Conchosporangien, die in kettenförmigen Reihen angeordnet sind.

Conchosporangien werden bei *Porphyra tenera* (und wahrscheinlich auch bei anderen *Porphyra*-Arten und bei der eng verwandten Gattung *Bangia)* nur unter Kurztagbedingungen gebildet (103, 104, 309, 494). Bei einer täglichen Belichtungszeit von 8 Stunden entstehen Conchosporen, während bei vierzehnstündiger Belichtung ihre Bildung unterbleibt. Der Grenzwert liegt bei einer täglichen Lichtperiode von 10 Stunden. Es ist anzunehmen, daß die Kurztaginduktion der Conchosporangien durch Phytochrom gesteuert wird; dieses Pigment ist auch bei manchen höheren Pflanzen für Effekte verantwortlich, die auf Tageslänge beruhen (z. B. das Blühen).

Die Bildung der Conchosporen wird auch durch die Temperatur beeinflußt. Der optimale Wert liegt für *Porphyra tenera* bei 21 °C. An der japanischen Küste bildet die *Conchocelis*-Phase die Conchosporen bei einer Tageslänge von weniger als 10 Stunden und einer Temperatur unter 22–23 °C. Diese Voraussetzungen sind etwa Ende

September gegeben, so daß in dieser Zeit in großen Mengen Conchosporen freigesetzt werden, die zu neuen *Porphyra*-Pflanzen auswachsen können.

Junge *Porphyra*-Pflanzen können sich durch „neutrale Sporen" vegetativ vermehren. „Neutrale Sporen" entstehen als Monosporen am oberen Rand junger Thalli (Abb. 13 q, r).

Zusammenfassend können wir feststellen, daß die *Porphyra*-Phase eine Winterannuelle ist, während die *Conchocelis*-Phase perenniert (mehrjährig ist) und für die „Übersommerung" der Art sorgt.

Nach karyologischen Untersuchungen von Magne (179, 352) sind Karposporen und *Conchocelis*-Phase diploid, die *Porphyra*-Pflanzen dagegen haploid. Bei der Bildung der Conchosporen soll die Meiose karyologisch nachweisbar sein. Dixon u. Richardson (87) dagegen konnten bei der eng verwandten Gattung *Bangia* keinen Unterschied in der Ploidie der Phasen finden, so daß nach diesen Untersuchungen der Lebenszyklus völlig ungeschlechtlich wäre (35, 495). *Bangia* ist mit *Porphyra* direkt vergleichbar. In den Untersuchungen wuchsen unter Kurztagbedingungen sowohl Karposporen als auch Conchosporen zu *Bangia*-Pflanzen heran, während im Langtag aus Karposporen die *Conchocelis*-Phase entstand, die sich dann vegetativ durch Monosporen vermehrte.

Diese widersprüchlichen Beobachtungen sind deshalb schwer zu erklären, weil die Forscher nicht dasselbe Ausgangsmaterial benutzten. Beide Ansichten können durchaus zutreffen, da unter Umständen bei einigen Klonen von *Porphyra* (und *Bangia*) beim Wechsel von *Porphyra*- und *Conchocelis*-Phase geschlechtliche Prozesse eingeschaltet sind, die bei anderen Klonen fehlen. In jedem Fall wird aber der Wechsel zwischen den beiden Phasen durch Temperatur und Tageslänge gesteuert.

Verbreitung

Die *Conchocelis*-Phase scheint an den europäischen Küsten sehr verbreitet zu sein, und zwar nicht nur in Muschelschalen, sondern vor allem auch in den Kalkgehäusen der Seepocken, die in der Gezeitenzone in großen Mengen auf Felsen und Molen vorkommen können (227).

Porphyra als Nahrungsmittel

Purpuralgen werden in Japan wahrscheinlich seit dem 17. Jahrhundert auf „halb-agrarische" Weise in großen Mengen gezüchtet und für den Verbrauch verarbeitet. 1961 bauten 68 700 Fischer und

Bauern etwa 133 000 Tonnen (Naßgewicht) *Porphyra* an (310). Auch an der Küste von China und Korea wird die Alge gezüchtet.

Porphyra (japanisch „Amanori“) wird in Buchten der Pazifikküste angebaut, in denen Flüsse für eine reichliche Zufuhr von Nährsalzen (Phosphate, Nitrate) sorgen. Früher beschränkte sich der „Anbau“ darauf, Bambuszweige in den bei Niedrigwasser frei liegenden Boden zu stecken. Sporen, die zufällig im Wasser schwammen, konnten sich auf den Zweigen festsetzen und zu *Porphyra*-Thalli auswachsen. Heutzutage werden weitmaschige Netze (Maschengröße etwa 15 × 15 cm) zwischen Pfählen über dem Sedimentboden ausgespannt. Die Netze hängen in Höhe des mittleren Wasserstandes, so daß die Fischer bei Niedrigwasser von Booten aus die Algen ernten können. Auch die Ansiedlung der Sporen wird nicht mehr der Natur überlassen. Man züchtet nämlich im Sommer in Betonbecken die *Conchocelis*-Phase auf Austernschalen. Diese Arbeit wird sowohl von Fischereistationen als auch in kleinen Privatbecken durchgeführt. Bevor die Netze im September/Oktober ausgehängt werden, werden sie in den *Conchocelis*-Kulturen untergetaucht und umgerührt. Dabei setzen sich zahlreiche Conchosporen auf den Netzen fest. Manchmal werden auch Austernschalen mit *Conchocelis*-Pflanzen in Säckchen unter den Netzen aufgehängt, um den Conchosporen den Zugang zu den Netzen zu ermöglichen.

Einige Wochen nach dem Ausspannen sind die Netze dicht mit jungen *Porphyra*-Pflanzen bewachsen, die sich ihrerseits durch „neutrale Sporen“ vegetativ vermehren (Abb. 13 q, r). 50 bis 60 Tage nach dem Ausspannen der Netze kann zum ersten Mal geerntet werden. In der Zeit von November bis März sind drei bis vier Ernten möglich. Durch die künstliche Aussaat der Sporen auf den Netzen ist der Ernteertrag beträchtlich gewachsen.

Um die Fruchtbarkeit des Wassers zu erhöhen, wird bei Niedrigwasser der trockenfallende Boden umgepflügt, so daß bei Hochwasser die Nährsalze wieder aufgeschwemmt werden können. Die Ernte mit der Hand ist sehr arbeitsintensiv und im Winter sehr unangenehm, so daß man sich mit der Entwicklung von Erntemaschinen beschäftigt.

Nach der Ernte wird *Porphyra* mit Süßwasser gewaschen, feingehackt und auf flachen Sieben in der Sonne oder in Trockenkammern getrocknet. Durch das Trocknen entstehen dünne Blättchen (19 × 17 cm), die in Zehnerpackungen verkauft werden. Die Blättchen können auf verschiedene Art gegessen werden, doch soll hier auf Kochrezepte verzichtet werden.

Auch in Süd-Wales wird *Porphyra* („laver“) geerntet und gegessen, jedoch ist der Verbrauch von geringer Bedeutung.

Unterklasse Florideophycidae

Die Thalli bestehen im Prinzip aus verzweigten Zellfäden, die durch Teilung der Scheitelzelle wachsen. Die Zellfäden sind oft zu mehr oder weniger komplizierten pseudoparenchymatischen Thalli vereinigt, die blattförmig, drehrund oder abgeplattet sein können. Tüpfel sind immer vorhanden. Die plattenförmigen oder bandförmigen Chloroplasten sind meistens wandständig, manchmal kommen jedoch auch zentrale, sternförmige Chloroplasten mit Pyrenoid vor. Aus der befruchteten Eizelle, dem Karpogonium, wächst ein diploides sporogenes Gewebe, das **Gonimokarp,** hervor. Das Gonimokarp bildet diploide Sporen, die Karposporen, die zu diploiden **Tetrasporophyten** auswachsen. Der Tetrasporophyt bildet in Tetrasporangien unter Meiose Tetrasporen. Die haploiden Tetrasporen wachsen zu neuen haploiden Gametophyten aus.

Die weitaus größte Zahl der Rotalgen gehört zu dieser Unterklasse. Einzellige Vertreter kommen bei den *Florideophycidae* nicht vor. Die am einfachsten gebauten Vertreter der Unterklasse bestehen aus Systemen verzweigter Zellfäden, bei denen Hauptachse und Seitenzweige morphologisch gleich sind. Als Beispiel solch einer einfach gebauten Alge soll *Rhodochorton investiens* behandelt werden (Abb. 14).

Die große Mehrzahl der *Florideophycidae* ist zwar viel komplizierter gebaut als *Rhodochorton investiens,* prinzipiell bestehen jedoch alle *Florideophycidae* aus Systemen verzweigter Zellfäden, bei denen allerdings mehr oder weniger ausgeprägte Unterschiede zwischen Hauptachsen und Seitenzweigen sowie zwischen den Seitenzweigen untereinander bestehen. In Extremfällen sind die Zellfäden so fest miteinander verwachsen, daß die Alge wie aus parenchymatischem Gewebe gebaut erscheint. Als Beispiel für eine komplizierter gebaute (obwohl noch immer recht einfache) Rotalge soll *Acrosymphyton purpuriferum* behandelt werden (Abb. 15, 16 a). Bei *Acrosymphyton* besteht die Hauptachse aus großen Zellen, von denen jede einen Kranz aus vier kleinzelligen Kurztrieben trägt (Abb. 15 a). Bei Kurztrieben, die auch **determinate Laterale** genannt werden, handelt es sich um Seitenzweige mit begrenztem Wachstum, die schnell ihre endgültige Größe erreichen. Hauptachse und Kurztriebe sind in eine gemeinsame Gallerte eingebettet.

Der Bau von *Ceramium* (Abb. 10 c) beruht auf denselben Prinzipien wie bei *Acrosymphyton.* Die Hauptachse besteht aus großen Zellen (axiale Zellen), die jeweils einen Kranz kleinzelliger Kurztriebe tragen. Die Zellen der Kurztriebe liegen hier so dicht zusammengedrängt, daß sie um die Hauptachse herum eine pseudoparenchymatische Manschette aus Rindenzellen bilden.

Bei den komplizierter gebauten Rotalgen kann man zwei Konstruktionstypen unterscheiden. Beim **uniaxialen** (einachsigen) Typ, den man auch **Zentralfadentyp** nennt, bestehen die Stücke des Thallus nur aus einer Hauptachse und den daraus entspringenden Kurztrieben (Abb. 10 c, 15 a, 17 k, 18 b). Beim **multiaxialen** (vielachsigen) Typ, den man auch **Springbrunnentyp** nennt, besteht dagegen der Thallus aus mehreren bis vielen Hauptachsen mit den zugehörigen Kurztrieben (Abb. 17 a, 19 b, 20 b).

Die beiden Thallustypen kommen auch bei Braunalgen in der Ordnung der *Chordariales* vor.

Lebenszyklus von Rhodochorton investiens (Abb. 14)

An dieser Art soll der Lebenszyklus der *Florideophycidae* in seiner grundlegenden Form gezeigt werden. Die Art wurde nicht nur wegen des relativ einfachen Baus ihrer vegetativen Organe ausgewählt, sondern auch, weil es gelungen ist, den Zyklus in Laborkulturen nachzuvollziehen (576).

Leider wurden bei der Untersuchung des Lebenszyklus keine Parallelbeobachtungen zur Karyologie der verschiedenen Phasen angestellt, so daß der Ort der Meiose und die Ploidie der einzelnen Stadien nicht ganz sicher bekannt sind. Aufgrund zahlreicher Untersuchungen bei anderen Rotalgen kann jedoch angenommen werden, daß die Angaben über haploide und diploide Phasen in Abb. 14 richtig sind.

Rhodochorton (= Balbiania) investiens ist eine seltene Süßwasserrotalge, die als winziger Epiphyt auf der Süßwasserrotalge *Batrachospermum* lebt. Verwandte Arten sind im Meer weit verbreitet.

Voll entwickelte Pflanzen von *Rhodochorton investiens* findet man das ganze Jahr über. Sie ähneln feinen Flöckchen, die aus verzweigten Zellfäden aufgebaut sind. Die Pflanzen können entweder zur Gametophyten-Phase oder zur Sporophyten-Phase gehören (Abb. 14 a, m). Der Gametophyt (haploid) ist einhäusig, so daß eine Pflanze sowohl Spermatangien als auch Karpogonien trägt. **Spermatangien** (= männliche Gametangien) werden an den geschwollenen Enden einzelner Scheitelzellen gebildet (Abb. 14 d). Jedes Spermatangium produziert eine bleiche, nackte, männliche Geschlechtszelle – das **Spermatium. Karpogonien** (= weibliche Gametangien, d. h. im Prinzip Oogonien) sind morphologisch gut kenntlich (Abb. 14 b, c, i). Ein Karpogon besteht aus zwei Teilen. Im basalen, mehr oder weniger geschwollenen Teil liegt der weibliche Kern bereit, um mit dem männlichen Kern zu verschmelzen. Der obere Teil des Karpogons besteht aus einem langgestreckten,

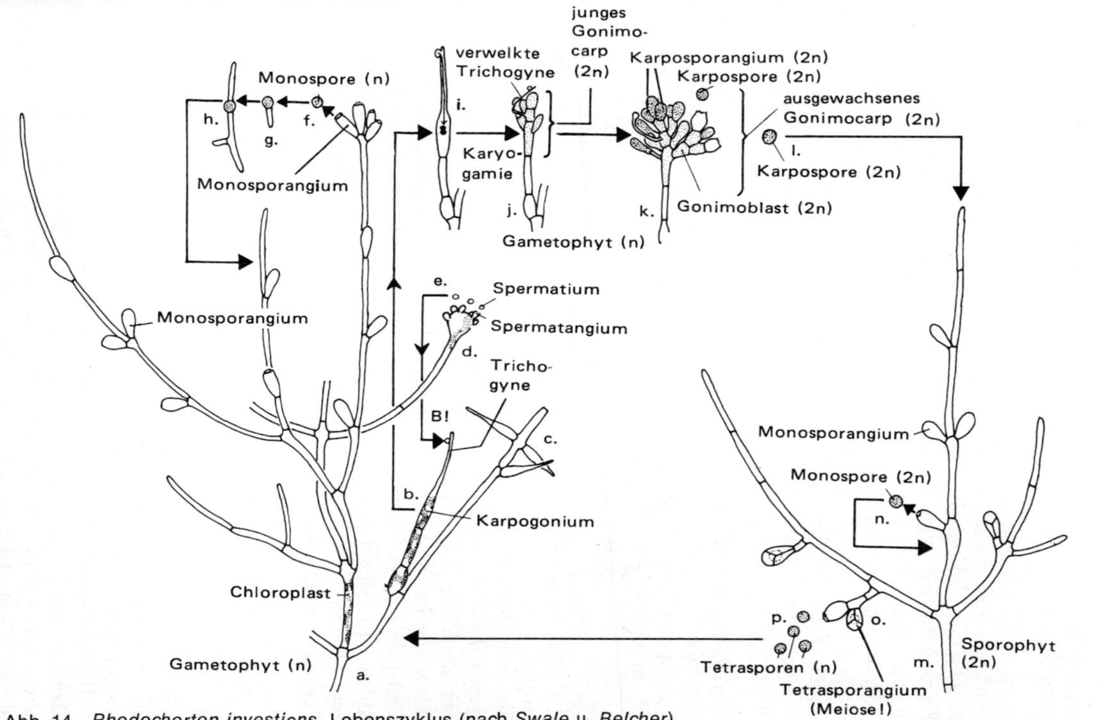

Abb. 14 *Rhodochorton investiens*, Lebenszyklus (nach *Swale* u. *Belcher*)

dünnen, farblosen Ausläufer – der **Trichogyne.** Bei manchen Pilzen (bestimmten Ascomyceten) findet man ähnlich gebaute Geschlechtsorgane, die ebenfalls eine Trichogyne besitzen. Aufgrund dieser Ähnlichkeit hat man Spekulationen über einen möglichen phylogenetischen Zusammenhang zwischen Rotalgen und Ascomyceten angestellt.

Karpogone können gestielt oder ungestielt sein (Abb. 14 b, c). Bei den meisten *Florideophycidae* stehen die Karpogone immer am Ende morphologisch spezialisierter Zweige, den sogenannten Karpogonästen (vgl. die Karpogonäste von *Acrosymphyton,* Abb. 15 b). Zur Befruchtung werden Spermatien passiv zu den Karpogonen transportiert, an deren Trichogynen sie sich anheften. Danach umgibt sich das Spermatium mit einer Wand und injiziert seinen Kern in die Trichogyne. Der (männliche) Spermatiumkern wandert durch die Trichogyne zum Bauch des Karpogons, in dem er mit dem weiblichen Kern verschmilzt (Karyogamie: Abb. 14 i).

Nach der Befruchtung und der Karyogamie teilt sich das jetzt diploide Karpogon und wächst zu einem kompakten System diploider sporogener Fäden aus (Abb. 14 j, k). Die kurzen sporogenen (= Sporen bildenden) Fäden werden **Gonimoblasten** genannt (Abb. 14 k). Das ganze System der diploiden Gonimoblasten heißt **Gonimokarp.** An Stelle der Bezeichnung Gonimokarp findet sich in der Literatur häufig der Ausdruck **Karposporophyt.** Dieser Ausdruck enthält eine weitgehende Interpretation, nach der das Gonimokarp als gesonderte Phase des Lebenszyklus angesehen werden muß und damit der Gametophyten- und Tetrasprophyten-Phase gleichgeordnet ist. Diese Karposporophyten-Phase soll nach dieser Theorie im Laufe der Evolution ihre Unabhängigkeit verloren haben, so daß sie jetzt parasitär auf dem Gametophyten lebt. Da jedoch keine Rotalge mit einem selbständigen „Karposporophyten" bekannt ist, ist diese Interpretation eine reine Spekulation. Für die Beschreibung sollte deshalb der Ausdruck Gonimokarp vorgezogen werden.

Bei vielen *Florideophycidae* wird das Gonimokarp von einer oft urnenförmigen Hülle umgeben. Die Einheit aus Gonimokarp und Hülle wird **Cystokarp** genannt (Abb. 17 j, n, 20 d, i).

An den Enden der Gonimoblasten werden Karposporangien gebildet. In jedem **Karposporangium** entsteht eine diploide (2 n) Karpospore. Bei vielen *Florideophycidae* wachsen praktisch alle Zellen des Gonimokarps zu Karposporangien aus. Aus jeder diploiden Karpospore wächst bei *Rhodochorton* ein diploider **Tetrasporophyt** hervor, der morphologisch dem haploiden Gametophyten gleicht (Abb. 14 m). Auf dem Tetrasporophyten entstehen die

Tetrasporangien. In jedem Tetrasporangium entstehen durch eine Meiose vier haploide Tetrasporen (Abb. 14 p). Die reifen Tetrasporen sind im Tetrasporangium in Form eines Tetraeders angeordnet (Abb. 14 o). Jede Tetraspore wächst zu einem neuen haploiden Gametophyten heran, wodurch der Lebenszyklus sich schließt.

Gametophyt und Tetrasporophyt können sich beide vegetativ durch ungeschlechtliche Monosporen vermehren (Abb. 14 f, g, h, n).

Zusammenfassend können wir den Lebenszyklus von *Rhodochorton investiens* als isomorph-diplohaplonten Zyklus bezeichnen, bei dem die Zygote zu einem diploiden sporogenen Gewebe auswächst (Abb. 4).

Lebenszyklus von Acrosymphyton purpuriferum (Abb. 15, 16 a)

Die meisten *Florideophycidae* sind größer und komplizierter gebaut als *Rhodochorton investiens* (Abb. 15–20). Auch Entwicklung und Bau der geschlechtlichen Fortpflanzungsstrukturen sind meistens viel komplizierter als bei dieser Alge. *Acrosymphyton* ist aus mehreren Gründen ein besonders günstiges Beispiel zur Demonstration dieser verwickelten Verhältnisse, da nicht nur die Entwicklung des Gonimokarps schon sehr lange bekannt ist (439), sondern auch der ganze Lebenszyklus neuerdings im Labor gezüchtet werden konnte (68). Bei der Kultivierung zeigte sich, daß Tetrasporophyt und Gametophyt einander nicht ähnlich sehen. Im Gegensatz zu *Rhodochorton* besitzt *Acrosymphyton* außerdem Auxiliarzellen, die bei der Entwicklung des Gonimokarps eine wichtige Rolle spielen und die für viele Rotalgen charakteristisch sind.

Acrosymphyton purpuriferum ist eine recht seltene mediterrane Art. Ausgewachsene Pflanzen sind sehr schleimig. Sie bilden unter Wasser pyramidenförmige, reich verzweigte Gebilde von 5–15 cm Höhe. An der Basis der Pflanze können die „Achsen“ bis zu 1 cm dick sein, während die „Zweige“ an den Enden dünner als 100 μm sind (Abb. 16 a). Unter dem Mikroskop zeigt sich, daß jeder Zweig – und im Prinzip der gesamte Thallus – aus einer Hauptachse aufgebaut ist, bei der jede Zelle einen Kranz aus vier kleinzelligen Kurztrieben trägt (Abb. 15 a). Hauptachse und Kurztriebe sind in eine gemeinsame Gallerte eingebettet, so daß die Pflanze außerhalb des Wassers einem Klumpen Froschlaich ähnelt.

Acrosymphyton kommt nur im Sommer vor und verschwindet im Winter. Alle Pflanzen sind einhäusige Gametophyten. Der Tetrasporophyt war bis vor kurzem unbekannt, was nicht überraschend ist, da er sich morphologisch erheblich vom Gametophyten unterscheidet. In Abb. 15 werden im Lebenszyklus die Ploidie-Phasen

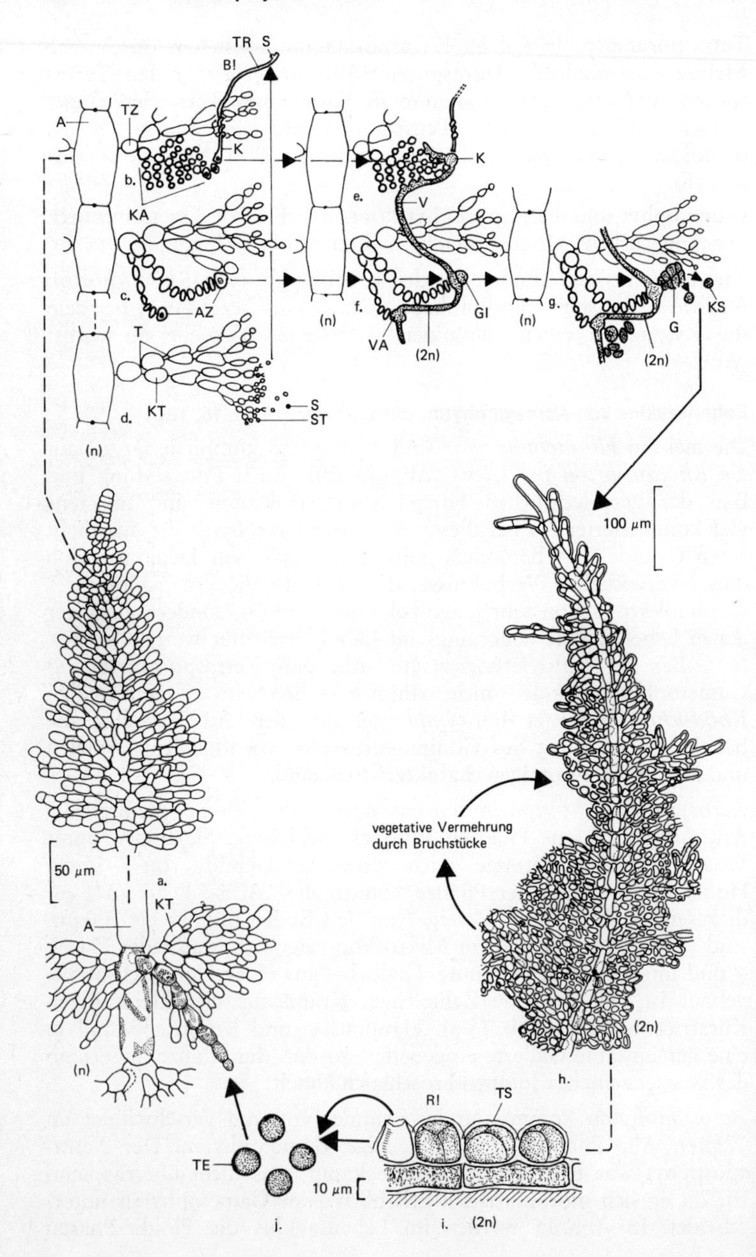

TR
S
B!
A
TZ
K
b.
KA
c.
AZ
T
KT
d.
ST
(n)
e.
V
f.
GI
VA
(2n)
g.
G
KS
100 µm
50 µm
a.
vegetative Vermehrung
durch Bruchstücke
h.
R!
TS
TE
10 µm
j.
i.

angegeben, wie sie sich aus neuen Untersuchungen ergaben (67). Die Verhältnisse sind nicht anders als bei anderen untersuchten Rotalgen, bei denen der Gametophyt immer haploid, der Tetrasporophyt diploid ist und die Meiose bei der Bildung der Tetrasporen auftritt.

Die Spermatangien werden an den endständigen Zellen von Kurztrieben (determinate Laterale) gebildet (Abb. 15 d). In jedem Spermatangium entsteht eine bleiche, nackte, männliche Geschlechtszelle, das Spermatium. Karpogonien sind an ihrer Form und am Ort ihrer Entstehung leicht erkennbar (Abb. 15 b). Ein Karpogon besteht aus einem mehr oder weniger geschwollenen Basalteil, in dem der weibliche Geschlechtskern bereit liegt, um mit dem männlichen Geschlechtskern zu verschmelzen, sowie aus einem langen, dünnen, spiralförmigen, farblosen Auswuchs, der Trichogyne. Das Karpogon ist die Endzelle eines Zellfadens, der morphologisch deutlich von normalen vegetativen Zellfäden abweicht und den man **Karpogonast** nennt. Bei *Acrosymphyton* besteht der Karpogonast aus einer kleinzelligen Hauptachse und aus einander gegenüberstehenden Seitenästen. Der Karpogonast entspringt der basalen Zelle eines vegetativen Kurztriebes. Diese Zelle wird **Tragzelle** genannt. Diese spezialisierten Karpogonäste kommen bei den meisten Florideophycidae vor. Ihre Struktur ist sehr unterschiedlich, jedoch sind sie durchweg viel kürzer als bei *Acrosymphyton.*

Bei der Entwicklung der Gonimokarpe spielen die sogenannten **Auxiliarzellen** eine wichtige Rolle. Sie sind aufgrund ihrer Form und ihrer Lage in der Alge gut erkennbar (Abb. 15 c). Eine Auxiliarzelle ist die relativ stark geschwollene Endzelle eines morphologisch abweichend gebauten, kleinzelligen Zellfadens, des sogenannten **Auxiliarzellastes.** Der Auxiliarzellast ist im Gegensatz zum Karpogonast unverzweigt, entspringt jedoch genau wie dieser aus der Basalzelle eines vegetativen Kurztriebes. Auxiliarzellen und oft auch Auxiliarzelläste findet man bei den meisten *Florideophycidae,* ihre Form und der genaue Ort ihres Vorkommens sind jedoch sehr unterschiedlich.

Abb. 15 *Acrosymphyton purpuriferum,* Lebenszyklus. a) Detail des Gametophyten; h) Tetrasporophyt; weitere Erklärungen s. Text. (A – monosiphonale Achse, AZ – Auxiliarzellen an Auxiliarzellästen, B! – Befruchtung, G – Gonimokarp, GI – Gonimoblasteninitiale, K – Karpogon, KA – Karpogonast, KS – Karposporen, KT – Kurztrieb (determinate Laterale), R! – Reduktionsteilung, S – Spermatium, ST – Spermatangium, T – Tüpfel, TE – Tetraspore, TR – Trichogyne, TS – Tetrasporangium, TZ – Tragzelle, V – Verbindungsfaden, VA – Verbindungsfaden mit Auxiliarzelle verwachsen) (nach *Cortel-Breeman* u. *van den Hoek; Kylin; Oltmanns*)

Zur Befruchtung werden die Spermatien passiv zum Karpogon transportiert, wo sie sich an der Trichogyne festheften. Das Spermatium umgibt sich danach mit einer Wand und injiziert seinen Kern in die Trichogyne. Der (männliche) Spermatienkern wandert durch die Trichogyne zum Bauch des Karpogons, in dem er mit dem weiblichen Kern verschmilzt.

Nach der Befruchtung entspringen dem jetzt diploiden Karpogon ein oder zwei diploide Fäden, die sogenannten Verbindungsfäden (Abb. 15 e – die diploiden Teile sind punktiert gezeichnet). Die Verbindungsfäden verschmelzen dicht am Karpogon mit einigen vegetativen Zellen des Karpogonastes (Abb. 15 e) und wachsen dann weiter zu den nächstgelegenen Auxiliarzellen, mit denen sie ebenfalls verschmelzen (Abb. 15 f). Aus dem Verbindungsfaden empfängt die Auxiliarzelle einen diploiden Kern. Dieser Kern und die Auxiliarzelle teilen sich, wobei von der Auxiliarzelle eine diploide Gonimoblasteninitiale nach außen hin abgeschnürt wird. Aus der Gonimoblasteninitiale entwickelt sich ein kompaktes Gonimokarp, dessen Zellen sich fast alle in Karposporangien umwandeln können (Abb. 15 g). Da der Verbindungsfaden mit mehreren Auxiliarzellen verschmilzt, können aus einem befruchteten Karpogon auf diese Weise mehrere Gonimokarpe entstehen.

Kulturversuche (68) haben gezeigt, daß die diploiden Karposporen zu einem diploiden Tetrasporophyten auswachsen, der sich morphologisch stark vom Gametophyten unterscheidet (vgl. Abb. 16 a, 15 a und 15 h).

Der Tetrasporophyt ist eine kleine, dem Substrat angepreßte Scheibe. Sie besteht anscheinend aus einem System von Hauptachsen und Kurztrieben, die miteinander zu einer pseudoparenchymatischen Einheit verwachsen sind. Die einzelnen Zellfäden sind jedoch zum größten Teil noch gut zu erkennen (Abb. 15 h). In der Natur war bereits eine Rotalgenart gefunden worden, die morphologisch dem kultivierten Tetrasporophyten von *Acrosymphyton* gleicht. Da diese Rotalge den Namen *Hymenoclonium serpens* trägt, wird die Tetrasporophyten-Phase von *Acrosymphyton* auch „*Hymenoclonium*-Phase“ genannt (vgl. die *Conchocelis*-Phase von *Porphyra*, S. 54).

Auf dem Tetrasporophyten werden Tetrasporangien angelegt. Jedes Tetrasporangium bildet nach einer Meiose vier haploide Tetrasporen aus (Abb. 15 i, j). Die Bildung von Tetrasporangien konnte in Kultur nur unter Kurztagbedingungen induziert werden. Bei acht Stunden Tageslicht werden Tetrasporen gebildet, bei 16 Stunden Licht dagegen nicht. Dieser Kurztageffekt beruht auf einem anderen (noch unbekannten) Mechanismus als der Kurztageffekt bei

Porphyra tenera (vgl. S. 54). Wenn Tetrasporen im Labor unter Kurztagbedingungen gebildet werden, entstehen sie in der Natur wahrscheinlich nur im Winterhalbjahr.

Im Gegensatz zum Gametophyten kann der Tetrasporophyt sich vegetativ vermehren. Im Kulturversuch erfolgte die vegetative Fortpflanzung durch Fadenbruchstücke, die sich ablösen und wieder zu neuen Tetrasporophyten auswachsen. Diese Form der Vermehrung erfolgt sowohl unter Langtag- wie unter Kurztagbedingungen. Jede Tetraspore kann zu einem neuen Gametophyten auswachsen (Abb. 15 j, a).

Zusammenfassend können wir den Lebenszyklus von *Acrosymphyton purpuriferum* als heteromorph-diplohaplonten Zyklus bezeichnen, bei dem die Zygote zu einem diploiden sporogenen Gewebe auswächst (Abb. 4). Der Gametophyt ist sommerannuell, seine weitere Existenz hängt vom Tetrasporophyten ab. Der Tetrasporophyt dagegen perenniert (ist mehrjährig). Seine Fortpflanzung ist nicht vom Gametophyten abhängig, da er sich ungeschlechtlich vermehren kann.

Es gibt andere Rotalgen mit vergleichbarem Lebenszyklus. Wenn der Tetrasporophyt unabhängig vom Gametophyten weiterleben kann, dann ist es denkbar, daß Gametophyt und Tetrasporophyt eine unterschiedliche geographische Verbreitung besitzen. Dies ist bei einigen Rotalgen tatsächlich der Fall und gilt wahrscheinlich auch für *Acrosymphyton*. *„Hymenoclonium serpens"* ist nämlich von der englischen Küste bekannt, während *Acrosymphyton* im Mittelmeer vorkommt und an den europäischen Atlantikküsten fehlt.

Es ist denkbar, daß die Gametophyten-Phase auf diese Weise entweder ausstirbt oder auf irgendeine Weise völlig unabhängig lebt (auch hierfür sind Beispiele bekannt). Gametophyt und Tetrasporophyt könnten sich so zu zwei morphologisch stark unterschiedlichen Arten entwickeln.

Lebenszyklus von Lemanea (Abb. 16 b—e)

Pflanzen von *Lemanea* sehen wie steife, dunkelbraune bis schwarze Bürstenhaare aus, die in regelmäßigen Abständen verdickt sind (Knoten) (Abb. 16 c). Der Thallusbau ist im Prinzip ähnlich wie bei *Acrosymphyton*. Jede Zelle der Hauptachse (ein Zellfaden) trägt einen Kranz aus vier kleinzelligen Kurztrieben, die hier jedoch zu einem kräftigen Pseudoparenchym verwachsen sind. *Lemanea*-Arten wachsen auf Steinen in schnell strömenden Bächen. Sie gehören zu der kleinen Gruppe der Süßwasserrotalgen.

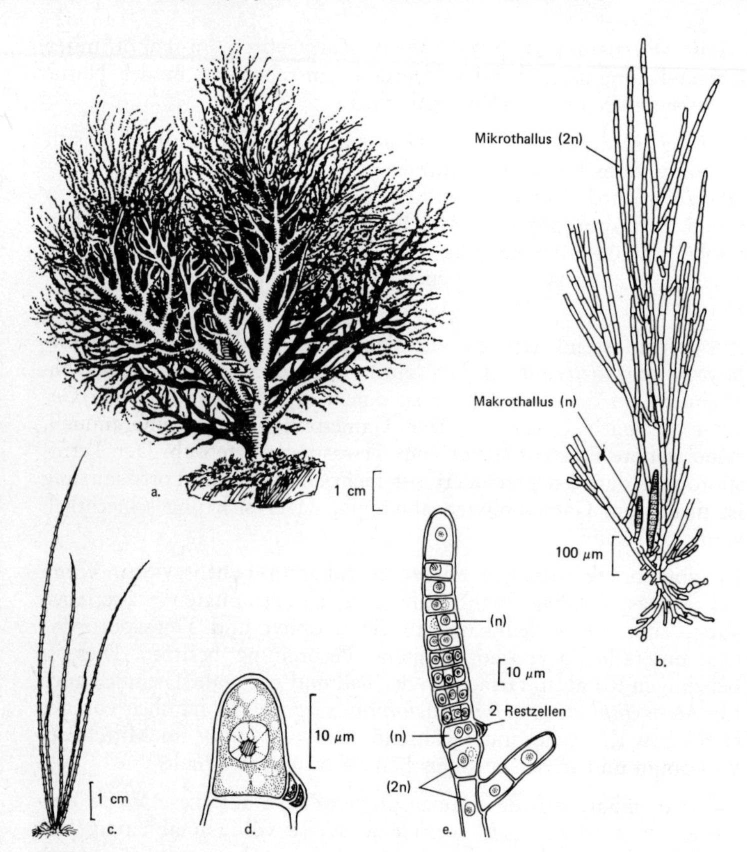

Abb. 16 a) *Acrosymphyton purpuriferum;* b–e) *Lemanea* (b = Mikrothallus [*Chantransia*-Phase] mit zwei jungen Makrothalli [*Lemanea*-Phase]; c = Habitus; d = erste Zelle des Makrothallus mit zwei Restzellen; e = junger Makrothallus auf dem Mikrothallus) (a–c nach *Oltmanns*, d–e nach *Magne*)

Wie bei *Acrosymphyton* wachsen auch bei *Lemanea* die Karposporen zu einer diploiden Phase aus, die sich morphologisch deutlich vom Gametophyten unterscheidet. Diese Phase besteht bei *Lemanea* aus Büschelchen einfach gebauter, verzweigter Zellfäden, die etwas an *Rhodochorton investiens* erinnern (Abb. 16 b) und die als *Chantransia*-Phase bezeichnet werden. Solch eine einfach gebaute, fädige Phase im Lebenszyklus einer kompliziert gebauten Alge können wir Mikrothallus-Phase nennen (60). Die kompliziert gebaute Phase erhält entsprechend den Namen Makrothallus-Phase.

Man sollte erwarten, daß die diploide Mikrothallus-Phase von *Lemanea* entsprechend der *Hymenoclonium*-Phase von *Acrosymphyton* nach einer Meiose Tetrasporen bildet, die wieder zu einem neuen Gametophyten (Makrothallus) auswachsen können. Das ist jedoch nicht der Fall. Junge Gametophyten von *Lemanea* entspringen nämlich als Seitenzweige direkt aus dem Mikrothallus (Abb. 16 b). Die Meiose erfolgt in der Scheitelzelle eines jungen Seitenzweiges (355, 356). Nach der Reduktionsteilung bleibt nur ein lebensfähiger haploider Kern erhalten, während die anderen Meiosekerne in kleine funktionslose Restzellen abgeschieden werden (Abb. 16 d, e). Die haploide Scheitelzelle wächst zu einem neuen Gametophyten (Makrothallus) heran. Wir haben es hier mit einer vegetativen Meiose zu tun. Diese Art der Meiose ist ein sehr seltener Sonderfall, da bei der Reduktionsteilung sonst meistens Meiosporen oder Gameten gebildet werden. Auch erfolgt die Meiose fast immer in besonderen Zellen, wie zum Beispiel Meiosporangien, Gametangien oder Hypnozygoten.

Vegetative Meiose findet man auch bei einigen Arten der Gattung *Batrachospermum*, die ebenfalls im Süßwasser vorkommt (246). Der Gegensatz von vegetativer Meiose ist eine vegetative Diploidisierung, die bei Rotalgen unbekannt ist, die jedoch bei der Braunalge *Elachista stellaris* vorkommt (S. 158).

Zusammenfassend können wir den Lebenszyklus von *Lemanea* als einen heteromorph-diplohaplonten Zyklus mit vegetativer Meiose bezeichnen, bei dem die Zygote zu einem diploiden sporogenen Gewebe auswächst (vgl. Abb. 4).

Andere Lebenszyklen der Florideophycidae

Der isomorph-diplohaplonte Lebenszyklus, bei dem die Zygote zu diploidem sporogenen Gewebe auswächst (Beispiel *Rhodochorton investiens*), ist bei den Rotalgen am häufigsten, jedoch kennt man auch zahlreiche Beispiele des heteromorph-diplohaplonten Zyklus, wie er für *Acrosymphyton purpuriferum* charakteristisch ist (86, 137). Andere Möglichkeiten sollen hier nur angedeutet werden. Bei *Rhodochorton purpureum*, einem nahen Verwandten von *Rhodochorton investiens*, wächst das befruchtete Karpogon direkt zu einem verzweigten Tetrasporophyten heran, der dem Gametophyten morphologisch gleich ist. Der Tetrasporophyt ist also auf dem Gametophyten festgewachsen. Ähnliches findet sich bei anderen Arten (137, 621).

Ein Tetrasporophyt, der in der oben genannten Weise auf dem Gametophyten wächst, ähnelt einem Gonimokarp, wie es zum Beispiel bei *Rhodochorton investiens* vorkommt. Deshalb wird das

Gonimokarp oft als gesonderte, auf dem Gametophyten parasitierende, reduzierte Phase des Lebenszyklus angesehen und als Karposporophyt bezeichnet. Es besteht die Theorie, daß der Lebenszyklus primitiver, jetzt ausgestorbener *Rhodophyceae* aus drei freilebenden isomorphen Phasen bestand: der haploiden Gametophyten-Phase, der diploiden Karposporophyten-Phase (die aus der Zygote hervorging) und der diploiden Tetrasporophyten-Phase. Im Laufe der Evolution soll sich die Zygote schließlich nicht mehr vom Gametophyten gelöst haben, sondern direkt ausgekeimt sein. Auf diese Weise wäre der Karposporophyt ein Parasit auf dem Gametophyten geworden. Es ist jedoch kein einziger freibleibender Karposporophyt bekannt, so daß die hier entwickelte Theorie ungesichert bleibt.

Bei einigen Arten kommt nur eine ungeschlechtliche Vermehrung durch Monosporen oder seltener auch durch Tetrasporen vor.

Systematische Einteilung der Florideophycidae

Die Unterklasse der *Florideophycidae* wird in fünf Ordnungen unterteilt (86): 1. *Nemaliales;* 2. *Cryptonemiales;* 3. *Gigartinales;* 4. *Rhodymeniales;* 5. *Ceramiales.*

Wichtige Merkmale, auf denen diese Unterteilung beruht, sind: das Vorkommen oder Fehlen von Auxiliarzellen; der Ort, an dem die Auxiliarzelle im Gewebe liegt; der Zeitpunkt, an dem die Auxiliarzelle angelegt wird (vor oder nach der Befruchtung des Karpogons). In einigen Fällen ist die Übereinstimmung im Bau der Karpogonäste und damit verbundener Strukturen von Bedeutung. Dies gilt zum Beispiel für die Trennung der Ordnungen 4 und 5. Diese beiden Ordnungen kann man als natürliche Gruppen ansehen, deren Vertreter jeweils untereinander ein hohes Maß von Übereinstimmung aufweisen. In den anderen Ordnungen sind sehr unterschiedliche Formen zusammengefaßt. Das System der *Florideophycidae* ist künstlich, denn es beruht im Grunde auf einem einzigen Merkmal (den Auxiliarzellen). Es ist außerdem unmöglich, den Begriff „Auxiliarzelle“ scharf zu definieren, weswegen die Homologie der Auxiliarzellen bei verschiedenen Gattungen zweifelhaft erscheint. Trotz dieser Einwände muß das vorliegende System vorläufig beibehalten werden, da kein besseres vorhanden ist.

Ordnung: Nemaliales

Auxiliarzellen fehlen bei den Vertretern dieser Ordnung. Hierher gehören die schon behandelten Gattungen *Rhodochorton* und *Lemanea.*

Nemalion elminthoides (Abb. 17 a–i)

Die dunkelrote oder braune Art besitzt eine elastische, wurmförmige Gestalt. Sie ist charakteristisch für brandungsexponierte Felsen in der Gezeitenzone der atlantischen und mediterranen Küsten in Europa. Der vegetative Bau ist typisch multiaxial: Aus einem Bündel axialer Filamente entspringen zahlreiche verzweigte, laterale Filamente, die in einer gemeinsamen steifen Gallerte eingebettet liegen (Abb. 17 a).

Spermatangien werden auf den Enden lateraler Fäden gebildet (Abb. 17 c). Ein drei- bis fünfzelliger Karpogonast entspringt dicht neben der Achse aus einer Zelle eines lateralen Fadens (Abb. 17 d, e). Nach der Befruchtung des Karpogons durch ein Spermatium (Abb. 17 e) teilt sich das Karpogon in eine obere und eine untere Zelle (Abb. 17 f). Aus der oberen diploiden Zelle entspringen einige kompakt verzweigte, nach unten wachsende Gonimoblasten (Abb. 17 g, h), die schließlich Karposporangien bilden (Abb. 17 i). Die übrigen Zellen des Karpogonastes verschmelzen miteinander zu einer Fusionszelle, die angeblich das entstehende Gonimokarp „ernährt". Was man sich darunter vorstellen soll, ist etwas unklar. Manchmal wird diese Fusionszelle auch Auxiliarzelle genannt (auch Auxiliarzellen sollen eine Funktion als Nährzellen haben), aber in diesem Fall dürften wir dann *Nemalion* nicht mehr zu den *Nemaliales* rechnen, da diese Ordnung ja durch das Fehlen von Auxiliarzellen charakterisiert ist. Diese Widersprüche illustrieren das Dilemma der Definitionen und die Schwäche des gängigen Systems der *Florideophycidae*.

Aus den Karposporen von *Nemalion* wächst ein fadenförmiger, verzweigter Tetrasporophyt hervor (159, 160, 602).

Bonnemaisonia asparagoides (Abb. 17 j–n).

Die Pflanzen bestehen aus karmesinroten, fadenförmigen, verzweigten, 10–30 cm hohen Büscheln. Die Achse und die Seitenzweige sind mit zwei Reihen von Kurztrieben bekleidet (Abb. 17 j). Im Querschnitt besteht ein Faden aus einer zentralen Zelle, die von mehreren Lagen von Zellen umgeben ist. Die Zellen werden nach außen hin immer kleiner (Abb. 17 n). Bei den kleinen Zellen handelt es sich um Zellfäden, die zu einem Pseudoparenchym vereinigt sind. Die Art kommt im Sommer an den atlantischen Küsten südlich von England und im Mittelmeer vor.

Eine zweischneidige Scheitelzelle schnürt dreieckige Segmentzellen ab, von denen jede nacheinander zwei Seitenzweige abgliedert. Als erstes wird ein polysiphoner Kurztrieb und als zweites entweder ein

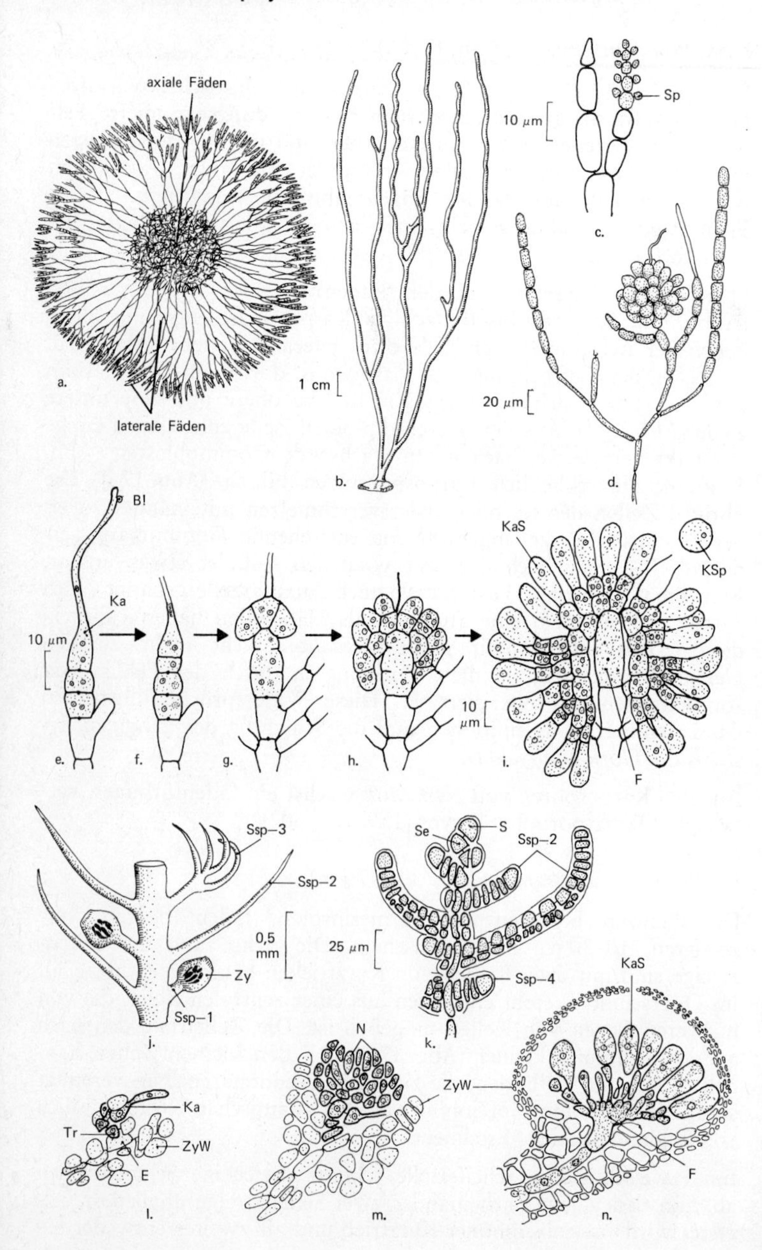
axiale Fäden
laterale Fäden
a.
1 cm
b.
10 µm
Sp
c.
20 µm
d.
B!
Ka
10 µm
e.
f.
g.
h.
KaS
KSp
10 µm
i.
F
Ssp–3
Ssp–2
0,5 mm
Zy
Ssp–1
j.
Se
S
Ssp–2
25 µm
Ssp–4
k.
Ka
Tr
ZyW
E
l.
N
ZyW
m.
KaS
F
n.

fertiler Kurztrieb oder ein Langtrieb (indeterminate Laterale) gebildet (Abb. 17 k, j). Der Thallusbau folgt dem uniaxialen Typ.

Der dreizellige Karpogonast entspringt einer Tragzelle, die an der Terminalzelle eines fertilen Kurztriebes festgewachsen ist (Abb. 17 l). Aus der hypogynen Zelle (der Zelle unter dem Karpogon) entspringt ein Büschel dicht gedrängter Zweige, dessen Zellen einen sehr dichten Zellinhalt aufweisen. Diese sogenannten Nährzellen sollen angeblich das Gonimokarp ernähren (Abb. 17 m). Nach der Befruchtung entspringt aus dem Karpogon ein Gonimoblast, der auswächst und mit dem Karpogonast, der Tragzelle und einigen umliegenden Zellen zu einer großen, scheibenförmigen Fusionszelle verschmilzt. Von dieser Fusionszelle werden die Karposporangien abgeschnürt (Abb. 17 n). Von der Basis des Karpogonastes und aus seiner näheren Umgebung her wachsen vegetative Zellen zu der Wand des Cystokarps aus (Abb. 17 l–n).

Die Karposporen wachsen zu einem kleinen, verzweigt fädigen Tetrasporophyten heran, der ein wenig an den Tetrasporophyten von *Acrosymphyton* erinnert. Auch die Induktion der Tetrasporen erfolgt wie bei *Acrosymphyton* durch Kurztagbedingungen. Aus den Tetrasporen wächst der Gametophyt heran. Die Gametophyten sind sommerannuell, während der Tetrasporophyt perennieren kann und für die Überwinterung sorgt (66, 131).

Bonnemaisonia und einige eng verwandte Gattungen (die Familie *Bonnemaisoniaceae)* werden manchmal auch als eigene Ordnung *(Bonnemaisoniales)* angesehen (130). Zu dieser Ordnung sollen dann auch die Gattung *Scinaia* und verwandte Gattungen (Familie *Chaetangiaceae)* gehören. Diese Ordnung wäre jedoch künstlich, weil sich *Bonnemaisoniaceae* und *Chaetangiaceae* im Thallusbau stark unterscheiden.

Abb. 17 a–i) *Nemalion elminthoides* (a = Thallusquerschnitt mit multiaxialem Bau; b = Habitus; c = lateraler Faden mit Spermatangiophor; d = lateraler Faden mit Gonimokarp; e–i = Entwicklung eines Karpogonastes [punktiert] zum reifen Gonimokarp); j–n) *Bonnemaisonia asparagoides*, Verzweigung und Entwicklung des Cystokarps. (E – Endzelle, F – Fusionszelle, N – Nährzellen, Ka – Karpogon, KaS – Karposporangium, KSp – Karpospore, S – Scheitelzelle, Se – erstes Segment, Sp – Spermatangium, Ssp-1 – fertiler Seitensproß, Ssp-2 – Seitensproß [Kurztrieb = determinate Laterale], Ssp-3 – Seitensproß [Langtrieb = indeterminate Laterale], Ssp-4 – Seitensproß [potentieller Langtrieb oder potentieller fertiler Seitensproß], Tr – Tragzelle, Zy – Cystokarp, ZyW – Cystokarpwand) (a, b nach *Oltmanns,* c, e–i nach *Smith,* d, j nach *Newton,* k nach *Kylin*)

Gelidium latifolium (Abb. 18)

Der Thallus ist dunkelrot, zusammengesetzt gefiedert, knorpelig, flach und etwa 10 cm hoch (Abb. 18 a). *Gelidium* ist uniaxial gebaut (Abb. 18 b). *Gelidium latifolium* ist an den Felsküsten des Atlantiks und des Mittelmeeres weit verbreitet. Die Alge wächst oft an der Niedrigwassermarke auf schattigen, überhängenden Steinen.

Die einschneidige Scheitelzelle schnürt durch eine Horizontalwand ein flaches Segment ab, das sich in der Thallusebene in drei Zellen teilt. Von diesen drei Zellen wächst die zentrale Zelle zur Achse aus, während die beiden perizentralen Zellen zu kompakt verzweigten

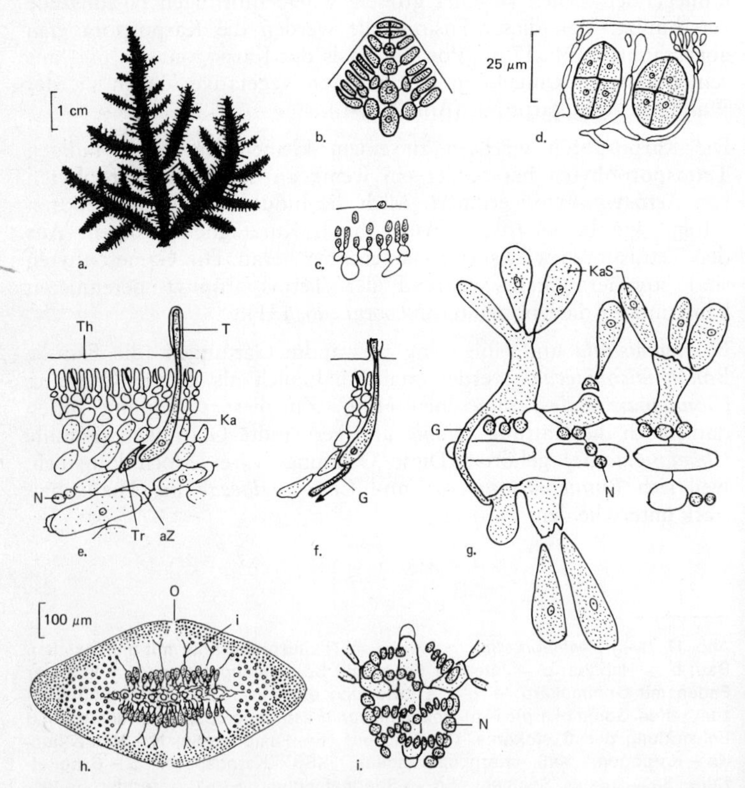

Abb. 18 *Gelidium latifolium.* a) Habitus; b) Scheitelregion; c) Spermatangien; d) Tetrasporangien; e–i) Entwicklung des Gonimokarps. (aZ – axiale Zelle [Zentralzelle], G – Gonimoblast, i – innere Rindenzellen, Ka – Karpogon, KaS – Karposporangien, N – Nährzelle, O – Ostiolum, T – Trichogyne, Th – Thallusrand, Tr – Tragzelle) (g nach *Fan*, b, c, e, f, h, i nach *Kylin*)

Kurztrieben (determinaten Lateralen) heranwachsen, die sich zu einem Pseudoparenchym vereinigen.

Das Karpogon entspringt aus einer interkalaren Zelle, die im Verhältnis zur Zentralzelle immer eine ganz bestimmte Position einnimmt (Abb. 18 e). Nach der Befruchtung wächst aus dem Karpogon ein Gonimoblast hervor (Abb. 18 f). Das Karpogon kann vorher manchmal mit der Tragzelle verschmelzen (85, 127). Wenn wir die Tragzelle als Auxiliarzelle verstehen (wie z. B. bei *Chondrus,* Abb. 19 d), dürfen wir Gelidium nicht bei den *Nemaliales* einordnen.

Die Gonimoblastfäden verzweigen sich und wachsen parallel zur Achse nach unten, wobei sie mit Gruppen von „Nährzellen“ verschmelzen (Abb. 18 e, g, i). Danach werden die Karposporangien gebildet (Abb. 18 g). Die Fäden der Nährzellen könnte man auch als Auxiliarzelläste bezeichnen (vgl. Abb. 15 e), wodurch noch einmal illustriert wird, daß das System der *Florideophycidae,* das auf dem Vorkommen von Auxiliarzellen basiert, unnatürlich ist. Die innersten Rindenzellen strecken sich, wodurch das reife Gonimokarp die Form einer Höhlung bekommt, die durch Ostiolen mit der Außenwelt in Verbindung steht (Abb. 18 h).

Aus der Natur kennt man Tetrasporophyten (Abb. 18 d) der Art, die morphologisch dem Gametophyten gleichen. Man vermutet deshalb, daß *Gelidium* einen isomorph-diplohaplonten Lebenszyklus besitzt (Abb. 4).

Gelidium und einige verwandte Gattungen werden oft als besondere Ordnung *(Gelidiales)* angesehen.

Ordnung: Cryptonemiales

Bei den Vertretern dieser Ordnung werden die Auxiliarzellen vor der Befruchtung gebildet. Sie sind ein Teil besonderer Zweige, die man Auxiliarzelläste nennt. Zu den *Cryptonemiales* gehört *Acrosymphyton purpuriferum* (Abb. 15, 16 a). Die Art besitzt auffallende Auxiliarzelläste (Abb. 15 c).

Zu dieser Ordnung rechnet man auch die wichtige Familie der *Corallinaceae,* zu der die Kalkrotalgen gehören. Kalkrotalgen, deren Zellwände mit Calcitkristallen inkrustiert sind, kommen zwar in allen Meeren vor, eine besonders wichtige Rolle spielen sie jedoch in den hellen tropischen Meeren, wo sie von großer Bedeutung für den Bau der Korallenriffe sind. Ein charakteristisches Beispiel der Kalkrotalgen ist *Lithothamnion calcareum.* Die zerbrechlichen, rosafarbenen, korallenförmigen Pflänzchen liegen frei auf dem Boden von Meeresbuchten der europäischen Atlantikküsten. Die Art bildet unterhalb der Niedrigwassermarke ausgedehnte Bänke aus toten und lebenden Pflanzen.

Ordnung: Gigartinales

Bei den Algen dieser Ordnung fungiert eine normale interkalare Zelle des Thallus als Auxiliarzelle.

Chondrus crispus (Abb. 19)

Die Thalli sind flach, fächerförmig verzweigt, knorpelig, dunkelrot und 5–15 cm groß (Abb. 19 a). Das Zentrum der Pflanze wird von zahlreichen parallel laufenden Fäden gebildet, die miteinander anastomosieren. Der Thallus von *Chondrus* ist also multiaxial gebaut (Abb. 19 b). *Chondrus crispus* ist an den europäischen Atlantikküsten in der unteren Gezeitenzone weit verbreitet. Die Art wird für die Herstellung des Gelstoffes Carrageen benutzt (vgl. S. 48).

Der dreizellige Karpogonast (Abb. 19 d) liegt in der äußeren Rindenschicht. Er entspringt aus einer Tragzelle, die eine normale interkalare Zelle des Thallus ist. Die Tragzelle dient zugleich als Auxiliarzelle. Der Komplex aus Tragzelle/Auxiliarzelle und Karpogonast

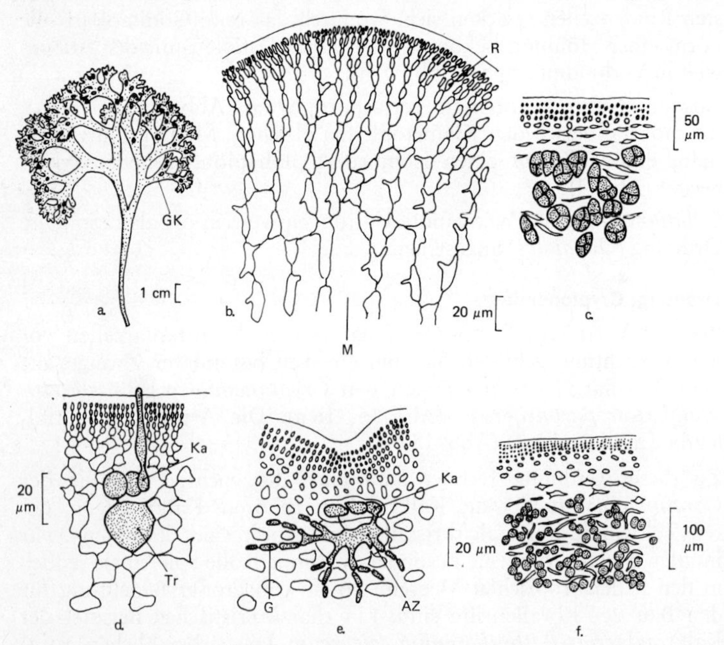

Abb. 19 *Chondrus crispus;* a) Habitus; b) Scheitelzone; c) Tetrasporangien; d) Karpogon; e) Gonimoblast; f) Karposporangien. (AZ – Auxilarzelle, G – Gonimoblast, GK – Gonimokarp, Ka – Karpogon, M – Mark, R – Rinde, Tr – Tragzelle = Auxiliarzelle) (a nach *Newton,* b–f nach *Kylin*)

wird Prokarp genannt. Dieser Ausdruck wird dann benutzt, wenn Auxiliarzellen und Karpogone Teile desselben Verzweigungssystems sind. Nach der Befruchtung verschmilzt das Karpogon mit der Auxiliarzelle (Abb. 19 e). Aus den verschmolzenen Zellen wachsen Gonimoblastfäden in den Thallus hinein, wo sie zahlreiche Karposporangien abschnüren (Abb. 19 f). Reife Gonimokarpe quellen an einer Seite aus dem Thallus hervor (Abb. 19 a). Tetrasporophyten gleichen morphologisch den Gametophyten. Die Tetrasporangien werden im Mark an kurzen Seitenästen der Markzellen gebildet (Abb. 19 c).

Ordnung: Rhodymeniales

Die Auxiliarzelle wird schon vor der Befruchtung des Karpogons von einer Tochterzelle der Tragzelle abgeschnürt. Tragzelle, Auxiliarzelle, die Zelle, die die Auxiliarzelle abgeschnürt hat (die Auxiliarmutterzelle) und der Karpogonast bilden zusammen das Prokarp (Abb. 20 c). Der Bau des Prokarps ist bei den *Rhodymeniales* auffallend einheitlich. Der Thallus ist multiaxial gebaut und blattförmig oder hohl.

Chylocladia verticillata (Abb. 20 a–d)

Der Thallus ist zylindrisch, hohl und in regelmäßigen Abständen eingeschnürt (Abb. 20 a). An jeder Einschnürung steht ein Kranz von Seitenästen. Die Röhre des Thallus ist inwendig durch Querwände in Abschnitte unterteilt. Die kugelförmigen Cystokarpien stehen auf den Ästen, während die Tetrasporangien in die Rinde der Äste eingebettet liegen. Die Art kommt an den europäischen Atlantikküsten südlich von Irland vor.

Chylocladia ist multiaxial gebaut. 16–20 axiale Fäden sind mit ihren Scheitelzellen aneinander gedrückt, während sie nach unten auseinanderweichen und am Rand der zentralen Höhlung liegen (Abb. 20 b). In die Höhlung ragen Drüsenzellen hinein. Von den axialen Fäden aus werden die Querwände gebildet, die die zentrale Höhle in Abteilungen unterteilen. An den Längsfäden entspringen auch die Kurztriebe, die sich zu einer pseudoparenchymatischen Rinde zusammenschließen (Abb. 20 b).

Der vierzellige Karpogonast wächst aus einer Rindenzelle (Tragzelle) hervor, die an einem axialen Faden festsitzt. Die Tragzelle trägt zwei Auxiliarmutterzellen. (In Abb. 20 c wurde nur eine dieser Zellen hinter dem Karpogonast gezeichnet. Die zweite Zelle, die den Karpogonast verdeckt hätte, wurde weggelassen.) Nach der Befruchtung verschmilzt das Karpogon mit der Auxiliarzelle, bis schließlich aus dem Karpogon, den Auxiliarzellen, den Auxiliar-

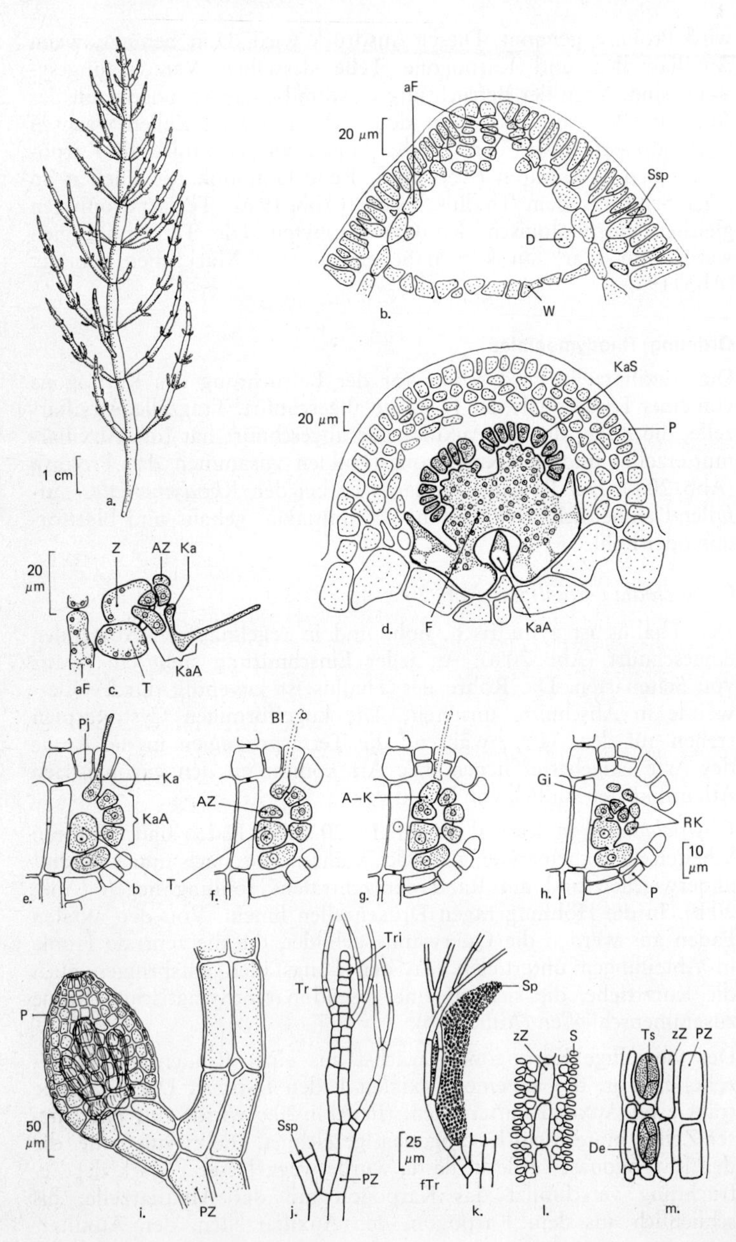
aF
20 μm
Ssp
D
b.
W
KaS
20 μm
P
1 cm
a.
F
d.
KaA
20
μm
Z
AZ
Ka
aF
c.
T
KaA
Pj
Ka
KaA
b
T
e.
B!
AZ
f.
A–K
g.
Gi
RK
10
μm
P
h.
P
50
μm
i.
PZ
Tri
Tr
Ssp
PZ
j.
Sp
25
μm
fTr
k.
zZ
S
l.
Ts
zZ
PZ
De
m.

mutterzellen und einigen Zellen aus dem Boden des Cystokarps eine einzige große vielkernige Fusionszelle entsteht. Aus der Fusionszelle entspringen fächerförmig die Karposporangien (Abb. 20 d).

Ordnung: Ceramiales

Erst nach der Befruchtung des Karpogons wird bei diesen Algen die Auxiliarzelle von der Tragzelle des Karpogonastes abgeschnürt. Tragzelle, Auxiliarzelle und Karpogonast bilden zusammen das Prokarp. Das Prokarp ist bei allen *Ceramiales* überraschend gleichförmig gebaut. Der Thallusbau ist immer uniaxial.

Polysiphonia (Abb. 20 e–m)

Der Thallus besteht aus fein verzweigten Fäden und ist bis zu 25 cm hoch. Jede Zelle des axialen Fadens (jede Zentralzelle) schnürt nach außen einen Kranz von 4 bis 25 Perizentralzellen ab. Die Zahl ist artabhängig. An den europäischen Küsten kommen etwa 25 Arten vor. *Polysiphonia urceolata* ist ein Beispiel für eine Art mit vier Perizentralen.

Die dritte oder vierte axiale Zelle von der Spitze her gerechnet schnürt eine Zelle ab (die Trichoblastinitiale), die zu einem spezialisierten Seitenast auswächst, den man Trichoblast nennt. Der Trichoblast ist verzweigt und besitzt keine Perizentralen. Seine Zellen sind langgestreckt und farblos. Ihre Funktion ist unbekannt (Abb. 20 j). Erst nachdem eine axiale Zelle einen Trichoblasten abgeschnürt hat, bildet sie den Kranz der Perizentralen (vier in Abb. 20 j). So entsteht das „polysiphone" (= vielschläuchige) Äußere der Alge. An Stelle eines Trichoblasten kann auch ein Langtrieb angelegt werden (Abb. 20 j). Manchmal entspringt ein Langtrieb (= indeterminate Laterale) auch der basalen Zelle eines Trichoblasten. Langtriebe können im unteren Teil des Thallus auch „endogen" aus einer zentralen Zelle entstehen und wachsen dann zwischen den Perizentralen hindurch nach außen.

Abb. 20 a–d) *Chylocladia verticillata;* e–m) *Polysiphonia.* (aF – axialer Faden, A-K – Auxiliarzelle und Karpogon verschmelzen, AZ – Auxiliarzelle, b – basale sterile Initiale, D – Drüsenzelle, De – Deckel, F – Fusionszelle, fTr – fertiler Trichoblast, Gi – Gonimoblastinitiale, Ka – Karpogon, KaA – Karpogonast, KaS – Karposporangium, P – Perikarp, Pj – junges Perikarp, PZ – perizentrale Zelle, RK – Rest des Karpogonastes, S – Spermatangium, Sp – Spermatangiophor, Ssp – Seitensproß [Langtrieb], T – Tragzelle, Tr – Trichoblast, Tri – Trichoblastinitiale, Ts – Tetrasporangium, W – Wand zwischen zwei Abteilungen, Z – Auxiliarmutterzelle, zZ – Zentralzelle) (b–d nach *Kylin*, e–m nach *Smith*)

Männliche Pflanzen bilden die Spermatangien auf speziellen fertilen Trichoblasten. Dabei entwickelt sich an der Basis des Trichoblasten ein Ast zu einem Spermatangiophor (= Spermatangienträger) (Abb. 20 k, l).

Auch das Prokarp wird dicht an der Basis eines fertilen Trichoblasten angelegt. Es entwickelt sich als kleiner Seitenast aus der von der Basis her gesehen zweiten Zelle des Trichoblasten. Ein Prokarp, das bereit ist zur Befruchtung, besteht aus einer Tragzelle, die einen gekrümmten vierzelligen Karpogonast trägt (Abb. 20 e) und aus zwei sterilen Initialen (von denen in Abb. 20 e eine abgebildet wurde). Das Prokarp liegt auf der adaxialen Seite des fertilen Trichoblasten.

Nach der Befruchtung des Karpogons schnürt die Tragzelle nach oben eine Auxiliarzelle ab (Abb. 20 f), die mit dem Karpogon in Verbindung tritt (Abb. 20 g). Der diploide Kern wandert aus dem Karpogon in die Auxiliarzelle, aus der danach die ersten Gonimoblastinitialen entspringen (Abb. 20 h). Während der weiteren Entwicklung des Gonimokarps verschmelzen die Tragzelle, die Auxiliarzelle und die Zellen der sterilen Fäden zu einer großen Fusionszelle.

Das reife Gonimokarp wird von einem urnenförmigen Perikarp umschlossen (Abb. 20 i). Gonimokarp und Perikarp bilden zusammen das Cystokarp. Das Perikarp wird schon vor der Befruchtung aus perizentralen Trichoblastzellen direkt neben der Tragzelle angelegt (Abb. 20 e–h).

Der Tetrasporophyt gleicht morphologisch dem Gametophyten. *Polysiphonia* besitzt also einen isomorph-diplohaplonten Lebenszyklus (Abb. 4). Die Tetrasporangien werden in einer normalen vegetativen Achse angelegt. Dabei teilt sich in einem Kranz aus perizentralen Zellen eine der Zellen in einen Deckel, eine periphere Zelle, eine Stielzelle und ein Tetrasporangium (Abb. 20 m) (637).

Kapitel 4: Heterokontophyta — Klasse 1: Chrysophyceae

Die wichtigsten Merkmale der Heterokontophyta

1. Die begeißelten Zellen sind heterokont, d. h. sie tragen eine lange, nach vorn gerichtete, pleuronematische Geißel (= Flimmergeißel) und eine kürzere, nach hinten gerichtete Geißel ohne Flimmern. Die pleuronematische Geißel ist mit zwei Reihen von Flimmern (steifen Haaren), die auch Mastigonemen genannt werden, bekleidet. Ein Mastigonem besteht aus drei charakteristischen Unterteilen: einer Basis, einem tubulären Schacht und einem bis mehreren terminalen Haaren (Abb. 22 d). Die Flimmern werden in Zisternen des endoplasmatischen Reticulums gebildet (95).
2. Der Chloroplast wird nicht nur von der doppelten Chloroplastenmembran, sondern zusätzlich von einer Falte des endoplasmatischen Reticulums umhüllt. Diese Falte kann mit der Kernmembran, die ja ebenfalls eine Falte des endoplasmatischen Reticulums ist, eine Einheit bilden, wenn der Chloroplast direkt gegen den Kern angepreßt liegt (Abb. 22).
3. In den Chloroplasten liegen je drei Thylakoide in Stapeln aufeinander (Lamelle). Dicht unter der Chloroplastenmembran verläuft in gleichbleibendem Abstand eine Gürtellamelle (Abb. 22 h).
4. Die nach hinten gerichtete Geißel hat in der Nähe ihrer Basis eine Anschwellung, die sich genau dem konkaven Augenfleck anlegen kann (Abb. 22 a, f).
5. Der Augenfleck liegt dicht unter der Oberfläche im vorderen Teil der Zelle. Er ist in einen Chloroplasten eingeschlossen und besteht aus einer Reihe von Pigmentglobuli (Abb. 22 a, f).
6. Ein bis mehrere Golgi-Apparate (bei den *Chloromonadophyceae* viele) sind gegen die Vorderseite des Kerns gepreßt. Von der Kernhülle werden Vesikel abgeschnürt, die dem Golgi-Apparat angefügt werden. Dies geschieht auf der dem Kern zugewandten Seite des Golgi-Apparates, die man Bildungsseite nennt. Auf der dem Kern abgewandten Seite (Sekretionsseite) schnürt der Golgi-Apparat seine Vesikel ab (Abb. 22 a).
7. Die Chloroplasten enthalten Chlorophyll a und Chlorophyll c sowie verschiedene Carotinoide (Tab. 2).

8. Das Reservepolysaccharid wird außerhalb des Chloroplasten, oft jedoch am Pyrenoid gebildet.

Die *Heterokontophyta* sind eine natürliche Abteilung. Es ist fast verblüffend, wie genau die Klassen dieser Abteilung in den genannten hochkomplizierten, elektronenmikroskopischen Strukturen übereinstimmen. Diese Beobachtungen wurden zum größten Teil erst in den letzten 15 Jahren durchgeführt (95). Es sollte mit Nachdruck auf die Tatsache verwiesen werden, daß die Abteilung in erster Linie durch komplizierte Strukturen und erst in zweiter Linie durch biochemische Merkmale charakterisiert wird. Die Abteilung wird in fünf Klassen unterteilt:

1. *Chrysophyceae*
2. *Xanthophyceae*
3. *Bacillariophyceae*
4. *Phaeophyceae*
5. *Chloromonadophyceae*

Die wichtigsten Merkmale der Chrysophyceae

Die folgenden Merkmale unterscheiden die Klasse von den anderen Klassen der *Heterokontophyta:*

1. Die Chloroplasten sind goldgelb bis braun gefärbt, da das Chlorophyll a durch das akzessorische Pigment Fucoxanthin maskiert wird (Tab. 2).
2. Das wichtigste Reserveprodukt ist das Polysaccharid Chrysolaminarin (daneben spielt „Fett“ in Tröpfchenform eine Rolle).
3. Innerhalb des Protoplasten kann eine kugelförmige Cyste gebildet werden (eine endogene Cyste), deren Wand überwiegend aus Kieselsäure besteht. Die Cyste hat die Form einer Urne, die durch einen Pfropf verschlossen ist.
4. Bei einigen Gattungen sind die Zellen mit Kieselschuppen bedeckt (z. B. *Mallomonas, Synura,* Abb. 24 a, 23 e). Solche Schuppen kommen nur bei *Chrysophyceae* vor. Die Schuppen werden in der Zelle am Chloroplasten in Vesikeln gebildet, die als Gußform fungieren. Die fertigen Schuppen werden auf der Zelle abgelagert (525).
5. Die meisten Arten sind einzellige oder kolonienbildende Flagellaten. Nur wenige Arten besitzen einen einfachen mehrzelligen Aufbau.

Zur Klasse der *Chrysophyceae* werden vor allem zahlreiche planktische, einzellige und kolonienbildende Algen gerechnet, jedoch gehören zur Klasse auch einige fadenförmige oder andere mehrzellige Algen, die aber immer einfach gebaut sind. Die *Chrysophyceae* oder „Goldalgen“ (von griechisch Chrysos = Gold) haben ihren Namen von der goldgelben bis braunen Farbe ihrer Zellen erhalten. Die grüne Farbe des Chlorophylls wird von dem akzessorischen Pigment Fucoxanthin maskiert. Neben Fucoxanthin kommen in geringerem Maße die Xanthophylle Diatoxanthin und Diadinoxanthin vor (Tab. 2). Fucoxanthin findet man auch bei *Bacillariophyceae* und *Phaeophyceae*, jedoch, soweit bekannt, nicht bei *Xanthophyceae*. Diatoxanthin und Diadinoxanthin hat man bei allen Klassen der *Heterokontophyta* gefunden.

Der wichtigste Reservestoff ist das Polysaccharid Chrysolaminarin. Chrysolaminarin kommt in der Zelle als wäßrige Lösung in besonderen Vakuolen vor (Abb. 21 a, 22 a, b). (Bei den *Chlorophyceae* liegt das Reservepolysaccharid Stärke in Körnern im Chloroplasten, s. S. 254). Chrysolaminarin ist ein β-1-3-Glucan, während Stärke ein α-1-4-Glucan ist. Chrysolaminarin ist auch bei *Phaeophyceae* und *Bacillariophyceae* der wichtigste Reservestoff. Neben Chrysolaminarin kommen Lipide (in der Form von Fetttröpfchen) als Reservestoffe vor.

Größe und Verbreitung der Klasse

Die Zahl der Gattungen wird auf etwa 200, die der Arten auf ungefähr 1000 geschätzt (148). Die *Chrysophyceae* entfalten ihren größten Formenreichtum in Süßwasser, obwohl auch in Brackwasser und in Salzwasser Arten vorkommen. Die meisten Süßwasserformen scheinen eine Vorliebe für helles oder kühles Wasser oder für beides zu haben. Aus diesem Grund treten sie oft in großen Mengen im Winter in kühlen Bergflüssen oder Seen auf. Möglicherweise spielen einige *Chrysophyceae* als Nanoplankton (Kleinplankton, etwa 5 bis 20 µm groß) für die Primärproduktion eine wichtigere Rolle, als noch vor kurzem vermutet wurde.

Ochromonas – ein Musterbeispiel der Chrysophyceae (Abb. 21, 22)

Die Arten der Gattung *Ochromonas* sind einzellige Planktonten, die meistens im Süßwasser in kleinen Gräben, Teichen (zwischen Wasserpflanzen), Moortümpeln und Regenwasserpfützen leben. Nur selten wurden Arten der Gattung im Brackwasser gefunden. Etwa 50 Arten sind bekannt (35). Zwei Arten (*Ochromonas danica* und *Ochromonas malhamensis*) werden oft als Testobjekte für physiologische Versuche benutzt.

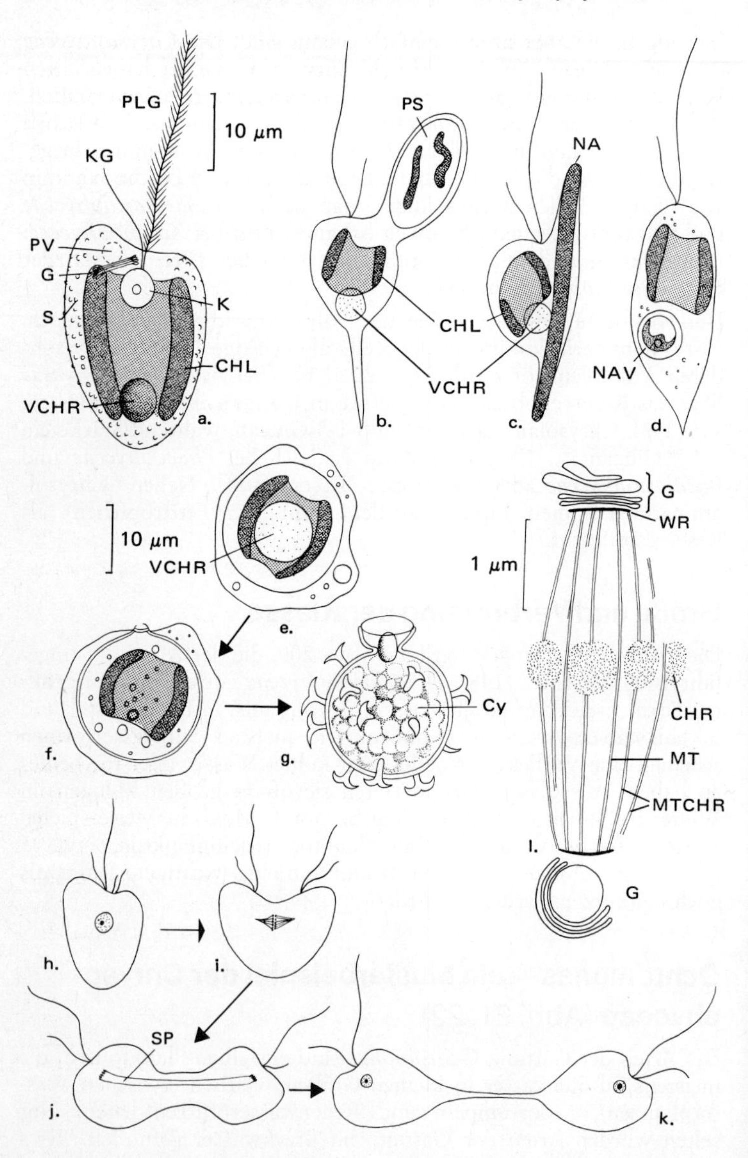
PLG
10 μm
KG
PV
G
K
S
CHL
VCHR
a.
PS
CHL
VCHR
b.
NA
c.
NAV
d.
10 μm
VCHR
e.
G
WR
1 μm
f.
Cy
g.
CHR
MT
MTCHR
l.
G
h.
i.
SP
j.
k.

Ochromonas gilt als primitivster Typ der *Chrysophyceae*, von dem sich alle anderen Formen ableiten lassen. Diese Ansicht geht von der Hypothese aus, daß im Laufe der Evolution in den einzelnen Algenklassen (außer bei den *Cyanophyceae* und den *Rhodophyceae*) immer wieder kolonienbildende und mehrzellige Arten aus einfachen flagellaten Vorfahren hervorgegangen sein sollen. Diese Hypothese wurde zu Beginn dieses Jahrhunderts von PASCHER aufgestellt (461). Elektronenmikroskopische Untersuchungen haben im Laufe der letzten Jahrzehnte bei allen *Eukaryota* (Tieren und Pflanzen) die prinzipielle Übereinstimmung im Bau der Geißeln bewiesen. Alle Geißeln besitzen die typische „2 + 9"-Struktur aus zwei zentralen und neun doppelten peripheren Tubuli, die man auch **Axonem** nennt (Abb. 22 e). Die prinzipielle Gleichheit aller Geißeln stützt den Gedanken, daß die begeißelten Arten in den einzelnen Algenklassen die jeweils primitivsten Formen darstellen.

Eigenschaften von Ochromonas (Abb. 21, 22) (217)

Außenseite der Zelle

Die Zelle ist nackt und besitzt keine Zellwand. Sie kann sich amöboid bewegen (Abb. 21 a–d, 22).

Geißeln

Die zwei ungleichen Geißeln entspringen am Vorderende der Zelle in der Nähe der Zellspitze. Die längere, nach vorn gerichtete Geißel ist **pleuronematisch** (Flimmergeißel). Sie ist mit zwei Reihen kurzer, steifer Seitenhaare besetzt, die man Flimmern oder **Mastigonemen** nennt (etwa 0,015 µm dick). Die kurze, stumpfe, nach hinten gerichtete Geißel erscheint im Vergleich zur vorderen Geißel kahl (Abb. 21 a, 22 b). In Wirklichkeit ist jedoch auch die hintere Geißel mit äußerst feinen Haaren bedeckt, die jedoch selbst mit dem Elektronenmikroskop kaum wahrnehmbar sind (30). Die Mastigonemen der pleuronematischen Geißel bestehen jeweils aus drei Teilen, die

---

Abb. 21 a) *Ochromonas;* b–c) *Ochromonas granularis,* phagotrophe Ernährung; d) *Ochromonas danica;* e–g) *Ochromonas fragilis,* Bildung einer endogenen Cyste; h–k) *Ochromonas,* Mitose und Zellteilung; l) *Ochromonas,* Mitose – Metaphase. (CHL – Chloroplast, CHR – Chromosom, Cy – Cyste, G – Golgi-Apparat, K – Kern, KG – kurze Geißel, MT – durchlaufende Mikrotubuli [Zentralfasern], MTCHR – Chromosomenmikrotubuli, NA – Nahrungspartikel, NAV – Nahrungsvakuole mit *Chlorella*zelle, PLG – pleuronematische Geißel, PS – Pseudopodium mit Nahrungsvakuole und zwei Nahrungspartikeln, PV – pulsierende Vakuole, S – Schleimkörper, SP – Spindel, VCHR – Vakuole mit Chrysolaminarin, WR – Rhizoplastwurzel) (l nach *Slankis* u. *Gibbs*)

gegeneinander beweglich sind: einer Basis, einem tubulären Schacht und einem terminalen Haar (Abb. 22 d). Der Schacht besteht aus 13 längsverlaufenden Reihen von Kugeln, bei denen es sich wahrscheinlich um Eiweiße handelt, während das terminale Haar aus einer Reihe von Kugeln besteht (95). Die Geißelhaare werden in Vesikeln des endoplasmatischen Reticulums oder auch in aufgeblasenen Teilen der Kernmembran gebildet. Wie die Haare danach auf die vordere Geißel gelangen, ist unbekannt (326). Beide Geißeln besitzen die typische „2 + 9" Struktur aus zwei zentralen und neun peripheren doppelten Tubuli (Abb. 22 e, f).

Die Geißeln enden in Basalkörpern. Der Basalkörper besitzt eine sehr charakteristische Feinstruktur. Er besteht aus neun zylinderförmig angeordneten, dreifachen Tubuli („Tripletten" im Gegensatz zu den „Dubletten" der doppelten peripheren Tubuli der eigentlichen Geißel). Die beiden zentralen Tubuli der Geißel dringen nicht bis in den Basalkörper vor (Abb. 22 a, oben rechts).

Die beschriebene Struktur des Basalkörpers aus neun zylinderförmig angeordneten „Tripletten" kommt auch bei vielen anderen *Eukaryota* vor, und zwar sowohl bei Pflanzen als auch bei Tieren. Interessant ist auch, daß Centriolen, zwischen denen in vielen Fällen bei der Kernteilung die Spindelfäden gebildet werden, dieselbe Ultrastruktur besitzen, wie wir sie für die Basalkörper der Geißeln kennengelernt haben. Bei einigen flagellaten Zellen konnte deutlich beobachtet werden, daß Basalkörper der Geißeln während der Mitose als Centriolen fungierten. Offenbar gehören Centriolen, Basalkörper und Geißeln alle zur selben Gruppe von Zellorganellen, die man als **Kinetom** bezeichnet. Man hält es für möglich, daß das Kinetom eine eigene genetische Kontinuität besitzt, die durch eigene DNS versorgt wird und vom Zellkern relativ unabhängig ist. Für diese Vermutung gibt es jedoch keinen Beweis. Ein neuer Basalkörper entsteht nie durch Teilung eines bestehenden Basalkörpers, sondern „wächst" im Cytoplasma in der Nähe eines älteren Basalkörpers heran (vgl. die Basalkörper von *Chlamydomonas*, S. 273).

Dem Kinetom entsprechen andere Gruppen von Zellorganellen, die man als **Plastidom** (die Gesamtheit der Chloroplasten und anderer Plastiden) und als **Chondriom** (die Gesamtheit der Mitochondrien) bezeichnet. Für das Plastidom und das Chondriom einiger Algen ist die genetische Kontinuität überzeugend bewiesen (vgl. S. 168 *Sphacelaria;* S. 277 *Chlamydomonas;* S. 368 *Acetabularia;* S. 249 *Euglena).* Ganz allgemein kann angenommen werden, daß Plastiden und Mitochondrien eigene DNS besitzen, die bei der Teilung der Organellen durch Reduplikation für genetische Kontinuität sorgt (26).

Bei der Fortbewegung von *Ochromonas* scheint nur die pleuronematische Geißel aktiv zu sein. Sie ist nach vorn gerichtet und führt gleichzeitig eine wellenförmige und eine schraubenförmige Bewegung aus. Die hintere kurze Geißel liegt passiv gegen die Zelle angedrückt. Der Zellkörper dreht sich entsprechend der schraubenförmigen Bewegung der Geißel mit.

Geißelwurzeln (Abb. 22 a)

An den Basalkörper der großen Geißel schließt sich eine breite, bandförmige, quergestreifte Wurzel (Rhizoplast) an, die sich an der Kernoberfläche verzweigt. Die Wurzel dient unter Umständen der Verankerung der Geißel in der Zelle, jedoch können auch andere Funktionen nicht ausgeschlossen werden. So wird zum Beispiel erwogen, ob die Wurzel dem Transport von Golgi-Vesikeln zur Zelloberfläche dienen könnte. Für die möglichen Funktionen der Wurzel gibt es keine Beweise, wenn auch die mechanische Verankerungsfunktion durch den engen topographischen Zusammenhang von Geißel, Wurzel und Kern nahegelegt wird. Geißelwurzeln kommen bei vielen flagellaten Algen vor, ihre Struktur kann in den verschiedenen Algengruppen jedoch im Detail recht unterschiedlich sein. Eine breite, quergestreifte Wurzel (Rhizoplast), die den Kern mit dem Basalkörper verbindet, ist wahrscheinlich für die *Heterokontophyta* charakteristisch. Ähnlich ist auch der Rhizoplast der *Prasinophyceae* gebaut (95).

Pulsierende Vakuolen

In der Nähe des Geißelansatzes liegen in der Zelle je nach Art ein oder zwei pulsierende Vakuolen (Abb. 21 a, 22 b). Pulsierende Vakuolen sind in der lebenden Zelle lichtmikroskopisch sichtbar. Sie bestehen aus einer kleinen Flüssigkeitsblase, die ihren Inhalt durch regelmäßige Kontraktionen aus der Zelle herausdrückt. Nach einer Kontraktion schwillt die pulsierende Vakuole wieder zur maximalen Größe an, um sich darauf wieder zu kontrahieren. Sind zwei pulsierende Vakuolen vorhanden, so kontrahiert sich die eine, während die andere anschwillt.

Pulsierende Vakuolen, die bei verschiedenen flagellaten Algen, Protozoen und Pilzen vorkommen, dienen wahrscheinlich in erster Linie der Osmoregulation der Zelle. Da der Zellsaft eine höhere Konzentration osmoaktiver Stoffe enthält als das umgebende Wasser, nimmt die Zelle durch das semipermeable Plasmalemma Wasser auf. Die pulsierenden Vakuolen entfernen dieses überflüssige, aufgesogene Wasser, wodurch sie ein Platzen der Zelle verhindern.

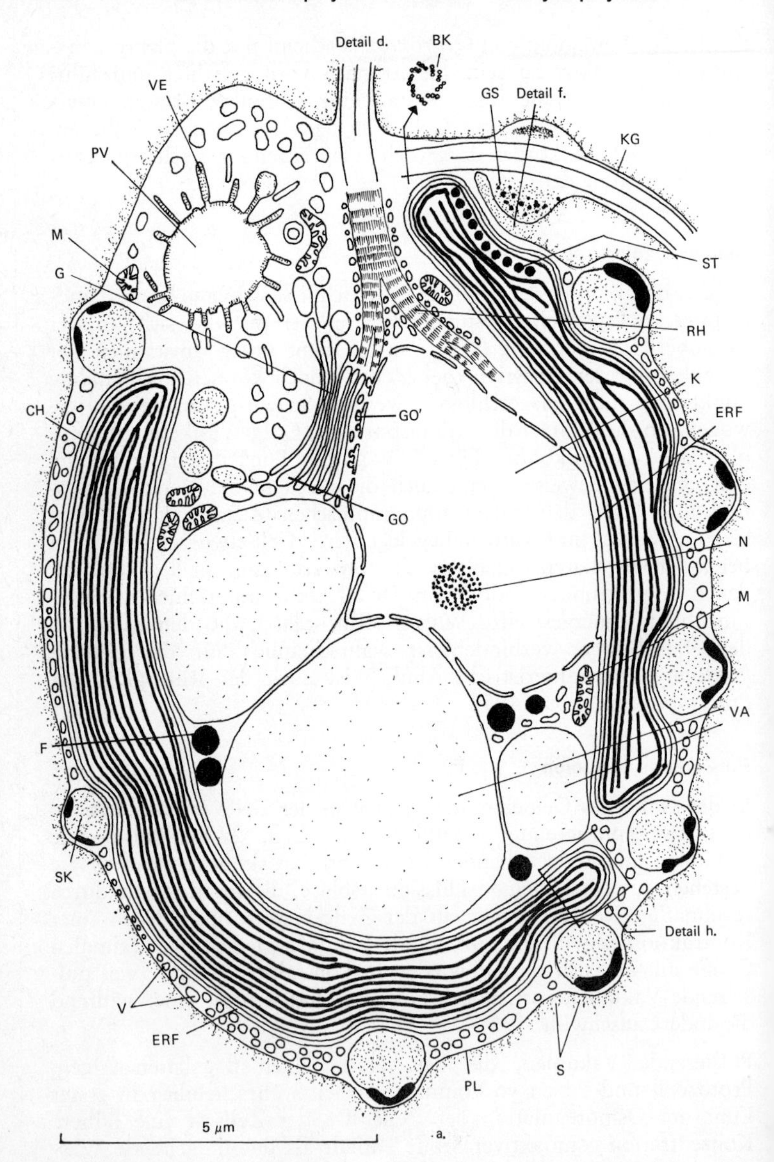
Detail d.
BK
VE
GS
Detail f.
KG
PV
M
G
ST
RH
K
ERF
CH
GO'
GO
N
M
VA
F
SK
Detail h.
V
ERF
PL
S
5 µm
a.

Abb. 22

Elektronenmikroskopische Untersuchungen von *Ochromonas tuberculatus* haben gezeigt, daß in die pulsierende Vakuole zahlreiche langgestreckte Bläschen münden (Abb. 22 a). Diese langgestreckten Vesikel enthalten ein diffuses Material. Bei anderen flagellaten Algenzellen fand sich ein ähnliches Bild. Diese Beobachtungen vermitteln den Eindruck, daß pulsierende Vakuolen nicht nur Wasser, sondern auch andere (überflüssige?) Stoffe ausscheiden.

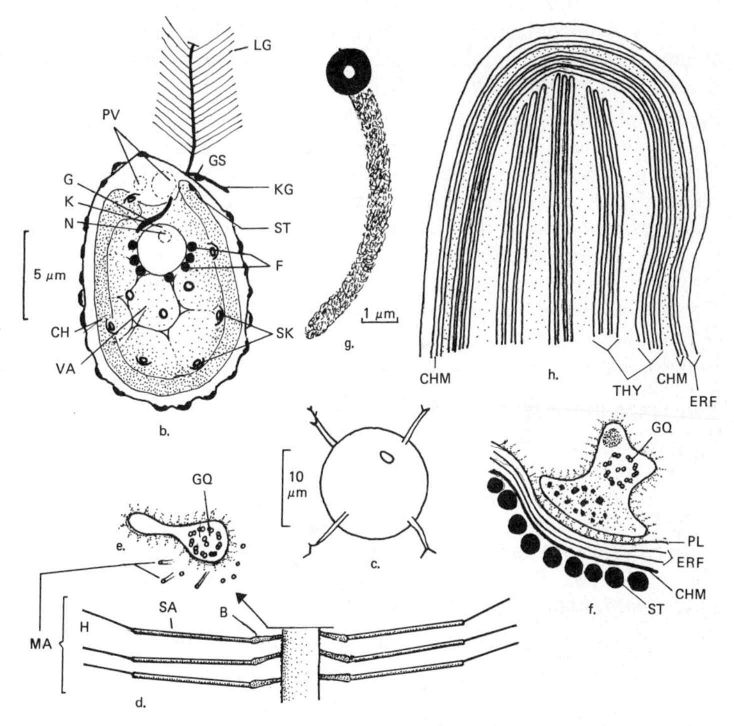

Abb. 22 *Ochromonas tuberculatus.* a, d–h) Elektronenmikroskopisches Bild der Zelle; b) lichtmikroskopisches Bild der Zelle; c) endogene Cyste; g) ausgeschleuderte Diskobolocyste (B – Basis, BK – Basalkörper, CH – Chloroplast, CHM – Chloroplastenmembran, ERF – Falte des ER um den Chloroplasten, F – Fett, G – Golgi-Apparat, GO – Sekretionsseite des Golgi-Apparates, GO' – Bildungsseite des Golgi-Apparates, GS – Geißelanschwellung, GQ – Geißelquerschnitt, H – Haar, K – Kern, KG – kurze Geißel, LG – lange Geißel, M – Mitochondrium, MA – Mastigonemen, N – Nucleolus, PL – Plasmalemma, PV – pulsierende Vakuole, RH – Rhizoplast, S – Schleim, SA – Schacht, SK – Schleimkörper, ST – Stigma, THY – Stapel aus drei Thylakoiden, V – Vesikel, VA – Vakuole mit Chrysolaminarin, VE – Vesikel der pulsierenden Vakuole) (nach *Hibberd*)

Chloroplasten

Die Zellen von *Ochromonas* enthalten ein oder zwei plattenförmige Chloroplasten (Abb. 21 a–d, 22 a, b). In den Chloroplasten liegen je drei Thylakoide in Stapeln aufeinander (Abb. 22 h). Ein Stapel aus drei Thylakoiden wird Lamelle genannt. (Bei höheren Pflanzen – den *Tracheophytina* – liegen die Thylakoide teils einzeln, teils in hohen Stapeln, die Grana genannt werden). Die Chloroplasten von *Ochromonas tuberculatus* enthalten oft etwa 10 Stapel (Abb. 22 a, der linke Chloroplast). Die Anordnung von je drei Thylakoiden in einem Stapel ist charakteristisch für die *Heterokontophyta,* die *Eustigmatophyta* und *Dinophyta.*

Ein peripherer Stapel aus drei Thylakoiden kann parallel zur Zelloberfläche verlaufen und so alle anderen Lamellen umschließen. Dieser periphere Stapel, der **Gürtellamelle** genannt wird, ist charakteristisch für die *Heterokontophyta.* Ein weiteres Merkmal der *Heterokontophyta* ist die vierfache Membran, die den Chloroplasten umhüllt. Sie besteht aus der doppelten Chloroplastenmembran und aus zwei Membranen des endoplasmatischen Reticulums, das den Chloroplasten mit einer Falte fest umhüllt (Abb. 22 h). Liegt der Chloroplast direkt am Kern, so bilden das endoplasmatische Reticulum des Kerns und des Chloroplasten eine Einheit (Abb. 22 a).

Augenfleck (Stigma) und Geißelanschwellung

Der Augenfleck ist in der lebenden Zelle lichtmikroskopisch sichtbar. Er liegt als kleiner, roter Fleck in einem der Chloroplasten im vorderen Teil der Zelle, und zwar in der Nähe der Basis der kurzen Geißel (Abb. 22 b). Augenflecken kommen bei sehr vielen flagellaten Algenzellen vor. Meistens befinden sie sich in einem Chloroplasten, bei einigen Gruppen (z. B. *Euglenophyta* und *Eustigmatophyta,* S. 200) jedoch im Cytoplasma.

Die Bezeichnung „Augenfleck" macht deutlich, daß der Organelle die Funktion der Lichtrezeption zugeschrieben wird. Lichtrezeptoren müssen in den Zellen vorhanden sein, da flagellate Algenzellen phototaktische Reaktionen zeigen. Ihre Schwimmrichtung wird durch die Richtung des einfallenden Lichtes bestimmt. Im allgemeinen schwimmen die Zellen auf eine schwache Lichtquelle zu (positive Phototaxis), während sie sich von einem starken Licht entfernen (negative Phototaxis). Die Zellen können offensichtlich die Lichtrichtung analysieren, wobei der Augenfleck eine Rolle spielen könnte. Es gibt jedoch auch flagellate Algenzellen, die kein Stigma besitzen und die trotzdem phototaktisches Verhalten zeigen. Das gilt zum Beispiel auch für Arten, die eigentlich ein Stigma besitzen, dieses jedoch durch Mutation verloren haben. Sicherheit über die Funktion des Augenflecks besteht also nicht.

Der Augenfleck besteht aus einer Gruppe von Öltropfen, die durch Carotinoide rot gefärbt sind. Bei *Ochromonas tuberculatus* besteht der Augenfleck aus einer einzelnen Schicht von Öltropfen, die zwischen der Gürtellamelle und der Chloroplastenmembran eingeklemmt liegt (Abb. 22 a, f).

Der Augenfleck von *Ochromonas tuberculatus* liegt unter einer schwachen Einbuchtung der Zelloberfläche, der eine Einbuchtung des Chloroplasten entspricht. In die Einbuchtung der Zelloberfläche paßt genau die Anschwellung des unteren Teiles der kleinen Geißel hinein (Abb. 22 a, b, f). Geißelanschwellungen (**Paraflagellarkörper**) in der Nähe der Augenflecken scheinen bei den *Chrysophyceae* und den *Xanthophyceae* (Abb. 25) allgemein vorzukommen. Die Anschwellung ist selbst bei denjenigen Formen vorhanden, die kein Stigma besitzen. Auch bei einigen *Euglenophyceae* (S. 248), die systematisch von den *Chrysophyceae* getrennt stehen, kommen Geißelanschwellungen vor.

Möglicherweise ist nicht der Augenfleck, sondern die Geißelanschwellung für die Lichtrezeption verantwortlich. Der Augenfleck der schwimmenden Zelle, die sich dabei um ihre Längsachse dreht, beschattet bei einseitigem Lichteinfall die Geißelanschwellung in regelmäßigen Abständen. Auf diese Weise könnte die Zelle die Einfallsrichtung des Lichtes feststellen. Diese Theorie ist zwar nicht für die *Chrysophyceae,* wohl aber für die *Euglenophyceae* wahrscheinlich gemacht worden. Für diese Gruppe wurde die Hypothese schon um 1900 aufgestellt (254). Man stellte fest, daß Exemplare von *Euglena,* die kein Chlorophyll, wohl aber ein Stigma und eine Geißelanschwellung besaßen, positiv oder negativ phototaktisch reagierten. Chlorophyllfreie Exemplare mit Geißelanschwellung, aber ohne Stigma waren nur noch negativ phototaktisch, während Exemplare ohne Stigma und ohne Geißelanschwellung überhaupt keine phototaktischen Reaktionen mehr zeigten. Für die Phototaxis scheint also die Geißelanschwellung in jedem Fall notwendig zu sein, während der Augenfleck nur die Voraussetzung für eine positiv phototaktische Reaktion ist. Auf welche Weise die Geißelanschwellung von *Euglena* als Lichtrezeptor funktioniert, ist nicht bekannt. Die stärkste phototaktische Reaktion wird durch eine Wellenlänge von 410 nm (blauviolett) ausgelöst. Wahrscheinlich liegt in der Geißelanschwellung ein Pigment, das für diese Wellenlänge empfindlich ist (254).

Schleimkörper und Diskobolocysten (Abb. 21 a, 22 a, b, g)

Schleimkörper sind kleine, an der Zelloberfläche gelegene Schleimkugeln, die bei Reizung der Zelle weggeschleudert werden. Nicht alle *Ochromonas*-Arten besitzen Schleimkörper. Diskobolocysten sind ein besonderer Typ der Schleimkörper, der bei *Ochromonas tuberculatus* und einigen anderen *Chrysophyceae* vorkommt (33, 217, 236). Eine abgeschossene Diskobolocyste besteht aus einer dunklen, ringförmigen Scheibe und einem faserigen Gallertschwanz (Abb. 22 g). Die ringförmige Scheibe ist auch in noch nicht abgeschleuderten Diskobolocysten erkennbar (Abb. 22 a). Diskobolocysten werden wahrscheinlich in Golgi-Vesikeln gebildet.

Auch bei anderen *Chrysophyceae* sind Schleimkörper weit verbreitet. Die gemeinsame Gallerte koloniebildender Arten (z. B. *Hydrurus foetidus,* Abb. 24 c) wird wahrscheinlich in Form von Schleimkörpern ausgeschieden.

Golgi-Apparat (Abb. 22 a)

Der Golgi-Apparat liegt zwischen Kern und pulsierender Vakuole. Lichtmikroskopisch ist er gerade noch als schwach gebogenes Band zu erkennen (Abb. 21 a, 22 b). Der Golgi-Apparat ist eine typische Zellorganelle eukaryotischer Pflanzen- und Tierzellen. Er besteht aus einem Stapel flacher, scheibenförmiger Höhlungen (Golgi-Zisternen), die an ihrem Rand Reihen aufgeblasener Golgi-Vesikel abschnüren. Die Vesikel enthalten oft Material, das aus der Zelle ausgeschieden werden soll. Bei pflanzlichen Organismen werden vom Golgi-Apparat häufig Zellwandstoffe oder Bauelemente der Zellwand ausgeschieden.

In den Algenklassen der *Haptophyceae* und der *Prasinophyceae* (S. 89) bestehen die Zellwände oft aus charakteristisch gebauten, artspezifischen Schuppen, die in den Golgi-Vesikeln gebildet und an der Zelloberfläche ausgeschieden werden. Bei *Ochromonas tuberculatus* werden sehr wahrscheinlich die Trichobolocysten in Golgi-Vesikeln gebildet (Abb. 22 a). Die gemeinsame Gallerte der Kolonien von *Hydrurus* wird wahrscheinlich mit Hilfe der Golgi-Apparate aus den Zellen ausgeschieden (262).

Vakuolen mit Chrysolaminarin (Abb. 21 a, c, 22 a, b)

Der wichtigste Reservestoff, das Chrysolaminarin, befindet sich in Form einer wäßrigen Lösung in einigen Vakuolen im Hinterende der Zelle (Abb. 22). Ein weiterer Reservestoff ist „Fett", das in Tröpfchen im Cytoplasma liegt.

Kern

Kern und Chloroplast sind dadurch miteinander verbunden, daß das endoplasmatische Reticulum den Chloroplasten mit einer Falte umschließt, die direkt in die Kernmembran übergeht (Abb. 22 a, vgl. S. 79).

Endogene Cysten (Abb. 21 e–g, 22 c)

Bei *Ochromonas* werden im Inneren des Protoplasten (= endogen) Cysten gebildet (Abb. 21 e–g). Die Cyste ist kugelförmig. Ihre Wand besteht vorwiegend aus Kieselsäure, wodurch Cysten auch als Fossile erhalten bleiben können. Die Wand der Cyste ist oft mit Strukturen oder Ausstülpungen geschmückt. Die Wand besitzt eine Öffnung, die durch einen weniger stark verkieselten „Kork" verschlossen ist. In der Cyste liegen der Kern, die Chloroplasten und viele Reservestoffe (Chrysolaminarin, Fetttröpfchen). Nach einer Ruheperiode kann der Inhalt der Cyste in Form von ein bis mehreren flagellaten Zellen freigesetzt werden. Die Struktur der Cyste („Urne mit Kork") und ihre endogene Bildung sind charakteristisch für die Klasse der *Chrysophyceae*.

Zellteilung (Abb. 21 h–l)

Der Zellteilung geht die Bildung eines neuen Geißelpaares voraus (Abb. 21 h). Man könnte erwarten, daß die Basalkörper der Geißeln als Centriolen fungieren, da die beiden Zellorganellen in ihrer Struktur übereinstimmen. Das ist jedoch nicht der Fall. Die Basalkörper verdoppeln sich schon während der Interphase. Aus den beiden neu gebildeten Basalkörpern wachsen schon kurz vor der Kernteilung und der Zellteilung die beiden neuen Geißeln hervor. Während der frühen Prophase teilt sich der Golgi-Apparat, und es bildet sich ein Tochter-Rhizoplast. Danach beginnen die zwei Paare der Basalkörper mit den jeweils zugehörigen beiden Geißeln, dem Golgi-Apparat und dem Rhizoplasten auseinanderzuweichen (Abb. 21 i).

Die Kernhülle verschwindet und eine Kernspindel wird ausgebildet (Abb. 21 j, l). Man spricht hier von einer offenen Mitose. Die Teilung erfolgt dann auf sehr ungewöhnliche Weise. Die beiden Rhizoplasten bilden die Pole der Spindel, an denen die Spindel-Mikrotubuli festsitzen. Einige der Mikrotubuli verlaufen durchgehend von Pol zu Pol (interzonale Mikrotubuli oder Zentralfasern), während andere den Pol mit den Chromosomen verbinden (Chromosomen-Mikrotubuli oder Chromosomenfasern). In der Anaphase legen sich die Chromosomen dicht gegen einen Teil des endoplasmatischen Reticulums an, das den Chloroplasten umhüllt. Von der Chloroplastenhülle wird die neue Kernhülle gebildet, wodurch die charakteristische Verbindung zwischen endoplasmatischem Reticulum des Kerns und endoplasmatischem Reticulum des Chloroplasten entsteht (544). Es ist nicht bekannt, inwieweit die Mitose von *Ochromonas* für alle *Chrysophyceae* repräsentativ ist.

Nach der Kernteilung teilt sich die Zelle durch eine Einschnürung, die am Vorderende der Zelle beginnt.

Geschlechtliche Vermehrung der Chrysophyceae

Eine geschlechtliche Vermehrung von *Ochromonas* ist unbekannt. Einige *Chrysophyceae,* die – wie zum Beispiel *Dinobryon* (Abb. 23 f) – Gehäuse bewohnen, zeigen dagegen Isogamie. *Dinobryon* ist eine Gattung der *Chrysophyceae,* deren Vertreter begeißelte Zellen besitzen. Letztere erinnern an *Ochromonas,* wohnen jedoch in zarten, gestielten Becherchen. Bei der geschlechtlichen Vermehrung fungieren zwei vegetative Zellen als Gameten und verschmelzen miteinander (Hologamie). Dabei umschlingen einander zuerst die vorderen Geißeln der beiden Individuen. Die Zellen verlassen danach ihr Gehäuse und verschmelzen miteinander. Die Zygote verwandelt sich in eine typische Chrysophyceen-Cyste (Abb. 23 f) (146).

Ernährung

Man findet in der Gruppe verschiedene Kombinationen von photoautotropher, saprotropher und phagotropher Ernährung. *Ochromonas granularis* kann in einer saccharosehaltigen Nährlösung völlig heterotroph leben und die Photosynthese-Pigmente verlieren. Zusätzlich kann *Ochromonas granularis* sich auch phagotroph ernähren. Pseudopodien der Alge umschließen zum Beispiel Bakterien oder kleine Algen, nehmen sie in Nahrungsvakuolen auf und verdauen sie dort (Abb. 21 b–d). Unverdauliche Partikel werden wieder ausgeschieden. Pseudopodien werden vor allem an der Vorderseite der Zelle gebildet, wo die Nahrungspartikel in primäre Nahrungsvakuolen aufgenommen werden. Die primären Nahrungsvakuolen transportieren die Nahrung zum Hinterende der Zelle, wo sie mit Hilfe von Enzymen in sekundären Nahrungsvakuolen verdaut wird. Die Enzyme stammen aus Lysosomen, kleinen Vesikeln, die wahrscheinlich vom Golgi-Apparat abgeschnürt werden. Die sekundären Nahrungsvakuolen dienen bei autotropher Ernährung als Chrysolaminarin-Vakuolen. Phagotrophie ist möglicherweise ein primitives Merkmal, das aus der Zeit übriggeblieben ist, in der die eukaryotische Urzelle noch keine Photosynthese betreiben konnte (69).

Ochromonas malhamensis benötigt organische Stoffe als Stickstoff- und Kohlenstoffquellen (Eiweiße, Aminosäuren, Zucker, Fette). Als Kohlenstoffquelle bei der Photosynthese wird Acetat benutzt. Diese Art benötigt außerdem eine Reihe von Vitaminen. Zusätzlich kann

Ochromonas malhamensis auch allerlei Partikel phagotroph aufnehmen und verdauen (z. B. Stärkekörner, Casein, Öltröpfchen, kleine Organismen wie Bakterien, Hefen und einzellige Algen) (33).

Unterschiedliche Organisationsniveaus der Chrysophyceae

Auf S. 83 wurde bereits ausgeführt, daß ein begeißelter Organismus wie zum Beispiel *Ochromonas* als primitivstes Organisationsniveau der *Chrysophyceae* betrachtet werden kann. Von diesem flagellaten oder monadoiden Organisationsniveau könnten sich andere ein- und mehrzellige **Organisationsstufen** ableiten. Die monadoide Stufe wäre das phylogenetisch niedrigste Organisationsniveau, aus dem sich im Laufe der Evolution die anderen Stufen hergeleitet hätten (148).

Bei den *Chrysophyceae* findet man folgende Organisationsstufen:

Monadoide (= flagellate) Organisationsstufe

Die einzelligen Algen dieser Stufe, zu denen *Ochromonas* gehört, tragen Geißeln (Abb. 21, 22). Zur gleichen Organisationsstufe gehören einige Gattungen, bei denen die begeißelten Zellen in festsitzenden urnen- oder becherförmigen Gehäusen (**Lorica**) leben. Beispiele sind die Gattungen *Pseudokephyrion* (Abb. 23 d) und *Dinobryon* (Abb. 23 f). Die Lorica von *Dinobryon* und anderen *Chrysophyceae* wird aus einem filzigen Netz 7–15 nm dicker Mikrofibrillen gebildet, von denen man vermutet, daß sie aus Cellulose bestehen (Abb. 23 a) (265, 297, 524).

Monadoide koloniebildende Organisationsstufe

Auf dieser Organisationsstufe sind flagellate Zellen zu Kolonien vereinigt. Ein Beispiel ist *Synura* (Abb. 24 a). Kolonien von *Synura* sind rund oder ellipsoid. Sie bestehen aus birnenförmigen Zellen, die mit ihrem dünnen Hinterende aneinander festsitzen. Jede Zelle besitzt zwei Chloroplasten und trägt zwei heterokonte Geißeln. Die Zellen sind mit dachziegelartig angeordneten Kieselschuppen bedeckt (Abb. 23 e). Etwa 12 Arten sind bekannt. *Synura*-Arten können weit verbreitet sein und vor allem im Winter in nährstoffreichen kleinen Binnengewässern in Massen vorkommen.

Amöboide Organisationsstufe

Die Zellen sind nackt und tragen Pseudopodien, die man als Rhizopodien bezeichnet, wenn sie dünn und fadenförmig sind. Mit Hilfe

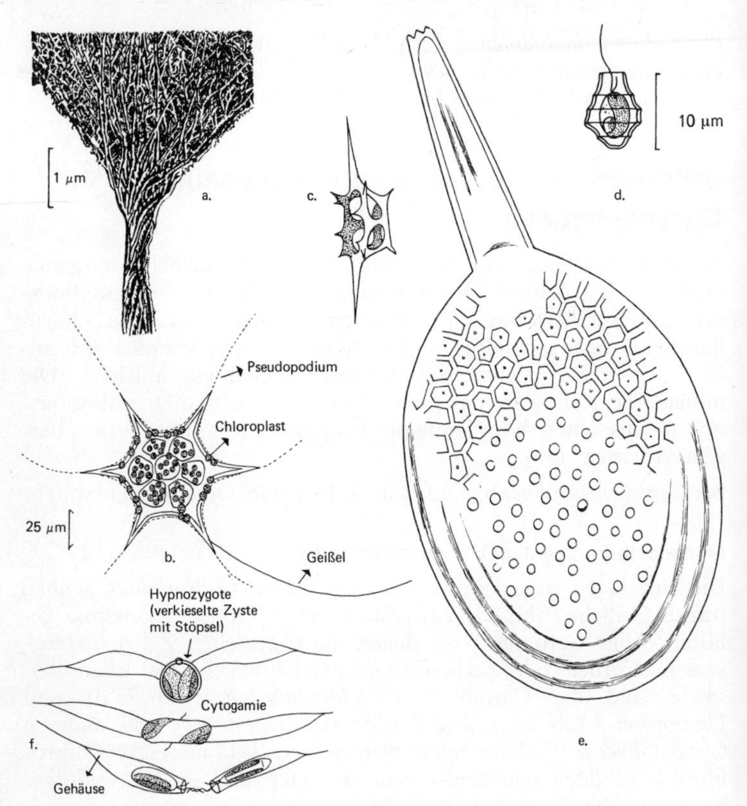

Abb. 23 a) *Ochromonas,* Teil von Stiel und Lorica aus Cellulosefibrillen; b) *Dictyocha;* c) *Dictyocha,* Skelett; d) *Pseudokephyrion;* e) *Synura spinosa,* Schuppe; f) *Dinobryon borgei,* Isogamie (a nach *Dodge,* d nach *Bourrelly,* e nach *Petersen* u. *Hansen*)

der Pseudopodien können die Zellen feste Nahrungspartikel aufnehmen. Ein Beispiel ist die Gattung *Rhizochrysis* (Abb. 24 d), zu der solitäre *Chrysophyceae* gehören, deren Lebenszyklus keine flagellaten Stadien enthält. Man kennt etwa neun Arten dieser Gattung. Die meisten Arten sind neustonisch, d. h. sie treiben mit Hilfe der Oberflächenspannung an der Wasseroberfläche, wobei die Rhizopodien zur Unterstützung an der Oberfläche ausgebreitet liegen. Bei der Gattung *Chrysarachnion* (Abb. 24 j) sind die Zellen, die an *Rhizochrysis* erinnern, durch ihre Rhizopodien zu einem Netz vereinigt. Von dieser Gattung ist nur eine, und zwar sehr seltene Art bekannt.

Kapsale (oder tetrasporale) Organisationsstufe

Bei den Organismen dieser Stufe liegen die Zellen in eine gemeinsame Gallerte eingebettet. Sie bilden so eine Kolonie, die der Chlorophycee *Tetraspora* ähnelt. Ein Beispiel ist *Chrysocapsa* (Abb. 24 i),

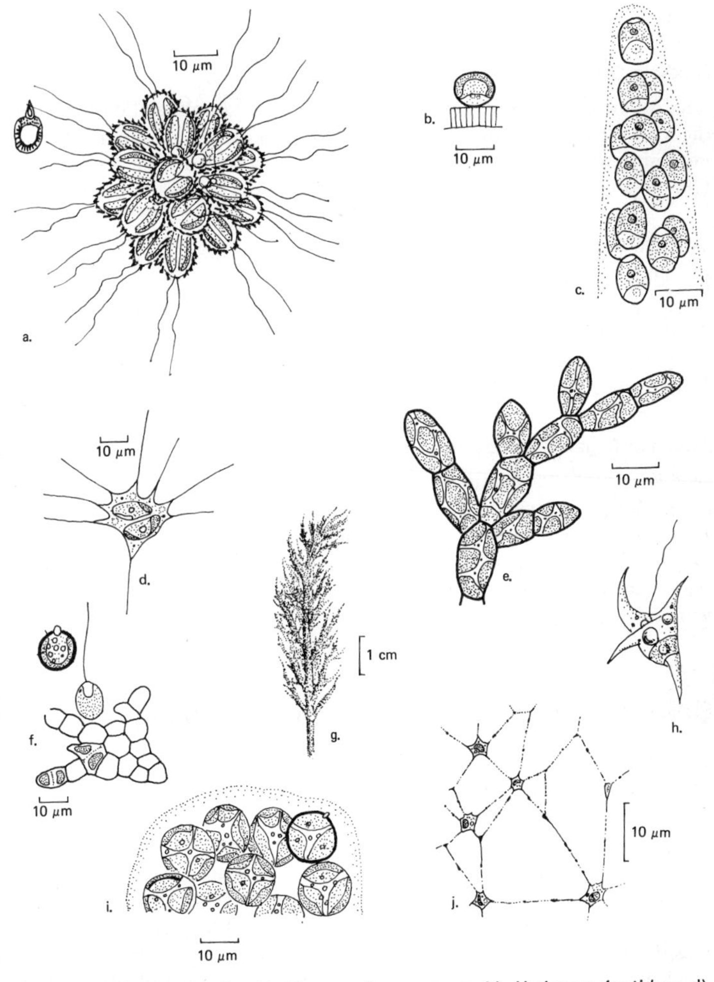

Abb. 24 a) *Synura uvella;* b) *Chrysosphaera;* c, g, h) *Hydrurus foetidus;* d) *Rhizochrysis;* e) *Phaeothamnion;* f) *Thallochrysis pascheri;* i) *Chrysocapsa;* j) *Chrysarachnion.* (a, b, e, f, h, i nach *Bourrelly,* d nach *Fott,* c, g nach *Smith,* j nach *Pascher*)

bei der zahlreiche runde, unbegeißelte Zellen in einer runden, bis 4 mm großen, gemeinsamen Gallerte eingeschlossen sind. Bei *Hydrurus* (Abb. 24 c, g, h) sind unbegeißelte Zellen in große, bis 30 cm lange, stark verzweigte Gallertfäden eingebettet. *Hydrurus foetidus,* die einzige Art der Gattung, ist in Bergbächen weit verbreitet.

Kokkale Organisationsstufe

Die Algen dieser Stufe besitzen unbewegliche, unbegeißelte Zellen, die von einer Zellwand umgeben sind. Sie können zu einer Kolonie vereinigt sein. Ein Beispiel sind die runden oder ovalen Zellen von *Chrysophaera* (Abb. 24 b), die einzeln oder in Gruppen vorkommen.

Trichale Organisationsstufe

Bei den Algen dieser Stufe sind die Zellen zu verzweigten oder unverzweigten Fäden vereinigt. Die Gattung *Phaeothamnion* (Abb. 24 e), von der fünf Arten in Süßwasser vorkommen, besteht aus kleinen, verzweigten Zellfäden. Die Alge vermehrt sich durch Zoosporen, die den Zellen von *Ochromonas* ähneln.

Thallöse Organisationsstufe

Auf diesem Organisationsniveau sind die Zellen zu parenchymatischen Geweben vereinigt. *Thallochrysis pascheri* zum Beispiel besteht aus einer flachen Scheibe von der Dicke einer Zellage, aus der kurze Fäden hervorwachsen können (Abb. 24 f). Jede Zelle dieser Alge kann eine Zoospore mit einer Geißel (wahrscheinlich einer Flimmergeißel) bilden.

Silicoflagellaten (Ordnung: Dictyochales)

Die Silicoflagellaten nehmen eine Sonderstellung ein. Die Vertreter dieser Gruppe besitzen nackte Zellen, die jeweils eine Geißel und ein inneres Kieselskelett tragen. Es ist nur eine rezente Gattung (*Dictyocha,* Abb. 23 b, c) mit drei Arten bekannt. Dagegen hat man über zehn fossile Gattungen gefunden. Heute sind die Silicoflagellaten im Plankton der Meere von untergeordneter Bedeutung, obwohl manchmal auch eine Massenentwicklung auftreten kann. Fossile Silicoflagellaten kommen seit der Kreidezeit vor. Im Tertiär erreichten sie quantitativ und qualitativ ihre größte Entfaltung, während danach ein Rückgang eintrat. Die Silicoflagellaten werden nur vorläufig an dieser Stelle untergebracht, da ihre systematische Stellung unsicher ist.

Vergleichbare Organisationsstufen anderer Algenklassen

Die oben für die *Chrysophyceae* beschriebenen Organisationsstufen kommen auch in anderen Algenklassen vor. Bei den *Xanthophyceae*, den *Dinophyceae* und den *Chlorophyceae* findet man fast alle Organisationsstufen, die wir bei den *Chrysophyceae* unterscheiden konnten. Bei den *Xanthophyceae* und *Chlorophyceae* tritt zusätzlich als achte Organisationsstufe der siphonale Typ auf, der den *Chrysophyceae* fehlt. Siphonale Algen sind meistens fadenförmig verzweigt, besitzen jedoch keine (echten) Zellwände, so daß im Inneren der Alge ein durchgehender vielkerniger Protoplast liegt.

Tab. 5 gibt eine Übersicht über das Auftreten der verschiedenen Organisationsstufen in den verschiedenen Algenklassen. Das Vorkommen analoger Organisationsstufen in voneinander getrennt stehenden Algenklassen legt den Gedanken nahe, daß im Laufe der Evolution in parallelen Entwicklungslinien mehrfach dieselben „abgeleiteten" Organisationsstufen aus der „primitiven" monadoiden Stufe entstanden sind.

Die acht Organisationsstufen sind in den einzelnen Algenklassen nicht gleich stark vertreten. Die Tabelle zeigt zum Beispiel, daß die *Bacillariophyceae* nur das kokkale, die *Chloromonadophyceae* nur das monadoide Organisationsniveau besitzen. Bei den *Chrysophyceae* kommen zwar sieben der acht Organisationsstufen vor, jedoch ist die monadoide Stufe am stärksten vertreten. Bei den *Xanthophyceae* dagegen findet man nur wenige monadoide Vertreter, während kokkale Organismen hier am häufigsten sind. Die Klasse der *Dinophyceae* besteht bis auf wenige Ausnahmen aus einzelligen Algen der monadoiden Organisationsstufe. Bei den *Chlorophyceae* fehlt die amöboide Organisationsstufe, während die anderen Stufen durch zahlreiche Arten vertreten sind.

Tabelle 5 Organisationsstufen in den eukaryotischen Algengruppen (mit Beispielen). + = vorhanden, – = fehlend, ++ = vorhanden mit vielen Arten

Algengruppe	Organisationsstufe	monadoid	monadoid koloniebildend	amöboid	kapsal (tetrasporal)	kokkal	trichal	thallös	siphonal
Rhodophyta	Rhodophyceae	–	–	–	–	+ Porphyridium	++ Rhodochorton Acrosymphyton	+ Porphyra	–
Heterokontophyta	Chrysophyceae	++ Ochromonas	+ Synura	+ Rhizochrysis	+ Chrysocapsa	+ Chrysosphaera	+ Phaeothamnion	+ Thallochrysis	–
	Xanthophyceae	+ Chloromeson	–	+ Rhizochloris	+ Gloechloris	++ Chloridella	++ Tribonema	–	+ Botrydium, Vaucheria
	Bacillariophyceae	–	–	–	–	++ (alle Arten)	–	–	–
	Phaeophyceae	–	–	–	–	–	++ Ectocarpus	++ Fucus, Dictyota	–
	Chloromonadophyceae	+ Goniostomum	–	–	–	–	–	–	–
Haptophyta	Haptophyceae	++ Chrysochromulina	–	+ amöboide Phase von Chrysochromulina	+ kapsale Phase von Isochrysis	+ kokkale Phase von Isochrysis	+ trichale Phase von Hymenomonas	–	–

Eustigmatophyta	Eustigmatophyceae	—	—	—	+ Chlorobotrys	++ Ellipsoidion	—	—	—
Cryptophyta	Cryptophyceae	++ Cryptomonas	—	—	+ kapsale Phase von Cryptomonas	—	+ Bjornbergiella	—	—
Dinophyta	Dinophyceae	++ Peridinium	—	+ Dinamoebidium	+ Gloeodinium	+ Dinococcus	+ Dinothrix	—	—
Euglenophyta	Euglenophyceae	++ Euglena	—	—	+ kapsale Phase von Euglena	—	—	—	—
Chlorophyta, Chlorophytina	Chlorophyceae	++ Chlamydomonas	++ Volvox	—	++ Pseudosphaerocystis	++ Chlorococcum	++ Ulothrix	++ Ulva	++ Bryopsis
	Prasinophyceae	++ Platymonas	—	—	+ Prasinocladus	+ Halosphaera	—	—	—
	Charophyceae	—	—	—	—	—	—	—	++ Chara

Kapitel 5: Heterokontophyta – Klasse 2: Xanthophyceae

Die wichtigsten Merkmale der Xanthophyceae

1. Die Chloroplasten sind grün bis gelbgrün. Das Chlorophyll wird durch einige akzessorische Carotinoide mehr oder weniger maskiert. Man findet β-Carotin, Heteroxanthin, Diadinoxanthin, Diatoxanthin und Vaucheriaxanthin (dieser Farbstoff fehlt einigen Vertretern, s. Tab. 2), während Fucoxanthin, das braune Pigment der *Chrysophyceae,* der *Bacillariophyceae* und *Phaeophyceae,* völlig fehlt.
2. Vermutlich ist Chrysolaminarin der wichtigste Reservestoff, jedoch gibt es hierüber noch keine sicheren Ergebnisse. Stärke kommt auf jeden Fall nicht vor. Zusätzlich findet man Fett in Tröpfchenform (Tab. 3).
3. Im Inneren des Protoplasten kann eine kugelförmige oder ellipsoide Cyste gebildet werden (endogene Cyste), deren Wand mit Kieselsäure imprägniert ist. Die Wand der Cyste besteht aus zwei ungleichen Teilen, die die Form einer Dose mit genau passendem Deckel haben. Endogene Cysten sind nur von wenigen Arten bekannt.
4. Die Zellwand besteht oft deutlich aus zwei Hälften, die einander in der Zellmitte mehr oder weniger überlappen. Auch die Zellwand, die wahrscheinlich überwiegend aus Cellulose-Mikrofibrillen besteht, ist oft mit Kieselsäure imprägniert (Tab. 4).
5. Das Pyrenoid liegt zur Hälfte in den Chloroplasten eingebettet. Es enthält Stapel aus drei parallel verlaufenden Thylakoiden (Lamellen).
6. Die Klasse umfaßt neben einigen verzweigt fadenförmigen (trichalen) und einigen schlauchförmigen (siphonalen) Formen überwiegend einzellig kokkale Algen.

Xanthophyceae und *Chrysophyceae* unterscheiden sich vor allem durch die Form der endogenen Cyste, durch den Bau der Zellwand und durch die unterschiedliche Zusammenstellung der Pigmente. Letzteres Merkmal verursacht die meist braune oder gelbbraune Farbe der *Chrysophyceae* und die meist gelbgrüne Farbe der *Xanthophyceae.* Oft ist es jedoch schwierig festzustellen, zu welcher Klasse eine Art gehört.

Größe und Verbreitung der Klasse

Die Zahl der bekannten Gattungen wird auf etwa 80, die der Arten auf etwa 400 geschätzt. Einzellige und koloniebildende *Xanthophyceae* kommen vor allem als Süßwasserplankton vor, während sie im Meer viel seltener sind. Recht viele Arten gehören zu den bodenbewohnenden Algen, die sich auf feuchter Erde entwickeln können. Die meisten Arten der *Xanthophyceae* sind nicht leicht zu entdecken, da sie nur selten Massenvegetationen bilden. Eine Ausnahme bilden die Arten der fadenförmigen Gattungen *Tribonema* (Abb. 27 a) und *Vaucheria* (Abb. 27 g–n). Verschiedene *Tribonema*-Arten entwickeln sich als hellgrüne Flocken besonders im Frühjahr, wenn die Gewässer noch kalt sind. Als Massenvegetation können *Tribonema*-Arten in Moortümpeln auftreten, die durch Vogeldreck verunreinigt sind. Die Arten der Gattung *Vaucheria* sind weit verbreitete Bewohner feuchter (auch salziger) Böden. Sie bilden dichte Filze, die zum Beispiel in Quellerrasen eine wichtige Rolle beim Festlegen des Bodens spielen können. Auch im Süßwasser und im Brackwasser sind *Vaucheria*-Arten allgemein verbreitet.

Die Zoospore von Tribonema (Abb. 25) – Typus der flagellaten Xanthophyceen-Zelle

Wie schon oben erwähnt wurde, sind flagellate *Xanthophyceae* selten. Ein Beispiel einer begeißelten Art ist *Chloromeson agile* (Abb. 26 a–c, e). Viele nicht begeißelte Arten besitzen jedoch in ihrem Lebenszyklus flagellate Stadien (= Zoiden). Im folgenden soll der Bau der Zoospore von *Tribonema* behandelt werden (Abb. 27 a, b, 25).

Auch bei den *Xanthophyceae* betrachtet man das flagellate Organisationsniveau als das primitivste. Aus der flagellaten (oder monadoiden) Stufe sollen sich alle anderen Organisationsstufen der *Xanthophyceae* abgeleitet haben (S. 98 und 104). Keine der seltenen flagellaten *Xanthophyceae,* wie zum Beispiel *Chloromeson agile* (Abb. 26 a–c), wurde bisher elektronenmikroskopisch untersucht. Genau bekannt dagegen ist der Bau der Zoospore von *Tribonema* und einer zweiten fädigen Art (391). Es zeigte sich, daß diese Zoosporen *Ochromonas* (S. 81) sehr ähneln.

Der Bau der Zoospore von *Tribonema* (Abb. 25, 27 b) stimmt mit der Anatomie von *Ochromonas* (Abb. 22) in den folgenden Eigenschaften überein:

1. Der Chloroplast wird nicht nur von seiner Membran, sondern auch von einer Falte des endoplasmatischen Reticulums umschlos-

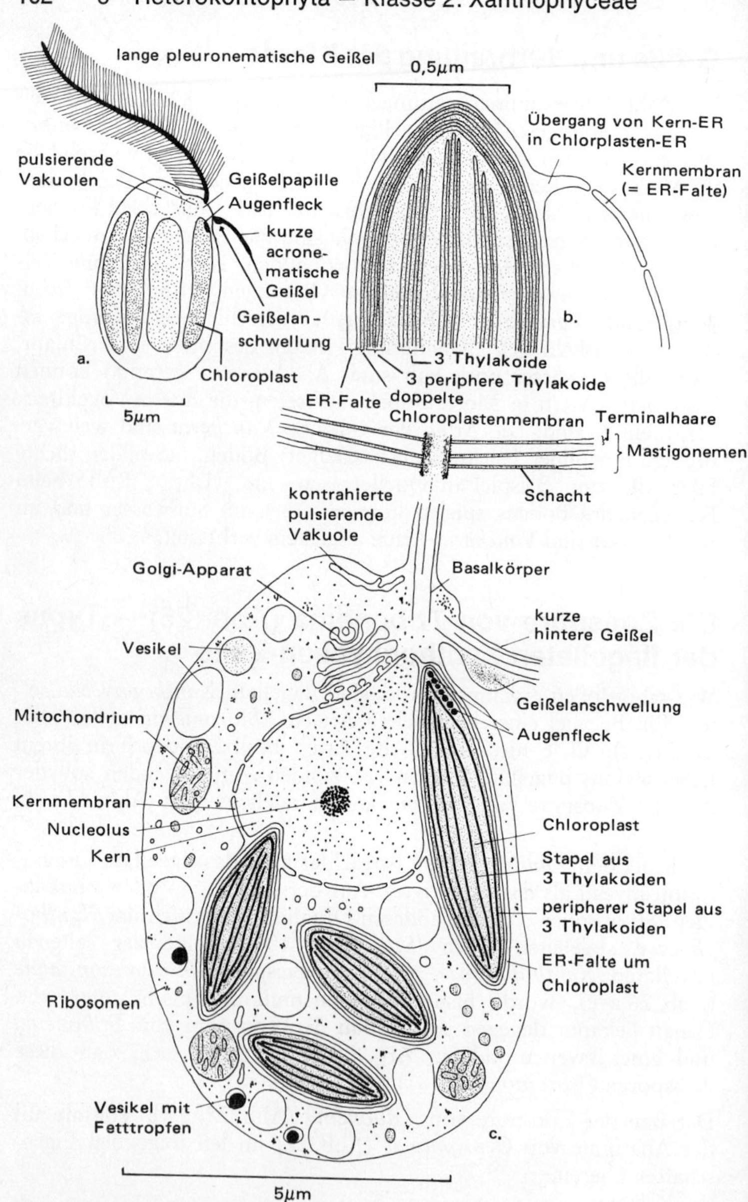

Abb. 25 *Tribonema*, Zoospore (nach *Massalski* u. *Leedale*)

sen (Abb. 25 b, c). Dadurch ist der Chloroplast von vier Membranen umhüllt, nämlich der doppelten Chloroplastenmembran und zwei Membranen des endoplasmatischen Reticulums. Liegt der Chloroplast am Kern an, so gehen das endoplasmatische Reticulum des Kerns und des Chloroplasten ineinander über.

2. Im Chloroplasten liegen je drei Thylakoide in Stapeln aufeinander (Lamellen) (Abb. 25 b).
3. Direkt unter der Chloroplastenmembran liegt parallel zu ihr ein peripherer Stapel aus drei Thylakoiden (die Gürtellamelle), der alle anderen Lamellen umschließt (Abb. 25 b).
4. Die vordere lange Geißel ist eine Flimmergeißel (pleuronematisch), die Mastigonemen trägt. Wie bei *Ochromonas* werden die Mastigonemen in Vesikeln des endoplasmatischen Reticulums oder auch in aufgeblasenen Teilen der Kernhülle angelegt (326). Die hintere kurze Geißel trägt keine Seitenhaare (Abb. 25 a, b).
5. Die hintere kurze Geißel besitzt eine Geißelanschwellung (Photorezeptor?), die in einen konkaven Teil der Zelloberfläche paßt. Unter dieser Stelle liegt im Chloroplasten das Stigma (Abb. 25 c).
6. Die Geißeln entspringen seitlich an der Zoide aus einem Punkt dicht unter der Spitze (subapikal). Sie bilden miteinander einen stumpfen Winkel.
7. Zwischen dem Kern und dem vorderen Ende der Zoide liegt der Golgi-Apparat.

Der Bau der Zoospore von *Tribonema* unterscheidet sich von der Anatomie der Art *Ochromonas* (Abb. 22) in den folgenden Punkten:

a) Die zwei Geißeln entspringen dicht unter der Spitze der Zelle aus einer Papille, die bei *Ochromonas* fehlt.
b) Die hintere Geißel läuft in ein dünnes Haar (Acronema) aus (Abb. 25 a), während bei *Ochromonas* die hintere Geißel stumpf ist.

Vermehrung

Von den meisten Vertretern der *Xanthophyceae* ist nur vegetative Vermehrung bekannt, die durch vegetative Zellteilungen, durch Aplanosporen oder durch Zoosporen (Abb. 26 m) erfolgen kann. Geschlechtliche Fortpflanzung, und zwar eine sehr charakteristische Form der Oogamie, fand man bisher nur bei *Vaucheria* (Abb. 27 k–n und S. 109).

Unterschiedliche Organisationsstufen der Xanthophyceae

Als primitivste Organisationsstufe der *Xanthophyceae* gilt eine flagellate Zelle, die etwa die Form von *Chloromeson* hat (Abb. 26 a–c, e). In ihrer Organisation kann man *Chloromeson* mit der Chrysophycee *Ochromonas* vergleichen. Von dieser flagellaten oder monadoiden Organisationsstufe können sich im Laufe der Evolution verschiedene ein- und mehrzellige Organisationsstufen abgeleitet haben (vgl. S. 93 und S. 98). Bei den *Xanthophyceae* lassen sich folgende Organisationsstufen unterscheiden:

Monadoide (= flagellate) Organisationsstufe

Die einzelligen Algen dieser Stufe tragen Geißeln. Nur etwa sieben seltene Gattungen und Arten der *Xanthophyceae* besitzen dieses Organisationsniveau. Ein Beispiel ist *Chloromeson* (Abb. 26 a–c, e), die bisher nur von PASCHER in einem Brackwassertümpel der deutschen Ostseeküste gefunden wurde. Die nackte Zelle von *Chloromeson* kann Pseudopodien bilden (Abb. 26 b).

Amöboide Organisationsstufe

Die Algenzellen dieser Stufe sind nackt und tragen Pseudopodien, mit deren Hilfe sie feste Nahrungspartikel aufnehmen können. Ein Beispiel ist *Rhizochloris* (Abb. 26 w), die mit ihren breiten Pseudopodien phagotroph Bakterien, Diatomeen und andere kleine Algen verspeisen kann. Die abgebildete Art wurde in der Adria gefunden. Ein anderes Beispiel ist *Chlorarachnion*, deren amöboide Zellen sich untereinander mit ihren Pseudopodien zu einem Netz vereinigen. Die Alge ähnelt ausgesprochen der Chrysophycee *Chrysarachnion* (Abb. 24 j). Diese Art wurde nur einmal aus Süßwasserschlamm der Kanarischen Inseln isoliert.

Abb. 26 a–c, e) *Chloromeson agile* (a. normale vegetative Zelle; b. amöboide Zelle; c. Bildung einer endogenen Cyste; e. Zellteilung); d) *Botrydiopsis*, Zoospore; f) *Ophiocytium;* g–j) *Myxochloris* (g = vegetatives Plasmodium in der Wasserzelle von Sphagnum; h = exogene Cysten; i = Zoosporen treten aus exogener Cyste aus; j = endogene Cyste); k–m) *Characiopsis* (k = vegetative Zelle; l = Aplanosporangium und Aplanospore; m = Zoosporangium und Zoide); n–r) *Botrydiopsis* (n = ausgewachsene Zelle; o = junge Zellen; p = Autosporen; q = Zoospore; r = amöboid gewordene Zoospore); s–v) *Gloeochloris* (s = Kolonie; t = Einzelzelle; u = Aplanospore = endogene Cyste; v = Zoospore); w) *Rhizochloris mirabilis;* x, y) *Chloridella neglecta.* (Ch – Chloroplast, F – Fett oder Chrysolaminarin, V – pulsierende Vakuole) (nach *Pascher*)

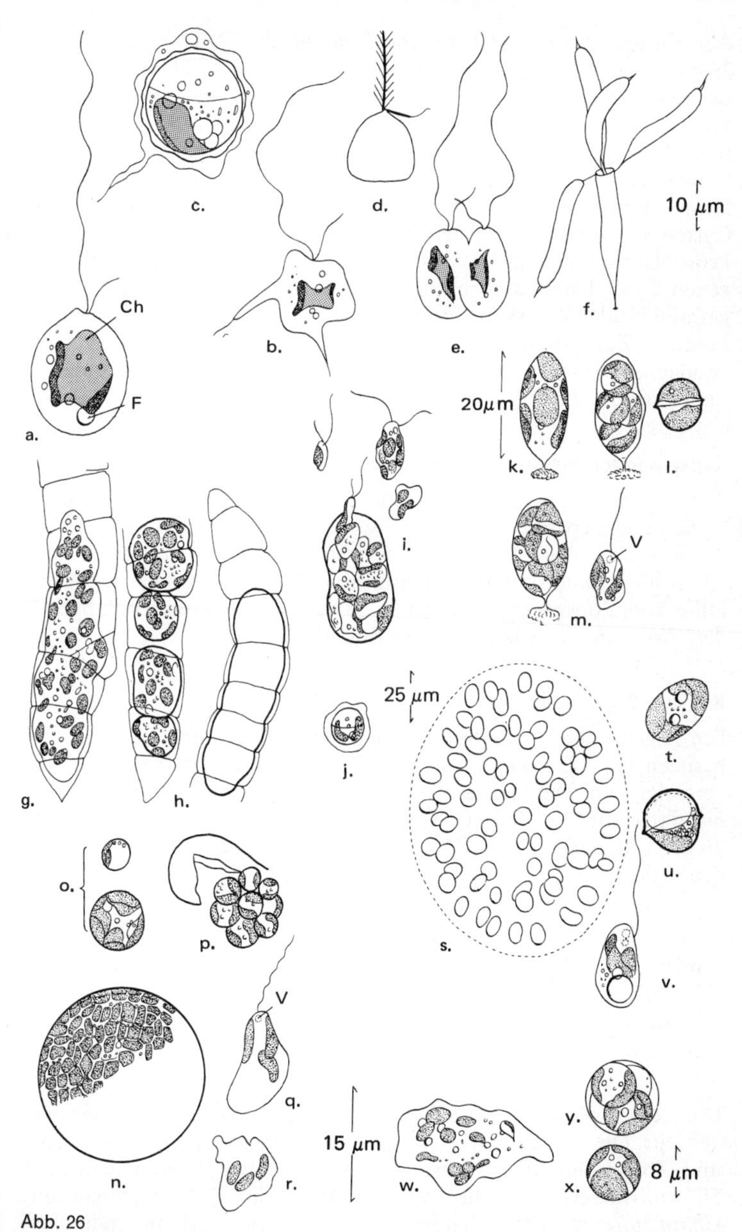

Abb. 26

Als drittes Beispiel soll *Myxochloris* beschrieben werden (Abb. 26 g–j). Die Zellen der Alge sind nackte, amöboide Plasmodien, die zahlreiche Chloroplasten enthalten. Die Plasmodien leben in den Wasserzellen des Torfmooses *(Sphagnum)*. Bei diesen Wasserzellen handelt es sich um tote Zellen, mit deren Hilfe das Torfmoos wie ein Schwamm Wasser aufsaugen und festhalten kann. Aus einem Plasmodium von *Myxochloris* können eine oder mehrere exogene Cysten entstehen, bei denen die Cystenwand der Außenseite des Protoplasten aufgelagert wird (Abb. 26 h). Der Inhalt einer exogenen Cyste kann in Form einkerniger Zoosporen oder mehrkerniger amöboider Zellen ins Freie gelangen (Abb. 26 i). Aus diesen einkernigen Zoosporen oder amöboiden Zellen können die zweiteiligen endogenen Cysten entstehen, die für die *Xanthophyceae* charakteristisch sind (Abb. 26 j).

Kapsale (oder tetrasporale) Organisationsstufe

Auf dieser Stufe liegen geißellose Zellen in eine gemeinsame Gallerte eingebettet und bilden so eine Kolonie. Ein Beispiel ist *Gloeochloris* (Abb. 26 s–v), bei der die Zellen in einer runden oder ellipsoiden Gallertkolonie vereinigt sind. Die Alge vermehrt sich mit Hilfe von Zoosporen. Endogene Cysten kommen vor. Die abgebildete Art wurde in Schmelzwasser gefunden.

Kokkale Organisationsstufe

Die Algenzellen dieser Stufe sind unbeweglich (ohne Geißeln). Sie besitzen eine Zellwand. Die Einzelzellen können zu einer Kolonie vereinigt sein. Die meisten *Xanthophyceae* gehören zu dieser Organisationsstufe. Ein Beispiel ist die einzellige Alge *Chloridella* (Abb. 26 x, y), deren runde Zellen sich durch Autosporen vermehren und denen der Grünalgengattung *Chlorella* ähneln (S. 314). Von der Gattung sind vier in Süßwasser vorkommende Arten bekannt.

Auch *Botrydiopsis* (Abb. 26 n–r) ist einzellig. Die ausgewachsenen runden Zellen sind mit etwa 50 µm recht groß. Sie sind vielkernig und enthalten zahlreiche Chloroplasten. Für die Fortpflanzung sorgen Aplanosporen (Abb. 26 p) und Zoosporen (Abb. 26 r). Man kennt zwei Arten aus stillstehendem Süßwasser (Gräben, Teiche usw.).

Die Zellen von *Characiopsis* (Abb. 26 k–m) sind langgestreckt und gestielt. Die Vermehrung erfolgt durch Aplanosporen (Abb. 26 l) und Zoosporen (Abb. 26 m). Von dieser Gattung kennt man etwa 50 Süßwasserarten. Die Algen ähneln der Grünalgen-Gattung *Characium* in verblüffender Weise. Durch Färbung mit Jodjodkalium lassen sich die Gattungen jedoch leicht voneinander unterscheiden, denn die Grünalgen enthalten als Reservestoff Stärke, die sich mit Jod blauviolett färbt. Da *Characiopsis* keine Stärke enthält, unterbleibt hier natürlich die Färbung.

Ein weiteres Beispiel der Organisationsstufe ist *Ophiocytium* (Abb. 26 f). Die lang-zylindrischen, oft gekrümmten Zellen dieser Alge sitzen mit einem Stielchen fest. Bei der Vermehrung werden Zoosporen freigesetzt, indem der oberste Teil der Zellwand wie ein Deckel aufklappt. Die ausgetretenen Zoosporen setzen sich oft auf dem Rand der Mutterzellwand fest und wachsen zu neuen *Ophiocytium*-Zellen heran. So entsteht eine Kolonie, deren typische Form in Abb. 26 f wiedergegeben ist. Von dieser Gattung sind etwa elf Süßwasserarten bekannt.

Trichale Organisationsstufe

Auf dieser Stufe sind die Zellen zu verzweigten oder unverzweigten Fäden vereinigt. Ein Beispiel ist *Tribonema* (Abb. 27 a–d), die unverzweigte Zellfäden besitzt. Die Zellwände bestehen aus H-förmigen, ineinandergreifenden Stücken. Dieser Bau wird besonders beim Abbrechen der Fäden deutlich sichtbar. Vermehrung erfolgt durch Zoosporen und amöboide Protoplasten. Es gibt etwa 15 Arten, von denen einige in kaltem, mehr oder weniger nährstoffreichen Süßwasser sehr weit verbreitet sind.

Ein anderes Beispiel ist *Heterodendron* (Abb. 27 o, p), eine Alge, die sich durch Zoosporen vermehrt. Die verzweigten Zellfäden der beiden bekannten Arten finden sich im Frühjahr und Herbst im Wasser auf Schilfhalmen und Zweigen.

Siphonale (= schlauchförmige) Organisationsstufe

Diese Algen besitzen keine Querwände. In den oft schlauchförmig verzweigten Zellfäden enthalten sie vielkernige Protoplasten. Ein Beispiel dieser Organisationsstufe ist *Botrydium* (Abb. 27 e, f), eine Alge, die feuchten Boden in großen Massen bedecken kann. Sie besteht aus stecknadelkopfgroßen Bläschen, die mit einem System verzweigter Rhizoiden im Boden verankert sind. Der Protoplast einer Blase kann sich in zahlreiche Zoiden aufteilen, die bei Überflutung der Blase freigesetzt werden. Trocknet die Alge aus, so zieht der Protoplast sich in die Rhizoiden zurück, in denen er dickwandige Ruhesporen bildet. Beim Anfeuchten keimen diese Sporen unter Bildung von Zoiden. Zur Gattung gehören etwa fünf Arten, die der bodenbewohnenden Grünalge *Protosiphon (Chlorococcales,* S. 294) sehr ähneln.

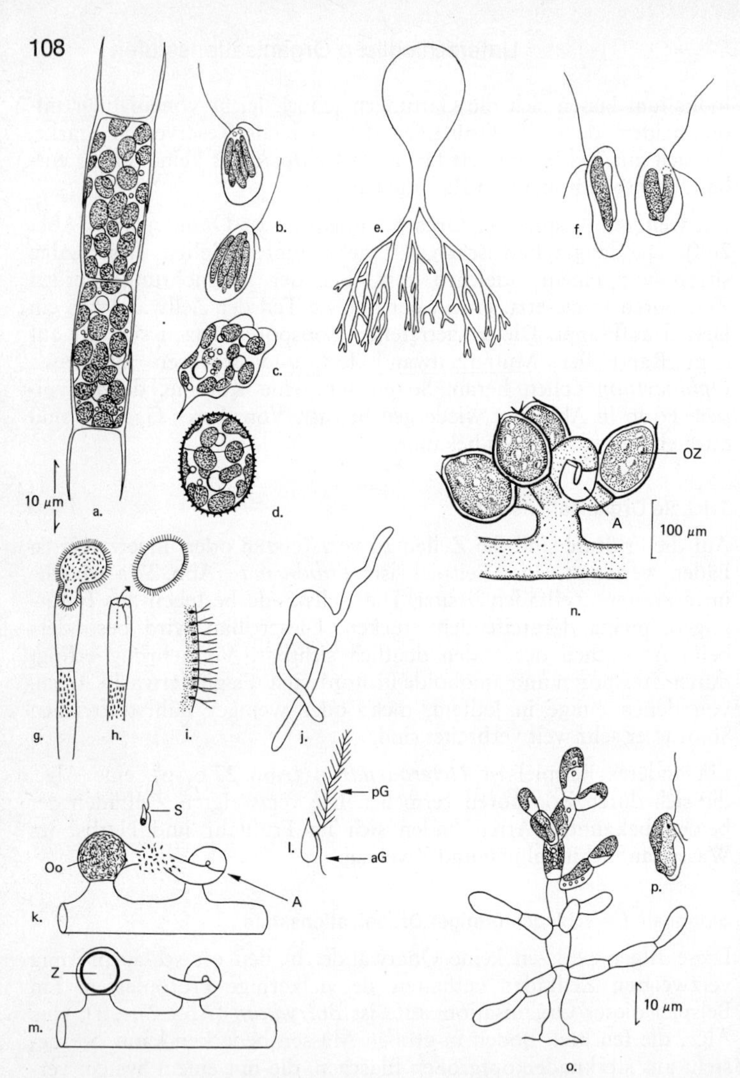

Abb. 27 a–d) *Tribonema viride* (a = vegetativer Zellfaden; b = Zoiden; c = amöboider Protoplast, der die Zelle verlassen hat; d = Aplanospore); e–f) *Botrydium* (e = Habitus; f = zwei Zoiden); g–m) *Vaucheria sessilis* (g, h = Austreten einer Synzoospore; i = Außenseite der Synzoospore, jedes Geißelpaar entspringt an einem Kern; j = keimende Synzoospore; k = Befruchtung; l = Spermatozoid; m = Zygote); n) *Vaucheria geminata,* sexuelle Stadien; o–p) *Heterodendron.* (A – Antheridium, aG – acronematische Geißel, Oo – Oogonium, OZ – Oogonium mit Zygote, pG – pleuronematische Geißel, S – Spermatozoid, Z – Zygote) (a–f, o–p nach *Pascher,* n nach *Sotsuka* u. *Nakano*)

Ein zweites Beispiel der Organisationsstufe ist *Vaucheria* (Abb. 27 g–n). Die schlauchförmig verzweigten Fäden dieser Alge enthalten eine dünne wandständige Protoplasmaschicht, in der zahlreiche Chloroplasten und Kerne liegen. Das Zentrum des Schlauchs ist mit Vakuolen gefüllt. Ungeschlechtliche Vermehrung erfolgt bei einigen Arten durch **Synzoosporen** (Abb. 27 g–i). Synzoosporen hält man für eine Ansammlung von Zoosporen, die miteinander vereinigt bleiben. Sie werden in keulenförmigen Fadenenden gebildet, die durch eine Querwand vom Rest der Alge abgeschnürt werden. Eine freigesetzte Synzoospore kann einige Zeit herumschwimmen, bevor sie sich festsetzt und unter Bildung schlauchförmiger Fäden auswächst (Abb. 27 j).

Geschlechtliche Vermehrung erfolgt durch Oogamie, deren Form für die gesamte Gattung typisch ist. Das reife Oogonium enthält eine Eizelle, die zur Befruchtung bereit ist. Zahlreiche Spermatozoiden mit je einem Paar charakteristischer, heterokonter Geißeln werden in einem Antheridium gebildet. Die langgestreckten Spermatozoiden enthalten einen kompakten Satz von Zellorganellen, der aus einem Kern, Mitochondrien, einem Golgi-Apparat und einem Band aus Mikrotubuli besteht. Die Mikrotubuli versteifen eine Ausstülpung des Vorderendes, die Proboscis genannt wird. Der Bau der Spermatozoiden von *Vaucheria* ist fast identisch mit der Anatomie der Spermatozoiden der Braunalge *Fucus* (Abb. 36 f) (409).

Die Spermatozoiden schwimmen zum Oogonium, dessen Eizelle von einer der männlichen Zellen befruchtet wird. Nach der Befruchtung umgibt sich die Zygote mit einer dicken Wand (Abb. 27 k–n). Die Zygote ist eine Hypnozygote, die erst nach einer kürzeren oder längeren Ruheperiode wieder zu einer neuen *Vaucheria*-Pflanze auswachsen kann. Der genaue Zeitpunkt der Meiose ist unbekannt, jedoch nimmt man an, daß die Reduktionsteilung bei der Keimung der Zygote erfolgt (547).

Von *Vaucheria* sind etwa 50 Arten bekannt. Marine Arten bilden auf dem Schlick der Quellerrasen filzige Überzüge, die den Boden festlegen. Im Süßwasser und auf feuchtem Boden können einige Arten Massenvegetationen bilden. *Vaucheria* ähnelt der Süßwasser-Grünalge *Dichotomosiphon* (Ordnung *Caulerpales*, S. 355).

Kapitel 6: Heterokontophyta – Klasse 3: Bacillariophyceae (Kieselalgen; Diatomeen)

Die wichtigsten Merkmale der Bacillariophyceae

1. Die Chloroplasten sind braun gefärbt, weil das Chlorophyll durch das braune akzessorische Pigment Fucoxanthin maskiert wird (Tab. 2).
2. Der wichtigste Reservestoff ist das Polysaccharid Chrysolaminarin (Tab. 3). Zusätzlich kommt Fett in Tröpfchenform vor.
3. Die *Bacillariophyceae* werden vor allem durch den einzigartigen Bau der Zellwand charakterisiert. Diese besteht überwiegend aus Kieselsäure (Tab. 4) und hat die Form einer Schachtel mit darauf passendem Deckel. Das Gehäuse (Frustulum) ist mit mehr oder weniger komplizierten Strukturen verziert (Abb. 28 a, 34 a, b).
4. Die begeißelten Zellen tragen eine nach vorn gerichtete Flimmergeißel. Von den Algen der Gruppe sind aber nur die männlichen Gameten einiger Arten aus der Ordnung der *Centrales* begeißelt. Von der übergroßen Mehrzahl der Kieselalgen sind dagegen keine flagellaten Zellen bekannt.
5. Kieselalgen sind einzellig, sie können jedoch unter Umständen zu Kolonien vereinigt sein.
6. Soweit bekannt, sind alle Kieselalgen, die sich geschlechtlich vermehren, Diplonten.

Größe und Verbreitung der Klasse

Die Zahl der heute lebenden bekannten Gattungen beträgt etwa 200, die der Arten etwa 6000. Kieselalgen kommen im Meer, in Süßwasser und auf feuchtem oder austrocknendem Boden vor. Das Phytoplankton der Ozeane besteht überwiegend aus Kieselalgen. In gemäßigten bis kalten Gebieten der Weltmeere, besonders in den nährstoffreichen Teilen (z. B. in der Antarktis und den Aufquellgebieten an den Küsten von Südwestafrika, der Westküste von Südamerika und der Kalifornischen Küste), sind die Kieselalgen überwiegend für die dortige sehr hohe Primärproduktion verantwortlich. In diesen Gebieten beträgt die Produktion organisch gebundenen Kohlenstoffes pro Quadratmeter im Jahr etwa 200–400 g. Für ein Getreidefeld oder einen Kartoffelacker liegt der Wert in der Größenordnung von 500–1000 g.

Obwohl große Teile der Meere weniger produktiv sind, können wir uns angesichts der Tatsache, daß die Ozeane den größeren Teil der Erdoberfläche bedecken, leicht vorstellen, welch enorm wichtige Rolle Kieselalgen bei der Produktion organischer Stoffe durch Photosynthese spielen. Man sollte auch bedenken, daß alle übrigen Lebewesen im Meer für ihre Ernährung direkt oder indirekt auf diese Primärproduktion angewiesen sind. Auch im Süßwasser bilden die Kieselalgen einen wesentlichen Teil des Phytoplanktons.

Sowohl in den Meeren der gemäßigten Klimazone als auch im Süßwasser tritt eine maximale Entwicklung der Kieselalgen besonders im Anfang des Frühjahrs auf. Zu dieser Zeit ist ein Überfluß an Nährstoffen vorhanden (Phosphate, Nitrate, Silicium), während gleichzeitig die zunehmende Lichtintensität und Tageslänge die Photosynthese fördern. Im Herbst kann man oft ein zweites kleineres Entwicklungsmaximum beobachten.

Neben planktischen Kieselalgen kommen im Meer und im Süßwasser auch viele benthische, epilithische und epiphytische Formen vor. Bei planktischen Arten ist das Verhältnis von Oberfläche zu Inhalt oft sehr groß, wodurch unter Umständen das Sinken verhindert wird. Die Vergrößerung der Oberfläche wird durch besondere Zellformen (z. B. Nadelform) oder durch lange Fortsätze erreicht (Abb. 33 n–p). Das Schwebevermögen wird jedoch wahrscheinlich vor allem durch ein niedrigeres spezifisches Gewicht der Vakuolenflüssigkeit gegenüber dem Seewasser ermöglicht (545, 639).

Benthische Formen gehören überwiegend zur Ordnung der *Pennales*. Sie besitzen eine Zellorganelle, die Raphe (s. unten), mit deren Hilfe sie über den Untergrund (Sand, Schlamm) kriechen können. Trockenfallende Schlick- und Sandbänke des Wattenmeeres sind besonders im Sommerhalbjahr oft auffallend braun gefärbt. Die braune Farbe wird durch eine Massenentwicklung benthischer Kieselalgen verursacht. Die Primärproduktion dieser benthischen Kieselalgen ist nicht sehr groß. Sie liegt im Jahr pro Quadratmeter bei nur etwa 100 g gebundenen Kohlenstoffs (49). Im Winter ist die Produktion geringer als im Sommer.

Benthische Arten auf Sand und Schlick können während des Hochwassers unter dem Einfluß niedriger Lichtintensität in das Sediment hineinkriechen. Möglicherweise schützen sie sich so vor der Gefahr, weggespült zu werden. Sobald das Substrat wieder trockenfällt, kriechen die Algen unter dem Einfluß der hohen Lichtintensität wieder hervor. Dieses Verhalten kann man für Laborversuche zur Bestimmung der Primärproduktion benutzen, indem man die Algen aus dem Untergrund in aufgelegte Stückchen Fließpapier kriechen läßt und sie so für die Versuche isoliert. Neben den beweglichen

Arten gibt es auch benthische Kieselalgen, die an Sandkörner angeheftet wachsen.

Die meisten Kieselalgen sind Wasserbewohner. Eine beschränkte Zahl von Arten gehört jedoch zu den Bodenalgen, die auf feuchtem Boden „aktiv leben“, die jedoch extreme Trockenheit und Wärme für einige Zeit als Ruhezellen überdauern können. In feuchten tropischen Gebieten leben Kieselalgen zusammen mit Blaualgen auf den Blättern der Bäume. Es gibt auch einige heterotrophe Formen. Ein Beispiel hierfür ist die farblose Art *Nitzschia putrida,* die auf der Braunalge *Fucus* lebt.

Im Vergleich zu anderen einzelligen Algengruppen ist die Systematik der Kieselalgen relativ leicht zu untersuchen, da die Kieselschalen artspezifische Strukturen besitzen. Zur Untersuchung der Schalen muß der organische Inhalt durch Oxydation entfernt werden. So behandeltes totes Material kann aufbewahrt und später untersucht werden. Natürlich besitzt auch der Bau der Schalen innerhalb einer Art oft eine große Variabilität.

Schalen von Kieselalgen sind auch als Fossile erhalten. Da im Meer, in Süßwasser und in Brackwasser jeweils andere Kieselalgen vorkommen, gibt uns die Untersuchung fossiler Diatomeen im Sediment darüber Aufschluß, ob das Sediment marinen oder nichtmarinen Ursprungs ist.

Eigenschaften der Kieselalgen

Die Klasse der *Bacillariophyceae* besteht aus zwei Ordnungen (den *Pennales* und den *Centrales*), die sich z. B. im Bau ihrer Zellwand voneinander unterscheiden.

Zellwand der pennaten Diatomeen

Die Kieselschale (Frustulum) einer pennaten Diatomee ist langgestreckt und bilateralsymmetrisch (lanzettförmig oder elliptisch) in der Aufsicht. Abb. 28 a, b zeigt das Idealbild einer pennaten Diatomee, mit dem zum Beispiel die Gattungen *Pinnularia* (Abb. 28 c–e, 32 a), *Navicula* (Abb. 32 e, f) und *Achnanthes* (Abb. 34 a) in hohem Maße übereinstimmen. Das **Frustulum** (die Kieselschale) besteht aus der **Hypotheka** (der Schachtel) und der **Epitheka** (dem Deckel) (Abb. 28 b). Die Epitheka besteht aus zwei Unterteilen, nämlich der flachen, an den Rändern vorgewölbten Oberseite, die **Epivalva** (obere Schale) genannt wird, und aus der ringförmigen Seitenwand, der **Epipleura** (oberer Gürtel). Entsprechend besteht die

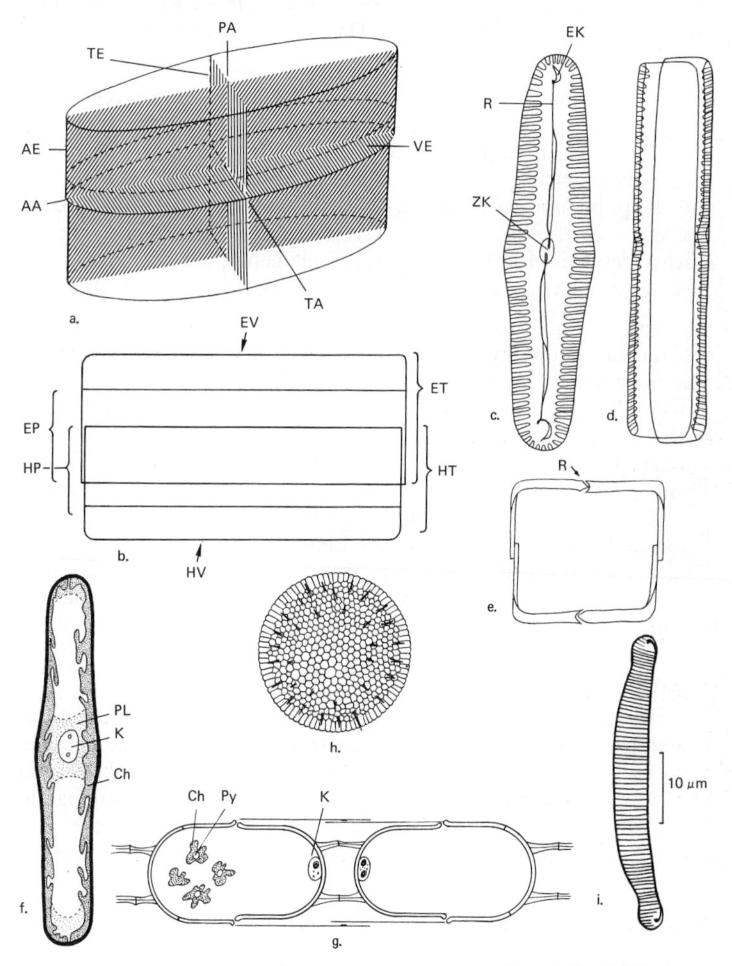

Abb. 28 a, b) Bau einer pennaten Diatomee; c–e) *Pinnularia viridis* (c = Schalenansicht = Valvaransicht; d = Gürtelansicht = Pleuralansicht; e = Querschnitt in der transapikalen Ebene); f) *Pinnularia;* g, h) *Stephanopyxis turris* (g = Gürtelansicht; h = Schalenansicht); i) *Eunotia arcus.* (AA – Apikalachse, AE – Apikalebene, Ch – Chloroplast, EK – Endknoten, polarer Nodulus, EP – Epipleura, ET – Epitheka, EV – Epivalva, HP – Hypopleura, HT – Hypotheka, HV – Hypovalva, K – Kern, PA – Pervalvarachse, PL – Plasmabrücke, Py – Pyrenoid, R – Raphe, TA – Transapikalachse, TE – Transapikalebene, VE – Valvarebene, ZK – Zentralknoten, zentraler Nodulus)

Hypotheka aus einer **Hypovalva** (untere Schale) und einer **Hypopleura** (unterer Gürtel). Die ringförmige Epipleura ist von der Epivalva durch eine Naht getrennt. Dasselbe gilt für Hypovalva und Hypopleura.

Bei mikroskopischen Untersuchungen kann man Diatomeenschalen von zwei Seiten betrachten. Wenn man die Epivalva oder die Hypovalva in Aufsicht betrachtet, spricht man von der Schalenansicht oder Valvaransicht (Abb. 28 c). Wenn der Blick dagegen auf die Epi- und Hypopleura gerichtet ist, spricht man von der Gürtelbandansicht bzw. der Pleuralansicht der Diatomee (Abb. 28 b, d). In der beschreibenden Morphologie der Kieselalgen spielt die Terminologie einer Reihe von Achsen und Ebenen eine Rolle (Abb. 28 a).

Die Valvae sind meistens mit schönen, artspezifischen Strukturen geschmückt. Diese Strukturen sind bei den pennaten Diatomeen oft bilateralsymmetrisch zu einer von Pol zu Pol laufenden Achse angeordnet (d. h. bilateralsymmetrisch zur Apikalebene, Abb. 28 a) (Abb. 28 c, 32 a, e, 34 a). So besteht zum Beispiel die relativ grobe Verzierung von *Pinnularia* aus Kammern, die ungefähr parallel zur Transapikalebene liegen. Die Kammern werden durch Rippen (Costae) begrenzt, die in das Zellumen hineinragen. Bei vielen Arten bestehen die Strukturen aus Linien (Striae), die aus einzelnen Punkten zusammengesetzt sind. Die Linien liegen in mehr oder weniger gleichem Abstand parallel zur Transapikalebene. Elektronenmikroskopische Bilder zeigen, daß die Punkte (Punctae) ihrerseits eine äußerst feine und komplizierte Eigenstruktur besitzen (Abb. 29 c).

Die Struktur des Frustulums wird durch ringförmige Bänder (Zwischengürtelbänder, Copulae), die zwischen Valva und Pleura liegen, noch weiter kompliziert. Die Bänder bewirken, daß das Frustulum in der Gürtelansicht höher ist, als sie es ohne Zwischengürtelbänder wäre. Die Zwischengürtelbänder ragen oft mit Septen in das Zelllumen hinein (Abb. 32 h, i).

Zellwand der zentralen Diatomeen (Ordnung Centrales)

Die Zellwände sind in der Schalenansicht im Prinzip radiärsymmetrisch gebaut (Abb. 28 h, 33 k, 34 b). Das Musterbeispiel einer zentralen Diatomee sieht wie eine Petrischale aus. Von diesem radiärsymmetrischen Typ gibt es jedoch zahlreiche Abweichungen (Abb. 33 q–t). Die Schalen sind mit artspezifischen Skulpturen verziert. Bei keiner zentralen Diatomee kommen Raphen (s. unten) vor. Seit einigen Jahren können mit dem Rasterelektronenmikroskop von den Kieselalgen besonders schöne Bilder gemacht werden (Abb. 34).

Raphe

Bei vielen pennaten Diatomeen liegt in der Längsrichtung der Valva (in der Apikalebene) eine Spalte, die Raphe genannt wird (Abb. 28 c, e, 32 a, b, e, m). Bei einigen Algen, zum Beispiel bei *Pinnularia,* hat die Raphe im Querschnitt die Form eines liegenden V (also: <). Da die Raphe an der Spitze des V besonders schmal ist, besteht sie aus einem an der Innenseite und einem an der Außenseite liegenden Kanal, den man als äußere und innere Raphengrube bezeichnet (Abb. 28 e). In ihrem Zentrum wird diese Raphe durch eine Verdickung der Schale, den zentralen **Nodulus** (Zentralknoten), unterbrochen. An den Schalenenden endigt die Raphe in den polaren Noduli (Endknoten) (Abb. 28 c). Im zentralen und in den polaren Noduli stehen die äußere und innere Raphengrube durch breitere Öffnungen miteinander in Verbindung.

Völlig anders ist die Raphe der Gattungen *Nitzschia* und *Surirella* gebaut, die man als **Kanalraphe** bezeichnet (Abb. 33 a–f, 32 r–u). Die Kanalraphe gleicht einer Röhre, die in regelmäßigen Abständen durch Öffnungen mit dem Zellinneren verbunden ist. Die Kanalraphe liegt im allgemeinen nicht in der Apikalebene, sondern am Rand der Valva. In der Aufsicht sind vor allem die Öffnungen zum Zellinneren deutlich sichtbar, so daß die Kanalraphe auf den ersten Blick aus einer Reihe von Punkten oder Perlen zu bestehen scheint.

Die Raphen scheinen für die Fortbewegung von Bedeutung zu sein, denn nur Kieselalgen mit Raphe können gleitende Bewegungen ausführen, Kieselalgen ohne Raphe zeigen keine aktive Bewegung. Zu den unbeweglichen Kieselalgen gehören raphenlose, pennate Formen sowie alle Vertreter der *Centrales* (in dieser Gruppe kommen niemals Raphen vor). Die Eigenbewegung pennater Diatomeen mit Raphe ist so schnell, daß man sie bei mikroskopischer Beobachtung wie kleine Schiffchen durch das Blickfeld fahren sieht. *Nitzschia palea* kann zum Beispiel eine Geschwindigkeit von 8–10 µm/sec erreichen (maximal bei Kieselalgen 20 µm/sec) (256).

Beobachtet man Zellen in einer verdünnten Tuschelösung, so sieht man, daß Tuschepartikel an der Raphe entlanggleiten können, wobei ihre Schnellheit der Kriechbewegung der Zellen ähnlich ist. Bei größeren Zellen kann man manchmal beobachten, daß die Tuschepartikel sich entgegen der Kriechbewegung bewegen. Diese Beobachtung könnte auf eine Protoplasmaströmung hinweisen, die nach einer älteren Theorie für die Bewegung der Diatomeen verantwortlich sein soll (249). Man nimmt an, daß die Plasmaströmung in der äußeren Raphengrube in einer Richtung und in der inneren Grube in der entgegengesetzten Richtung verläuft, wobei die Verbindung zwischen den beiden Strömen durch den zentralen Nodulus und die polaren Knoten erfolgt. Diese zyklische Protoplasmaströmung soll die Bewegung durch Reibung mit dem Substrat bewirken.

Nach einer anderen Theorie soll ein durch die Noduli austretender Schleim die Bewegung verursachen (107, 108). Der ausgetretene Schleim soll in der Raphe in entgegengesetzter Richtung zur Fortbewegung der Zelle entlangströmen, um dann in einer Spur hinter der Zelle zurückzubleiben. Die Existenz dieser Spur kann mit Tusche nachgewiesen werden, da die Tuschepartikel an dem Schleim festkleben. Es fehlt jedoch jede Erklärung, warum der Schleim sich in der Raphe in einer bestimmten Richtung bewegen soll. Bei elektronenmikroskopischen Untersuchungen konnten einige Strukturen beobachtet werden, die mit der lokomotorischen Schleimsekretion in Zusammenhang gebracht werden. So soll der Schleim in „kristalloiden Körperchen“ entstehen, die nur bei Diatomeen mit gleitender Fortbewegung vorkommen. Ein direkt unter der Raphe liegendes Bündel von Fibrillen soll durch Kontraktionen den Inhalt der kristalloiden Körperchen ausstoßen (433).

Gleitende Fortbewegung kommt auch bei Blaualgen (S. 33) und bei *Desmidiaceae* (S. 384) vor.

Anlage und Zusammensetzung der Zellwand

Die Zellwand besteht überwiegend aus amorpher, polymerisierter Kieselsäure, die also keine Kristallstruktur zeigt (76, 331). Neben Kieselsäure enthält die Zellwand auch Eiweiße, Polysaccharide und fettartige Stoffe (65, 76, 266). Wird die Zellwand mit Fluorwasserstoff behandelt, bleibt eine dünne Wand aus organischen Stoffen über. Auch gegen die Innenseite des Frustulums kann eine dünne Polysaccharidwand abgesetzt werden (bei einer *Melosira*-Art) (72). Die Einzelteile der Zellwand werden in besonderen flachen Vesikeln gebildet („silica deposition vesicles“) (Abb. 29 a).

Unmittelbar nach der Zellteilung werden zuerst die zwei neuen Valvae angelegt. In Abb. 29 liegen die jungen Schalen in flachen Vesikeln direkt unter dem Plasmalemma. Erst später werden die neuen Gürtel (Pleurae) gebildet. Die zwei fertigen neuen Zellwandhälften bleiben von Resten des Vesikels und von Protoplasma umhüllt, das außerhalb der neuen Wände liegt. Direkt unter dem Vesikel wird ein neues Plasmalemma gebildet. Man nimmt an, daß die „silica deposition vesicles“ durch die Verschmelzung von Golgi-Vesikeln entstehen könnten, die mit Vorläufern des Zellwandmaterials beladen sind. Diese Annahme stützt sich auf die Beobachtung, daß der Golgi-Apparat in der Interphase zahlreiche Vesikel abschnürt, die zum großen Teil einen dunklen Stoff enthalten. Da dieses dunkle Material in Fluorwasserstoff nicht löslich ist, kann es

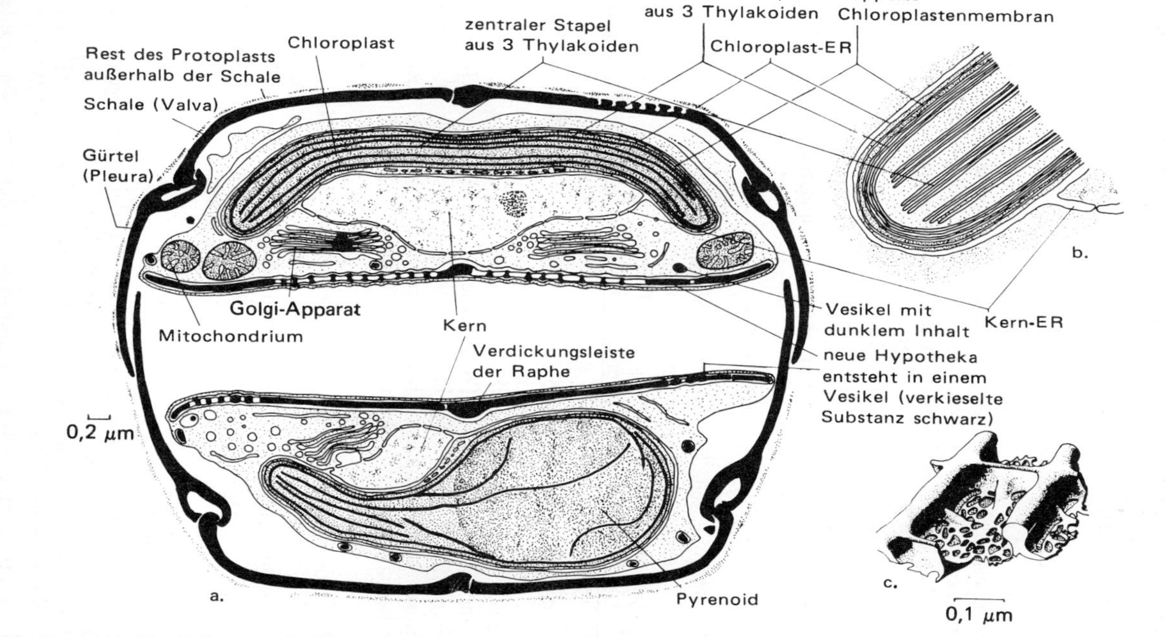

Abb. 29 a, b) *Amphipleura pellucida* (a = Elektronenmikroskopischer Querschnitt durch eine Zelle direkt nach der Teilung; b = Teil des Chloroplasten); c) *Surirella gemma*, einer der Punkte, aus denen die Transapikalstreifen der Schale bestehen (a, b nach *Stoermer* u. Mitarb., c nach *Fott*)

sich nicht um Kieselsäure handeln. Unter Umständen liegt hier ein Vorläufer der organischen Zellwandsubstanz vor. Es besteht jedoch keine Sicherheit darüber, welche Rolle der Golgi-Apparat hier bei der Bildung der Zellwand spielt.

Pigmente und Chloroplasten

Die braune Farbe der Kieselalgen rührt von dem akzessorischen Pigment Fucoxanthin her, das in den Chloroplasten liegt. Auch *Chrysophyceae* und *Phaeophyceae* sind durch Fucoxanthin braun gefärbt. Neben dem Xanthophyll Fucoxanthin besitzen einige Kieselalgen auch andere Xanthophylle (Diadinoxanthin und Diatoxanthin, s. Tab. 2). Neben Chlorophyll a kommt auch Chlorophyll c vor, während Chlorophyll b fehlt.

Die genannten Pigmente liegen in den Chloroplasten. Die meisten pennaten Kieselalgen besitzen in ihren Zellen zwei große, plattenförmige, wandständige Chloroplasten, die oft mehr oder weniger gelappt sind (Abb. 28 f). Eine große Zahl kleiner, oft mehr oder weniger gelappter, scheibenförmiger Chloroplasten ist für die Zellen der meisten zentralen Diatomeen charakteristisch (Abb. 28 g). Jeder Chloroplast enthält ein oder mehrere Pyrenoide. Diese glänzenden Eiweißkörper liegen an der Innenseite des Chloroplasten und ragen in das Zellumen hinein (Abb. 28 g, 29 a rechts unten).

Die Ultrastruktur der Chloroplasten ist in mehreren ihrer Eigenschaften für die Abteilung der *Heterokontophyta* charakteristisch (558) (Abb. 29). So liegen je drei Thylakoide in Stapeln aufeinander (Lamellen), wobei drei Thylakoide alle übrigen umschließen (Gürtellamelle). Der Chloroplast liegt neben dem Kern und wird außer durch seine doppelte Chloroplastenmembran noch zusätzlich durch eine Falte des endoplasmatischen Reticulums umhüllt, die mit der Kernhülle eine Einheit bildet.

Abb. 29 zeigt in der unteren Tochterzelle ein Pyrenoid im Schnitt. Sein Inhalt ist etwas dunkler als der Rest des Chloroplasten. Einige Lamellen laufen durch das Pyrenoid hindurch, bestehen jedoch in seinem Inneren aus nur zwei Thylakoiden, während außerhalb des Pyrenoids immer je drei Thylakoide zusammenliegen.

Andere Zellorganellen

Neben den Chloroplasten enthalten die Zellen der Kieselalgen einen Kern, Mitochondrien, Golgi-Apparate, endoplasmatisches Reticulum, Ribosomen und Vakuolen – lauter Zellorganellen, die für eukaryotische Zellen charakteristisch sind (Abb. 28 f, g, 29). Der Kern liegt oft in einer Protoplasmabrücke in der Mitte der Zelle

(Abb. 28 f). Das endoplasmatische Reticulum des Kerns und das endoplasmatische Reticulum des Chloroplasten bilden eine Einheit (Abb. 29 a). Der Kern ist von einer Anzahl perinukleärer Golgi-Apparate umgeben. Die Golgi-Apparate spielen unter Umständen bei der Bildung der Schalen eine Rolle (S. 116).

Reserveprodukte

Der wichtigste Reservestoff ist Chrysolaminarin, ein β-1,3 gebundenes Glucan. Chrysolaminarin liegt in gelöster Form in besonderen Vakuolen. Es ist auch das wichtigste Reservepolysaccharid der *Chrysophyceae* und *Phaeophyceae* (Tab. 3).

Zoiden

Zoiden kommen nur im Lebenszyklus einiger zentraler Kieselalgen als männliche Zoogameten (Spermien) vor. Ein Spermium ist eiförmig und trägt eine terminale pleuronematische Geißel (Flimmergeißel) (Abb. 31 A). Bei zwei Arten *(Lithodesmium undulatum* und *Biddulphia levis)* wurde die Struktur der Spermiengeißel elektronenmikroskopisch untersucht, wobei sich Abweichungen von normalen „9 + 2"-Muster ergaben. Die zwei zentralen Tubuli fehlten, so daß also nur die neun peripheren Dubletten beobachtet werden konnten (209, 385). Auch bestand der Basalkörper aus neun Dubletten und nicht aus neun Tripletten. Wie bei anderen *Heterokontophyta* wurden jedoch die Flimmern der Geißel in Zisternen des endoplasmatischen Reticulums und der Kernhülle gebildet (209).

Zellteilung

Die Zellen teilen sich immer in der Valvarebene (Abb. 28 a, 29 a, 32 c). Vor der Teilung schwillt der Zellinhalt an, so daß Epitheka und Hypotheka etwas auseinandergedrückt werden, ohne daß jedoch der Protoplast freigelegt wird. In diesem Augenblick tritt die Mitose ein, der die Teilung des Protoplasten folgt. Nach der Teilung des Protoplasten wird sofort in beiden Zellen die neue Zellwand abgesetzt (Abb. 32 c).

Epitheka und Hypotheka der Mutterzelle werden in den Tochterzellen immer zur Epitheka, so daß die neu gebildete Zellwand immer eine Hypotheka ist. Dies hat zur Folge, daß im Vergleich zur Mutterzelle eine Tochterzelle gleich groß, die andere aber kleiner ist. Sie ist etwa um zweimal die Dicke der Pleura kürzer und schmaler. Da also nach jeder Teilung ein Teil der Zellen kleiner geworden ist, nimmt die durchschnittliche Größe der Individuen in einer Diatomeen-Population im Laufe der aufeinanderfolgenden Teilungen ab. Abb. 32 d verdeutlicht diese Erscheinung.

Nicht alle Arten werden bei der Teilung kleiner. Arten mit mehr oder weniger elastischen Gürtelbändern können bei aufeinanderfolgenden Zellteilungen etwa gleichgroß bleiben.

Die Verkleinerung der durchschnittlichen Zellgröße einer Diatomeen-Population kann natürlich nicht unbegrenzt weitergehen. Schließlich wird eine Minimalgröße erreicht, worauf dann die Zellverkleinerung durch die Bildung von **Auxosporen** kompensiert wird. In einer Auxospore wird eine neue, stark vergrößerte Diatomeenzelle gebildet. Auxosporen entstehen, bevor die kleinstmögliche Zellgröße erreicht ist. Die allerkleinsten Zellen können keine Auxosporen mehr bilden und teilen sich zu Tode. Auxosporenbildung ist – zumindest bei den meisten untersuchten Arten – an geschlechtliche Fortpflanzung gebunden. Die Lebenszyklen und die Bildung von Auxosporen bei pennaten und zentralen Diatomeen werden auf S. 121 und S. 126 besprochen.

Einteilung der Klasse

Die Klasse der *Bacillariophyceae* wird in zwei Ordnungen, die *Pennales* und die *Centrales,* unterteilt.

Ordnung: Pennales

Die Zellen sind in der Schalenansicht langgestreckt, lineal, lanzettförmig oder oval. Die Schalen sind mit bilateralsymmetrischen Strukturen geschmückt. Diese bestehen aus senkrecht zur Längsachse angeordneten Linien, die sich aus unterschiedlichen Strukturen (oft lichtmikroskopisch sichtbaren Punkten) zusammensetzen. Bei einem Teil der *Pennales* liegt in der Symmetrieebene eine Raphe. Neben Formen, die deutlich in der Schalenebene bilateralsymmetrisch sind (Abb. 28 a, c, 32 a, e, g, 34 a), gibt es auch Formen, deren Apikalebene gebogen ist und die deshalb nicht bilateralsymmetrisch sind (z. B. Abb. 32 m). Bei *Nitzschia*-Arten ist die Schale zwar ebenfalls quergestreift, doch liegt die Kanalraphe auf einer hervorstehenden Leiste an einer Seite der Schale (Abb. 33 a–f). Bei wieder anderen Formen ist die Schale an einem Pol breiter als am anderen.

Pennales mit geschlechtlicher Vermehrung sind Diplonten. Durch Meiose entstehen aus den diploiden ungeschlechtlichen Zellen haploide unbegeißelte Isogameten. Durch die Konjugation der Isogameten entsteht eine Zygote, die zu einer Auxospore auswächst.

Lebenszyklus der pennaten Diatomee Eunotia arcus

In der Schalenansicht ist *Eunotia* gekrümmt, wobei man die konvexe Seite als Rückseite und die konkave Seite als Bauchseite bezeichnet (Abb. 28 i). In der Gürtelansicht ist die Zelle rechteckig (Abb. 30). In der Schalenansicht kann man an den Enden rudimentäre Raphen unterscheiden. Kennzeichnend ist die ununterbrochene Querstreifung der Schale. Die Zellgröße ist sehr variabel. Sie kann zwischen 95 und 13,5 μm liegen. Die Zellen sind mit der konkaven Seite gegen das Substrat (Steine, Pflanzen) gedrückt. Sie sind von einer Schleimschicht umgeben. *Eunotia arcus* kommt in Süßwasser vor.

Konjugation und Auxosporenbildung sind ein komplizierter zyklischer Prozeß, dessen verschiedene Phasen direkt ineinandergreifen. In Abb. 30 ist der Zyklus so dargestellt, als ob alle Stadien an einem Kopulationspaar beobachtet worden wären. In Wirklichkeit ist das Schema jedoch das Ergebnis zahlreicher Beobachtungen an verschiedenen Kopulationspartnern (172). Die Untersuchungen wurden an natürlichen Populationen durchgeführt, die auf den durchsichtigen Blättern der Wasserpflanze *Hippuris* wuchsen. Die geschlechtliche Vermehrung kann in Kultur nur schlecht beobachtet werden, da Diatomeen in diesen Stadien ihres Lebenszyklus sehr empfindlich für ungünstige Lebensbedingungen sind. Material vom natürlichen Standort enthält immer viele abgestorbene Gameten und Zygoten.

Die folgenden Stadien können unterschieden werden (Abb. 30):

a) Zellen, die sich durch wiederholte vegetative Teilungen auf 15 bis 45 μm verkleinert haben, sind potentiell geschlechtlich. Finden die potentiell geschlechtlichen Zellen keinen Partner, so teilen sie sich weiter vegetativ.

b) Wenn sich zwei Partner getroffen haben, legen sie sich möglichst dicht aneinander. Die Bauchseite ist dabei stets dem Substrat zugekehrt. Die Partner umgeben sich mit einer gemeinsamen Gallerte. Der Kontakt induziert eine Veränderung ihres Zellinhaltes: der Chloroplast in der Hypotheka schwillt an, der in der Epitheka wird kleiner. Gleichzeitig verlagert sich der Kern etwas in die Epitheka. Aufgrund der variablen Zellgröße innerhalb einer Population sind die beiden Partner der Konjugation meistens unterschiedlich groß, obwohl wir es im Prinzip mit Isogamie zu tun haben.

c) In diesem Stadium kann sich als Sonderfall einer der Partner vegetativ teilen, wobei zwei ungleiche Tochterzellen entstehen.

d) In jedem der Partner findet jetzt die erste meiotische Teilung statt. Es entstehen zwei ungleiche Teilungsprodukte, da die in der Hypotheka liegende Zellhälfte zu ihrem großen Chloroplasten einen großen haploiden Kern und einen großen Protoplasten dazu erhält,

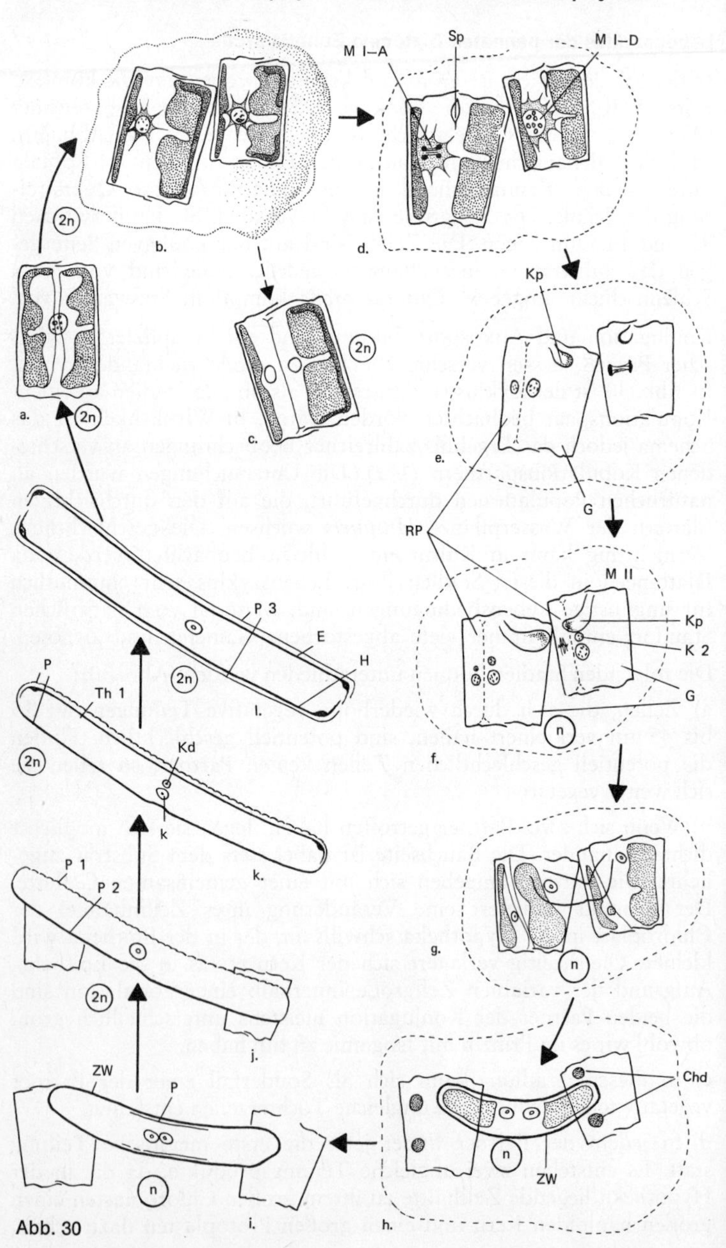
Sp
M I–A
M I–D
2n
b.
d.
a.
2n
c.
2n
Kp
e.
G
RP
M II
Kp
K 2
G
P 3
E
H
P
Th 1
2n
l.
2n
Kd
k
k.
f.
n
P 1
P 2
2n
j.
g.
n
ZW
P
n
i.
Chd
n
ZW
h.

Abb. 30

während die in der Epitheka liegende Zellhälfte zu ihrem kleinen Chloroplasten einen kleinen haploiden Kern und einen kleinen Protoplasten hinzubekommt. Der kleinere Teil, der sogenannte Restprotoplast, wird nicht benötigt und geht zugrunde. Gleichzeitig weichen Hypo- und Epitheka an einem Pol und an der Bauchseite etwas auseinander, wobei zusätzlich ein Teil der Kieselwand zur Bildung eines Spaltes aufgelöst wird. Durch diesen Spalt kann die Konjugationspapille nach außen wachsen.

e) In diesem Stadium ist im linken Partner durch die Meiose I die Teilung in zwei ungleiche Protoplasten erfolgt, von denen der kleinere (der Restprotoplast) zugrunde gehen wird. Im rechten Partner sieht man die Telophase der Meiose I. Die Konjugationspapillen wachsen durch die angelegten Spalten aufeinander zu. Dieser Vorgang vollzieht sich an der Bauchseite der Partner.

f) Die Meiose II ist gerade erfolgt. Sowohl der Restprotoplast als auch der große Protoplast enthalten je zwei haploide Kerne. Einer der zwei Kerne des großen Protoplasten (des Gameten) degeneriert. Die Konjugationspapillen wachsen weiter aufeinander zu.

g) Die Konjugationspapillen sind gerade zu einem Konjugationskanal verschmolzen. Zuerst wandern die Kerne der Gameten in den Kanal hinein, worauf ihnen die Reste der Protoplasten mit den Chloroplasten folgen. Beim Durchtritt durch den engen Eingang des Konjugationskanals werden Chloroplasten und Kerne stark eingeschnürt. Dieser in Punkt g beschriebene Teilprozeß dauert ein bis zwei Tage.

h) Die zweikernige Zygote ist entstanden und wird durch eine Zygotenwand umschlossen. Die Restprotoplasten gehen zugrunde, wobei von jedem Chloroplasten für einige Zeit zwei braune Kugeln übrig bleiben.

i) Die zweikernige Zygote schwillt zu einer Auxospore an. Innerhalb der Zygotenwand wird zentrifugal die verkieselte Auxosporenwand, das sogenannte **Perizonium,** angelegt. Das Perizonium unterscheidet sich im Bau erheblich von der normalen Kieselwand. Es be-

---

Abb. 30 *Eunotia arcus*, Lebenszyklus (Erklärung s. Text). (Chd – degenerierender Chloroplast, E – Epitheka, G – Gamet, H – Hypotheka, K – Kern, Kd – degenerierender Kern, Kp – Konjugationspapille, K 2 – degenerierender zweiter Gametenkern, MI-A – Anaphase der Meiose I, MI-D – Diakinese der Meiose I, MII – Meiose II, P – Perizonium, P 1 – Perizonium aus Querbändern, P 2 – Perizonium stark verkieselt, P 3 – abfallendes Perizonium, RP – Restprotoplast, Sp – Spalt der Wand, Th 1 – erste Theka, ZW – Zygotenwand) (nach *Geitler*)

steht aus verkieselten Querbändern. Eine Seite (die konvexe) wird massiver verkieselt als der Rest.

j) Die Auxospore ist ausgewachsen, die Zygotenwand verschwindet, und Karyogamie erfolgt.

k) Im Perizonium wird die erste Theka (Epitheka) gegenüber der stärker verkieselten Wand des Perizoniums angelegt. Diesem Schritt ist eine Mitose vorausgegangen, bei der ein normaler und ein degenerierender (= pyknotischer) Kern entstanden sind. Auch die zweite Theka (Hypotheka) entsteht im Anschluß an eine Mitose, die einen normalen und einen pyknotischen Kern hervorbringt. Ganz allgemein gilt für die Diatomeen, daß die Bildung einer Theka an eine Mitose gebunden ist.

l) Die zweite Theka ist ausgebildet, womit die erste große Zelle entstanden ist. Allmählich entstehen durch eine Anzahl vegetativer Teilungen wieder stets kleinere Zellen, bis schließlich wieder die Zellgröße der sexuellen Zellen erreicht ist.

Wir können den Lebenszyklus wie folgt zusammenfassen: Eine vegetative diploide Zelle bestimmter Größe bildet durch eine Reduktionsteilung einen haploiden Isogameten aus. Zwischen zwei haploiden Isogameten findet eine isogame Konjugation statt, bei der eine diploide Zygote entsteht. Die Zygote schwillt zu einer Auxospore an. In der Auxospore wird die erste vergrößerte, vegetative Zelle angelegt.

Im Prinzip stimmen die Lebenszyklen anderer pennater Diatomeen mit dem beschriebenen Beispiel weitgehend überein. Bei einigen Gattungen fehlt jedoch häufig die Konjugationsröhre. Auch können bei der Reduktionsteilung nicht ein, sondern zwei Gameten gebildet werden. Die Fortpflanzung der pennaten Diatomeen wurde jahrelang von dem berühmten österreichischen Botaniker GEITLER studiert (170, 173).

Formen der Pennales

Die folgenden Beispiele sollen den Formenreichtum in der Ordnung der *Pennales* illustrieren.

Navicula oblonga (Abb. 32 e, f)

Die Gattung *Navicula* unterscheidet sich von der ähnlichen Gattung *Pinnularia* durch feinere, oft aus Pünktchen zusammengesetzte Querstreifen (Transapikalstreifen). Beide Gattungen besitzen drei Symmetrieebenen: die apikale, die transapikale und die valvare Ebene (vgl. Abb. 32 e, f und Abb. 28 a). Sie tragen auf beiden Schalen eine Raphe. Die Gattung *Navicula* ist mit mehr als 1000 Arten sehr groß.

Navicula oblonga ist in nährstoffreichem (eutrophem) Süß- und Brackwasser weit verbreitet.

Gyrosigma litorale (Abb. 32 m)

Bei dieser Art ist die Apikalebene S-förmig gebogen, so daß die Schale nur in der Valvarebene eine Symmetrieebene besitzt. Die Schalen sind mit Streifen geschmückt, die einander senkrecht kreuzen. Beide Schalen tragen eine Raphe. *Gyrosigma litorale* findet sich im Küstengebiet der Nordsee und angrenzender Meere.

Pennate Kieselalgen, die nur auf einer Schale eine Raphe tragen, werden in die Unterordnung *Monoraphidineae,* Arten mit zwei Raphen in die Unterordnung *Biraphidineae* eingeordnet. Zur zweiten Gruppe werden *Pinnularia* und *Navicula* gerechnet.

Achnantes brevipes (Abb. 32 n–q)

Die etwas langgestreckt elliptischen Zellen besitzen nur auf einer Schale eine Raphe und gehören deshalb zu den *Monoraphidineae.* Die Zellen sind in der Gürtelansicht leicht geknickt. Einige Zellen bilden zusammen eine Kolonie, die mit einem Gallertstiel auf einem festen Substrat angeheftet sein kann. Diese Art ist an der Küste häufig zu finden.

Tabellaria fenestrata (Abb. 32 g–l)

Da keine der beiden Schalen eine Raphe trägt, wird *Tabellaria* zur Unterordnung der *Araphidineae* gerechnet. In der Valvaransicht ist diese Alge strichförmig mit zentralen und apikalen Anschwellungen. Die Pleuralansicht ist rechteckig. Zwischenbänder (Copulae) und Septen kommen in geringer Zahl vor. Die Zellen sind an den Ecken durch Schleimpfropfen zu zickzackförmigen oder sternförmigen Kolonien vereinigt. Diese Art ist in stehendem, mehr oder weniger nährstoffreichem Süßwasser weit verbreitet.

Nitzschia linearis (Abb. 33 a–e)

Bei *Nitzschia* trägt jede Schalenhälfte eine Kanalraphe (Abb. 33 f), die seitlich der Apikalebene auf einem mehr oder weniger vorstehenden Kamm (Carina) liegt. Die Valva trägt transapikale Streifen. *Nitzschia linearis* ist eine in nährstoffreichem Süßwasser häufig vorkommende Art. Die Gattung ist groß und umfaßt Hunderte von Arten.

Surirella capronii (Abb. 32 r–t)

Auch die Schalen von *Surirella* tragen Kanalraphen, und zwar verläuft auf jeder Schale eine Raphe am ganzen Rand entlang. Oft liegt sie auf einem mehr oder weniger vorstehenden Kamm (Abb. 32 u). Die Zellen sind in der Valvaransicht eiförmig, in der Pleuralansicht trapezförmig. Die Art findet sich häufig auf dem Schlammboden nährstoffreicher Süßwassertümpel.

Ordnung: Centrales

Die Zellen sind in der Schalenansicht (Valvaransicht) kreisrund (Abb. 33 k, l) bis elliptisch (Abb. 33 s) oder auch polygonal (Abb. 33 u, v) mit einer zum Mittelpunkt hin ausgerichteten radiären Struktur. Die Schalen (Valvae) tragen nie eine Raphe. Alle *Centrales,* die geschlechtliche Vermehrung besitzen, sind oogame Diplonten. Durch Meiose entstehen aus den vegetativen Zellen entweder haploide Eizellen oder haploide Spermien (männliche Gameten mit einer pleuronematischen Geißel). Mit Beendigung der Oogamie werden Zygoten gebildet, die zu Auxosporen auswachsen.

Lebenszyklus der zentralen Diatomee Stephanopyxis turris
(Abb. 28 g, 31, 33 g–j)

Abb. 31 zeigt den Lebenszyklus und die geschlechtliche Fortpflanzung dieser Art. Die Zellen sind in der Schalenansicht kreisrund, gewölbt und mit einer regelmäßigen Struktur aus polygonalen Feldern geschmückt. Am Rand tragen sie einen Kranz von Stacheln (Abb. 33 g, h, 28 g). Die ruhenden Zellen von *Stephanopyxis* sind durch ihre ineinandergeschobenen Epipleurae paarweise miteinander verbunden. Jede Zelle besitzt eine Epipleura, aber keine Hypopleura (Abb. 28 g). Außerdem sind sie durch die Stachelkränze der Valva miteinander und mit anderen angrenzenden Paaren verbunden. Die Zellform kann recht unterschiedlich sein. Die Valva ist bei großen Zellen kurz und bei kleinen Zellen relativ lang, wodurch der Volumenverlust zum Teil kompensiert wird. *Stephanopyxis turris* kommt recht häufig in der Nordsee und im Wattenmeer vor.

Der unten beschriebene Lebenszyklus von *Stephanopyxis turris* konnte von v. Stosch und Drebes nicht nur am lebenden Material, sondern zum großen Teil sogar an denselben Individuen beobachtet werden (572). Der Verlauf des Lebenszyklus ist hier also ausnahmsweise direkt verfolgt worden, während er sonst in den meisten Fällen durch Beobachtungen an verschiedenen Objekten rekonstruiert wird (z. B. bei *Eunotia arcus).* von Stosch und Drebes konnten lebende Kulturen von *Stephanopyxis turris* mit Hilfe eines Wasserimmersionsobjektivs, das in die Kulturflüssigkeit eingetaucht wurde, beobachten. Die so entdeckten Stadien sollen hier ausführlich behandelt werden, um an diesem Beispiel den zeitlichen Verlauf eines Lebenszyklus zu demonstrieren.

Um die geschlechtliche Fortpflanzung besser verstehen zu können, muß zuerst die vegetative Zellteilung im Detail betrachtet werden. Die Kern- und Zellteilungen, die zur Bildung von Gameten führen, sind nämlich mehr oder weniger veränderte vegetative Zellteilungen. In Abb. 31 sind in senkrechter Folge die aufeinanderfolgenden Schritte bei der Bildung der männlichen Gameten (Spermien) (A), bei der Bildung der weiblichen Gameten (Eizellen) (B), bei der vegetativen Zellteilung (C), bei der Entwicklung der Auxospore (D) und bei der Bildung der Dauerspore (E) aufgezeichnet. In jeder der Entwicklungsreihen wurden die Zeitdauer der einzelnen Phasen angegeben. Die Kulturen wurden bei einer Nachtlänge von 8 Stunden (20–4 Uhr), einer Taglänge von 16 Stunden (4–20 Uhr), einer Temperatur von 15 °C und einer Lichtintensität von 1600 Lux gehalten. In Abb. 31 sind die einzelnen Stadien mit Nummern versehen, die hier in der Beschreibung verwendet werden.

Vegetative Zellteilung (Abb. 31 C)

1. Nach einer nächtlichen Ruheperiode von 15–17 Stunden beginnt bei Tagesanbruch ein Streckungswachstum.
2. Die Zelle schwillt durch Turgorzunahme auf, wobei die beiden Hälften der Kieselschachtel auseinanderweichen. Das Streckungswachstum dauert an, bis die Zelle schließlich die doppelte Ausgangslänge erreicht hat. Mittlerweile ist der Kern in die Prophase einer Mitose eingetreten, während er gleichzeitig von seinem Ruheplatz an der Hypovalva in die Zellmitte (den Zelläquator) gewandert ist. Hier findet die Metaphase statt, die in der lebenden Zelle beobachtet werden kann. Das Streckungswachstum, das simultan zur Prophase stattfindet, nennt man prophasisches Streckungswachstum oder prophasische Schwellung.
3. In der Anaphase nimmt der Turgor stark ab, bis schließlich am Zelläquator eine ringförmige Plasmolyse eintritt.
4. Durch die ringförmige plasmolytische Einschnürung ist die Zelle in zwei Hälften geteilt. Die Mitose hat das Stadium der Telophase erreicht. Die beiden Tochterkerne sind noch durch die Kernspindel miteinander verbunden, die jedoch schnell bricht. Die Stadien 3 und 4 sind sehr kurz. Sie dauern zusammen nur etwa 7 Minuten.
5. Durch eine geringe Zunahme des Turgors schwellen die beiden Tochterprotoplasten etwas an, wodurch die neuen Wände halbkugelförmig aufgeblasen werden. Diese Schwellung wird posttelophasische Schwellung genannt. Sie ist viel geringer als die prophasische Schwellung.

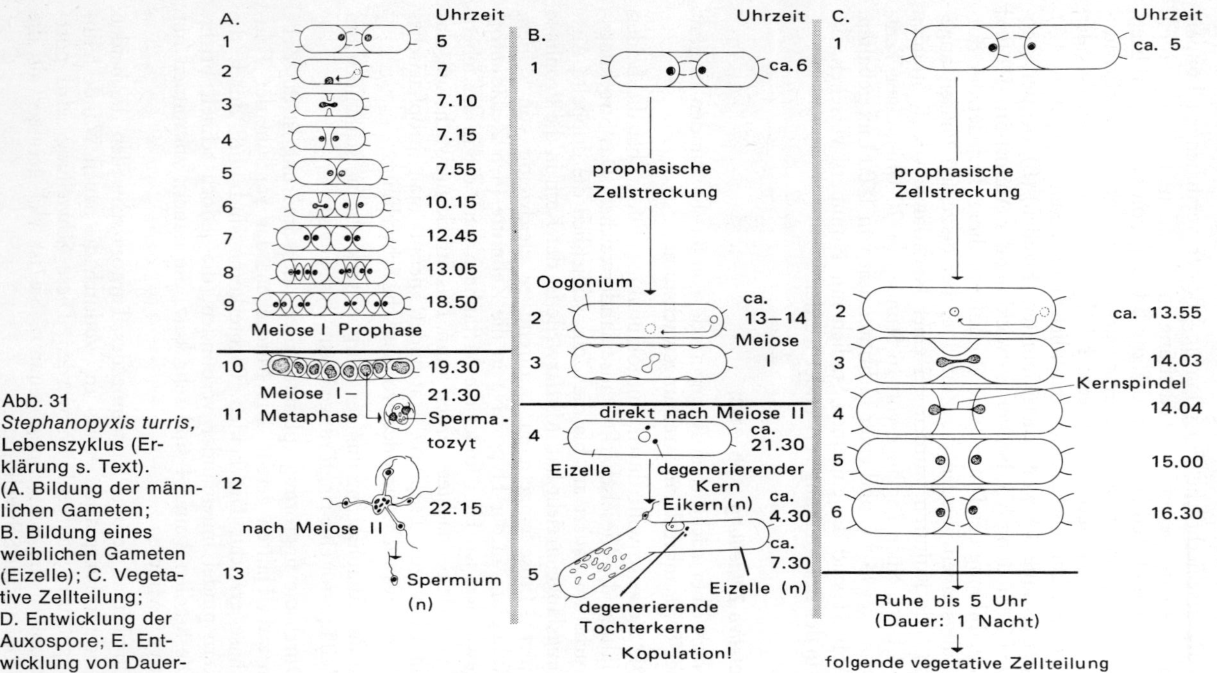

Abb. 31 *Stephanopyxis turris*, Lebenszyklus (Erklärung s. Text). (A. Bildung der männlichen Gameten; B. Bildung eines weiblichen Gameten (Eizelle); C. Vegetative Zellteilung; D. Entwicklung der Auxospore; E. Entwicklung von Dauersporen) (nach *v. Stosch* u. *Drebes*)

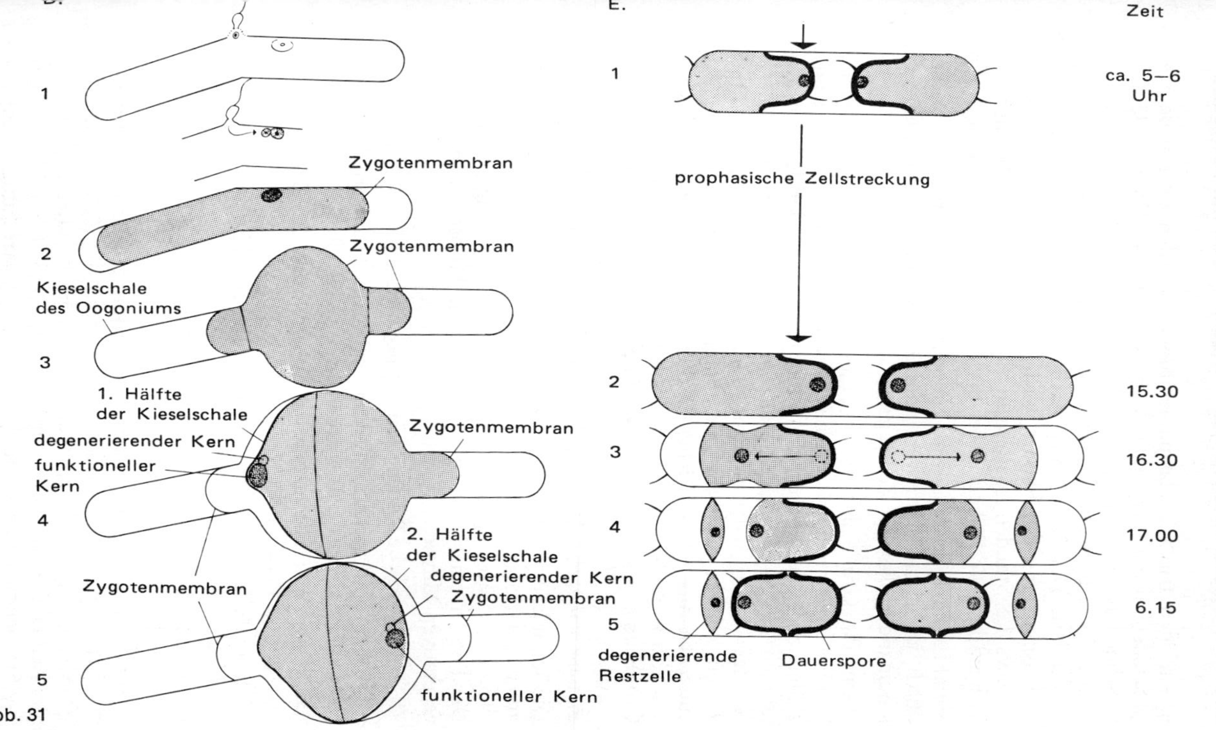
D.
1
Zygotenmembran
2
Zygotenmembran
Kieselschale
des Oogoniums
3
1. Hälfte
der Kieselschale
Zygotenmembran
degenerierender Kern
funktioneller
Kern
4
2. Hälfte
der Kieselschale
degenerierender Kern
Zygotenmembran
Zygotenmembran
5
funktioneller Kern
E.
Zeit
1
ca. 5–6
Uhr
prophasische Zellstreckung
2
15.30
3
16.30
4
17.00
5
6.15
degenerierende
Restzelle
Dauerspore

Abb. 31

6. Auf den frischen Plasmamembranen werden jetzt neue Kieselschalenhälften (Hypotheka) abgesetzt. Dieser Vorgang läuft sehr schnell ab. Schon nach etwa 5 Minuten ist die erste dünne Kieselmembran fertig, und nach 10 Minuten wird das Maschenmuster sichtbar. Der Kranz aus Stacheln, von denen jeder von einem Plasmastrang durchbohrt wird, wird als letzter angelegt. Nach etwa 1,5 Stunden ist die neue Hypotheka fertig. Die junge Zelle benötigt eine Ruheperiode, bevor eine neue Zellteilung beginnt.

Sobald eine Kolonie aus 8, 16 oder 32 Zellen besteht, bricht sie durch, wobei die Plasmaverbindungen zwischen den Stacheln zweier aufeinanderfolgender Zellen gelöst werden.

Wenn die Größe der Zellen unter einen bestimmten Wert (etwa $^2/_5$ bis $^1/_5$ der maximalen Größe) gesunken ist, gehen die vegetativen Zellen zur Bildung von Gameten über. Die allerkleinsten Zellen können bei *Stephanopyxis* nicht mehr sexualisiert werden. Diese winzigen Zellen teilen sich zu Tode. Alle potentiell geschlechtlichen Zellen können weibliche oder männliche Gameten bilden; jedoch entstehen aus relativ kleinen Zellen vorzugsweise männliche und aus relativ großen Zellen vorzugsweise weibliche Gameten. Dieser Größenunterschied wurde in der Abb. 31 berücksichtigt.

Bildung männlicher Gameten (Spermien) (Abb. 31 A)

Die sexualisierten, männlichen Zellen zeigen zwei oder drei schnell aufeinanderfolgende mitotische Teilungen, die zusammen die gleiche Zeit benötigen, die zu einer vegetativen Teilung erforderlich ist. Die Phasen einer solchen beschleunigten Mitose entsprechen einer vegetativen Mitose.

1. Die nächtliche Ruheperiode ist beendet.
2. Die prophasische Schwellung setzt ein. Der Kern befindet sich in der Prophase und wandert zum Zelläquator.
3. In der Anaphase erfolgt die Einschnürung der Zelle durch ringförmige Plasmolyse.
4. Die Zelle ist durch die plasmolytische Einschnürung in zwei Hälften geteilt.
5. Durch Turgorzunahme schwellen die zwei Tochterzellen an (posttelophasische Schwellung).

   Im Gegensatz zur weiteren Entwicklung vegetativer Zellen tritt jetzt keine Ruheperiode ein, sondern die Zellen gehen direkt wieder zur Teilung über. Diese schnell aufeinanderfolgenden Zellteilungen ergeben eine Reihe von kurzen, kleinen Zellen. Sie nehmen sich nicht die Zeit, durch Streckungswachstum zu normalen Zellen heranzuwachsen. Die Kieselschalen dieser

Zellen sind unvollständig, da zum Beispiel die Stachelkränze fehlen.

6. Es erfolgt Mitose und Zellteilung.
7. Durch Turgorzunahme setzt die posttelophasische Schwellung ein.
8. Mitose und Zellteilung sind gerade abgeschlossen.
9. Erneute Schwellung durch Turgorzunahme führt zu einem Auseinanderrücken der Schalenhälften der ursprünglichen vegetativen Zelle (1). Durch den entstehenden Spalt können später die Spermien austreten.

   In diesem Stadium beginnt die Meiose. Während dieser letzten Anschwellung befinden sich die Kerne in der Prophase der Meiose I.
10. Genau wie bei der Anaphase der Mitose (vgl. C3) ist die Anaphase der Meiose I mit einer Turgorabnahme bis auf einen negativen Wert gekoppelt. Die eintretende Plasmolyse ist jedoch nicht ringförmig, sondern der Protoplast löst sich von der Wand ab, ballt sich zusammen und verliert seine Vakuole. Jeder dieser zusammengeballten Protoplasten enthält zwei haploide Kerne, die durch die Meiose I aus dem diploiden Kern entstanden sind.
11. Zu jedem Kern werden jetzt zwei pleuronematische Geißeln gebildet.
12. Bei der jetzt folgenden Meiose II wird jedem der vier Tochterkerne eine der vier Geißeln zugeordnet. Jeder der vier Tochterkerne wird mit der zugehörigen Geißel von dem zentralen Plasmaklumpen abgeschnürt, wodurch vier Spermien entstehen. In dem Restprotoplasten bleiben die Chloroplasten zurück. Der Restprotoplast degeneriert, während die Spermien zur Befruchtung bereit sind.

Bidung der weiblichen Gameten (Eizellen) (Abb. 31 B)

1. Eine weibliche, sexualisierte Zelle beginnt nach der nächtlichen Ruheperiode den Tag mit der prophasischen Streckung. Der Vorgang entspricht den Verhältnissen bei der vegetativen Zellteilung und nimmt auch etwa die gleiche Zeit in Anspruch. Eine Beschleunigung wie bei den männlichen, sexualisierten Zellen tritt also nicht auf. Die Prophase, die gleichzeitig mit der Streckung einsetzt, ist die Prophase der Meiose I.
2. Während der Prophase der Meiose I und der Zellstreckung wandert der Kern aus der Hypovalva zum Zelläquator.

3. Die Anaphase der Meiose I kann in der lebenden Zelle beobachtet werden. Wie in allen Fällen nimmt während der Anaphase der Turgor ab, bis er einen negativen Wert erreicht, so daß Plasmolyse auftritt. Die Plasmolyse ist jedoch nicht ringförmig (vgl. C3, A4), sondern tritt an der ganzen Zelloberfläche auf, so daß der Protoplast an verschiedenen Stellen von der Zellwand zurückweicht. Einer der haploiden Tochterkerne degeneriert.
4. In der Meiose II teilt sich der verbliebene Kern, worauf einer der Tochterkerne wieder degeneriert. Auf diese Weise enthält die Eizelle, die zur Befruchtung bereit ist, nur einen funktionellen Eikern.
5. Nach einer Ruheperiode von 5–8 Stunden streckt sich die Eizelle. Die beiden Hälften der Kieselwand schieben sich auseinander, und die Zelle knickt in der Mitte, so daß das Plasma sich mit einer kleinen Papille nach außen wölben kann. An dieser Stelle kann die Befruchtung durch das Spermium erfolgen. Das Spermium nimmt mit seinem Hinterende mit der Plasmapapille der Eizelle Kontakt auf.

Entwicklung der Auxospore aus der befruchteten Eizelle (Abb. 31 D)

1. Etwa 20 Minuten nach der Kontaktaufnahme zwischen Spermium und Eizelle hat das Spermium seinen Kern in die Eizelle injiziert. Drei Minuten später drückt der männliche Kern sich gegen den weiblichen an.
2. Nach einer Stunde sind der männliche und der weibliche Kern völlig verschmolzen. Dieser Vorgang konnte in der lebenden Zelle beobachtet werden, was wahrscheinlich bisher bei keinem anderen botanischen Objekt gelungen ist. Direkt nach der Karyogamie kontrahiert sich der Protoplast der Zygote durch Turgorabnahme. Die Zygote umgibt sich mit einer Wand aus Polysacchariden, die Kieselschuppen enthält (Zygotenmembran).
3. Durch starke Turgorzunahme schwillt die Zygote zu einer großen Auxospore an. Die Zygotenmembran wächst mit. Es handelt sich wieder um eine prophasische Schwellung (vgl. C2), da der Kern sich gleichzeitig in der Prophase einer Mitose befindet.
4. Die Anaphase der Mitose geht auch in diesem Fall mit einer Turgorabnahme Hand in Hand (vgl. C3). Hier entsteht jedoch keine ringförmige Plasmolyse, sondern die Auxospore zieht sich durch die Plasmolyse aus einer Hälfte der Zygotenmembran zurück. An der so freigelegten Plasmaoberfläche wird die erste Kieselschalenhälfte der vergrößerten Zelle abgesetzt. Einer der Tochterkerne degeneriert.

5. Der funktionelle Tochterkern wandert jetzt an die andere Seite der Auxospore und führt auch dort eine Mitose durch. Die zweite Hälfte der Kieselschale wird auf die gleiche Weise gebildet wie die erste. Genau wie bei den pennaten Diatomeen ist auch hier für die Bildung einer Kieselschalenhälfte eine Mitose notwendig.

Die erste vergrößerte Zelle ist auf die beschriebene Weise durch eine Reihe äußerst komplizierter Teilprozesse entstanden.

Dauersporen und ihre Bildung (Abb. 31 E)

Dauersporen entstehen bei niedrigen Temperaturen aus relativ großen Zellen. Bei hohen Temperaturen keimen sie aus. Es handelt sich bei ihnen um verkürzte vegetative Zellen mit dicken Kieselschalen, deren Struktur von normalen Schalen abweicht. Dauersporen entstehen aus vegetativen Zellen, bei denen während zweier aufeinanderfolgender vegetativer, mitotischer Teilungen die speziellen Dauersporenschalen abgesetzt werden. Die Teilprozesse entsprechen der normalen vegetativen Mitose. Als Ausgangspunkt der Dauersporenbildung können wir die Phase C4 nehmen, von der wir jetzt zu E1 übergehen:

1. Nach der posttelophasischen Schwellung des Protoplasten werden auf den neuen Plasmamembranen besondere, dicke Kieselschalen abgesetzt.
2. Nach der Nachtruhe tritt die prophasische Schwellung ein.
3. In der Anaphase tritt eine ringförmige Plasmolyse auf.
4. Die Plasmolyse führt in der Telophase zur Teilung der Zelle.
5. Auf den neuen Plasmamembranen wird jetzt die zweite spezielle, dicke Kieselschale abgesetzt.

Die bei der Zellteilung entstandene zweite Zelle ist klein und nicht funktionell. Sie degeneriert nach einiger Zeit.

Der Lebenszyklus kann wie folgt zusammengefaßt werden: Eine vegetative, diploide Zelle bestimmter Größe bildet durch eine Reihe von Mitosen, denen eine Meiose folgt, eine große Zahl haploider männlicher Gameten (Spermien). Eine andere vegetative, diploide Zelle bestimmter Größe bildet durch eine Meiose eine haploide Eizelle aus. Durch Oogamie zwischen Eizelle und Spermium entsteht eine diploide Zygote, die zu einer Auxospore anschwillt. In der Auxospore wird die erste vergrößerte vegetative Zelle angelegt.

Die geschlechtliche Vermehrung anderer *Centrales*, soweit ihr Lebenszyklus bisher untersucht wurde, zeigt eine große Ähnlichkeit mit *Stephanopyxis*. Unterschiede können zum Beispiel in der Zahl der Eizellen auftreten, die aus einer vegetativen Zelle gebildet werden (ein oder zwei). Auch müssen der Bildung der Spermien nicht immer vegetative Zellteilungen vorausgehen, durch die stark reduzierte, vegetative Zellen entstehen (*559–561, 563, 565, 566, 573*).

Formen der Centrales

Die folgenden Beispiele sollen den Formenreichtum in der Ordnung der *Centrales* illustrieren.

Coscinodiscus perforatus (Abb. 33 k)

Die Zellen haben genau die Form einer Petrischale. Die Valva zeigt in der Ansicht mehr oder weniger unregelmäßig angeordnete Areolen, bei denen es sich in Wirklichkeit um kleine Kammern handelt. Die Alge kommt im Plankton der Nordsee und des Wattenmeeres vor, ist jedoch recht selten.

Stephanodiscus astraea (Abb. 34 b)

Die Zellform ähnelt einer Petrischale, die mit radialen Linien aus Punkten (= Löchern) geschmückt ist. Auf dem Rand steht ein Kranz von Stacheln. Diese Art ist im Plankton nährstoffreichen Süßwassers weit verbreitet.

Cerataulus smithii (Abb. 33 l–m)

Die Valva ist kreisrund, gewölbt und trägt zwei am Rand entspringende kegelförmige Hörner. Die Pleuralseite ist kurz zylindrisch. Im Litoral der Nordsee und des Wattenmeeres kommt diese Art im Plankton häufig vor.

Triceratum reticulatum (Abb. 33 u–w)

Diese Art ist durch die gleichseitig dreieckige Form der Valva gekennzeichnet. Die Schale ist durch Areolen unterschiedlicher Größe geschmückt. Das Zentrum der Pleura ist mehr oder weniger gewölbt. *Triceratium reticulatum* kommt in Meeren und Flußmündungen recht selten vor, während andere Arten der Gattung weit verbreitet sind.

Abb. 32 a–d) *Pinnularia*, Zellbau, Zellteilung und Abnahme der Zellgröße; e, f) *Navicula oblonga*, Schalenansicht und Gürtelansicht; g–l) *Tabellaria fenestrata* (g = Valvaransicht; h = Gürtelansicht; i = Copula mit Septum; j–l = verschiedene Kolonieformen); m) *Gyrosigma litorale;* n–q) *Achnanthes brevipes* (n = Valva mit Raphe; o = Valva mit Pseudoraphe; p = Pleura; q = Kolonie mit Gallertstiel befestigt); r–u) *Surirella capronii* (r = Valvaransicht; s = Teil der Valvaransicht; t = Pleuralansicht; u = Zellquerschnitt). (C – Copula, Ca – Carina, KR – Kanalraphe, R – Raphe, S – Septum) (a–d aus *T. Christensen:* Alger. In: Botanik II, hrsg. von *T. W. Böcher, M. Lange, T. Sørensen.* Munksgaard, Kopenhagen 1962; e–t aus *A. van der Werff, H. Huls:* Diatomeeë-flora van Nederland, hrsg. von *A. van der Werff.* Abcoude 1957/60)

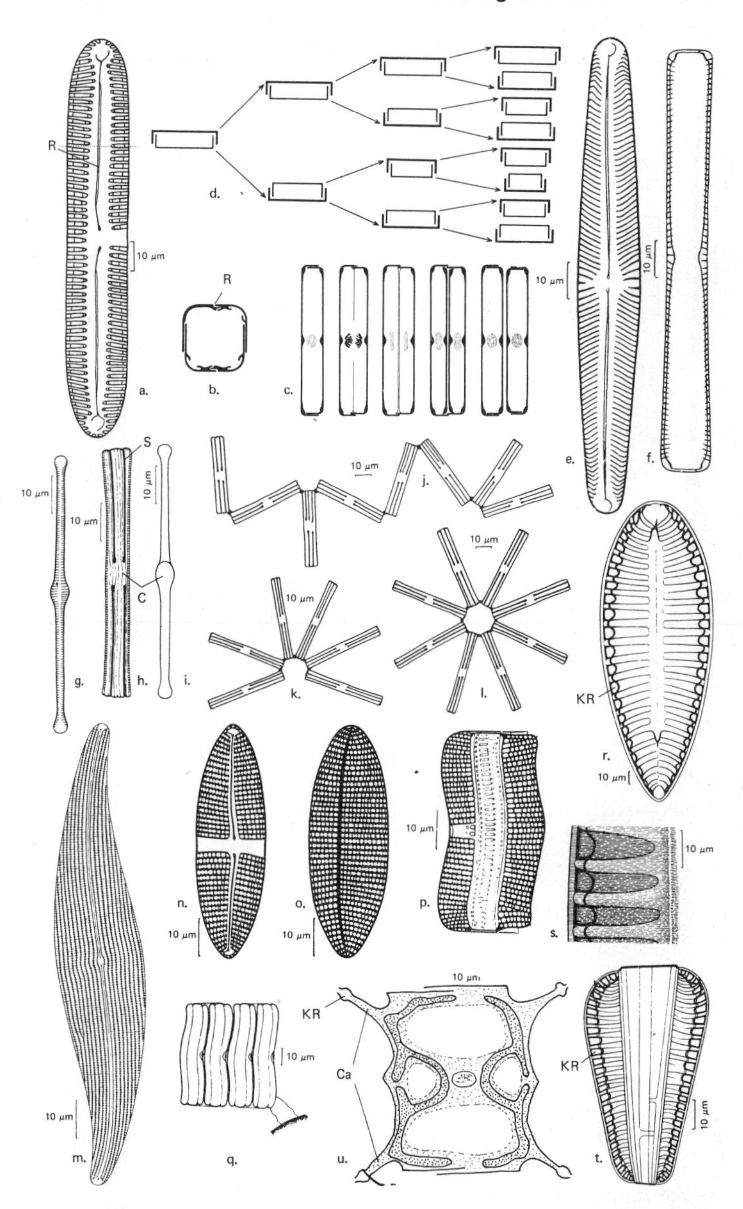
R
d.
10 µm
R
a.
b.
c.
10 µm
10 µm
e.
f.
S
10 µm
10 µm
10 µm
C
g.
h.
i.
10 µm
j.
10 µm
10 µm
k.
l.
KR
r.
10 µm
10 µm
10 µm
n.
o.
p.
s.
10 µm
10 µm
10 µm
KR
10 µm
Ca
KR
10 µm
10 µm
m.
q.
u.
t.

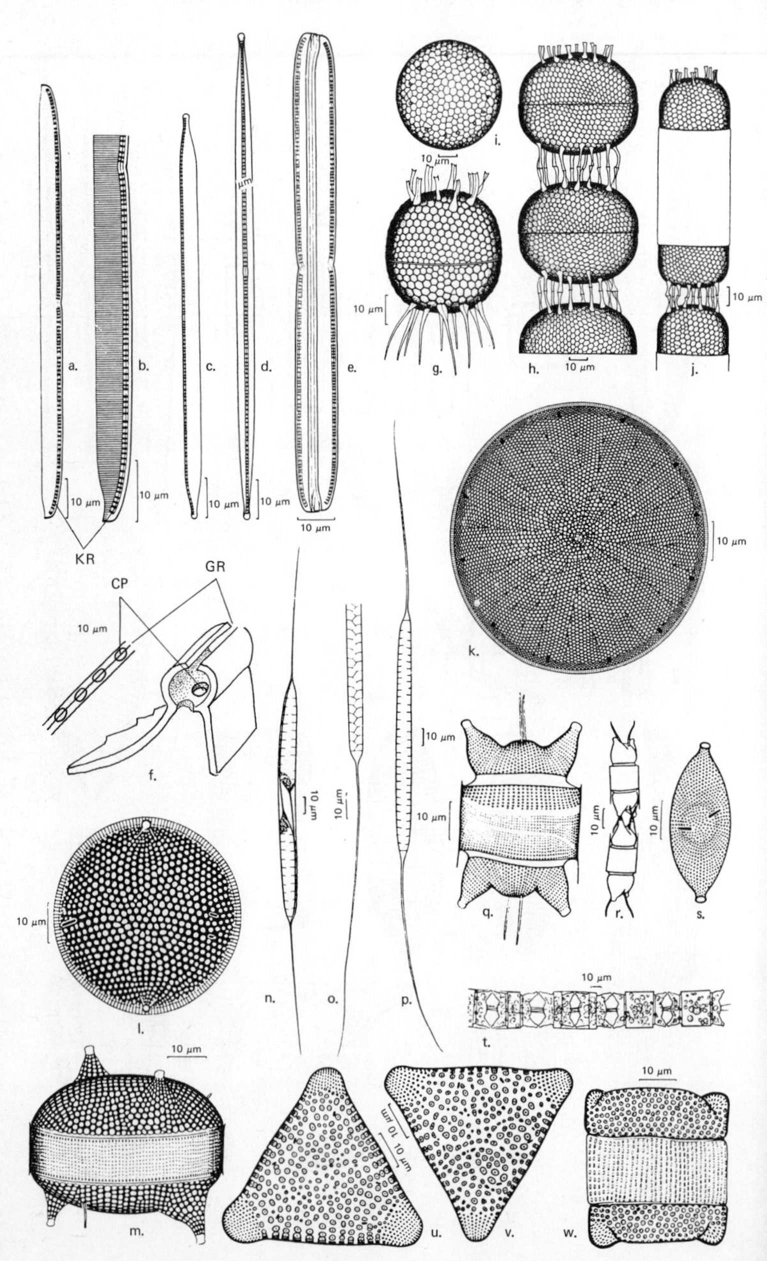
a.
b.
c.
d.
e.
f.
g.
h.
i.
j.
k.
l.
m.
n.
o.
p.
q.
r.
s.
t.
u.
v.
w.
KR
CP
GR
10 µm

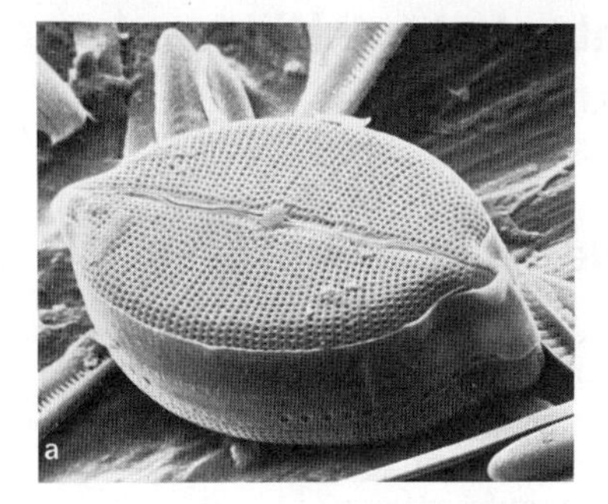

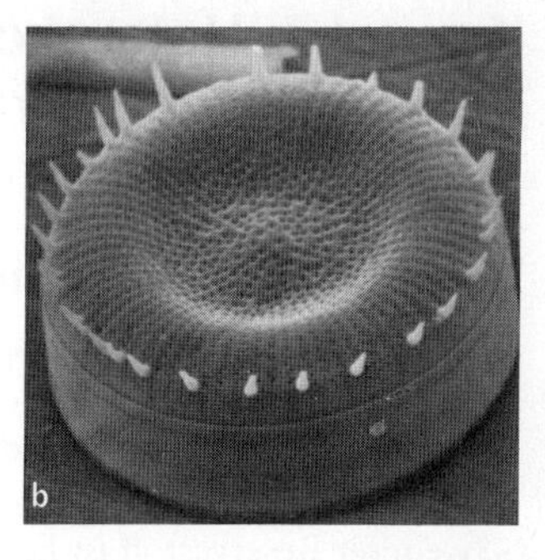

Abb. 34 a) *Achnanthes* spec.; b) *Stephanodiscus astraea* (rasterelektronenmikroskopische Aufnahmen) (Fotos *F. Round*)

Biddulphia aurita (Abb. 33 q–t)

Die elliptische Valva besitzt ein gewölbtes Zentrum, auf dem zwei Stacheln sitzen. Seitlich trägt die Valva zwei kegelförmige, schief hervorstehende Hörner. Die Pleuralseite ist kurz oder lang zylindrisch. Die Valva ist durch radiale Reihen von Areolen geschmückt. Diese Art ist in den Küstengebieten sehr häufig.

Rhizosolenia longiseta (Abb. 33 n–p)

Die Zellen von *Rhizosolenia* besitzen eine besonders langgestreckte Pleura, die aus einer großen Zahl ringförmiger Zwischenbänder besteht. Die Valva ist klein, mützenförmig und trägt einen Stachel. Diese Süßwasseralge ist im Plankton nährstoffreicher, stillstehender oder langsam strömender Gewässer häufig vertreten.

Abb. 33 a–e) *Nitzschia linearis* (a = Valvaransicht in normaler Lage; b = Teil der Valvaransicht; c = Theka zum Teil in Carinalansicht; d = Theka in Carinalansicht; e = Pleuralansicht); f) Kanalraphe schematisch; g–j) *Stephanopyxis turris;* k) *Coscinodiscus perforatus;* l, m) *Cerataulus smithii,* Valvaransicht und Pleuralansicht; n–p) *Rhizosolenia longiseta,* Pleuralansicht und Teilung; q–t) *Biddulphia aurita* (q = breite Pleuralansicht; r = schmale Pleuralansicht, s = Valvaransicht; t = Zellkette); u–w) *Triceratium reticulatum,* Valvaransicht und Pleuralansicht. (CP – Carinalpunkte, GR – äußere Grube der Raphe, KR – Kanalraphe) (nach *van der Werff* u. *Huls*)

Kapitel 7: Heterokontophyta – Klasse 4: Phaeophyceae (Braunalgen)

Die wichtigsten Merkmale der Phaeophyceae

1. Die Chloroplasten sind braun, da das grüne Chlorophyll a von dem akzessorischen braunen Pigment Fucoxanthin (einem Xanthophyll) maskiert wird.
2. Das wichtigste Reservepolysaccharid ist Chrysolaminarin. Ein weiterer Reservestoff ist Fett in Tröpfchenform.
3. Die feste Fraktion der Zellwand besteht aus Cellulosefibrillen und Alginat, die schleimige Fraktion aus Alginat und Fucoidan.
4. Das Pyrenoid ist gestielt oder ragt zumindest vor. Es enthält keine Thylakoide (Abb. 35 a, b, c, 36 a).
5. Alle Braunalgen sind mehrzellig; einzellige Arten gibt es nicht. Die Form dieser Algen reicht von mikroskopisch kleinen, fadenförmigen Arten bis zu kompliziert gebauten, viele Meter langen Thalli. Trotz der extremen morphologischen Unterschiede bilden die Braunalgen eine natürliche Gruppe.
6. Die meisten Braunalgen vermehren sich durch Zoiden, die in plurilokulären (= vielkammrigen) Zoidangien und unilokulären Zoidangien (Abb. 39, 46) gebildet werden. Die Meiose findet immer in unilokulären Zoidangien statt. Plurilokuläre Zoidangien bilden Plurizoiden, unilokuläre Zoidangien produzieren Unizoiden.
7. Viele Braunalgen tragen farblose Haare, die mit Hilfe eines Basalmeristems wachsen.
   Man spricht von Phaeophyceenhaaren (Abb. 45 b–d).

Größe und Verbreitung der Klasse

Die Klasse enthält etwa 250 Gattungen und 1500–2000 Arten. Die meisten Braunalgen leben festgewachsen auf den Felsküsten der Meere, besiedeln also denselben Lebensraum wie die Rotalgen (S. 43). Auch andere feste Substrate wie Deiche, Kaimauern, lose Muscheln, Seegras und andere Meeresalgen werden besiedelt. Besonders auffällig sind die Zonen großer Braunalgen (z. B. *Fucus*-Arten, Abb. 51), die an Felsküsten in der Gezeitenzone wachsen, oder die ausgedehnten Wälder von *Laminaria*-Arten (Abb. 48 a), die unter der Niedrigwasserlinie den felsigen Meeresboden der europäischen Küsten bedecken. Noch eindrucksvoller sind an den pazifischen Küsten Nordamerikas die unterseeischen Wälder der riesigen, viele Meter langen Braunalgen *Macrocystis* und *Nereocystis*.

Winzige fadenförmige oder scheibenförmige Braunalgen fallen zwar weniger auf als die großen Arten, sind jedoch an den Meeresküsten sehr weit verbreitet. Sie wachsen festgeheftet auf Felsen, Steinchen, Seepocken, Schnecken, Muscheln und als Epiphyten auf größeren Algen. Viele kleine Braunalgen leben als Endophyten in den Geweben größerer Algen.

Die Braunalgen haben also genau wie die Rotalgen (S. 43) im Vergleich zu den Landpflanzen und zu dem an der Oberfläche der Meere schwimmenden pflanzlichen Plankton (Phytoplankton) nur einen relativ kleinen Teil der Erdoberfläche zu ihrer Verfügung. Sie können nur in demjenigen Teil felsiger Meeresküsten leben, in dem das Seewasser von genügend Licht für die Photosynthese durchdrungen wird. Die größte Tiefe, in der Braunalgen noch vorkommen können, hängt vom Trübungsgrad des Wassers ab. In den trüben Küstengewässern der Niederlande können sie kaum unterhalb der Niedrigwassermarke leben, während sie in hellen Küstengewässern eine untere Grenze von etwa 50 m erreichen können.

Im Süßwasser kommen nur sehr wenige Braunalgen vor. Man kennt etwa fünf Gattungen mit einigen wenigen Arten (35).

Eigenschaften der Braunalgen

Pigmente und Chloroplasten

Die Braunalgen verdanken ihre braune Farbe dem akzessorischen Pigment Fucoxanthin, das in den Chloroplasten liegt. Auch die braune Farbe von *Chrysophyceae* und *Bacillariophyceae* wird durch Fucoxanthin verursacht. Verschiedene Braunalgen besitzen zusätzlich weitere Xanthophylle (z. B. Violaxanthin, Antheraxanthin, Zeaxanthin, Diadinoxanthin und Diatoxanthin) (s. Tab. 2). Von den genannten Xanthophyllen findet man verschiedene Kombinationen bei verschiedenen Arten. Zusätzlich ist β-Carotin weit verbreitet. Neben dem Chlorophyll a besitzen Braunalgen auch Chlorophyll c, während Chlorophyll b immer fehlt.

Die oben besprochenen Pigmente liegen in den Chloroplasten. Diese können scheibenförmig (Abb. 35 b) oder bandförmig sein (Abb. 35 a). Je nach der Art können die einzelnen Zellen einen oder mehrere Chloroplasten enthalten. Chloroplasten tragen oft ein oder

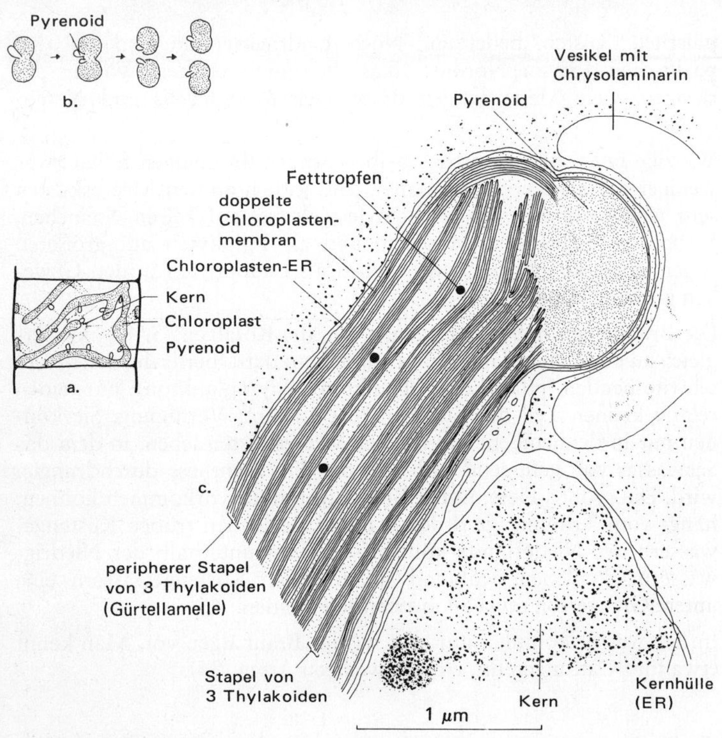

Abb. 35 a) *Ectocarpus siliculosus,* bandförmige Chloroplasten; b) *Ectocarpus siliculosus,* scheibenförmige Chloroplasten bei der Teilung; c) *Pylaiella littoralis,* Chloroplast (c nach *Evans*)

mehrere Pyrenoide. Diese sind meistens birnenförmig und mit ihrem dünnen Ende an der Innenseite der Chloroplasten befestigt (Abb. 35 a, b). In der Nähe des Pyrenoids werden im Cytoplasma Vesikel mit Reservestoffen (Chrysolaminarin) gebildet (Abb. 35 c) (28, 122).

Die Ultrastruktur der Chloroplasten zeigt eine Reihe von Eigenschaften, die für die Abteilung *Heterokontophyta* charakteristisch sind (Abb. 35 c). Die Thylakoide liegen zu dritt in Stapeln (Lamellen). Alle Thylakoidenstapel werden meistens von einem peripheren Stapel aus drei Thylakoiden (Gürtellamelle) umschlossen. Der Chloroplast wird nicht nur von seiner eigenen doppelten Membran, sondern zusätzlich von einer Falte des endoplasmatischen Reticulums umhüllt, so daß insgesamt vier Membranen den Chloroplasten umgeben. Wenn der Kern direkt neben dem Chloroplasten liegt, bilden das endoplasmatische Reticulum des Kerns und das des Chloroplasten eine Einheit (28, 122).

In Braunalgenzellen, die sich teilen (z. B. die Scheitelzellen von *Sphacelaria,* Abb. 45 a), kann man gut beobachten, daß die scheibenförmigen Chloroplasten sich autonom teilen. Dabei strecken sich die Chloroplasten und schnüren sich gleichzeitig in der Mitte durch, wodurch zwei Tochterchloroplasten entstehen (Abb. 35 b).

Reservestoffe (402)

Das wichtigste Reserveprodukt der Photosynthese ist Chrysolaminarin (auch Laminaran genannt), ein β-1,3 gebundenes Glucan. Das Chrysolaminarin liegt in gelöster Form in besonderen Vakuolen. *Chrysophyceae, Bacillariophyceae* und wahrscheinlich auch *Xanthophyceae* und *Haptophyceae* besitzen denselben Reservestoff. Neben Chrysolaminarin kommen auch Mannitol und fettartige Stoffe (in Form von Fetttröpfchen) vor (462). Mannitol findet man auch bei *Chrysophyceae* und *Bacillariophyceae.*

Einige andere Stoffwechselprodukte

Rund um den Zellkern liegen zahlreiche stark lichtbrechende Bläschen, die „Phaeophyceen-Tannin“ enthalten (437) und deren Inhalt im Chloroplasten gebildet wird (124, 125). Tannine (Gerbstoffe) sind chemisch unterschiedlich gebaute Stoffe, die meistens Polyhydroxyphenole oder Derivate davon enthalten. Die Tannine der Braunalgen bilden bei Oxydation einen dunkelbraunen Farbstoff, durch den tote angespülte Braunalgen oft dunkelbraun verfärbt sind. Die Tannine der Braunalgenzellen werden als Abfallprodukte des Stoffwechsels angesehen.

Viele Braunalgen können in ihren Zellen das Jod des Seewassers konzentrieren. So kann *Laminaria* 0,03–0,3 % ihres Naßgewichtes an Jod enthalten, während die Konzentration von Jod im Seewasser nur etwa 0,000005 % (= 0,05 mg/l) beträgt. Bis in die dreißiger Jahre wurden die großen Braunalgen als Grundstoff der Jodgewinnung benutzt (55).

Zusammensetzung der Zellwand

Wie bei den Rotalgen können wir bei den Braunalgen eine feste fibrilläre Fraktion der Zellwand, die ihr Festigkeit verleiht, und eine amorphe Fraktion, in welche die fibrilläre Fraktion eingebettet ist, unterscheiden. Die feste fibrilläre Fraktion besteht aus Cellulose (124, 298, 462), sie wird jedoch sehr wahrscheinlich durch unlösliche Alginate weiter versteift (8, 397, 398). Die Fibrillen bilden ein filziges Netz (ähnlich wie bei *Ochromonas,* Abb. 23 a). Alginate, die den überwiegenden Anteil der Zellwand bilden, sind Salze der Alginsäure. Alginsäure ist ein Polymer zweier Zuckersäuren, der β-D-Mannuronsäure und der β-L-Guluronsäure. Diese Säuren sind miteinander durch 1-4-Bindungen verbunden. Das Mengenverhältnis der beiden Säuren kann sogar innerhalb derselben Algenart variieren. Die Säuren können mit verschiedenen Kationen Salze bilden (Ca^{2+}-, Mg^{2+}-, Na^{+}-Ionen). Alginsäure und Ca-Alginat sind in Wasser unlöslich, während Na-Alginat sich in Wasser löst. Wenn die Kationen in unterschiedlichem Mengenverhältnis an die Alginsäure gebunden sind, können Gele unterschiedlicher Viskosität entstehen.

Es wird angenommen, daß in der festen fibrillären Zellwandfraktion vor allem unlösliches Ca-Alginat liegt. Die mehr oder weniger schleimige, amorphe Zellwandfraktion (Matrix oder Grundsubstanz) besteht hauptsächlich aus wasserlöslichen Alginaten und/oder Fucoidan. Fucoidan ist ein Polymer des Monosaccharids Fucose.

Alginate sind ungiftig und werden wegen ihrer kolloidalen Eigenschaften intensiv industriell genutzt. In der Lebensmittelindustrie und pharmazeutischen Industrie werden sie zum Beispiel verwandt, um Emulsionen und Suspensionen zu stabilisieren. Einige Anwendungsbeispiele sind: Speiseeis, Marmelade, Schlagsahne, Pudding, Suppen, Soßen, Mayonnaise, Margarine, Wurst, Salben, Lotions, Zahnpasta, Medikamentekapseln (die sich im Magen lösen), Schlankheitsessen (Na-Alginat quillt im Magen auf und verursacht ein Völlegefühl). Auch bei der Herstellung von Farbe, Baumaterial, Leim und Papier sowie in der Erdölindustrie, der Fotoindustrie und Textilindustrie wird Alginat verarbeitet (55, 330, 462).

Die Nutzung großer Braunalgen als Grundstoff der Alginatgewinnung begann in den zwanziger Jahren dieses Jahrhunderts. Die gesamte Weltproduktion von Alginaten wird für das Jahr 1958 auf rund 8000 Tonnen geschätzt (4000 Tonnen in den USA, 1800 Tonnen in Großbritannien, 800 Tonnen in Frankreich, 450 Tonnen in Norwegen). Im Jahr 1964 betrug die Weltproduktion schon 14 000 Tonnen, von denen ein Drittel bis die Hälfte von einer einzigen amerikanischen Firma hergestellt wurde. Diese Firma gewinnt ihren Grundstoff an der Pazifikküste der USA. Hier kommen ausgedehnte Betten der riesigen Braunalgen *Macrocystis* und *Nereocystis* vor, die mechanisch geerntet werden können. An den europäischen Küsten werden vor allem *Laminaria*-Arten (Abb. 48 a) und *Ascophyllum* als Grundstoff verwendet. Jedoch sind diese Algen weniger leicht zu ernten als *Macrocystis* und *Nereocystis.*

Zoiden (Abb. 36)

In den Lebenszyklen fast aller Braunalgen spielen Zoiden eine Rolle. Eine der wenigen Braunalgen ohne Zoiden ist *Sargassum fluitans,* eine im Sargassomeer treibende Art, die sich nur vegetativ durch Fragmentation vermehrt. Die Zoiden der *Phaeophyceae* sind den Zoiden der *Chrysophyceae* und *Xanthophyceae* sehr ähnlich (vgl. Abb. 36 mit Abb. 22, 25). Der Bau der genannten Zoiden stimmt in den folgenden Punkten überein:

1. Die Zoiden gleichen sich im Bau ihrer Chloroplasten (vgl. die Merkmale der Phaeophyceen-Chloroplasten S. 139).
2. Die vordere lange Geißel ist pleuronematisch (sie trägt Flimmern = Mastigonemen = steife Seitenhaare). Wie bei *Ochromonas (Chrysophyceae)* und bei einigen *Xanthophyceae* werden die Mastigonemen in Vesikeln des endoplasmatischen Reticulums oder in aufgeblasenen Teilen des Kern-ER angelegt (326). Auf der hinteren kurzen Geißel stehen keine Seitenhaare.
3. Die hintere kurze Geißel trägt eine Geißelanschwellung (Photorezeptor?). Die Anschwellung ist gegen diejenige Stelle der Zellwand gedrückt, unter der im Chloroplasten der Augenfleck (Stigma) liegt (91).
4. Die Geißeln entspringen seitlich an der Zoide an einem Punkt dicht unter der Spitze (subapikal). Sie bilden miteinander einen stumpfen Winkel.
5. Zwischen dem Kern und dem Vorderende der Zoide liegt der Golgi-Apparat.

Während *Xanthophyceae, Chrysophyceae* und *Phaeophyceae* in den genannten fünf Merkmalen ihrer Zoiden übereinstimmen, besitzen nur *Phaeophyceae* und *Xanthophyceae* Zoiden, deren hintere Geißel in ein dünnes Haar ausläuft, das man Acronema nennt. Auch die vordere Geißel kann in ein Acronema auslaufen (Abb. 36 g). Ein Acronema ist schwer zu beobachten, da es bei der Präparation und Fixierung leicht abbricht.

In einigen Eigenschaften unterscheiden sich die Zoiden der *Phaeophyceae* von allen anderen Gruppen. Zum Beispiel trägt der Chloroplast der Zoiden genau wie die Chloroplasten der vegetativen Zellen ein birnenförmiges Pyrenoid. Außerdem sind die Mastigonemen an der vorderen Geißel wahrscheinlich nicht in zwei Reihen, sondern in Spiralen angeordnet. Zumindest wurde kürzlich bei den Spermatozoiden von *Fucus* und *Ascophyllum* eine spiralige Anordnung entdeckt (Abb. 36 f) (29, 340), während man bisher eine Anordnung in zwei Reihen vermutete. Eine weitere Besonderheit scheint zu sein, daß der Ansatzpunkt der Geißeln am Rand der Zoide etwas tiefer unter der Spitze liegt, als es bei den anderen Gruppen der Fall ist.

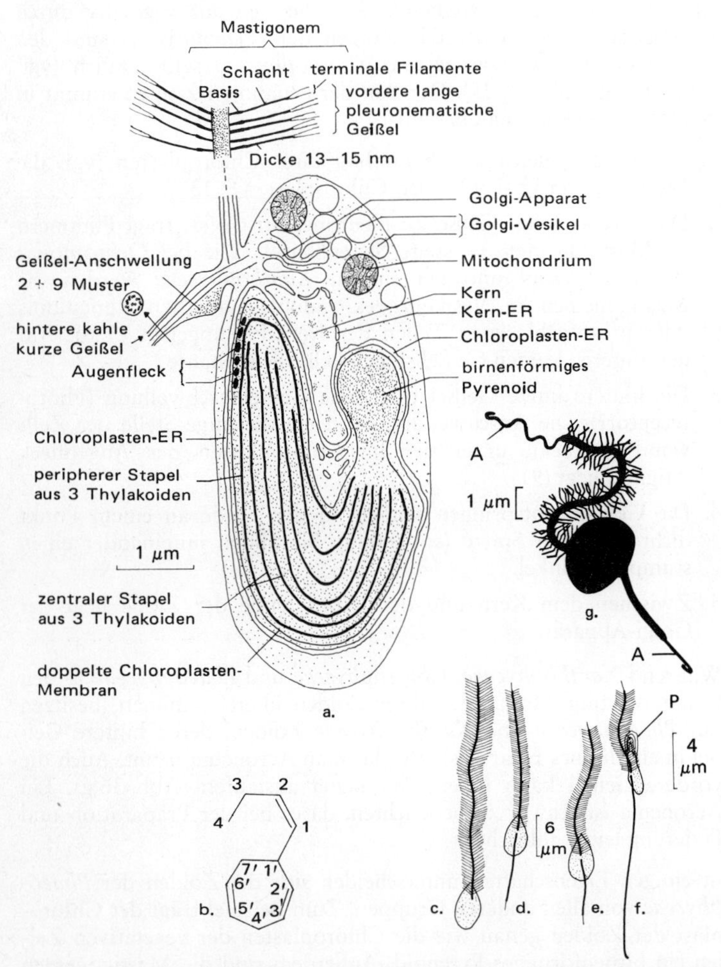

Abb. 36 a) *Scytosiphon*, Zoide; b) Strukturformel von *Ectocarpus*-Sirenin; c) *Dictyota*, Spermatozoid; d) *Pylaiella*, Zoide; e) *Laminaria*, Zoospore; f) *Fucus*, Spermatozoid; g) *Ectocarpus siliculosus*, männlicher Gamet mit Flimmergeißel und kurzer Geißel mit Acronema. (A – Acronema, P – Proboscis) (a nach *Manton*, b nach *Müller* u. Mitarb., c nach *Scagel* u. Mitarb., d, e nach *Manton*, f nach *Manton* u. *Clarke*, g nach *Müller* u. *Falk*)

Einteilung der Klasse

Die Klasse der *Phaeophyceae* wird in 11 Ordnungen unterteilt (516):
Ectocarpales, Chordariales, Sporochnales, Desmarestiales,
Dictyosiphonales, Scytosiphonales, Cutleriales, Sphacelariales.
Dictyotales, Laminariales, Fucales,

In Tab. 6 sind die Merkmale zusammengestellt, die zur Trennung der Ordnungen verwendet werden. Zusätzlich wird angegeben, welche der Merkmale als primitiv und welche als abgeleitet gelten.

Tabelle 6 Primitive und abgeleitete Merkmale bei den Phaeophyceae

Merkmal	primitiv	abgeleitet
Wachstum	diffus, durch interkalare Teilungen und Teilungen der Scheitelzelle	durch interkalare Meristeme (oft trichothallisch); durch Scheitelzellen; durch Randmeristeme
Bau des Thallus	verzweigte Zellfäden	verzweigte Zellfäden zu pseudoparenchymatischen Geweben vereinigt; echte parenchymatische Gewebe
Gamie	Isogamie	Anisogamie; Oogamie
Karyologie des Zyklus	Diplohaplont	Diplont
Morphologie des Zyklus	isomorph	heteromorph

Zu der Tab. 6 werden im folgenden noch einige Erläuterungen gegeben. Zum Beispiel ist noch wichtig, auf welche Weise die verschiedenen Arten pseudoparenchymatischen und parenchymatischen Wachstums durchgeführt werden. Bei dem erwähnten **trichothallischen Wachstum** verlängern sich einreihige Zellfäden mit Hilfe interkalarer Meristeme. Diese Art des Wachstums ist bei Braunalgen sehr häufig.

Der erwähnte heteromorphe Lebenszyklus umfaßt eine stark differenzierte **Makrothallusphase,** die mit dem bloßen Auge meistens gut sichtbar ist, sowie ein oder zwei wenig differenzierte, verzweigt fadenförmige oder scheibenförmige Mikrothallusphasen (60). Unilokuläre Zoidangien sitzen meistens auf der Makrothallusphase; in einigen Ordnungen *(Scytosiphonales, Cutleriales)* findet man sie jedoch auf der **Mikrothallusphase.** Oft handelt es sich bei der Mikrothallusphase um den Gametophyten, während bei den *Cutleriales* der Gametophyt die Makrothallusphase bildet. Die Makrothallusphasen sind oft Frühlings- oder Sommerannuelle, während die Mikrothallusphasen die Funktion haben, den Rest des Jahres zu überbrücken.

Die oben behandelten Merkmale sind in Abb. 37 graphisch dargestellt. In der Graphik können wir für jede Ordnung in Übereinstim-

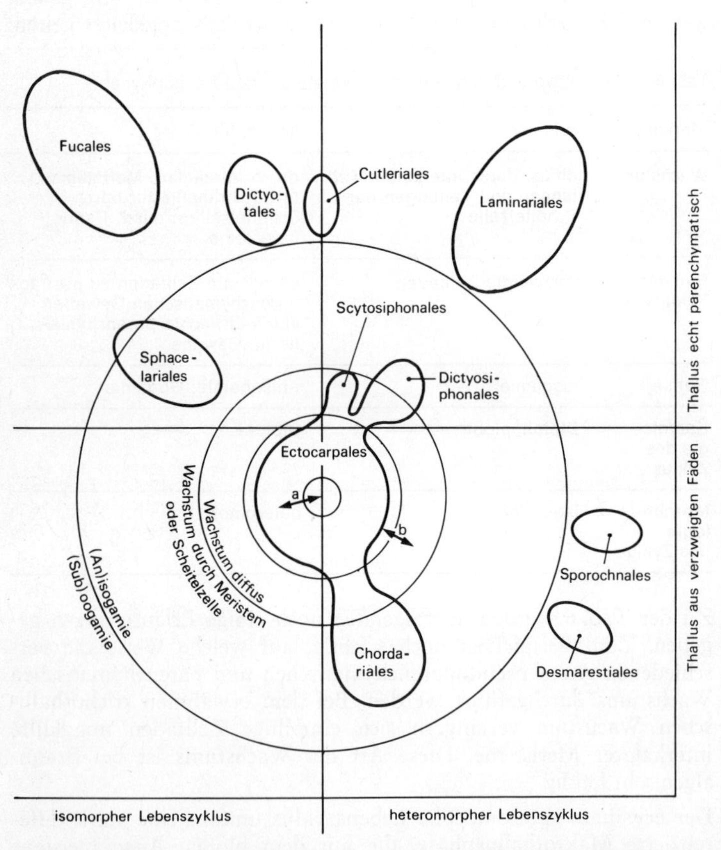

Abb. 37 Verteilung der Merkmale und verwandtschaftliche Beziehungen bei Braunalgen (a – innerhalb des Kreises keine deutliche Differenzierung zwischen kriechenden und aufrechten Fäden, die außerhalb des Kreises vorhanden ist; b – innerhalb des Kreises Thallus fadenförmig, außerhalb Thallus [pseudo-]parenchymatisch)

mung mit ihren Merkmalen ein eigenes Gebiet abgrenzen. Dabei gibt die Größe eines jeden Gebietes einen ungefähren Hinweis auf die Zahl der Arten der einzelnen Ordnungen. Der Abstand einer Ordnung vom Zentrum der Darstellung gibt einen Hinweis darauf, ob die Gruppe ursprünglich oder mehr oder weniger abgeleitet ist. Die Ordnung der *Ectocarpales*, die den zentralen Platz einnimmt, ist am primitivsten, während die *Chordariales*, *Dictyosiphonales* und *Scytosiphonales* mehr abgeleitet sind. Diese Ordnungen sind jedoch in der Darstellung noch durch Brücken mit den *Ectocarpales* verbunden, da ihre Mikrothallusphasen und ihre jungen Makrothalli den *Ectocarpales* sehr ähneln. Mit anderen Worten: *Chordariales*, *Dictyosiphonales* und *Scytosiphonales* sind mit den *Ectocarpales* eng verwandt und besitzen noch zahlreiche primitive Merkmale. *Sphacelariales*, *Desmarestiales*, *Sporochnales*, *Laminariales*, *Cutleriales*, *Dictyotales* und *Fucales* sind dagegen stärker abgeleitete Ordnungen. Entsprechend ist auch der jeweilige Bauplan der letztgenannten sieben Ordnungen viel komplizierter und viel spezifischer für die einzelne Ordnung, als es bei *Chordariales*, *Dictyosiphonales* und *Scytosiphonales* der Fall ist. Man kann Abb. 37 als einen Querschnitt durch den Stammbaum der Klasse der *Phaeophyceae* in Höhe der heute lebenden Organismen betrachten (509, 516).

Ordnung: Ectocarpales

Die Algen dieser Ordnung bestehen aus einfach gebauten, verzweigten Fäden mit diffusem, interkalarem oder mit trichothallischem Wachstum. In einigen Fällen kommt auch Spitzenwachstum vor. Die meisten Vertreter besitzen Phaeophyceenhaare. Der Generationswechsel kann isomorph oder heteromorph sein. Neben den Diplohaplonten kommen auch Arten ohne geschlechtliche Vermehrung und damit ohne Ploidiewechsel vor. Die Kopulation ist isogam oder anisogam. Plurilokuläre Zoidangien entstehen entweder aus undifferenzierten interkalaren Zellen, oder sie entwickeln sich als spezielle eirunde bis kegelförmige Auswüchse. Entweder gelangt jede Plurizoide getrennt aus ihrem Lokulus ins Freie, oder alle Plurizoiden treten durch eine Öffnung des plurilokulären Zoidangiums gemeinsam aus.

Phaeostroma bertholdii (Abb. 38 a)

Phaeostroma ist ein Beispiel für die am einfachsten gebauten Braunalgen. Die verzweigten Zellfäden sind nicht in einen kriechenden und einen aufrechten Teil differenziert. Die plurilokulären

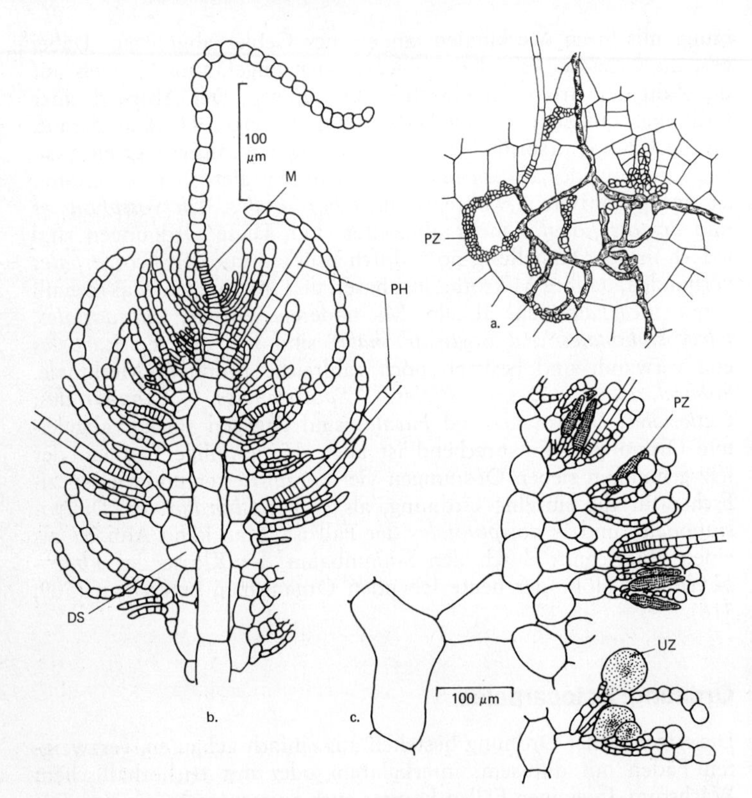

Abb. 38 a) *Phaeostroma bertholdii*, kriechende Fäden epiphytisch auf der Braunalge *Scytosiphon;* b, c) *Liebmannia leveillei* (b = uniaxialer Thallus mit lateralen Filamenten und trichothallischem Wachstum; c = plurilokuläre und unilokuläre Zoidangien). (DS – Kurztrieb = determinate Laterale, M – Meristem, PH – Phaeophyceenhaar, PZ – plurilokuläres Zoidangium, UZ – unilokuläres Zoidangium) (a nach *Oltmanns,* b, c nach *Kuckuck* u. *Nienburg*)

Zoidangien entstehen aus Zellen, die von den vegetativen Zellen kaum zu unterscheiden sind. Die Fäden tragen Phaeophyceenhaare. *Phaeostroma* wächst wahrscheinlich durch Teilungen einer Scheitelzelle. Diese Art des Wachstums ist ein abgeleitetes Merkmal. *Phaeostroma* lebt als Epiphyt auf anderen Algen. Interessanterweise ähnelt die Mikrothallusphase im Lebenszyklus der *Chordariales, Dictyosiphonales, Desmarestiales* und *Laminariales* außerordentlich dem Habitus von *Phaeostroma* oder anderen „primitiven" *Ectocarpales.*

Ectocarpus siliculosus (Abb. 39)

Die Pflanzen bilden haarige, braune Büschel, deren Größe zwischen einigen Zentimetern und einigen Dezimetern schwankt. Die Art ist im Sommer wie im Winter an den europäischen Küsten des Atlantiks und des Mittelmeers sehr häufig. Besonders in Gezeitentümpeln finden sich oft schöne Exemplare.

Die verzweigten Zellfäden wachsen durch diffuse, interkalare Zellteilungen. Die Zellen enthalten einige bandförmige Chloroplasten (Abb. 35 a, 39 [2]), an denen zahlreiche birnenförmige Pyrenoide hängen.

Die Fortpflanzung erfolgt durch Zoiden, die in zwei verschiedenen Typen von Zoidangien gebildet werden. Diese **plurilokulären** (vielkammrigen) (Abb. 39 [3, 4]) und **unilokulären** (einkammrigen) **Zoidangien** (Abb. 39 [2]) sind charakteristisch für *Phaeophyceae*. Beide Typen stehen meistens an den Enden kurzer Seitenzweige. Plurilokuläre Zoidangien sind mehr oder weniger langgestreckt kegelförmige Gebilde, die durch zahlreiche Wände in mehrere Reihen von Kammern aufgeteilt sind. In jeder Kammer entsteht eine Zoide. Bei der Reife werden die Zellwände im Zentrum und an der Spitze des Zoidangiums aufgelöst, so daß die Zoiden an der Spitze des Zoidangiums austreten können (Abb. 39 [3]). Unilokuläre Zoidangien sind runde bis eiförmige Gebilde ohne Querwände, deren Inhalt sich in zahlreiche Zoiden aufteilt. Die Zoiden treten durch eine Öffnung (Porus) in der Wand des Zoidangiums aus (Abb. 39 [2]).

Der Lebenszyklus von *Ectocarpus siliculosus* (Abb. 39) wurde in den letzten Jahren an Material aus Neapel untersucht (415, 416, 419).

Die Sporophyten-Phase (Abb. 39 [1–3]) (diploid = 2 n = ca. 50) besteht aus kriechenden, verzweigten Zellfäden, aus denen meistens unverzweigte, aufrechte Fäden entspringen. Der Sporophyt trägt sowohl unilokuläre als auch plurilokuläre Zoidangien. Die plurilokulären Zoidangien des Sporophyten bilden diploide Zoiden, die den Sporophyten vermehren. Diese Zoiden dienen also als Zoosporen, und man kann das plurilokuläre Zoidangium dementsprechend auch als plurilokuläres Sporangium bezeichnen. Ganz allgemein sollte bei den Braunalgen der Ausdruck „plurilokuläres Zoidangium“ bevorzugt werden, da es oft nicht einfach ist festzustellen, ob es sich jeweils um ein Sporangium oder ein Gametangium handelt.

In den unilokulären Zoidangien des Sporophyten findet die Reduktionsteilung statt. Im jungen unilokulären Zoidangium erfolgt zuerst die Meiose, an die sich zahlreiche Mitosen anschließen, so daß

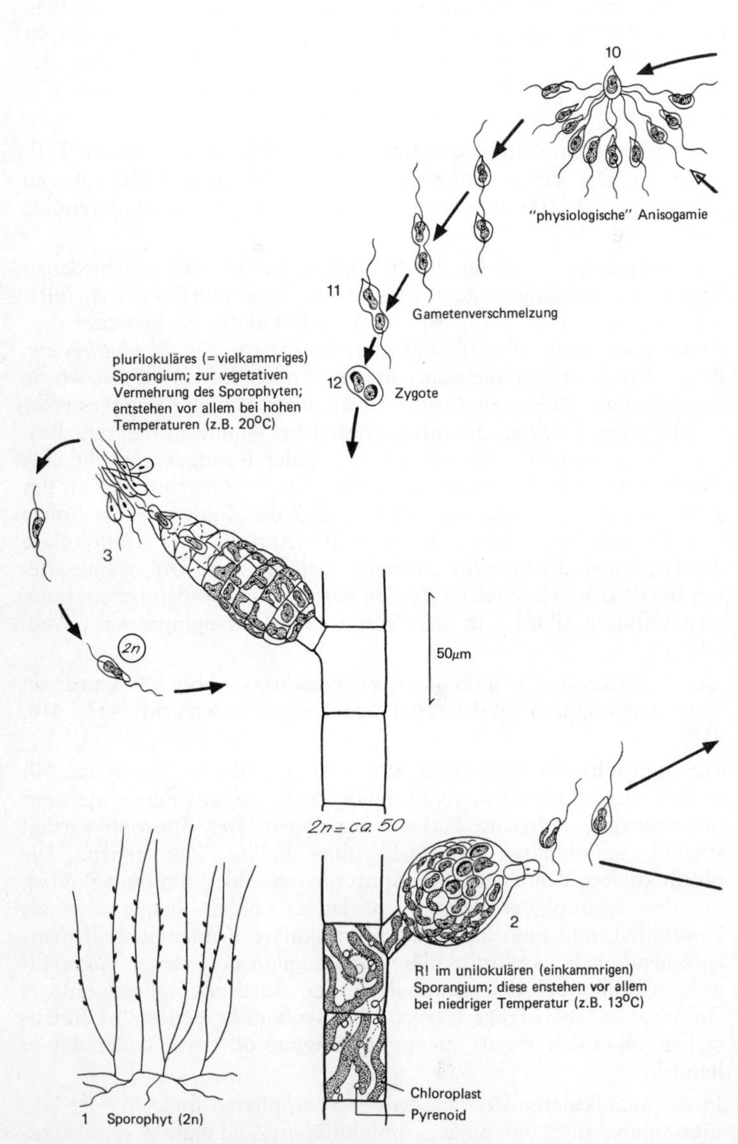

Abb. 39 *Ectocarpus siliculosus*, Lebenszyklus (nach *Müller*)

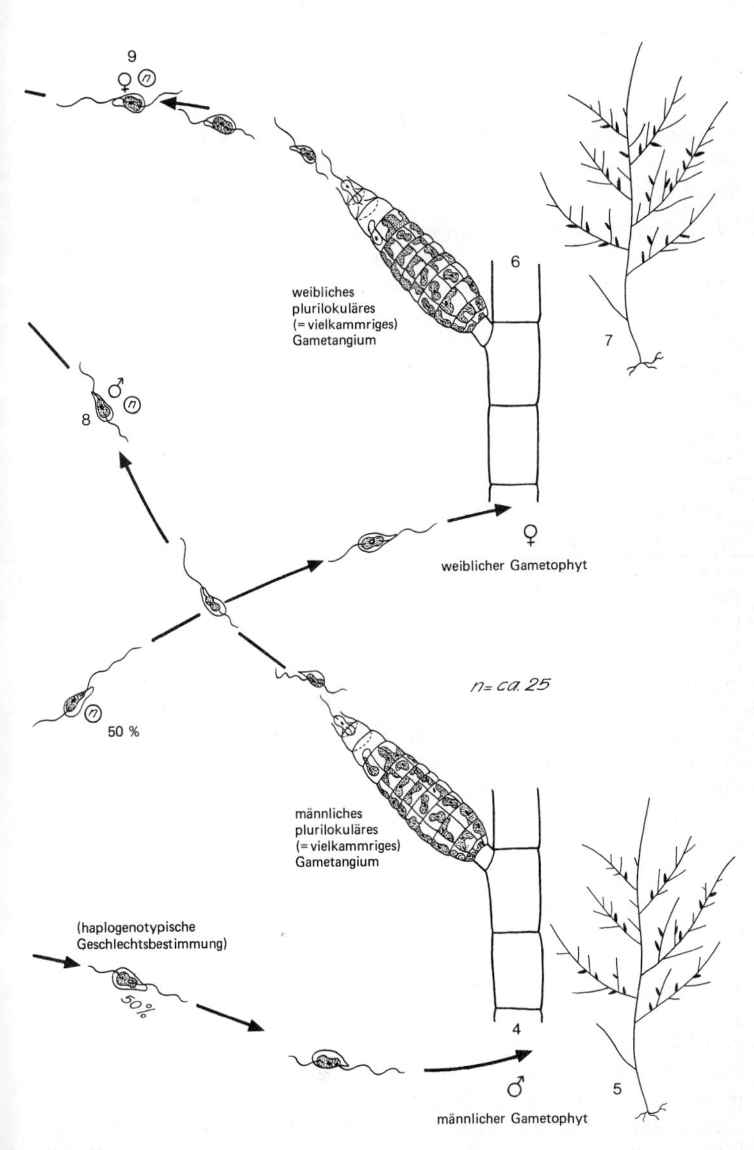
9
♀ (n)
weibliches
plurilokuläres
(= vielkammriges)
Gametangium
6
7
♂ (n)
8
♀
weiblicher Gametophyt
n= ca. 25
(n)
50 %
männliches
plurilokuläres
(= vielkammriges)
Gametangium
(haplogenotypische
Geschlechtsbestimmung)
50%
4
♂
5
männlicher Gametophyt

Abb. 39

eine große Zahl haploider Zoosporen (n = ca. 25) entsteht. Dieser Vorgang wurde neuerdings auch elektronenmikroskopisch beobachtet (596). Ganz allgemein spielen unilokuläre Zoidangien in den Lebenszyklen vieler Braunalgen eine Rolle. Alle Meiosen, die bei den *Phaeophyceae* beobachtet werden konnten, fanden in unilokulären Zoidangien statt, die deshalb als Schaltstelle im Wechsel der Ploidie bei Braunalgen betrachtet werden. Andererseits gibt es aber auch viele unilokuläre Zoidangien, in denen keine Meiose stattfindet.

Die Bildung der Zoidangien am Sporophyten wird durch die Temperatur gesteuert. Bei einer Temperatur von 20 °C (Sommertemperatur des Seewassers bei Neapel) bildet der Sporophyt nur plurilokuläre Zoidangien, bei 13 °C (Wintertemperatur des Seewassers bei Neapel) dagegen nur unilokuläre Zoidangien. Bei Temperaturen zwischen 13 °C und 20 °C bildet der Sporophyt sowohl unilokuläre als auch plurilokuläre Zoidangien.

Die haploiden Zoosporen aus den unilokulären Zoidangien des Sporophyten wachsen zum haploiden Gametophyten heran (Abb. 39 [4–7]). Etwa 50 % der Zoosporen bilden männliche und etwa 50 % weibliche Gametophyten. Während der Meiose ist also eine **haplogenotypische Geschlechtsbestimmung** eingetreten. Diese Aussage bedeutet, daß in einem diploiden Kern der genetische Faktor für „weiblich" und für „männlich" jeweils auf einem von zwei homologen Chromosomen am gleichen Platz (Locus) lokalisiert ist. Bei der Reduktionsteilung weichen die homologen Chromosomen auseinander, wobei ein Chromosom den männlichen und eins den weiblichen Faktor mitführt. Nach der ersten meiotischen Teilung enthält also einer der haploiden Tochterkerne den weiblichen und der andere den männlichen Faktor. Die Tochterkerne durchlaufen danach die zweite meiotische Teilung sowie etwa die gleiche Zahl von Mitosen, so daß die entstehenden Zoosporen zu etwa 50 % den männlichen und zu etwa 50 % den weiblichen Faktor enthalten.

Bei dem Algenmaterial aus Neapel unterscheidet sich der Bau des Gametophyten vom Habitus des Sporophyten. Die kriechenden Zellfäden sind weniger gut entwickelt, während die aufrechten Zellfäden reich verzweigt sind (vgl. Abb. 39 [5] mit Abb. 39 [1]). Weibliche und männliche Gametophyten tragen plurilokuläre Zoidangien, in denen Gameten entstehen und die deshalb als plurilokuläre Gametangien bezeichnet werden. Die plurilokulären Gametangien sind den plurilokulären Sporangien des Sporophyten morphologisch gleich. Auch männliche und weibliche plurilokuläre Gametangien gleichen einander (Abb. 39 [4, 6]). Der Gametophyt bildet keine unilokulären Zoidangien.

Männliche und weibliche Gameten sind morphologisch gleich. Man könnte die Gamie (= Kopulation) von *Ectocarpus* also als Isogamie bezeichnen. Bei genauerer Beobachtung läßt sich jedoch ein deutlicher Unterschied im Verhalten von „männlichen" und „weiblichen" Gameten feststellen. Die Gamie, die man auch als physiologische Anisogamie bezeichnet, verläuft wie folgt:

Nachdem die weiblichen Gameten ins Freie gelangt sind, heften sie sich relativ schnell (innerhalb von 24 Stunden) fest und kommen zur Ruhe. Werden danach männliche Gameten auf diese weiblichen Gameten „losgelassen", schwimmen sie in großer Zahl zu den weiblichen Gameten, die diesen Vorgang durch einen Lockstoff fördern. Ein weiblicher Gamet wird von einer Gruppe einander umkreisender männlicher Gameten umschwärmt, die dabei den weiblichen Gameten mit der Spitze ihrer vorderen Geißel berühren (Abb. 39 [10]). Meistens gelingt es innerhalb weniger Minuten einem männlichen Gameten, mit dem weiblichen Gameten zu verschmelzen (Abb. 39 [11]). Im selben Augenblick verteilt sich die Gruppe der übrigen „Bewerber". Diese Erscheinung der Gruppenbildung (**clumping**) ist auch für die geschlechtliche Fortpflanzung einiger anderer Algen charakteristisch (z. B. *Chlamydomonas*, S. 282).

Bei der Untersuchung der oben beschriebenen Kopulation fiel MÜLLER auf, daß Kulturen der weiblichen Pflanzen bei der Bildung der Gameten einen sonderbaren Duft verbreiteten (ähnlich wie Gin), der den fertilen männlichen Pflanzen fehlte (415). Die Beobachtung ließ ihn vermuten, die weiblichen Gameten könnten einen flüchtigen Lockstoff produzieren, durch den männliche Gameten angezogen werden. Diese Vermutung konnte durch einige einfache Versuche bestätigt werden (417).

Es gelang zum Beispiel, männliche Gameten in einem hängenden Tropfen dem Gas auszusetzen, das durch weibliche Gameten produziert wurde (es bestand also kein Kontakt zwischen männlichen und weiblichen Gameten oder ihren Kulturflüssigkeiten). Unter dem Mikroskop zeigte sich bei dieser Versuchsanordnung, daß die männlichen Gameten sich unter dem Einfluß des weiblichen gasförmigen Lockstoffes genauso verhielten, als ob weibliche Gameten anwesend wären: Sie bildeten Gruppen einander umkreisender Gameten.

In einem anderen Versuch wurden männliche Gameten in einer gläsernen Kapillare unter dem Mikroskop beobachtet. Wurde nun von einer Seite her das „weibliche Gas" in die Kapillare eingeleitet, so bewegten sich die männlichen Gameten unter Gruppenbildung auf das Gas zu. Das „weibliche" Gas ruft also bei den männlichen Gameten zwei Reaktionen hervor. Erstens schwimmen die Gameten auf das Gas zu oder, besser gesagt, gegen das Konzentrationsgefälle des Gases an. Diese Erscheinung nennt man Chemotaxis. Zweitens bilden die Gameten unter dem Einfluß des Gases einander umkreisende Gruppen. Diese Erscheinung nennt man Chemokinese.

Vor kurzem ist es MÜLLER und seinen Mitarbeitern gelungen, die chemische Strukturformel des „weiblichen Gases" aufzustellen (423). Um hierfür das notwendige Material zu erhalten, wurden von Juni 1968 bis August 1970 in 14 900 Kulturschalen weibliche Pflanzen von *Ectocarpus* gezüchtet und geerntet. Dabei wurden 1041 g Naßgewicht bzw. 154 g Trockengewicht des weiblichen Gametophyten gesammelt. Das „weibliche Gas" wurde bei – 80 °C aus einem Luftstrom, in dem es enthalten war, kondensiert, wobei 92 mg des weiblichen Lockstoffes (= weibliches Gamon) gewonnen werden konnten. Das weibliche Gamon konnte als allo-cis-I-(Cycloheptadien-2',5'-yl)-Buten-I identifiziert werden (Abb. 36 b). MÜLLER schlug vor, das weibliche Gamon kurz *Ectocarpus*-Sirenin zu nennen. Dieser Name wurde analog zum weiblichen Gamon des Chytridiomyceten *Allomyces* gewählt, das ebenfalls Sirenin genannt wird. Der Name sagt nichts über die chemische Struktur aus. Später schlug MÜLLER den Namen Ectocarpen vor (420).

Die Wirkung des Ectocarpens ist übrigens nicht sehr spezifisch. Mehr als 14 andere flüchtige Stoffe (z. B. n-Hexan und Cyclohexan) scheinen auf die männlichen Gameten von *Ectocarpus* denselben Effekt zu haben. In dieser Hinsicht unterscheidet sich das Ectocarpen von den Gamonen einiger *Chlamydomonas*-Arten (S. 284), die sehr spezifisch sind.

Es kann hier noch angemerkt werden, daß die Bezeichnung bestimmter Typen von Gameten bei *Ectocarpus* mit den Worten „männlich" und „weiblich" künstlich ist und keinerlei grundsätzliche Bedeutung hat.

Aus dem verschmolzenen Gametenpaar (Abb. 39 [11]) entsteht die diploide Zygote (Abb. 39 [12]), die ohne Ruheperiode direkt zu einem neuen diploiden Sporophyten auswachsen kann.

Zusammenfassend kann man den Lebenszyklus von *Ectocarpus siliculosus*, so wie er an dem Material aus Neapel untersucht wurde, als schwach heteromorph diplohaplonten Typ mit physiologischer Anisogamie bezeichnen. In Handbüchern und älteren Lehrbüchern wird *Ectocarpus siliculosus* dagegen als isomorpher Diplohaplont bezeichnet. Diese Charakterisierung beruht jedoch auf unvollständigen und veralteten Untersuchungen. Möglicherweise haben jedoch andere Populationen von *Ectocarpus siliculosus* einen isomorph diplohaplonten Zyklus.

Abb. 39 zeigt den Entwicklungsgang, dem der Lebenszyklus von *Ectocarpus siliculosus* in den meisten Fällen folgt. Es sind jedoch allerlei komplizierte Seitenwege und Umwege möglich, die im einzelnen von MÜLLER beschrieben wurden (416, 418). Hier soll nur kurz auf einige Alternativen eingegangen werden, um zu zeigen, daß Lebenszyklen oft weniger starr und viel plastischer verlaufen als in den üblichen Schemata angegeben wird.

1. Unbefruchtete männliche und weibliche Gameten können auswachsen, wobei nicht neue Gametophyten, sondern haploide Sporophyten entstehen. Diese Pflanzen entsprechen in allen Punkten den normalen Sporophyten, besitzen jedoch nur die haploide Chromosomenzahl. In den haploiden unilokulären Sporangien dieser Pflanze findet keine Meiose statt. Die Sporen sind wieder haploid. Ist der haploide Sporophyt aus einem männlichen Gameten entstanden, so gehen aus den Sporen des unilokulären Sporangiums nur neue haploide männliche Pflanzen hervor.

2. Ein kleiner Teil der Sporen, die auf einem normalen Sporophyten nach der Meiose im unilokulären Sporangium entstehen, wächst nicht zu männlichen oder weiblichen Gametophyten, sondern zu haploiden Sporophyten heran.

3. Alle Typen der Zoidangien können sogenannte „doppelte Zoiden" produzieren. Diese Zoiden besitzen zwei Chloroplasten, zwei Augenflecken, vier Geißeln und zwei Kerne, die miteinander verschmelzen können. Die „doppelte Zoide" eines männlichen Gametangiums kann so einen diploiden Sporophyten bilden, der den genetischen Faktor „männlich" doppelt besitzt. Nach der Reduktionsteilung entstehen aus den Zoiden dieser unilokulären Sporangien nur haploide männliche Pflanzen.

Auf Wegen, die hier nicht näher besprochen werden sollen, können auch diploide Gametophyten entstehen (sowohl ♂♀ als auch ♂♂ Gametophyten). Auch tetraploide Sporophyten (♂♂♂♂) kommen vor.

Man kann die allgemeine Schlußfolgerung ziehen, daß bei *Ectocarpus siliculosus* der Wechsel zwischen zwei morphologisch-funktionellen Phasen (Sporophyt und Gametophyt) nicht streng mit dem Wechsel zwischen zwei Ploidie-Phasen (haploide und diploide Phase) korreliert ist.

Ordnung: Chordariales

Der Makrothallus (= makroskopische, differenzierte Phase) besteht aus verzweigten Zellfäden, die jedoch zu mehr oder weniger komplizierten Geweben vereinigt sind. Oft besteht der Thallus aus einem Bündel axialer Filamente, die aus langen, farblosen Zellen aufgebaut sind (Abb. 38 b). Aus diesen axialen Filamenten entspringen verzweigte laterale Filamente, die aus kleineren, gefärbten, chloroplastenhaltigen Zellen bestehen. Axiale und laterale Filamente sind durch eine gemeinsame Gallerte zu einem Thallus vereinigt, der entweder wurmförmig verzweigt oder kissenförmig und halbkugelig bis kugelrund gebaut ist. Arten mit einem axialen Filament ähneln uniaxialen Rotalgen (z. B. *Acrosymphyton*, Abb. 15), Arten mit mehreren axialen Filamenten entsprechen multiaxialen Rotalgen (z. B. *Nemalion*, Abb. 17). Fast alle Algen dieser Gruppe besitzen Phaeophyceen-Haare.

Die Algen wachsen trichothallisch oder manchmal auch durch Scheitelzellen. Es findet ein heteromorpher Generationswechsel zwischen einer stark differenzierten Makrothallus-Phase und einer einfachen, fadenförmigen Mikrothallus-Phase statt. Der Mikrothallus wird oft als Gametophyt angesehen, obwohl für diese Interpretation nur in wenigen Fällen unzweideutige Beweise vorliegen (51, 443, 634). Die Makrothallus-Phase trägt plurilokuläre Zoidangien von meist eiförmigem oder kegelförmigem Aussehen, aus denen die Zoiden durch eine Öffnung austreten (Abb. 38 c, 40).

Die Tatsache, daß der Lebenszyklus der *Chordariales* eine Mikrothallus-Phase enthält, die einfach gebauten *Ectocarpales* sehr ähnelt, ist kein ausreichender Grund, um die *Chordariales* mit den *Ectocarpales* systematisch zu vereinigen (60, 162). Aufgrund derselben Überlegung müßten sonst auch die *Sporochnales*, *Desmarestiales*, *Dictyosiphonales* und sogar die *Laminariales* zu den *Ectocarpales* gerechnet werden. Die systematische Einheit der *Chordariales* ist durch die Übereinstimmung im Bau des Makrothallus gegeben, durch die sich die meisten (vielleicht nicht alle) Braunalgen dieser Gruppe auszeichnen.

Elachista stellaris (Abb. 40)

Die kleinen halbkugeligen Thalli dieser Art bilden epiphytische, gelatinöse Kissen von einigen Millimetern im Durchmesser auf ver-

---

Abb. 40 *Elachista stellaris*, Lebenszyklus. a) Mikrothallus (n); b) plurilokuläres Sporangium des Mikrothallus; c) Zoiden; d) junger Mikrothallus; e) junger Makrothallus (2n) als Sproß des Mikrothallus; f) junger Mikrothallus aus Zoosporen des unilokulären Sporangiums; g) Makrothallus (2n); h) Assimilator; i) plurilokuläres Sporangium des Makrothallus; j) Zoiden; k) junger Makrothallus; l) unilokuläre Sporangien. (D – vegetative Diploidisierung wahrscheinlich, M – Basalmeristem) (nach *Wanders* u. Mitarb.)

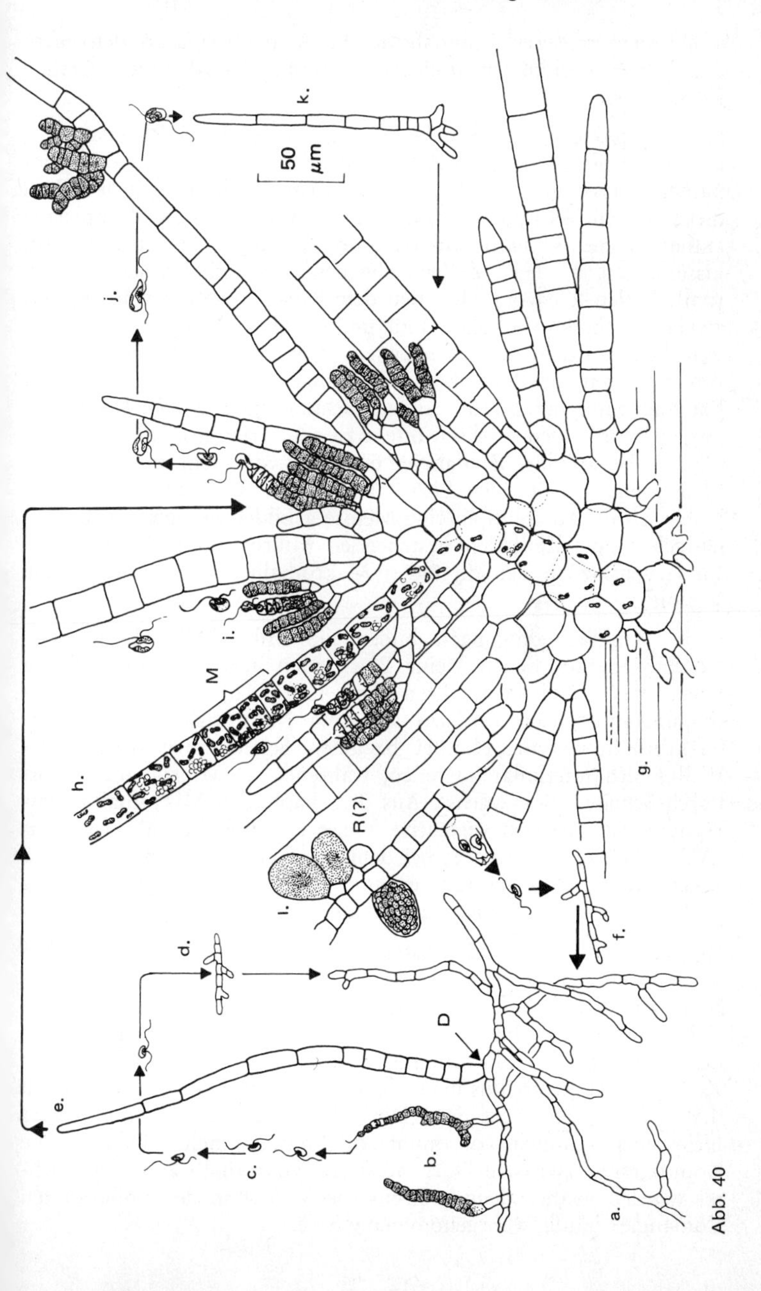

Abb. 40

schiedenen größeren Braunalgen. Die Alge kommt an den europäischen Atlantikküsten südlich von Irland und an den mediterranen Küsten vor.

Das kompakte Kissen besteht aus einer Anzahl axialer Filamente, die aus großen, farblosen Zellen aufgebaut und zu einem Pseudoparenchym vereinigt sind. Auf dem Kissen steht eine große Zahl dicker Fäden (Assimilatoren), deren Zellen zahlreiche Chloroplasten enthalten. Sie wachsen durch basale Meristeme, die auch an den kissenförmigen Teil Zellen abgeben (trichothallisches Wachstum). Zellen, die vom Meristem dem Kissen zugefügt werden, verzweigen sich. Plurilokuläre und unilokuläre Zoidangien entstehen vor allem auf dem Rand des Kissens, kommen jedoch auch auf den Assimilatoren vor. Plurilokuläre Zoidangien werden vor allem unter Langtagbedingungen (16 Stunden Licht) gebildet (585). Die relativ großen Plurizoiden wachsen direkt zu neuen Makrothalli aus (Abb. 40 j, k). Unilokuläre Zoidangien entstehen vor allem unter Kurztagbedingungen (8 Stunden Licht). Die kleinen Unizoiden, die wahrscheinlich im Anschluß an eine Meiose gebildet werden, wachsen zu einfachen, aus Zellfäden bestehenden Mikrothalli aus (Abb. 40 f). Im Gegensatz zu den diploiden Makrothalli sind die Mikrothalli haploid.

Unter Kurztagbedingungen bilden die Mikrothalli plurilokuläre Zoidangien, aus denen kleine Plurizoiden hervorkommen, die zu neuen Mikrothalli auswachsen (Abb. 40 b, c, d). Unter Langtagbedingungen dagegen wachsen aus dem Mikrothallus direkt neue Makrothalli hervor. Hierbei beginnen Seitenzweige des Mikrothallus sich interkalar zu teilen, während der Mikrothallus selbst durch Scheitelzellen wächst. Aus dem haploiden Mikrothallus entspringt also auf rein vegetative Weise ein diploider Makrothallus (Abb. 40 e). Dieser Prozeß, bei dem keine Gameten auftreten, wird vegetative Diploidisierung genannt. Vegetative Haploidisierung (= Meiose) ist von der Rotalge *Lemanea* bekannt (S. 67).

Der Lebenszyklus von *Elachista fucicola* entspricht dem oben beschriebenen Zyklus von *Elachista stellaris*. Auch bei dieser Alge entsteht an dem apikal wachsenden Mikrothallus durch interkalare Zellteilungen der Makrothallus. Hier können sogar fast alle Zellen des ursprünglichen Mikrothallus durch interkalare Zellteilungen in Zellen des Makrothallus übergehen (279). Man kann sich fragen, ob der Vorgang der vegetativen Diploidisierung bei den *Chordariales* nicht noch häufiger vorkommt, dies um so mehr, als deutliche Kopulationen zwischen Plurizoiden der Mikrothalli kaum beobachtet wurden, während andererseits die Meiose in den unilokulären Zoidangien häufig wahrgenommen wurde.

Die Makrothallus-Phase von *Elachista stellaris* ist eine Sommerannuelle, während die Mikrothallus-Phase wahrscheinlich für die Überwinterung sorgt.

Liebmannia leveillei (Abb. 38 b, c)

Die leicht knorpeligen Thalli sind wurmförmig, verzweigt und bis zu 20 cm hoch. Die Alge kommt an den südeuropäischen Küsten vor. *Liebmannia* ist uniaxial gebaut. Sowohl die Hauptachse (axiales Filament) als auch die lateralen Filamente zeigen trichothallisches Wachstum (Abb. 38 b). Die Phaeophyceenhaare sind besonders auffallend. Die lateralen Filamente tragen an der Thallusoberfläche kegelförmige plurilokuläre Zoidangien und kugelrunde unilokuläre Zoidangien (Abb. 38 c). Da das Wachstum der lateralen Filamente begrenzt ist, werden diese auch Kurztriebe (= determinierte Seitenäste oder determinate Laterale) genannt.

Der Lebenszyklus von *Liebmannia leveillei* ist nicht bekannt, wohl aber der Zyklus der nahe verwandten *Mesogloia vermiculata*. Hier erfolgt in den unilokulären Zoidangien des Makrothallus die Meiose. Die haploiden Unizoiden wachsen zum haploiden Mikrothallus heran. Auf dem Mikrothallus werden in plurilokulären Zoidangien Plurizoiden gebildet, die miteinander verschmelzen können und deshalb wahrscheinlich Gameten sind. Die Zygoten wachsen zu basalen, scheibenförmigen Pflanzen aus, aus denen neue *Mesogloia*-Pflanzen entstehen (443). Bei noch anderen *Chordariales* kann der Makrothallus vegetativ an einem Mikrothallus entstehen, der sich selbst ungeschlechtlich durch Plurizoiden vermehrt. Es gibt in diesem Fall also zwei Typen von Mikrothalli: einmal gametophytische Mikrothalli, die Gameten produzieren, und andererseits sporophytische Mikrothalli, aus denen Makrothalli hervorwachsen.

Auch bei *Liebmannia* und *Mesogloia* sind die Makrothalli Sommerannuellen, während die Mikrothalli wahrscheinlich für die Überwinterung sorgen.

Ordnung: Desmarestiales

Der Thallus ist uniaxial gebaut. Er besteht aus einem verzweigten Zellfaden, der sich aus einem axialen Filament und determinierten Seitenzweigen zusammensetzt. Die Seitenzweige sind in einer Ebene angeordnet (Abb. 41 b, c). Das axiale Filament zeigt trichothallisches Wachstum. Unterhalb des trichothallischen Meristems entspringen den basalen Zellen der determinierten Seitenzweige rhizoidale Fäden, die abwärts wachsen und sich dabei zu einer pseudoparenchymatischen Rinde vereinigen. Durch Dickenwachs-

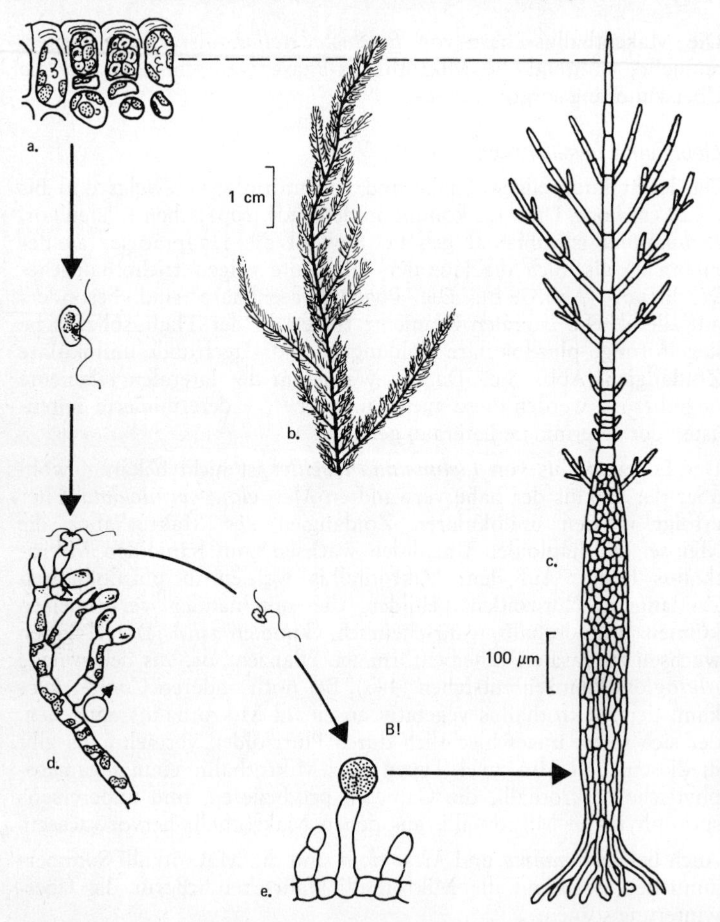

Abb. 41 *Desmarestia aculeata,* Lebenszyklus. a) Unilokuläre Sporangien, b) Sporophyt = Makrothallus; c) junger Sporophyt; d, e) mikroskopisch kleine ♂ und ♀ Gametophyten = Mikrothalli, weiblicher Thallus mit Eizelle (nach *Oltmanns; Schreiber*)

tum dieses Pseudoparenchyms entstehen drehrunde Thalli von einigen Millimetern Dicke oder flachgedrückte Thalli von einigen Zentimetern Breite.

Der diplohaplonte Lebenszyklus ist stark heteromorph. Er zeigt einen Wechsel zwischen einer stark differenzierten, diploiden Makrothallusphase und einer winzigen, fadenförmigen, haploiden

Gametophyten-Phase (Mikrothallus). Der Gametophyt ist oogam (Abb. 41 d, e), während der Makrothallus als Sporophyt unilokuläre Zoidangien trägt, in denen die Meiose stattfindet (Abb. 41 a–c).

Desmarestia aculeata (Abb. 41)

Der Thallus besteht aus zusammengedrückten Achsen, die eine Dicke von einigen Millimetern erreichen. Die knorpeligen Pflanzen sind 30–180 cm lang. Sie sind mit kurzen Seitenzweigen bekleidet, die abwechselnd nach zwei Seiten ausgewachsen sind und in einer Ebene liegen. Die Seitenzweige enden in Haarbüscheln (Abb. 41 b). Im Winter fallen die Haarbüschel ab, so daß stachelige Seitenzweige übrigbleiben.

Unilokuläre Zoidangien liegen in der äußeren Rindenschicht eingebettet (Abb. 41 a). Plurilokuläre Zoidangien fehlen. Die Unizoiden entstehen durch eine Meiose, wie sie bei *Desmarestia viridis* beobachtet werden konnte (2). Sie wachsen zu winzigen, fadenförmigen, männlichen und weiblichen Gametophyten aus, die den einfach gebauten *Ectocarpales* sehr ähneln (Abb. 41 d, e). Die männlichen Gametophyten bilden jeweils einzelne Spermatozoiden in den Kammern einfach gebauter plurilokulärer Zoidangien. Auf dem weiblichen Gametophyten entstehen Oogonien mit jeweils einer Eizelle. Bei der Reife treten die Eizellen aus, bleiben jedoch auf dem Oogonium befestigt, wo sie befruchtet werden. Die Zygote wächst zu einer neuen *Desmarestia*-Pflanze heran (2, 286, 528).

Ordnung: Dictyosiphonales

Der drehrunde oder blattförmige Thallus besitzt einen echt parenchymatischen Bau. Er besteht im allgemeinen aus einem Mark mit großen, bleichen Zellen und einer Rinde mit kleinen, gefärbten Zellen (Abb. 42 b). Die Rinde trägt oft Phaeophyceenhaare (Abb. 42 c). Der parenchymatische Thallus entsteht meistens durch interkalare Längsteilungen aus einem einreihigen Zellfaden (Abb. 42 a). Der Thallus wächst meistens durch diffuse, interkalare Teilungen, manchmal jedoch auch durch Scheitelzellen *(Dictyosiphon)*. Die einzelne Zelle enthält mehrere Chloroplasten.

Die unilokulären Zoidangien entstehen auf dem Makrothallus, der manchmal auch plurilokuläre Zoidangien bilden kann. Die Unizoiden entwickeln sich zu Mikrothalli, auf denen plurilokuläre Zoidangien entstehen. Bei diesen handelt es sich in einer Anzahl von Fällen um Gametangien. Unilokuläre Zoidangien kommen auf dem Mikrothallus nicht vor.

Stictyosiphon adriaticus (Abb. 42)

Die 0,5–1 mm dicken Äste sind wirtelig verzweigt und zu 10–50 cm hohen Rasen vereinigt. Im anatomischen Bau kann man ein Mark

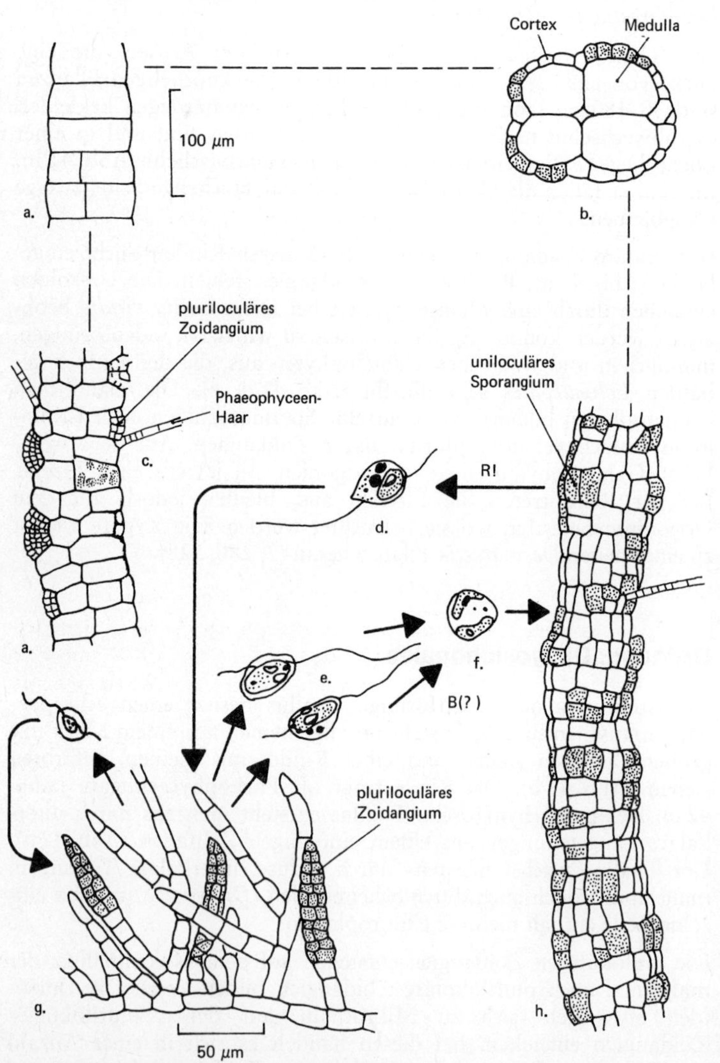

Abb. 42 *Stictyosiphon adriaticus,* Lebenszyklus. a–c, h) Makrothallus in Aufsicht und Querschnitt; g) Mikrothallus (a–c, h nach *Kuckuck,* d–g nach *Caram*)

aus großen, bleichen Zellen und eine kleinzellige Rinde unterscheiden. Ältere Thallusteile sind röhrenförmig hohl. Die Art kommt im Mittelmeer und an den südlichen europäischen Atlantikküsten vor. Die unilokulären Zoidangien liegen in die Rinde eingebettet (Abb. 42 h). Die Unizoiden entstehen im Anschluß an eine Meiose (51). Sie wachsen zu haploiden Mikrothalli aus, die langgestreckt kegelförmige plurilokuläre Zoidangien tragen (Abb. 42 g). Ein Teil der Plurizoiden wächst ohne Kopulation zu neuen haploiden Mikrothalli heran. Andere Plurizoiden kopulieren wahrscheinlich isogam miteinander. Die Kopulation wurde zwar nicht beobachtet, man entdeckte jedoch Zellen mit zwei Kernen, zwei Augenflecken und zwei Chloroplasten. Bei diesen Zellen handelt es sich wahrscheinlich um Zygoten. Aus einer Zygote wächst ein kriechender, verzweigter Zellfaden heraus, aus dem sich eine neue Pflanze von *Stictyosiphon* entwickelt.

Stictyosiphon adriaticus scheint also einen stark heteromorphen diplohaplonten Lebenszyklus mit einem Wechsel zwischen einer diploiden sporophytischen Makrothallus-Phase und einer haploiden gametophytischen Mikrothallus-Phase zu besitzen (51).

Einige Male wurden auf dem Makrothallus plurilokuläre Zoidangien gefunden, die wahrscheinlich zur ungeschlechtlichen Vermehrung dieser Phase dienen.

Ordnung: Scytosiphonales

Die blattförmigen oder röhrenförmigen Thalli sind parenchymatisch und unterscheiden sich in ihrem Bau nicht prinzipiell von den *Dictyosiphonales.* Im Unterschied zu dieser Ordnung enthalten die Zellen der *Scytosiphonales* jedoch nur einen scheibenförmigen Chloroplasten mit einem Pyrenoid (60, 132). Außerdem trägt die Makrothallus-Phase niemals unilokuläre Zoidangien, sondern immer nur plurilokuläre Zoidangien. Die unilokulären Zoidangien kommen hier nur auf der Mikrothallus-Phase vor.

Scytosiphon lomentaria (Abb. 43)

Die Thalli bestehen aus einfachen, bis zu 45 cm hohen Röhren, die in regelmäßigen Abständen eingeschnürt sind (Abb. 43 a). Das Mark besteht aus großen Zellen, die Rinde dagegen ist kleinzellig. Auf der Rinde stehen einreihige plurilokuläre Zoidangien, die durch einzellige Paraphysen getrennt werden (Abb. 43 c). Die Art kommt im Frühjahr an allen gemäßigten Küsten der Erde vor.

Die Plurizoiden des Makrothallus wachsen zu Scheiben aus, deren weitere Entwicklung von den Umständen abhängt (Abb. 43 c). Unter kühlen Kurztagbedingungen, wie sie im Frühling an unseren Küsten vorherrschen (10 °C und 8 Stunden Licht), entspringen den Scheiben vorwiegend neue Thalli von *Scytosiphon* (Abb. 43 b). Unter warmen Langtagbedingungen, wie sie etwa im Sommer an unseren Küsten vorkommen (19 °C und 16 Stunden Licht), wachsen die Scheiben zu krustenförmigen Mikrothalli aus (Abb. 43 d).

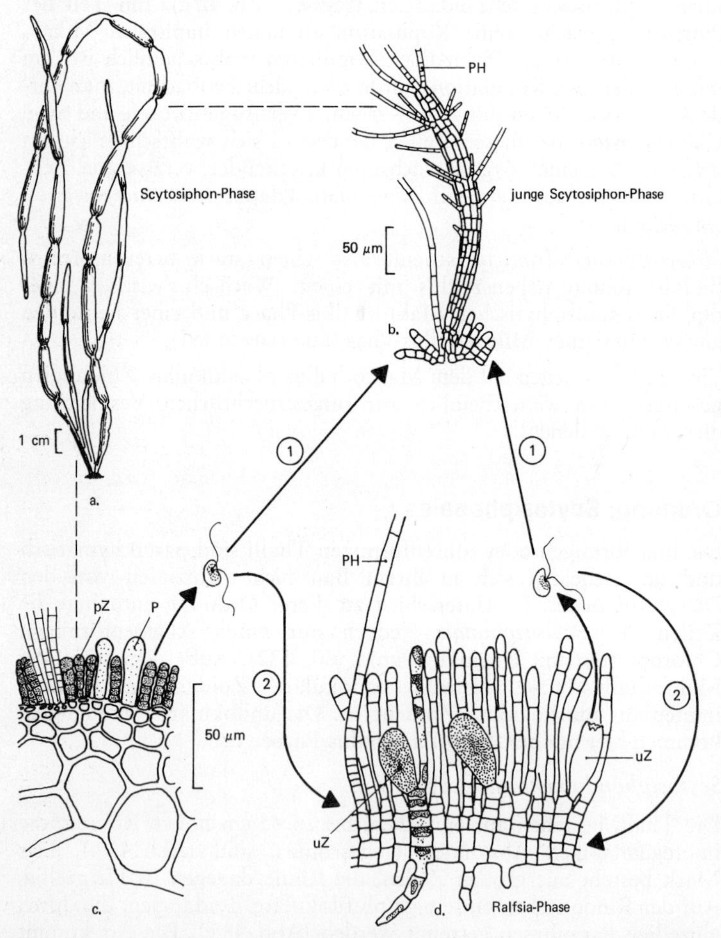

Abb. 43 *Scytosiphon lomentaria,* Lebenszyklus. (1 – bei niedriger Temperatur und Kurztagbedingungen, 2 – bei hoher Temperatur und Langtagbedingungen, P – Paraphyse, PH – Phaeophyceenhaar, PZ – plurilokuläres Zoidangium, uZ – unilokuläres Zoidangium) (nach *Wynne*)

Diese bestehen aus dicht aufeinandergelagerten, vertikalen Fäden, die zusammen ein Pseudoparenchym bilden. Derartige Krusten waren schon als Arten der Gattung *Ralfsia* bekannt. Auf den Krusten werden unilokuläre Zoidangien, nie jedoch plurilokuläre Zoidangien gebildet (Abb. 43 d). Die Entwicklung der Unizoiden hängt wieder von den Außenbedingungen ab. Unter kühlen Kurztagbedingungen entstehen aus ihnen neue Thalli von *Scytosiphon*, während sie sich unter warmen Langtagbedingungen zu neuen Krusten entwickeln. Die hier beschriebene Entwicklung wurde an Kulturen beobachtet. Sie stimmt mit der Tatsache überein, daß Makrothalli in der Natur nur im Frühling zu finden sind.

Die Plurizoiden kopulierten in dem Untersuchungsmaterial aus Kalifornien nicht miteinander. Geschlechtliche Prozesse spielten scheinbar im Lebenszyklus von *Scytosiphon* keine Rolle (634, 635). Kürzlich wurde jedoch an japanischem Material beobachtet, daß die Plurizoiden der Makrothallus-Phase als Gameten fungieren können (425). Nur Gameten verschiedener Makrothalli können miteinander kopulieren. *Scytosiphon* ist also zweihäusig. Die Zygote wächst zu einem diploiden, krustenförmigen Sporophyten heran. Die Reduktionsteilung erfolgt im unilokulären Zoidangium. Gameten, die nicht miteinander verschmolzen sind, können dagegen direkt zu haploiden Sporophyten auswachsen. Der Lebenszyklus nimmt so den Verlauf, wie er in Abb. 43 skizziert wurde. *Scytosiphon* besitzt also in Japan einen stark heteromorphen diplohaplonten Lebenszyklus, in dem ein haploider, gametophytischer Makrothallus mit einem diploiden, sporophytischen Mikrothallus alterniert.

Ordnung: Cutleriales

Die Thalli sind flach, fächerförmig und in einigen Fällen tief eingeschnitten. Sie bestehen aus Parenchym und wachsen trichothallisch (Abb. 44 a). Der Thallusrand trägt einen Fransensaum aus Haaren. Die Haare besitzen ein basales Meristem, das nach oben Haarzellen und nach unten Thalluszellen abgliedert. Die nach unten abgegebenen Zellen verschmelzen miteinander direkt unter dem Meristem. Außerdem teilen sie sich durch Längs- und Querwände weiter auf, wodurch das echte Parenchym des Thallus entsteht. Der ausgewachsene Thallus besteht aus großen inneren Zellen und einer Schicht kleiner äußerer Zellen (Abb. 44 h).

In der Ordnung kommen Algen mit heteromorph diplohaplontem Lebenszyklus und reduziertem Sporophyten *(Cutleria)* oder mit isomorph diplohaplontem Zyklus *(Zanardinia)* vor. Beide Fälle zeichnen sich durch eine überaus deutliche Anisogamie (Suboogamie) aus. Neben den *Scytosiphonales* sind die *Cutleriales* die einzige

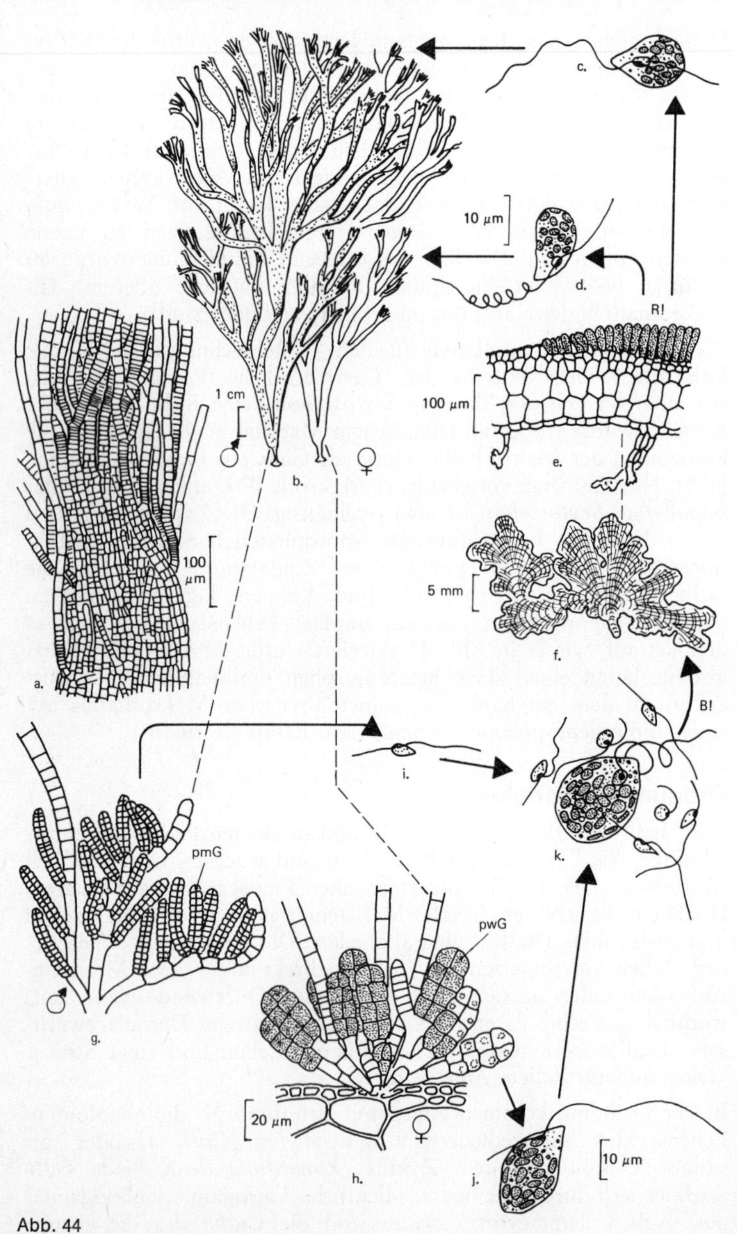

Abb. 44

Ordnung, in der diejenige Phase reduziert sein kann, die die unilokulären Zoidangien trägt.

Cutleria multifida (Abb. 44)

Die knorpeligen, flachen Thalli sind bis zu 40 cm hoch und wiederholt dichotom verzweigt. Die Enden der Thalluslappen tragen Haarfransen. Die Art kommt im Mittelmeer und an den südeuropäischen Atlantikküsten vor.

Bei den großen, dichotom verzweigten Pflanzen handelt es sich um haploide zweihäusige Gametophyten (Abb. 44 b). Männliche Gametophyten tragen Sori aus kleinkammerigen, plurilokulären männlichen Gametangien (Abb. 44 g), während die Sori weiblicher Gametophyten aus großkammrigen weiblichen Gametangien bestehen (Abb. 44 h). Jeder Loculus eines Gametangiums setzt seinen Gameten gesondert frei (Abb. 44 i, j). Der zur Ruhe gekommene, sehr große weibliche Gamet lockt die viel kleineren männlichen Gameten durch einen Lockstoff an, der Multifiden genannt wird (420). Die männlichen Gameten schwärmen in Gruppen um den weiblichen Gameten herum (Gruppenbildung) (Abb. 44 k). Wenn der weibliche Gamet mit einem männlichen Gameten verschmolzen ist, löst die Gruppe sich auf (vgl. *Ectocarpus*, S. 153) (305).

Die Zygote wächst zu einem membranartigen, fächerförmigen diploiden Sporophyten aus. Dieser ist einige Zentimeter groß und wächst gegen das Substrat angedrückt (Abb. 44 e, f). Der Sporophyt war schon früher unter dem Namen *Aglaozonia reptans* bekannt. Auf der Oberseite des parenchymatischen Sporophyten werden Sori aus unilokulären Sporangien gebildet. Durch eine Meiose entstehen Unizoiden, die wieder zu haploiden Gametophyten heranwachsen. Von diesem normalen Lebenszyklus kann es einige Abweichungen geben (304, 305, 442, 638).

Ordnung: Sphacelariales

Die verzweigten Zellfäden wachsen mit Hilfe auffallender Scheitelzellen (Abb. 45 a). Segmente, die durch die Scheitelzelle abgeschnürt wurden, werden in einigem Abstand unterhalb der Spitze durch

---

Abb. 44 *Cutleria multifida,* Lebenszyklus. a) Scheitelregion; b) männlicher und weiblicher Gametophyt; c, d) Zoospore; e, f) krustenförmiger Sporophyt = Aglaozonia-Phase; g, h) männlicher und weiblicher Sorus des Gametophyten; i) männlicher Gamet; j) weiblicher Gamet; k) Suboogamie. (pmG – plurilokuläres männliches Gametangium, pwG – plurilokuläres weibliches Gametangium) (a nach *Christensen,* b nach *Newton,* c–e nach *Kuckuck,* f nach *Falkenberg,* g–h nach *Thuret* u. *Bornet,* i–k nach *Kuckuck*)

vertikale und horizontale Teilungen zu einem Parenchym entwickelt. Die abgeschnürten Segmente werden dabei in vielen Fällen kaum dicker als die Scheitelzelle. Phaeophyceenhaare entstehen oft terminal an den Fäden (Abb. 45 b). Der isomorph diplohaplonte Lebenszyklus kann durch isogame, anisogame oder oogame Kopulation charakterisiert sein.

Sphacelaria furcigera (Abb. 45, 46)

Verzweigte Fäden sind zu braunen Pinseln von 0,5–3 cm Höhe vereinigt. Die vegetative Vermehrung erfolgt meistens durch zweiarmige Propageln (Abb. 46) („furcigera" bedeutet „gabeltragend"). *Sphacelaria furcigera* ist ein Kosmopolit, der in gemäßigten und tropischen Gebieten vorkommt. Die Alge kann an Steinen angeheftet wachsen, sie kann aber auch als Epiphyt auf größeren Algen vorkommen.

Das Wachstum erfolgt durch die große zylindrische Scheitelzelle, die für alle *Sphacelariales* besonders charakteristisch ist (Abb. 45 a). Die Scheitelzelle enthält einen großen Kern mit Nukleolus, die beide in der lebenden Zelle sichtbar sind. Außerdem liegt in der Scheitelzelle eine große Zahl scheibenförmiger Chloroplasten, die sich aktiv teilen.

Die Scheitelzelle schnürt in regelmäßigen Zeitabständen nach unten ein primäres Segment ab, das sich durch eine Querwand in zwei sekundäre Segmente, das obere sekundäre Segment und das untere sekundäre Segment, teilt. Die sekundären Segmente teilen sich durch vertikale Wände weiter in parenchymatische Segmente auf. Die ursprünglichen sekundären Segmente bleiben jedoch im ganzen Thallus leicht erkennbar. Dies erklärt sich aus der interessanten Tatsache, daß die sekundären Segmente bei ihrer Anlage schon ihre endgültige Größe erhalten haben und in ihnen kein Streckungswachstum mehr stattfindet. Im Laufe der fortschreitenden Teilungen des ersten Segments werden die Kerne der entstehenden Zellen immer kleiner (Abb. 45 a). Seitenzweige entspringen immer aus einer Zelle des oberen sekundären Segments. Die Seitenzweige von *Sphacelaria furcigera* entwickeln sich auf dieselbe Weise wie die Hauptachse und können etwa ebensolang wie sie werden (Abb. 45 e). Bei anderen Arten bleiben die Seitenzweige viel kürzer als die Hauptachse. Da sie dort gleichzeitig in zwei einander gegenüberliegenden Reihen angelegt werden, entsteht ein federförmiges Verzweigungssystem.

Eine aktive Scheitelzelle schnürt oft an ihrer Spitze eine kleine Zelle ab, die zu einem Phaeophyceenhaar auswächst (Abb. 45 b–d). Die Basis des Phaeophyceenhaares besteht aus einem Haarmeristem.

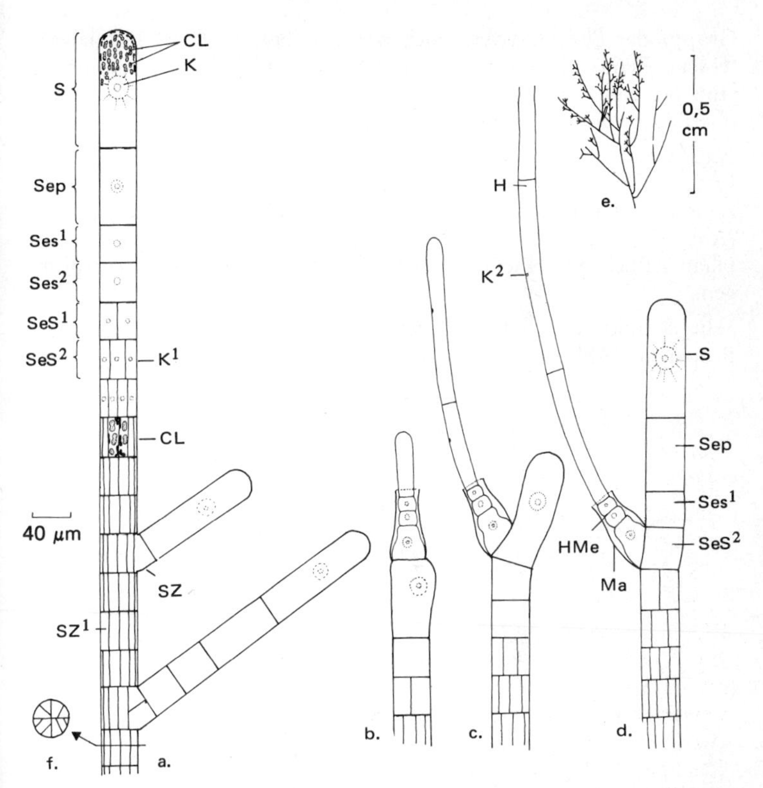

Abb. 45 *Sphacelaria furcigera.* a) Vegetativer Bau; b) Scheitelzelle bildet nach oben ein Haarmeristem; c) das Wachstum der Scheitelzelle drückt das Haarmeristem zur Seite; d) das Haarmeristem entspringt scheinbar am untersten sekundären Segment; e) Habitus; f) Querschnitt. (CL – Chloroplasten in Teilung, H – farblose Haarzelle mit großer Vakuole und rudimentären Chloroplasten, HMe – Haarmeristem, Ma – Manschette, K – großer Kern, K^1 – kleine Kerne, K^2 – winziger Kern der Haarzelle, S – Scheitelzelle, Sep – primäres Segment, Ses^1 – oberes sekundäres Segment, Ses^2 – unteres sekundäres Segment, SZ – Seitenzweig aus einem oberen sekundären Segment, SZ^1 – ruhende Seitenzweiginitiale)

Seine Zellen teilen sich aktiv und geben nach oben Haarzellen ab. Haarzellen sind bleich und farblos. Durch ein gewaltiges Streckungswachstum können sie sehr lang werden. Das Haarmeristem ist oft von einer Manschette umhüllt, bei der es sich um den Zellwandrest der Zelle handelt, aus der das Haar entstanden ist. Phaeophyceenhaare sind charakteristische Strukturelemente für die gesamte

Gruppe der *Phaeophyceae,* auch wenn sie bei einzelnen Braunalgen fehlen. Beim Blasentang *(Fucus,* S. 181 und Abb. 51) kommen zum Beispiel Haarbündel auf dem Boden von Gruben der Thallusoberfläche vor. Die Funktion der Haare ist unbekannt.

Nachdem bei *Sphacelaria furcigera* die Haare apikal am oberen Ende der Scheitelzelle angelegt wurden, setzt der Rest der Scheitelzelle sein Wachstum fort. Dabei wird das Haar zur Seite gedrückt (Abb. 45 b–d). Nach einigen Teilungen der Scheitelzelle scheint das Haar seitlich aus einem unteren sekundären Segment zu entspringen.

Sehr charakteristisch für *Sphacelaria furcigera* sind die gegabelten Propageln (Abb. 46). Sie brechen ab und sorgen für die vegetative

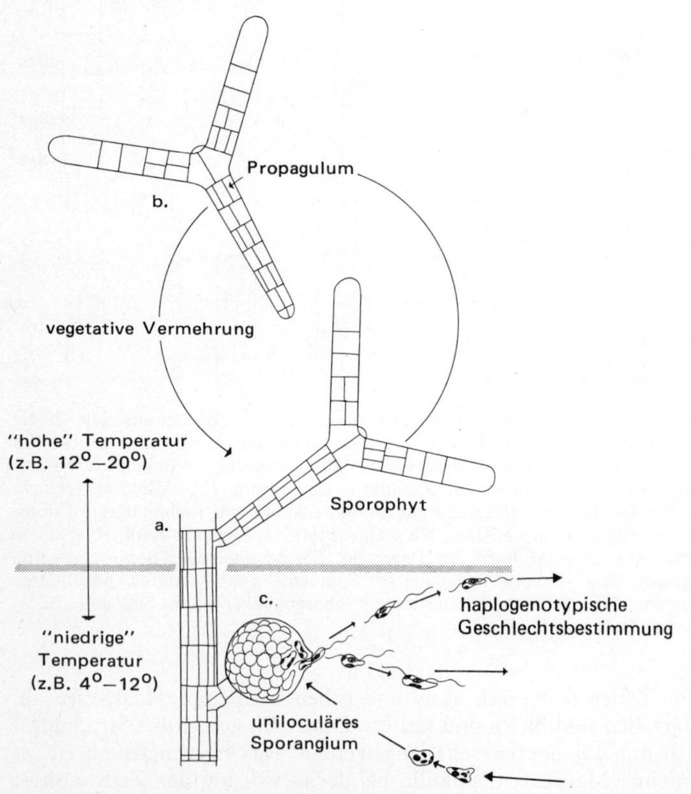

Abb. 46 *Sphacelaria furcigera,* Lebenszyklus (nach *van den Hoek* u. *Flinterman*)

Vermehrung. Selten trägt der Stiel der Propageln auch drei statt zwei Arme.

Der Lebenszyklus von *Sphacelaria furcigera* wurde kürzlich im Labor an Material untersucht, das bei Hoek van Holland gesammelt wurde (231).

Die Sporophyten-Phase (Abb. 46 a, b, c) (diploid = 2 n = ca. 50) besteht aus einigen verzweigten, kriechenden Fäden, aus denen aufrechte, verzweigte Fäden entspringen (Abb. 45 e). Die Fäden des diploiden Sporophyten sind mit einem Durchmesser von 20–40 µm dicker als die Fäden des haploiden Gametophyten, die nur einen Durchmesser von 13–30 µm erreichen.

Die Sporophyten-Phase kann mit Propageln und unilokulären Zoidangien zwei Typen von Fortpflanzungsorganen bilden. Im Ge-

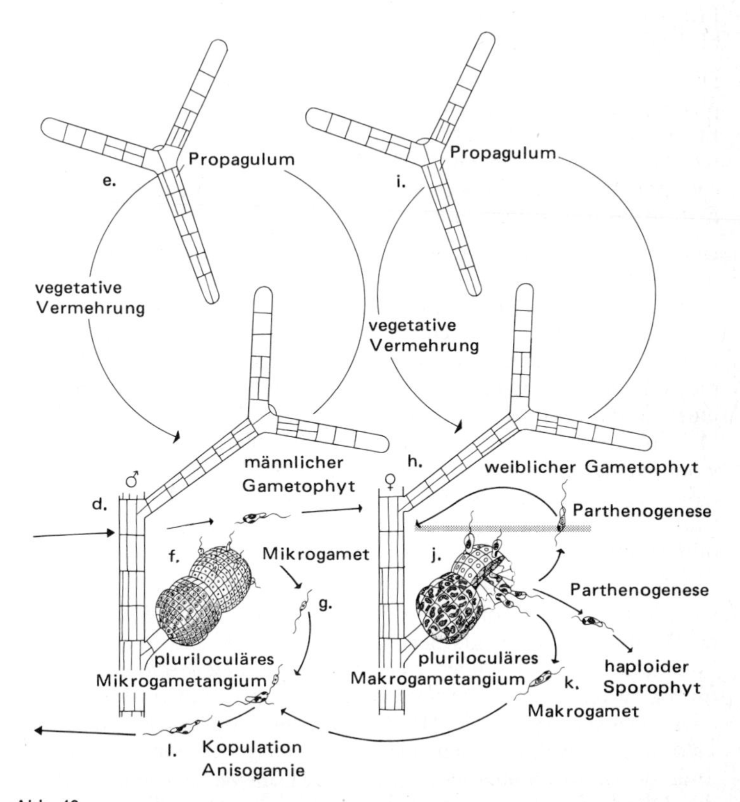

Abb. 46

gensatz zu *Ectocarpus siliculosus* bildet der Sporophyt niemals plurilokuläre Zoidangien. Die Propageln sorgen für die vegetative Vermehrung des Sporophyten. In den unilokulären Zoidangien erfolgt die Reduktionsteilung. Auf die beiden Kernteilungen der Meiose folgen mehrere Mitosen, so daß schließlich eine große Zahl haploider Zoosporen gebildet wird.

Propageln werden nur bei relativ hohen Temperaturen (im Labor bei 12, 17 und 20 °C) und Langtagsbedingungen (im Versuch 16 Stunden Licht) gebildet (64). Unilokuläre Zoidangien entstehen nur bei niedrigen Temperaturen (4 und 12 °C). Ein Einfluß der Taglänge auf diesen Vorgang konnte nicht mit Sicherheit festgestellt werden. Diese experimentellen Ergebnisse stimmen mit Beobachtungen in der Natur überein. An den gemäßigten atlantischen Küsten bildet *Sphacelaria furcigera* im Sommer große Massen von Propageln, während unilokuläre Zoidangien fast nur vom Herbst bis Frühjahr gefunden werden.

Die haploiden Zoosporen der unilokulären Zoidangien des Sporophyten wachsen zu haploiden Gametophyten heran (Abb. 46 d–k). Etwa 50 % der Zoosporen werden zu männlichen und 50 % zu weiblichen Gametophyten. Wahrscheinlich tritt während der Meiose eine haplogenotypische Geschlechtsbestimmung auf, wie wir sie bei *Ectocarpus siliculosus* kennengelernt haben (S. 152).

Der Gametophyt ist zwar dünner als der Sporophyt (s. oben), aber im übrigen sind die beiden Phasen morphologisch gleich. Sowohl der weibliche als auch der männliche Gametophyt tragen plurilokuläre Zoidangien, die Gameten produzieren und deshalb als plurilokuläre Gametangien bezeichnet werden können. Männliche plurilokuläre Gametangien unterscheiden sich von weiblichen plurilokulären Gametangien durch kleinere Kammern. Jede dieser kleinen Kammern enthält einen kleinen, bleichen Chloroplasten, wodurch das männliche Gametangium eine bleich-gelbe Farbe erhält. Dagegen enthält jede große Kammer des weiblichen Gametangiums einen großen, braunen Chloroplasten, der für die dunkelbraune Farbe des weiblichen Gametangiums verantwortlich ist (vgl. Abb. 46 f mit j).

Die plurilokulären Zoidangien von *Ectocarpus* und *Sphacelaria* unterscheiden sich in zweifacher Hinsicht (vgl. Abb. 46 und Abb. 39). Einmal ist das plurilokuläre Zoidangium von *Ectocarpus* lang kegelförmig, während es bei *Sphacelaria* aus zwei geschwollenen, mehr oder weniger kugeligen Hälften besteht. Außerdem treten bei *Ectocarpus* die Plurizoiden durch eine einzige Öffnung am oberen Ende des Zoidangiums aus, während bei *Sphacelaria* jede Kammer der Oberfläche ihre eigene Öffnung bildet, durch die die eigene

Zoide und die Zoiden der darunter liegenden Kammern austreten können.

Der Gametophyt bildet keine unilokulären Zoidangien.

Männliche Gameten sind viel kleiner und bleicher als die weiblichen Gameten (Abb. 46 g, k). Deshalb werden die männlichen Gameten Mikrogameten und die weiblichen Gameten Makrogameten genannt. Die Gamie zwischen diesen beiden ungleichen Gameten wird Anisogamie oder Heterogamie genannt. Wie bei *Ectocarpus siliculosus* sammeln sich männliche Gameten in Gruppen um die weiblichen Gameten, bevor zwei Gameten miteinander verschmelzen. Sowohl der männliche als auch der weibliche Gametophyt können genau wie der Sporophyt durch Propageln vegetativ vermehrt werden (Abb. 46 e, i).

Die Bildung der Propageln wird wie beim Sporophyten durch hohe Temperaturen und Langtagbedingungen (20, 17 °C; 16 Stunden Licht) gefördert. Die Bildung der plurilokulären Zoidangien wird durch niedrige Temperaturen (im Versuch 4 und 12 °C), gleichzeitig aber auch durch Langtagbedingungen (16 Stunden Licht) gefördert. Lange Tage mit relativ niedriger Wassertemperatur kommen an der niederländischen Küste, wo das Versuchsmaterial gesammelt wurde, im Frühling vor. Es gibt jedoch zu wenig Beobachtungen über das Vorkommen plurilokulärer Zoidangien in der Natur, als daß man angeben könnte, ob diese Zoidangien wirklich vorzugsweise im Frühjahr gebildet werden.

Aus dem verschmolzenen Gametenpaar entsteht die diploide Zygote, die sofort ohne Ruheperiode zu einem neuen diploiden Sporophyten auswachsen kann.

Zusammenfassend kann man den Lebenszyklus von *Sphacelaria furcigera,* so wie er sich aus den Versuchen an Material aus Hoek van Holland ergeben hat, als schwach heteromorphen Diplohaplonten mit Anisogamie bezeichnen.

Es gibt bei *Sphacelaria furcigera* einige Abweichungen vom normalen Lebenszyklus. Makrogameten können sich auch ohne Befruchtung parthenogenetisch entwickeln, wobei entweder neue haploide weibliche Gametophyten oder haploide Sporophyten entstehen. Es wurde oben mit Absicht mehrfach darauf hingewiesen, daß die beschriebenen Beobachtungen an Material aus Hoek van Holland gemacht wurden. Es ist nämlich sehr gut möglich, daß andere Populationen von *Sphacelaria furcigera* abweichende Lebenszyklen besitzen. Für diese Vermutung gibt es tatsächlich Hinweise. So bestehen wahrscheinlich Populationen (oder Klone), die sich nur ungeschlechtlich durch Propageln vermehren können (482).

Ordnung: Dictyotales

Der verzweigte, bandförmige oder fächerförmige Thallus ist parenchymatisch gebaut und zwei, drei oder mehrere Zellschichten dick. Er wächst mit Hilfe einer großen, linsenförmigen Scheitelzelle, die sich dichotom teilen kann. Auch ein Wachstum mit Scheitelkante kommt vor. Die Algen sind isomorphe Diplohaplonten mit Oogamie.

Dictyota dichotoma (Abb. 47)

Die Alge besteht aus bandförmigen, regelmäßig dichotom verzweigten Thalli, die bis zu 30 cm hoch werden können. Sie sind durch Rhizoiden festgeheftet. Die Art ist an den gemäßigten und subtropischen Küsten Europas weit verbreitet und kommt wahrscheinlich als Kosmopolit in allen gemäßigten und tropischen Meeren vor. *Dictyota* lebt meistens festgewachsen auf Felsen.

Dictyota wächst mit Hilfe linsenförmiger Scheitelzellen, die in regelmäßigen Zeitabständen nach unten hin gewölbte, scheibenförmige Segmente abschnüren (Abb. 47 k). Diese Segmente wachsen durch Streckungswachstum und teilen sich weiter zu einem Parenchym, das im ausgewachsenen Thallus aus drei Schichten besteht. In den beiden äußeren Schichten des Thallus enthalten die kleinen Zellen zahlreiche Chloroplasten, während die großen Zellen der inneren Schicht bleich unf fast chloroplastenfrei sind (Abb. 47 c, d, h).

Schon vor einer dichotomen Verzweigung des Vegetationspunktes teilt sich die Scheitelzelle durch eine Vertikalwand in zwei gleiche Tochterzellen, die beide als neue Scheitelzellen fungieren können. Durch Auswachsen der beiden gleichartigen Tochterscheitelzellen entstehen zwei gleiche Gabeläste. Dieser Typ der **Dichotomie,** bei dem die Gabeläste vom ersten Augenblick ihrer Anlage an gleich sind, wird als echte Dichotomie bezeichnet. *Dictyota* ist das klassische Beispiel für echte Dichotomie, die im Pflanzenreich nur selten vorkommt. Viel häufiger ist die **Pseudodichotomie** (= Scheindichotomie). Hier entspringt ein Seitenzweig dicht unterhalb des Vegetationspunktes. Der Seitenast entwickelt sich danach etwa ebenso kräftig wie der Teil der Hauptachse, der oberhalb des Verzweigungspunktes liegt. Dadurch stehen oberhalb des Verzweigungspunktes zwei scheinbar gleiche Gabeläste. Pseudodichotomie kommt bei verzweigten Zellfäden, aber auch bei den Verzweigungssystemen höherer Pflanzen vor, die aus komplizierten Geweben bestehen. Nach der von ZIMMERMANN aufgestellten Telomtheorie sollen die primitivsten Urtracheophyta nur echte dichotome Verzweigungen besessen haben (642). Dies erscheint sehr unwahrscheinlich, da die wenigen, bekannten Fälle echter Dichotomie eher abgeleitet

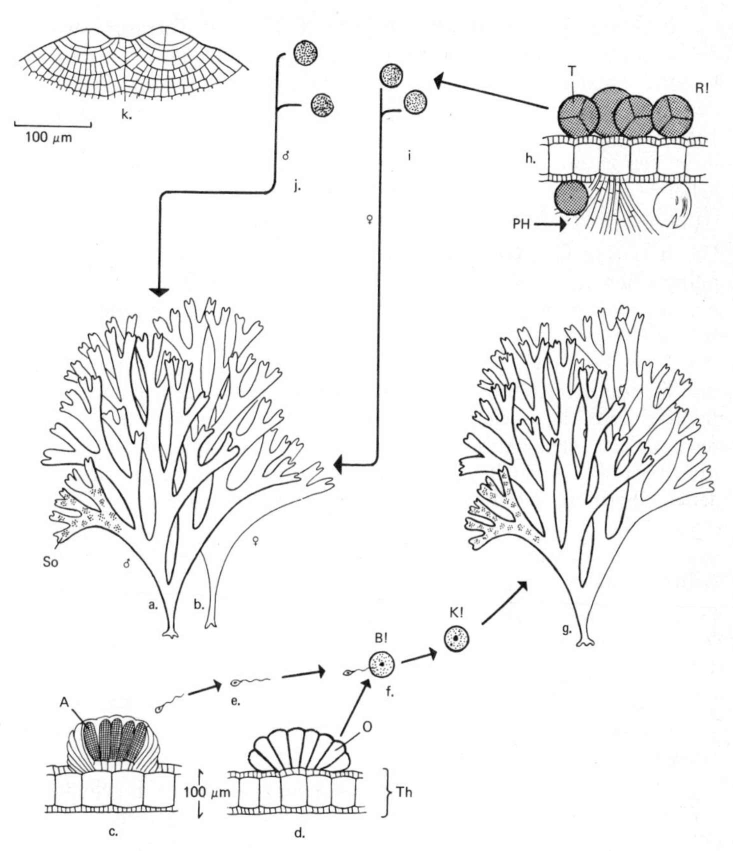

Abb. 47 *Dictyota dichotoma,* Lebenszyklus. a, b) ♂ und ♀ Gametophyt; c) Querschnitt des Gametophyten mit männlichem Sorus; d) Querschnitt des Gametophyten mit weiblichem Sorus; e, f) Spermatium und Eizelle; g) Sporophyt (2n); h) Querschnitt des Sporophyten mit Tetrasporangien; i, j) Tetrasporen; k) Scheitelzellen. (A – Antheridium, O – Oogonium, PH – Phaeophyceenhaare, So – Sori, T – Tetrasporangium)

zu sein scheinen. Es ist eher anzunehmen, daß die Urtracheophyta pseudodichotom verzweigt waren.

Der Lebenszyklus von *Dictyota dichotoma* (Abb. 47) und von einer Reihe anderer *Dictyotales* ist gut bekannt und von zahlreichen Forschern untersucht worden (162, 442, 516). Abgesehen von kleinen artspezifischen Variationen ist der Lebenszyklus von *Dictyota* für die ganze Ordnung der *Dictyotales* charakteristisch. Die Alge ist ein isomorpher Diplohaplont mit Oogamie.

Die diploide Sporophyten-Phase (Abb. 47 g) trägt Tetrasporangien, die in Gruppen (Sori) auf dem Thallus angeordnet sind (Abb. 47 h). In den Tetrasporangien findet die Reduktionsteilung statt. Auch bei den *Florideophycidae* (S. 57) erfolgt die Meiose in Tetrasporangien. Jedes Tetrasporangium von *Dictyota* bildet vier haploide, unbewegliche Tetrasporen, von denen zwei zu männlichen und zwei zu weiblichen Gametophyten auswachsen. Es hat also eine haplogenotypische Geschlechtsbestimmung stattgefunden.

Die haploide Gametophyten-Phase ist zweihäusig und besteht aus männlichen und weiblichen Gametophyten (Abb. 47 a, b). Der männliche Gametophyt trägt bleiche Sori aus plurilokulären, männlichen Gametangien, die auch Antheridien genannt werden. Um die winzigen, bleichen, männlichen Gameten freizusetzen, verschleimen die Wände der Kammern. Die Spermatozoiden liegen danach in einem Schleim, der noch für einige Zeit durch die Hüllzellen des Sorus festgehalten wird (Abb. 47 c). Aus diesem Schleimklumpen können die Spermatozoiden herausschwimmen und die Eizellen aufsuchen. Jedes Spermatozoid besitzt nur eine nach vorn gerichtete pleuronematische Geißel. Diese ist zusätzlich mit einer Reihe von Stacheln bekleidet, die, wie man annimmt, zum „Entern" der Eizelle dienen (Abb. 36 c).

Der weibliche Gametophyt trägt dunkelbraune Sori, die jeweils aus 25–50 Oogonien bestehen. Ein Oogonium bildet eine unbewegliche Eizelle (Abb. 47 d). Der Zyklus schließt sich, wenn ein Spermatozoid mit einer Eizelle verschmilzt. So entsteht eine diploide Zygote, die ohne Ruheperiode direkt zu einem neuen diploiden Sporophyten heranwächst.

Die Bildung und Freisetzung der Gameten zeigt eine regelmäßige, vierzehntägige Periodizität. Die Sori werden während einer Nipptide angelegt und die Gameten während der Flut an einigen Tagen nach der Springflut freigesetzt.

Ordnung: Laminariales

Der Thallus des Sporophyten kann groß (einen Meter) bis sehr groß (über 50 m) sein und kann anatomisch sehr kompliziert gebaut sein. Fast alle Arten bestehen aus einem Stiel und einem blattartigen Teil. Die Thalli wachsen durch ein interkalares Meristem, das an der Grenze zwischen Blatt und Stiel liegt. Es gibt nach der einen Seite Blattzellen und nach der anderen Seite Stielzellen ab. Der mikroskopisch kleine Gametophyt ist oogam. Es handelt sich bei den Laminariales also um stark heteromorphe Diplohaplonten mit Oogamie. Zu den *Laminariales* gehören die größten

Meeresalgen. Besonders *Macrocystis* und *Nereocystis* werden viele Meter lang.

Laminaria hyperborea (Abb. 48)

Der Sporophyt besteht aus einem Stiel und einem Blatt. Der steife Stiel, der an der Basis bis zu 2 cm und an der Spitze bis 1 cm dick werden kann, ist auf den Steinen mit einem System von Hapteren festgeheftet. Der Stiel kann 0,5–2 m lang werden. Das mehr oder weniger fächerförmige Blatt ist am Rand in Streifen aufgeteilt. Das Blatt kann eine Länge von 30 cm bis 1 m erreichen. Das Meristem an der Grenze von Stengel und Blatt ist im Frühjahr aktiv, so daß in

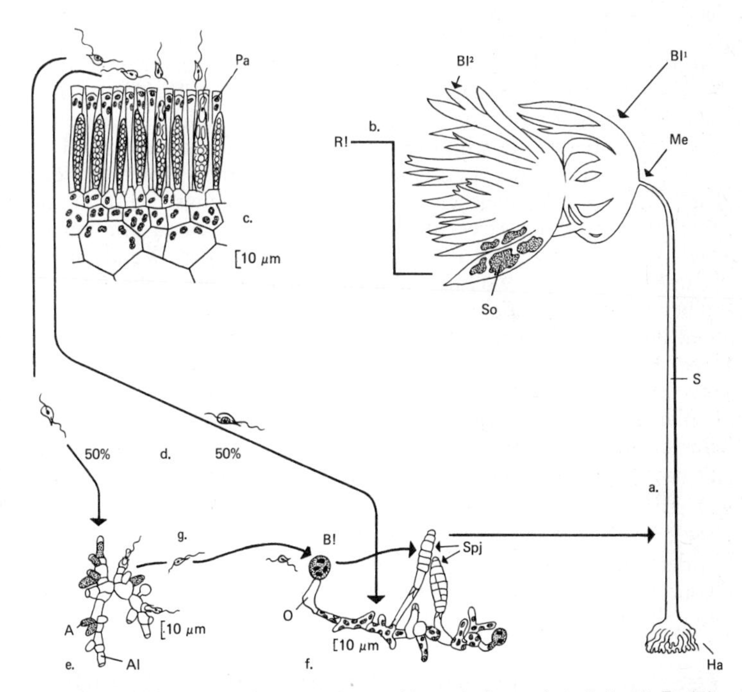

Abb. 48 *Laminaria hyperborea,* Lebenszyklus. a) Sporophyt (2n); b) Reduktionsteilung bei der ersten Teilung im unilokulären Sporangium; c) Querschnitt durch einen Sorus aus unilokulären Sporangien; d) haplogenotypische Geschlechtsbestimmung; e) mikroskopisch kleiner männlicher Gametophyt (n); f) mikroskopisch kleiner weiblicher Gametophyt (n); g) Spermatozoid. (A – Antheridium, Al – leeres Antheridium, Bl^1 – Blatt des laufenden Jahres, Bl^2 – Blatt des vorigen Jahres, Ha – Hapteren, Me – Meristem, O – Oogon mit daraufliegender Eizelle, Pa – Paraphyse, S – Stiel, So – Sorus, Spj – junge Sporophyten)

der Zeit zwischen Januar und April ein ganz neues Blatt gebildet wird. Die Pflanze nutzt für dieses Wachstum Reservestoffe, die im späten Frühling und Sommer des vorigen Jahres gebildet und im alten Blatt gespeichert wurden (347). In den genannten Jahreszeiten ist die Photosynthese besonders aktiv. Das alte Blatt des vorhergehenden Jahres bleibt noch für einige Zeit oben an dem neuen Blatt befestigt. Die beiden Blätter sind durch eine Einschnürung getrennt (Abb. 48 a). Wird das alte Blatt mit seinen Reservestoffen abgeschnitten, so kann das neue Blatt nicht wachsen. Der Sporophyt von *Laminaria hyperborea* kann 10–20 Jahre alt werden.

Die meristematische Zone zwischen Stiel und Blatt (Abb. 48 a) gibt nach oben Blattgewebe und nach unten Stielzellen ab. Am aktivsten teilt sich die Epidermis, die deshalb **Meristoderm** genannt wird (Abb. 49). Das Meristoderm sorgt durch seine Teilungen für ein Wachstum nach oben, nach unten und nach innen. Die Zellen werden dafür durch tangentiale, radiale und horizontale Wände geteilt. Die Tangentialwände schnüren Zellen nach innen ab, die so direkt unter dem Meristoderm zu einem Teil des Cortex (Rinde) werden. Die Cortexzellen gleichen das weitere Teilungswachstum des Meristoderms durch Streckungswachstum der Zellen aus. Im inneren Teil des Cortex verschleimen die längsverlaufenden Wände in zunehmendem Maße, wodurch längsverlaufende, lose Zellreihen entstehen. Aus diesen Zellreihen, die das Aussehen von Zellfäden haben, können Zellfäden (Hyphen) entspringen, die in mehr oder weniger horizontaler Richtung wachsen. Im zentral gelegenen Gewebe der Medulla (Mark) sind die Zellfäden der Rinde zu dünnen, hyphenartigen Fäden gedehnt. Die dünnen Hyphen sind an ihren Querwänden trompetenartig aufgeschwollen und werden deshalb Trompetenhyphen genannt. Hyphen, die aus der inneren Rinde in das Mark einwachsen, bilden dort zusammen mit den Trompetenhyphen ein wirres Gewebe aus Zellfäden.

In demjenigen Teil des Stengels, der sich unter der meristematischen Zone befindet, ist das Meristoderm zwar noch aktiv, es sorgt aber vor allem für das Dickenwachstum des Stengels. In älteren Teilen

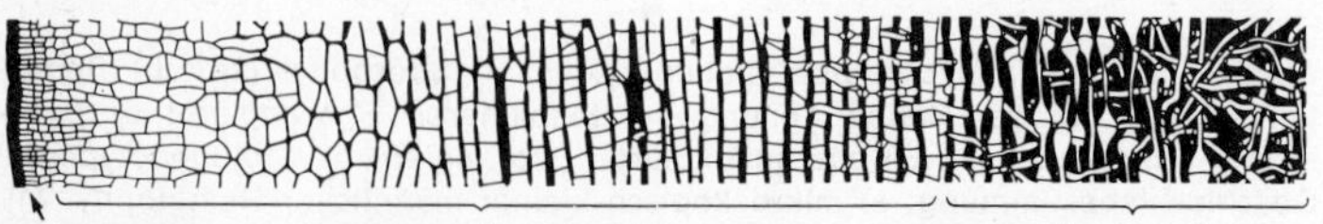

Abb. 49 *Laminaria*, Längsschnitt durch den meristematischen Teil des Stiels (nach *Christensen*)

des Stengels übernimmt eine innere Schicht des Cortex die Funktion des Meristoderms und sorgt für das weitere Dickenwachstum des Stiels. In älteren Stengeln kann man deutliche Jahresringe unterscheiden, die mit Perioden aktiven Dickenwachstums und Wachstumsstillstands übereinstimmen.

Im Blatt kann man im Prinzip die gleichen Gewebetypen unterscheiden.

Vor allem bei *Nereocystis* und *Macrocystis* ähneln die Zellreihen der inneren Rinde und die Trompetenhyphen des Marks in auffallender Weise den **Siebgefäßen** im Phloem höherer Pflanzen. Die Querwände junger Zellfäden sind durch Felder von Plasmodesmen durchbrochen, so daß sie wie Siebplatten aussehen. Vor allem ältere Querwände gleichen den älteren Siebplatten höherer Pflanzen und sind wie diese mit Kallose verstopft (Abb. 50) (458, 459). Aufgrund dieser morphologischen Übereinstimmung hat man schon etwa um 1900 den inneren Cortexelementen der *Laminariales* dieselbe Funktion wie dem Phloem der höheren Pflanzen zugeschrieben: Man vermutete, daß die Trompetenhyphen organische Stoffe transportieren, die bei der Photosynthese entstanden sind (162).

Erst 1965 ist es gelungen, den Transport von Photosyntheseprodukten in den „Siebgefäßen" von *Macrocystis* zu beweisen, indem der Pflanze radioaktiv markierter Kohlenstoff (in Form von $NaHC^{14}O_3$) gegeben wurde (458–460). In verschiedenen Zeitabständen nach der Aufnahme wurde der Aufenthaltsort des C^{14} in der Pflanze bestimmt. Es ergab sich, daß die Photosyntheseprodukte mit einer Geschwindigkeit von 65–78 cm/Stunde sowohl nach der Spitze als auch nach der Basis der Pflanze transportiert werden. An der Spitze wer-

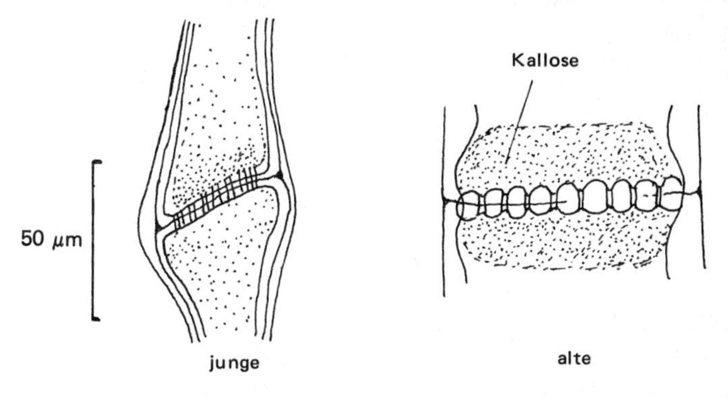

Abb. 50 *Macrocystis*, Längsschnitt durch „Siebröhren" (nach *Oltmanns*)

den die Photosyntheseprodukte für das starke Wachstum dieser Region benötigt. Der Stiel ist auf die Versorgung angewiesen, da er in einer Tiefe von einigen Metern im Schatten der dichten Blattschicht lebt, so daß er sich nicht durch eigene Photosynthese versorgen kann.

Auch bei *Laminaria* werden Assimilate durch das Mark transportiert, wobei die Stoffe vom Phylloid (Blatt) hinab zu den Punkten größter Wachstumsaktivität gebracht werden. Besonders die meristematische Übergangszone zwischen Stiel und Blatt sowie das wachsende System der Hapteren müssen versorgt werden (348, 522). Die Transportgeschwindigkeit ist mit 5 cm/Stunde viel kleiner als bei *Macrocystis*. Unter Umständen hängt dieser Unterschied mit der Tatsache zusammen, daß das Transportgewebe von *Macrocystis* viel mehr dem Phloem der Gefäßpflanzen ähnelt.

Laminaria hyperborea ist an den europäischen Atlantikküsten weit verbreitet. Die Art bildet unter der Niedrigwassermarke ausgedehnte Wälder, von denen nur bei Niedrigstwasser einige der obersten Pflanzen trockenfallen. *Laminaria hyperborea* ist ein wichtiger Grundstoff der Alginat-Industrie.

Die Lebenszyklen von *Laminaria hyperborea* (Abb. 48) und von einer Reihe anderer *Laminariales* sind durch zahlreiche Autoren untersucht und gut bekannt (162, 442, 509, 516). *Laminaria hyperborea* ist ein stark heteromorpher Diplohaplont mit Oogamie. Die diploide Sporophyten-Phase (Abb. 48 a) trägt Sori aus unilokulären Sporangien (Abb. 48 c). Die Sori bilden große, unregelmäßige, dunkelbraune Flecken auf dem Blatt. Zwischen den unilokulären Sporangien stehen keulenförmige, sterile Paraphysen. Sporangien werden vor allem im Winterhalbjahr gebildet. In ihnen findet die Meiose statt, so daß die entstehenden Sporen haploid sind. 50 % der Zoosporen wachsen zu männlichen und 50 % zu weiblichen Gametophyten heran, was auf eine haplogenotypische Geschlechtsbestimmung schließen läßt.

Die Gametophyten ($n = 31$) von *Laminaria hyperborea* sind mikroskopisch klein (Abb. 48 e, f) und bestehen aus kurzen, verzweigten Zellfäden. Der männliche Gametophyt trägt kleine einzellige Antheridien, die jeweils ein Spermatozoid produzieren. Der weibliche Gametophyt trägt einzellige Oogonien, die jeweils eine unbewegliche Eizelle ausbilden. Die Eizelle liegt auf dem leeren Oogonium zur Befruchtung bereit. Nach der Befruchtung wächst sie am gleichen Ort zu einem jungen Sporophyten heran (Abb. 48 f).

Die Größe der Gametophyten der *Laminariales* und ihre Fertilität hängen von der Temperatur ab. Bei relativ hohen Temperaturen (16 °C in Kulturen) tritt ein übermäßiges vegetatives Wachstum auf, jedoch werden die Gametophyten nicht fertil. Bei relativ niedrigen Temperaturen (8 °C, 12 °C) werden die Gametophyten dagegen schnell fertil (636). In Extremfällen können schon einzellige Gametophyten fertil werden, so daß also zum Beispiel ein einzelliger weiblicher Gametophyt eine Eizelle bildet. Diese experimentellen Ergebnisse stimmen mit der Tatsache überein, daß junge Sporophyten in der Natur zu Anfang des Jahres auftreten.

Ordnung: Fucales

Der makroskopische Thallus ist von mittlerer Größe (ca. 0,1–2 m). Seine Form ist von Gattung zu Gattung und von Art zu Art sehr verschieden. Das Wachstum erfolgt hauptsächlich durch Scheitelzellen. Alle *Fucales* sind oogame Diplonten. Antheridien und Oogonien werden in Höhlungen der Thallusoberfläche angelegt, die man Konzeptakel nennt. Die Konzeptakel liegen auf mehr oder weniger spezialisierten Thallusenden zusammen, die als Rezeptakel bezeichnet werden.

Fucus vesiculosus (Blasentang) (Abb. 51)

Der regelmäßig gabelig verzweigte Thallus (Pseudodichotomie, s. S. 174) ist bandförmig gebaut. Er besitzt einen dicken Mittelnerv, der zur Basis hin in einen Stiel ausläuft. Der Stiel ist auf dem Substrat mit einer Haftscheibe befestigt. Der Thallus trägt in regelmäßigen Abständen zu beiden Seiten des Mittelnervs je eine Blase. Werden die Blasen gerade an einem Verzweigungspunkt angelegt, so entsteht direkt über der Verzweigung des Mittelnervs eine dritte Blase. Meistens wird an jedem Ast pro Jahr ein Blasenpaar angelegt, so daß man anhand der Zahl der Blasen ungefähr das Alter der Pflanze abschätzen kann. In die Oberfläche der bandförmigen Thallusstücke sind Höhlungen (Cryptostomata) eingesenkt, aus deren Boden Büschel von Phaeophyceenhaaren hervorwachsen. Fertile Thallusenden (Rezeptakeln) sind angeschwollen und dicht mit Konzeptakeln besetzt, die in die Oberfläche eingesunken sind. **Konzeptakel** sind fertile Cryptostomata, d. h. Höhlungen, auf deren Boden Phaeophyceenhaare und Geschlechtsorgane stehen. Bei weiblichen Pflanzen sind die Geschlechtsorgane Oogonien, bei männlichen Pflanzen Antheridien (Abb. 51 [3]).

An der Spitze jedes wachsenden Zweiges liegt eine Grube, die quer zur Thallusfläche steht. Am Boden dieser Grube liegt die Scheitelzelle (Abb. 51 [13, 14]). Die Scheitelzelle gibt seitwärts Zellen an die Epidermis ab. Diese bleibt lange Zeit meristematisch und gibt wiederum Zellen an Cortex und Medulla ab. Die meristematische

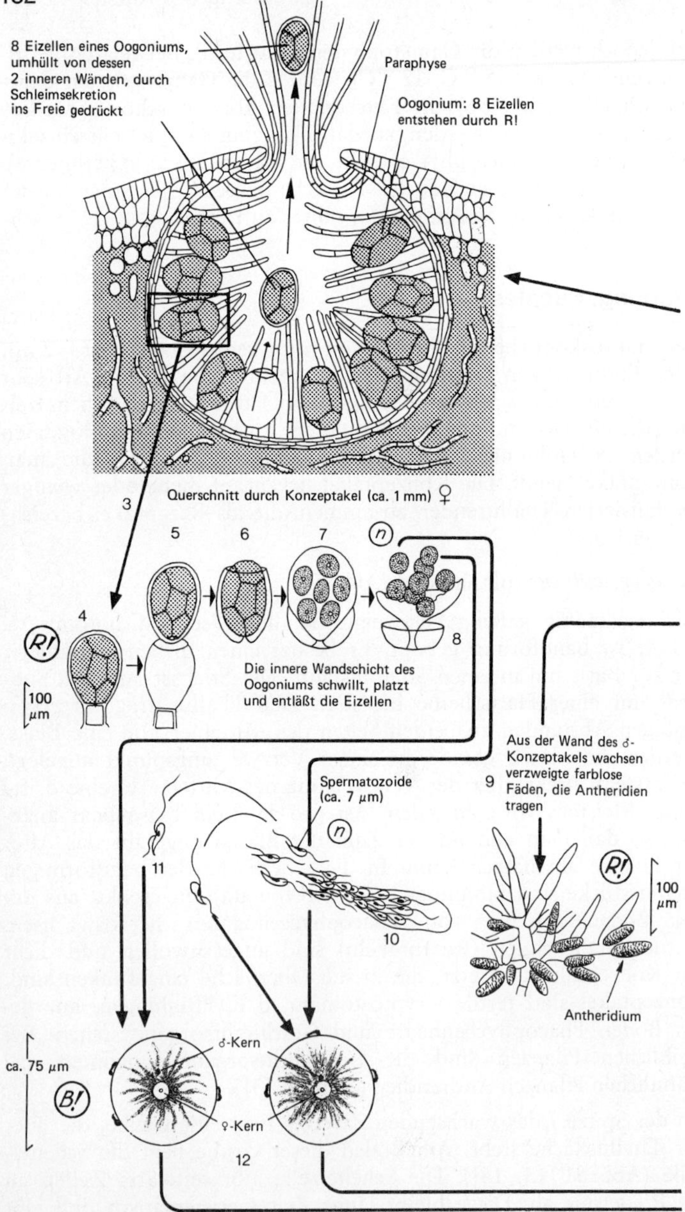

Abb. 51 *Fucus vesiculosus*, Lebenszyklus

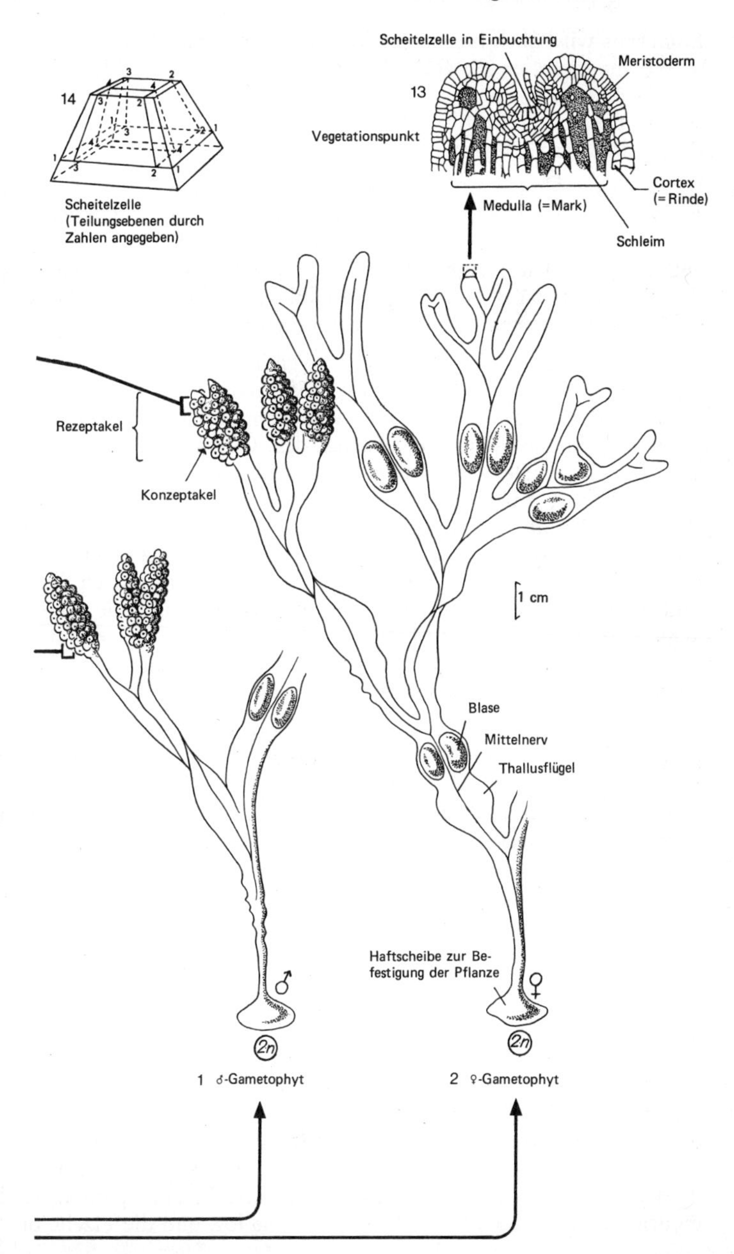
14
Scheitelzelle
(Teilungsebenen durch
Zahlen angegeben)
Scheitelzelle in Einbuchtung
Meristoderm
13
Vegetationspunkt
Cortex
(= Rinde)
Medulla (= Mark)
Schleim
Rezeptakel
Konzeptakel
1 cm
Blase
Mittelnerv
Thallusflügel
Haftscheibe zur Befestigung der Pflanze
♂
♀
2n
2n
1 ♂-Gametophyt
2 ♀-Gametophyt

Epidermis wird auch hier in Analogie zu *Laminaria* Meristoderm genannt. Im zentralen Gewebe (Medulla) von *Fucus* verschleimen die Längswände sehr stark, so daß lose, längsorientierte Zellreihen entstehen, die eine große Ähnlichkeit mit Zellfäden besitzen. Vor allem die Medulla angeschwollener Rezeptakel ist sehr schleimig.

Die Lebenszyklen von *Fucus vesiculosus* und von vielen anderen *Fucales* sind gut bekannt. Allgemein kann man sagen, daß *Fucales* oogame Diplonten sind. Der Lebenszyklus von *Fucus vesiculosus* enthält deshalb nur eine vegetative diploide Phase, die gleichzeitig die Gametophyten-Phase ist. Die Reduktionsteilung erfolgt bei der Bildung der Gameten (Eizellen und Spermatozoide).

Die Oogonien werden auf einer weiblichen Pflanze in einem Konzeptakel angelegt (Abb. 51 [3]). Ein reifes Oogonium enthält 8 haploide Eizellen (bei anderen Gattungen enthält das Oogonium 1, 2 oder 4 Eizellen). Die Wand des Oogoniums besteht aus drei Schichten. Bei der Reife platzt die äußerste Wandschicht auf, und die 8 Eizellen, die noch immer von den beiden inneren Wänden umhüllt sind, kommen in einem Klumpen ins Freie. Dieser Klumpen wird durch Schleimsekretion aus dem Konzeptakel herausgepreßt. Danach verschleimt die äußere der beiden restlichen Wände und platzt auf (Abb. 51 [4–6]). Schließlich schwillt die innerste Wandschicht an (Abb. 51 [7]), wodurch die Reste der äußeren Wand abgestreift werden. Die innerste Wandschicht platzt ebenfalls, so daß die 8 Eizellen ins Freie gelangen (Abb. 51 [8]).

Auf männlichen Pflanzen werden am Boden der Konzeptakel die langgestreckten Antheridien angelegt. Die Antheridien sitzen auf farblosen, verzweigten Zellfäden, die aus dem Boden der Konzeptakel herauswachsen (Abb. 51 [9]). Antheridien können vielleicht als spezialisierte unilokuläre Zoidangien angesehen werden. Die Wand des Antheridiums besteht aus zwei Schichten. Bei der Reife wird die innere Wandschicht mit allen darin enthaltenen Spermatozoiden durch Schleimsekretion aus dem Konzeptakel herausgepreßt. Im Freien angekommen, platzt die innere Wandschicht auf und entleert die Spermatozoiden. Nach dem Ausstoßen von Eizellen und Spermatozoiden kann die Befruchtung stattfinden. Spermatozoiden schwimmen in großer Zahl zu den Eizellen, von denen sie chemotaktisch angelockt werden (vgl. *Ectocarpus*, S. 153). Kürzlich konnte der weibliche Lockstoff (Fucoserraten) von *Fucus serratus* identifiziert und synthetisiert werden (422). Viele Spermatozoiden setzen sich auf einer Eizelle fest. Durch die Geißelbewegung der Spermatozoiden kann in diesem Stadium die Eizelle in drehende Bewegung versetzt werden. Sobald ein Spermatozoid eindringt, lassen die übrigen Spermatozoide los, und die Eizelle umgibt sich mit einer Wand. Die befruchtete Eizelle kann wieder zu einem diploiden Gametophyten auswachsen.

Die Spermatozoiden von *Fucus* besitzen die Merkmale der Heterokontophytenzoiden. Wichtig sind vor allem die beiden heterokonten Geißeln, von denen die vordere pleuronematisch ist (Abb. 36 f). In einer Hinsicht weicht das Spermatozoid jedoch von den meisten Zoiden der *Phaeophyceae* ab. Es besitzt nämlich eine Proboscis („Rüssel") (368). Dieses Organ ist eine flache Ausstülpung am Vorderende des Spermatozoids, die durch gebogene Mikrotubuli gestützt wird. Eine ähnliche Proboscis besitzen interessanterweise die Spermatozoiden von *Vaucheria (Xanthophyceae,* s. S. 109) (409).

Kapitel 8: Heterokontophyta – Klasse 5: Chloromonadophyceae

Die wichtigsten Merkmale der Chloromonadophyceae

1. Die zahlreichen, elliptischen (manchmal etwas gegeneinander abgeplatteten) Chloroplasten sind grün bis gelbgrün. Sie enthalten als akzessorische Pigmente β-Carotin, Diadinoxanthin und Diatoxanthin (Tab. 2).
2. Als Reservestoff ist nur Fett bekannt.
3. Die großen Zellen (50–100 µm) sind dorsiventral gebaut. Sie sind so zusammengedrückt, daß der gewölbten Rückseite eine flachere Bauchseite gegenüberliegt, die von einer längs verlaufenden Grube geringer Tiefe durchzogen wird.
4. Eine Geißel ist nach vorn gerichtet; die zweite, nach hinten gerichtete, liegt in der ventralen Grube. Die vordere Geißel ist mit Flimmern (Mastigonemen) bekleidet, die dem normalen Typ der *Heterokontophyta* entsprechen. Die Flimmer werden in Vesikeln des endoplasmatischen Reticulums gebildet, was ebenfalls den Verhältnissen bei anderen *Heterokontophyta* entspricht (213, 214).
5. Beide Geißeln entspringen am Boden einer kleinen, trichterförmigen Einstülpung (Schlund), die an der Bauchseite dicht unterhalb des vorderen Zellendes liegt.
6. Unter der Zelloberfläche liegen stäbchenförmige Trichocysten oder kugelförmige Schleimkörper. Werden die Trichocysten gereizt, schleudern sie Schleimhaare aus.
7. Oben auf dem großen Kern liegt ein kappenförmiger Golgi-Apparat, der aus zahlreichen Einzelkörpern besteht (526). Die Golgi-Vesikel verschmelzen in regelmäßigen Zeitabständen zu pulsierenden Vakuolen, die nach außen Flüssigkeit abgeben.
8. Der Kern liegt in einer Kapsel aus relativ steifem Protoplasma, die von flüssigerem Protoplasma umgeben ist. In der flüssigeren Phase liegen die Chloroplasten.
9. Die Zelle wird von einer steifen protoplasmatischen Haut (Pellicula) umhüllt.
10. Pyrenoiden kommen nicht vor (95).

Größe und Verbreitung der Klasse

Zu der Klasse werden sechs Gattungen mit etwa 10 Arten gerechnet. Nur eine marine Art ist bekannt, während alle anderen Arten im Süßwasser vorkommen, wobei vor allem recht saure Gewässer bevorzugt werden, wie zum Beispiel kleine Tümpel auf Sand oder in Mooren.

Allgemeine Bemerkungen

Die Klasse umfaßt eine kleine Gruppe gut erkennbarer, kompliziert gebauter Flagellaten, deren cytologische Struktur zum großen Teil schon mit dem Lichtmikroskop ergründet werden konnte (237). Bei *Vacuolaria virescens* ist die Chromosomenzahl sehr groß (97 ± 2). (215, 216). Die Mitose findet innerhalb der Kernhülle statt (geschlossene Mitose). Bei der Mitose können die Basalkörner als Centriolen fungieren.

Einige Beispiele

Goniostomum semen (Abb. 52 a).

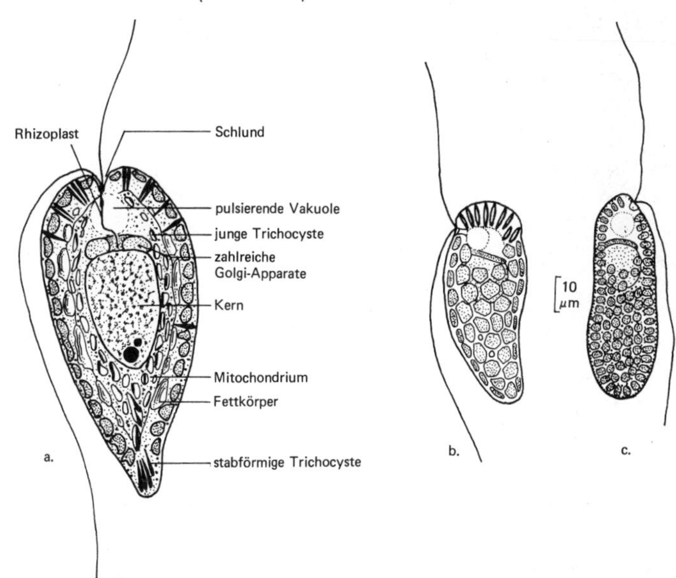

Abb. 52 a) *Goniostomum semen;* b) *Merotricha bacillata,* Seitenansicht; c) *Vacuolaria virescens,* Seitenansicht (a nach *Hollande,* b, c nach *Fott*)

Die eiförmigen Zellen sind 60–100 × 23–60 µm groß. Am Vorder- und Hinterende der Zelle liegen gehäuft stäbchenförmige Trichocysten. Die Art kommt in Europa und den USA in moorigen Sümpfen und Moortümpeln vor.

Merothricha bacillata (Abb. 52 b)

Die langgestreckt eiförmigen Zellen sind 40–50 × 18–25 µm groß. Der vordere, kopfförmig geschwollene Teil der Zelle trägt zahlreiche Trichocysten. Die Art ist von vier Fundorten bekannt: Sowjetunion, Tschechoslowakei, USA und Niederlande.

Vacuolaria virescens (Abb. 52 c)

Die langgestreckten bis eiförmigen Zellen sind schwach dorsiventral gebaut. Sie erreichen eine Größe von 50–85 × 20–25 µm. Die Art besitzt kugelrunde Trichocysten. Sie kommt bevorzugt in Moortümpeln vor.

Kapitel 9: Haptophyta

Die Abteilung der *Haptophyta* besteht nur aus der Klasse der *Haptophyceae*.

Die wichtigsten Merkmale der Haptophyceae

1. Die begeißelten Zellen tragen zwei gleiche oder ungleiche Geißeln, die mit submikroskopischen Schüppchen (oder Knötchen) aus organischem Material bedeckt sind. Die Geißeln tragen keine Flimmern.
2. Außer den zwei Geißeln trägt jede begeißelte Zelle ein kurzes oder langes fadenförmiges Anhängsel, das Haptonema genannt wird. Die submikroskopische Struktur des Haptonemas unterscheidet sich deutlich vom Bau der Geißeln. Im Querschnitt besteht das Haptonema aus 6 oder 7 sichelförmig angeordneten Tubuli. Zwischen den Tubuli und der Oberfläche liegt eine Falte des endoplasmatischen Reticulums. Die Geißeln dagegen zeigen die bekannte Struktur aus 2 zentralen und 9 doppelten peripheren Tubuli (vgl. Abb. 55 h und Abb. 55 i).
3. Die Chloroplasten werden von einer Falte des endoplasmatischen Reticulums umhüllt. Liegt ein Chloroplast direkt neben dem Kern, so bilden das endoplasmatische Reticulum des Kerns (= Kernmembran) und das endoplasmatische Reticulum des Chloroplasten miteinander eine Einheit.
4. In den Chloroplasten liegen je drei Thylakoide in Stapeln (Lamellen) aufeinander (Abb. 55 g). Eine Gürtellamelle, wie sie bei den *Heterokontophyta* vorkommt, fehlt.
5. Der Augenfleck liegt, soweit vorhanden, im vorderen Ende der Zelle. Er besteht aus einer Reihe von Kügelchen, die im Chloroplasten dicht unter der Chloroplastenmembran angeordnet sind (ähnlich wie bei Ochromonas, Abb. 22 a, f). Die Geißelanschwellung fehlt jedoch (193).
6. Die Zelloberfläche ist mit Schüppchen oder Knötchen aus organischem Material (Cellulose) bedeckt (45). Zusätzlich kommen lichtmikroskopisch gut sichtbare Schuppen aus Kalk vor (Coccolithen) (Abb. 53 g, h). Die Schuppen werden im Golgi-Apparat gebildet und durch ihn ausgeschieden. Meistens sind sie charakteristisch gebaut. Diejenige Seite der Schuppen, die der Zelle zugekehrt ist, zeigt radiär angeordnete Fibrillen (Speichen), während die nach außen gekehrte Seite aus konzentrischen Fibrillen aufgebaut ist (Abb. 57, 54, 55 j) (Tab. 4).

7. Im Unterschied zu den *Heterokontophyta* liegt der Golgi-Apparat nicht mit seiner Bildungsseite gegen die Oberseite des Kerns angedrückt. Die Golgi-Zisternen sind in der Mitte aufgeblasen. An dieser Stelle werden die Schüppchen gebildet.
8. Die Chloroplasten sind gelb oder braun, da das grüne Chlorophyll a durch braune und gelbe akzessorische Pigmente (Fucoxanthin, Diadinoxanthin, Diatoxanthin) maskiert wird (Tab. 2).
9. In den Chloroplasten kommen nur Chlorophyll a und c vor, während Chlorophyll b fehlt (Tab. 2).
10. Der wichtigste Reservestoff ist das Polysaccharid Chrysolaminarin. Außerdem wurde bei einer Art dieser Klasse Paramylon gefunden (299) (Tab. 3). Die Reservepolysaccharide werden außerhalb des Chloroplasten in Vakuolen gebildet.
11. Die Klasse umfaßt Formen der monadoiden, der kapsalen, der kokkalen und trichalen Organisationsstufe (vgl. S. 98, Tab. 5). Der Lebenszyklus einzelner Arten enthält alle vier Stufen.

Größe und Verbreitung der Klasse

Die Klasse umfaßt etwa 45 Gattungen mit rund 250 Arten (82, 448). Die meisten Arten sind einzellige Flagellaten des Meeresplanktons. Besonders die *Coccolithophoraceae* können einen wesentlichen Teil des marinen Phytoplanktons bilden. Sie finden sich vor allem in den tropischen Meeren.

Die Lebenszyklen einiger *Haptophyceae* enthalten benthische Stadien, die fadenförmig, kokkoid oder kapsal sein können. Die benthischen Stadien sind zum Teil aus der Natur bekannt, wo sie auf tiefliegendem Quellerrasen und auf Kreidefelsen in Südengland gefunden wurden; zum Teil kennt man sie aber auch nur aus Kulturen (18, 318, 444, 562, 564, 603). Im Süßwasser wurden nur relativ wenig *Haptophyceae* gefunden.

Allgemeine Bemerkungen

Vergleicht man die Merkmalslisten der *Heterokontophyta* (S. 79) und der *Haptophyta* (S. 189), dann ergeben sich folgende Charakteristika der *Haptophyta:* das Fehlen einer pleuronematischen Geißel mit Mastigonemen; das Vorhandensein eines Haptonema; das Fehlen einer Gürtellamelle im Chloroplasten; die Existenz kleiner Polysaccharid-Schuppen auf der Zelloberfläche; das Fehlen einer Geißelanschwellung; Unterschiede in Bau und Lage der Golgi-Apparate. Aufgrund dieser Besonderheiten schlug CHRISTENSEN

(60, 61) vor, einige Algen, die bisher zu den *Chrysophyceae* gerechnet wurden, in die neue Klasse der *Haptophyceae* einzuordnen.

In den letzten 15 Jahren wurden die *Haptophyceae* eingehend elektronenmikroskopisch untersucht. Zu den zahlreichen interessanten Beobachtungen gehörte zum Beispiel die Bildung der Polysaccharid-Schuppen in den Zisternen des Golgi-Apparates. In einer Zisterne wird jeweils eine Schuppe gebildet und an der Zelloberfläche abgelagert. Auch der Lebenszyklus einiger Arten wurde untersucht. Die Ergebnisse bestätigten immer, daß eine eigene Klasse der *Haptophyceae* ihre Berechtigung hat (18, 191–193, 271–273, 318, 322, 363, 364, 366, 375–377, 381, 383, 440, 444, 447, 449, 450, 453–456, 477, 478, 490, 562, 564, 569, 603–605).

Einige Beispiele

Chrysochromulina strobilus (Abb. 53 a–d; andere *Chrysochromulina*-Arten in Abb. 53 e, f) (456)

Die beweglichen Zellen sind plastisch und können ihre Form verändern. Sie sind dorsiventral zusammengedrückt, so daß sie eine runde Rückseite und eine hohle oder platte Bauchseite besitzen. Schnell schwimmende Zellen sind hufeisenförmig, ruhig liegende Zellen haben eine eirunde Form. Die Zellen sind etwa 6–10 μm groß.

Die beiden etwa gleich langen Geißeln und das Haptonema entspringen an der Bauchseite der Zelle aus einem Punkt, der etwa ein Drittel der Zellänge von der Spitze entfernt liegt. Das sehr lange Haptonema (12- bis 18mal so lang wie die Zelle) kann sich mit seiner ganzen Länge an festem Substrat festheften, oder es kann spiralig aufgerollt werden (Abb. 53 a, b, d). Es enthält eine Falte des endoplasmatischen Reticulums sowie sechs ringförmig angeordnete Mikrotubuli (Abb. 55 i zeigt das Haptonema einer anderen Art der *Haptophyceae*, das 7 Mikrotubuli besitzt).

Die Zelloberfläche ist mit dicht aneinandergepackten Polysaccharidschüppchen bedeckt (0,15–0,2 μm groß), die durch einen hochstehenden Rand und eine radiäre Speichenstruktur gekennzeichnet sind. Unter dieser Schuppenschicht liegt eine zweite Schicht sehr dünner Schüppchen, die ebenfalls eine radiäre Speicherstruktur, jedoch keinen emporstehenden Rand besitzen. Die Größe der Schüppchen dieser zweiten Schicht beträgt 0,3–0,4 μm. Auch andere Arten der Gattung *Chrysochromulina* sind mit Schüppchen unterschiedlicher Struktur bedeckt. Die Zellen von *Chrysochromulina pringsheimii* sind zum Beispiel von vier Schuppentypen bedeckt: kleinen Schuppen (0,8 × 0,5 μm) (Abb. 54 c, oberste Schuppe), großen

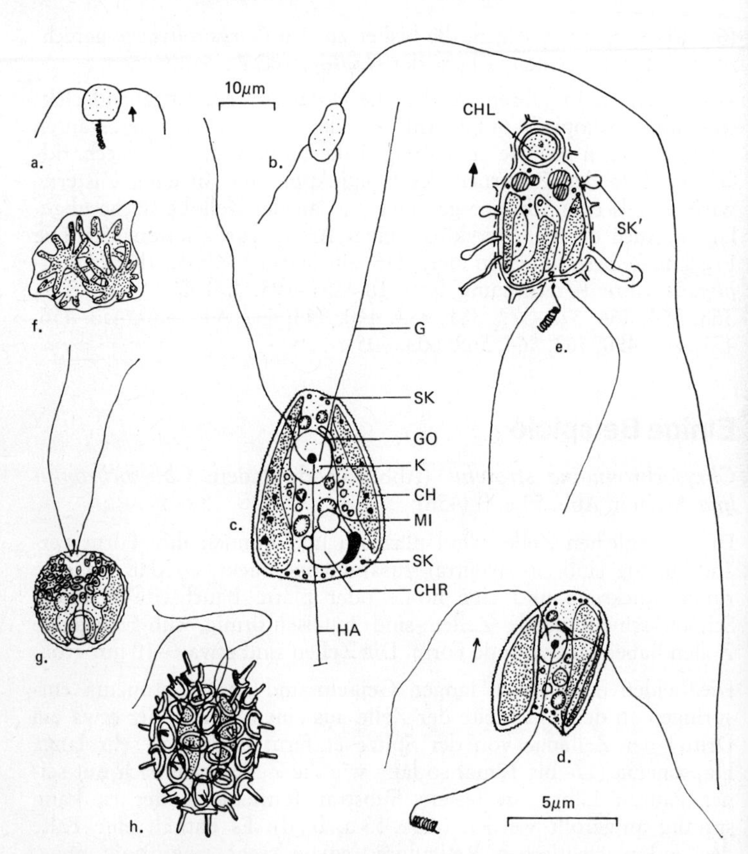

Abb. 53 a–d) *Chrysochromulina strobilus* (a = schwimmende Zelle mit aufgerolltem Haptonema; b = still liegende Zelle; c = still liegende Zelle halbschematisch; d = schwimmende Zelle); e) *Chrysochromulina ericina,* Phagotrophie; f) *Chrysochromulina brevifilium,* amöboide Zelle; g) *Hymenomonas carterae;* h) *Syracosphaera subsalsa.* (CH – Chloroplast, CHL – aufgenommene *Chlorella*-Zelle, CHR – Chrysolaminarinvakuole, G – Geißel, GO – Golgi-Apparat, HA – Haptonema, K – Kern, MI – Mitochondrium, SK – Schleimkörper, SK' – ausgestoßener Schleimkörper) (nach *Parke* u. Mitarb.)

Schuppen (1,7 × 1,3 μm) (Abb. 54 c, mittlere und untere Schuppe), Schuppen mit kleinen Stacheln (Abb. 54 b; der nach links oben orientierte Stachel wird von vier Stützen getragen, die auf dem aufgerichteten Rand der Schuppe stehen) und Schuppen mit sehr langen Stacheln (bis 2 μm) (Abb. 54 a; es ist deutlich zu erkennen, daß der

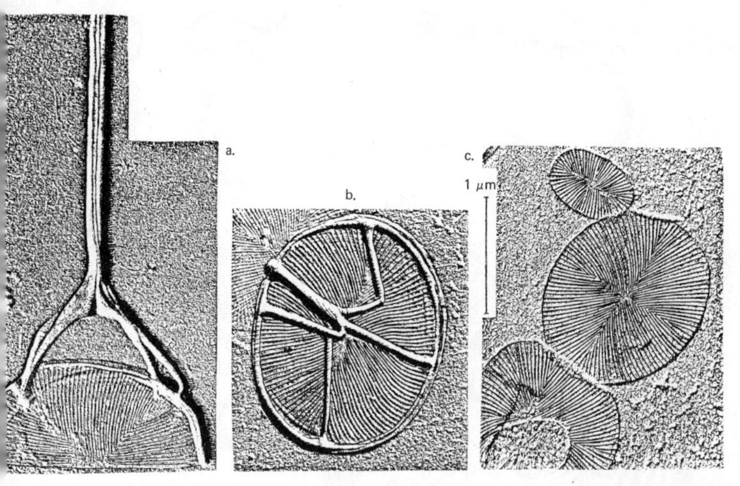

Abb. 54 *Chrysochromulina pringsheimii.* a) Große Schuppe mit hochstehendem Rand und langem Stachel; b) große Schuppe mit hochstehendem Rand und kleinem Stachel; c) große Schuppe (unten) und kleine Schuppe (oben) ohne hochstehenden Rand und Stachel (aus *M. Parke:* J. Mar. Biol. Ass. U. K. 42 [1962] 391)

Stachel von vier Stützen getragen wird, die am aufrechten Schuppenrand befestigt sind) (450).

Die Zellen von *Chrysochromulina strobilus* sind einkernig und enthalten zwei oder vier wandständige goldbraune Chloroplasten (Abb. 53 c, d). Die Alge enthält Chrysolaminarin und Fetttröpfchen als Reservestoffe. Unter der Zelloberfläche liegen Schleimkörperchen, die ausgestoßen werden können (Abb. 53 c). Abb. 53 e zeigt ausgestoßene Schleimkörper von *Chrysochromulina ericina.* Die Algen können sich autotroph oder phagotroph ernähren. Abb. 53 e zeigt eine Zelle von *Chrysochromulina ericina,* die in ihren hinteren Zellpol eine *Chlorella*-Zelle aufgenommen hat. Die Zellen können in eine amöboide Phase übergehen, wie es zum Beispiel Abb. 53 f für *Chrysochromulina brevifilium* zeigt. Die Fortpflanzung erfolgt durch Längsteilung einer begeißelten Zelle oder durch die Aufteilung einer amöboiden Zelle in vier begeißelte Tochterzellen.

Eine Kultur von *Chrysochromulina strobilus* konnte aus dem Meer in der Nähe Englands isoliert werden.

Pavlova helicata (Abb. 55 a–f) (605)

Die dorsiventral zusammengedrückten Zellen dieser Alge sind in der Dorsalansicht umgekehrt eiförmig. Sie besitzen eine feste Zell-

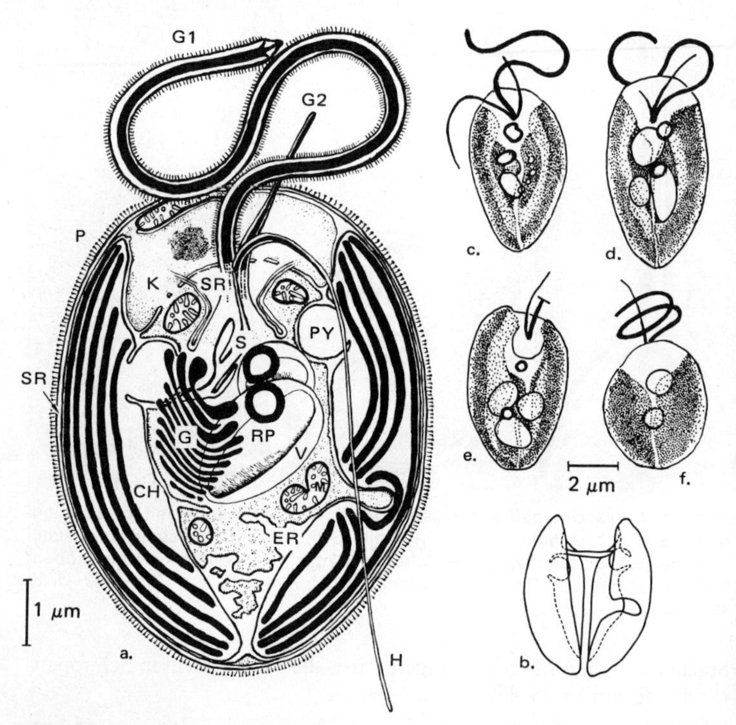

Abb. 55 a–f) *Pavlova helicata* (a, c–f = Zellen mit Geißeln und Haptonema; b = Chloroplast); g–i) *Pavlova mesolychnon* (g = Teil eines Chloroplasten; h = Geißel, Querschnitt; i = Haptonema, Querschnitt); j–o) *Isochrysis maritima* (j = Schuppe; k = Zoospore; l = Zellpakete (kokkale Phase); m = „*Chrysotila*-Phase"; n = kapsale Phase; o = Sporangium). (CH – Chloroplast, ER – endoplasmatisches Reticulum, G – Golgi-Apparat, G 1 – lange Geißel, G 2 – kurze Geißel, H – Haptonema, K – Kern, M – Mitochondrium, P – Plasmalemma mit pilzförmigen Schüppchen, Py – Pyrenoid, RP – Reservepolysaccharid, S – sackförmiger Schlund, SR – subcutaner Raum, V – Vakuole) (a–f aus *J. van der Veer:* Nova Hedwigia 23 [1972] 131; g aus *J. van der Veer:* Acta Bot. Neerl. 18 [1969] 496; j–o nach *Billard* u. *Gayral*)

oberfläche, so daß sie ihre Form nicht plastisch verändern können. Die Zellen sind 6–9 × 5–6 × 2 µm groß. Ihr Vorderende ist abgestumpft. Die beiden Geißeln sind sehr unterschiedlich gebaut. Die eine, relativ große Geißel ist mit kleinen, dreiteiligen, keulenförmigen Körperchen (0,02 × 0,08 µm) bedeckt, während die zweite, viel kleinere Geißel kahl ist (Abb. 55 a). Die zwei Geißeln und das kontraktile Haptonema entspringen am Boden einer flachen ventralen Mulde.

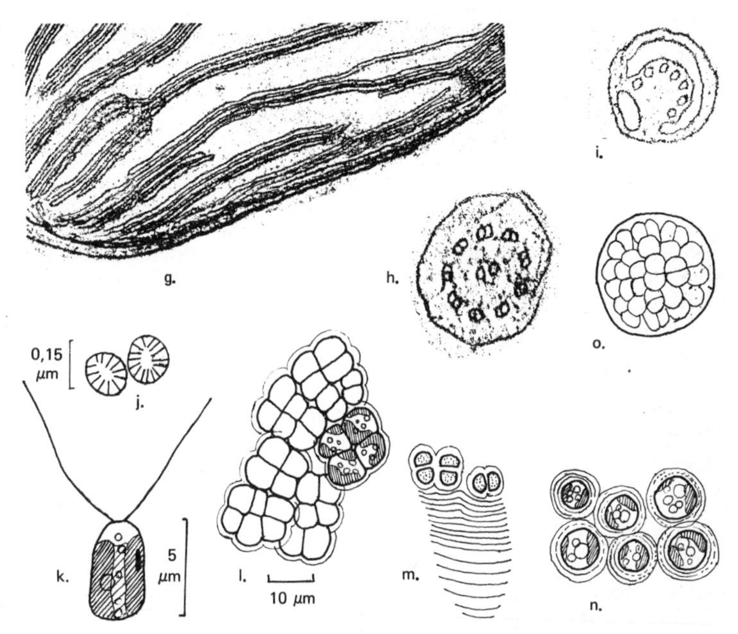

Abb. 55

Die Zellen enthalten zwei parietale, zitronengelbe Chloroplasten, die manchmal durch eine schmale Brücke miteinander verbunden sind (Abb. 55 a, b). Jeder Chloroplast besitzt ein Pyrenoid. Im Vorderende der Zelle liegt ein Kern und in ihrem Zentrum ein Golgi-Apparat. Direkt an der Geißelbasis mündet ein schmaler, mehrere Mikrometer langer Sack aus, bei dem es sich um eine Einstülpung des Plasmalemmas handelt (Abb. 55 a). Diese Erscheinung ist mit dem Schlund der *Cryptophyceae* vergleichbar (S. 203). Unter der Zelloberfläche liegt eine flache, die Zelle umschließende Höhlung des endoplasmatischen Reticulums. Dieser sogenannte subkutane Raum kommt auch bei *Pavlova mesolychnon* (604) und *Prymnesium parvum* (375) vor. Die Zelloberfläche ist mit winzigen, pilzförmigen Schüppchen oder Körperchen bedeckt.

Sowohl die knotenförmigen Körperchen auf der großen Geißel als auch die pilzförmigen Körperchen auf der Zelloberfläche werden in den Golgi-Apparaten gebildet und durch sie ausgeschieden. Diese Körperchen unterscheiden sich deutlich von den Schüppchen anderer *Haptophyceae* und ihrer charakteristischen radiären Struktur (Abb. 54 a–c, 55 j). Alte Kulturen von *Pavlova* gehen in palmelloide

(= kapsale, S. 96) Stadien über, die etwa der Abb. 55 n entsprechen. Bei einigen Kulturen überwiegen sogar diese benthischen (= bodenbewohnenden) Stadien. Eine Kultur von *Pavlova helicata* wurde aus einem Tümpel der Quellerrasen am Rande des Wattenmeeres isoliert.

Isochrysis maritima (Abb. 55 j–o) (18)

Die langgestreckten, 3 × 5 µm großen Zellen tragen an ihrem Vorderende zwei etwa gleich lange Geißeln. Ein Haptonema fehlt (ein sehr kurzes Haptonema wurde bei *Isochrysis* angeblich einmal beobachtet) (446). Der eine Chloroplast der Zelle besitzt ein inneres Pyrenoid und ein Stigma. Die Zelle ist mit einer Schicht fast kreisförmiger Schuppen (0,16 × 0,14 µm) mit radiärer Struktur bedeckt (Abb. 55 j). Das Vorkommen dieser Schuppen, deren Struktur charakteristisch für viele *Haptophyceae* ist, und das Fehlen einer pleuronematischen Geißel sind Argumente dafür, *Isochrysis* bei den *Haptophyceae* einzuordnen, auch wenn dieser Alge ein Haptonema fehlt.

Im Lebenszyklus von *Isochrysis maritima* überwiegen benthische Stadien. Junge Zellen sind unbeweglich, halbkugelförmig und bilden kubische Massen (Abb. 55 l), die zum kokkalen Organisationsniveau gehören (S. 96). Diese würfelförmigen Pakete ähneln der Chrysophyceen-Gattung *Sarcinochrysis*. Ältere Zellen sind kugelförmig und von konzentrischen Gallertschichten umhüllt (Abb. 55 n). Manchmal scheiden die Zellen die Gallerte nach einer Seite hin aus, so daß verzweigte, konzentrische Gallertstiele entstehen (Abb. 55 m). Diese Kolonien ähneln der Chrysophyceen-Gattung *Chrysotila*. Die beiden letztgenannten Wuchsformen werden zum kapsalen (oder tetrasporalen oder palmelloiden) Organisationsniveau gerechnet (S. 96).

Die Zellen enthalten jeweils zwei Chloroplasten, von denen jeder ein Pyrenoid besitzt. Bei der ungeschlechtlichen Vermehrung teilt sich eine geschwollene vegetative Zelle in Zoiden auf (Abb. 55 o). Eine Kultur von *Isochrysis maritima* wurde von Kreidefelsen der französischen Nordküste isoliert.

Hymenomonas carterae (Abb. 53 g, 56, 57) (318, 446, 562, 564, 569)

Hymenomonas carterae gehört zu den *Coccolithophoraceae*, einer Familie, die die meisten der jetzt bekannten *Haptophyceae* einschließt (S. 190). Die Zellen sind mit oft bizarr geformten Kalkschuppen – den **Coccolithen** – bedeckt (Abb. 57 a, 53 h). Aus dem vordersten Ende der einzelnen Zellen entspringen zwei etwa gleich lange Geißeln. Nur bei wenigen Arten wurde ein Haptonema gefunden, das immer sehr kurz ist. Übrigens ist auch bei der Gattung *Prymnesium* das Haptonema sehr kurz. Man kennt auch unbewegliche *Coccolithophoraceae* (z. B. *Coccolithus pelagicus*). Fossile *Coccolithophoraceae* spielen in der Mikropaläontologie eine Rolle als Leitfossilien (82).

Die Zellen von *Hymenomonas carterae* sind kugelförmig bis eirund und etwa 5–10 µm groß. Sie besitzen zwei etwa gleich lange Geißeln und ein sehr kurzes Haptonema, das in einem Knopf endet. Die zwei braunen Chloroplasten der Zelle enthalten jeweils ein Pyrenoid. Die Zelloberfläche ist mit ovalen Coccolithen bedeckt, die jeweils einen dunklen Rand und ein helleres Zentrum besitzen.

Direkt außerhalb des Plasmalemmas ist die Zelloberfläche mit zwei Schichten von Polysaccharid-Schuppen bedeckt, die einen aufgerichteten Rand besitzen. Sie ähneln sehr dem Typus der Abb. 54 b, allerdings ohne einen Stachel zu haben. Außerhalb dieser Schuppen liegt eine Schicht von Coccolithen. Jeder Coccolith besteht aus einer radiär strukturierten Polysaccharid-Schuppe, auf deren Rand der Kalk abgelagert wurde (Abb. 57 a). Polysaccharid-Schuppen und Coccolithen werden durch den Golgi-Apparat gebildet und ausgeschieden (318).

Der Lebenszyklus von *Hymenomonas carterae* gehört zum heteromorph diplohaplonten Typ (Abb. 56) (169, 318, 562, 569). Man unterscheidet die sogenannte *Hymenomonas*-Phase, bei der es sich um den diploiden Sporophyten handelt, und die sogenannte *Apistonema*-Phase, die den Gametophyten darstellt. Die *Apistonema*-Phase besteht aus verzweigten Fäden. Sie hat ihren Namen von der ähnlich gebauten Chrysophyceen-Gattung *Apistonema* erhalten.

Die diploide *Hymenomonas*-Phase kann aus begeißelten und unbegeißelten Zellen bestehen. Sie kann sich vegetativ durch Zellteilungen (Abb. 56 a, b) oder durch 4 Sporen vermehren, die innerhalb der Coccolithen-Schicht entstehen (Abb. 56 d, e). Bei einer derartigen Sporenbildung kann die Reduktionsteilung eintreten (Abb. 56 f), so daß haploide Sporen entstehen, aus denen die *Apistonema*-Phase hervorwachsen kann (Abb. 56 f–i). Die Zellen der *Apistonema*-Phase können sich in zweigeißelige Zoiden aufteilen. Hierbei können sowohl Zoiden mit Haptonema als auch Zoiden ohne Haptonema entstehen. Diese Zoiden tragen keine Coccolithen, wohl aber Polysaccharid-Schuppen, die auf ihrer Außenseite das typische konzentrische Muster tragen, während die innere, der Zelle zugekehrte Seite radiär strukturiert ist (Abb. 57 b). Einige dieser Zoiden können die haploide *Apistonema*-Phase vegetativ vermehren (Abb. 56 i–k), während andere Zoiden vermutlich als Gameten

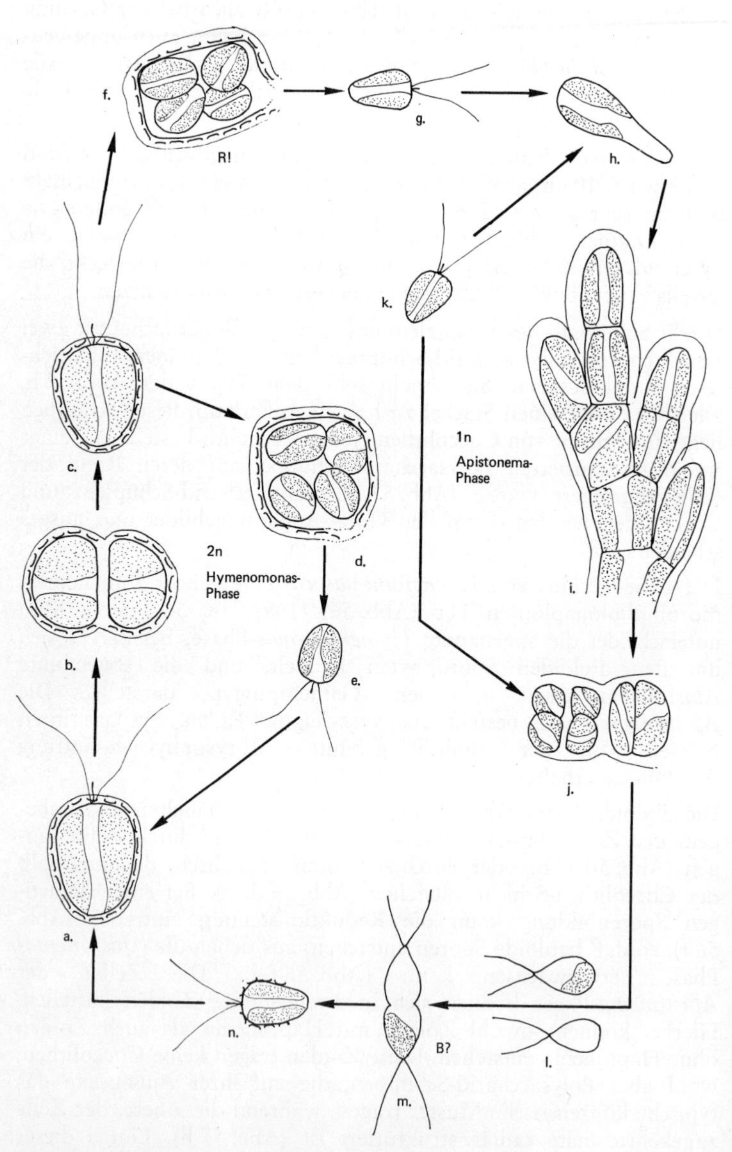

Abb. 56 *Hymenomonas carterae,* Lebenszyklus (Erklärung s. Text) (nach *v. Stosch*)

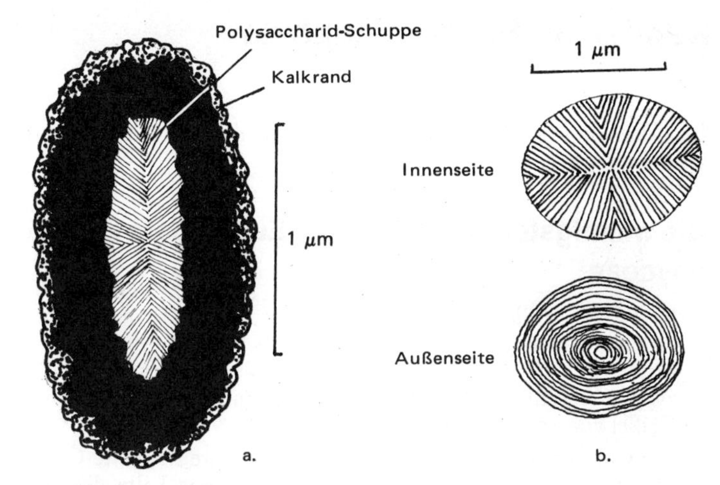

Abb. 57 *Hymenomonas carterae.* a) Coccolith; b) Schüppchen der *Apistonema*-Phase (nach *Leadbeater*)

fungieren (569). Aus der mutmaßlichen Zygote könnte erneut die *Hymenomonas*-Phase hervorwachsen (Abb. 56 l–n).

Die *Apistonema*-Phase besitzt eine dicke, geschichtete Zellwand, die hauptsächlich aus aufeinandergepackten Polysaccharid-Schuppen besteht. Diese Schuppen besitzen keinen aufrechten Rand. Die Schuppen werden vom Golgi-Apparat gebildet. Bei einigen *Haptophyceae* findet man in den gelatinösen Zellwänden der *Apistonema*-Phase Kalkelemente, die dem fossilen Coccolithen *Tetralithus* ähneln.

Hymenomonas carterae ist eine marine Alge.

Kapitel 10: Eustigmatophyta

Die Abteilung der *Eustigmatophyta* besteht nur aus der Klasse der *Eustigmatophyceae.*

Die wichtigsten Merkmale der Eustigmatophyceae

1. Begeißelte Zellen besitzen eine lange, nach vorn gerichtete Flimmergeißel (pleuronematische Geißel), die Mastigonemen trägt (Abb. 58 a). Eine zweite Geißel fehlt meistens, obwohl ein zweiter Basalkörper vorhanden ist. Kommt doch eine zweite Geißel vor, trägt sie keine Seitenhaare.
2. Die Chloroplasten werden nicht nur durch ihre doppelte Chloroplastenmembran, sondern zusätzlich durch eine Falte des endoplasmatischen Reticulums umhüllt. Diese Falte steht jedoch nicht mit dem endoplasmatischen Reticulum des Kerns (Kernmembran) in Verbindung (Abb. 58 a).
3. In den Chloroplasten liegen je drei Thylakoide in Stapeln aufeinander (Lamellen). Ein peripherer Stapel (Gürtellamelle), wie er für die *Heterokontophyta* typisch ist, fehlt jedoch (Abb. 58 a).
4. Das Stigma ist ein großer, orangeroter Körper im Vorderende der Zelle, der aus einer Anzahl von Kugeln besteht. Das Stigma liegt außerhalb des Chloroplasten und ist nicht von einer Membran umhüllt (Abb. 58 a).
5. Die lange Geißel trägt eine flügelförmige Geißelanschwellung, die gegen das Stigma angedrückt liegt (Abb. 58 a).
6. In vegetativen Zellen trägt der Chloroplast an seiner Innenseite ein gestieltes, eckiges Pyrenoid, das keine Thylakoide enthält (Abb. 58 c, m).
7. Die Chloroplasten sind grün bis gelbgrün. Neben Chlorophyll a und c enthalten sie die akzessorischen Pigmente β-Carotin, Violaxanthin und Vaucheriaxanthin.
8. Reservestoffe sind Öltropfen und (wahrscheinlich) Chrysolaminarin, das außerhalb des Chloroplasten in Vakuolen liegt.

Allgemeine Bemerkungen

Vegetative Zellen besitzen Golgi-Apparate, die jedoch in den Zoiden fehlen. Pyrenoide eines charakteristischen Typs sind in den vegetativen Zellen immer, in den Zoosporen jedoch niemals vorhanden. Das Pyrenoid ist polygonal. Es ragt auf einem Stielchen aus der Unterseite des Chloroplasten heraus und ist von flachen Platten eines unbekannten Photosyntheseproduktes umgeben (keine Stärke). Thylakoide dringen in das Pyrenoid nicht ein.

In die neue Klasse der *Eustigmatophyceae* wurden neuerdings Algen eingeordnet, die bisher zu den *Xanthophyceae* gerechnet wurden (Arten der Gattungen *Ellipsoidion, Pleurochloris, Polyedriella, Vischeria, Chlorobotrys)* (220–222). Merkmale, durch die diese Algen sich von den *Heterokontophyta* unterscheiden, sind das frei im Cytoplasma liegende Stigma, die flügelförmige Geißelanschwellung der Flimmergeißel, das Fehlen einer gemeinsamen Falte des endoplasmatischen Reticulums, von der Chloroplast und Kern umhüllt werden, sowie das Fehlen einer Gürtellamelle. Ein weiteres wichtiges Merkmal in vegetativen Zellen ist das gestielte, eckige Pyrenoid, das nicht von Thylakoiden durchzogen wird.

Das akzessorische Pigment Violaxanthin kommt bei den *Eustigmatophyceae* vor, fehlt jedoch bei den *Xanthophyceae.* Andererseits besitzen die *Xanthophyceae* Diatoxanthin, Diadinoxanthin und Heteroxanthin, die den *Eustigmatophyceae* fehlen (624, 626, 627).

Einige Beispiele (461)

Ellipsoidion acuminatum (Abb. 58 h–k)

Die einzellige Alge besitzt ellipsoide Zellen, die an den Enden zugespitzt und etwa zwei- bis dreimal so lang wie breit sind. Die Zellen enthalten 3–4(–7) Chloroplasten. Die Vermehrung erfolgt durch zwei oder vier Autosporen. Autosporen sind unbewegliche Sporen (Aplanosporen), die schon in der Mutterzelle deren Form annehmen. Die Autosporen von *Ellipsoidion acuminatum* besitzen pulsierende Vakuolen und sind 8–16 × 4–6 µm groß. Die Alge kommt im kontinentalen Gebiet in Brackwassertümpeln vor.

Polyedriella helvetica (Abb. 58 a–g)

Die einzellige Alge gleicht im Umriß einem Polyeder mit einer wechselnden Zahl von Flächen. Die Zellen enthalten einen, zwei oder mehrere Chloroplasten. Sie vermehren sich durch zwei oder vier Autosporen pro Mutterzelle und durch eingeißelige Zoosporen, in deren Cytoplasma ein freiliegendes Stigma vorkommt. Die Zellen sind 7–11(–20) µm groß. Die Alge ist nur aus Kulturen bekannt.

Pleurochloris magna (Abb. 58 l–q)

Die einzellige Alge ist rund und hat eine dünne Wand. Sie besitzt meistens einen wandständigen Chloroplasten. Die Vermehrung er-

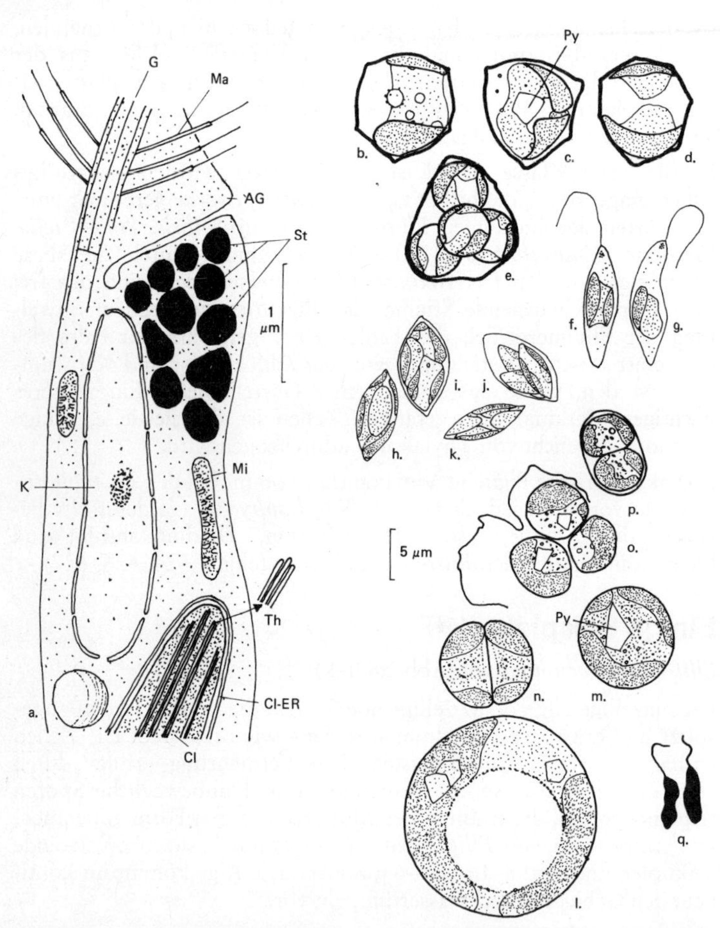

Abb. 58 a–g) *Polyedriella helvetica* (a, f, g = Zoospore; e = Autosporen); h–k) *Ellipsoidion acuminatum* (i, j = Autosporenbildung); l–q) *Pleurochloris magna* (n–p = Autosporenbildung; q = Zoosporen). (AG – Anschwellung der Geißel, Cl – Chloroplast, Cl-ER – Chloroplasten-ER, G – Geißel, K – Kern, Ma – Mastigonem, Mi – Mitochondrium, Py – Pyrenoid, St – Stigma, Th – Stapel aus drei Thylakoiden) (a nach *Hibberd* u. *Leedale,* b–q nach *Pascher*)

folgt durch Autosporen und eingeißelige Zoiden, die 7–12(–21) µm groß sind. Es handelt sich bei dieser Art um eine Bodenalge, die dreimal in Dänemark isoliert wurde.

Kapitel 11: Cryptophyta

Die Abteilung der *Cryptophyta* enthält nur eine Klasse, die *Cryptophyceae*.

Die wichtigsten Merkmale der Cryptophyceae

1. Die Algen besitzen zwei unterschiedlich lange Geißeln. Die längere trägt zwei Reihen von Mastigonemen (steife, 2,5 μm lange Seitenhaare mit dünnem Ende) (Abb. 60 a), während die kürzere Geißel mit einer Reihe von Mastigonemen (1 μm lang) besetzt oder kahl ist.
2. Die Zellen sind dorsiventral gebaut. Einer runden Rückseite liegt eine flache Bauchseite mit einer längsverlaufenden, flachen Grube gegenüber. Das Oberende ist in der Seitenansicht schief abgestumpft (Abb. 59 a).
3. An der Bauchseite mündet am oberen Ende der Grube ein tiefer Schlund, dessen Wand mit auffallenden Ejectosomen besetzt ist (Abb. 59 a, d, 60 b).
4. Die beiden Geißeln entspringen dicht oberhalb des Schlundes (Abb. 59 a).
5. Der große Kern liegt in der hinteren Zellhälfte. Die Zahl der Chromosomen ist während der Metaphase sehr groß (etwa 40 bis 210) (590) (Abb. 59 a, b).
6. Im Vorderende der Zelle liegt die pulsierende Vakuole. Es können auch mehrere pulsierende Vakuolen vorkommen. Direkt neben dem Schlund liegen zwei sogenannte Maupas-Körper, deren Funktion unbekannt ist (Abb. 59 a, 60 b).
7. Die Zelle ist von einem steifen, aus Eiweiß bestehenden Periplasten umgeben, der aus rechteckigen oder polygonalen Platten aufgebaut ist. Unter dem Periplasten liegen kleine kugelförmige Ejectosomen (Abb. 59 e, 60 b, d).
8. Die Chloroplasten werden von einer Falte des endoplasmatischen Reticulums umhüllt. Wenn ein Chloroplast neben dem Kern liegt, bilden das endoplasmatische Reticulum des Kerns und das des Chloroplasten eine Einheit (Abb. 60 b).
9. In den Chloroplasten liegen je zwei Thylakoide in Stapeln aufeinander (Lamellen). Gürtellamellen fehlen (Abb. 60 b, c).
10. Genau wie bei den *Heterokontophyta* besteht der Augenfleck aus einer Reihe von Kugeln, die in der Mitte der Zelle im Chloroplasten direkt unter seiner Oberfläche liegen. Der Augenfleck ist nicht mit einer Geißel assoziiert, wie es bei den *Heterokontophyta* der Fall ist. Oft fehlt der Augenfleck völlig (95).

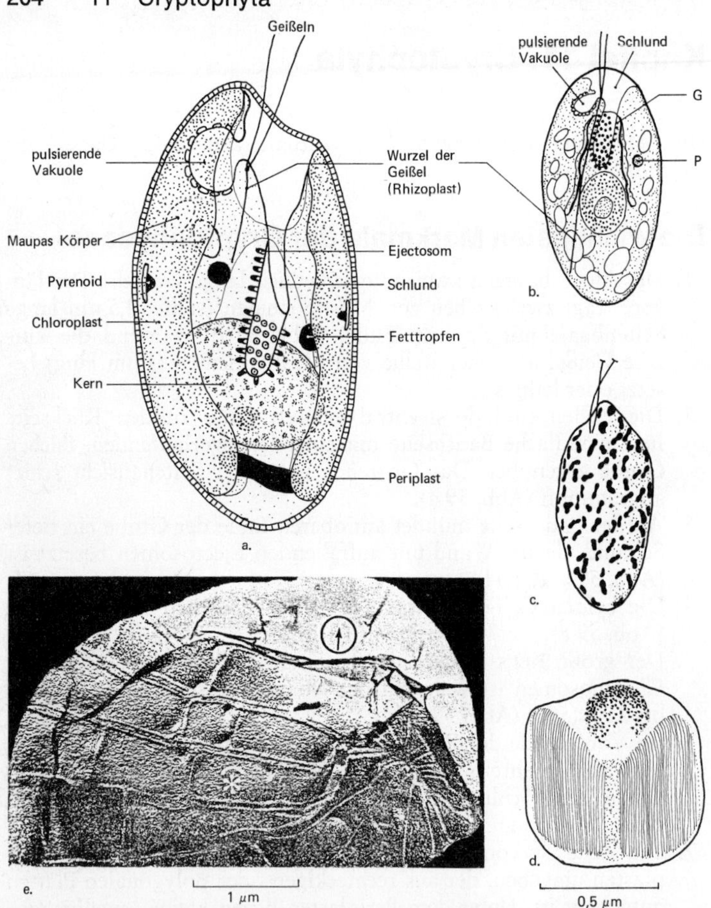

Abb. 59 a) *Cryptomonas similis;* b) *Chilomonas paramecium,* eine farblose Cryptophycee; c) *Chilomonas paramecium,* Mitochondrien; d) *Cryptomonas reticulata,* Ejectosom; e) *Chroomonas,* Periplastplatten. (G – Golgi-Apparat, P – Pyrenoid) (a–c nach *Hollande,* d nach *Lucas,* e aus *E. Gantt:* J. Phycol. 7 [1971] 177)

Abb. 60 *Cryptomonas.* a) Geißelspitze; b) Längsschnitt durch die Zelle halbschematisch; c) Stapel aus je zwei Thylakoiden; d) Aufsicht auf den Periplast, kleine Ejectosomen an den Ecken der hexagonalen Platten. (GO – Golgi-Apparat, K – Kern, MI – Mitochondrium, MK – multivesikulärer Körper, MP – Maupaskörper, N – Nucleolus, PE – Periplastplatten mit gesägtem Profil, PV – pulsierende Vakuole, S – Schlund, Sp – kleine Ejectosomen unter dem Periplast, ST – Stärkekorn, TR – Ejectosomen an der Schlundwand, ZPY – Zunge des Zytoplasmas im Pyrenoid) (nach *Lucas*)

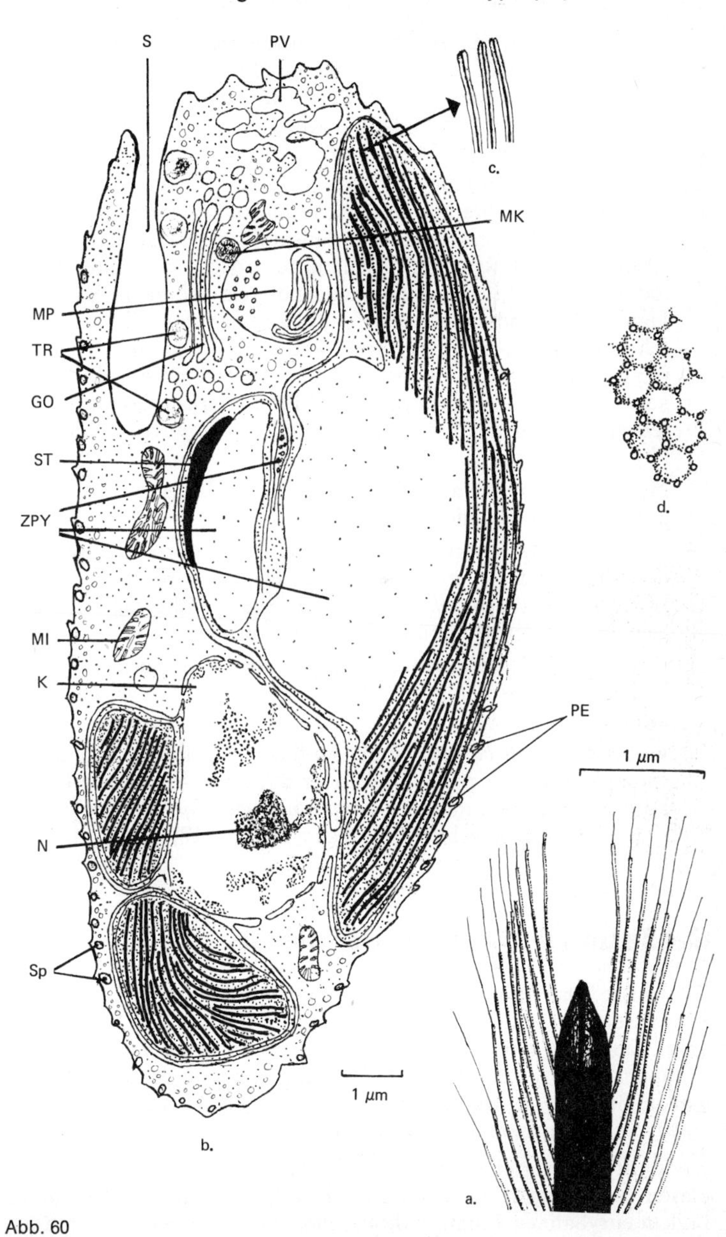

Abb. 60

11. Das Pyrenoid wölbt sich aus der Innenseite des Chloroplasten hervor. Es enthält keine Thylakoide. Einzigartig ist die Tatsache, daß das Reservepolysaccharid (Stärke) zwar am Pyrenoid, aber innerhalb des endoplasmatischen Reticulums des Chloroplasten abgesetzt wird (Abb. 60 b).
12. Die Chloroplasten (ein oder zwei pro Zelle) können blau, blaugrün, rötlich, rotbraun, olivgrün, braun oder gelbbraun gefärbt sein. Diese Farben entstehen aufgrund der Maskierung des Chlorophylls durch verschiedene akzessorische Pigmente, die in unterschiedlichen Mengen anwesend sein können. Folgende Pigmente kommen vor: (Cryptophyceen-)Phycocyanin, (Cryptophyceen-)Phycoerythrin, α-Carotin und die Xanthophylle Alloxanthin, Crocoxanthin, Diatoxanthin, Monadoxanthin (Tab. 2). Phycocyanin und Phycoerythrin liegen im Unterschied zu den *Rhodophyceae* und *Cyanophyceae* nicht in Phycobilisomen.
13. Neben Chlorophyll a enthalten die Chloroplasten auch Chlorophyll c, während Chlorophyll b fehlt.
14. Der wichtigste Reservestoff ist Stärke, die in Körnern außerhalb des Chloroplasten am Pyrenoid abgelagert wird (bei *Chlorophyceae* und *Prasinophyceae* wird Stärke im Chloroplasten abgelagert). Außerdem kommt Fett in Tröpfchenform vor.
15. Geschlechtliche Fortpflanzung konnte einmal in Form isogamer Kopulation zwischen zwei Zellen einer *Cryptomonas*-Art beobachtet werden (616).
16. Fast alle *Cryptophyceae* sind einzellige Flagellaten, von denen einige kapsale (= palmelloide oder tetrasporale) Stadien bilden können. Eine Gattung der *Cryptophyceae (Bjornbergiella)* besitzt einen einfach gebauten, fädigen Thallus (17).

Größe und Verbreitung der Klasse

Die Klasse besteht aus rund 12 Gattungen, die zusammen etwa 60 Süßwasserarten und 60 marine Arten umfassen. Die Süßwasserarten kann man hin und wieder in kleinen, oft leicht verschmutzten Tümpeln und Pfützen finden. Die marinen Arten findet man manchmal in Brackwasserpfützen und Gezeitentümpeln, einige Arten davon auch im Plankton des offenen Meeres (48, 241).

Ein stark reduzierter Cryptophyt, der nur noch aus einem Chloroplasten und einigen Mitochondrien besteht, lebt als Endosymbiont in dem euryhalinen Ciliaten *Mesodinium rubrum* (584, 586). Ein ursprünglich nicht photosynthetisierender tierischer Organismus (hier ein Ciliat) hat sekundär die Fähigkeit zur Photosynthese erworben, indem er eine Alge in sein Cytoplasma aufnahm. Auf die gleiche Weise sind auch riffbauende Korallen sekundär zu photosynthetisierenden Organismen geworden, da sie die photosynthetisierenden Zellen des Dinophyten *Gymnodinium microadriaticum* in ihren Organismus inkorporiert haben (S. 234). Der Cryptophyt in *Mesodinium rubrum* hat fast alle Zellorganellen, darunter wahrscheinlich sogar den Kern, verloren. *Mesodinium rubrum* kann in Süßwasser, in Brackwasser und in Salzwasser vorkommen. Im Brackwasser des Veerse-Meeres im Südwesten der Niederlande kann im Mai und Juni eine Wasserblüte („rote Tide") entstehen, die durch chloroplastenhaltige Zellen von *Mesodinium rubrum* hervorgerufen wird. Interessanterweise besitzen diese *Mesodinium*-Zellen keinen Cytopharynx und keine Tentakeln; anscheinend wird die Zelle durch die reduzierten Cryptophyten ausreichend mit Photosyntheseprodukten versorgt (10, 11). Andere, verwandte Arten von *Mesodinium* enthalten keine Cryptophyten-Zellen.

Allgemeine Bemerkungen

Die Klasse umschließt eine kleine, gut erkennbare Gruppe kompliziert gebauter Flagellaten. Ihre Struktur wurde größtenteils lichtmikroskopisch (236), in letzter Zeit jedoch auch elektronenmikroskopisch genau untersucht (92, 128, 167, 219, 345, 346, 407, 525, 617). Neben den *Cyanophyceae* und den *Rhodophyceae* sind die *Cryptophyceae* die einzige Klasse, die Phycobiline (Phycoerythrin und Phycocyanin) als akzessorische Pigmente besitzen.

Die Funktion der **Maupas-Körper** ist unbekannt. Sie enthalten viele Membranen und Fibrillen. Man vermutet, daß sie zum Abbau eigener Zellorganellen – besonders überflüssiger Ejectosomen – dienen. Man könnte sie dann vielleicht als Lysosomen bezeichnen (345, 346, 617).

Die **Ejectosomen** enthalten jeweils einen Zylinder, der aus einem fest aufgewickelten Band besteht. Das Band wird nach innen immer schmaler, so daß ein medianer Schnitt (Abb. 59 d) wie ein Schmetterling aussieht. Ejectosomen können plötzlich ausgestoßen werden, das Band entrollt sich, und die Zelle macht eine schnelle, plötzliche, ruckartige Bewegung: eine Fluchtreaktion? Das Band ist 300–400 nm dick. Die Ejectosomen werden wahrscheinlich in Golgi-Vesikeln gebildet (345, 346, 617). Die Ejectosomen der *Cryptophyceae* unterscheiden sich deutlich von den Trichocysten der *Dinophyceae* (S. 220) und der *Chloromonadophyceae* (S. 186).

Einige Beispiele

Cryptomonas similis (Abb. 59 a)

Die Zellen sind in der Bauchansicht elliptisch gebaut, nur wenig zusammengedrückt und haben eine schief abgestumpfte Vorderseite. Sie besitzen eine ventrale Grube und einen tiefen Schlund, der mit auffallenden Ejectosomen bekleidet ist. Die Alge enthält einen wandständigen, zweilappigen Chloroplasten, dessen Lappen durch eine schmale Brücke miteinander verbunden sind. Die Zellen sind olivgrün bis gelbgrün gefärbt und etwa 20–80 × 6–20 µm groß.

Die Alge lebt im Süßwasserplankton von Teichen, Gräben und Seen, oft in mehr oder weniger verschmutztem Wasser.

Chilomonas paramecium (Abb. 59 b, c)

Die Art ähnelt *Cryptomonas similis* sehr, ist jedoch farblos und besitzt keine Chloroplasten. *Chilomonas* ist also heterotroph. Die Zellen erreichen eine Länge von 20–40 µm. Die Alge lebt in stark verschmutzten Süßwassertümpeln.

Kapitel 12: Dinophyta

Die Abteilung der *Dinophyta* besteht nur aus der Klasse der *Dinophyceae.*

Die wichtigsten Merkmale der Dinophyceae

1. Die Algen dieser Klasse besitzen zwei Geißeln: Die Quergeißel bewegt sich in einer Ebene senkrecht zur Längsachse. Die Längsgeißel ist meistens nach hinten gerichtet. Beide Geißeln tragen feine Seitenhaare, die viel dünner sind als die Mastigonemen der *Heterokontophyta,* der *Eustigmatophyta* und der *Cryptophyta.* Die Quergeißel trägt eine Reihe von Haaren, die Längsgeißel zwei. Beide Geißeln entspringen meistens an der Bauchseite der Zelle (Abb. 61, 62, 63).
2. Die Zellen sind meistens dorsiventral gebaut. Sie besitzen eine runde Rückseite und eine flache bis schwach eingedrückte Bauchseite (Abb. 61).
3. In der Gürtellinie der Zelle verläuft meistens eine Querfurche, in der die Quergeißel liegt. An der Bauchseite liegt eine Längsfurche, durch die die Längsgeißel nach hinten läuft (Abb. 61, 62, 63).
4. Beide Geißeln entspringen an der Kreuzung von Querfurche und Längsfurche (Abb. 61, 62).
5. Sehr charakteristisch ist der Interphasekern, der fast immer stark kontrahierte Chromosomen enthält. Dieser Typ eines Kerns wird nach dieser Algengruppe auch „Dinokaryon" genannt (Abb. 61, 63, 64 d, e, 65).
6. Die Zelle enthält meistens ein mehr oder weniger kompliziertes Röhrensystem, das an der Geißelbasis mündet. Dieses System wird Pusulen genannt (Abb. 63 b).
7. An der Zelloberfläche münden Trichocysten, die bei Reizung quergestreifte, im Querschnitt vierkantige Fäden ausschleudern (Abb. 63 e).
8. Die meisten *Dinophyceae* sind durch den einzigartigen Bau der Zellwand charakterisiert. Die Zellwand besteht aus Cellulose. Sie hat die Form eines aus zwei Hälften bestehenden Panzers, der bei den meisten Arten aus polygonalen Platten aufgebaut ist (Abb. 61, 62).
9. Die Chloroplasten werden von einer dreifachen Membran umhüllt, die nicht mit dem endoplasmatischen Reticulum in Verbindung steht (Abb. 64 a). Einige interessante Ausnahmen kommen vor (S. 215).

10. Im Chloroplasten liegen die Thylakoide meistens zu dritt in Stapeln (Lamellen) aufeinander (Abb. 64 a, b).
11. Es gibt unterschiedliche Typen von Augenflecken:
    a) Frei im Plasma liegende Kügelchen (wie bei den *Eustigmatophyta);* b) eine Reihe von Kügelchen im Chloroplasten (wie bei den *Heterokontophyta);* c) zwei Schichten von Kugeln innerhalb einer dreifachen Membran; d) ein kompliziertes „Auge" aus einer Linse und einem Retinoid (bei der Familie *Warnowiaceae)* (95).
12. Es kommen unterschiedlich geformte Pyrenoide vor. Sie können z. B. gestielt oder in den Chloroplasten eingebettet sein. Zum Teil sind sie von Thylakoiden durchzogen (Abb. 64 a zeigt ein gestieltes Pyrenoid).
13. Die Chloroplasten sind meistens braun, da das grüne Chlorophyll durch akzessorische braune und gelbe Pigmente maskiert wird (β-Carotin und einige Xanthophylle, von denen Peridinin das wichtigste ist). Manchmal sind die Chloroplasten jedoch auch grün (Tab. 2).
14. Chlorophyll a ist für die Algen dieser Klasse am wichtigsten. Chlorophyll b fehlt, während Chlorophyll c bei einigen Arten nachgewiesen wurde (Tab. 2). Einige interessante Ausnahmen kommen vor (S. 215).
15. Das wichtigste Reservepolysaccharid ist Stärke, die in Form von Körnern außerhalb der Chloroplasten gebildet wird. Daneben kommen fettartige Stoffe vor (Tab. 3).
16. Die weitaus meisten *Dinophyceae* sind einzellige Flagellaten. Es sind nur wenige mehrzellige kokkale und trichale Formen bekannt.

Größe und Verbreitung der Klasse

Man kennt mehr als 1000 Arten der *Dinophyceae,* die in etwa 120 Gattungen eingeordnet werden. Die meisten Arten sind einzellige Flagellaten, die an der Oberfläche der Meere sowie im Süßwasser und im Brackwasser leben. Viele planktische *Dinophyceae* haben im Verhältnis zum Zellinhalt eine große Oberfläche, weil sie allerlei oft bizarre Hörner, Leisten und Flügel besitzen (Abb. 62 a, 69 e–g, q–t, v). Die planktischen *Diatomeae* sind durch ähnliche Schwebefortsätze ausgezeichnet. Zahlreiche Vertreter der *Dinophyceae* enthalten keine Chloroplasten und sind deshalb heterotroph. Viele der photoautotrophen Formen können zusätzlich auch heterotroph leben, und zwar können sie sich vor allem phagotroph ernähren. Sie verschlucken Bakterien und kleine Planktonalgen als Beute.

Hinter den *Diatomeae* nehmen die *Dinophyceae* in den Weltmeeren den zweiten Platz in der Liste der Primärproduzenten organischer Stoffe ein. Besonders in den Tropen sind sie relativ wichtig. Da alle anderen Lebewesen im Meer direkt oder indirekt auf die Primärproduktion der *Diatomeae* und der *Dinophyceae* angewiesen sind, spielen diese im Ökosystem der Meere eine große Rolle. Von großer ökologischer Bedeutung ist vor allem eine Art (S. 234), die als Endosymbiont in den Geweben wirbelloser Tiere lebt. So sind z. B. alle riffbauenden Korallen für ihr Wachstum auf ihre endosymbiotischen *Dinophyceae* (ihre „Zooxanthellen“) angewiesen.

Bestimmte Arten können sich unter günstigen Bedingungen explosiv vermehren und so eine Wasserblüte verursachen. Eine Wasserblüte der *Dinophyceae* kann die Wasseroberfläche rot färben, weshalb man von einer **„roten Tide“** spricht. Die Wasserblüte aus *Dinophyceae* ist für verschiedene Organismen giftig und verursacht deshalb oft ein Massensterben anderer mariner Organismen (S. 229). Die Wasserblüte läßt nachts meistens das Meer aufleuchten (Biolumineszens) (S. 233). Die Klasse enthält einige sonderbare Parasiten auf Copepoden, Fischen, Tunicaten und Algen (S. 239).

Eigenschaften der Dinophyceae

Einige allgemeine Merkmale sollen anhand einiger charakteristischer Vertreter der Klasse behandelt werden. Hierzu bieten sich die Gattungen *Peridinium* (Abb. 61), *Ceratium* (Abb. 62) und *Gymnodinium* (Abb. 63, 66) an.

Bau der Zellwand

Die meisten *Dinophyceae* tragen wie die Kieselalgen (S. 112) charakteristische Panzer, die oft mit hübschen und bizarren Strukturen verziert sind (Abb. 62, 69 e–g, q–t). Die Panzer der *Dinophyceae* unterscheiden sich jedoch in Bau und chemischer Zusammensetzung von den Deckelschalen der Kieselalgen. Die Panzer bestehen aus aneinandergepaßten polygonalen Platten und werden durch eine Querfurche in eine obere (apikale) und eine untere (antapikale) Hälfte geteilt. Ihr wichtigster Baustoff ist ein Polysaccharid, wahrscheinlich Cellulose, während die Schalen der Kieselalgen aus Kieselsäure bestehen (Tab. 4). Die Cellulose kann manchmal in Form von Mikrofibrillen vorliegen. Das ist zum Beispiel in den dicken Schuppen von *Ceratium* der Fall (97, 98).

Eine sehr verbreitete Süßwasserart, die auf der ganzen Welt vorkommt, ist *Peridinium cinctum* (Abb. 61). Die Zellen sind im Umriß mehr oder weniger rund und 40–60 µm groß. Die Zellen sind

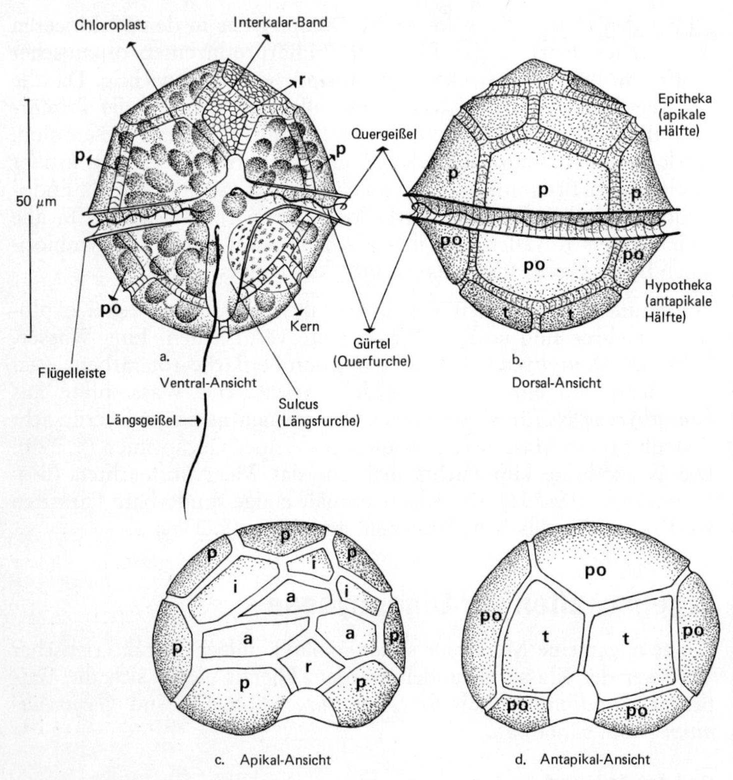

Abb. 61 *Peridinium cinctum* (a – apikale Platten, i – interkalare Platten, p – Präzingularplatten, po – Postzingularplatten, r – rhomboidales Feld, Schloßplatte, t – antapikale Platten)

von einem kräftigen Panzer, der Theka, umgeben. An ihrer Oberfläche trägt die Zelle zwei sehr charakteristische Gruben, eine Querfurche (oder **Gürtel**) und eine Längsfurche (oder **Sulcus**). Diese Furchen sind in den Aufbau der Theka einbezogen. Die Querfurche umschlingt die Zelle völlig und beschreibt dabei eine flache Schraube. Der Teil der Zelle oberhalb der Querfurche wird apikale Zellhälfte oder **Epicone**, der Teil unterhalb der Querfurche antapikale Zellhälfte oder **Hypocone** genannt. Hierbei muß betont werden, daß die vorherrschende Schwimmrichtung der Zelle als „oben“ bezeichnet wird.

Von oben her gesehen zeigt die Zelle einen nierenförmigen Umriß (Abb. 61 c). Die runde Seite bezeichnet man als Rückseite oder dorsale Seite, die abgeplattete Seite nennt man Bauchseite oder ventrale Seite. Die Zelle ist also dorsiventral gebaut. Die Längsfurche (oder Sulcus) liegt auf der etwas abgeplatteten Bauchseite der Zelle, und zwar zum größten Teil auf der antapikalen Hälfte. Bei anderen Gattungen ist der Sulcus oft viel schlechter entwickelt.

Die Theka von *Peridinium* besteht aus einer Anzahl verschieden geformter und unterschiedlich großer polygonaler Platten, die in einem charakteristischen Muster angeordnet sind. Das Plattenmuster spielt eine wichtige Rolle bei der Unterscheidung von Gattungen und Arten. Die Namen der einzelnen Platten sind in Abbildung 61 c, d angegeben. Die polygonalen Platten sind ihrerseits durch eine Skulptur noch kleinerer polygonaler Felder geschmückt, die durch Leisten voneinander getrennt sind (Abb. 61 a). Bei anderen Arten sind die Platten mit Gruben und Stacheln geschmückt.

Die Platten sind durch quergestreifte, interkalare Bänder miteinander verbunden (Abb. 61 a). Die Ränder der Querfurche, die ebenfalls gestreift ist, sind zu Flügelleisten verbreitert, wodurch der Gürtel noch auffälliger wird.

Die Arten der Gattung *Ceratium* sind durch einige Hörner gekennzeichnet. Die apikale Zellhälfte läuft in ein Horn aus, während die antapikale Hälfte ein bis drei Hörner trägt (Abb. 62 a). Zum Beispiel besitzt *Ceratium hirundinella,* eine weit verbreitete Süßwasserart, zwei oder drei antapikale Hörner. Die Panzerplatten von *Ceratium* haben ebenfalls eine Struktur aus polygonalen Feldern, die durch Leisten begrenzt werden (Abb. 62 a, c). Jedes Feld wird von einem Loch durchbohrt, durch das eine darunterliegende Trichocyste (S. 220) ihren Inhalt ausschleudern kann (97, 150).

Elektronenmikroskopische Untersuchungen haben gezeigt, daß die Theka aller flagellaten *Dinophyceae* im Prinzip gleich gebaut ist. Die Theka besteht aus einer einfachen Schicht dünner Vesikel, die dicht unter dem Plasmalemma liegen. Die Vesikel können bis auf etwas amorphes Material so gut wie leer sein (z. B. *Gymnodinium)* (Abb. 63 d), oder sie können mit unterschiedlich dicken Schuppen gefüllt sein. Bei *Ceratium* sind die Schuppen dick, überlappen einander an den Rändern und sind auf ihrer Oberfläche mit polygonalen Leisten besetzt (Abb. 64 c) (95, 97, 98, 319).

Die Panzerschuppen der *Dinophyceae* und die Kieselpanzer der *Diatomeae* werden also beide in flachen Hohlräumen innerhalb des Plasmalemmas angelegt. Ein Unterschied ist jedoch, daß bei den *Dinophyceae* die Membran außerhalb des Panzers erhalten bleibt, während sie bei den Kieselalgen nach Anlage des Kieselpanzers abgestoßen wird, so daß dieser schließlich an der Außenseite der Zelle liegt. Zellwandelemente, die innerhalb des Cytoplasmas liegen,

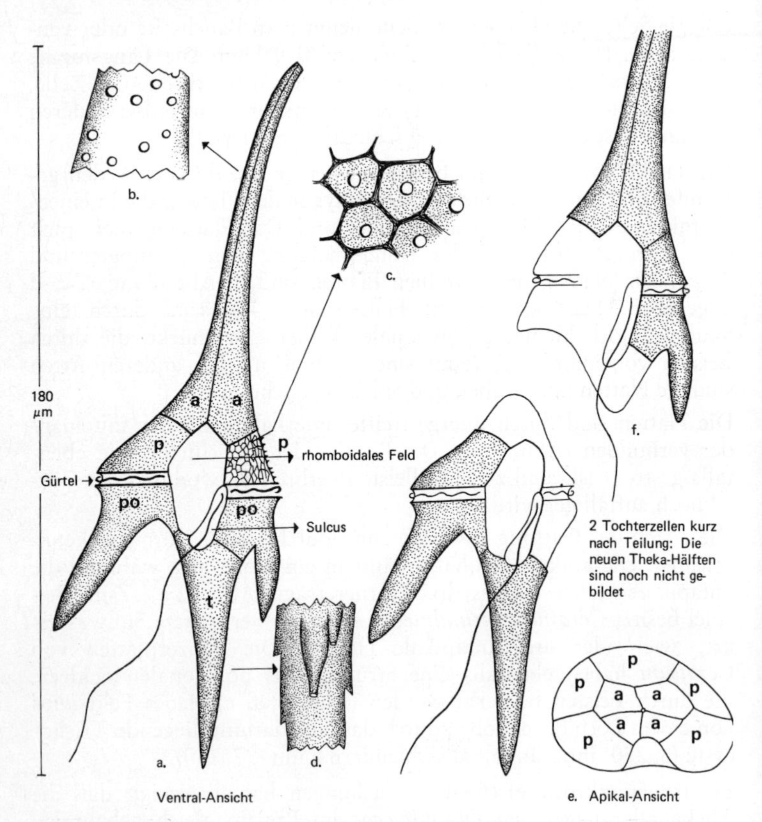

Abb. 62 *Ceratium hirundinella* (Erklärung s. Text). (a – apikale Platten, p – Präzingularplatten, po – Postzingularplatten, t – antapikale Platten)

kommen nur selten vor. Bei den meisten Pflanzen wird Zellwandmaterial außerhalb des Plasmalemmas abgelagert. Eine andere Ausnahme neben den *Dinophyceae* sind die *Euglenophyceae* (S. 245). Sie besitzen eine aus Streifen aufgebaute „Pellicula", die hauptsächlich aus Eiweißen besteht und unter dem Plasmalemma liegt.

Pigmente und Chloroplasten

Die meisten *Dinophyceae* besitzen braune Chloroplasten. Die braune Farbe verdanken sie den akzessorischen Pigmenten, die das grüne Chlorophyll a maskieren. Bei den akzessorischen Pigmenten handelt es sich um verschiedene Xanthophylle wie Peridinin, das für die *Dinophyceae* charakteristisch ist, sowie Diadinoxanthin, Diatoxanthin und Dinoxanthin (Tab. 2). Einige Arten enthalten jedoch an Stelle des Peridinins das braune Pigment Fucoxanthin (359) (vgl. S. 216).

Die Chloroplasten enthalten neben Chlorophyll a auch Chlorophyll c, während Chlorophyll b fehlt. Außerdem wurde β-Carotin nachgewiesen.

Bei den kleineren *Dinophyceae* sind die Chloroplasten plattenförmig und liegen gegen die Zellwand an (parietal) (Abb. 63 a, 70 f–j). Die relativ großen Arten enthalten mehr oder weniger linsenförmige, radiär angeordnete Chloroplasten (Abb. 61 a, 69 c).

Die Ultrastruktur der Chloroplasten zeigt, zumindest bei der relativ kleinen Zahl der untersuchten Exemplare, eine Reihe von Eigenschaften, die für die *Dinophyceae* charakteristisch sind (90, 95) (Abb. 64 a, b): Die Thylakoide liegen meistens zu dritt in Stapeln (Lamellen) aufeinander. Nur ausnahmsweise kommen andere Zahlen (2 oder 4) vor. Eine periphere Lamelle (Gürtellamelle) fehlt. Der Chloroplast wird von einer Chloroplastenhülle umschlossen, die aus drei Membranen besteht. Diese dreifache Hülle steht weder mit dem endoplasmatischen Reticulum des Kerns noch mit irgendeinem anderen Zellorganell in Verbindung.

Bei zwei Gattungen (*Aureodinium* und *Glenodinium*) kommen gestielte, birnenförmige Pyrenoide vor (Abb. 64 a), die den Pyrenoiden der Braunalgen sehr ähneln (Abb. 35 a, b, 36 a). Am Pyrenoid wird im Cytoplasma Stärke abgelagert. Dieser Typ eines Pyrenoids ist nicht für alle *Dinophyceae* charakteristisch. Es kommen auch andere Typen (z. B. in den Chloroplasten eingebettete Pyrenoide) vor (Abb. 63 a).

Viele *Dinophyceae* enthalten keine Chloroplasten. Diese Arten sind völlig auf heterotrophe Ernährung (Phagotrophie und Saprotrophie) angewiesen. Ein bekanntes Beispiel ist *Noctiluca miliaris,* eine Art, die in unseren Meeren besonders häufig für Meeresleuchten verantwortlich ist (Abb. 69 i, j). Der Bau von *Noctiluca* weicht von der üblichen Struktur der *Dinophyceae* stark ab.

Möglicher endosymbiotischer Charakter der Chloroplasten bei den Dinophyceae

Kürzlich wurde die interessante Entdeckung gemacht, daß die Chloroplasten von *Peridinium balticum* eigentlich zu einer endosymbiotischen Alge gehören, die in den Zellen von *Peridinium balticum* lebt (595). Der Endosymbiont besitzt eine eigene Plasmamembran, in der ein Kern, einige Chloroplasten, ein Mitochondrium und ein Golgi-Apparat liegen. Bei dem Kern handelt es sich nicht um ein Dinokaryon mit kontrahierten Interphase-Chromosomen (s. unten), sondern um einen normalen Kern, dessen Chromosomen in der Interphase diffus sind. Der Chloroplast des Endosymbionten ist durch eine Falte des endoplasmatischen Reticulums mit dem Kern verbunden. Außerdem enthält er Lamellen, die aus drei Thylakoiden bestehen, sowie eine Gürtellamelle. Es handelt sich bei dem Endosymbionten also um einen stark reduzierten Vertreter der *Heterokontophyta*. Außerhalb des Endosymbionten liegen im Cytoplasma von *Peridinium balticum* ein Dinokaryon, Golgi-Apparate und andere Zellorganellen.

Auch bei drei anderen Arten der *Dinophyceae* kommen Chloroplasten vor, die die Merkmale der *Heterokontophyta* zeigen. Es ist auch interessant, daß Fucoxanthin das wichtigste akzessorische Pigment dieser Arten ist, während Peridinin ihnen fehlt. Fucoxanthin kommt bei vielen *Heterokontophyta* vor, während Peridinin für die meisten *Dinophyta* charakteristisch ist (96, 258).

Aus diesen sonderbaren Entdeckungen leiten die Beobachter die Hypothese ab, alle autotrophen *Dinophyceae* seien ursprünglich heterotrophe Protozoen (Urtiere), die sekundär stark reduzierte Algen als Endosymbionten aufgenommen hätten. Im Prinzip bedeutet dies eine Erweiterung der Symbiosetheorie, die im ersten Kapitel diskutiert wurde (S. 3). Nach der Symbiosetheorie soll der erste eukaryotische einzellige Organismus durch endosymbiotische Kombination einiger prokaryotischer Zellen entstanden sein. Es ist jedoch auch sehr gut möglich, daß verschiedenen Typen einzelliger eukaryotischer Organismen durch Zusammenfügen mehrerer eukaryotischer Zellen entstanden sind (570). Das mehrfache Entstehen autotropher *Dinophyceae* erscheint auch deshalb wahrscheinlich, weil bei der Gruppe mehrere verschiedene Typen von Augenflecken vorkommen. Zum Beispiel liegt der Augenfleck in einigen Fällen im Chloroplasten, in anderen Fällen dagegen nicht, während gerade dieses Merkmal in anderen Algenklassen sehr konstant ist.

Geißeln (93, 95, 320)

Die zwei Geißeln entspringen an der Kreuzung von Gürtel (Querfurche) und Sulcus (Längsfurche). Beide Geißeln enthalten ein Axonema mit der typischen „9 + 2“-Struktur (9 doppelte periphere Tubuli und 2 einfache zentrale Tubuli) (Abb. 66 b). Die Geißeln entspringen am Boden einer Einstülpung der Zelloberfläche, die man als Geißelkanal bezeichnet. Der Geißelkanal mündet an der Zelloberfläche mit dem sogenannten Geißelporus (Abb. 63 b). Jede Geißel besitzt einen eigenen Geißelkanal (320). Bei *Ceratium* mün-

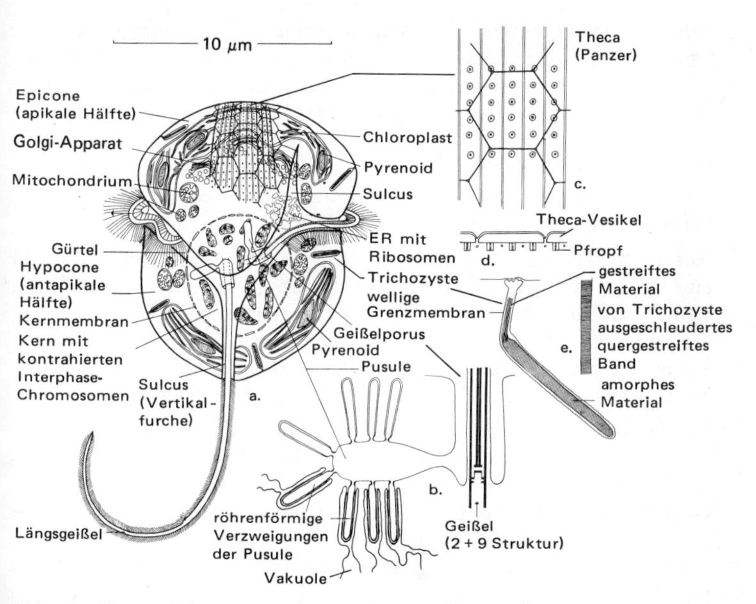

Abb. 63 *Gymnodinium* (Erklärung s. Text) (nach *Leadbeater* u. *Dodge*)

den beide Geißelpori in eine größere Einstülpung der Zelloberfläche, die man als Ventralkammer bezeichnet (97). Beide Geißeln enden in der Zelle in Basalkörpern. Diese bestehen aus 9 dreifachen Tubuli, die in einem Zylinder liegen und damit die charakteristische Struktur aller Basalkörper der Eukaryoten aufweisen (Abb. 66 c). Die 9 Tripletten sind wie ein Wagenrad angeordnet. Diese Struktur kommt bei den verschiedensten Organismen vor, scheint aber in vielen Fällen auch zu fehlen.

Die Längsgeißel ist, von der Basis an gerechnet, über zwei Drittel ihrer Länge relativ dick und abgeplattet und enthält neben dem Axonema „Füllmaterial". Das äußere Ende enthält nur das Axonema. Die Längsgeißel ist mit dünnen Haaren bekleidet (Dicke ca. 5 nm, Länge ca. 0,5 µm), die wahrscheinlich in zwei Reihen angeordnet sind (Abb. 63 a). Die Haare auf der Längsgeißel der *Dinophyceae* unterscheiden sich deutlich in Dicke und Struktur von den Mastigonemen auf den Geißeln der *Heterokontophyta*. Die Mastigonemen sind etwa 25 nm dick (Abb. 22). Die Längsgeißel der *Dinophyceae* verläuft durch den unteren Teil des Sulcus (Abb. 63 a).

Die Quergeißel, die im Gürtel (Querfurche) rund um die Zelle verläuft, ist mit ihrer Spitze dicht bei ihrer Basis an der Zelloberfläche befestigt. Die Quergeißel ist durch einen wellenförmigen Bau gekennzeichnet (Abb. 66 a). Sie ist abgeplattet und dadurch bandförmig. An einem Rand des Bandes verläuft das Axonema mit seiner typischen „9 + 2"-Struktur, am anderen Rand liegt der sogenannte „quergestreifte Strang", ein Bündel von Fibrillen mit einer Querstreifung (Abb. 66 a, b). Der quergestreifte fibrilläre Strang ist kürzer als das Axonema. Er ist mit dünnen Fäden an der Querfurche befestigt (Abb. 66 a) (585).

Auf dem Plasmalemma der Quergeißel steht über dem Axonema eine Reihe dünner, relativ langer Haare (Durchmesser ca. 5 nm, Länge ca. 2 µm). Das Unterende der Haare besteht aus einer steifen, kurzen Basis, die mit dem Rest des Haares einen Winkel bilden kann. Wie bei den *Heterokontophyta* werden die Haare in Zisternen des endoplasmatischen Reticulums angelegt (Abb. 63 a) (95).

Die beiden Basalkörper der Geißeln sind durch Verzweigungen einer gemeinsamen, quergestreiften Geißelwurzel miteinander verbunden (Abb. 66 c). Zusätzlich liegen in der Nähe der Basalkörper Gruppen von Mikrotubuli. Die basale Struktur des Geißelapparates ist sehr verwickelt und unterscheidet sich wahrscheinlich von Art zu Art (95, 97, 319). Im Gegensatz zur Geißelwurzel von *Ochromonas* (S. 85) verbindet die Geißelwurzel der *Dinophyceae* die Geißelbasis nicht mit dem Kern. Bei *Ceratium* wird die Geißelbasis jedoch durch ein Band aus Mikrotubuli mit dem Kern verbunden.

Die nach hinten gerichtete Längsgeißel führt wellenförmige Bewegungen aus, durch die die Zelle nach vorn schwimmt. Auch die Quergeißel bewegt die Zelle durch wellenförmige Bewegungen nach vorn, dreht sie aber gleichzeitig um ihre Längsachse.

Pusulen

Bei den sehr charakteristischen Pusulen der *Dinophyceae* handelt es sich um Einstülpungen des Plasmalemmas, die an der Geißelbasis münden (Abb. 63 a, b). Jede der zwei Pusulen öffnet sich in den Geißelkanal. Bei *Gymnodinium* sind die Pusulen flaschenförmig und tragen einige zylindrische Seitenzweige. Im Gegensatz zu den pulsierenden Vakuolen von *Ochromonas* (S. 85) und anderen flagellaten Algen (z. B. *Chlamydomonas*, S. 270) kontrahieren sich die Pusulen nicht. Während der Bau der Pusulen bei *Gymnodinium* relativ einfach ist, können sie bei anderen *Dinophyceae* aus einem verzweigten Röhrensystem bestehen, das sich durch die ganze Zelle schlingt (94). Verzweigungen des Vakuolensystems sind dicht gegen die Pusulen angedrückt.

Über die Funktion der Pusulen kann man nur Vermutungen anstellen. Man denkt dabei an Osmoregulation, Exkretion und die

Aufnahme gelöster Nährstoffe aus dem umgebenden Wasser. Man hat auch vermutet, die Pusulen könnten eine Funktion bei der Aufnahme fester Nahrungspartikel (Phagotrophie) erfüllen. Dieser Gedanke trifft jedoch wahrscheinlich nicht zu. Feste Nahrungspartikel werden nämlich zum Beispiel bei *Ceratium* durch die Wand der ventralen Kammer (in der die Geißeln entspringen) aufgenommen und nicht in Pusulen sondern in besonderen Nahrungsvakuolen verdaut (97).

Augenfleck (Stigma)

Einige Arten der *Dinophyceae* besitzen einen deutlichen, rot gefärbten Augenfleck, der dicht neben der Stelle liegt, an der die Geißeln entspringen. In den meisten Fällen liegt der Augenfleck frei im Cytoplasma und ist kein Teil des Chloroplasten. Hierin stimmen diese *Dinophyceae* mit den *Euglenophyta* und den *Eustigmatophyta* überein. Die Augenflecken anderer *Dinophyceae* bestehen aus einer Reihe von Kugeln, die wie bei den *Heterokontophyta* im Chloroplasten liegen.

Elektronenmikroskopische Untersuchungen haben gezeigt, daß bei einer Art dieser Klasse der frei im Cytoplasma liegende Augenfleck aus zwei Schichten Carotin enthaltender Fetttröpfchen besteht, die durch eine dreifache Membran umhüllt werden (91). Bei anderen *Dinophyceae* liegen die Kugeln des Stigmas völlig frei im Plasma (95).

Bei der Familie der *Warnowiaceae* (z. B. *Nematodinium)* hat der Augenfleck eine komplizierte Struktur und besitzt einen linsenähnlichen Körper, ein Retinoid und eine Schicht von Augenfleckkugeln (91).

Begeißelte *Dinophyceae* zeigen positive oder negative Phototaxis und gleichen darin vielen anderen begeißelten Algenzellen. Wahrscheinlich spielt der Augenfleck bei diesen Reaktionen eine direkte oder indirekte Rolle.

Bei vielen planktischen marinen *Dinophyceae* spielt die Phototaxis eine Rolle für die tägliche vertikale Migration dieser Algen. Diese Arten, die zum Beispiel zu den Gattungen *Ceratium, Peridinium* und *Prorocentrum* gehören, wandern tagsüber an die Wasseroberfläche, um nachts auf eine Tiefe von einigen Metern abzusinken. Wahrscheinlich beruht diese tägliche vertikale Migration auf einer endogenen Rhythmik, die durch den Wechsel von Tag und Nacht nur zusätzlich gesteuert wird. Wenn man die endogene Rhythmik mit der Pendelbewegung einer Uhr vergleicht, so kann man sich vorstellen, daß der Wechsel von Tag und Nacht die Pendelbewegung reguliert, indem das Pendel jeweils etwas angestoßen oder gebremst wird (107, 200, 206).

Trichocysten (Abb. 63 a, e)

Die Trichocysten liegen unter der Zelloberfläche so verteilt, daß sie jeweils unter einem Loch der Theka liegen. Bei einer Reizung (z. B. bei Temperaturveränderung) schleudert jede Trichocyste einen

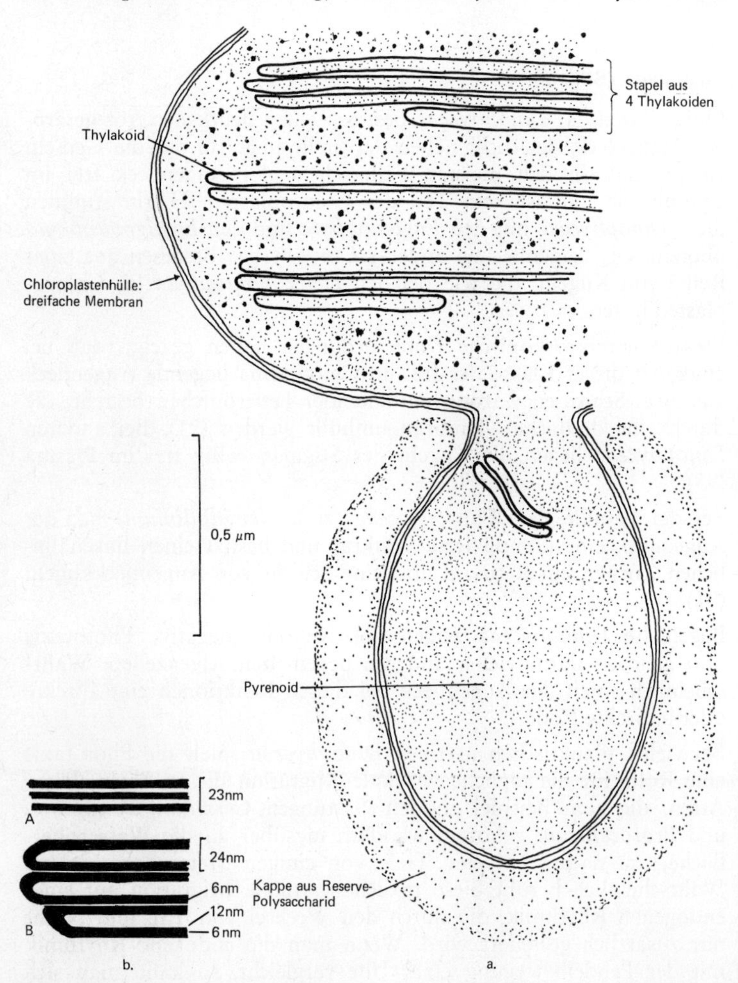

Abb. 64

quergestreiften Faden aus, der aus Eiweiß besteht. Dieser Typ von Trichocyste scheint für die *Dinophyceae* sehr charakteristisch zu sein. Wahrscheinlich entstehen die Trichocysten aus Blasen, die vom Golgi-Apparat abgeschnürt werden (319, 320). Ihre Funktion ist unbekannt.

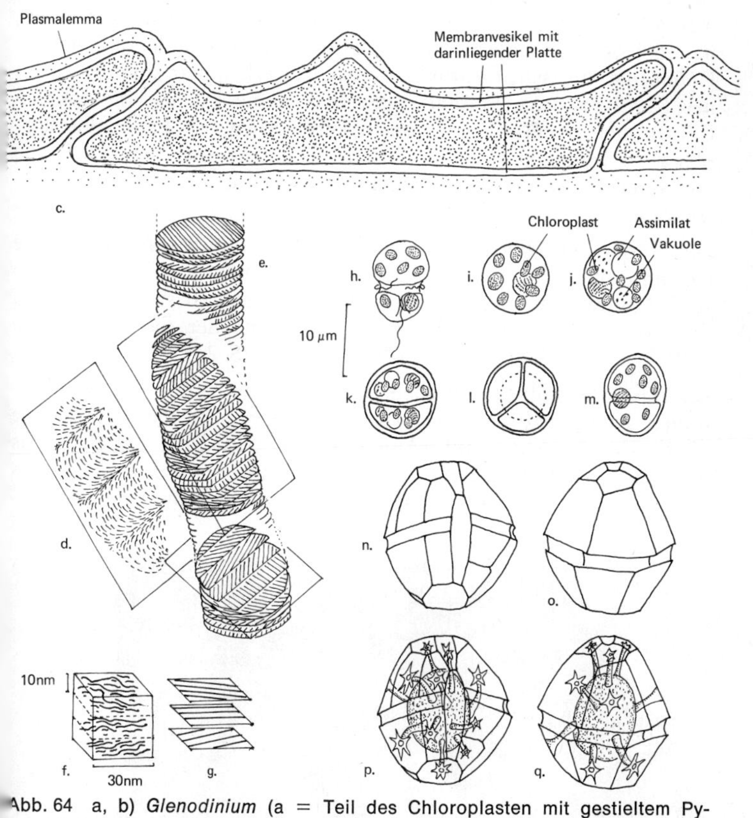

Abb. 64 a, b) *Glenodinium* (a = Teil des Chloroplasten mit gestieltem Pyrenoid; b = Schema der Chloroplastenhülle [A] und eines Thylakoidstapels [B]); c) *Ceratium,* Panzerplatte; d, e) Modell zur Erklärung der „Girlandenstruktur" in den Interphasechromosomen der *Dinophyta;* f, g) wirkliche und schematische Darstellung der Fibrillenanordnung in den Chromosomen; h–m) *Gymnodinium microadriaticum,* eine Zooxanthelle (h = *Gymnodinium*phase; i, j = junge und ältere Zelle; k = Cyste mit 2 Aplanosporen; l = Cyste mit 4 Aplanosporen; m = Cyste mit Zoospore = *Gymnodinium*phase); n–q) *Hystrichosphaeridium vasiforme,* Rekonstruktion des Panzers anhand der Lage der Stacheln auf einer Hystrichosphaere aus der oberen Kreide. (a, b nach *Dodge,* c nach *Dodge,* d–g nach *Bouligand* u. Mitarb., h–m nach *McLaughlin* u. *Zahl,* n–q nach *Sarjeant*)

Dinokaryon – Kern der Dinophyceae

Bei den meisten *Eukaryota* sind die Chromosomen lichtmikroskopisch nur während der Kernteilung, und zwar am besten während der Metaphase, und den Stadien direkt vor und nach der Metaphase zu sehen. Im Ruhekern (Interphase) sind die einzelnen Chromosomen nicht zu erkennen. Die Chromosomen sind zwar vorhanden, haben jedoch die Form langer dünner, durcheinandergewundener Fäden, die mit dem Lichtmikroskop nicht erkennbar sind. Nach einer Kernfärbung sieht man zahlreiche kleine Körner, die lokalen Kontraktionen der Chromosomen entsprechen. Im Laufe der Prophase kontrahieren sich die Chromosomen in zunehmendem Maße und erreichen während der Metaphase den höchsten Grad an Kontraktion.

Die Kerne der *Dinophyceae* sind insofern ungewöhnlich, als die Chromosomen der meisten Arten auch während der Interphase so stark kontrahiert sind, daß sie als solche erkennbar sind (Abb. 61 a, 63 a, 64 d–g, 65). Auch die Interphase-Kerne der *Euglenophyceae* enthalten deutlich erkennbare Chromosomen (S. 249).

Bei elektronenmikroskopischen Beobachtungen fallen die Chromosomen der *Dinophyceae* besonders durch ihre sehr charakteristische „Girlanden-Struktur" auf (Abb. 65). Die Girlanden bestehen aus sehr dünnen Fibrillen, die mit einem Durchmesser von etwa 2,5 nm die Dicke einer doppelten DNS-Helix besitzen. Chromosomen ande-

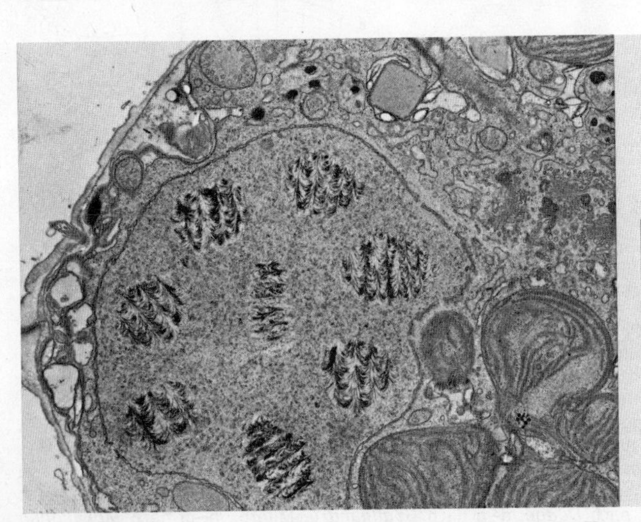

Abb. 65 *Prorocentrum micans,* Dinokaryon (Photo Kowallik)

rer *Eukaryota* sind ebenfalls aus submikroskopischen Fibrillen aufgebaut, die jedoch mit ca. 25 nm etwa zehnmal so dick sind. Diese dicken Fibrillen bestehen nämlich aus einer doppelten DNS-Helix, die in Nukleohistone eingebettet ist. Die Nukleohistone fehlen den *Dinophyceae*. Auch bei den *Prokaryota* (Bakterien, Blaualgen) sind die DNS-Fibrillen immer kontrahiert (vgl. S. 27). Mit dem Elektronenmikroskop kann man außerdem erkennen, daß auch in diesen Gruppen die Fibrillen ca. 2,5 nm dick sind. Aufgrund dieser Übereinstimmungen wird das Dinokaryon auch als Zwischenphase zwischen dem Nukleoplasma der *Prokaryota* und dem Kern der übrigen *Eukaryota* interpretiert (31, 303).

Eine ansprechende Erklärung der Girlandenstruktur des Dinokaryons wird in Abb. 64 d–g wiedergegeben. Man stellt sich vor, daß die Chromosomen aus Platten aufgebaut sind, die in einem Abstand von etwa 10 nm aufeinanderfolgen. In jeder Platte liegen die DNS-Fibrillen ungefähr gleich orientiert. In aufeinanderfolgenden Platten bilden die Richtungen, in denen die Fibrillen jeweils orientiert sind, miteinander einen kleinen, stets gleichen Winkel (Abb. 64 f, g). In der Darstellung des ganzen Chromosoms (Abb. 64 e) beschreibt die Orientierungsrichtung der Fibrillen von oben

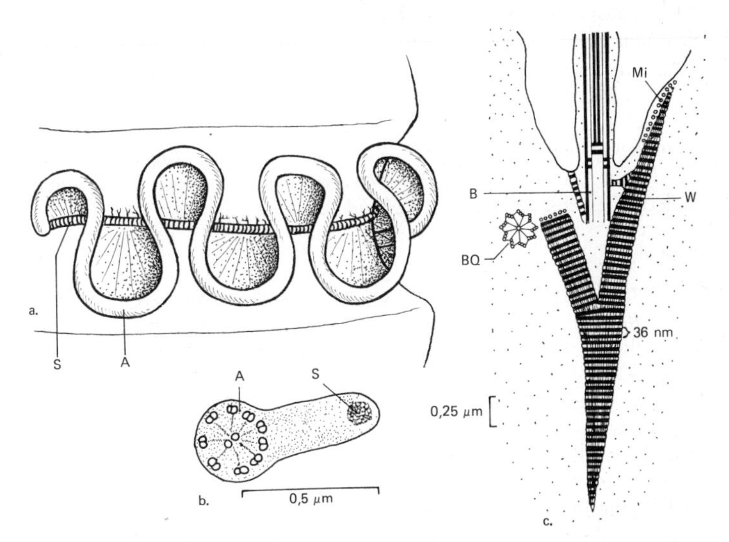

Abb. 66 *Gymnodinium.* a) Quergeißel; b) Quergeißel im Querschnitt; c) Geißelwurzeln. (A – Axonem, B – Basalkörper der Längsgeißel, BQ – Basalkörper der Quergeißel, Mi – Mikrotubuli, S – quergestreifter fibrillärer Strang, W – Geißelwurzel) (nach *Leadbeater* u. *Dodge; Taylor*)

nach unten eine Drehung im Gegenuhrzeigersinn. In Wirklichkeit müssen wir uns vorstellen, daß innerhalb einer 10 nm dicken Schicht alle DNS-Fibrillen im Durchschnitt gleich orientiert sind, daß sie ihre Richtung von oben nach unten aber nicht sprungartig sondern gleitend verändern (Abb. 64 f, g). Außerdem können die einzelnen Fibrillen sich gut durch mehrere Schichten erstrecken.

Das Modell (Abb. 64 d, e) verdeutlicht, daß Schnitte der Chromosomen, die eine Girlandenstruktur zeigen, besonders häufig sein müssen, da die Wahrscheinlichkeit eines Schrägschnittes durch das Chromosom besonders groß ist. Submikroskopische Girlandenstruksturen hat man zum Beispiel auch in der Cuticula der *Arthropoda* angetroffen, die ebenfalls aus aufeinanderfolgenden Schichten von Mikrofibrillen besteht, welche allmählich ihre Orientierungsrichtung verändern.

Die Teilung des Dinokaryons weicht stark von der normalen Mitose anderer *Eukaryota* ab. Es gibt freilich auch noch andere Gruppen von Organismen, deren Mitose mehr oder weniger stark vom Normaltyp der Kernteilung abweicht. Bei den *Dinophyceae* fehlen die Metaphaseplatte und ein deutlicher Kernäquator. Auch bleibt die Kernmembran während der ganzen Mitose erhalten, was freilich auch sonst oft vorkommt. Der Kern wird von cytoplasmatischen Kanälen durchkreuzt, in denen Spindelmikrotubuli liegen, an denen die Chromosomen mit Kinetochoren (= Centromeren) befestigt sind. Während der Anaphase werden die Chromosomen durch die Spindelmikrotubuli voneinander getrennt, ein Vorgang, wie er allgemein bei den Eukaryoten üblich ist (435). Über die Interpretation der Kernteilung bei den *Dinophyceae* bestehen noch Meinungsverschiedenheiten (89, 95, 303, 321, 542).

Zellteilung

Die Zellteilung erfolgt durch eine Durchschnürung ähnlich wie bei *Ochromonas* (Abb. 21 h–k). Die Ebene der Zellteilung, die mit der Kernteilung zusammenfällt, liegt schief zur Längsachse der Zelle (Abb. 62 f). Bei *Ceratium* wird der Panzer der Mutterzelle in zwei Hälften geteilt, so daß jede Tochterzelle eine Hälfte erhält (Abb. 62 f). Die Tochterzellen bauen den fehlenden Teil des Panzers neu auf. Bei anderen Gattungen (z. B. *Peridinium)* wird der ganze Panzer vor der Zellteilung abgeworfen, so daß beide Tochterzellen sich völlig neue Panzer bauen müssen.

Reservestoffe

Der wichtigste Reservestoff ist Stärke, die außerhalb der Chloroplasten gebildet wird (610). Dieser Vorgang entspricht den Verhältnissen bei den *Rhodophyceae*, während bei den *Chlorophyceae* die Stärke in den Chloroplasten gebildet wird. Neben der Stärke ist Fett in Tröpfchenform ein wichtiger Reservestoff.

Geschlechtliche Fortpflanzung der Dinophyceae

Nur bei wenigen *Dinophyceae* konnte eine geschlechtliche Fortpflanzung beobachtet werden. Hier soll näher auf die Lebenszykli der marinen Art *Ceratium horridum* und der Süßwasserart *Ceratium cornutum* eingegangen werden (567, 568, 570).

Lebenszyklus von Ceratium horridum (Abb. 67)

In älteren Kulturen von *Ceratium horridum*, die bei 21 °C gehalten werden, treten sogenannte **depauperierende Zellteilungen** auf. Es handelt sich um Zellteilungen, die zur Bildung immer kleinerer Zellen führen. Solche kleine Zellen können als Mikrogameten fungieren, die mit nicht verkleinerten Zellen (Makrogameten) kopulieren (Abb. 67 c, d). Die Verschmelzung der Gameten, die im Vergleich zu anderen Gruppen langsam verläuft, konnte im Labor in ihrem zeitlichen Ablauf beobachtet werden. Um 18.30 Uhr lagen ein männlicher und ein weiblicher Gamet mit ihren Bauchseiten aneinander. Um 21.00 Uhr war von dem männlichen Gameten nur ein ovales Klümpchen übrig. Um 21.30 Uhr wurde das Paar fixiert und wurden die Kerne mit Karminessigsäure gefärbt. Der männliche Kern lag dicht neben dem weiblichen Kern (Abb. 67 f). Im weiblichen Protoplasten lagen die Panzerreste des Mikrogameten. Bei anderen Paaren wurde während der folgenden Kopulationsstadien die Kernverschmelzung beobachtet.

Die Zygote bleibt bei dieser marinen Art beweglich. In der Planozygote findet direkt die Meiose statt. Wir können *Ceratium horridum* also als anisogamen Haplonten bezeichnen. Interessanterweise wurde die anisogame Kopulation schon 1910 beobachtet, aber falsch interpretiert. Man hielt den Mikrogameten für eine kleine Zelle („Nebenform"), die durch Knospung aus einer größeren Zelle entstand.

Lebenszyklus von Ceratium cornutum (Abb. 68)

Auch bei *Ceratium cornutum* werden Mikrogameten gebildet. Als Makrogameten treten Zellen auf, die von vegetativen Zellen nicht zu unterscheiden sind. Bei der Kopulation wird der männliche Kern in den Makrogameten aufgenommen. Die Zygote bleibt lange Zeit beweglich. Erst nach längerer Zeit kommt sie zur Ruhe und bildet innerhalb des Panzers eine dickwandige Hypnozygote (Ruhezygote).

Unter bestimmten Kulturbedingungen (niedrige Temperatur, kurzer Tag, N- und P-Mangel) konnten alle untersuchten Klone Mikrogameten bilden. Für die Kopulation waren jedoch zwei kompatible Klone (A und a) notwendig, da Mikrogameten und Makrogameten

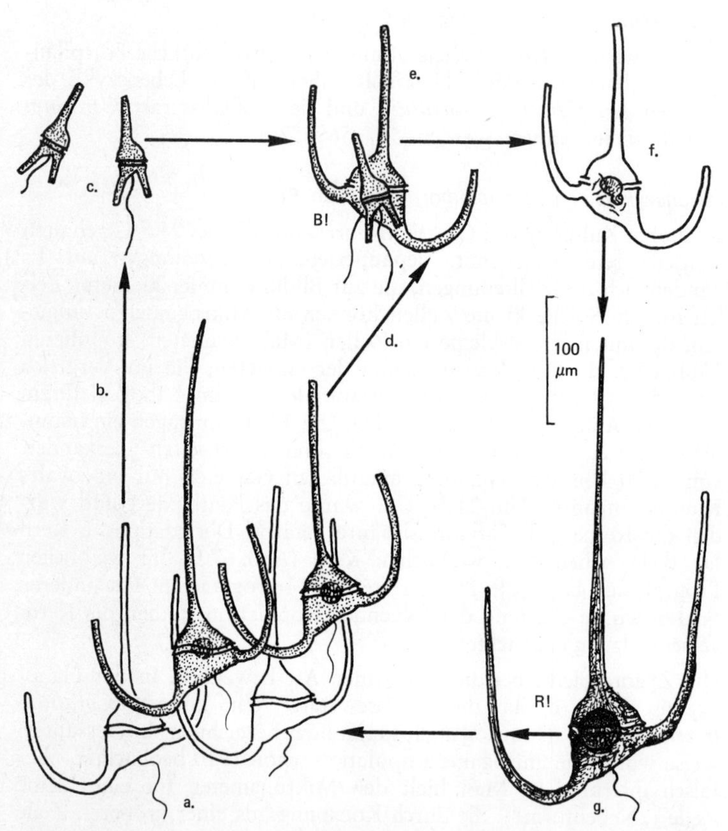

Abb. 67 *Ceratium horridum*, Lebenszyklus. a) 4 vegetative Zellen (n); b) depauperierende Zellteilungen; c) Mikrogameten (n); d) normale Zellteilungen; e) Verschmelzung von Makro- und Mikrogamet; f) Karyogamie; g) Planozygote mit nukleärer Zyklose (nach *v. Stosch*)

Abb. 68 *Ceratium cornutum*, Lebenszyklus. a) Keimung der Hypnozygote (Aa); b) *Gymnodinium*-ähnliche Zelle; c) Praeceratium; d) zwei a-Zellen; e) zwei A-Zellen; f) A-Mikrogamet; g) a-Mikrogament; h) A-Makrogamet bei der Befruchtung durch einen a-Mikrogameten; i) a-Makrogamet bei der Befruchtung durch einen A-Mikrogameten; j) Hypnozygote (Aa) (nach v. *Stosch*)

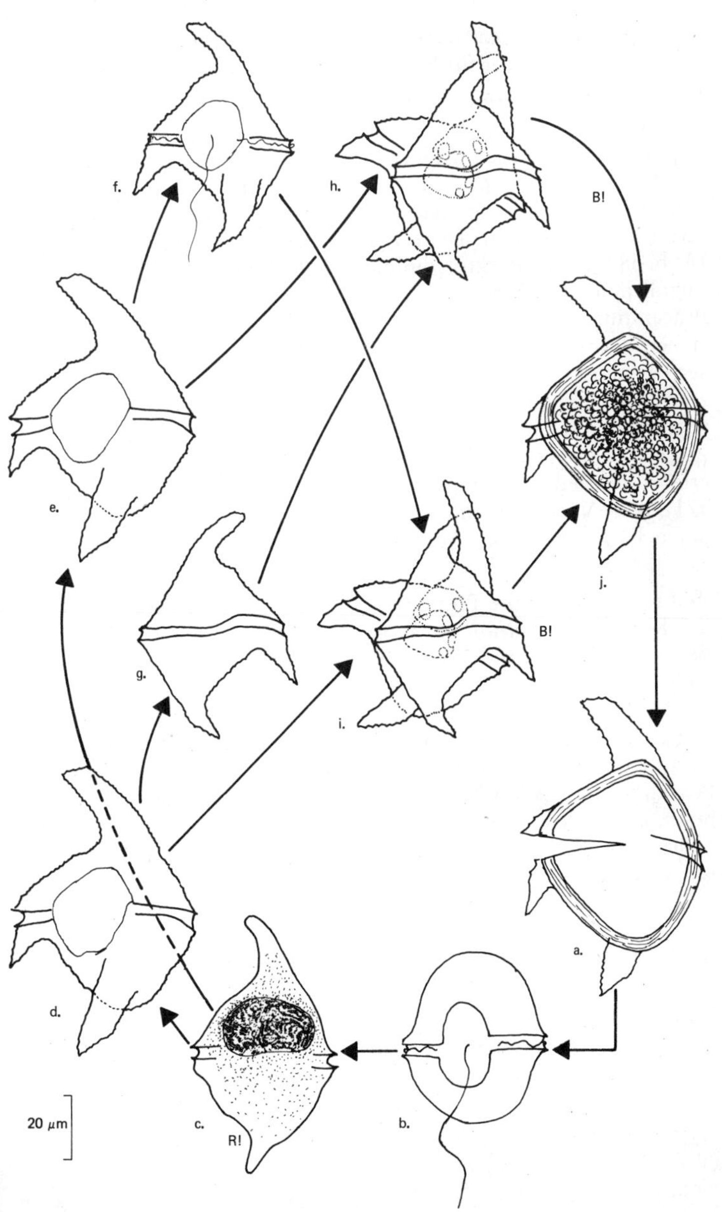

Abb. 68

desselben Klones nicht oder kaum miteinander kopulieren. Anscheinend spielt ein Faktor für Selbststerilität eine Rolle (Abb. 68).

Nach einer Ruheperiode von einigen Wochen bei 3 ° C konnten die Hypnozygoten bei einer Temperatur von 21 ° C im Langtag (12 Stunden Licht) keimen. Merkwürdigerweise erfolgt bei der Keimung der Hypnozygote nicht direkt eine Reduktionsteilung, sondern es entsteht eine diploide, nackte Zelle, die durch einen Spalt der Zygotenwand austritt. Diese Zelle ähnelt einer *Gymnodinium*-Zelle (Abb. 68 b). Die nackte, diploide Zelle bildet anschließend einen unvollständigen Panzer aus. Man bezeichnet dieses Stadium als **Präceratium-Phase** (Abb. 64 c). Erst aus einer Präceratium-Zelle entstehen durch Meiose vier haploide *Ceratium*-Zellen. Aufgrund dieser Ergebnisse können wir *Ceratium cornutum* als einen anisogamen Haplonten bezeichnen, weil die Präceratium-Phase sich nicht vegetativ teilt. Einige andere *Dinophyceae* scheinen einen ähnlichen Zyklus zu besitzen, jedoch sind diese Arten meistens isogam. Auch erfolgt die Reduktionsteilung bei der Keimung der Zygote (84, 570, 571). Bei *Noctiluca miliaris* erfolgt Isogamie zwischen Gameten, deren Form stark vom Aussehen vegetativer Zellen abweicht (Abb. 69 i, j, n–p) (643).

Während der Meiose-Prophase (Zygotän bis Postzygotän) schwillt der Kern von *Ceratium cornutum* stark an und gerät in rotierende Bewegung (eine Umdrehung in etwa 30 Sekunden). Diese sogenannte **nukleäre Zyklose** wurde schon 1883 beobachtet, aber erst 1972 erkannte von Stosch ihre Bedeutung (570). Mit Hilfe von Photos konnte er zeigen, daß während dieser Zeit die meiotische Paarung der Chromosomen stattfindet. Möglicherweise wird die Paarung der zahlreichen und langen Chromosomen durch die nukleäre Zyklose erleichtert. Besonders bemerkenswert ist die Beobachtung der Chromosomenpaarung im lebenden Kern, denn dieser Vorgang konnte bei anderen Organismen nur durch Fixierung und Kernfärbung sichtbar gemacht werden.

Hypnosporen (Dauersporen) und Hystrichosphaeren

In der Palynologie spielt in den letzten zehn bis zwanzig Jahren eine Gruppe von Mikrofossilien eine wichtige Rolle. Man bezeichnet diese Fossile als Hystrichosphaeren (514). Es handelt sich kurz gesagt um mehr oder weniger runde Häutchen von etwa 50 μm Durchmesser, die eine Anzahl stacheliger Ausstülpungen tragen.

Hystrichosphaeren wurden in Gesteinen und Ablagerungen vom Präkambrium bis zum Holozän gefunden und kommen damit seit mehr als 600 Millionen Jahren auf der Erde vor. Vor allem seit dem Jura (seit 200 Millionen Jahren) kommen sie in großen Zahlen und

Variationen vor. Sie können mit Hilfe der palynologischen Standardmethoden aus den Gesteinen befreit werden (Behandlung mit starken Säuren, wenn nötig mit Fluorwasserstoff, und mit starken Basen). Hystrichosphaeren überstehen genau wie Pollenkörner diese rauhe Behandlung, so daß ihre Wände vermutlich wie die Wände der Pollenkörner aus Sporopollenin oder ähnlichen Stoffen bestehen.

Hystrichosphaeren sind genau wie Pollenkörner sehr geeignete Leitfossilien für stratigraphische Vergleiche. Störend war nur, daß man bis vor kurzem nicht wußte, zu welcher Gruppe von Organismen die Hystrichosphaeren gehören. Seit 1960 ist man jedoch zu der Erkenntnis gekommen, daß es sich zumindest bei den meisten Hystrichosphaeren um Cysten (Hypnosporen, Dauersporen) von *Dinophyceae* handelt. Die Stacheln einer Cyste sind oft so angeordnet, daß ihre Enden mit der Lage der Panzerplatten einer Dinophycee (z. B. *Gonyaulax)* übereinstimmen (Abb. 64 n–q). Eine Hystrichosphaere ist also nach dieser Auffassung eine Cyste, die im Inneren des Zellpanzers gebildet wird.

Erst 1950 konnten Hystrichosphaeren mit Sicherheit in rezenten Sedimenten eines schwedischen Fjords nachgewiesen werden. Seither wurden sie in verschiedenen rezenten marinen Sedimenten gefunden.

Kürzlich ist es gelungen, im Winter (Wassertemperatur 0–3 °C) lebende Hystrichosphaeren aus dem Detritus des flachen Seebodens bei Woodshole (amerikanische NO-Küste) zu isolieren. Die Keimung wurde bei 16 °C–25 °C, einer Tageslänge von 14 Stunden und einer Lichtintensität von 5000–8000 Lux erreicht. Aus drei verschiedenen, schon als fossil bekannten Hystrichosphaeren gingen drei verschiedene Arten der Gattung *Gonyaulax* hervor (613). Die seit dem Eozän bekannte Hystrichosphaere *„Hemicystodinium zoharyii"* wurde bei den Bahamas lebend gesammelt und erwies sich nach der Keimung als die rezente tropische Art *Pyrodinium bahamense* (612).

Es ist nicht bekannt, ob die Hypnosporen, die den Hystrichosphaeren ähnlich sind, ein Teil des geschlechtlichen Zyklus der *Dinophyceae* sind. Im geschlechtlichen Zyklus der marinen Art *Ceratium horridum* (Abb. 67) kommen, soweit bekannt, keine dickwandigen Ruhestadien vor, wohl jedoch bei der Süßwasserart *Ceratium cornutum* (Abb. 68). Es ist durchaus denkbar, daß einige Hystrichosphaeren Hypnozygoten, andere dagegen Hypnosporen sind.

Rote Tiden

Rote Tiden verdanken ihren Namen der mehr oder weniger roten bis braunen Farbe, die die Wasseroberfläche durch die dichte Anhäufung von Planktonalgen annimmt. Die rote Farbe wird meistens durch die Ansammlung carotinoider Pigmente in den Zellen verursacht. Für rote Tiden sind im Meer vorwiegend Vertreter der *Dinophyceae*, vor allem aus den Gattungen *Gymnodinium* (Abb. 69 c), *Gonyaulax* (Abb. 69 d), *Glenodinium* und *Prorocentrum* (Abb. 69 a, b) verantwortlich.

Rote Tiden kommen vor allem in den Tropen und Subtropen, im Sommer jedoch auch in den gemäßigten Zonen vor. Sie treten besonders häufig in der Nähe der Küsten auf, da dort die Produktion durch die reichliche Nahrungszufuhr (vor allem Nitrate und Phosphate) besonders hoch sein kann. Für die Zufuhr an Nährstoffen sind entweder Flüsse verantwortlich oder Meerwasser, das aus tieferen Schichten heraufquillt. Die sehr große Konzentration von *Dinophyceae* in einer roten Tide wird jedoch nicht nur durch eine große Produktion verursacht. Oft werden die Algen auch durch Wind und Meeresströmung zusammengetrieben (42, 141).

Rote Tiden kommen zum Beispiel regelmäßig an der südwestafrikanischen Küste vor, wo aus großer Tiefe aufwallendes Seewasser den Algen ein Übermaß an Nährsalzen zuführt. Rote Tiden können hier an der Küste über eine Länge von hunderten von Kilometern auftreten. Aus dem Flugzeug sieht man, daß eine rote Tide aus parallelen Bahnen roten Wassers besteht. Eine rote Tide dauert 15–20 Tage und verursacht den Tod riesiger Mengen von Fischen und anderer Seetiere. Das Massensterben kann zum Teil durch Sauerstoffmangel und Schwefelwasserstoff-Produktion entstehen, die die Folge des Absterbens und Verfaulens von großen Mengen des Phytoplanktons sind. Wenn die rote Tide jedoch durch *Dinophyceae* verursacht wird, so ist die primäre Ursache des Sterbens die Produktion giftiger Stoffe durch diese Algenarten.

Obwohl die Korrelation zwischen dem Auftreten einer roten Tide und einem Massensterben schon oft beobachtet worden war, war es lange Zeit unsicher, wodurch im einzelnen das Sterben verursacht wurde: durch Sauerstoffmangel, durch H_2S-Produktion, durch Ver-

---

Abb. 69 a, b) *Prorocentrum micans;* c) *Gymnodinium splendens;* d) *Gonyaulax polyedra;* e) *Dinophysis joergensenii;* f) *Triposolenia intermedia;* g) *Dinophysis hastata;* h) *Polykrikos schwarzii;* i, j) *Noctiluca miliaris;* k–m) *Dinamoebidium varians* (k = amöboide Phase; l = Cyste; m = Cyste mit Zoiden); n–p) *Noctiluca miliaris* (n = Zoiden; o = Entstehung von Zoiden durch Knospung; p = Kopulation zweier Zoiden); q, r) *Ornithocercus splendidus,* Seitenansicht und Aufsicht; s, t) *Histioneis josephinae,* Seiten- und Rükkenansicht; u) *Gloeodinium montanum;* v) *Amphisolenia globifera.* (C – Chloroplast, K – Kern, LF – Längsfurche, LG – Längsgeißel, N – Nematocyste, NA – Nahrung [Alge], T – Tentakel) (nach *Schiller*)

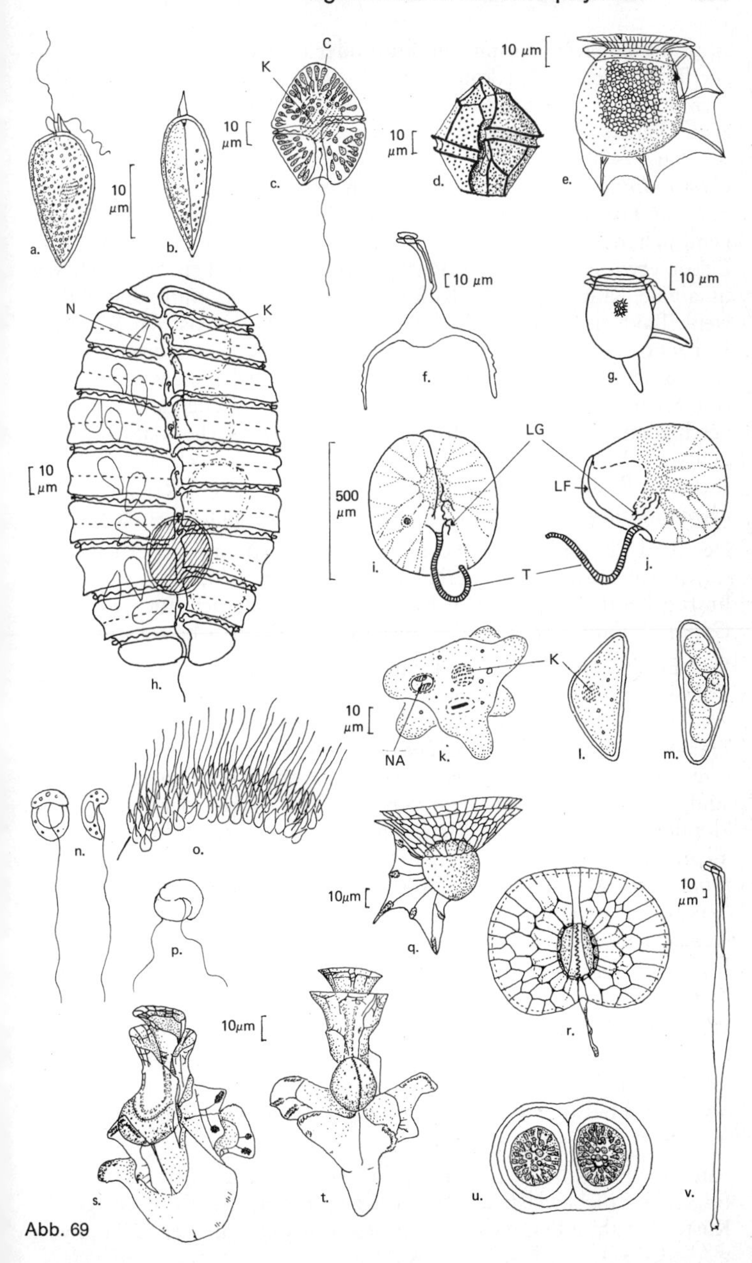

Abb. 69

stopfung der Kiemen mit Plankton oder durch die Produktion giftiger Stoffe. Schließlich konnte mit Sicherheit bewiesen werden, daß *Gymnodinium breve* Massensterben von Fischen durch toxische Stoffe verursachen kann, die von den lebenden Zellen ausgeschieden werden (489). In der Natur ist ein Massenauftreten von *Gymnodinium breve* im Golf von Mexiko mit einem Massensterben der Fische korreliert, wobei rote Tiden übrigens in dieser Gegend seltener auftreten als an der südwestafrikanischen Küste. Im Labor erwiesen sich bakterienfreie Kulturen als ebenso toxisch wie unialgale Kulturen (d. h. Kulturen von *Gymnodinium* und Bakterien). Bakterien spielen also keine Rolle bei der toxischen Wirkung. Konzentrationen von $0{,}6–2{,}1 \times 10^6$ Zellen pro Liter erwiesen sich als toxisch, während in der Natur oft noch viel höhere Konzentrationen vorkommen. Der giftige Stoff wird durch lebende Zellen ausgeschieden. Dies ergibt sich einmal aus der Tatsache, daß auch das gefilterte Medium noch toxisch ist und zum anderen aus der Tatsache, daß sich die toxische Wirkung nicht vergrößert, wenn die *Gymnodinium*-Zellen durch vorsichtiges Erwärmen zerstört werden.

Der Tod der Fische konnte in den Versuchen mit Sicherheit nicht durch Sauerstoffmangel herbeigeführt worden sein, da das Medium kräftig belüftet wurde. Die Kiemen verstopften sich auch nicht mit *Gymnodinium*-Zellen, so daß auch diese Todesursache ausschied.

Das Essen von Austern und Muscheln aus einem Gebiet mit roter Tide kann sehr gefährlich sein. Austern und Muscheln ernähren sich von Plankton, das sie aus dem Wasser sieben. Besteht dieses Plankton hauptsächlich aus *Dinophyceae*, so konzentrieren Austern und Muscheln das Gift der *Dinophyceae* in ihrer Leber. Sie selbst sind, je nach Art der *Dinophyceae*, für einige der Gifte nicht empfindlich, die für den Menschen jedoch sehr gefährlich sind. Vor allem rote Tiden der Arten *Gonyaulax catenella* und *Gonyaulax tamarensis* sind in dieser Hinsicht berüchtigt. Das *Gonyaulax*-Gift (Saxitoxin) ist ein Alkaloid, das in seiner Wirkung an Strichnin und Aconitin erinnert. Es verursacht Lähmungen, denen der Tod durch Ersticken folgt (536, 537). Deshalb wird bei einer roten Tide in dem betroffenen Gebiet die Muschelernte für einige Monate verboten.

Wahrscheinlich unterscheidet sich das Gift, das Massensterben bei Fischen und vielen anderen Seetieren verursacht, von dem Gift, das die Austern für den Menschen zu einer gefährlichen Leckerei macht. So ist zum Beispiel das Toxin von *Gymnodinium veneficum* auch für Muscheln und Austern tödlich (1).

Auch in der Nordsee können giftige rote Tiden auftreten, wie der folgende Fall beweist. Im Mai 1968 wurde in der Nordsee vor der Küste Northumberlands eine Massenentwicklung der Dinophycee

Gonyaulax tamarensis beobachtet. Auf dem Höhepunkt der Wasserblüte enthielt das Seewasser hier 72 000 Individuen pro Liter. In der Nacht verursachte die Wasserblüte ein Leuchten des Meeres (vgl. S. 233, Biolumineszens). Kurze Zeit später trat in deutlicher Korrelation mit der Wasserblüte ein Sterben der Seevögel auf. Ende Mai waren mehr als 80 Menschen an „paralytic shellfishpoisoning" erkrankt. Das Sammeln eßbarer Lamellibranchiaten (vor allem Miesmuscheln) wurde dann für einen Teil der Küste verboten. Erst gegen Ende August war die Giftkonzentration in den Moluscen auf einen erträglichen Wert gesunken, so daß das Ernten von Muscheln wieder erlaubt werden konnte. Interessant ist, daß die Miesmuscheln selbst hohe Konzentrationen des Giftes vertragen konnten, während eine ganze Reihe anderer Lamellibranchiaten gestorben waren (z. B. *Cardium edule* – die Herzmuschel, *Macoma baltica, Venus striatula)*. Auch Sandaale *(Ammodytes* spec.) starben in Massen. Sandaale fressen Zooplankton (Copepoden). Wahrscheinlich spielt Zooplankton beim Konzentrieren des Giftes ebenfalls eine (noch unbekannte) Rolle (3, 70, 250, 506, 632). Es ist übrigens nicht gelungen, die Ursache der roten Tide vor der Küste von Northumberland zu entdecken. Im allgemeinen sind solche Wasserblüten mit einer reichen Zufuhr an Nährsalzen, hohen Temperaturen und ruhigem Wetter korreliert. Es scheint nicht unwahrscheinlich zu sein, daß mit einer zunehmenden Verschmutzung der Nordsee und anderer Meere durch ein Übermaß an Phosphat und Nitrat giftige Wasserblüte immer häufiger auftreten kann.

Im Sommer 1971 entwickelte sich an der niederländischen Küste eine Wasserblüte der Dinophycee *Prorocentrum micans* (Abb. 69 a, b). Solche Wasserblüten waren übrigens auch von früheren Jahren her bekannt. Obwohl Muscheln, deren Leber *Prorocentrum*-Gift angereichert hat, für den Menschen weniger gefährlich sind als solche, die mit *Gonyaulax*-Gift angefüllt sind, verursacht auch das schwächere Gift Magen- und Darmerkrankungen. Die Ernte von Muscheln mußte deshalb im Sommer 1971 für einige Wochen eingestellt werden.

Auch auf andere Weise können rote Tiden sich ärgerlich bemerkbar machen. Bei Wind und heftiger Brandung können Seewassertröpfchen mit *Gymnodinium*-Blüte ans Ufer geweht werden und in der Luftröhre und den Bronchien erholungssuchender Menschen Reizungen hervorrufen. Menschen, die in der Wasserblüte schwimmen, können einen Hautausschlag bekommen (536, 537).

Biolumineszens der Dinophyceae

Während die Wasserblüte der *Dinophyceae* am Tag durch ihre rote Farbe auffällt, ist sie in der Nacht nicht weniger eindrucksvoll, da sie für das Meeresleuchten (Phosphorescens, Biolumineseens) verantwortlich ist. An unseren Küsten wird das Meeresleuchten vor allem durch die heterotrophe, farblose Dinophycee *Noctiluca miliaris* verursacht (Abb. 69 i, j, n–p), jedoch besitzen auch andere Arten wie z. B. *Gonyaulax polyedra* (Abb. 69 d) diese Fähigkeit.

Um Licht auszusenden, müssen die Zellen gereizt werden, was zum Beispiel durch mechanische Reize (schwimmende Fische, Brandung, wandernde Menschen auf dem nassen Sand in der Nähe der Wasserlinie) geschehen kann. Bei Reizung sendet die Zelle einen kurzen Lichtblitz aus, der etwa 0,1 Sekunde dauert. Auch elektrische, chemische und osmotische Reize können Lichtblitze hervorrufen (111, 538, 578).

Zooxanthellen (340)

Zahlreiche wasserbewohnende, wirbellose Tiere beherbergen in ihren Geweben photosynthetisierende Algenzellen. Während im Süßwasser vor allem einzellige Grünalgen (*Chlorella*-artige Algen, S. 314) als Endosymbionten fungieren (z. B. im Gewebe des Coelenteraten *Chlorohydra* oder bei einigen Süßwasserschwämmen), wird diese Rolle im Meer überwiegend von *Dinophyceae* übernommen. Im Gewebe des Gastgebers (z. B. riffbauende Korallen) kommen die Algen als runde kleine Zellen vor (Abb. 64 i, j), in denen man nur durch das Vorhandensein eines Dinokaryons *Dinophyceae* vermuten kann. Solche runden, braungelben Endosymbionten der Tiere nennt man **Zooxanthellen,** während die grünen Endosymbionten **Zoochlorellen** genannt werden.

Es gelang, die Endosymbionten aus einigen Gastgebern zu isolieren und weiterzuzüchten (400). In diesen Kulturen konnten die Zooxanthellen begeißelte Zellen bilden, die *Gymnodinium* ähnelten (Abb. 64 h, m). Es ergab sich, daß bei sehr verschiedenen Tiergruppen die gleiche Art *(Gymnodinium microadriaticum)* als Endosymbiont auftreten kann (64 h–m). Interessanterweise kann diese *Gymnodinium*-Art auch frei im Meerwasser leben, denn sie konnte aus dem Meer isoliert werden.

Man findet Zooxanthellen als Endosymbionten u. a. in *Protozoa* (Arten der *Radiolaria, Heliozoa, Foraminifera),* in *Coelenterata* (Arten der *Scyphozoa* – Quallen –, *Anthozoa* – Seeanemonen –, *Madreporaria* – Korallen) und in *Mollusca* (Schnecken und Muscheln, z. B. *Tridacna,* einem großen, tropischen Lamellibranchiaten).

Riffbauende Korallen enthalten Zooxanthellen, die vielen lebenden Korallen ihre braune Farbe geben. Riffbauende Korallen kommen in den Tropen bis zu einer Wassertiefe vor, in der noch genügend Licht für die Photosynthese der Zooxanthellen vorhanden ist (etwa 90 m). Bis vor kurzem war noch nicht eindeutig bewiesen, daß die Zooxanthellen Nahrungsstoffe für die Korallen synthetisieren, obwohl dieser Gedanke natürlich auf der Hand liegt. Einige Untersuchungen schienen darauf hinzudeuten, daß riffbauende Korallen vom Endosymbionten nur sehr wenig organische Stoffe erhalten (400). Ohne Endosymbiont sind die Korallen jedoch nicht in der Lage, Kalkskelette zu bilden, so daß man die Unterstützung beim Bau der Kalkskelette für den wichtigsten Vorteil hielt, den die Koralle aus dem Zusammenleben mit dem Endosymbionten zieht. Für ihren Nahrungsbedarf müßten die Korallen dann ausschließlich mit Hilfe ihrer Tentakeln Zooplankton fangen. Neue Untersuchungen machen es jedoch auch sehr wahrscheinlich, daß die Photosyntheseprodukte der Zooxanthellen für die riffbauenden Korallen eine notwendige Futterquelle bilden (557, 583). Korallen sind also, kurz gesagt, photosynthetisierende Carnivoren.

Die verschiedenen Organisationsstufen der Dinophyceae

An anderer Stelle (S. 210) wurde schon ausgeführt, daß die Klasse der *Dinophyceae* überwiegend aus einzelligen Algen der monadoiden Organisationsstufe besteht, obwohl auch die meisten anderen Organisationsstufen vorkommen. Nach Pascher soll die monadoide Organisationsstufe auch bei den *Dinophyceae* das primitivste Niveau darstellen, aus dem sich alle anderen Organisationsstufen ableiten. Eine vergleichbare Entwicklung der Organisationsstufen soll bei den *Dinophyceae,* den *Chrysophyceae,* den *Xanthophyceae* und den *Chlorophyceae* parallel erfolgt sein (vgl. S. 93 und S. 98).

Im folgenden sind die Organisationsstufen der *Dinophyceae* mit jeweis einem oder mehreren Vertretern kurz zusammengestellt (vgl. Tab. 5):

1. Die monadoide Organisationsstufe,
   Beispiele: *Peridinium, Ceratium* (Abb. 61, 62), *Gymnodinium* (Abb. 63, 69 c), *Prorocentrum* (Abb. 69 a, b), *Gonyaulax* (Abb. 69 d), *Polykrikos* (Abb. 69 h), *Dinophysis* (Abb. 69 e, g), *Triposolenia* (Abb. 69 f), *Amphisolenia* (Abb. 69 v), *Ornithocercus* (Abb. 69 q, r), *Histioneis* (Abb. 69 s, t).
2. Die amöboide Organisationsstufe,
   Beispiel: *Dinamoebidium* (Abb. 69 k–m).
3. Die kapsale (oder tetrasporale) Organisationsstufe,
   Beispiel: *Gloeodinium* (Abb. 69 u).

4. Die kokkale Organisationsstufe,
   Beispiele: *Dinococcus, Phytodinium* (Abb. 70 g–i).
5. Die trichale Organisationsstufe,
   Beispiele: *Dinothrix, Dinoclonium* (Abb. 70 f, j).

Unterteilung der Klasse

Die Klasse der *Dinophyceae* wird in sechs Ordnungen unterteilt (60): *Desmomastigales, Prorocentrales, Dinophysiales, Peridiniales, Phytodiniales, Dinotrichales.* Mit Ausnahme der ersten Ordnung sollen diese Gruppen anhand einiger Beispiele behandelt werden.

Ordnung: Prorocentrales

Alle Arten besitzen einen Panzer, der durch eine Längsnaht in zwei mehr oder weniger uhrglasförmige Hälften geteilt ist. Quer- und Längsfurche fehlen. Die zwei Geißeln entspringen am Vorderende. Eine Geißel ist beim Schwimmen nach vorn gerichtet, während die andere Geißel sich mehr oder weniger horizontal bewegt und deshalb z. B. mit der Quergeißel von *Peridinium* verglichen werden kann.

Prorocentrum micans (Abb. 69 a, b)

Die Alge ist eirund bis herzförmig. Am Ansatzpunkt der Geißeln sitzt ein zahnförmiger Vorsprung. Die Art ist ein mariner Planktont, der oft in Flußmündungen gefunden wird. Sie ist ein Kosmopolit, der auch an der Nordseeküste allgemein verbreitet ist. *Prorocentrum micans* kann giftige rote Tiden verursachen (S. 229).

Ordnung: Dinophysiales

Alle Arten besitzen einen Panzer, der – wie bei den *Prorocentrales* – durch eine Längsnaht in eine linke und eine rechte Hälfte geteilt wird. Gleichzeitig sind eine Epitheka und eine Hypotheka vorhanden, die durch eine Querfurche voneinander getrennt werden. Die Epitheka ist meistens klein. Auch eine Längsfurche ist vorhanden. An Quer- und Längsfurche sitzen oft auffallende, membranöse Leisten. Die Schalen sind durchweg durch Löcher (Poren) und Vertiefungen (Poroiden) gekennzeichnet. Die Theka besteht aus Platten. Wie bei den *Prorocentrales* erfolgt die Zellteilung an der Längsnaht. Die Zellen sind seitlich mehr oder weniger zusammengedrückt. Zu dieser Ordnung gehören einige äußerst bizarre *Dinophyceae* (Abb. 69 e–g, q–t).

Dinophysis (Abb. 69 e, g)

Die Zellen sind kreisrund bis eirund. Die Epitheka ist sehr klein, die obere Gürtelleiste (Leiste am oberen Rand der Querfurche) ist meistens breiter als die untere. An der Längsfurche ist die rechte Leiste klein und wenig entwickelt, während die linke Leiste groß und mehr oder weniger trapezförmig gebaut ist. Diese große Leiste ist durch einige Rippen versteift. Aus allen Meeren sind etwa 50 Arten bekannt. Einige Arten besitzen Chloroplasten, andere dagegen nicht. *Dinophysis joergensenii* (Abb. 69 e) ist eine seltene, aber weit verbreitete Art tropischer, subtropischer und gemäßigter Meere. *Dinophysis hastata* (Abb. 69 g) ist ein Kosmopolit tropischer und subtropischer Meere, kommt jedoch auch in arktischen und antarktischen Meeren vor.

Triposolenia intermedia (Abb. 69 f)

Die Hypotheka besteht aus einem zentralen Körper, aus dem zwei dünne Ausstülpungen nach unten und eine dünne Ausstülpung nach oben herausragen. Die obere Ausstülpung trägt die Querfurche (Gürtel) mit den zwei Gürtelleisten sowie eine sehr kleine Epitheka. Die Art kommt in tropischen, subtropischen und warmen gemäßigten Zonen des östlichen Pazifischen Ozeans vor.

Amphisolenia globifera (Abb. 69 v)

Diese Art ist durch eine nadelförmig langgestreckte Hypotheka und eine sehr kleine Epitheka gekennzeichnet. Sie ist wahrscheinlich ein Kosmopolit tropischer, subtropischer und warmer gemäßigter Meere.

Ornithocercus splendidus (Abb. 69 q, r)

Der Körper der Alge ist meistens mehr oder weniger rund. Auffällig sind die beiden sehr breiten, trichterförmigen Gürtelleisten, die durch Rippen versteift sind. Die Art ist in tropischen, subtropischen und warmen gemäßigten Meeren weit verbreitet.

Histioneis josephinae (Abb. 69 s, t)

Der Körper der Alge ist meistens relativ kurz. Die Gürtelleisten sind sehr groß. Die obere Gürtelleiste ist eng trichterförmig und gestielt, während die untere Leiste fast zylindrisch gebaut ist. Die linke Leiste der Längsgrube ist besonders auffallend entwickelt. Das System der Leisten wirkt äußerst bizarr. Die Art kommt im tropischen Teil des östlichen Pazifischen Ozeans vor.

Ordnung: Peridiniales

Die Zellen sind kugelrund, eirund oder pyramidenförmig. Meistens sind sie dorsiventral mehr oder weniger zusammengedrückt. Die meisten Vertreter besitzen einen Cellulosepanzer, der aus polygonalen Platten besteht (S. 211). Im Gegensatz zu den *Prorocentrales* und den *Dinophysiales* besitzt der Panzer keine Längsnaht. Die Zelle trägt eine Querfurche, in der die Quergeißel liegt, und eine Längsfurche, in der die nach hinten gerichtete Längsgeißel verläuft. Bei einigen Vertretern der Gruppe werden im Lebenszyklus die Merkmale der Ordnung nur an den Zoiden sichtbar.

Peridinium cinctum (Abb. 61) (vgl. S. 211)

Die Alge ist eine kosmopolitische Süßwasserart in tropischen und gemäßigten Gebieten.

Ceratium hirundinella (Abb. 62) (vgl. S. 213)

Die Art ist im Süßwasser der gemäßigten Gebiete von Europa, Nordasien und Nordamerika allgemein verbreitet.

Gymnodinium micrum (Abb. 63).

Eine winzige Art, die aus einer Seewasserprobe aus dem Ärmelkanal isoliert wurde.

Gymnodinium splendens (Abb. 69 c)

Die Arten von *Gymnodinium* erscheinen bei lichtmikroskopischen Untersuchungen nackt, d. h. sie besitzen keinen Panzer. Die Querfurche verläuft in einer schwach linksdrehenden Schraube nach unten. *Gymnodinium splendens* kommt an der Küste Südenglands vor.

Gonyaulax polyedra (Abb. 69 d)

Charakteristisch für die Gattung *Gonyaulax* ist die Längsfurche, die im Panzer von der Spitze bis zur Basis (Apex bis Antiapex) durchläuft. Die Art ist bekannt als Verursacher giftiger roter Tiden (S. 229). Die Alge ist ein Kosmopolit warmer und gemäßigter Meere.

Polykrikos schwarzii (Abb. 69 h)

Die Zellen ähneln *Gymnodinium*. Zwei, vier oder acht Zellen bleiben jeweils in Kolonien vereinigt. Die schwach linksdrehende Querfurche beschreibt eine Umdrehung um den Zellkörper. Die Längsfurchen der einzelnen Zellen verschmelzen zu einer gemeinsamen Längsgrube. Die Art ist heterotroph und besitzt keine Chloroplasten. Die Zellen besitzen sogenannte Nematocysten, d. h. Zellorganellen, die bei Reizungen kleine „Harpunen" abschießen. Die Art kommt im Atlantik, an der Nordsee, der Ostsee, am Mittelmeer und an der Südwestküste der USA vor.

Noctiluca miliaris (Abb. 69 i, j, n–p)

Die nierenförmigen bis kugelrunden Zellen sind aufgeblasen und besitzen große Vakuolen. Sie erreichen eine Größe von 0,2–1,2 mm.

Der ausgewachsenen Zelle fehlen Epi- und Hypocone und damit auch die Querfurche. Die Längsfurche besitzt die Form eines großen Mundsackes, aus dem eine quergestreifte Tentakel herausragt. Auf dem Boden der Mundhöhle befindet sich ein Cytostoma („Zellmund“). Durch Knospung werden an der Zelloberfläche Zoiden gebildet, die mehr oder weniger einer *Gymnodinium*-Zelle ähneln. Die Zoiden zeigen wahrscheinlich Isogamie (643). Die Alge besitzt keine Chloroplasten und lebt phagotroph.

Die großen Vakuolen enthalten eine saure Lösung, in der Na^+, K^+ und andere Kationen durch H^+-Ionen ersetzt sind. Hierdurch ist die Dichte der Vakuolenflüssigkeit geringer als die des Seewassers, so daß die Zellen im Meer treiben können (432). Die Alge kommt kosmopolitisch im Plankton an den Küsten der Meere vor, wo sie häufig Meeresleuchten verursacht.

Dinamoebidium varians (Abb. 69 k–m)

Die Alge ist amöboid mit stumpfen Pseudopodien. Sie besitzt keine Chloroplasten und ernährt sich phagotroph. Die Art kann langgestreckte Cysten bilden, deren Inhalt sich manchmal in Zoiden aufteilt, die in ihrer Form *Gymnodinium*-Zellen ähneln. Die einzige Art der Gattung wurde in einem Seewasseraquarium gefunden.

Gloeodinium montanum (Abb. 69 u)

Die unbeweglichen, mehr oder weniger kugelförmigen oder beidseitig abgeplatteten Zellen sind durch dicke, geschichtete Gallertscheiden zu Kolonien vereinigt. Die Zoiden ähneln *Gymnodinium*-Zellen. Die Alge kommt in Moorsümpfen zwischen Torfmoos vor.

Blastodinium spinulosum (Abb. 70 a–e)

Die Art lebt als Parasit im Darm von Copepoden (kleinen, planktischen, krebsähnlichen Lebewesen) (Abb. 70 a). Die junge Zelle ist bananenförmig und zweikernig (Abb. 70 b). Es handelt sich um eine „doppelte“ Zelle. Aus der Zelle können ein oder zwei „Trophozyten“ und eine „Gonozyte“ hervorgehen. Während die „Trophozyten“ sich nicht weiter vermehren, kann die „Gonozyte“ sich in „Dinosporen“ aufteilen. Bei diesen Sporen handelt es sich um Zoiden, die einer *Gymnodinium*-Zelle ähneln und die den Copepoden durch den Anus verlassen (Abb. 70 c–e). Die Infektion erfolgt, wenn der Copepode encystierte Zoiden als Nahrung aufnimmt. Von den Arten der Gattung *Blastodinium* sind interessanterweise noch acht parasitische Arten mehr oder weniger autotroph und enthalten kleine Chloroplasten. Nur eine der bekannten Arten ist völlig heterotroph.

Neben der Gattung *Blastodinium* gibt es noch eine Reihe anderer *Dinophyceae,* die auf Algen und verschiedenen Wassertieren parasi-

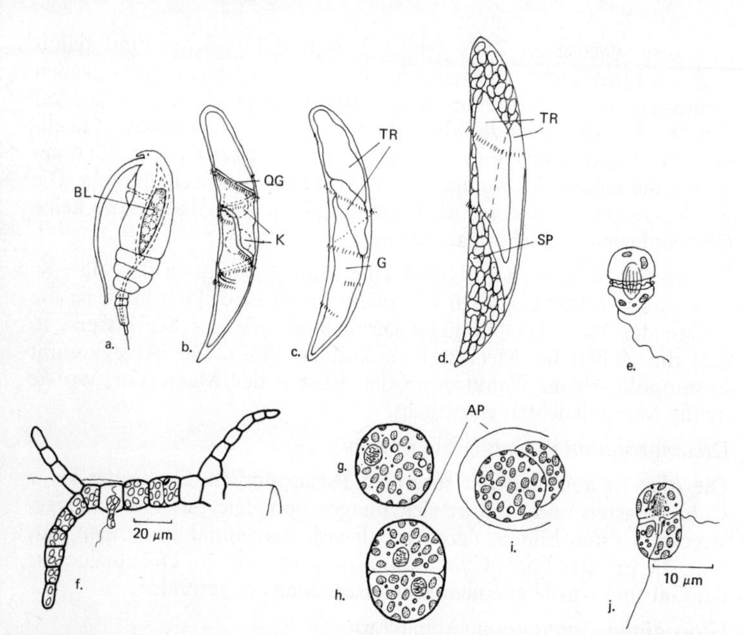

Abb. 70 a–e) *Blastodinium spinulosum* (a = Zelle im Darm von *Paracalanus;* b = noch ungeteilte Zelle; e = Zoide = Dinospore); f) *Dinoclonium conradii;* g–i) *Phytodinium globosum,* Bildung von Aplanosporen; j) *Dinoclonium conradii, gymnodinium*-ähnliche Zoide. (AP – Aplanosporen, BL – *Blastodiniumzelle,* G – Gonozyt, K – Kern, QG – Querfurche, TR – Trophozyt, SP – Sporozyt) (nach *Schiller*)

tieren. Diese Formen werden manchmal auch in der unnatürlichen Ordnung der *Blastodiniales* zusammengefaßt.

Ordnung: Phytodiniales (= Dinococcales)

Die Ordnung enthält *Dinophyceae* mit kokkaler Organisation. Die Algen dieser Gruppe vermehren sich mit Hilfe unbeweglicher Sporen (Aplanosporen, Autosporen) oder durch Zoiden, die *Gymnodinium*-Zellen ähneln.

Phytodinium globosum (Abb. 70 g–i)

Die Zellen sind kugelförmig ohne jede Andeutung einer Furche. Die Vermehrung erfolgt durch Aplanosporen (zwei aus einer Mutterzelle). Nur an dem Dinokaryon kann man erkennen, daß diese Alge zu den *Dinophyceae* gehört. Sie wurde in Tümpeln mooriger

Sümpfe in der Tschechoslowakei gefunden. Die Ordnung enthält noch fünf andere Gattungen.

Ordnung: Dinotrichales

Diese *Dinophyceae* sind fadenförmig, d. h. sie besitzen eine trichale Organisation.

Dinoclonium conradii (Abb. 70 f, j)

Die kriechenden, verzweigten Zellfäden leben auf anderen Algen. Aufgerichtete Zweige laufen in dünne Enden aus. Die Chloroplasten sind braun. Eine vegetative Zelle kann ihren Inhalt in Zoiden aufteilen, die *Gymnodinium*-Zellen ähneln. Die Alge wurde einmal an der Nordwestküste Frankreichs gefunden.

Kapitel 13: Abteilung Euglenophyta

Die Abteilung besteht nur aus der Klasse der *Euglenophyceae*.

Die wichtigsten Merkmale der Euglenophyceae

(95, 324)

1. Die Geißeln entspringen am Vorderende der Zelle am Boden einer flaschenförmigen Einstülpung, die Ampulle genannt wird (148). Es sind fast immer zwei Geißeln vorhanden, von denen eine manchmal so kurz ist, daß sie ganz innerhalb der Ampulle liegt (Abb. 71 a). Geißeln, die aus der Ampulle hervorragen (manchmal eine, manchmal zwei), dienen zur Fortbewegung. Derjenige Teil der Fortbewegungsgeißeln, der aus der Ampulle hervorragt, ist mit einer Reihe von Haaren bekleidet (Abb. 71 c).
2. Die Zellen sind schraubenförmig gebaut (Abb. 71 a, f).
3. Der Interphasekern enthält kontrahierte, in der lebenden Zelle sichtbare Chromosomen (Abb. 71 a).
4. Im Vorderende der Zelle liegt eine große pulsierende Vakuole, die ihren Inhalt in die Ampulle entleert (Abb. 71 a, 72 d).
5. Die Zelle ist von einer Pellicula umgeben, die im Cytoplasma liegt. Die Pellicula ist aus aneinanderliegenden, schraubenförmigen Streifen zusammengesetzt, die aus Eiweißen bestehen (Abb. 71 a, b, h).
6. Wie bei den *Dinophyta* besitzen die Chloroplasten eine Hülle, die aus drei Membranen aufgebaut ist. Ein Chloroplast ist niemals durch das endoplasmatische Reticulum mit der Kernhülle verbunden.
7. In den Chloroplasten liegen die Thylakoide meistens zu dritt in Stapeln (= Lamellen) aufeinander. Die gleiche Anordnung findet man bei *Heterokontophyta, Eustigmatophyta* und *Dinophyta*. Eine Gürtellamelle, wie sie für die *Heterokontophyta* charakteristisch ist, fehlt den *Euglenophyta* jedoch.
8. Der Augenfleck besteht aus einer Anzahl frei im Cytoplasma liegender Globuli, die Carotinoide enthalten. Dieser Bau entspricht der Anordnung bei *Eustigmatophyta* und einigen *Dinophyta*. Der Augenfleck liegt neben der Ampulle. Die lange Geißel trägt neben dem Augenfleck eine Geißelanschwellung (Abb. 71 a).

9. Das Pyrenoid ist meistens in den Chloroplasten eingebettet, oft ist es jedoch auch gestielt. Lamellen, die aus zwei Thylakoiden bestehen, laufen in das Pyrenoid hinein.
10. Da das Chlorophyll nicht durch akzessorische Pigmente maskiert wird, sind die Chloroplasten grün. Die wichtigsten der auftretenden akzessorischen Pigmente sind β-Carotin und Diadinoxanthin. Zusätzlich kommen Echinenon, Diatoxanthin, Zeaxanthin und Neoxanthin vor (Tab. 2).
11. Die Chloroplasten enthalten Chlorophyll a und Chlorophyll b, stimmen also in dieser Hinsicht mit den *Chlorophyta* überein. Chlorophyll c fehlt (Tab. 2).
12. Das Reservepolysaccharid ist Paramylon, ein β-1,3-gebundenes Glucan, das in Form von (oft ringförmigen) Körnern im Protoplasten liegt. Wenn ein vorstehendes Pyrenoid vorhanden ist, so wird das Paramylon gegen das Pyrenoid anliegend gebildet.
13. Die Klasse der *Euglenophyceae* umfaßt vor allem Formen der monadoiden Organisationsstufe (S. 93 und Tab. 5). Es können jedoch auch kapsale Stadien (palmelloide Stadien) vorkommen.

Größe und Verbreitung der Klasse

Die Anzahl der Gattungen wird auf etwa 40 geschätzt, die der Arten auf mehr als 800. Obwohl die meisten Vertreter der Klasse grüne Chloroplasten tragen und zur Photosynthese im Stande sind, besteht doch innerhalb der Klasse eine starke Neigung zur Heterotrophie. Photosynthetisierende Arten (z. B. aus der Gattung *Euglena,* Abb. 71) können zur Ergänzung der Photosynthese organische Stoffe aufnehmen. Es gibt auch zahlreiche, farblose *Euglenophyceae* (z. B. *Astasia,* Abb. 72 d), die völlig auf heterotrophe Ernährung angewiesen sind. Die meisten heterotrophen Formen sind saprotroph, einige jedoch phagotroph. *Peranema* und *Entosiphon* (und einige andere Formen) besitzen sogar einen speziellen Fangapparat, um Beute (Algen, Bakterien, Hefezellen) zu fangen, und ein Cytostom (Zellmund), um sie aufzunehmen.

In der Natur kommen Vertreter der Klasse mit Vorliebe in kleinen Süßwassertümpeln oder Gräben vor, die zum Beispiel durch Verschmutzung mit Mist reich an organischen Stoffen sind. Auch in anderen verschmutzten Gewässern kann man oft *Euglenophyceae* antreffen. In diesen Gewässern können *Euglena*-Arten sich massiert entwickeln und Wasserblüte verursachen. Palmelloide Stadien, das sind Zellen, die ihre Geißeln verloren und sich mit einer dicken gelatinösen Wand umgeben haben, können an der Wasseroberfläche ein treibendes Häutchen bilden. Auf Schlick- und Sandplatten von Flußmündungen können *Euglenophyceae* grüne Filme bilden.

Arten der Gattungen *Euglena* und *Astasia* werden in zunehmendem Maße bei biochemischen und physiologischen Untersuchungen als Testobjekte gebraucht.

Euglena – der „Prototyp" der Euglenophyceae

Im folgenden sollen einige licht- und elektronenmikroskopische Eigenschaften dieser Alge beschrieben werden (Abb. 71, 72 a–c).

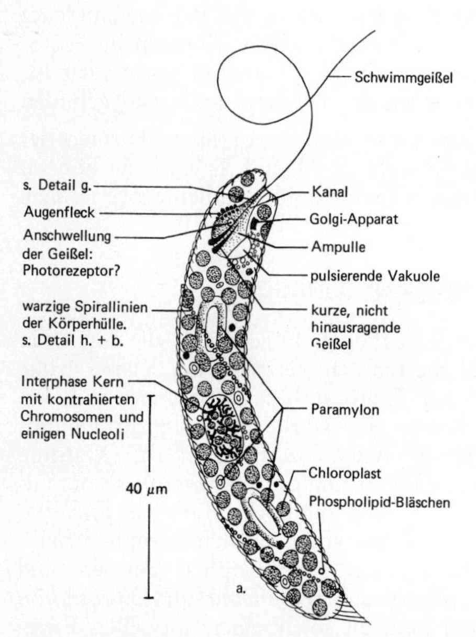

Abb. 71 *Euglena spirogyra.* a) Gesamtansicht der Zelle; b) Pellicula und Schleimkörper; c) Geißel mit drei Haartypen; d) Geißelquerschnitt; e) Basalkörper im Querschnitt; f) Zellpol mit Pellicularstreifen, die in den Geißelkanal hineinziehen; g) Querschnitt durch den Geißelkanal; h) schematische Darstellung dreier Pellicularstreifen. (ER – endoplasmatisches Reticulum mit Ribosomen, ERS – Scheide des endoplasmatischen Reticulums um den Geißelkanal, G – Geißel, H1 – lange, relativ dicke Haare, die an einer Seite der Geißel entspringen, H2 – steife Haare der Geißelspitze, H3 – Filzhaare, die die Geißel allseitig bekleiden, K – Kanal der Ampulle, MT – Mikrotubuli, MTS – spiralförmig angeordnete Mikrotubuli, PFK – Paraflagellarkörper, R – Ribosomen, SK – Schleimkörper, TU – zwei zentrale Tubuli und neun perifere Dubletten [Axonema]) (nach *Leedale*)

Außenseite der Zelle und Pellicula[323]

Der zylindrische, am Hinterende spitz zulaufende Körper von *Euglena spirogyra* ist von einer Pellicula (Periplast) umhüllt, die aus flachen, schraubenförmigen Streifen besteht (Abb. 71 a). Die

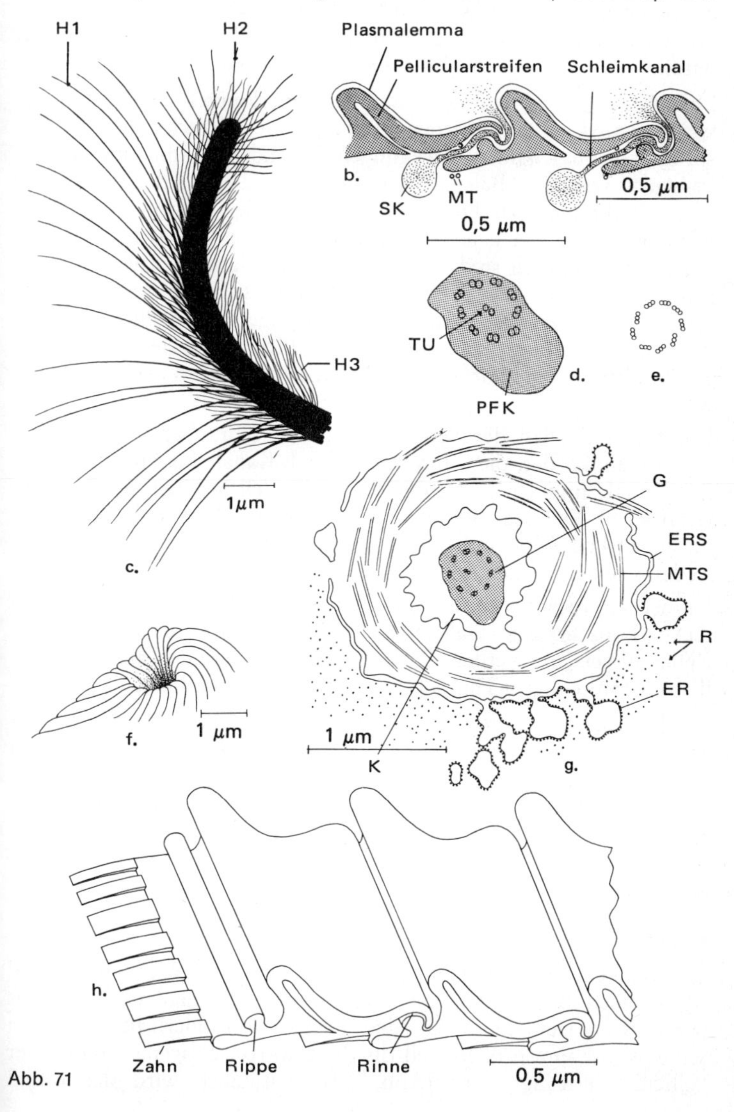

Abb. 71

Streifen liegen im Cytoplasma direkt unter dem Plasmalemma (Abb. 71 b) und überlappen einander. An den Überlappungsstellen bilden eine Rippe des unteren Streifens und eine Grube des oberen Streifens ein Gelenk (Abb. 71 b, h). Die Streifen der Pellicula bestehen überwiegend aus Eiweißen (80 %) sowie zusätzlich aus fettartigen Stoffen und Kohlenhydraten. Unter den Streifen der Pellicula und parallel dazu verlaufen Mikrotubuli (Durchmesser 20–25 nm).

Eine Anzahl der *Euglenophyceae* zeigt merkwürdige fließende Bewegungen, wenn sie nicht mit Hilfe ihrer Geißeln schwimmen. Man spricht von euglenoiden Bewegungen. Besonders Formen mit dünner Pellicula, wie zum Beispiel *Astasia* (Abb. 72 e), sind dazu in der Lage. Wahrscheinlich können die Streifen der Pellicula sich nicht nur wie Gelenke gegeneinander bewegen, sondern sich auch verschieben. Zusätzlich sind sie wahrscheinlich elastisch. Die Bewegungen werden wahrscheinlich durch Cytoplasmaströmungen verursacht, auf die ein elastisches Zurückspringen der Pellicula in die Ausgangsform folgt. Arten mit dicker Pellicula, wie sie zum Beispiel für *Euglena*-Arten charakteristisch ist, zeigen keine euglenoide Bewegung.

Unter den Streifen der Pellicula liegen in schraubenförmigen Reihen Schleimkörper, die ihren Inhalt durch Kanäle ins Freie abgeben. Die Kanäle münden in Gruben zwischen den Streifen der Pellicula (Abb. 71 b). Die Schleimkörper sind periphere Unterteile des endoplasmatischen Reticulums. Der ausgeschiedene Schleim bedeckt die Zellen in einer dünnen Schicht.

Palmelloide Stadien und Zysten können gebildet werden, wenn dicke, konzentrische Gallertschichten um unbeweglich gewordene Zellen abgelagert werden. Palmelloide Zellen können an der Oberfläche verunreinigter Tümpel treibende Häutchen bilden.

Bei *Euglena spirogyra* können die Streifen der Pellicula mit Reihen kleiner Warzen verziert sein (Abb. 71 a). Die Warzen bestehen zum größten Teil aus Eisen- oder Manganhydroxyd. Ihre Bildung hängt davon ab, ob Eisen- oder Manganionen zur Verfügung stehen. Die Warzen liegen außerhalb des Plasmalemmas. Wahrscheinlich handelt es sich um Schleimpfropfen, die von den Schleimkörpern ausgeschieden werden.

Ampulle

Die flaschenförmige Einstülpung der Ampulle am vorderen Zellpol ist in einen Bauch und einen Kanal (den Flaschenhals) unterteilt (Abb. 71 a). Der Kanal hat eine steife, unveränderliche Form, da seine Wand zum großen Teil durch einwärts gebogene Streifen der Pellicula verfestigt wird (Abb. 71 f). Zusätzlich wird der Kanal durch eine Schicht von Mikrotubuli (jeweils 20–25 nm dick) versteift, die in einer flachen Spirale um ihn herumlaufen. Da die Mikrotubuli deutlich die Form des Kanals aufrechterhalten, besitzen sie hier also eindeutig Skelettfunktion. Derjenige Teil des Cytoplasmas, in dem die Mikrotubuli liegen, ist frei von Ribosomen und wird durch eine zylindrische Scheide des endoplasmatischen Reticulums umhüllt (Abb. 71 g).

Die Form des Bauches dagegen ist veränderlich. Diese Erscheinung steht im Zusammenhang mit der Tätigkeit der pulsierenden Vakuole, die regelmäßig ihren Inhalt in den Bauch abgibt. Die Wand des Bauches besteht nur aus dem Plasmalemma.

Pulsierende Vakuole

Auch bei diesen Organismen dient die pulsierende Vakuole sehr wahrscheinlich als Organelle der Osmoregulation (vgl. S. 270, die pulsierende Vakuole von *Chlamydomonas*). Die volle pulsierende Vakuole ist rund. Sie ist von einer Anzahl kleiner, akzessorischer pulsierender Vakuolen umgeben (Abb. 71 a, 72 d). Während die große pulsierende Vakuole ihren Inhalt durch Kontraktion in den Bauch der Ampulle abgibt, schwellen in der Zwischenzeit die akzessorischen Vakuolen durch Flüssigkeitsaufnahme an. Kurz darauf entleeren sie ihren Inhalt in die große pulsierende Vakuole, die dadurch wieder anschwillt.

Geißeln

Euglena besitzt zwei Geißeln. Eine kurze Geißel ragt nicht aus der Ampulle heraus, während die zweite lange Geißel zur Fortbewegung der Zelle dient (Abb. 71 a). Die herausragende Geißel sieht unter dem Lichtmikroskop auffallend dick aus. Dieser Eindruck entsteht durch eine einseitige Verdickung der Geißel mit amorphem Material („paraflagellar rod“) (324) (Abb. 71 d), die in elektronenmikroskopischen Schnitten zu sehen ist. Unter dem Elektronenmikroskop ist auch zu sehen, daß die herausragende Geißel mit einer Reihe relativ langer (2–3 μm), feiner Haare besetzt ist (Abb. 71 c). Diese Haare sind dünner und anders gebaut als die Mastigonemen der *Heterokontophyta* (Abb. 22 d). Zusätzlich ist die Geißel rundum mit noch dünneren Filzhaaren bedeckt.

Die Geißeln besitzen den bei *Eukaryota* üblichen Bau aus zwei zentralen und neun peripheren doppelten Tubuli („2 + 9“-Struktur) (Abb. 71 d). In der Zelle läuft die Geißel in einen Basalkörper aus, der ebenfalls die für *Eukaryota* übliche Struktur besitzt. Er besteht aus neun in einem Zylinder angeordneten, jeweils dreifachen Tubuli (Tripletten) (Abb. 71 e).

Augenfleck (Stigma) und Geißelanschwellung (Abb. 71a)

Im Gegensatz zu den meisten anderen Algenklassen ist bei *Euglena* (und anderen *Euglenophyceae)* der Augenfleck kein Teil des Chloroplasten. Nur bei einigen *Dinophyta* und bei den *Eustigmatophyta* liegt der Augenfleck ebenfalls wie bei *Euglena* frei im Cytoplasma (S. 200). Wie bei anderen Algen besteht der Augenfleck jedoch aus einer Anzahl von Fetttropfen, die rote Carotinoide enthalten. Jeder Tropfen ist von einer eigenen Membran umhüllt.

Eine lange Geißel trägt in der Höhe des Augenflecks, im Übergangsgebiet vom Bauch der Ampulle zum Kanal, eine Geißelanschwellung. Geißelanschwellung und Augenfleck spielen beide sehr wahrscheinlich eine gemeinsame Rolle bei der Lichtperzeption. Der mögliche Mechanismus dieses Vorgangs bei *Euglena* wurde schon im Zusammenhang mit den ähnlich gebauten lichtrezeptorischen Organen der *Chrysophyceae* besprochen (S. 88).

Chloroplasten

Die Form der Chloroplasten kann von Art zu Art stark variieren. Bei *Euglena spirogyra* (Abb. 71 a) sind sie klein und scheibenförmig. Bei anderen *Euglena*-Arten sind sie zum Beispiel plattenförmig und enthalten ein „nacktes" Pyrenoid, um das herum kein Paramylon abgelagert wird. Bei wieder anderen Arten wird gegen das Pyrenoid Paramylon in uhrglasförmigen Platten abgelagert. Bei einigen *Euglenophyceae* sitzt an der Innenseite der Chloroplasten ein vorstehendes Pyrenoid, wie es für die Braunalgen (Abb. 36 a) und einige *Dinophyceae* (Abb. 64 a) charakteristisch ist.

Die Chloroplasten besitzen eine 35–45 nm dicke Hülle, die aus drei Membranen besteht und so an die Verhältnisse bei den *Dinophyta* erinnert. Man vermutet, daß die äußerste Membran mit dem endoplasmatischen Reticulum in Verbindung steht (324).

Euglena gracilis ist in den letzten 15 Jahren zu einem wichtigen Objekt geworden, an dem die Morphogenese der Chloroplasten studiert werden kann (324). Wird *Euglena gracilis* im Dunkeln heterotroph gezüchtet, so verlieren die Chloroplasten in etwa acht Generationen (etwa 145 Stunden bei 21 °C) ihr gesamtes Chlorophyll und ihre Thylakoide. Es bleiben nur Körper übrig, die an Proplastiden erinnern, wie sie in den meristematischen Zellen höherer Pflanzen vorkommen. Diese „Proplastiden" teilen sich im Dunkeln und sorgen so für die genetische Kontinuität des Plastidoms.

Wird eine solche etiolierte (gebleichte) Kultur wieder ins Licht gebracht, so werden – selbst nach einem mehrjährigen Aufenthalt im Dunkeln – alle Zellen wieder grün, da alle farblosen Proplastiden sich wieder zu Chloroplasten mit Thylakoiden entwickeln. Etwa sechs Stunden nach der Überführung ins Licht beginnt wieder die Photosynthese, etwa gleichzeitig mit der Ausbildung des ersten Stapels von Thylakoiden. Offenbar ist die Photosynthese an das Vorhandensein von Thylakoiden gebunden. Über einige Zeit hinweg wird in jeweils sechs Stunden ein neuer Stapel von Thylakoiden gebildet. Während dieser Zeit nimmt die Photosynthese linear zu.

Sehr interessant sind Varianten von *Euglena gracilis,* die keine Chloroplasten besitzen. Diese Varianten erhält man, wenn grüne Zellen bei subletaler Temperatur (32–35 °C) kultiviert werden. Unter diesen Bedingungen teilen sich zwar die Zellen, die Teilung der Chloroplasten hört jedoch auf. So erhält man nach einigen Generationen Zellen ohne Chloroplasten, die niemals wieder Chloroplasten bilden können. Bei *Euglena* können offenbar neue Chloroplasten nur aus alten Chloroplasten gebildet werden. Die umstrittene Theorie, nach der Chloroplasten manchmal aus der Kernmembran regeneriert werden können, trifft also für *Euglena* nicht zu.

Chloroplastenfreie Varianten von *Euglena gracilis* kann man auch durch Behandlung mit ultraviolettem Licht, Streptomycin, Aureomycin und anderen Antibiotika erhalten.

Es ist jetzt allgemein bekannt, daß Chloroplasten eigene DNS enthalten, die sich von der DNS des Kerns unterscheidet. *Euglena* war eines der ersten Objekte, bei dem die DNS der Chloroplasten nachgewiesen wurde. Die genetische Autonomie und Kontinuität der Chloroplasten ist eines der wichtigsten Argumente für die Theorie, nach der Chloroplasten im Ursprung endosymbiotische, photosynthetisierende *Prokaryota* sein sollen (S. 5).

Reservepolysaccharide

Das Reserve-Polysaccharid der *Euglenophyta* ist das Paramylon, ein β-1,3-Glucan (wie das Chrysolaminarin der *Heterokontophyta).* Paramylon liegt in der Zelle in Form von Körnern vor. Die Körner haben im Zentrum oft ein Loch (Abb. 71 a). Sie liegen im Cytoplasma, nicht in den Chloroplasten. Das Paramylon besitzt eine spiralige Struktur. Bis vor kurzem nahm man an, Paramylon komme nur bei den *Euglenophyta* vor. Die Haptophycee *Pavlova mesolychnon* enthält jedoch ebenfalls Paramylonkörner (299).

Kern

Auch im Interphasekern liegen die Chromosomen in kontrahiertem Zustand vor, so daß sie gefärbt und sichtbar gemacht werden können. Diese Besonderheit des Kerns der *Euglenophyta* entspricht den

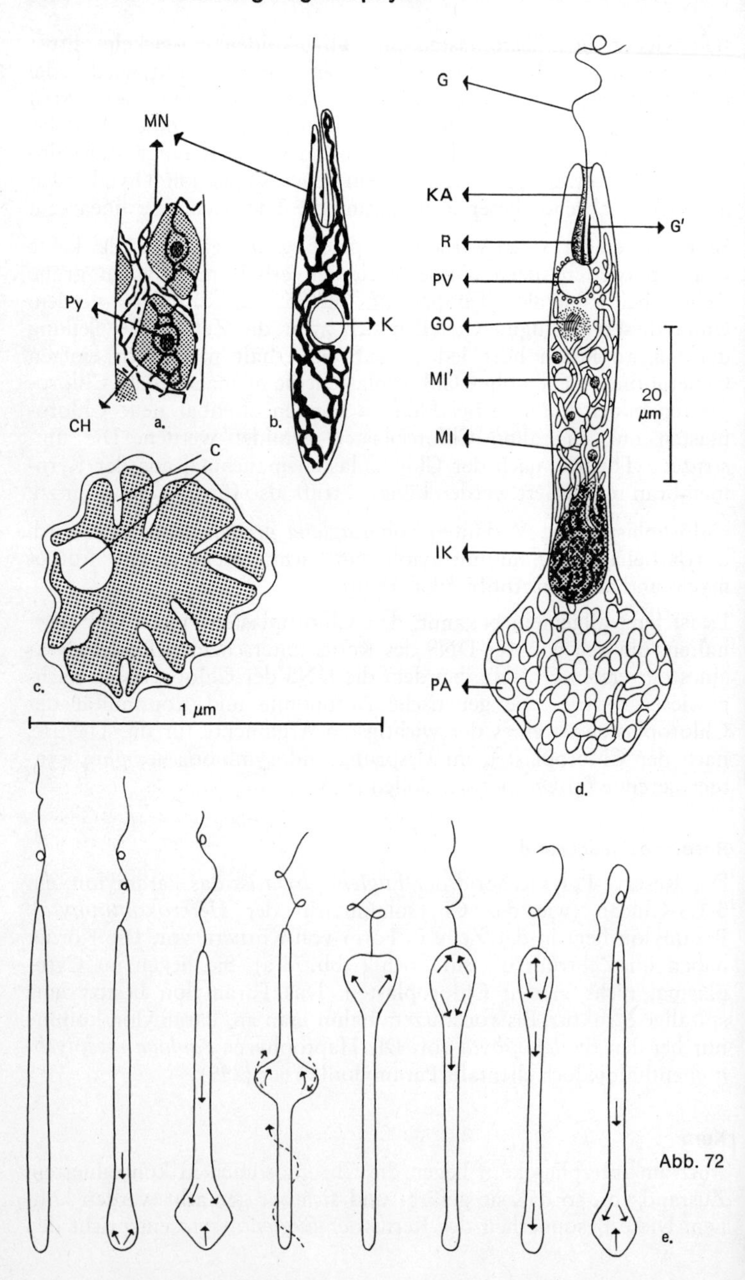
MN
Py
CH
a.
b.
K
C
c.
1 µm
G
KA
G'
R
PV
GO
MI'
20 µm
MI
IK
PA
d.
Abb. 72
e.

Verhältnissen bei den *Dinophyta* (S. 222). Die Mitose spielt sich völlig innerhalb der Kernmembran ab (sie ist intranukleär) und zeigt auch noch einige andere Besonderheiten (324).

Mitochondrien

Unter dem Lichtmikroskop erscheinen die Mitochondrien der *Euglenophyta* meistens als längliche Körper von 0,5–10 µm Länge, die manchmal zu Netzen vereinigt sein können (Abb. 72 a, b). Im Licht gezogene Exemplare von *Euglena* besitzen ein viel weniger gut entwickeltes System von Mitochondrien („Chondriom"), als es bei völlig heterotrophen, im Dunkeln kultivierten Exemplaren der Fall ist (vgl. Abb. 72 a mit 72 b). Auch chloroplastenfreie Varianten enthalten ein stark entwickeltes „Chondriom". Mitochondrien sind Zellorganellen, die eine wichtige Rolle bei der Dissimilation organischer Stoffe spielen, wobei sie der Zelle Energie liefern.

Die Mitochondrien der *Euglenophyta* zeigen einige morphologische Eigenschaften, die wahrscheinlich für die Gruppe charakteristisch sind. Auffällig sind die gewellte äußere Membran und die scheibenförmigen „Cristae mitochondriales" (Abb. 72 c) (324).

Golgi-Apparate

Die Zellen der *Euglenophyta* enthalten einen oder mehrere Golgi-Apparate, die in der Zelle verteilt liegen (Abb. 71 a, 72 d).

Zellteilung und Vermehrung

Während der Mitose schwillt die Ampulle in der Querrichtung an, und aus dem Boden ihres Bauches entspringt ein neuer Satz Geißeln. Nach der Mitose findet in der Längsrichtung eine Durchschnürung der Zelle statt, die am vorderen Zellpol beginnt. Die Teilung schreitet schraubenförmig zum hinteren Ende der Zelle vor. Geschlechtliche Vermehrung wurde nicht beobachtet.

Abb. 72 a–c) *Euglena gracilis* (a = Teil einer im Licht kultivierten Zelle; b = Zelle aus einer Dunkelkultur; c = Querschnitt durch ein Mitochondrium); d–e) *Astasia klebsii*, eine farblose heterotrophe Art (d = Bau der Zelle; e = Bewegungsstadien mit schraubenförmiger Bewegung der Zelle [punktierte Pfeile] und Plasmaströmung [ausgezogene Pfeile]). (C – Cristae, CH – Chloroplast, G – lange Geißel zur Fortbewegung, G' – kurze Geißel, GO – Golgi-Apparat, IK – Interphasekern mit kontrahierten Chromosomen und Nucleolus, K – Kern, KA – Kanal, MI – fadenförmige Mitochondrien, MI' – runde Mitochondrien?, MN – Mitochondrien zu einem Netz vereinigt, PA – Paramylon, PV – pulsierende Vakuole, Py – Pyrenoid, R – Bauch der Ampulle) (nach *Leedale*)

Astasia – ein farbloser Vertreter der Euglenophyceae (Abb. 72 d)

Astasia wirkt wie eine farblose Ausgabe von *Euglena*. Sie besitzt keine Chloroplasten und keinen Augenfleck. Die Zelle enthält eine große Zahl von Mitochondrien und viele Paramylonkörner. Die Art *Astasia klebsii* kommt in verschmutztem Süßwasser vor.

Kapitel 14: Abteilung Chlorophyta Unterabteilung Chlorophytina (Grünalgen)

Die wichtigsten Merkmale der Chlorophytina (Grünalgen)

1. Die begeißelten Zellen sind isokont, d. h. sie tragen jeweils zwei (oder auch vier oder viele) völlig gleiche Geißeln, die nicht mit Flimmern besetzt sind (Abb. 74, 79). Mit dem Elektronenmikroskop können manchmal sehr feine Haare auf den Geißeln wahrgenommen werden (Abb. 76 h).
2. Die begeißelten Zellen sind meistens bilateralsymmetrisch. Die Symmetrieebene durchschneidet die Zelle von der Spitze zur Basis und steht senkrecht auf der Ebene, die die beiden Geißeln (oder die beiden Geißelpaare) miteinander verbindet (Abb. 79). Zellen mit vielen Geißeln sind – von der Zellspitze her gesehen – meistens radiärsymmetrisch. Bei allen anderen Algengruppen mit Ausnahme einiger *Haptophyta* sind begeißelte Zellen asymmetrisch gebaut.
3. Der Chloroplast wird nur durch eine doppelte Chloroplastenmembran umhüllt. In diesem Merkmal stimmen die *Chlorophytina* nur mit den *Rhodophyta,* den *Bryophytina* und den *Tracheophytina* überein. Chloroplasten sind niemals durch das endoplasmatische Reticulum mit der Kernhülle verbunden (Abb. 74, 90 a).
4. In den Chloroplasten sind die Thylakoide in unterschiedlicher Zahl (zwei bis sechs, manchmal mehr) zu Stapeln (Lamellen) vereinigt. Eine Gürtellamelle fehlt.
5. Begeißelte Zellen enthalten meistens einen (manchmal mehrere) Augenflecken, die immer ein Teil des Chloroplasten sind. Der Augenfleck liegt direkt unter der Chloroplastenmembran und dicht an der Zelloberfläche. Er besteht aus ein, zwei oder mehreren Reihen von Augenfleck-Globuli, die Carotinoide enthalten. Zwischen jeder Schicht aus Globuli liegt ein Thylakoid (Abb. 74 d). Der Augenfleck ist nicht mit einer Geißelanschwellung assoziiert, wie es bei *Heterokontophyta, Eustigmatophyta* und *Euglenophyta* der Fall ist.
6. Das grüne Chlorophyll der Chloroplasten wird nicht durch akzessorische Pigmente maskiert. Neben Chlorophyll a kommt Chlorophyll b vor. Dieses Merkmal teilt die Gruppe nur mit den *Euglenophyta,* den *Bryophytina* und den *Tracheophytina.*

7. Die *Chlorophyta* besitzen eine charakteristische Zusammenstellung akzessorischer Pigmente: Lutein, Zeaxanthin, Violaxanthin, Antheraxanthin und Neoxanthin. Siphonein und Siponoxanthin kommen nur bei der Ordnung der *Caulerpales* der Klasse *Chlorophyceae* vor (Tab. 2).
8. Das Pyrenoid liegt – wenn vorhanden – immer im Chloroplasten. In das Pyrenoid dringen oft Lamellen ein, die meistens aus zwei Thylakoiden bestehen. Das Pyrenoid wird immer von einer Schicht aus Stärkeplättchen umgeben (Abb. 74 a, c, 98 a, 119).
9. Das wichtigste Reservepolysaccharid ist Stärke, die immer in Form von Körnern im Chloroplasten liegt, wo sie ihren Platz am Pyrenoid haben kann, soweit ein Pyrenoid vorhanden ist (Abb. 74). Dieses Merkmal teilen die *Chlorophytina* nur mit den *Bryophytina* und den *Tracheophytina*. Bei den *Dasycladales* spielt ein Fructan eine wichtige Rolle als Reservepolysaccharid.

Die Grünalgen scheinen aufgrund der oben genannten übereinstimmenden Merkmale eine natürliche Unterabteilung zu bilden, die gut von allen anderen Algenabteilungen unterschieden werden kann. Viel schwieriger dagegen ist es, Moose und Gefäßpflanzen von den Grünalgen zu unterscheiden. Im Prinzip sind nämlich alle oben zusammengetragenen Merkmale auch bei Moosen und Gefäßpflanzen auffindbar, zumindest soweit diese begeißelte Zellen, d. h. Spermatozoiden, in ihrem Lebenszyklus besitzen. Zwar sind die Spermatozoiden dieser beiden Gruppen nicht bilateralsymmetrisch, wohl aber isokont begeißelt. Auch kommen asymmetrische Zoiden bei einigen Grünalgen (z. B. bei *Charophyceae* sowie bei *Klebsormidium* und *Coleochaete*, zwei Algen aus der Ordnung der *Ulotrichales*) ebenfalls vor. Außerdem stimmen Grünalgen und Gefäßpflanzen, auch wenn sie keine begeißelten Zellen besitzen, in den Merkmalen 3, 4, 6, 7, 8 und 9 überein.

Aufgrund dieser Überlegungen sollen hier Moose und Gefäßpflanzen als Unterabteilungen der *Chlorophyta* geführt werden. Die zu den *Chlorophyta* gehörenden Algen werden in der Unterabteilung *Chlorophytina* zusammengefaßt. Die Unterabteilung *Chlorophytina* umfaßt drei Klassen: 1. *Chlorophyceae,* 2. *Prasinophyceae,* 3. *Charophyceae.*

Klasse: Chlorophyceae

Die wichtigsten Merkmale der Chlorophyceae

Die Klasse unterscheidet sich von den anderen Klassen der Unterabteilung *Chlorophytina* durch folgende Merkmale:

1. Weder die Geißeln noch die Zellen sind mit feinen, viereckigen, kleinen, etwa 0,05 μm großen Schuppen aus organischem Material bedeckt (Abb. 131 c, 132 g), wie sie bei der Klasse der *Prasinophyceae* vorkommen.
2. Der Thallus besitzt nicht den Bau einer Charophycee (Armleuchteralge) (Abb. 135).

Die Klasse der *Chlorophyceae* kann von den anderen zwei Klassen der *Chlorophytina* also nur durch negative Merkmale unterschieden werden. In Wirklichkeit bedeuten die beiden oben genannten Merkmale nur, daß alle Grünalgen, die nicht zu den Klassen *Prasinophyceae* und *Charophyceae* gerechnet werden können, zu den *Chlorophyceae* gehören. Offenbar gibt es keine Merkmale, die die *Chlorophyceae* wohl miteinander, aber nicht mit den *Prasinophyceae* und den *Charophyceae* gemeinsam haben. Dies weist darauf hin, daß es sich bei den *Chlorophyceae* um ein unnatürliches Konglomerat von Gruppen handelt, die im Prinzip in eine Anzahl natürlicher Klassen aufgeteilt werden müßten. In der letzten Zeit wurden Versuche in dieser Richtung unternommen, und zwar um so mehr, als jetzt neue Merkmale zur Verfügung stehen, die sich zum Beispiel auf den Typ des Lebenszyklus, auf die chemische Zusammensetzung der Zellwand und auf die Art der Kern- und Zellteilung beziehen. Die Suche nach neuen systematischen Kriterien ist noch in vollem Gang, so daß es im Augenblick aus praktischen Überlegungen besser ist, sich in großen Linien an die gebräuchliche Einteilung zu halten. Das unnatürliche Konglomerat der *Chlorophyceae* wird hier – zum großen Teil in Übereinstimmung mit CHRISTENSEN (60) – in die folgenden Ordnungen unterteilt:

Ordnungen	mögliche neue Klassen
1. *Volvocales* (einschließlich *Tetrasporales*)	→ *Chlorophyceae* s. s.
2. *Chlorococcales*	→ *Chlorophyceae* s. s.
3. *Prasiolales*	→ *Chlorophyceae* s. s.
4. *Ulotrichales*	→ *Chlorophyceae* s. s.; → *Codiolophyceae* (293)
5. *Acrosiphoniales*	→ *Codiolophyceae* (293)
6. *Cladophorales*	→ *Cladophoraphyceae* *
7. *Siphonocladales*	→ *Cladophoraphyceae* *

Ordnungen		mögliche neue Klassen
8. *Caulerpales*	———	*Bryopsidophyceae** (507)
9. *Dasycladales*	———	*Dasycladophyceae**
10. *Zygnematales*	———	*Zygnemaphyceae** (507)
11. *Oedogoniales*	———	*Oedogoniophyceae** (507)

Auch in der oben vorgeschlagenen neuen Einteilung soll die Klasse der *Chlorophyceae* (im engeren Sinne) vorläufig noch eine Restgruppe bleiben. Die Grenze zwischen *Chlorophyceae* und *Codiolophyceae* ist undeutlich. Die mit einem Stern gekennzeichneten Klassen scheinen natürlich zu sein. Diese Gruppen sind schon seit langem als gut erkennbare Ordnungen bekannt.

Die verschiedenen Organisationsstufen der Chlorophyceae

Bei den *Chlorophyceae* können Organisationsstufen beobachtet werden, die auf S. 104 und in Tab. 5 schon zusammengestellt wurden. Die folgenden Organisationsstufen wurden unterschieden:

- die monadoide Organisationsstufe (Beispiel: *Chlamydomonas*, Abb. 74);
- die monadoide koloniebildende Organisationsstufe (Beispiele: *Volvox, Gonium, Eudorina*, Abb. 80 a, b, 81);
- die kapsale (oder tetrasporale) Organisationsstufe (Beispiele: *Tetraspora, Sphaerocystis, Coccomyxa*, Abb. 86 b–d);
- die kokkale Organisationsstufe (Beispiele: *Chlorococcum, Chodatella, Oocystis*, Abb. 83, 88 d, h);
- die trichale Organisationsstufe (Beispiele: *Ulothrix, Stigeoclonium, Oedogonium, Spirogyra*, Abb. 94, 95 a, 118, 127);
- die thallöse Organisationsstufe (Beispiel: *Ulva*, Abb. 98);
- die siphonale Organisationsstufe (Beispiele: *Bryopsis, Codium, Caulerpa*, Abb. 111–114).

Von den in Tab. 5 zusammengestellten Organisationsstufen fehlt nur das amöboide Niveau, da es zumindest keine Grünalgen gibt, die im ausgewachsenen Zustand als amöboide Zellen leben. Fortpflanzungszellen können jedoch manchmal amöboid sein, wie es zum Beispiel bei einigen *Ulotrichales* und *Zygnematales* der Fall ist (116).

Verwandtschaftsverhältnisse innerhalb der Chlorophyta

Die Ordnungen der *Chlorophyceae* werden aufgrund von Merkmalen getrennt, die in Tab. 7 zusammengefaßt sind. In der Tabelle wird auch angegeben, welche Merkmale als primitiv oder abgeleitet angesehen werden. Die Tabelle enthält auch wichtige Merkmale der Klasse *Charophyceae* und der Unterabteilungen *Bryophytina* und *Tracheophytina*.

Tabelle 7 Primitive und abgeleitete Merkmale bei den Chlorophyta

Merkmal	primitiv	abgeleitet	stark abgeleitet
Organisationsstufe (vgl. Tab. 5)	monadoid	1. kokkal 2. trichal 3. thallös	1. siphonal 2. Blätter und Stengel mit Leitungsgewebe
Lebenszyklus	haplont	diplohaplont	1. diplont 2. diplohaplont mit sehr starker Reduktion der haploiden Generation
Gamie	Isogamie	Anisogamie	Oogamie
Mitose-Cytokinese-Typ (vgl. S. 309 und Abb. 91)	In der Telophase bleibt die Spindel lange erhalten. Cytokinese erfolgt durch Invagination des Plasmalemmas (Typ I in Abb. 91)		1. In der Telophase kollabiert die Spindel schnell, so daß die Kerne dicht zusammenliegen. Cytokinese durch Invagination oder durch eine Zellplatte in einem Phycoplasten (Typ II und III in Abb. 91) 2. Die Spindel entwickelt sich in der Telophase zu einem Phragmoplasten. Cytokinese erfolgt durch eine Zellplatte im Phragmoplasten (Typ IV in Abb. 91)
Polysaccharide der Zellwand; feste Zellwandfraktion	nichtkristalline Cellulose		1. kristalline Cellulose 2. Xylan, Mannan
Zoiden	1. bilateralsymmetrisch 2. radiärsymmetrisch		asymmetrisch

Wichtig ist weiterhin, wie die Organisationsstufen in den einzelnen Ordnungen realisiert sind. So besitzen zum Beispiel die *Dasycladales*, die *Charales* aber auch die Unterabteilung der *Tracheophytina* einen für die jeweiligen Gruppen sehr charakteristischen vegetativen Bau.

Die *Tracheophytina* besitzen einen diplohaplonten Lebenszyklus mit einer stark reduzierten haploiden Phase. Bei den Farnen *(Pteropsida,* Tab. 1) führt die haploide Gametophyten-Phase (Prothallium) noch ein selbständiges Leben, während bei den Blütenpflanzen *(Magnoliopsida,* Tab. 1) der weibliche Gametophyt nur noch bedingt im Embryosack und der männliche Gametophyt im Pollenschlauch erkannt werden kann, so daß der Lebenszyklus dieser Gruppe praktisch zum diplonten Typ gehört.

Die oben behandelten Merkmale können graphisch dargestellt werden, wie es Abb. 73 zeigt. In der Graphik kann für jede Ordnung ein Gebiet abgegrenzt werden, das mit den Merkmalen der Gruppe übereinstimmt. Der Abstand einer Ordnung vom Zentrum gibt einen Hinweis auf das Maß, in dem die Gruppe abgeleitete Eigenschaften besitzt. Der Abstand der Ordnungen voneinander ist ein Maß für den Grad ihrer Verwandtschaft. Man kann die Darstellung als einen Querschnitt durch den Stammbaum der *Chlorophyta* in der Ebene der heute lebenden Organismen betrachten.

Die Abb. 73 illustriert deutlich die Heterogenität und damit die Unnatürlichkeit der Ordnung der *Ulotrichales* (S. 323). So scheint die isolierte Stellung von *Coleochaete* (S. 332) die Unterscheidung einer gesonderten Ordnung *Coleochaetales* zu rechtfertigen (555). Hierzu müssen jedoch noch viel mehr Arten, die jetzt in der Ordnung der *Ulotrichales* eingeordnet sind, auf die Merkmale hin untersucht werden, die in Abb. 73 verwendet werden.

Die Graphik illustriert auch die recht enge systematische Verwandtschaft zwischen *Volvocales, Chlorococcales,* den verschiedenen unter den *Ulotrichales* eingereihten Gruppen der Grünalgen und den *Acrosiphoniales.* Stark abgeleitet sind die *Cladophorales* (einschließlich *Siphonocladales), Caulerpales, Dasycladales, Charales, Bryophytina* und *Tracheophytina.* Hiermit stimmt die Tatsache überein, daß in diesen Gruppen kompliziertere Baupläne vorkommen als in den vorher genannten Gruppen. Außerdem nimmt die Komplexität der Baupläne in dieser Reihe von den *Cladophorales* zu den *Tracheophytina* stark zu.

Bei einigen stark abgeleiteten Gruppen *(Cladophorales, Charales, Bryophytina* und *Tracheophytina)* ist kristalline Cellulose der wichtigste Bestandteil der Zellwand. Die drei am stärksten abgeleiteten Gruppen *(Charophyceae, Bryophytina* und *Tracheophytina)* sind streng oogam und besitzen asymmetrische, isokonte Zoiden (Spermatozoiden). Aber auch *Klebsormidium (Ulotrichales)* und *Coleochaete* haben asymmetrische Zoiden (472). Die Typen der Oogamie und die dabei gebrauchten Strukturen sind für jede dieser

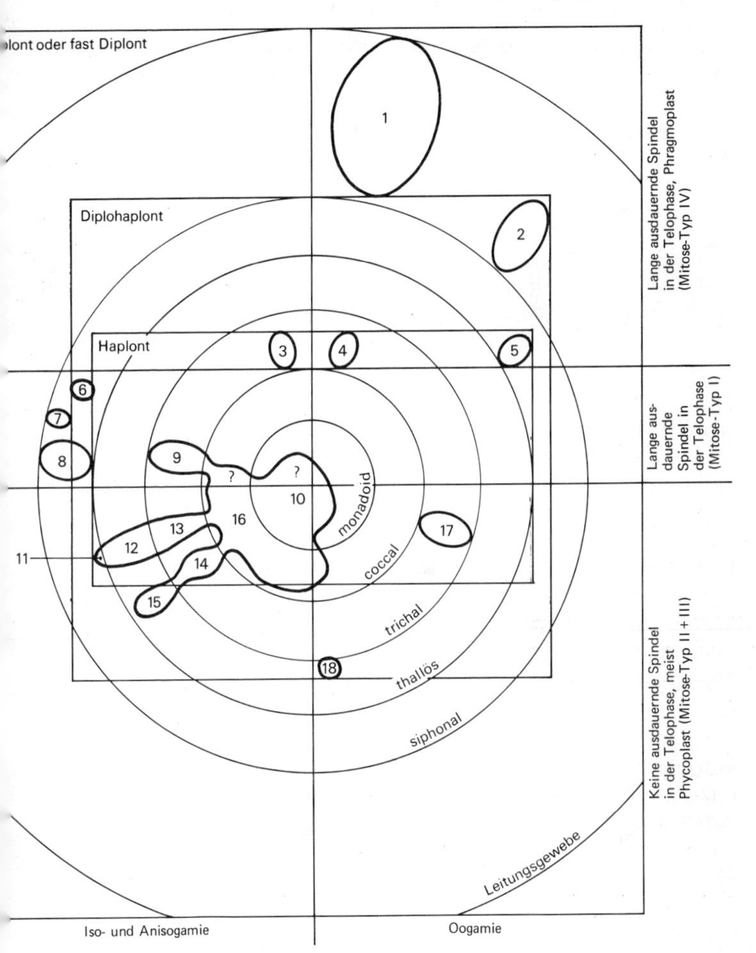

Abb 73 Verwandtschaftsverhältnisse der *Chlorophyta;* 1 – *Tracheophytina* (mit kristalliner Cellulose und asymmetrischen Zoiden in einigen Klassen); 2 – *Bryophytina* (mit kristalliner Cellulose und asymmetrischen Zoiden); 3 – *Zygnematales;* 4 – Teil der *Ulotrichales (Coleochaete,* mit asymmetrischen Zoiden); 5 – *Charophyceae* (mit kristalliner Cellulose und asymmetrischen Zoiden); 6 – *Cladophorales* (mit kristalliner Cellulose); 7 – *Dasycladales* (mit Mannan in der Zellwand); 8 – *Caulerpales* (mit Xylan und Mannan in der Zellwand); 9 – Teil der *Ulotrichales (Klebsormidium, Stichococcus);* 10 – *Volvocales;* 11 – *Acrosiphoniales;* 12 – Teil der *Ulotrichales (Monostroma);* 13 – Teil der *Ulotrichales (Ulothrix);* 14 – Teil der *Ulotrichales (Stigeoclonium);* 15 – Teil der *Ulotrichales (Ulva, Enteromorpha);* 16 – *Chlorococcales;* 17 – *Oedogoniales;* 18 – *Prasiolales* (mit Xylan und Mannan in der Zellwand)

Gruppen jeweils ebenso charakteristisch wie die vegetativen Baupläne.

Größe und Verbreitung der Klasse

Die Klasse enthält rund 450 Gattungen und etwa 7000 Arten (517). Die meisten Arten leben im Süßwasser, es kommen jedoch auch zahlreiche marine und erdbewohnende Arten vor. Bei der Mehrzahl der Ordnungen kommen alle Arten *(Zygnematales, Oedogoniales)* oder zumindest die meisten Arten *(Volvocales, Chlorococcales, Ulotrichales)* im Süßwasser (manchmal auch im Brackwasser) vor. Drei Ordnungen dagegen *(Siphonocladales, Caulerpales, Dasycladales)* sind praktisch völlig auf das Meer beschränkt.

Die Klasse umfaßt zahlreiche einzellige oder koloniebildende planktische Algen. Daneben gibt es zahlreiche einzellige, oft aber auch mehrzellige und makroskopische Formen mit benthischer, epilithischer und epiphytischer Lebensweise. Viele fadenförmige Grünalgen können in ihren jungen Entwicklungstadien an einem Substrat festgeheftet sein, um dann im ausgewachsenen Stadium frei treibende Watten aus zahlreichen Fäden zu bilden. Besonders auffallend sind die grünen Watten, die vor allem im Frühjahr die Oberfläche von Gräben und Teichen zu einem großen Teil bedecken können.

Vor allem der oberste Teil der Gezeitenzone felsiger Meeresküsten ist oft mit einer auffallenden Zone von Grünalgen bedeckt, die sich u. a. aus Arten der Gattungen *Ulva* (Meersalat) (S. 333), *Enteromorpha* (S. 336) und *Ulothrix* (nur im Frühjahr) (S. 323) zusammensetzt. Auf Sand- und Schlickplatten des Wattenmeeres können Arten von *Ulva* und *Enteromorpha* eine Massenvegetation bilden und bei Ebbe den Boden mit einer grünen Masse bedecken. In Japan werden Arten der Gattungen *Ulva* und *Enteromorpha* als Nahrungsmittel gezüchtet. Sie werden in nährstoffreichen Buchten auf Gestellen und ausgespannten Netzen kultiviert, wobei ähnliche Methoden angewandt werden, wie sie für den Anbau der Rotalge *Porphyra* beschrieben wurden (S. 55).

Der sandige oder schlammige Boden tropischer Lagunen ist oft mit einer eindrucksvollen Vegetation aus ein bis mehreren Zentimetern großen Arten der Gattungen *Caulerpa, Udotea* und *Halimeda* bedeckt (Abb. 114). *Caulerpa*-Arten sind im Sediment mit kriechenden Ausläufern befestigt, während *Udotea* und *Halimeda* mit Knollen verankert sind.

Der auffallende grüne Belag, der bei uns oft auf der Westseite von Bäumen und Mauern zu finden ist, besteht meistens aus der aerophytischen Grünalge *Pleurococcus* (ähnlich wie *Chlorosarcinopsis,* Abb. 84 p–s) oder verwandten Formen, deren Zellen in kleinen, unregelmäßigen Paketen aneinander haften bleiben. Andere aerophytische Grünalgen, bei denen es sich meistens um *Chlorococcales* oder einfach gebaute *Ulotrichales* handelt, bewohnen mehr oder weniger feuchte Böden, wo sie oft zusammen mit bodenbewohnenden *Xanthophyceae* (S. 101) vorkommen. Auch Schnee und Eis können mit Grünalgen bewachsen sein. So kann zum Beispiel hoch in den Bergen alter Schnee durch *Chlamydomonas nivalis* rot gefärbt sein. Bei dieser Art wird das Chlorophyll durch das rote Hämatochrom, ein Gemisch carotinoider Pigmente, maskiert.

Während im Meer vor allem einzellige *Dinophyceae* („Zooxanthellen", S. 234) als Endosymbionten fungieren können (z. B. in den Geweben riffbauender Korallen), wird im Süßwasser diese Rolle überwiegend von einzelligen Grünalgen, die man „Zoochlorellen" nennt, erfüllt. Zoochlorellen kommen unter anderem in den Geweben des Süßwasserpolypen *Chlorohydra,* in einigen Süßwasserschwämmen und in den Zellen des Pantoffeltierchens *Paramecium* vor. Es konnte bewiesen werden, daß *Chlorohydra* Photosyntheseprodukte aufnehmen kann, die durch seine Zoochlorellen gebildet werden (46, 400). Zoochlorellen gehören zu der Gattung *Chlorella* (Ordnung *Chlorococcales,* S. 314, Abb. 88 a).

Auch bei den häufigsten symbiotischen Algen („Phycobionten") der *Lichenes* (Flechten) handelt es sich um einzellige *Chlorococcales* (meistens um die Gattung *Trebouxia)* (211). In der Flechtensymbiose kommen die Photosyntheseprodukte des Phycobionten zum großen Teil dem Pilzpartner (dem Mycobionten) zugute.

Eine geringe Zahl der Grünalgen ist farblos und heterotroph. Beispiele sind *Polytoma* (Abb. 79 q) und *Hyalogonium* (Abb. 79 a). Diese farblosen Algen werden aufgrund großer morphologischer Übereinstimmung mit den grünen *Chlorophyceae* zu den Grünalgen gerechnet. So ist *Polytoma* eine ungefärbte Ausgabe von *Chlamydomonas,* während *Hyalogonium* der Gattung *Chlorogonium* sehr ähnelt (Abb. 79 b).

Eigenschaften der Chlorophyceae

Pigmente und Chloroplasten

Die Grünalgen verdanken ihre Farbe der Tatsache, daß das grüne Chlorophyll nicht durch akzessorische Pigmente maskiert wird, obwohl in den Chloroplasten durchaus einige carotinoide Pigmente vorkommen. Man findet β-Carotin und die Xanthophylle Lutein, Violaxanthin, Neoxanthin, Antheraxanthin und Zeaxanthin, von denen Lutein am wichtigsten ist (Tab. 2). Bei Vertretern der *Caulerpales* wurden die Xanthophylle Siphonein und Siphonoxanthin gefunden.

Bei einigen Grünalgen wird das grüne Chlorophyll durch das rote Hämatochrom maskiert, das aus einem Gemisch carotinoider Pigmente besteht. Hämatochrom liegt in Form von Öltröpfchen außerhalb der Chloroplasten. Die schon erwähnte aerophytische Art *Chlamydomonas nivalis* färbt Schnee rot. *Haematococcus pluvialis* (Abb. 79 d) kann Regenpfützen eine rote Farbe geben. Auch die fädige, auf Baumstämmen lebende Grünalge *Trentepohlia* (Abb. 97 a) ist durch die Anhäufung von Hämatochrom rot bis braun gefärbt. In Algenkulturen können bei Stickstoffmangel Carotinoide in der Zelle angehäuft werden.

Neben Chlorophyll a enthalten die Chloroplasten auch Chlorophyll b.

Die Form der Chloroplasten kann stark variieren. Bei einzelligen Formen hat der Chloroplast oft die Gestalt eines Bechers mit dickem Boden (Abb. 74 a, 83). Bei fädigen Grünalgen ist der Chloroplast oft ringförmig oder netzförmig (Abb. 94 a, 126), wobei in beiden Fällen der Chloroplast gegen die Zellwand anliegt. Bei wieder anderen Grünalgen enthält die Zelle zahlreiche scheibenförmige, parietale (= gegen die Zellwand anliegende) Chloroplasten (Abb. 79 s, 106 a). Axiale (in der Zellachse liegende), mehr oder weniger massive Chloroplasten, die mit Fortsätzen versehen sind, kommen vor allem bei Arten der Ordnungen *Prasiolales* und *Zygnematales* (Abb. 92, 119 d) vor, obwohl sie sich gelegentlich auch in anderen Ordnungen finden (z. B. bei einigen *Chlamydomonas*-Arten der Ordnung *Volvocales*).

Der Chloroplast enthält oft ein oder mehrere Pyrenoide. Ein Pyrenoid kann mit dem Lichtmikroskop als runde oder ovale Struktur im Chloroplasten beobachtet werden. Gegen das Pyrenoid liegen bei den *Chlorophyceae* immer einige Stärkeplättchen an, die sich mit Jodjodkalium blauviolett färben (Abb. 74 a, 83). Diese Stärkeplättchen liegen im Chloroplasten, während bei allen anderen Abteilungen der Algen die Reservepolysaccharide außerhalb des Chloroplasten abgelagert werden. Es scheint sehr wahrscheinlich zu sein, daß die Funktion des Pyrenoids die Synthese von Reservestärke ist.

Im Gegensatz zu den Verhältnissen bei den *Rhodophyta* (S. 44) und den *Heterokontophyta* (S. 79) zeigt die Ultrastruktur der Chloroplasten bei den *Chlorophyceae* kein Muster, das für die ganze Gruppe charakteristisch ist. Man kann die folgenden Eigenschaften zusammenfassen:

- Die Zahl der Thylakoide, die zu Stapeln (Lamellen) vereinigt sind, ist variabel (zwei bis sechs, manchmal mehr) (Abb. 74 b, 83). Bei den anderen Abteilungen bestehen die Lamellen aus zwei oder drei Thylakoiden;
- ein peripherer Stapel von Thylakoiden (Gürtellamelle), wie er für die *Heterokontophyta* charakteristisch ist, fehlt ebenfalls (Abb. 74 b, 83);
- der Chloroplast wird nur von seiner eigenen doppelten Chloroplastenmembran umhüllt. Er wird nicht zusätzlich von einer Falte des endoplasmatischen Reticulums umschlossen, wie es bei *Heterokontophyta, Haptophyta, Eustigmatophyta* und *Cryptophyta* der Fall ist (Abb. 74 b, 76 a, 83).

Elektronenmikroskopische Untersuchungen zeigen, daß das Pyrenoid aus einem gleichförmigen Stroma besteht, das etwas dunkler ist als das Stroma des Chloroplasten. In vielen Fällen dringen einige Thylakoide in das Stroma des Pyrenoids ein, wobei sie sich unter Umständen zu Röhrchen verengen können (Abb. 74 c, 76 a) (95, 177, 194).

Reservestoffe

Das wichtigste Reserveprodukt der Photosynthese ist Stärke, ein α-1,4-gebundenes Glucan. Bei *Dasycladales* und *Cladophorales* tritt jedoch auch ein Fructan als Reservepolysaccharid auf (Tab. 3). Die Stärke liegt in Form von Körnern im Chloroplasten, wo sie entweder im Stroma verteilt ist oder gegen ein Pyrenoid angedrückt liegt (Abb. 74). Neben Stärke kommen außerhalb und innerhalb der Chloroplasten fettartige Stoffe in Form von Fetttröpfchen vor (Abb. 74).

Zusammensetzung der Zellwand (Tab. 4)

Genau wie bei Rotalgen und Braunalgen (S. 47 und S. 141) kann man bei den *Chlorophyceae* eine feste, fibrilläre Fraktion der Zellwand und eine amorphe Fraktion (Matrix) unterscheiden. Die fibrilläre Fraktion, die der Wand ihre Festigkeit gibt, ist in die amorphe Fraktion eingebettet.

In den meisten Fällen bildet die fibrilläre Fraktion eine Schicht, die direkt gegen das Plasmalemma anliegt. Die amorphe Fraktion findet man in Form einer Schleimschicht überwiegend an der Außenseite der fibrillären Schicht.

Bei *Cladophora* besteht die Wand abwechselnd aus fibrillären und amorphen Schichten (202) (Abb. 106 e).

Elektronenmikroskopische Untersuchungen zeigen, daß die fibrilläre Fraktion überwiegend aus sogenannten Mikrofibrillen besteht, deren Dicke im Querschnitt von 3–35 nm variieren kann. Bei den meisten Arten bestehen die Mikrofibrillen aus Celluloseketten. Bei einigen *Caulerpales (Codium, Derbesia)* und *Dasycladales (Acetabularia, Halicoryne)* scheinen die Mikrofibrillen jedoch aus Mannan zu bestehen und bei einigen anderen *Caulerpales (Caulerpa, Bryopsis, Halimeda* und *Chlorodesmis)* aus einem Xylan. Einige weitere Zellwandbestandteile, die man bei einigen anderen *Chlorophyceae* gefunden hat, sind in Tab. 4 aufgeführt.

Bei der Mehrzahl der Arten, die auf dieses Merkmal hin untersucht wurden, bilden die willkürlich orientierten Mikrofibrillen ein filziges Netzwerk. Bei den Ordnungen *Cladophorales* und *Siphonocladales* sind jedoch die relativ dicken Mikrofibrillen (etwa 20 nm) fast gerade und parallel zueinander ausgerichtet. Die Wand besteht hier aus Schichten von Mikrofibrillen, die in einer Schicht schräg zur Längsrichtung und in der nächsten Schicht schräg zur Querrichtung verlaufen (Abb. 106 b, e). Die Mikrofibrillen bestehen aus kristalliner Cellulose. Die Zellwände der *Cladophorales* und *Siphonocladales* gleichen in dieser Hinsicht sehr den Zellwänden höherer Pflanzen *(Tracheophytina)* (Tab. 4) (202, 298, 462).

Die mehr oder weniger schleimige amorphe Zellwandfraktion besteht aus komplexen Polysacchariden, deren Zusammenstellung von Art zu Art variieren kann. Die Zahl der Arten, bei denen dieses Merkmal untersucht wurde, ist übrigens relativ gering. Bei einigen *Chlamydomonas*-Arten, bei einigen *Cladophorales* und bei *Codium (Caulerpales)* scheint die amorphe Fraktion zum Teil aus Arabino-Galaktanen mit Sulfatestergruppen zu bestehen. Bei einigen Vertretern der *Ulotrichales* besteht die amorphe Zellwandfraktion überwiegend aus Polyuroniden mit Sulfatestergruppen, deren wichtigste Monomere Rhamnose, Xylose und Glucuronsäure sind.

Die amorphe Zellwandfraktion der Grünalgen wird oft zu Unrecht als „Pektinfraktion“ bezeichnet, weil sie sich mit Rutheniumrot färbt. Rutheniumrot ist jedoch eine unspezifische Färbung, die Säuregruppen (z. B. $-SO_3'$- und -COO′-Gruppen) der Zellwand nachweist. Pektin ist die amorphe Zellwandfraktion höherer Pflanzen und besteht größtenteils aus einem Polymer der Galakturonsäure (436, 462).

Neben den Polysacchariden enthalten die Zellwände auch Eiweiß. In einigen Fällen konnte Sporopollenin als Zellwandstoff nachgewiesen werden (bei *Chlorella*, S. 314, und bei *Scenedesmus*, S. 316). Sporopollenin kommt auch in den Wänden der Pollenkörner höherer Pflanzen vor.

Begeißelte Zellen (Abb. 74, 79, 85, 94, 96, 98, 107 usw.)

Bei den meisten Vertretern der Ordnung der *Volvocales* handelt es sich um begeißelte Zellen, die zu Kolonien vereinigt sein können (Abb. 80, 81). Eine Zelle trägt meistens zwei, manchmal vier (und selten viele) gleichartige Geißeln. In den Lebenszyklen fast aller anderer Grünalgen spielen begeißelte Zellen (Zoiden) eine Rolle. Diese Zoiden tragen ebenfalls zwei, vier oder manchmal auch viele kranzförmig angeordnete Geißeln (Abb. 94, 98, 127 f, g, 112 g, h). Zoiden mit zwei oder vier Geißeln ähneln sehr den einzelligen volvocalen Grünalgen *Chlamydomonas* bzw. *Carteria* (vgl. Abb. 94 f mit 74 a und Abb. 96 a mit 79 e). Die Zoiden der meisten *Chlorophyceae* sind symmetrisch. Diese Symmetrie zeigt sich auch in den Wurzeln aus Mikrotubuli, mit denen der Geißelapparat in der Zelle verankert ist (Abb. 76 g, i). Nur ganz wenige Vertreter der *Chlorophyceae* besitzen asymmetrische Zoiden (z. B. *Coleochaete*, Abb. 97), wie sie auch bei den *Charophyceae* vorkommen (Abb. 133 p). Hier ist der Geißelapparat nur mit einem breiten Band aus Mikrotubuli in der Zelle verankert (472, 553).

Kapitel 15: Chlorophyceae – Ordnung Volvocales

Die Vertreter der Ordnung sind einzellige, begeißelte Grünalgen, die zu Kolonien vereinigt sein können.

Chlamydomonas (Abb. 74–78, 79g, i–n)

Die einzelligen Algen sind eiförmig bis oval oder rund gebaut. Sie besitzen zwei gleichlange Geißeln, die an der Vorderseite der Zelle an den beiden Seiten einer apikalen Papille entspringen. Die Zellen sind von einer Wand umgeben.

Zahlreiche Arten der Gattung leben im Süßwasser und auf feuchter Erde, während im Meer nur wenige Arten vorkommen. Die Gattung ist sehr reich an Arten, von denen mehr als 600 bekannt sind. Als Merkmale zur Unterscheidung der Arten werden unter anderem Form und Größe der Zelle, die Form der apikalen Papille, das Vorkommen und die Zahl der pulsierenden Vakuolen und die Form und Anzahl der Chloroplasten und Pyrenoide verwendet (117, 120, 241).

Einige Arten der Gattung *(Chlamydomonas eugametos, Chlamydomonas moewusii, Chlamydomonas reinhardii)* sind wichtige Laboratoriumsobjekte bei der Untersuchung von biochemischer Genetik und Photosynthese (109, 328, 329, 511, 512).

Zellwand (Abb. 74 a, b, f)

Die Zellwand von *Chlamydomonas* besteht aus einem Raster, das zwischen zwei Schichten eingeklemmt liegt, die aus feinen Fibrillen aufgebaut sind. Das Raster sieht im Querschnitt perlschnurartig aus. Die Perlen sind etwa 13–20 nm groß. Das Raster setzt sich aus Glykoproteinen zusammen (u. a. Hydroxyprolin an Arabinose und Galaktose gebunden). Es wird außerhalb der Zelle aus Komponenten zusammengesetzt, die innerhalb der Zelle synthetisiert werden. Die zwei Schichten aus feinen Fibrillen, zwischen die das Raster eingeklemmt liegt, bestehen wahrscheinlich aus Polysacchariden. Die Zellwand enthält keine Cellulose (112, 119, 120, 225, 240, 327).

Die geschilderten Beobachtungen lassen vermuten, daß die Zellwand von *Chlamydomonas* in Bau und Zusammensetzung sehr von der „normalen“ Grünalgenzellwand abweicht, wie sie auf S. 263 beschrieben wurde. Untersuchungen an den Zellwänden anderer Grünalgen lassen jedoch vermuten, daß noch viel mehr abweichende Zellwandtypen vorkommen.

Die Zellwand von *Chlamydomonas* wird gegen die Außenseite der Zelle, d. h. gegen die Außenseite des Plasmalemmas, abgesetzt. Dies steht im Gegensatz zu den Zellwänden der *Dinophyceae* und *Bacillariophyceae,* bei denen die Elemente der Zellwand in flachen Vesikeln unter dem Plasmalemma gebildet werden, und zu den Zellwänden der *Haptophyceae* und der *Prasinophyceae.* Die letzteren werden aus Schüppchen aufgebaut, die vom Golgi-Apparat ausgeschieden werden.

Die apikale Papille ist eine papillenförmige Verdickung der Zellwand am vorderen Zellende. Zu beiden Seiten der apikalen Papille wird die Zellwand von zwei Geißelkanälen durchbrochen, in denen die Geißeln verlaufen (Abb. 74 f).

Geißelapparat (Abb. 74 a, f, 76 e–j)

Am Vorderende der Zelle entspringen zu beiden Seiten der apikalen Papille zwei gleichgebaute Geißeln. Die Geißeln sind etwa 0,3 μm dick. Mit dem Lichtmikroskop kann man sie an lebenden Zellen beobachten, wobei die Wahrnehmung durch den schnellen Geißelschlag erschwert wird. Beide Geißeln führen beim Schwimmen einen synchronen Schlag in einer Ebene aus, der dem menschlichen Armschlag beim Brustschwimmen entspricht (Abb. 76 e). Vorwärts schwimmende Zellen können eine Geschwindigkeit von etwa 100 bis 140 μm pro Sekunde erreichen. Manchmal schwimmen die Zellen rückwärts, wobei die Geißeln eine gleichartige, wellenförmige Bewegung ausführen (Abb. 76 f) (41, 503).

Die Geißeln sind in hohem Maße unabhängige Zellorganellen, denn Geißeln, die von der Zelle abgelöst sind, können bei Zugabe von ATP wellenförmige Bewegungen ausführen (41, 59, 433).

Beide Geißeln haben ein kurzes, stumpfes Ende. Sie sind mit sehr dünnen (etwa 5–10 nm) Härchen bekleidet (503) (Abb. 76 h), welche jeweils aus einer Schnur ellipsoider Eiweiße bestehen (631).

Beide Geißeln besitzen die charakteristische „2 + 9“-Struktur, die für alle Geißeln eukaryotischer Zellen charakteristisch ist, d. h. sie enthalten jeweils zwei zentrale und neun doppelte periphere Tubuli (Abb. 74 f). Den Mikrotubuli und auch den Tubuli in Geißeln wurde anfangs die Funktion der Kontraktilität zugeschrieben. So sollten Mikrotubuli zum Beispiel das Strömen des Protoplasmas verursachen und Geißeltubuli für die Bewegung der Geißeln verantwortlich sein. Von diesem Gedanken ist man später abgekommen. Den Mikrotubuli wird jetzt eher eine Skelettfunktion zugedacht. Tatsächlich kommen Mikrotubuli oft dort vor, wo die Zellform stark von der Kugelform abweicht, z. B. in der Teilungsgrube sich teilender *Chlamydomonas*-Zellen (Abb. 76 a) und in der Wand des Geißelkanals von *Euglena* (S. 246). In einem gekrümmten Ende einer Geißel gleiten die Tubuli so aneinander entlang, daß an der kon-

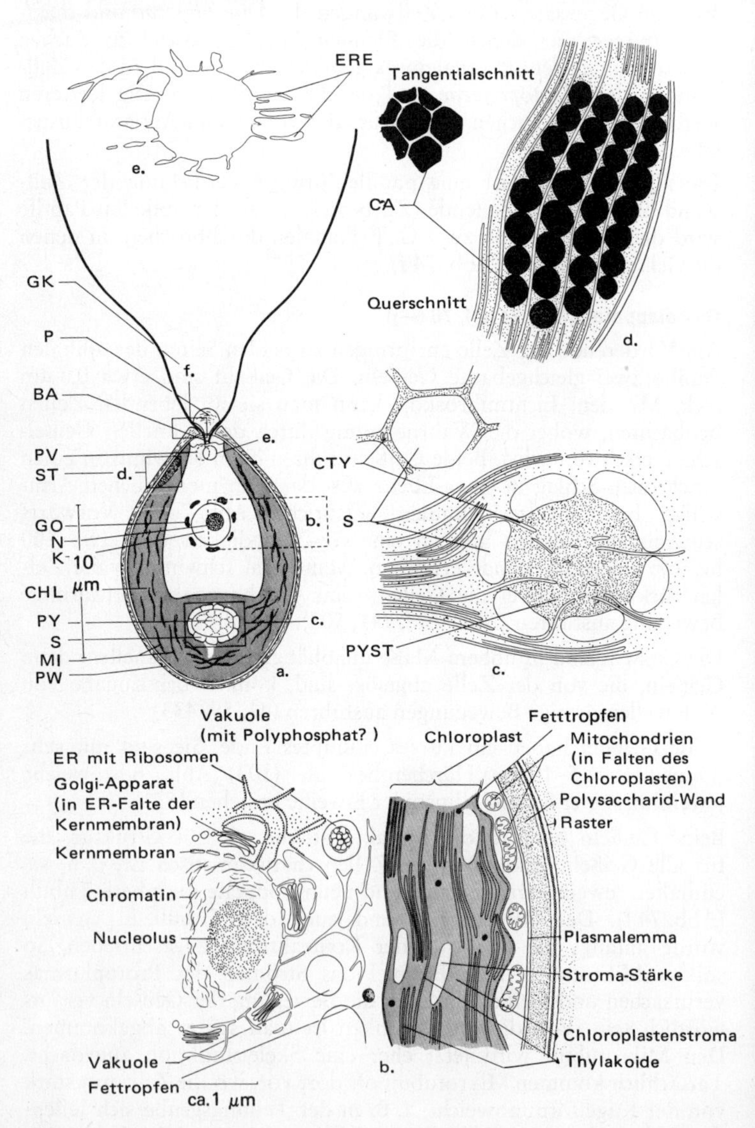

Abb. 74

vexen Seite der Geißel die Tubuli in Richtung auf die Geißelspitze „früher aufhören" als auf der konkaven Seite (Abb. 76 k) (541).

Die Geißeln laufen an ihrem unteren Ende in der Zelle in Basalkörper aus. Die Basalkörper besitzen eine charakteristische Ultrastruk-

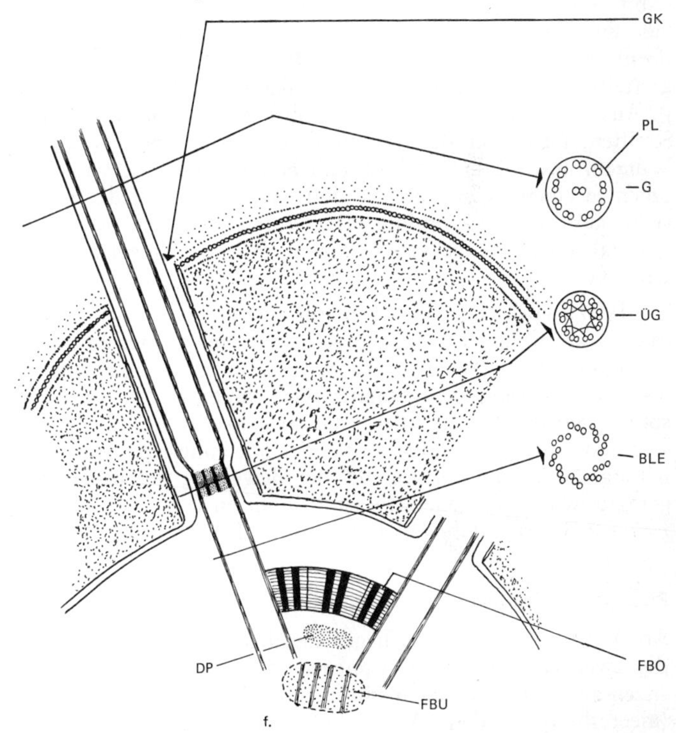

Abb. 74 *Chlamydomonas.* a) Zellbau; b) Kern und Chloroplast; c) Pyrenoid; d) Stigma; e) pulsierende Vakuole; f) Geißel und Geißelbasis. (BA – Basalkörper der Geißeln, BLE – Blepharoplast = Basalkörper, CA – Carotinoidtröpfchen zwischen den Thylakoiden des Chloroplasten, CHL – Chloroplast, CTY – röhrenförmige Verbindungen zu den Thylakoiden des Chloroplasten, DP – „dunkle Platte" unter der vier Bänder aus Mikrotubuli enden, ERE – Elemente des endoplasmatischen Reticulums (?), die Wasser in die pulsierende Vakuole abgeben, FBO – oberes quergestreiftes fibrilläres Band, FBU – unteres quergestreiftes Band, G – Geißelquerschnitt mit 2 + 9-Muster, GK – Geißelkanal in der Polysaccharidwand, GO – Golgi-Apparat, K – Kern, MI – Mitochondrien, N – Nucleolus, P – Papille, PL – Verlängerung des Plasmalemmas, PV – zwei pulsierende Vakuolen, PW – Polysaccharidwand, PY – Pyrenoid, PYST – Stroma des Pyrenoids, S – Stärkeplatten, ST – Stigma, Augenfleck, ÜG – Übergang zum Basalkörper, die zwei zentralen Fibrillen enden und der Zentralzylinder tritt auf)

tur. Sie bestehen aus neun in einem Zylinder angeordneten, dreifachen Tubuli („Tripletten“ an Stelle der „Dubletten“ aus doppelten peripheren Tubuli in den Geißeln). Die beiden zentralen Tubuli der Geißel laufen nicht bis in den Basalkörper hinein (Abb. 74 f, 76 i). Die zwei Basalkörper bilden miteinander ein V. Sie sind an ihrem Oberende durch das obere quergestreifte, fibrilläre Band und an ihrer Basis durch zwei untere parallel-quergestreifte, fibrilläre Bänder miteinander verbunden (Abb. 74 f, 76 i, j). Aus dem Raum zwischen dem oberen und den unteren quergestreiften, fibrillären Bändern und den Basalkörpern strahlen vier Wurzeln aus, die aus Mikrotubuli bestehen und die von oben gesehen in einem X angeordnet sind (Abb. 76 i, g). Jede Wurzel besteht aus vier Mikrotubuli. Die Wurzeln laufen bis unter das Plasmalemma, wo die vier Mikrotubuli jeder Wurzel auseinanderweichen.

Die Funktion der beiden Typen von quergestreiften Bändern scheint es zu sein, die beiden Geißelbasen sicher aneinander zu befestigen. Die Funktion der Wurzeln aus Mikrotubuli scheint zu sein, für die feste Verankerung des gesamten Geißelapparates in der Zelle zu sorgen. Sicher ist diese Interpretation jedoch nicht. Es könnte auch sein, daß durch die fibrillären Bänder mit Hilfe irgendeiner Impulsleitung die Synchronisation bei der Bewegung der beiden Geißeln geregelt wird (503). Geißelwurzeln besitzen u. a. auch die *Chrysophyceae* (S. 85) und die *Dinophyceae* (S. 218).

Pulsierende Vakuolen (Abb. 74 a, e)

Am Vorderende der Zelle liegen bei den meisten Arten dicht unter den zwei Basalkörpern zwei pulsierende Vakuolen. Einige Arten besitzen auch vier oder mehr pulsierende Vakuolen, während anderen (meeresbewohnenden) Arten diese Organellen ganz fehlen (116, 120). Die zwei pulsierenden Vakuolen kontrahieren sich abwechselnd und stoßen ihren Inhalt (Wasser oder eine wäßrige Lösung) durch den Geißelkanal aus. Elektronenmikroskopische Untersuchungen zeigen, daß um die Vakuolen herum verzweigte Höhlungen (Zisternen) liegen, die in die Vakuole münden und die ein Unterteil des endoplasmatischen Reticulums zu sein scheinen. Der Gedanke drängt sich auf, daß ein Wasserüberschuß der Zelle, der auf den hohen osmotischen Wert des Zellsaftes in den Vakuolen im Vergleich zum umgebenden Wasser zurückzuführen ist, aktiv durch das endoplasmatische Reticulum aufgenommen, durch dieses zur pulsierenden Vakuole transportiert und durch die Kontraktion der pulsierenden Vakuole ausgeworfen wird (vgl. die pulsierende Vakuole von *Ochromonas,* S. 85).

Chloroplast (Abb. 74 a, b)

Bei den meisten Arten von *Chlamydomonas* ist der Chloroplast becherförmig und hat einen verdickten Boden, in dem das Pyrenoid liegt. Viele Arten besitzen jedoch anders geformte Chloroplasten (z. B. in Abb. 79 g) (120). Der becherförmige Chloroplast ist parietal (wandständig).

Der Chloroplast wird von einer doppelten Chloroplastenmembran umhüllt. Die Thylakoide liegen in unterschiedlicher Zahl (2 bis 6, manchmal bis 20) in Stapeln zusammen (Abb. 74 b) (120, 178, 513). Jede Einzelmembran der doppelten Chloroplastenmembran ist etwa 5 nm dick, der Abstand zwischen den Einzelmembranen beträgt etwa 6 nm. Jede Einzelmembran eines Thylakoids ist etwa 5 nm dick, der Abstand zwischen den beiden Membranen eines Thylakoids beträgt etwa 6–10 nm.

Polytoma, ein Flagellat, der sich von *Chlamydomonas* nur durch das Fehlen von Pigmenten unterscheidet und der deshalb farblos ist (Abb. 79 q), kann natürlich nicht Photosynthese betreiben, sondern sich nur in einem organischen Medium heterotroph ernähren. Interessant ist, daß *Polytoma* doch einen farblosen Chloroplasten besizt, den man besser nur als Plastid bezeichnet. Der Plastid besitzt keine Thylakoiden, wohl aber ein System ungeordneter Röhren (Abb. 76 d). Chloroplasten mit der gleichen Ultrastruktur konnten bei einer *Chlamydomonas*-Art beobachtet werden, nachdem durch UV-Bestrahlung eine gelbe, nicht photosynthetisierende Mutante entstanden war (315, 513). Das Röhrensystem in den Plastiden der Mutante und der Zellen von *Polytoma* kann man wahrscheinlich als ein unvollständig entwickeltes Thylakoidsystem auffassen. Man kann also annehmen, daß es sich bei *Polytoma* um eine „*Chlamydomonas*" handelt, die im Laufe der Evolution die Fähigkeit zur Photosynthese verloren hat.

Auch andere Algenklassen enthalten farblose, heterotrophe Varianten der pigmentierten photosynthetisierenden Formen. Bei den *Dinophyta* und den *Euglenophyta* kommen zahlreiche Beispiele vor. Bei den *Euglenophyceae* ist *Astasia* die farblose Ausgabe der grünen *Euglena* (S. 252). Möglicherweise sind die farblosen *Euglenophyceae* und *Dinophyceae* sehr primitive Formen, denen es nie gelungen ist, photosynthetisierende *Prokaryota* oder *Eukaryota* aufzunehmen und als Chloroplasten zu verwenden (S. 3).

Pyrenoid (Abb. 74 a, c)

Das Pyrenoid kann lichtmikroskopisch leicht in der lebenden Zelle als runde bis ovale Struktur im Chloroplasten wahrgenommen werden. Das Pyrenoid ist deutlich das Zentrum intensiver Stärkebildung. Am Pyrenoid liegen meistens einige bis zahlreiche Stärkeplättchen, die sich mit Jodjodkalium violett färben.

Elektronenmikroskopisch ist das Pyrenoid nicht durch eine scharfe Grenzschicht vom Rest des Chloroplasten getrennt, auch wenn es einen etwas dunkleren, körnigen Inhalt besitzt, in den einige Thylakoide oder röhrenförmige Ausstülpungen von Thylakoiden eindringen können. Außerdem ist das Stroma des Pyrenoids von Stärkeplättchen umhüllt (Abb. 74 c).

Die Bildung von Stärkekörnern im Chloroplasten ist nicht an das Pyrenoid gebunden. Stärkekörner können auch an anderen Stellen des Chloroplasten entstehen. Vor allem Zellen verarmter Kulturen, in denen Nitrate und Phosphate verbraucht sind, scheiden viel Stärke ab, da bei Mangel an N und P die Photosyntheseaktivität nicht mehr in die Synthese von Eiweißen münden kann, so daß nur noch Kohlenhydrate gebildet werden.

Die Struktur des Pyrenoids kann im Detail von Art zu Art verschieden sein (120).

Augenfleck (Stigma) (Abb. 74 a, d)

Das Stigma erscheint im Lichtmikroskop als roter, meistens etwas langgestreckter Fleck, der häufig im vorderen Teil des Chloroplasten liegt. Das elektronenmikroskopische Bild zeigt, daß der Augenfleck aus etwa drei bis acht Reihen dicht aneinanderliegender Carotinoidkügelchen besteht, die zwischen Thylakoiden eingeklemmt sind. In Aufsicht sind diese Globuli polygonal gegeneinander abgeflacht.

Der Ausdruck „Augenfleck“ zeigt, daß dieser Zellorganelle die Funktion der Lichtperzeption zugeschrieben wird. *Chlamydomonas* zeigt nämlich Phototaxis, d. h. eine durch die Richtung des einfallenden Lichtes bestimmte Schwimmrichtung. Meistens schwimmen die Zellen auf schwaches Licht zu (positive Phototaxis) und von starkem Licht weg (negative Phototaxis). Es besteht jedoch keine Sicherheit über die Rolle des Augenfleckes bei der Phototaxis von *Chlamydomonas*. Das Problem wurde auf S. 88 ausführlicher behandelt.

Weitere Zellorganellen (Abb. 74)

Die Zellen von *Chlamydomonas* enthalten eine Reihe von Zellorganellen, die für eukaryotische Zellen üblich sind: einen Kern, Golgi-Apparate, Mitochondrien, kleine Vakuolen, Fetttröpfchen, endoplasmatisches Reticulum und Ribosomen. Die Golgi-Apparate liegen oft rund um den Kern und sind dann in vielen Fällen jeweils von einer Falte des endoplasmatischen Reticulums umhüllt, die mit der Kernhülle in Verbindung steht (327). Die Mitochondrien liegen bei der abgebildeten Art zwischen Chloroplast und Plasmalemma in Rinnen der Chloroplastenoberfläche. Bei anderen Arten liegen die Mitochondrien überwiegend im zentralen Cytoplasma. Einige kleine Vakuolen enthalten eine schaumige Substanz, bei der es sich vielleicht um Polyphosphat handelt.

Ungeschlechtliche Vermehrung von Chlamydomonas

Chlamydomonas vermehrt sich hauptsächlich durch ungeschlechtliche vegetative Zellteilungen (Abb. 77 h–k). Die erste Zellteilung ist meistens eine Längsteilung, auf die eine zweite Längsteilung oder eine Querteilung folgen kann. Während der Zellteilung kann der Protoplast innerhalb der Mutterzellwand rotieren, so daß eine Längsteilung wie eine Querteilung aussehen kann. Wenn die Zellen auf einem feuchten Substrat (z. B. einer Agarschicht mit Nährsalzen) wachsen und deshalb nicht untergetaucht leben, bilden die Tochterzellen keine Geißeln aus. Die Zellwände weiten sich zu einer dicken Gallertschicht, in der die unbeweglichen Zellen eingebettet liegen. Solche in dicke Gallertschichten eingebetteten Gruppen unbeweglicher *Chlamydomonas*-Zellen nennt man palmelloide Stadien, da sie sehr der Grünalgen-Gattung *Palmella* ähneln. Palmelloide Stadien zeigen die kapsale oder tetrasporale Organisationsstufe (Tab. 5).

Begeißelte Algen aus unterschiedlichen Klassen können palmelloide Stadien bilden.

Die Ultrastruktur der Kernteilung, der Zellteilung und der Chloroplastenteilung wurde an *Chlamydomonas reinhardii* untersucht (Abb. 75, 76 a) (182, 259).

Basalkörper

Die beiden Geißeln werden vor Beginn der Zellteilung abgeworfen. Sie brechen im Übergangsgebiet von Geißel und Basalkörper ab (Abb. 74 f). Zu jedem der beiden Basalkörper wird vor Beginn der Cytokinese (= Zellteilung) je ein weiterer Basalkörper gebildet, so daß zu Beginn der Cytokinese im Vorderende der Zelle vier Basalkörper liegen (Abb. 75 d). Jeder Basalkörper besteht wie üblich aus einem Ring von neun Tripletten (Abb. 74 f, 76 i). Von jedem neuen Basalkörper werden zuerst die neun inneren Tubuli der Tripletten angelegt, danach folgen die neun mittleren, und schließlich werden die neun äußeren Tubuli gebildet. Neue Basalkörper entstehen nicht durch Teilung bestehender Basalkörper. Neue Chloroplasten gehen aus Teilungen vorhandener Chloroplasten hervor, wobei die genetische Kontinuität der Chloroplasten durch die Verteilung der Chloroplasten-DNS auf die Tochterchloroplasten sichergestellt wird (S. 141 und S. 248). Ein ähnlicher Mechanismus zur Erhaltung einer genetischen Kontinuität der Basalkörper fehlt.

Die Basalkörper spielen keine Rolle bei der Kernteilung, obwohl man das aufgrund ihrer Struktur erwarten sollte. Basalkörper haben nämlich dieselbe Struktur wie Centriolen, die bei vielen eukaryotischen Organismen in den sich teilenden Kernen an den Polen der Spindel liegen, in denen die Spindelfäden zusammenlaufen (vgl. *Kirchneriella,* Abb. 90). Interessant ist jedoch, daß bei der eng verwandten Art *Chlamydomonas moewusii* die Basalkörper als Centriolen fungieren (600). Auch bei der fadenförmigen Grünalge *Stigeoclonium* übernehmen in den Zoosporen die Basalkörper der Geißeln bei der ersten Kernteilung sehr wahrscheinlich die Rolle von Centriolen (S. 330, Abb. 96). Im allgemeinen nimmt man an, daß Basalkörper von Geißeln bei der Zellteilung begeißelter Zellen als Centriolen wirken können. Während diese Vermutung bei *Chlamydomonas moewusii* und *Stigeoclonium* offenbar zutrifft, scheint sie für *Chlamydomonas reinhardii* falsch zu sein. Es gibt noch mehr Algen, bei denen Centriolen bei der Kernteilung keine Rolle spielen. Ein Beispiel ist die fadenförmige Grünalge *Oedogonium* (S. 397), die in ihrem Lebenszyklus Zoiden mit Basalkörpern besitzt, und die Chrysophycee *Ochromonas* (S. 91).

Die Basalkörper von *Chlamydomonas reinhardii* spielen dagegen durchaus eine Rolle bei der Zellteilung. Darauf soll weiter unten eingegangen werden.

Kernteilung

Der sich teilende Kern legt sich dicht gegen die Zelloberfläche an, so daß die Längsachse der Spindelfigur etwa senkrecht zur Längsachse

---

Abb. 75 *Chlamydomonas,* Mitose. a) Frühe Anaphase, intranukleäre Mitose; b) Telophase, die Spindel ist verschwunden; c) beginnende Zellteilung; d, e) räumliche Darstellung der beginnenden Teilung; f) zweite Zellteilung als Querteilung; g) zweite Zellteilung als Längsteilung. (BA – vier Basalkörper, BA′ – Verschiebung zweier Basalkörper, C – Chromosom, CF – Centriol fehlt, CMT – Chromosomenmikrotubulus, DMT – durchgehender (interzonaler) Mikrotubulus, Zentralfaser, ERN – Netz des endoplasmatischen Reticulums zwischen den Kernen, IMT – internukleäre Mikrotubuli, KM – Kern in der Metaphase, MEB – Metaphaseband aus vier Mikrotubuli unter dem Plasmalemma, MT – Mikrotubuli, PF – polares Fenster, PK – kein Septum in der Pore der Kernmembran, PKS – Septum in der Pore der Kernmembran, R – Ribosomen, ZA – Zellachse, ZT – Beginn der Zellteilung, ZTG – Zellteilungsgrube, ZTMT – Zellteilungsmikrotubuli, ZTV – Zellteilungsvesikel) (nach *Johnson* u. *Porter*)

der Zelle liegt (s. schematische Abb. 75 d). Die Kernteilung wird intranukleär oder geschlossen genannt, d. h. die Kernteilung spielt sich ganz innerhalb der Kernmembran ab, die während der Teilung

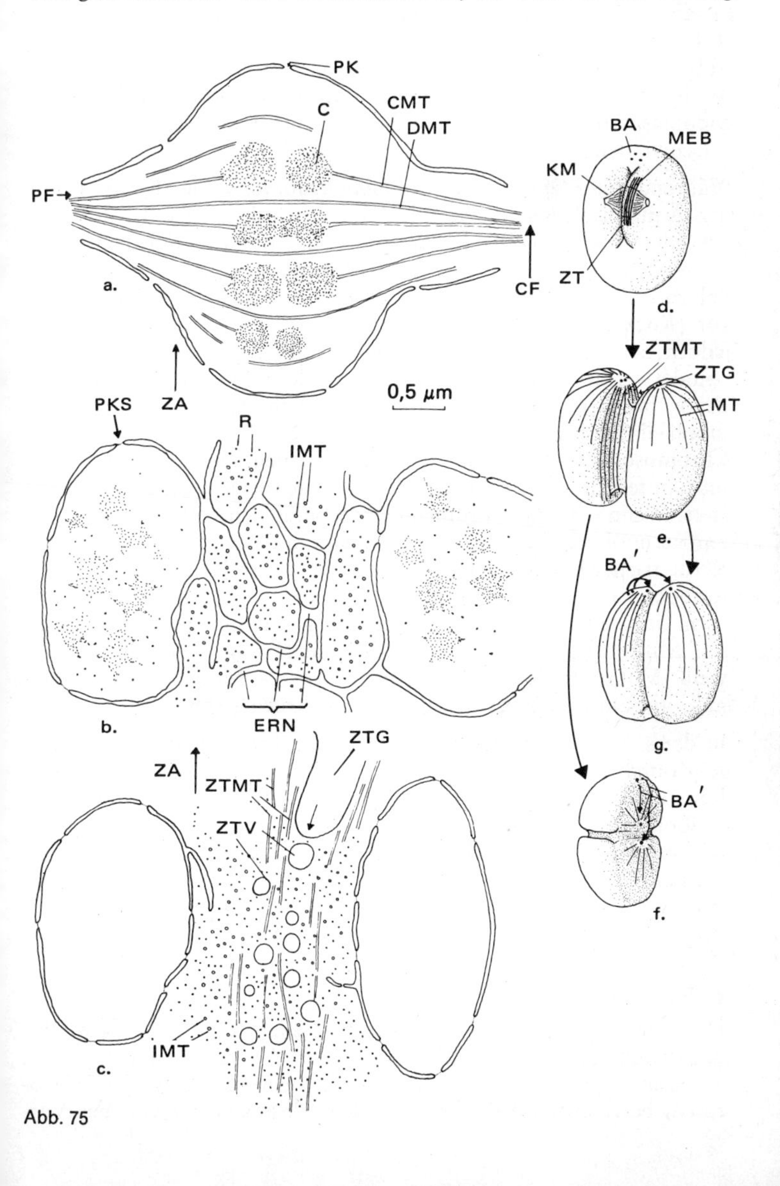

Abb. 75

nicht verschwindet. Eine Mitose, die sich innerhalb der Kernmembran abspielt, wird **geschlossene Mitose** genannt im Gegensatz zu einer offenen Mitose, bei der die Kernmembran abgebrochen wird. Intranukleäre Teilungen scheinen bei Algen häufig vorzukommen (z. B. bei den Grünalgen *Kirchneriella,* Abb. 90; *Ulva; Oedogonium,* Abb. 128; *Spirogyra,* Abb. 118 b und bei den *Dinophyceae,* S. 224). Bei höheren Pflanzen ist es üblich, daß die Kernmembran, die aus endoplasmatischem Reticulum besteht, während der Kernteilung verschwindet.

Während der Metaphase ist bei *Chlamydomonas* der Kernraum in der Äquatorialebene mehr oder weniger aufgeblasen (Abb. 75 a). An jedem Ende der Spindel hat die Kernmembran ein großes Loch, das sogenannte polare Fenster (Durchmesser etwa 300–500 nm). Polare Fenster kommen auch bei verschiedenen anderen Grünalgen vor *(Kirchneriella,* Abb. 90; *Ulva; Oedogonium,* Abb. 128), fehlen jedoch bei *Chlamydomonas moewusii* (600). Die Mikrotubuli der Spindel verlassen den Kernraum durch die Fenster und enden dicht davor im Cytoplasma. Es kommen sowohl Chromosomenmikrotubuli als auch durchgehende Mikrotubuli (Zentralfasern) vor. Ein **Chromosomenmikrotubulus** sitzt an der einen Seite an einem Chromosom fest und endet an der anderen Seite dicht außerhalb des Fensters. Wenn ein Chromosomenmikrotubulus sich verkürzt und dabei am Kernpol befestigt bleibt, so bewegt sich das Chromosom auf den Kernpol zu. **Durchgehende Mikrotubuli** (Zentralfasern) reichen von Kernpol zu Kernpol. Da sie sich während der Kernteilung verlängern, drücken sie die Tochterchromosomen auseinander (Abb. 75 a). Ein Mikrotubulus besteht aus schraubenförmig angeordneten (Eiweiß-)Makromolekülen. Als Beispiel kann das Modell eines Spindelmikrotubulus der Hefe *Saccharomyces* dienen (Abb. 76 b, c) (414).

In der späten Telophase bleiben die zwei Tochterkerne noch einige Zeit durch netzförmig verbundene Zisternen des endoplasmatischen Reticulums aneinander hängen (Abb. 75 b). Ähnliche Zisternen des endoplasmatischen Reticulums bestehen zwischen verschmelzenden Kernen von Zygoten (Abb. 78 j, k). Zwischen den beiden Tochterkernen entwickelt sich ein System aus quer zur Spindelachse stehenden Mikrotubuli. Diese sogenannten internukleären Mikrotubuli sind in der Abbildung im Querschnitt getroffen.

Zellteilung (Abb. 75 c–g, 76 a)

Das Plasma beginnt sich einzuschnüren, wenn der Kern sich in Metaphase befindet (Abb. 75 d). Der Ort der rinnenförmigen Einschnürung wird wahrscheinlich durch ein Band aus vier Mikrotubuli bestimmt, die direkt unter dem Plasmalemma von der Vorderseite der Zelle zur Hinterseite verlaufen. Die Einschnürung verläuft parallel zu diesem sogenannten „Metaphaseband aus Mikrotubuli".

Nach Ablauf der Kernteilung werden Mikrotubuli angelegt, die in der Längsrichtung der Zelle verlaufen und die am Basalkörper zusammentreffen. Sie liegen an erster Stelle in der Teilungsebene („Teilungsmikrotubuli" oder „cleavage microtubuli"), an zweiter Stelle direkt unter dem Plasmalemma (Abb. 75 e). Das System der Teilungsmikrotubuli scheint der Durchschnürung der Zelle oder, anders gesagt, der Einschnürung des Plasmalemmas den Weg zu bereiten. Die schon oben erwähnte Skelettfunktion der Mikrotubuli scheint hier akzeptabel zu sein. Neben den Teilungsmikrotubuli erscheinen in der Ebene der kommenden Durchschnürung zahlreiche kleine Vesikel. Möglicherweise wächst die Teilungsfurche durch Hinzufügung dieser Vesikel, die den Eindruck von Golgi-Vesikeln machen (Abb. 75 c, 76 a). Auch bei anderen Pflanzen (z. B. höheren Pflanzen, Abb. 84 l–o; den Grünalgen *Oedogonium,* Abb. 128 und *Spirogyra,* Abb. 118 d–e) entsteht die Zellplatte in der Teilungsebene durch Zusammenfügung von Vesikeln, die höchstwahrscheinlich vom Golgi-Apparat abgeschnürt werden. Im Gegensatz zu den Vesikeln von *Chlamydomonas* enthalten die Vesikel der anderen Pflanzen jedoch Zellwandbaustoff. Die Platte der Teilungsmikrotubuli nennen wir **Phycoplast** (S. 309) und die Platte der Vesikel, die sich zur Teilungsfurche vereinigen, bezeichnen wir als **Zellplatte** (S. 310).

Die zweite Zellteilung kann ebenfalls eine Längsteilung (Abb. 75 g) oder eine Querteilung sein (Abb. 75 f). In beiden Fällen weichen die Basalkörper auseinander und ordnen sich in der Weise an, wie es die Abb. 75 f und g zeigen. Nach Ablauf der Zellteilung wachsen an jedem Satz von Basalkörpern neue Geißeln hervor.

Der Chloroplast und auch das Pyrenoid teilen sich nach der Kernteilung aktiv durch Einschnürung (Abb. 76 a) (182). Hierbei muß festgestellt werden, daß eine Vermehrung des Pyrenoids durch Teilung keineswegs bei allen Grünalgen vorkommt. Wenn sich z. B. eine vegetative Zelle der Grünalge *Tetracystis (Ulotrichales)* in Zoosporen aufteilt, verschwindet das Pyrenoid vor der Teilung. In den fertigen Zoiden werden neue Pyrenoide angelegt (de novo gebildet) (6). Es kommt also sowohl eine Neubildung von Pyrenoiden als auch eine Zweiteilung bestehender Pyrenoide vor (194).

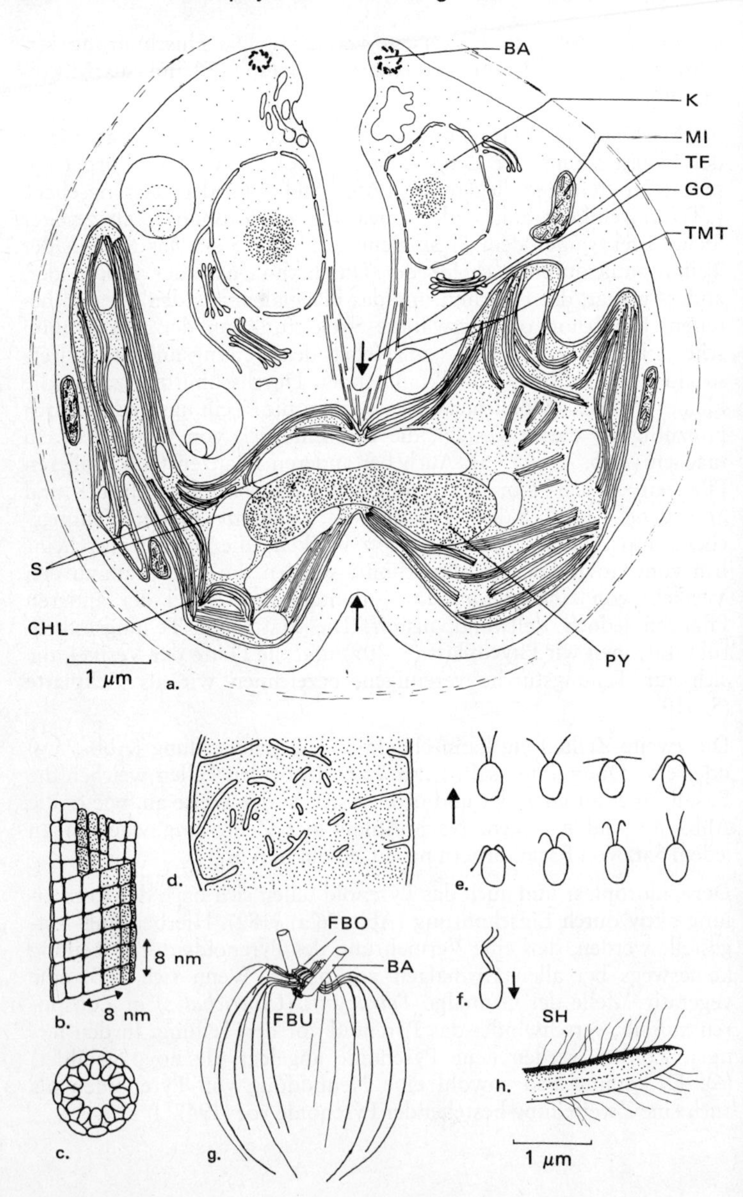

Abb. 76

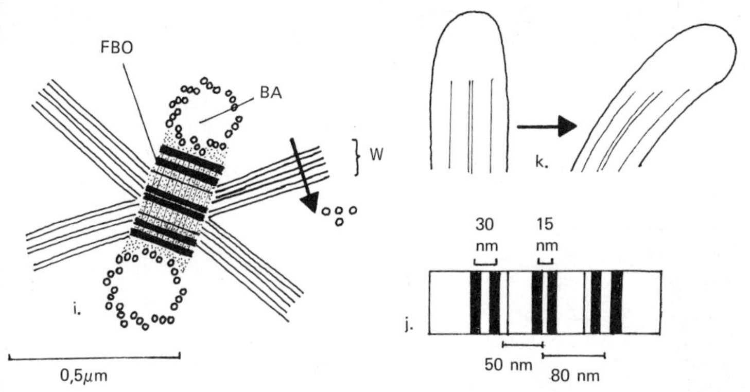

Abb. 76 a) *Chlamydomonas,* Teilung von Zelle, Chloroplast und Pyrenoid; b–c) Spindelmikrotubulus der Hefe; d) Plastid von *Polytoma;* e–k) *Chlamydomonas* (e = Schwimmbewegung im Brustschlag; f = Schwimmbewegung durch wellenförmigen Geißelschlag; g = Schema des „Wurzelsystems"; h = Spitze der Geißel; i = Querschnitt im Bereich des Basalkörpers; j = Schema des oberen, quergestreiften fibrillären Bandes; k = Spitze einer Geißel, gerade und gebogen. (BA – Basalkörper, CHL – Chloroplast kurz vor der Teilung, FBO – oberes, quergestreiftes fibrilläres Band, FBU – eins der beiden unteren, quergestreiften fibrillären Bänder, GO – Golgi-Apparat, K – Kern, MI – Mitochondrium, PY – ausgestrecktes, birnenförmiges Pyrenoid kurz vor der Teilung, S — Stärke, SH — kurze, weiche Seitenhaare, TF — Teilungsgrube, TMT – Teilungsmikrotubuli, W – Wurzel aus vier Mikrotubuli) (a nach *Goodenough,* b, c nach *Moor,* d nach *Lang,* e–j nach *Ringo*)

Geschlechtliche Vermehrung von Chlamydomonas eugametos

Geschlechtliche Fortpflanzung ist nur von einem kleinen Teil (rund 10 %) der *Chlamydomonas*-Arten bekannt. Hier soll die geschlechtliche Vermehrung von *Chlamydomonas eugametos* besprochen werden. Die Alge ist ein bekanntes Laborobjekt und wurde aus Bodenproben isoliert (109, 328, 329, 511).

Beim geschlechtlichen Zyklus (Abb. 77) können normale vegetative Zellen als Gameten fungieren. Zwei Gameten legen sich mit ihren Vorderenden aneinander, nachdem sie vorher ihre Zellwände verlassen haben. Die zwei Gameten verschmelzen jetzt miteinander und bilden so die Zygote, die anfangs zwei Augenflecken besitzt (von jedem Gameten einen). Da die Gameten morphologisch gleich sind, werden sie Isogameten genannt. Ihre Verschmelzung ist eine isogame Kopulation oder Isogamie. Da ganze vegetative Individuen

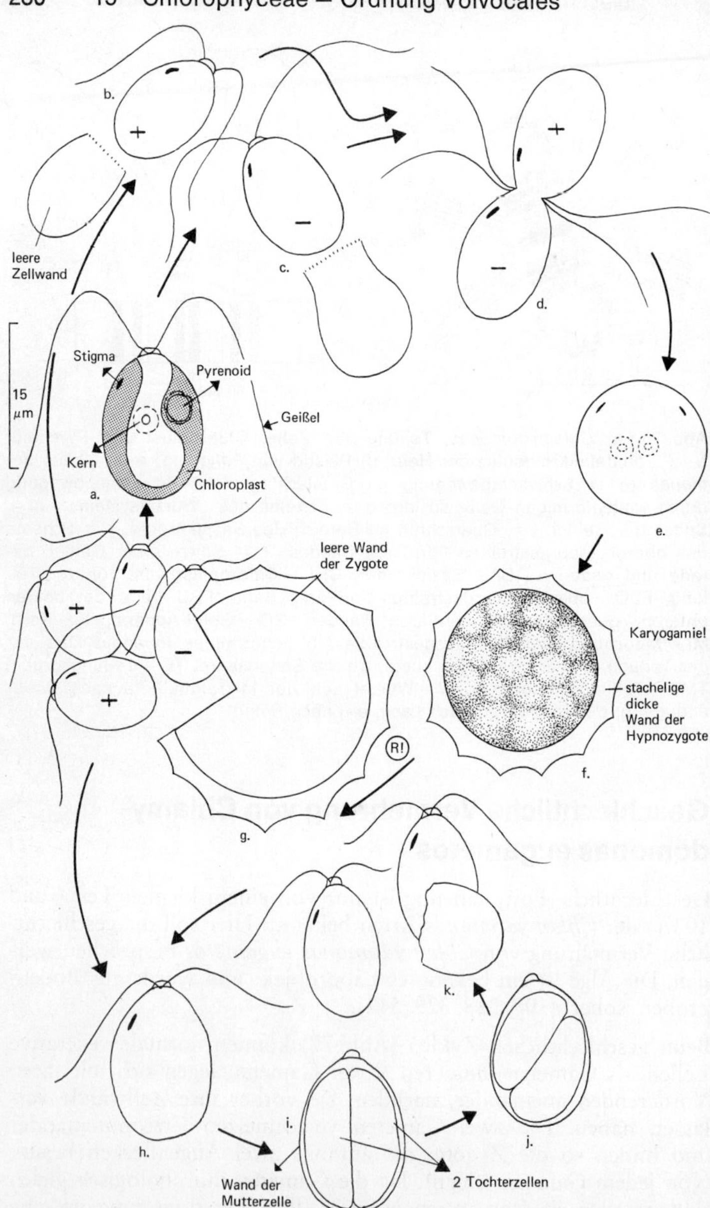

Abb. 77 *Chlamydomonas eugametos*, Lebenszyklus (Erklärung s. Text)

miteinander verschmelzen, nennt man die Gamie von *Chlamydomonas eugametos* auch **Hologamie.**

In der Zygote verschmelzen nach einiger Zeit die Kerne, wodurch ein diploider Zygotenkern entsteht. Die diploide (2 n) Zygote erhält eine dicke, etwas stachelige Wand und tritt in eine Ruhephase ein. Eine dickwandige, ruhende Zygote nennt man Hypnozygote. Nach der Ruhezeit keimt die Hypnozygote. Der diploide Zygotenkern teilt sich mit einer Meiose in vier haploide (n) Tochterkerne. Aus der Zygote entstehen vier haploide Tochterzellen, wodurch der geschlechtliche Zyklus geschlossen wird. Man kann *Chlamydomonas* zusammenfassend als isogamen, heterothallischen Haplonten charakterisieren.

Der geschlechtliche Fortpflanzungszyklus von *Chlamydomonas eugametos,* der auf den ersten Blick so einfach erscheint, besteht in Wirklichkeit aus einer komplizierten Kette verwickelter Teilprozesse (44, 63, 329, 629). Dasselbe gilt für fast alle scheinbar einfachen biologischen Prozesse, sobald wir mehr über sie erfahren. Man vergleiche nur die geschlechtliche Vermehrung der Kieselalgen (S. 126). Im folgenden soll versucht werden, einen Eindruck von der Komplexität der geschlechtlichen Fortpflanzung von *Chlamydomonas eugametos* zu geben. Diese Art ist recht gut bekannt, da sie ein vielgebrauchtes Testobjekt ist. Wir können jedoch vermuten, daß auch bei anderen Algen die geschlechtliche Fortpflanzung ein komplizierter Prozeß ist. Obwohl solche Einzelheiten auch bei einigen anderen Arten bekannt sind, sollen im folgenden die geschlechtlichen Zyklen der Grünalgen nur in allgemeiner Form beschrieben werden.

Obwohl alle vegetativen Zellen von *Chlamydomonas,* die potentiell als Gameten auftreten können, morphologisch gleich sind, können wir doch eine Gruppe von (+)-Zellen und eine Gruppe von (–)-Zellen unterscheiden. Es zeigt sich nämlich, daß Zellen, die durch vegetative Vermehrung aus einer Zelle entstanden sind, nicht miteinander kopulieren können. Mit anderen Worten: die Zellen eines Klons zeigen untereinander Inkompatibilität. Mischen wir diese Zellen mit Zellen anderer Klone, so erhalten wir manchmal Kopulationen, manchmal aber auch nicht. Klone, die miteinander kopulieren, gehören zu verschiedenen Geschlechtern; diejenigen, die nicht miteinander kopulieren, haben dasselbe Geschlecht. Da die Gameten morphologisch gleich sind (Isogameten), wird einem der Ausgangsklone völlig willkürlich das Pluszeichen zuerkannt. Alle anderen Klone, die nicht mit diesem Ausgangsklon kopulieren können, gehören ebenfalls zum (+)-Geschlecht, während alle anderen Klone, die mit dem Ausgangsklon kopulieren können, zum (–)-Geschlecht gerechnet werden. Die (+)-Klone werden oft als männlich und die (–)-Klone als weiblich bezeichnet.

Die haploide Phase kann in einem flüssigen, synthetischen Medium mit Nährsalzen, aber auch auf einem festen Agarmedium gezogen werden. Wenn einer Agarkultur Wasser zugefügt wird und wenn die Kultur belichtet wird, bilden die Zellen Geißeln aus, die ihnen in der Agarkultur sonst fehlen. Innerhalb von zwei bis vier Stunden können die so entstandenen männlichen begeißelten Zellen mit den weiblichen begeißelten Zellen kopulieren.

Vegetative, begeißelte Zellen können jedoch nicht ohne weiteres als Gameten fungieren. In stickstoffreichem Medium zum Beispiel differenzieren vegetative Zellen sich nicht zu Gameten. Vor allem NH_4-Ionen inhibieren diese Differenzierung. Werden Gameten in ein stickstoffreiches Medium überführt, so entwickeln sie sich zu vegetativen Zellen zurück. Für die Differenzierung von Gameten müssen auch Ca^{2+}-Ionen vorhanden sein. Für die Differenzierung männlicher (+)-Gameten ist Licht nötig, für die Ausbildung weiblicher (–)-Gameten jedoch nicht. Ausdifferenzierte (+)-Gameten verlieren im Dunkeln ihre geschlechtliche Potenz, was bei (–)-Gameten nicht der Fall ist.

Setzt man männliche und weibliche sexualisierte Zellen zueinander, kann man eine sehr charakteristische Erscheinung, die sogenannte **Gruppenbildung** (Abb. 78 a), beobachten. Die Gameten vereinigen sich sehr schnell (oft innerhalb einer Minute) zu Gruppen, und zwar um so intensiver, je dichter die Gametensuspension ist. Gruppenbildung beginnt, indem die Geißeln kompatibler Gameten miteinander agglutinieren (miteinander verkleben). Die Agglutination beginnt an der Geißelspitze und setzt sich bis zur Geißelbasis fort (Abb. 78 b). Zu Beginn der Gruppenbildung verkleben die Geißeln einer (+)-Zelle und einer (–)-Zelle miteinander, worauf sich andere Gameten an das Paar anschließen und so eine Gruppe bilden.

Die Geißeln eines (+)-Gameten sind mit einem Agglutinin („Klebstoff“) bedeckt, der für das (+)-Geschlecht charakteristisch ist. Entsprechend tragen die (–)-Gameten ein Agglutinin, das für das (–)-Geschlecht typisch ist. Das (+)-Agglutinin und das (–)-Agglutinin sind komplementär. Kommen die Geißeln eines (+)-Gameten mit den Geißeln eines vorbeischwimmenden (–)-Gameten in Kontakt, so verkleben sie. Da sich immer mehr Gameten an das Ausgangspaar anschließen, entstehen Gruppen von Gameten, die mit ihren Geißelspitzen zusammenhängen (Abb. 78 a). Elektronenmikroskopische Untersuchungen haben gezeigt, daß das Plasmalemma der beiden Geißelspitzen miteinander verschmolzen ist (Abb. 78 h). Das Agglutinin, der Stoff, durch den die Agglutination verursacht wird, wird auch an das Medium abgegeben. Die Sekretion schleimiger Substanz durch die Geißelspitze wurde mit dem Elektronenmikroskop beobachtet. Eine Lösung des weiblichen (–)-Agglutinins kann man erhalten, indem man aus einer weiblichen Kultur die Gameten abzentrifugiert. Das weibliche (–)-Agglutinin wird auch als weiblicher Geschlechtsstoff oder Gynogamon bezeichnet. Wenn einer Suspension männlicher (+)-Gameten Gynogamon zugefügt wird, so tritt unter den männlichen Gameten Gruppenbil-

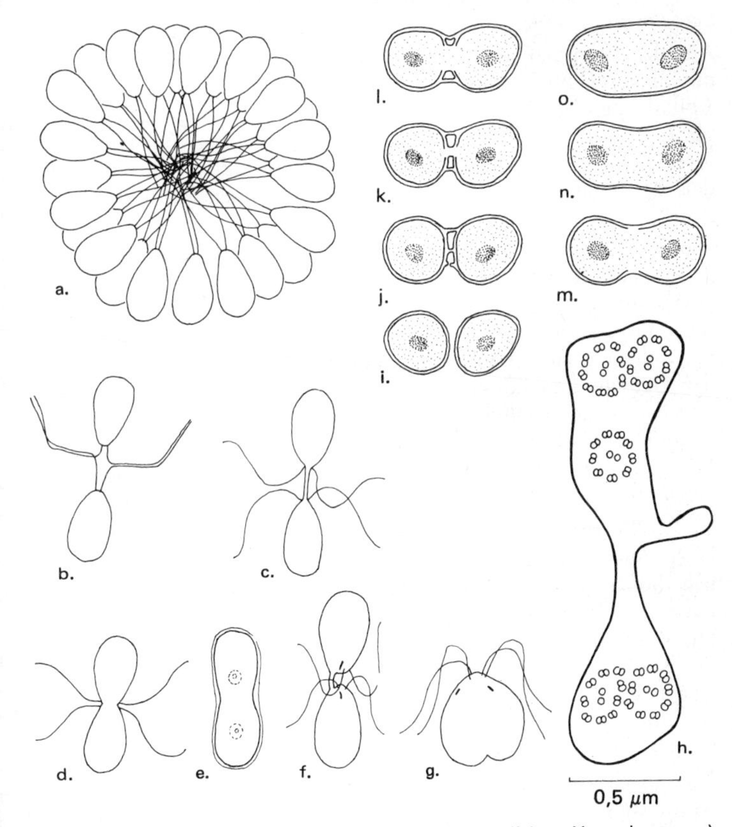

Abb. 78 *Chlamydomonas*, Einzelheiten der geschlechtlichen Vermehrung; a) Gruppenbildung (Clumping); b) Agglutination der Geißeln; c) Brückenbildung bei *C. eugametos;* d) Planozygote; e) Cytogamie bei *C. eugametos;* f) Brükkenbildung bei *C. reinhardii;* g) Zytogamie bei *C. reinhardii;* h) verschmolzenes Plasmalemma der Geißelspitzen bei einer Gruppe von Gameten; i–o) Karyogamie (h–o nach *Brown* u. Mitarb.)

dung ein („homosexuelle Gruppenbildung"). Die männlichen (+)-Gameten scheiden ihrerseits einen männlichen Geschlechtsstoff, das Androgamon aus, der „homosexuelle Gruppenbildung" weiblicher (–)-Gameten hervorrufen kann.

Bei den Gamonen von *Chlamydomonas* handelt es sich um Glykoproteine mit hohem Molekulargewicht. Sie sind artspezifisch und spielen deshalb eine wichtige Rolle bei der Aufrechterhaltung der genetischen Schranken zwischen verwandten Chlamydomonas-Arten (vgl. die geringe Spezifität des weiblichen Gamons von *Ectocarpus,* S. 154).

Aus den Gruppen machen sich bald Paare los, die anfänglich noch mit ihren Geißeln zusammenhängen (Abb. 78 b). Zwischen den Apikalenden der beiden Gameten wird schnell eine schmale Protoplasmabrücke gebildet, worauf die Geißeln sich voneinander loslösen (Abb. 78 c). Nur ein Geißelpaar bleibt aktiv und sorgt dafür, daß das Paar einige Stunden umherschwimmen kann („Vis-à-vis-Paar").

Die Verschmelzung der Zellen (Cytogamie) kann über die Plasmabrücke innerhalb weniger Minuten durchgeführt werden (Abb. 78 d, e). Für die Cytogamie ist Licht notwendig. Im Dunkeln schwimmen die „Vis-à-vis-Paare" weiter, bis sie sterben. Die Verschmelzung der Zellen ist ein Prozeß, der in hohem Maße von der Agglutination der Geißeln unabhängig ist. Zum Beispiel hemmt Citrat die Agglutination der Geißeln, nicht dagegen die Bildung von „Vis-à-vis-Paaren" aus schon agglutinierten Zellen. Citrat bindet wahrscheinlich die für die Agglutination notwendigen Ca^{2+}-Ionen durch Chelatbildung. Dagegen wird zum Beispiel durch Thyoglycolat die Cytogamie gehemmt, die Agglutination jedoch nicht beeinflußt.

Nach der Verschmelzung bleibt die Zygote noch einige Zeit beweglich. Solch eine begeißelte Zygote wird **Planozygote** genannt. Danach verliert sie ihre Geißeln, indem diese basipetal desintegrieren. Die Basalkörper werden dabei ausgestoßen. Dies bedeutet, daß bei der Keimung der Zygote in den Tochterzellen neue Basalkörper angelegt werden müssen, was gegen die Idee von der genetischen Kontinuität des „Kinetoms" spricht. Nach dieser Idee müßten Basalkörper sich durch Zweiteilung vermehren (S. 273).

Kurz nach der Cytogamie findet auch die Karyogamie (Kernverschmelzung) statt (Abb. 78 i–o). Während der Karyogamie verschmelzen zuerst die äußeren Kernmembranen. Die innere Kernmembran jedes Kerns bricht und vereinigt sich später mit der des anderen Kerns.

Die reifende Zygote wird von einer dicken, warzigen Zygotenwand umhüllt und mit viel Stärke und fettartigen Stoffen gefüllt. Nach einer Ruheperiode von etwa sechs Tagen kann man die Hypnozygote durch Überführung auf ein frisches Agarmedium bei 25 °C zum Keimen bringen. Für die Keimung ist Licht notwendig. Die Keimung beginnt mit einer Reduktionsteilung. Die haploide (n) Chromosomenzahl beträgt etwa 10.

Geschlechtliche Fortpflanzung einiger anderer Arten von Chlamydomonas

Die Gameten von *Chlamydomonas eugametos* sind, wie oben beschrieben wurde, morphologisch gleich. Die Gamie (= Kopulation, Verschmelzung) dieser Gameten ist eine Isogamie. Auch *Chlamydomonas reinhardii,* die mit *Chlamydomonas eugametos* eng verwandt ist, ist isogam. Auch bei dieser Art wird zwischen den Zellen eines Paares eine schmale Plasmabrücke gebildet, die hier jedoch etwas neben der Längsachse der Zellen liegt. Ein weiterer kleiner Unterschied ist die Tatsache, daß bei der Cytogamie die Zellen seitlich miteinander verschmelzen, während dies bei den Zellen von *Chlamydomonas eugametos* an den Vorderenden geschieht (Abb. 78 f, g) (157).

Bei einigen anderen Arten von *Chlamydomonas* (z. B. *Chlamydomonas braunii,* Abb. 79 i, j) kommt Anisogamie vor, d. h. die Gamie erfolgt zwischen relativ kleinen, begeißelten „männlichen" Gameten und relativ großen, begeißelten „weiblichen" Gameten. Auch Oogamie wurde bei einigen Arten von *Chlamydomonas* beobachtet (Abb. 79 k–n). Bei oogamen Arten findet die Gamie zwischen einem kleinen, begeißelten männlichen Gameten und einem großen, unbeweglichen weiblichen Gameten (einer Eizelle) statt.

Die genannten drei Typen der Gamie (Isogamie, Anisogamie, Oogamie) kommen bei verschiedenen Pflanzengruppen vor. Man muß sich wohl vorstellen, daß sie im Laufe der Evolution immer wieder entstanden sind. Bestimmte Typen der Gamie sind für große Pflanzengruppen charakteristisch. So sind zum Beispiel alle Vertreter der Braunalgen-Ordnung *Fucales* (S. 181) und der Grünalgen-Ordnung *Oedogoniales* (S. 393) oogam. Ebenso sind alle Gefäßpflanzen *(Tracheophytina)* sowie alle Moose *(Bryophytina)* im Prinzip oogam.

Es ist interessant, daß bei *Chlamydomonas* innerhalb einer Gattung so unterschiedliche Typen der Gamie vorkommen. Möglicherweise spiegelt diese Tatsache eine relativ große „Primitivität" der Gattung *Chlamydomonas* wider.

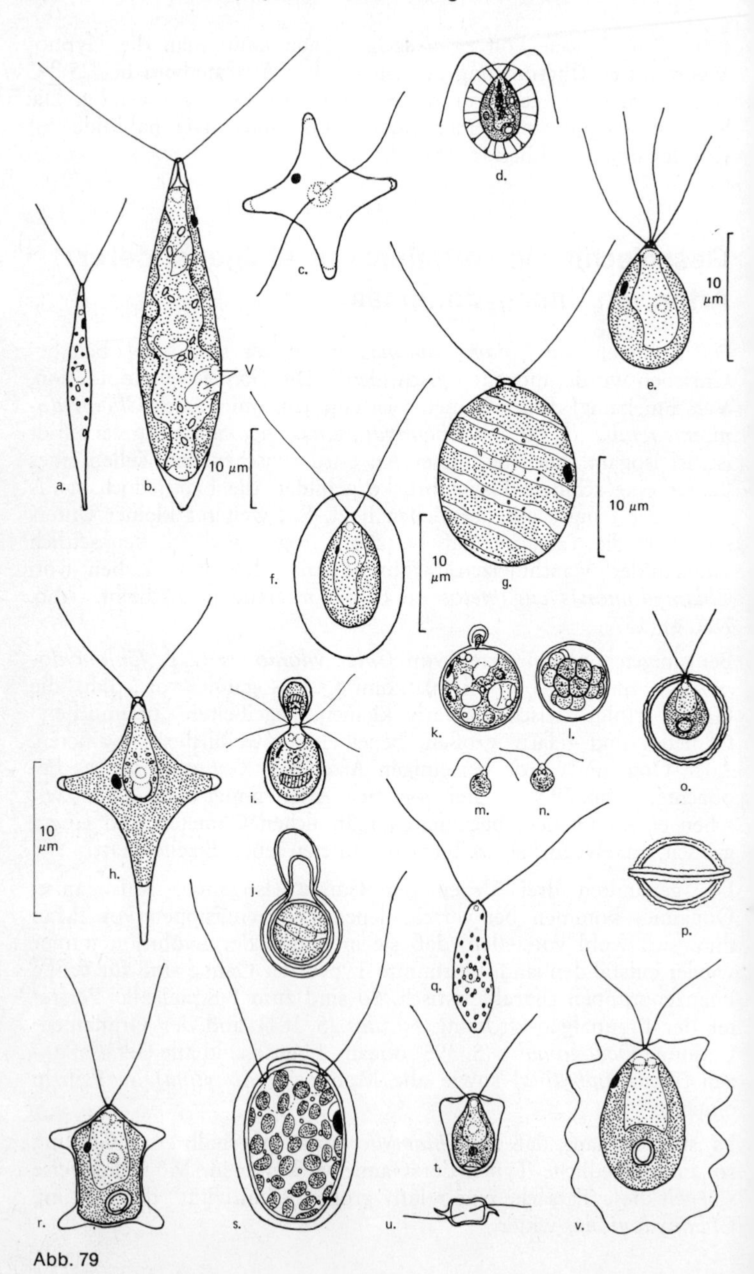

Abb. 79

Einige andere einzellige Vertreter der Ordnung Volvocales (Abb. 79)

Chlorogonium (Abb. 79 b)

Der Körper der Alge ist spindelförmig. Sie besitzt einen massiven Chloroplasten und zwei Geißeln. Die Zelle enthält viele pulsierende Vakuolen. Die abgebildete Art *Chlorogonium euchlorum* kommt in leicht verschmutztem Süßwasser vor.

Hyalogonium (Abb. 79 a)

Die Alge ist eine farblose, heterotrophe Variante von *Chlorogonium.* Sie lebt in verschmutztem Wasser.

Gloeomonas (Abb. 79 s)

Die Alge unterscheidet sich von *Chlamydomonas* durch eine sehr breite, platte Apikalpapille, neben der an zwei Seiten die Geißeln entspringen. Die abgebildete Art *Gloeomonas ovalis* kommt in Teichen und Tümpeln vor.

Diplostauron (Abb. 79 r)

Die Zelle ist in der Ansicht rechteckig. An den Ecken trägt die Zellwand mehr oder weniger große Flügel. *Diplostauron angulosum* ist eine Süßwasserart.

Polytoma (Abb. 79 q)

Die Alge ist eine farblose, heterotrophe Variante von *Chlamydomonas.* Sie kommt in der Natur im Wasser zwischen faulenden pflanzlichen Resten vor.

Carteria (Abb. 79 e)

Diese Alge besitzt im Unterschied zu *Chlamydomonas* vier Geißeln. Die abgebildete Art *Carteria gutta* kommt im Süßwasser vor.

Brachiomonas (Abb. 79 c, h)

Die Zellen sind pyramidenförmig und haben einen medianen spitzen Schwanz. Die meisten Arten leben im Seewasser oder im Brackwasser, oft auch in Pfützen der oberen Gezeitenzone, die durch

---

Abb. 79 a) *Hyalogonium klebsii;* b) *Chlorogonium euchlorum;* c) *Brachiomonas crux;* d) *Haematococcus pluvialis;* e) *Carteria gutta;* f) *Sphaerellopsis lateralis;* g) *Chlamydomonas spirogyroides;* h) *Brachiomonas crux;* i–j) *Chlamydomonas braunii,* Anisogamie; k–n) *Chlamydomanas coccifera,* Oogamie; o–p) *Phacotus lenticularis;* q) *Polytoma uvella;* r) *Diplostauron angulosum;* s) *Gloeomonas ovalis;* t–u) *Pteromonas cordiformis;* v) *Lobomonas ampla.* (V – pulsierende Vakuolen) (a, d, i–v nach *Fott,* b, c, e–h nach *Ettl*)

Verdunstung sehr salzig sind. Die abgebildete Art *Brachiomonas crux* kommt in verschmutztem Süßwasser vor.

Lobomonas (Abb. 79 v)

Die Alge unterscheidet sich von *Chlamydomonas* durch die aufgeblasene, im Umriß unregelmäßig wellenförmige Zellwand. Sie kommt in Süßwasserteichen vor.

Sphaerellopsis (Abb. 79 f)

Die Alge hat im Unterschied zu *Chlamydomonas* eine aufgeblasene, im Umriß regelmäßig ovale Zellwand. Zwischen Wand und Zelle liegt Schleim. Die Zelle ist mehr oder weniger spindelförmig. Die Alge lebt im Süßwasser.

Haematococcus (Abb. 79 d)

Die Alge unterscheidet sich von *Sphaerellopsis* durch feine Plasmaausstülpungen, die vom Protoplasten in die Schleimschicht ausstrahlen. Die Zellen sind meistens durch carotinoide Pigmente („Hämatochrom"), die im Cytoplasma liegen, rot gefärbt. Die meisten Arten kommen in Regenwasserpfützen vor, in denen sie Wasserblüte erzeugen können.

Phacotus (Abb. 79 o, p)

Die Zellen ähneln Zellen von *Chlamydomonas,* liegen jedoch in einem flachen, kalkinkrustierten Gehäuse, das aus zwei mit den Rändern gegeneinander gedrückten, uhrglasförmigen Hälften besteht. Die abgebildete Art *Phacotus lenticularis* kommt in kalkreichen Süßwasserteichen vor.

Pteromonas (Abb. 79 t, u)

Die Alge besitzt wie *Phacotus* ein Gehäuse, das aus zwei Hälften besteht, das jedoch nicht mit Kalk inkrustiert ist. Die Zellen tragen an der Stelle, an der die Schalenhälften aneinanderschließen, einen schmalen Flügel. Die Arten der Gattung leben im Plankton von Teichen und Seen.

Einige koloniebildende Vertreter der Ordnung Volvocales (Abb. 80, 81)

Stephanosphaera (Abb. 80 d)

Acht bis sechzehn Zellen, die dünne, verzweigte Ausläufer besitzen, liegen in eine gemeinsame Gallertkugel eingebettet, aus der die Geißeln der Zellen herausragen. *Stephanosphaera pluvialis* ist die ein-

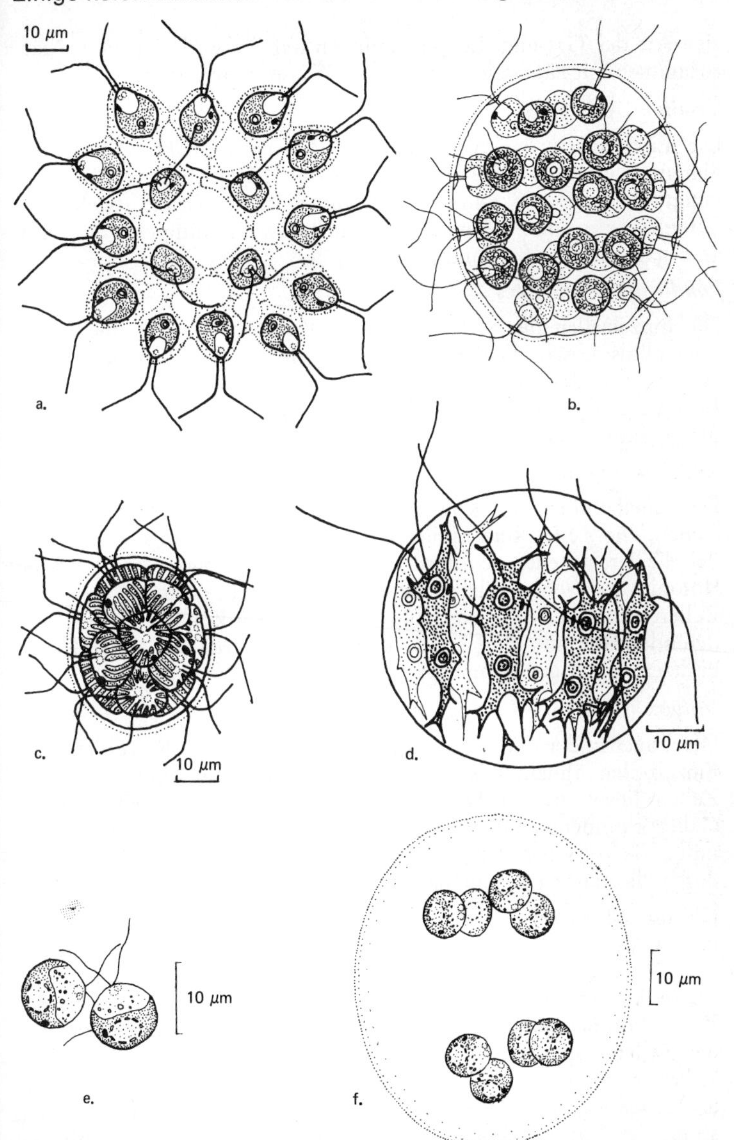

Abb. 80 a) *Gonium formosum;* b) *Eudorina unicocca;* c) *Pandorina morum;* d) *Staephanosphaera pluvialis;* e–f) *Pseudosphaerocystis lacustris* (a, c, d nach *Bourrelly*, b nach *Huber-Pestalozzi*, e, f nach *Fott*)

zige Art der Gattung. In Regenpfützen auf Felsen kann diese Alge zusammen mit *Haematococcus*-Arten Wasserblüte bilden.

Gonium (Abb. 80 a)

Die Einzelzellen der Alge, die den Zellen von *Chlamydomonas* ähneln, sind zu viereckigen, flachen, 4- bis 16zelligen Kolonien vereinigt. Die sieben bekannten Arten, unter denen sich die abgebildete *Gonium formosum* befindet, leben in Süßwassertümpeln, die reich an organischen Stoffen sind.

Pandorina (Abb. 80 c)

Die Einzelzellen der 8- bis 16zelligen Kolonien sind in eine runde oder ellipsoidische Gallertkugel eingebettet. Alle Zellen sind gleich gebaut, mit Ausnahme der Augenflecken, die an einer Seite der Kolonie größer sind als an der anderen. Es sind zwei Arten bekannt, die im Süßwasser leben.

Eudorina (Abb. 80 b)

Die scheibenförmigen Kolonien bestehen aus 16–64 (meistens 32) Zellen. Die Zellen sind radiär in mehreren Kreisen angeordnet, wobei die Kreisebenen senkrecht zur Achse der Kolonie stehen. Eine Kolonie kann eine (relativ geringe) Polarität besitzen, da u. a. die Zellen am Hinterende der Kolonie größer sein können als am Vorderende. Die hinteren Zellen können auch größere Augenflecken besitzen. Die Algen kommen im Süßwasserplankton vor.

Volvox (Abb. 81, 82)

Die kugelrunden Kolonien können 0,5–1,5 mm groß werden. Die Einzelzellen ähneln *Chlamydomonas*. 500 bis zu einigen tausend Zellen liegen in der Peripherie des kugelförmigen, gemeinsamen Gallertklumpens eingebettet. Jede Zelle besitzt eine eigene Gallerthülle, die von oben her gesehen sechseckig aussieht. Die Zellen sind durch Plasmastränge miteinander verbunden (Abb. 81 b).

Die ungeschlechtliche Vermehrung findet auf folgende Weise statt: Eine relativ große Zelle (Gonidium) am Hinterende der Kolonie (Abb. 82 a–f) teilt sich viele Male längs. Dadurch entsteht eine runde Tochterkolonie aus kleinen Zellen, die in die Oberfläche der Mutterkolonie eingesenkt ist (Abb. 82 f). Die Vorderenden der kleinen Zellen sind zum Zentrum der Tochterkolonie hingekehrt. Da die Zellen am Vorderende die Geißeln tragen, müßten diese Vorderenden jedoch zur Außenseite gerichtet sein. Um dies zu erreichen, stülpt die Tochterkolonie sich um (Abb. 82 g, h). Tochterkolonien kommen durch das Aufbrechen der Mutterkolonie frei.

Wenn das Geschlechtshormon, das durch eine männliche Kolonie gebildet wird, anwesend ist, so entwickelt sich das Gonidium von

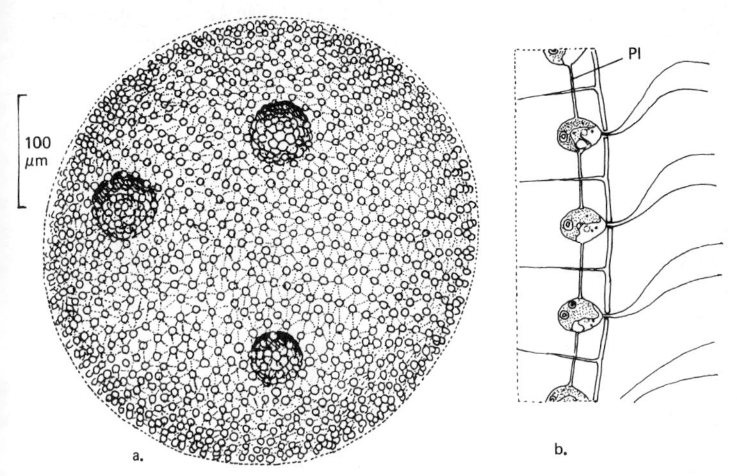

Abb. 81 *Volvox globator.* a) Kolonie mit drei Tochterkolonien; b) einige Zellen der Kolonie (Pl – Plasmodesmen) (a nach *Huber-Pestalozzi,* b nach *Janet*)

Volvox carteri zu einer geschlechtlichen Kolonie. Dabei wird das Gonidium eines weiblichen Klons zu einer weiblichen Kolonie und das Gonidium eines männlichen Klons zu einer männlichen Kolonie. Fehlt das Geschlechtshormon, so entwickelt das Gonidium sich zu einer ungeschlechtlichen Kolonie. Das Hormon ist ein Glykoprotein (552).

Die geschlechtliche Vermehrung erfolgt durch Oogamie. Eizellen sind relativ große Zellen, die am Hinterende der Kolonie liegen (Abb. 82 l). Das Hinterende wird im Verhältnis zur Schwimmrichtung bestimmt. Spermatozoiden entstehen in Paketen aus größeren Zellen am Hinterende der Kolonie. Ihre Entstehung entspricht der Entwicklung von Tochterkolonien (Abb. 82 i–k). Nach der Befruchtung (Abb. 82 m) wächst die Eizelle zu einer dickwandigen, stacheligen Hypnozygote heran (Abb. 82 n). Die Zygote keimt nach einer Meiose und bildet eine Zoide, die durch Zellteilung zu einer neuen Kolonie heranwächst. *Volvox* ist also ein oogamer Haplont.

Eine *Volvox*-Kolonie ist entsprechend ihrer vorherrschenden Schwimmrichtung deutlich in ein Vorderende und ein Hinterende differenziert. Die Zellen der Vorderseite besitzen einen größeren Augenfleck. Die Tochterkolonien und die Geschlechtszellen entstehen an der Hinterseite. Auffallend ist die integrierte Geißelbewegung der einzelnen Zellen.

Arten der Gattung *Volvox* kommen im Süßwasser regelmäßig im Plankton von Teichen und Seen vor. In kleinen, nährstoffreichen Tümpeln können sie sich manchmal massenhaft vermehren und so eine Wasserblüte verursachen.

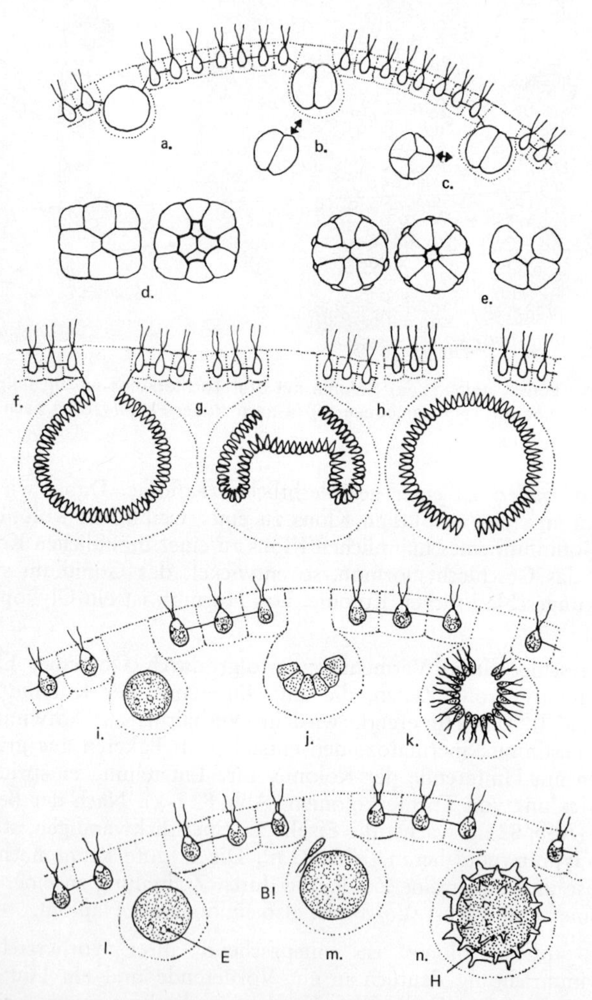

Abb. 82 *Volvox*. a–h) Aufeinanderfolgende Stadien bei der Bildung einer Tochterkolonie; i–k) Entwicklungsstadien eines Packetes aus Spermatozoiden, Stadium k nach der Umstülpung; l–n) Oogamie (E – Eizelle, H – Hypnozygote) (nach *Smith*)

Anhang an die Volvocales: Ordnung Tetrasporales

Unbewegliche koloniebildende oder einzellige Grünalgen, die „noch" einige monadoide Eigenschaften (z. B. pulsierende Vakuolen, Augenflecken, auffallende begeißelte Stadien) besitzen, werden oft in die Ordnung der *Tetrasporales* eingeordnet. Viele *„Tetrasporales"* bestehen aus gelatinösen Kolonien und gehören zum kapsalen Organisationsniveau (Tab. 5). Viele *Volvocales* (z. B. *Chlamydomonas*-Arten) können jedoch gelatinöse, kapsale Stadien entwickeln, die nicht von den *„Tetrasporales"* zu unterscheiden sind. Da die *„Tetrasporales"* keine Merkmale besitzen, die sie deutlich von den *Volvocales* unterscheiden, können sie zu den *Volvocales* gerechnet werden.

Ein Beispiel ist *Pseudosphaerocystis lacustris* (Abb. 80 e, f). Die Zellen liegen gepaart in einem gemeinsamen, kugelförmigen Gallertklumpen. Sie besitzen pulsierende Vakuolen und können leicht zwei Geißeln entwickeln. Die Alge kommt im Plankton von Seen vor.

Kapitel 16: Chlorophyceae – Ordnung Chlorococcales

Die unbegeißelten Grünalgen dieser Ordnung sind einzellig und können zu Kolonien vereinigt sein. Die große Algengruppe enthält morphologisch stark unterschiedliche Vertreter.

Chlorococcum (Abb. 83, 85)

Die Algen sind einzellig und kugelförmig. Sie besitzen eine Wand aus Polysacchariden. Der Chloroplast ist urnenförmig und parietal (wandständig). In seinem verdickten basalen Teil liegt ein Pyrenoid. Die Zoiden ähneln *Chlamydomonas*.

Die meisten Arten der Gattung *Chlorococcum* und verwandter Gattungen sind Bodenalgen und Süßwasseralgen. Nur eine geringe Zahl von Arten (etwa 20) ist gut bekannt. Ausreichende Einsicht in die Systematik dieser Algen kann man nur anhand unialgaler oder axenischer Kulturen bekommen. Unialgale Kulturen enthalten nur eine Algenart, die Kulturen können jedoch mit Bakterien verunreinigt sein. Axenische Kulturen sind dagegen frei von Bakterien.

Obwohl der Bau dieser Algen sehr einfach ist, was den Verhältnissen bei *Chlamydomonas* entspricht, können doch immer wieder neue Arten unterschieden werden. Die Arten werden entdeckt, indem man Erdproben in flüssigem oder auf festem Medium auskeimen und auswachsen läßt. Aus den so entstandenen rohen Mischkulturen können unialgale Kulturen isoliert werden. Dabei ist es oft einfacher, neue Arten zu entdecken, als alte wiederzufinden.

Einige Arten können unter sehr extremen Umweltbedingungen überleben. Man hat zum Beispiel Arten aus Sand und Felsen der Wüste isoliert. Kultivierte Zellen von *Spongiochloris,* einer Gattung, die eng mit *Chlorococcum* verwandt ist, überlebten einen einstündigen Aufenthalt bei 100 °C (598).

Im Meer sind bisher nur sehr selten Arten von *Chlorococcum* oder verwandten Gattungen gefunden worden (74).

Genau wie bei den meisten *Chlamydomonas*-Arten kommt auch bei den meisten Arten von *Chlorococcum* keine geschlechtliche Vermehrung vor oder wurde zumindest nicht beobachtet. *Chlorococcum echinozygotum,* eine Art, die geschlechtliche Fortpflanzung besitzt, soll näher besprochen werden. Die Alge wurde aus einer Bodenprobe von Luzon auf den Philippinen isoliert.

Bau von Chlorococcum echinozygotum (Abb. 83)

Über die Struktur von *Chlorococcum*-Arten ist viel weniger bekannt als über den Bau von *Chlamydomonas*. *Chlorococcum echinozygotum* wurde lichtmikroskopisch und elektronenmikroskopisch untersucht (81, 550). Abb. 90 zeigt die elektronenmikroskopische Struktur der mondsichelförmigen Art *Kirchneriella lunaris*. Die runden, einzelnen Zellen von *Chlorococcum* sind mit einer kräftigen Zellwand aus Polysacchariden umgeben. Geißeln fehlen den vegetativen Zellen. Pulsierende Vakuolen sind bei dieser Art vorhanden, fehlen jedoch den meisten Arten von *Chlorococcum* und verwandten

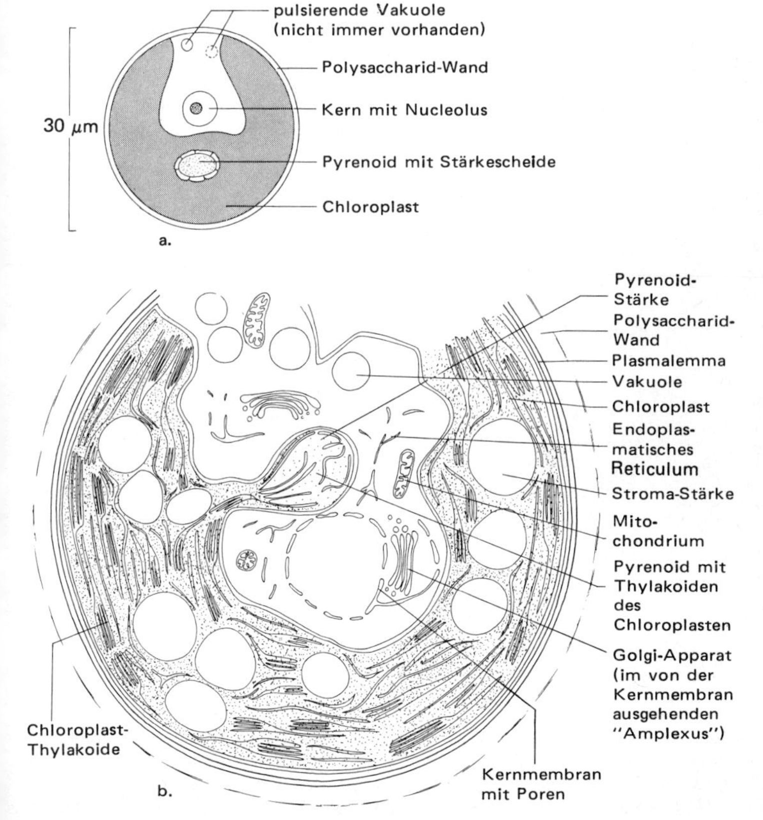

Abb. 83 *Chlorococcum echinozygotum.* a) Lichtmikroskopisches Bild; b) elektronenmikroskopischer Bau (nach *Deason*)

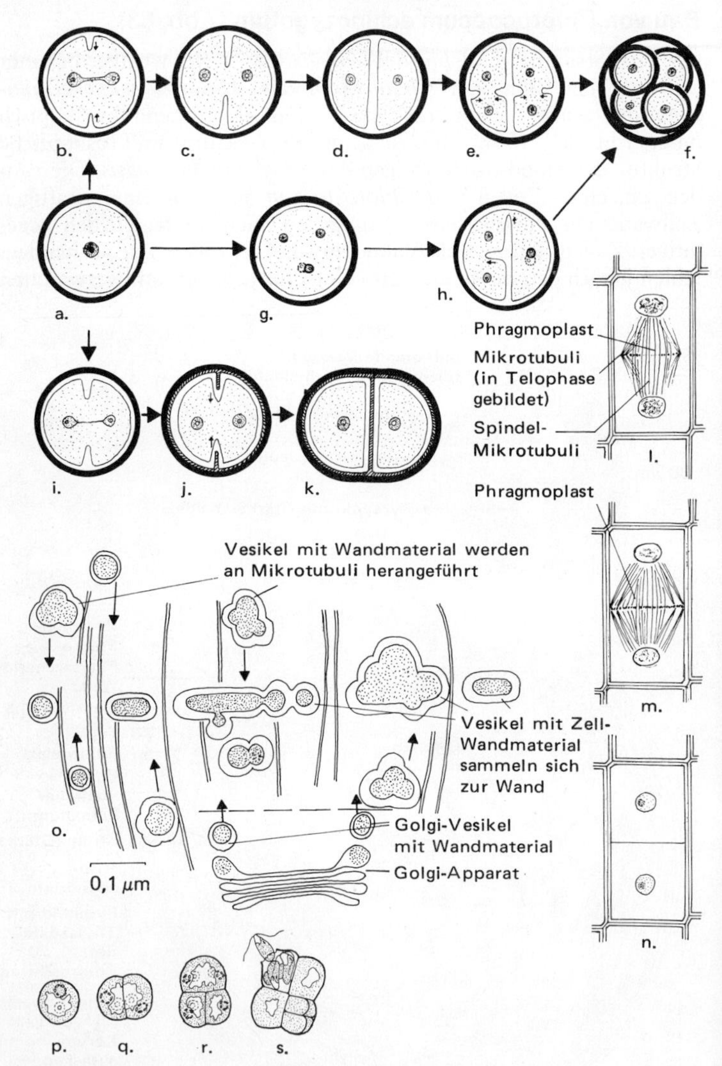

Abb. 84 Zellteilungstypen der *Chlorococcales;* a–f) aufeinander folgende Zweiteilungen (successive bipartition); a, g, h, f) fortschreitende Durchschnürung (progressive cleavage); a, i–k) vegetative Zellteilung bei *Ulotrichales;* l–n) Zellteilung mit Hilfe eines Phragmoplasten in einer meristematischen Zelle einer höheren Pflanze; o) elektronenmikroskopisches Detail eines Phragmoplasten; p–s) *Chlorosarcinopsis* (p–s nach *Herndon*)

Gattungen. Der Chloroplast ist urnenförmig und enthält ein Pyrenoid. Im Chloroplasten sind die Thylakoide in variabler Zahl zu Stapeln geordnet. Stärkeplättchen liegen am Pyrenoid, aber auch im Stroma des Chloroplasten verteilt. Ein Augenfleck fehlt der vegetativen Zelle. Die Zelle enthält eine Anzahl von weiteren Organellen, die für eukaryotische Zellen typisch sind: einen Kern, Golgi-Apparate, Mitochondrien, kleine Vakuolen.

Die vegetative Zelle von *Chlorococcum echinozygotum* ähnelt in ihrem Bau sehr *Chlamydomonas debaryana,* von der sie sich fast nur durch das Fehlen des Geißelapparates unterscheidet. Wird *Chlamydomonas* jedoch auf Agarplatten kultiviert, so besitzen die Zellen keine Geißeln und sind nicht mehr gut von *Chlorococcum* zu unterscheiden. *Chlorococcum* wiederum vermehrt sich durch Zoiden, die *Chlamydomonas*-Zellen ähneln. Man kann sich deshalb fragen, ob es berechtigt ist, die beiden Gattungen in verschiedenen Ordnungen unterzubringen.

Zellteilungstypen der Chlorophyta

Im Zusammenhang mit der Vermehrung von *Chlorococcum* sollen hier ganz allgemein die unterschiedlichen Typen der Zellteilung bei *Chlorophyta* besprochen werden.

Vegetative Vermehrung von Chlorococcum echinozygotum

Die Zellen von *Chlorococcum* können sich in eine Anzahl von Tochterzellen aufteilen (Abb. 85 a–g), wie es auch bei *Chlamydomonas* der Fall ist. Bei den Tochterzellen kann es sich um unbewegliche Sporen (Aplanosporen) (Abb. 85 d, e) oder um begeißelte Sporen (Zoiden) (Abb. 85 f, g) handeln. Aplanosporen und Zoiden wachsen zu neuen vegetativen Zellen heran. Außer durch Aplanosporen vermehren sich Vertreter der *Chlorococcales* oft durch Autosporen. Eine **Aplanospore** ähnelt einer Zoospore ohne Geißeln, da sie Augenfleck und pulsierende Vakuole besitzt. Eine **Autospore** besitzt dagegen keine monadoiden Eigenschaften, und auch pulsierende Vakuolen fehlen ihr. Eine Autospore nimmt schon innerhalb der Mutterzellwand die Form der Mutterzelle an (s. z. B. *Kirchneriella,* Abb. 89).

Man vermutet, daß Sporen der *Chlorococcales* auf zwei verschiedene Weisen gebildet werden können (550). Im einen Fall soll die Bildung durch aufeinanderfolgende Zweiteilungen („successive bipartition") der Mutterzelle erfolgen, während im anderen Fall eine fortschreitende Durchschnürung („progressive cleavage") der Mutterzelle stattfinden soll.

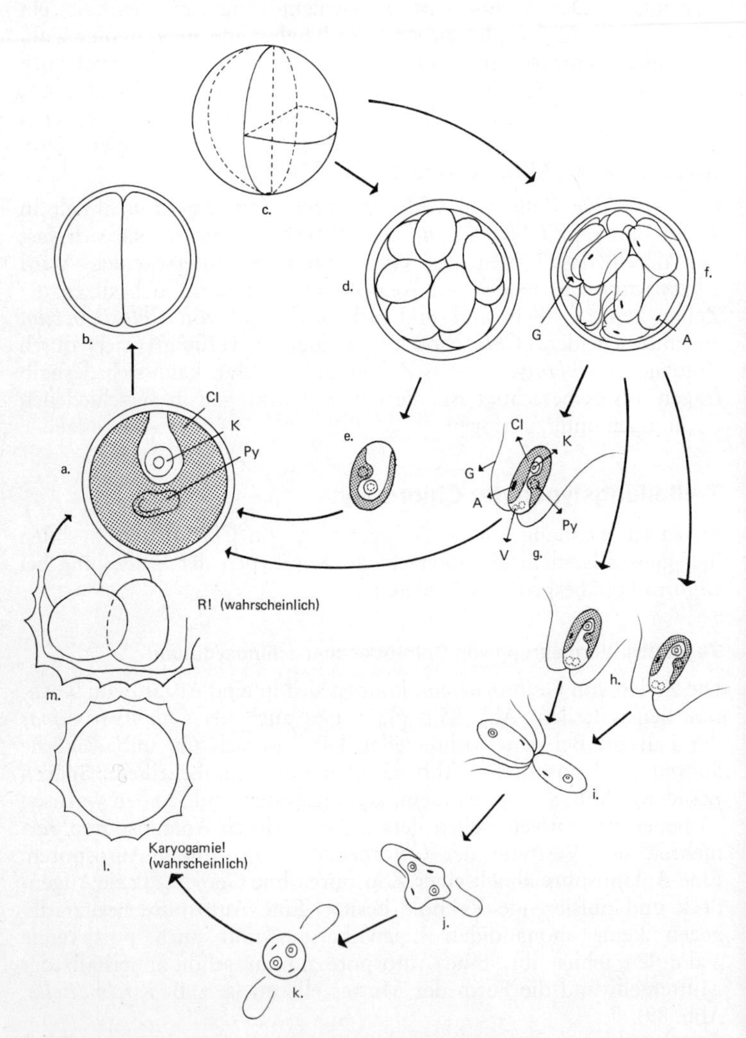

Abb. 85 *Chlorococcum echinozygotum,* Lebenszyklus. a) Vegetative Zelle; b) Zweiteilung der Zelle; c) Teilungsebenen, die zur Entstehung einer Zelltetrade führen; d–e) Bildung von Aplanosporen; f–g) Bildung von Zoosporen; h–i) Gameten und Kopulation; j) Verschmelzung der Gameten außerhalb der Zellwände; k) Abrundung der Zygote; l) ausgewachsene Hypnozygote; m) Keimung der Hypnozygote. (A – Augenfleck, Cl – Chloroplast, G – Geißel, K – Kern, Py – Pyrenoid, V – pulsierende Vakuole) (nach *Starr*)

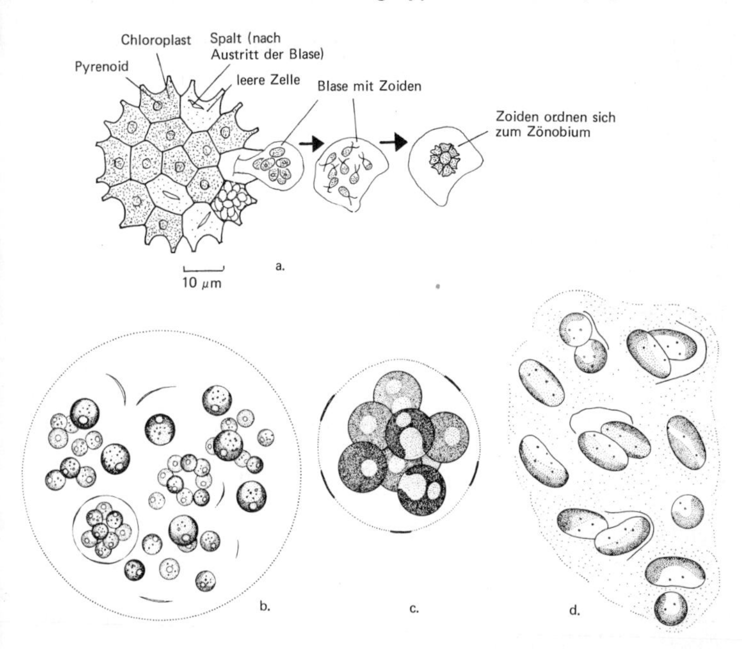

Abb. 86 a) *Pediastrum boryanum*, Kolonie; b) *Sphaerocystis schroeteri*, Kolonie mit Zellen verschiedener Generationen; c) *Sphaerocystis schroeteri*, junge Kolonie; d) *Coccomyxa dispar* (a nach *Smith*, b–d aus *B. Fott:* Algenkunde. VEB Fischer, Jena 1971)

Bei den aufeinanderfolgenden Zweiteilungen der Mutterzelle (Abb. 84 a–f) folgt direkt auf die erste Kernteilung eine Durchschnürung der Zelle. Die zwei so entstandenen Tochterzellen bilden keine Zellwand aus, sondern gehen direkt zur zweiten Kernteilung über, auf die wiederum sofort eine zweite Zelldurchschnürung folgt. Erst wenn die endgültige Zahl von Sporen gebildet ist, umgeben sie sich mit einer Zellwand (Abb. 84 f).

Bei den fortschreitenden Durchschnürungen (Abb. 84 a, g, h, f) findet in der Mutterzelle eine Anzahl von Kernteilungen statt, auf die nicht jeweils eine Zellteilung folgt. Erst wenn die endgültige Zahl von Kernen vorhanden ist, teilt sich die Zelle in eine Anzahl einkerniger Tochterzellen, indem das Cytoplasma durch fortschreitende Teilungsfurchen (Invaginationen des Plasmalemmas) aufgeteilt wird (Abb. 84 h). Die Tochterzellen umgeben sich dann mit einer Zellwand (Abb. 84 f).

Beide Methoden der Sporenbildung und der damit verbundenen Zellteilung stimmen darin überein, daß zuerst eine Anzahl nackter

Tochterzellen gebildet wird, die erst nach ihrer Entstehung von Zellwänden umgeben werden.

Bei *Chlorococcum echinozygotum* sollen die Sporen sowohl durch aufeinanderfolgende Zweiteilung als auch durch fortschreitende Durchschnürung gebildet werden können. Die erste Möglichkeit überwiegt jedoch. Bei dem bekannten Laborobjekt *Chlorella* (Abb. 88 a–c) werden die Sporen dagegen immer auf dem Wege fortschreitender Durchschnürung gebildet.

Vegetative Zellteilung der Ulotrichales

Bei Vertretern der *Ulotrichales* folgt auf jede Kernteilung eine Zellteilung, wobei gleichzeitig zwischen den beiden Tochterzellen eine gemeinsame Zellwand gebildet wird. Die Tochterzellen bleiben dadurch miteinander verbunden (Abb. 94, 84 i–k). Wir können annehmen, daß die Zellwandbildung um die Tochterzellen schon in Gang kommt, bevor die Cytokinese beendet ist. Während das Plasma sich irisblendenartig einschnürt, wächst gleichzeitig die neue Zellwand centripetal mit (Abb. 84 j: die Tochterzellwände sind schraffiert). Man könnte den Vorgang so interpretieren, daß es sich bei den durch vegetative Zellteilung entstandenen Tochterzellen um Autosporen handelt, die innerhalb der Mutterzellwand miteinander verwachsen bleiben (148).

Entsprechend diesem Gedankengang können wir uns die Ableitung mehrzelliger Algen von einzelligen Algen so vorstellen, daß im Laufe der Evolution die anfangs freien Autosporen sich später nicht mehr voneinander gelöst haben. Diese Theorie wird durch eine Gruppe einfach gebauter, mehrzelliger Grünalgen veranschaulicht, bei denen Zellteilungen in allen Richtungen stattfinden, was zur Bildung dreidimensionaler Zellpakete führt (Abb. 84 p–s). Solche Pakete ähneln stark Gruppen dicht aufeinandergepackter *Chlorococcum*-Zellen.

Die oben entwickelte Überlegung paßt in die Hypothese, daß sich in den verschiedenen Algenklassen im Laufe der Evolution immer wieder aufs neue die trichale und die thallöse Organisationsstufe aus der kokkalen Organisationsstufe entwickelt haben sollen (s. Tab. 5; S. 98 und S. 256).

Zellteilung von Kirchneriella: eine Mischform der drei oben beschriebenen Teilungstypen

Die oben beschriebenen drei Typen der Zellteilung wurden aufgrund lichtmikroskopischer Untersuchungen unterschieden. Neuere elektronenmikroskopische Untersuchungen an der mondsichelförmigen Grünalge *Kirchneriella (Chlorococcales)* stellen die Richtigkeit dieser Unterscheidung jedoch in Frage (468).

Kirchneriella lunaris kommt in nährstoffreichem Süßwasser vor. Die mondsichelförmigen Zellen liegen – meistens zu viert beieinander –

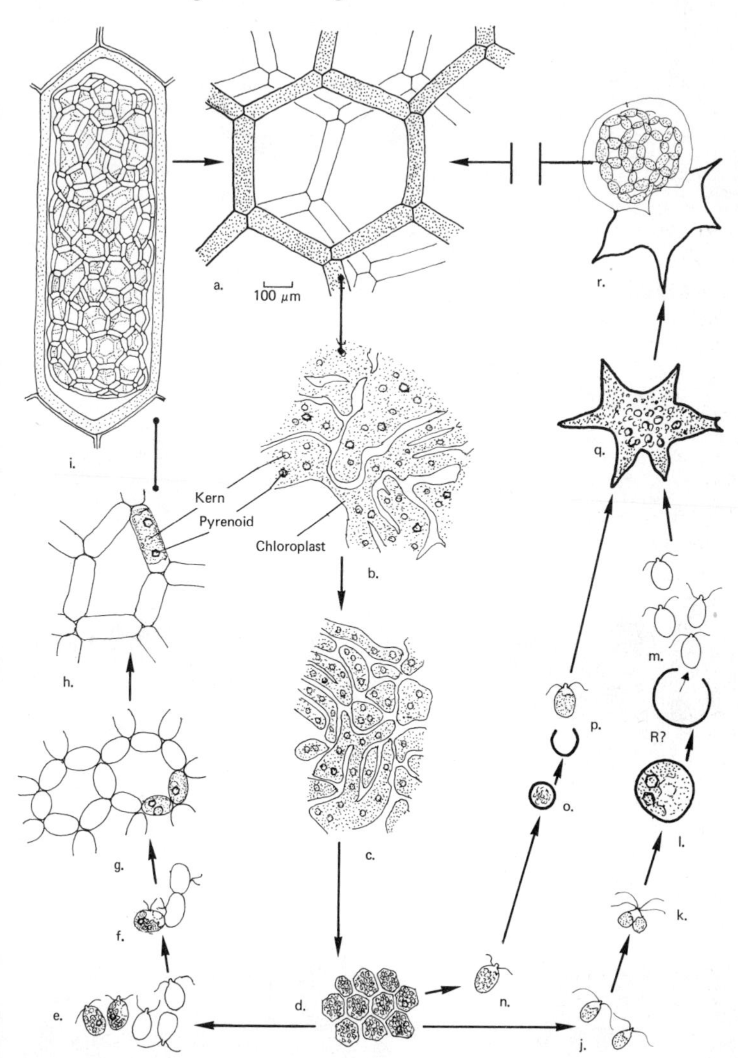

Abb. 87 *Hydrodictyon reticulatum*, Lebenszyklus (Erklärung s. Text)

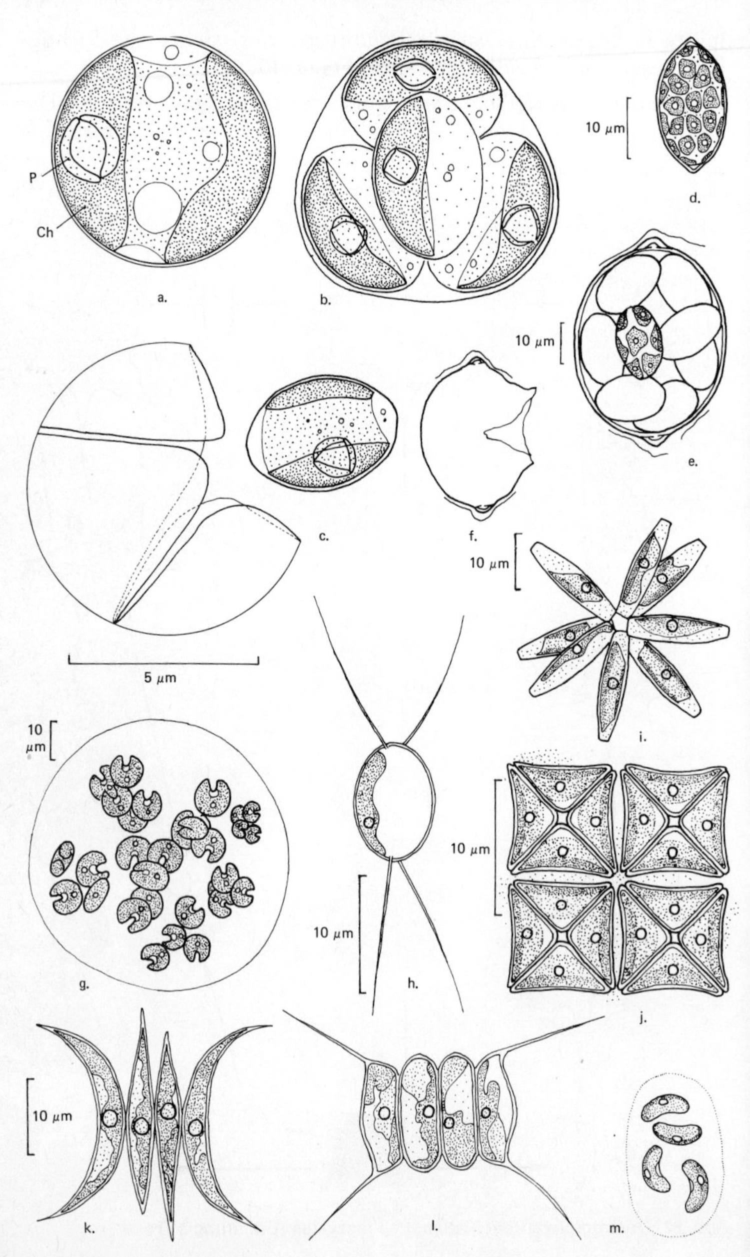
P
Ch
a.
b.
10 µm
d.
10 µm
e.
c.
f.
10 µm
5 µm
i.
10 µm
10 µm
j.
10 µm
g.
h.
10 µm
k.
l.
m.

in eine gemeinsame, kugelförmige Gallertmasse eingebettet (Abb. 89). Die elektronenmikroskopischen Aspekte der Kern- und Zellteilung dieser Alge sollen unten anhand der Abb. 90 besprochen werden.

Die Art vermehrt sich durch Autosporen. Bei der Bildung der Autosporen teilt sich der Kern zweimal hintereinander mitotisch. Um die vier Tochterkerne herum teilt sich das Protoplasma, wodurch vier Autosporen entstehen. Die Autosporen bilden jeweils eine eigene Wand aus und entwickeln sich zu kleinen Zellen, die – morphologisch gesehen – Miniaturausgaben der Mutterzelle sind. Während dieser Entwicklung liegen die Tochterzellen noch innerhalb der Mutterzellwand. Die Mutterzellwand platzt schließlich auf, wodurch die Autosporen frei kommen (Abb. 89).

Im einzelnen können folgende Stadien unterschieden werden:

1. Die vegetative Zelle während der Interphase (Abb. 90 a).

Der Kern liegt meistens in einem Ende der Zelle. Der wandständige Chloroplast enthält ein Pyrenoid, das sich meistens ebenfalls im Ende der Zelle befindet. Gegen die Innenseite des Chloroplasten ist ein langes Mitochondrium angedrückt. An der Innenseite des Kerns liegt ein Golgi-Apparat. Die Zelle ist von einer dünnen Zellwand umgeben.

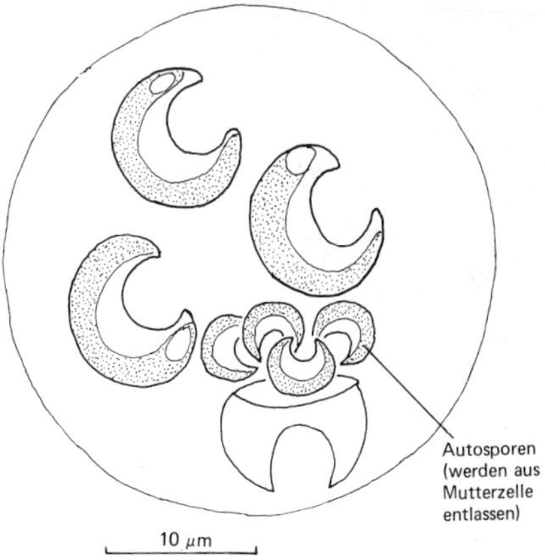

Autosporen (werden aus Mutterzelle entlassen)

10 µm

Abb. 89 *Kirchneriella lunaris,* Kolonie (nach *Pickett-Heaps*)

Abb. 88 a) *Chlorella vulgaris,* vegetative Zelle; b–c) *Chlorella vulgaris,* Bildung von Autosporen; d–f) *Oocystis solitaria;* g) *Kirchneriella obesa;* h) *Chodatella quadriseta;* i) *Actinastrum hantschii;* j) *Crucigenia tetrapedia;* k) *Scenedesmus falcatus;* l) *Scenedesmus quadricauda;* m) *Nephrocytium agardhianum.* (Ch – Chloroplast, P – Pyrenoid) (a–c nach *Fott* u. *Nováková,* d–e nach *Fott,* f–j nach *van Essen*)

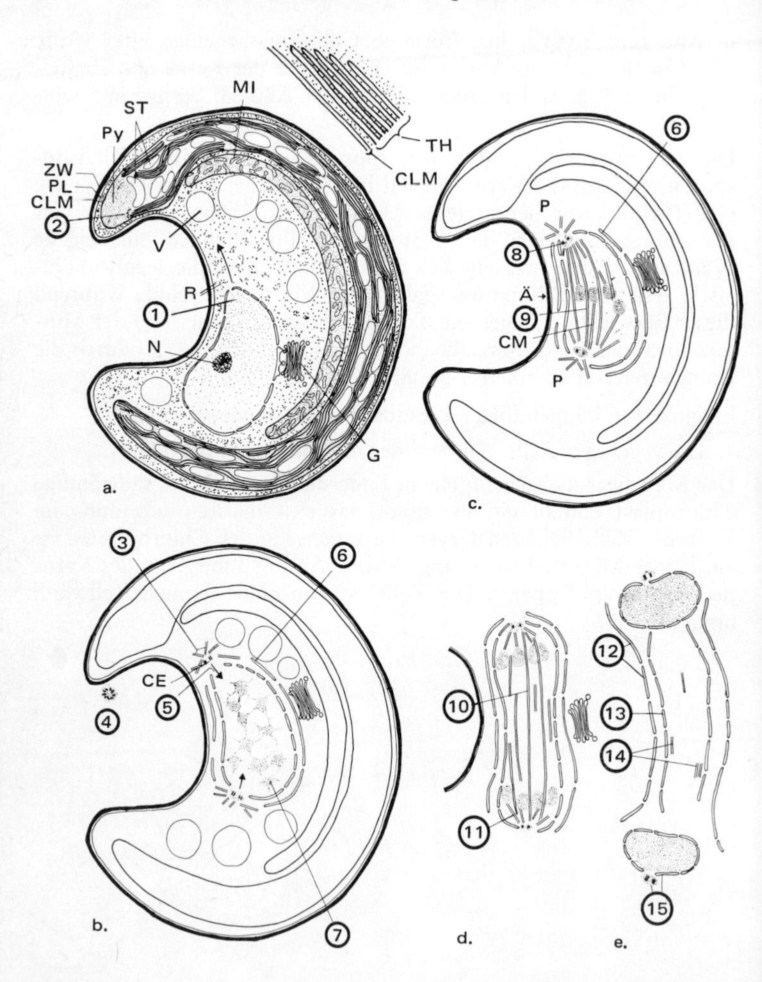

Abb. 90 *Kirchneriella lunaris,* Zellteilung. a) Interphase; b) Prophase; c) Metaphase; d) Anaphase; e) Telophase; f) erste Zellteilung, Anordnung der Mikrotubuli in der ersten Teilungsebene; g) erste Zellteilung, Bildung des ersten Septums durch Invagination des Plasmalemmas; h) zweite Zellteilung; i) vier Autosporen in der Mutterzellwand. (1 – Kern bewegt sich in Pfeilrichtung zur Mitte der Zelle, 2 – Thylakoidstapel im Chloroplast, vgl. Detail rechts oben, 3 – außerhalb des Kernes gebildete Mikrotubuli, 4 – Querschnitt durch das Centriol, 5 – Fenestra, ein Loch der Kernmembran, durch das das Centriol eintritt, 6 – perinukleäre Schicht des ER, 7 – Chromatin konzentriert sich zu Chromosomen, 8 – Centriol jetzt innerhalb der Kernmembran, 9 – von Pol zu

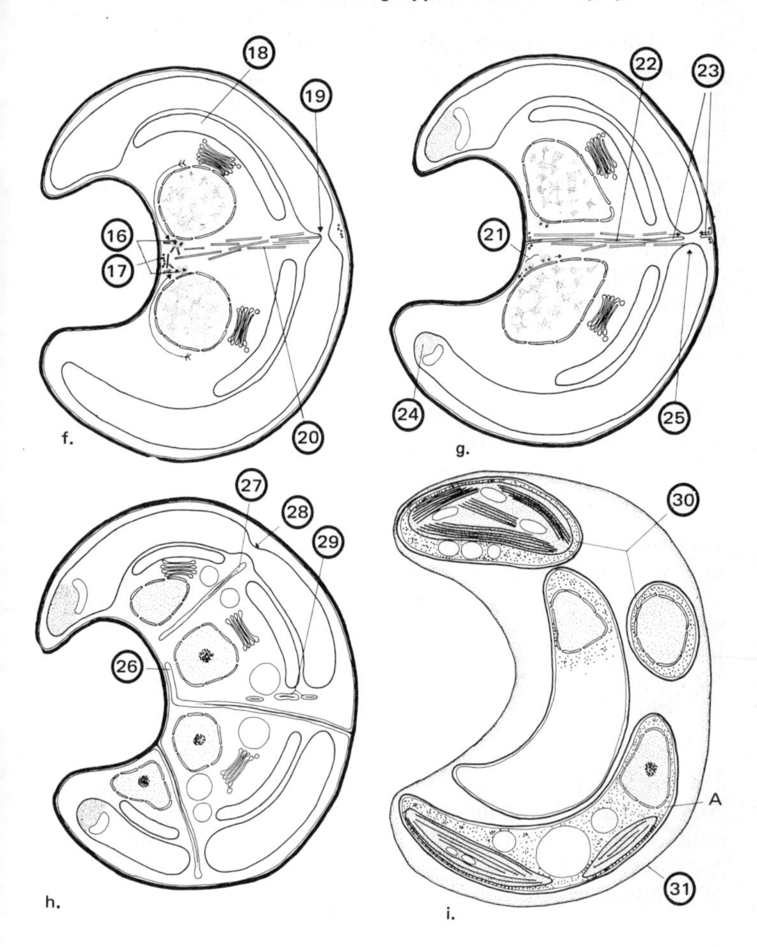

Abb. 90 Fortsetzung

Pol durchlaufende Mikrotubuli, Zentralfasern, 10 – Zentralfasern wachsen in die Länge, 11 – Chromosomenmikrotubuli verkürzen sich, 12 – Reste des perinukleären ER, 13 – Reste der ursprünglichen Kernmembran, 14 – Reste der Spindel, 15 – die neue Kernmembran der Tochterkerne schließt das Centriol aus, 16 – Centriolen wandern um den Kern herum in die Teilungsebene, 17 – Anhäufung von Mikrotubuli unter dem Plasmalemma, 18 – Tochtermitochondrium, 19 – Einschnürung des Chloroplasten bei seiner Teilung, 20 – Mikrotubuli in der Teilungsebene angeordnet, 21 – vor der zweiten Mitose verdoppeln sich die Centriolen und wandern an die Kernpole, 22 – Zellwandstoff im primären Septum, 23 – Pfeile geben die Wachstumsrichtung des primären Septums an, 24 – „de novo" entstandenes Pyrenoid im Tochterchloro-

2. Die Prophase der ersten Mitose (Abb. 90 b).

In der Prophase bewegt sich der Kern zur Zellmitte. In diesem Stadium tritt an jedem Kernpol ein Centriol auf (vgl. S. 274). Die Herkunft der Centriolen ist unbekannt. Es ist sehr interessant, daß bei der Mitose von *Kirchneriella* offenbar Centriolen eine Rolle spielen, obwohl begeißelte Stadien und damit Basalkörper bei dieser Art nicht vorkommen.

Während der Prophase werden außerhalb des Kerns in der Nähe der Centriolen einige Mikrotubuli gebildet. Gegenüber eines jeden Centriols entsteht in der Kernmembran ein Loch (Fenster), durch das kurze Zeit später das Centriol zusammen mit einigen Mikrotubuli in den Kernraum eintreten kann. Der Nucleolus verschwindet während der Prophase. Das Chromatin verdichtet sich zu Chromosomen. Eine perinukleäre Schicht des endoplasmatischen Reticulums entsteht in der Prophase rund um den Kern und zwischen Kern und Golgi-Apparat.

3. Die Metaphase der ersten Mitose (Abb. 90 c).

Beide Centriolen liegen jetzt innerhalb der Kernmembran. Zwischen den Centriolen liegt die Kernspindel. Einige Spindelmikrotubuli reichen von Pol zu Pol, andere vom Pol zu den Chromosomen. Kernmembran und perinukleäres endoplasmatisches Reticulum bleiben intakt, so daß die Kernteilung – genau wie bei *Chlamydomonas* – intranukleär ist. Bei der Mitose handelt es sich um eine „geschlossene Mitose".

4. Späte Anaphase (Abb. 90 d).

Die Länge der Spindelfigur hat zugenommen, da die durchlaufenden Mikrotubuli sich verlängert haben. Dadurch und durch die Verkürzung der Chromosomenmikrotubuli sind die Tochterchromosomen weit auseinandergezogen. Kernmembran und perinukleäres endoplasmatisches Reticulum sind noch intakt.

Abb. 90 Fortsetzung

plasten, 25 – Tochterchloroplasten sind getrennt, 26 – sekundäres Septum wächst hier zum anderen sekundären Septum, 27 – sekundäres Septum mit Zellwandstoff, 28 – Einschnürung des Chloroplasten, 29 – Reste des primären Septums mit Zellwandstoff, 30 – Enden der selben mondsichelförmigen Autospore, 31 – Mutterzellwand, z. T. geschwollen und abgebrochen) (A – Autospore, Ä – Äquator, CE – Centriolkomplex, CLM – Chloroplastenmembran, CM – Chromosomenmikrotubulus, G – Golgi-Apparat, MI – Mitochondrium, N – Nucleolus, P – Pol, PL – Plasmalemma, Py – Pyrenoid, R – Ribosomen, ST – Stärkekörner, TH – Stapel aus Thylakoiden, V – Vakuole, ZW – Zellwand) (nach *Pickett-Heaps*)

5. Telophase (Abb. 90 e).

Jeder Tochterkern wird von einer neuen Kernmembran umgeben, die das Centriol ausschließt. Die Mutterkernmembran und das perinukleäre endoplasmatische Reticulum sind noch vorhanden, werden aber abgebrochen. Von der Spindelfigur sind nur noch einige Mikrotubuli zu sehen. Durch die Streckung der Spindelfigur liegen die beiden Tochterkerne weit auseinander.

6. Die erste Zellteilung; Anordnung der Phycoplastmikrotubuli in der Ebene der ersten Zellteilung (Abb. 90 f).

Nach Beendigung der Mitose nähern sich die beiden Tochterkerne einander. In der Nachbarschaft jedes Kerns befindet sich ein Golgi-Apparat. Die Centriolen bewegen sich um den Kern herum zu einer Stelle in der Nähe der zukünftigen Querwand. In der Ebene der zukünftigen Zellwand entsteht jetzt ein komplexes System aus einander überkreuzenden Mikrotubuli (der Phycoplast). Direkt unter dem Plasmalemma liegen in der zukünftigen Teilungsebene einige Mikrotubuli, die die Zelle wie einen Reifen umschließen. Auch hier erhält man den deutlichen Eindruck, daß die Mikrotubuli eine Skelettfunktion besitzen, da sie die Form des Teilungsraumes abstützen (vgl. S. 277).

7. Die Bildung der primären Querwand (Abb. 90 g).

Nachdem in der Ebene der zukünftigen Zellwand eine Platte aus Mikrotubuli, die man als Phycoplast bezeichnet, gebildet worden ist, wird in dieser Platte das primäre Septum (d. h. die doppelte Teilungsmembran) angelegt. Sehr wahrscheinlich entsteht das Septum durch Invagination (Einstülpung) des Plasmalemmas. Gleichzeitig teilt sich der Chloroplast durch Einschnürung (Abb. 90 f, g). Im primären Septum wird Zellwandmaterial abgelagert. Die Centriolen verdoppeln sich. In der unteren Tochterzelle entsteht im Chloroplasten ein neues Pyrenoid.

8. Die zweite Mitose und ihr Ergebnis.

Die zweite Mitose verläuft im Prinzip genau wie die erste. Interessant ist, daß das primäre Septum mit der darin enthaltenen Zellwand zum größten Teil wieder verschwindet. Nach Ablauf der zweiten Mitose werden zwischen allen vier Tochterkernen neue, sekundäre Septen angelegt (Abb. 90 h). Vom primären Septum sind noch Reste zu finden. In den sekundären Septen wird ebenfalls Zellwandmaterial abgesetzt. Ob dabei der Golgi-Apparat eine Rolle spielt, ist unklar.

9. Ausbildung der Autosporen (Abb. 90 i).

Erst wenn die drei neuen Zellwände fertig ausgebildet sind, lösen sich die vier Tochterzellen voneinander. Gleichzeitig schwillt die

Mutterzellwand auf, so daß ein großer Raum entsteht, in dem die vier Tochterzellen die Form der Mutterzelle annehmen können. Bevor die Tochterzellen sich voneinander lösen können, müssen die schon gebildeten Zellwände zum Teil wieder aufgelöst werden.

Einige Schlußfolgerungen:

1. Bei *Kirchneriella* teilt die Zelle sich nicht zuerst in vier nackte Tochterprotoplasten, die erst anschließend ihre Zellwand erhalten.
2. Die erste und die zweite Zellteilung haben beide den Charakter einer vegetativen Zellteilung (wie angegeben in Abb. 84 a, i–k), da in das einwachsende Septum (Teilungsfurche) direkt eine Zellwand abgelagert wird. Erst später lösen die Zellen sich an den schon gebildeten Querwänden voneinander. Wenn man die Ontogenie als Wiederholung der Phylogenie interpretiert, so sind bei *Kirchneriella* vegetative Zellteilung und mehrzelliger Bau primitiver als Autosporenbildung und einzelliger Bau!
3. Wenn wir die Ablagerung von Zellwandmaterial in den Septen (Teilungsfurche) außer Betracht lassen, so scheint *Kirchneriella* sich bei oberflächlicher Betrachtung nach dem Prinzip der „aufeinanderfolgenden Zweiteilung" zu teilen (Abb. 84 a–f). Das primäre Septum verschwindet jedoch wieder, und nach der zweiten Kernteilung werden neue, sekundäre Septen zwischen allen Kernen gebildet, was dem Prinzip der „fortschreitenden Durchschnürung" entspricht (Abb. 84 a, g, h).

Aus der beschriebenen Zellteilung von *Kirchneriella* geht hervor, daß es ohne elektronenmikroskopische Untersuchungen schwierig ist, sich ein richtiges Bild von der Zellteilung einer kleinen Alge zu machen. Auch scheint der Unterschied zwischen einzelligen und mehrzelligen Algen nicht grundlegend zu sein. Es zeigt sich außerdem, daß man einzellige Algen im Vergleich zu mehrzelligen Formen nicht mit Sicherheit für primitiver erklären kann.

Für die Systematik der *Chlorophyceae* könnte sich aus den oben beschriebenen Ergebnissen die Schlußfolgerung ergeben, daß die Grenzziehung zwischen den Ordnungen der *Chlorococcales* („einzellige, unbewegliche Grünalgen") und der *Ulotrichales* („mehrzellige, unbewegliche Grünalgen") künstlich ist.

Vegetative Zellteilung in einem Phragmoplasten bei höheren Pflanzen

Bis vor kurzem nahm man an, die vegetative Zellteilung mehrzelliger Algen sei ein Prozeß, der sich grundlegend von der vegetativen Zellteilung höherer Pflanzen *(Tracheophytina)* unterscheidet. Bei Algen soll die Zellteilung durch irisblendenförmige Einschnürung

(Invagination) des Plasmalemmas erfolgen, auf die direkt eine centripetale Zellwandbildung folgt (Abb. 84 a, i–k). Bei höheren Pflanzen soll die Zellwand im **Phragmoplasten** gebildet werden (Abb. 84 l–o). In einer sich teilenden meristematischen Zelle einer höheren Pflanze besteht der Phragmoplast aus den durchlaufenden Mikrotubuli der Kernspindel und aus weiteren Mikrotubuli, die nach der Telophase neu gebildet werden und die in der Äquatorialebene enden (Abb. 84 l, m). Die junge Zellplatte (= zukünftige Zwischenwand) besteht aus einer Anzahl von Bläschen, bei denen es sich um Vesikel mit Zellwandmaterial handelt. In der späten Anaphase erscheinen die ersten Bläschen der Zellplatte an der Peripherie der Kernspindel. Von dort breitet sich die Zellplatte zuerst zentripetal, dann zentrifugal aus (Abb. 84 m). Die Vesikel mit Zellwandmaterial verschmelzen miteinander und bilden so die junge Primärwand (Abb. 84 n). Eine Zellplatte kann in 15–20 Minuten eine junge Primärwand bilden.

Lichtmikroskopische Untersuchungen an lebendem Material und elektronenmikroskopische Beobachtungen haben ergeben, daß die Bläschen der Zellplatte durch Verschmelzung kleinerer Bläschen entstehen, die an den Mikrotubuli entlang zur Zellplatte transportiert werden. Ein Teil dieser Vesikel ist mit Sicherheit vom Golgi-Apparat abgeschnürt worden. Fast alle Golgi-Apparate liegen außerhalb des Phragmoplasten, so daß die Vesikel über einen recht großen Abstand transportiert werden müssen. Sie bewegen sich an den Mikrotubuli des Phragmoplasten entlang (Abb. 84 o) (9).

Vegetative Zellteilung im Phycoplasten und im Phragmoplasten bei Algen

Neuere elektronenmikroskopische Untersuchungen haben ergeben, daß sich zumindest bei einigen Algen Zellteilung und Querwandbildung nicht so sehr von der Zellteilung im Phragmoplasten unterscheiden, wie man früher vermutete.

Wie schon berichtet wurde, entsteht bei *Chlamydomonas* das Septum (die Teilungsfurche) sehr wahrscheinlich durch Invagination des Plasmalemmas und Verschmelzung von Vesikeln (die durch den Golgi-Apparat abgeschnürt werden?). Die Vesikel wurden in einer Schicht aus Mikrotubuli beobachtet, die quer zur Achse der vorherigen Kernspindel steht (Abb. 75 c). Eine solche Schicht wird Phycoplast genannt. Die Vesikel scheinen bei *Chlamydomonas* kein Zellwandmaterial zu enthalten. Bei *Kirchneriella* wird im Unterschied zu *Chlamydomonas* bei der Zwischenwandbildung sofort Zellwandmaterial abgelagert, wie es auch bei den *Tracheophytina* der Fall ist.

Bei *Oedogonium* ist die zukünftige Wand ebenfalls eine Zellplatte. Diese besteht aus Vesikeln mit Zellwandmaterial, die zwischen den Mikrotubuli eines Phycoplasten liegen. Auch hier sind diese Mikrotubuli in einer Ebene senkrecht zur Achse der ursprünglichen Kernspindel angeordnet (Abb. 128) (475, 476).

Bei *Spirogyra* entsteht die Zwischenwand zum Teil durch Invagination und zum Teil in Form einer Zellplatte in einem Phragmoplasten (Abb. 118 b–e) (152, 153).

Bei der Grünalge *Coleochaete* und der Armleuchteralge *Chara* werden die Zwischenwände in Phragmoplasten gebildet (388, 465).

Aufgrund der hier wiedergegebenen Ergebnisse bekommt man den Eindruck, daß bei *Chlorophytina* und *Tracheophytina* recht viele unterschiedliche Typen der Zwischenwandbildung vorkommen, wobei die Zwischenwandbildung durch Einschnürung und die Wandbildung in einem Phragmoplasten die beiden extremen Möglichkeiten sind. Die zweite Möglichkeit soll im Laufe der Evolution aus der ersteren hervorgegangen sein (467), ein solcher Gedanke ist jedoch nur eine phylogenetische Spekulation. Mit Sicherheit ist jedenfalls die Zwischenwandbildung in einem Phragmoplasten nicht auf die *Tracheophytina* beschränkt, sondern kommt auch bei den *Chlorophytina* vor.

Neuere elektronenmikroskopische Untersuchungen der Mitose und Cytokinese bei einer großen Anzahl von Vertretern der Ordnung *Ulotrichales* ermöglichten es, zumindest vier verschiedene Typen zu unterscheiden (Abb. 91) (472, 553, 555).

I. In der Anaphase bewegen sich die Chromosomen hauptsächlich durch Verlängerung der interzonalen Spindelmikrotubuli (= Zentralfasern = von Pol zu Pol durchgehende Mikrotubuli) zu den Polen hin. Die sehr langen interzonalen Mikrotubuli bleiben während der Telophase und der Cytokinese erhalten. Die Tochterkerne bleiben darum weit voneinander getrennt. Ein Phycoplast (= Platte aus Mikrotubuli in der Teilungsebene) fehlt. Die Cytokinese erfolgt durch Einschnürung. Die neue Zellwand ist nicht von Plasmodesmen durchbrochen.

Diese Form der Mitose und Cytokinese wird als der primitivste Typ angesehen. Beispiele sind *Klebsormidium*, *Radiofilum transversale* (Abb. 99 a, b) und *Stichococcus bacillaris* (Abb. 99 h) (471).

II. In der Anaphase bewegen sich die Chromosomen hauptsächlich durch die Verkürzung des Abstandes zwischen Pol und Chromosomen auf den Pol zu. Die Spindel verschwindet in der Telophase schnell, und die Kerne nähern sich darum einander. Die Cytokinese erfolgt durch Einschnürung in einem Phycoplasten. Bei der Bildung

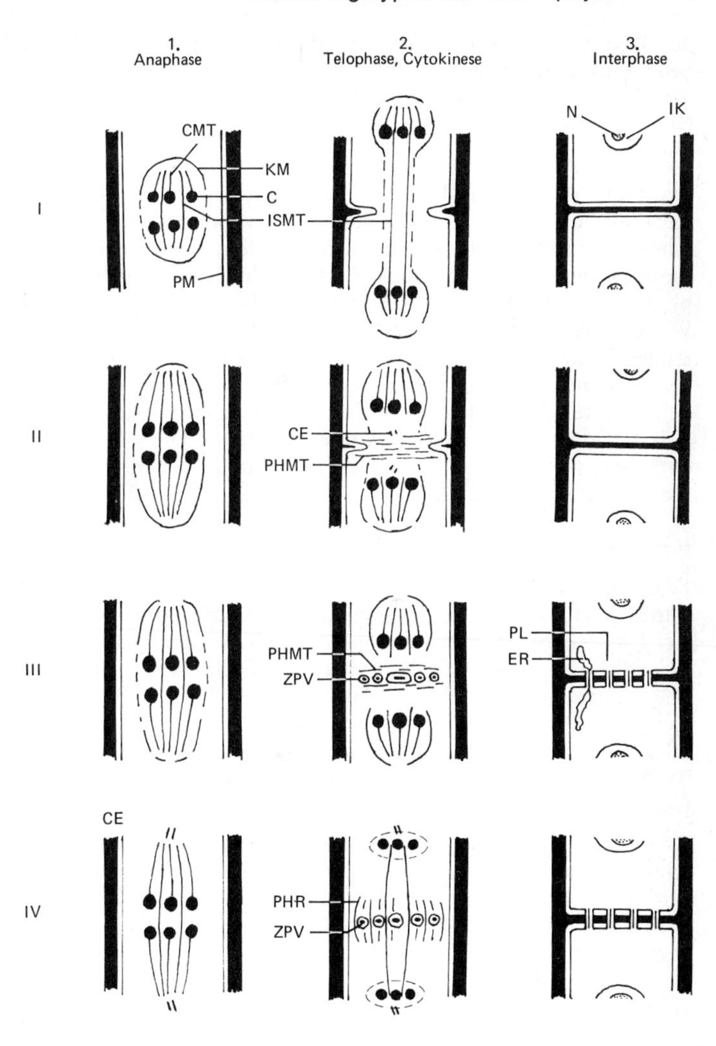

Abb. 91 Vier Typen der Kernteilung und Zellteilung bei den *Ulotrichales* (Erklärung s. Text). (C – Chromosom, CE – Centriol, CMT – Chromosomenmikrotubulus, ER – endoplasmatisches Reticulum, IK – Interphasekern, ISMT – interzonaler Spindelmikrotubulus, Zentralfaser, KM – Kernmembran, N – Nucleolus, PHMT – Phycoplastmikrotubulus, PHR – Phragmoplastmikrotubulus, PL – Plasmodesmen, PM – Plasmalemma, ZPV – Vesikel der Zellplatte)

der Phycoplasten können manchmal Centriolen beteiligt sein. Die neue Querwand ist nicht von Plasmodesmen durchbrochen. Beispiele für diesen Teilungstyp sind *Kirchneriella* (Abb. 90), *Microspora, Chlamydomonas* (Abb. 75 c, 76 a) und *Platymonas* (S. 406).

III. In der Anaphase bewegen sich die Chromosomen hauptsächlich durch die Verkürzung des Abstandes zwischen Pol und Chromosomen auf den Pol zu. Die Spindel verschwindet in der Telophase schnell, und die Kerne nähern sich einander, so daß sie dicht zusammen liegen. Die Cytokinese erfolgt durch Bildung einer Zellplatte (einer Platte aus Vesikeln mit Zellwandstoff), die in einem Phycoplasten liegt. Bei der Bildung des Phycoplasten spielen Centriolen keine Rolle. Wenn die Vesikel der Zellplatte zur Querwand verschmelzen, bleiben Plasmodesmen als Verbindungen zwischen den Tochterzellen offen. Ähnlich aussehende Plasmodesmen finden sich bei den Gefäßpflanzen *(Tracheophytina)*. Die Plasmodesmen enthalten jeweils einen dunkleren Zentralteil, der mit dem endoplasmatischen Reticulum in Verbindung steht. Beispiele sind *Stigeoclonium* (Abb. 95 a), *Draparnaldia* (Abb. 95 b), Arten der Gattung *Ulothrix* (Abb. 94) und *Schizomeris* (394).

IV. In der Anaphase bewegen sich die Chromosomen hauptsächlich durch Verlängerung der interzonalen Spindelmikrotubuli. In der Telophase entwickelt sich die Spindel zum Phragmoplasten. Da die Spindel lange erhalten bleibt, bleiben die Tochterkerne weit voneinander entfernt liegen. Die Cytokinese erfolgt durch Bildung einer Zellplatte im Phragmoplasten. Wenn die Vesikel der Zellplatte verschmelzen, bleiben Plasmodesmen als Verbindung zwischen den Tochterzellen erhalten. Ein Beispiel für diesen Teilungstyp ist *Coleochaete* (Abb. 97 c) (388).

Es wurde vorgeschlagen, die Ordnung der *Ulotrichales* in Übereinstimmung mit den vier Typen der Mitose und Cytokinese in vier Ordnungen aufzuteilen (553, 555). Eigentlich müßten aber die *Chlorococcales* und *Volvocales* bei solch einer neuen Aufteilung mit berücksichtigt werden. Um so mehr, als die *Chlorococcales* nicht gut von den *Ulotrichales* zu trennen sind und zwischen *Volvocales* und *Chlorococcales* ebenfalls keine klare Grenze gefunden werden kann. Die *Ulotrichales* unterscheiden sich von den *Chlorococcales* ja nicht, wie noch bis vor kurzem vielfach vermutet wurde, durch ihre sogenannte vegetative Zellteilung. Der Begriff „vegetative Zellteilung" muß aufgegeben werden, da seine Berechtigung durch die elektronenmikroskopischen Untersuchungen nicht bewiesen werden konnte (s. das Beispiel *Kirchneriella,* S. 300). Der Unterschied zwischen *Chlorococcum (Chlorococcales)* und *Chlamydomonas (Volvocales)* ist nur graduell. Es ist darum interessant, daß Mitose und

Cytokinese von *Chlamydomonas* Merkmale der Typen II und III zeigen (Invagination des Plasmalemmas und Bildung einer Zellplatte in einem Phycoplasten).

Die Mitose und Cytokinese von *Ulva* (Abb. 98) und *Pseudenclonium* (S. 405) gehören zu einer Zwischenform der Typen I und II. In der Telophase kollabiert hier die Spindel, und die Kerne bewegen sich schnell aufeinander zu (charakteristisch für Typ II); in der Einschnürungsebene liegt jedoch kein Phycoplast (charakteristisch für Typ I).

Es müssen noch viel mehr Arten, auch aus den Ordnungen der *Cladophorales, Caulerpales, Dasycladales* und *Acrosiphoniales* untersucht werden, bevor entschieden werden kann, welche Bedeutung das Kriterium der Mitose und Cytokinese für die systematische Einteilung der Grünalgen besitzt. Erst dann wird sich auch herausstellen, ob das Kriterium genügend mit anderen Merkmalen korreliert werden kann.

Lichtmikroskopische Abbildungen der Mitosen in der älteren cytologischen Literatur (502, 534) können freilich auch schon jetzt einen Hinweis geben, welcher Mitosetyp in den einzelnen Ordnungen vorliegt. Vermutlich ist der Typ I charakteristisch für *Caulerpales, Cladophorales* und *Dasycladales* (483). Bei diesen siphonalen Ordnungen werden die zwei Tochterkerne nicht durch eine neue Zellwand, sondern durch eine lang auswachsende Spindelfigur voneinander getrennt. Die Mitose ist geschlossen und erfolgt innerhalb der Kernmembran. Bei *Acrosiphonia* (S. 342), die ebenfalls zu den siphonalen Grünalgen gehört, liegt vermutlich der Typ III der Mitose und Cytokinese vor (Zellplatte mit Phycoplast). Vor der Zellteilung ordnen sich die Kerne in der Teilungsebene an, wo sie eine simultane Mitose ausführen. Direkt danach wird in der Teilungsebene eine Querwand gebildet (261, 289, 291). Die Kernspindeln bleiben kurz. Die Querwand entsteht tatsächlich in einem Ring horizontaler Mikrotubuli, der sehr an einen Phycoplasten erinnert (Typ III). Das Septum wächst in Form eines Diaphragmas nach innen, wobei an die entstehende Querwand Vesikel mit Zellwandstoff angefügt werden (243).

Geschlechtliche Vermehrung von Chlorococcum echinozygotum (Abb. 85 a–c, f, h–m)

Chlorococcum echinozygotum ist homothallisch, so daß die Zoiden eines Klons miteinander kopulieren können. Die Zoiden können auch direkt zu neuen vegetativen Zellen auswachsen. Es handelt sich also um fakultative Gameten.

Die Isogameten von *Chlorococcum echinozygotum* zeigen Gruppenbildung, wie sie auch bei *Chlamydomonas* vorkommt. Aus den Gruppen machen sich Paare los, die geraume Zeit umherschwimmen können, bevor sie völlig miteinander verschmelzen. Dabei werden die Zellwände abgeworfen. Die Zygote wächst längere Zeit und bildet schließlich eine dicke, stachelige Wand. Es handelt sich um eine Ruhezygote (**Hypnozygote**). Die Ruheperiode der Zygote kann sehr lange dauern und ermöglicht so wahrscheinlich das Überleben extremer Umweltbedingungen. Die Zygote kann im Labor zur Keimung gebracht werden, wenn sie bei 37 ° C auf ein frisches Agarmedium gebracht wird. Die Keimung erfolgt innerhalb von 48 Stunden durch die Bildung von vier Aplanosporen, die wahrscheinlich nach einer Meiose entstehen. Die vier Aplanosporen wachsen zu vegetativen Zellen aus, wodurch der Lebenszyklus geschlossen wird.

Obwohl cytologische und genetische Beweise fehlen, kann man vermuten, daß *Chlorococcum echinozygotum* einen haplontischen Lebenszyklus besitzt.

Andere Beispiele einzelliger Chlorococcales

Die Ordnung *Chlorococcales* umfaßt u. a. eine Anzahl von Gattungen, deren Arten kugelrund und einzellig sind, wodurch sie *Chlorococcum* ähneln. Die Gruppen können durch verschiedene Merkmale unterschieden werden, zu denen die Struktur des Chloroplasten und das Vorkommen sowie zum Teil auch der Bau des Pyrenoids gehören. Wichtig sind auch unterschiedliche Typen von Zoiden, die zum Beispiel nackt oder mit einer Wand bekleidet sein können. So unterscheidet sich *Neochloris* durch nackte Zoiden von der Gattung *Chlorococcum,* deren Zoiden eine Wand besitzen. *Spongiococcum* besitzt einen netzförmigen Chloroplasten. Ähnliche Merkmale kommen bei anderen Gattungen vor (229, 550).

Chlorella (Abb. 88 a–c)

Diese Gattung enthält etwa zehn kleine (ca. 2–12 µm) kugelige (oder ellipsoidische) Arten, die den *Chlorococcum*-Arten sehr ähneln. *Chlorella* bildet jedoch keine Zoiden und vermehrt sich nur durch Autosporen. *Chlorella*-Arten kommen überall als Bodenalgen oder Wasserbewohner vor. Sie können bei einer Anzahl wirbelloser Tiere als Endosymbionten auftreten (z. B. bei dem Coelenterat *Chlorohydra,* einigen Süßwasserschwämmen und dem Pantoffeltier *Paramecium)* (vgl. S. 261). *Chlorella*-Arten können leicht gezüchtet werden und werden deshalb häufig für pflanzenphysiologische Untersuchungen benutzt.

Chlorella-Arten teilen sich durch Durchschnürung in einem Phycoplasten (S. 309). Die Spindel liegt zwischen Centriolen (7). Die Zellwand besteht zum Teil aus Sporopollenin, das auch in den Wänden der Pollenkörner höherer Pflanzen vorkommt.

Es sind verschiedentlich Versuche unternommen worden, um *Chlorella* und andere Vertreter der *Chlorococcales* in Massenkultur als Nahrungsmittel zu züchten. Diese Versuche haben bisher nur zu Teilerfolgen geführt, da u. a. die Kosten noch recht hoch sind.

Chodatella (Abb. 88 h)

Die ellipsoiden Zellen tragen an beiden Zellpolen dünne Stacheln. Die Alge vermehrt sich durch Autosporen. Sie lebt im Plankton von Teichen und Seen.

Beispiele für koloniebildende Chlorococcales

Oocystis (Abb. 88 d–f)

Die ellipsoiden Zellen bleiben lange Zeit in der Mutterzellwand eingeschlossen, wodurch sie eine Kolonie bilden. Vermehrung erfolgt durch Autosporen. Die Arten sind vor allem im Süßwasserplankton kleiner Gewässer zu finden.

Nephrocytium (Abb. 88 m)

Die nierenförmigen Zellen bleiben in der angeschwollenen, verschleimenden Mutterzellwand liegen und bilden so eine Kolonie. Vermehrung erfolgt durch Autosporen. Die Algen kommen im Süßwasserplankton vor.

Actinastrum (Abb. 88 i)

Die langgestreckt kegelförmigen oder zylindrischen Zellen sitzen alle mit einem Ende aneinander fest, so daß eine sternförmige Anordnung entsteht. Der wandständige Chloroplast besitzt ein Pyrenoid. Die Vermehrung erfolgt durch Autosporen. Die Algen kommen in leicht verschmutztem Wasser vor.

Crucigenia (Abb. 88 j)

Vier Zellen bilden eine viereckige Kolonie. Tochterkolonien bleiben durch die verschleimende Mutterzellwand vereinigt. Die Alge ist im Süßwasserplankton allgemein verbreitet.

Kirchneriella (Abb. 88 g)

Die mondsichelförmigen Zellen liegen locker in einer mehr oder weniger undeutlich begrenzten, gemeinsamen Gallertmasse. Die Vermehrung erfolgt durch Autosporen.

Sphaerocystis (Abb. 86 b, c)

Kugelförmige Zellen liegen in einer gemeinsamen Gallertkugel verteilt. Unter ihnen befinden sich deutlich auch jüngere Teilkolonien. Die Vermehrung erfolgt durch Autosporen. Die Algen leben im Süßwasserplankton.

Coccomyxa (Abb. 86 d)

Ellipsoide oder schwach nierenförmige Zellen liegen in einer undeutlich begrenzten, gemeinsamen Gallerte. Die Vermehrung erfolgt durch Autosporen. Die Algen leben aerophytisch, auf feuchtem Boden oder auf Felsen.

Scenedesmus (Abb. 88 k, l)

Die Zellen sind elliptisch bis spindelförmig. Meistens sind 4, 8 oder 16 Zellen in einer Reihe aneinander befestigt und so zu einer Kolonie vereinigt. Manchmal liegen die Zellen in zwei Reihen. Bei vielen Arten tragen die Zellen Stacheln. Elektronenmikroskopische Untersuchungen haben gezeigt, daß die Zellwand von *Scenedesmus* kompliziert gebaut ist. Außerhalb einer kräftig gebauten Stützschicht, die Sporopollenin enthält (95), liegt ein Netz, das über Stangen ausgespannt ist und das hier und da von kompliziert gebauten Stacheln durchbohrt wird (20, 22, 23).

Scenedesmus pflanzt sich durch Autokolonien fort. Eine **Autokolonie** ist eine Tochterkolonie, die in jeder der Zellen der Mutterkolonie entstehen kann. Der Inhalt einer Zelle teilt sich in eine Anzahl unbegeißelter Tochterzellen auf, die sich danach zu einer Tochterkolonie – einer Autokolonie – gruppieren. Unter besonderen Umständen, zum Beispiel bei Stickstoffmangel, soll *Scenedesmus* auch Zoiden bilden, die kopulieren können (597).

Scenedesmus-Arten sind in Süßwasser und Brackwasser häufig, besonders in mehr oder weniger nährstoffreichem Wasser. Mehr als 100 Arten und Varietäten wurden beschrieben (601). Viele Arten sind leicht zu züchten und werden deshalb bei pflanzenphysiologischen Untersuchungen benutzt. Unter Kulturbedingungen bilden die Zellen oft keine Kolonien, sondern bleiben frei liegen. Die Zellen ähneln dann Arten der Gattung *Chodatella.*

Hydrodictyon reticulatum – das Wassernetz (Abb. 87)

Die Alge bildet große (bis etwa 20 cm), zylindrisch netzförmige Kolonien. Die Zellen sind zylindrisch bis 1 cm lang und zu dritt an den Zellenden miteinander verbunden. Jede Zelle ist vielkernig. Der Chloroplast steht parietal und ist unregelmäßig gelappt. Die Mitose ist intranukleär. Während der Mitose wird die Kernmembran durch ein besonderes perinukleäres endoplasmatisches Reticulum umhüllt, wie es auch bei *Kirchneriella* vorkommt. Ganz allgemein ähnelt die Mitose von *Hydrodictyon* sehr der Teilung von *Kirchneriella* (S. 300) (386).

Bei der ungeschlechtlichen Vermehrung durch Bildung von Autokolonien (Abb. 87 a–i) teilt sich der wandständige Protoplast in zahlreiche einkernige Protoplasten, die gegeneinander polygonal abgeplattet sind (Abb. 87 d). Diese Teilprotoplasten entwickeln sich zu Zoiden. Innerhalb der zylinderförmigen Mutterzellwand können so bis zu 20 000 Zoiden entstehen. Die zweigeißligen Zoiden führen nur vorübergehend zappelnde Bewegungen aus. Schon bald legen sie sich seitlich gegeneinander, so daß ein Netz entsteht (Abb. 87 e–g). Die Zoiden wachsen in der Folge zu einkernigen, zylindrischen Zellen aus, die sich durch weiteres Wachstum zu großen, vielkernigen Zellen entwickeln (Abb. 89 h, i). Das junge Wassernetz kommt durch Verschleimen der Mutterzellwand frei.

Die Zoiden können nach ihrer Bildung ebenfalls ins Freie gelangen und als freischwimmende Zoosporen für ungeschlechtliche Vermehrung sorgen (Abb. 87 n). Eine Zoospore kommt zur Ruhe und umgibt sich mit einer dicken Wand. Die so entstandene Ruhespore wird Hypnospore genannt (Abb. 87 o). Die Hypnospore keimt unter Bildung einer neuen Zoospore (Abb. 87 p), die wieder zur Ruhe kommt und sich dann zu einem **Polyeder** entwickelt (Abb. 87 q). Der Polyeder ist eine unregelmäßig spitzeckige Zelle, deren Inhalt sich in Zoiden aufteilt. Der Polyeder stülpt ein Bläschen aus, in das die Zoiden entlassen werden. In diesem Bläschen ordnen die Zoiden sich zu einem mehr oder weniger runden Netz, das man als Keimnetz bezeichnet (Abb. 87 r). In jeder zylindrischen Zelle des Keimnetzes kann nun ein Tochternetz gebildet werden, wobei die Entwicklung auf dieselbe Art verläuft, wie sie oben und in Abb. 87 a–i beschrieben wurde. Da die Tochternetze die Zylinderform der Mutterzellen annehmen, haben wir jetzt wieder den Ausgangspunkt, ein zylinderförmiges Wassernetz, erreicht.

Bei der geschlechtlichen Vermehrung werden Isogameten gebildet. Diese entstehen auf dieselbe Weise wie Zoosporen, sind jedoch kleiner (Abb. 87 j). Die Fusion der Gameten beginnt mit Hilfe eines Befruchtungskanals, wie er auch bei *Chlamydomonas reinhardii* vorkommt (Abb. 78 f) (387). Nach der Kopulation (Isogamie) wächst die Zygote zu einer kugelförmigen Ruhezygote (Hypnozygote) heran (Abb. 87 k, l). Nach einer Ruheperiode keimt die Hypnozygote, wobei vielleicht die Reduktionsteilung stattfindet, und bildet einige Zoosporen (Abb. 87 m), von denen jede zu einem Polyeder auswächst (Abb. 87 q). Der Polyeder entwickelt sich so weiter, wie es oben bei der ungeschlechtlichen Vermehrung beschrieben wurde.

Man nimmt an, daß *Hydrodictyon* einen haplonten Lebenszyklus besitzt, in dem nur die Zygote diploid ist. Bewiesen ist diese Vermutung jedoch nicht.

Das Wassernetz kommt auf der ganzen Welt in stehenden oder langsam fließenden Süßwassern vor. Vor allem in nährstoffreichen Gewässern kann es sich in Massen entwickeln. In dem durch Abwasser verunreinigten Züricher See kann die Massenentwicklung dieser Alge sehr unangenehm sein, da der Wind dicke Polster zusammentragen und gegen die Ufer blasen kann, wo sie in Fäulnis übergehen (591).

Pediastrum (Abb. 86 a)

Die Kolonien sind rund, flach und radiär gebaut. Sie bestehen meistens aus einer Zellschicht. Die Randzellen tragen meistens vorstehende Hörner, die mittleren Zellen dagegen nicht.

Ein wichtiger Baustoff der Zellwand ist Kieselsäure. Wahrscheinlich besteht vor allem die äußerste Zellwandschicht aus Kieselsäure. Sie hat die Form einer Haut, die durch ein Netz von Balken gestützt wird (408, 413). Die vegetative Vermehrung erfolgt durch zweigeißlige Zoiden, die nicht einzeln, sondern in einer Blase aus der Mutterzelle entlassen werden. Bei der Blase handelt es sich um die innerste Wandschicht der Mutterzelle. In der Blase ordnen sich die Zoiden zu einer Tochterkolonie an (vgl. *Hydrodictyon)* (207).

Auch die geschlechtliche Vermehrung entspricht den Verhältnissen bei *Hydrodictyon.* Isogameten verschmelzen zu einer Hypnozygote, aus der bei der Keimung Zoosporen hervorgehen. Jede Zoospore entwickelt sich zu einem Polyeder, bei dessen Keimung aus zweigeißligen Zoiden eine Tochterkolonie geformt wird. Genau wie bei *Hydrodictyon* kann ein Polyeder auch auf ungeschlechtlichem Weg entstehen.

Arten von *Pediastrum* sind vor allem in mehr oder weniger nährstoffreichem Süßwasser sehr häufig. Sie gehören zum Plankton, leben aber auch zwischen und auf höheren Wasserpflanzen.

Kapitel 17: Chlorophyceae – Ordnung Prasiolales

Die mehrzelligen, einfach gebauten Grünalgen dieser Ordnung bestehen aus kleinen Zellpaketen, Zellfäden oder kleinen Blättchen. Jede Zelle enthält einen Kern und einen zentralen, sternförmigen Chloroplasten. Im Grunde unterscheiden sich die *Prasiolales* von den *Ulotrichales* nur durch den zentralen, sternförmigen Chloroplasten. Dieses Merkmal rechtfertigt die Trennung in zwei Ordnungen nicht. Außerdem werden zur Zeit unter den *Prasiolales* Grünalgen vereinigt, die nicht eng miteinander verwandt zu sein scheinen.

Prasiola (Abb. 92, 93 a)

Die kleinen, krausen, gestielten Blättchen dieser Alge erreichen eine Höhe bis zu 1,5 cm. Sie sind eine Zellschicht dick. Junge Stadien bestehen aus einreihigen Zellfäden. Die Zellen der älteren Pflanzen sind in viereckigen Feldern angeordnet (Abb. 93 a). Die Zellwand besteht, zumindest bei einer Art, überwiegend aus Xylomannan (580, 581). Es gibt etwa 20 Arten. Die Algen wachsen an feuchten Felsen, Mauern, Baumstämmen und Meeresküsten, wobei oft Plätze bevorzugt werden, die durch Vogeldung nitratreich sind. Letzteres gilt zum Beispiel auch für *Prasiola stipitata,* die an den europäischen Küsten auf Felsen wächst, welche bei Hochwasser durch Sprühwasser angefeuchtet werden.

Lebenszyklus von Prasiola stipitata (Abb. 92) (39, 62, 154–156, 158, 166, 370)

Der vegetative, blattförmige Thallus ist diploid. Er vermehrt sich vegetativ durch diploide Aplanosporen (Abb. 92 rechts). In einem fertilen Teil des Thallus, oft handelt es sich um den Oberrand, teilen sich die Zellen periklin (parallel zur Blattoberfläche), so daß der Thallus zwei- oder vierschichtig wird. Der Zellinhalt rundet sich ab zu Aplanosporen. Diese schwellen auf und werden freigesetzt, indem die antiklinen Wände zerreißen (Abb. 92 rechts).

Die Gameten werden auf eine sonderbare Weise gebildet, die ausschließlich bei *Prasiola* vorzukommen scheint. Im oberen Teil eines geschlechtlichen diploiden Thallus teilen sich in einem gegebenen Augenblick die Zellen mit einer vegetativen Meiose und einigen darauf folgenden Mitosen in haploides Gewebe. Die eine Hälfte dieses haploiden Gewebes teilt sich in sehr kleine, bleiche Zellen

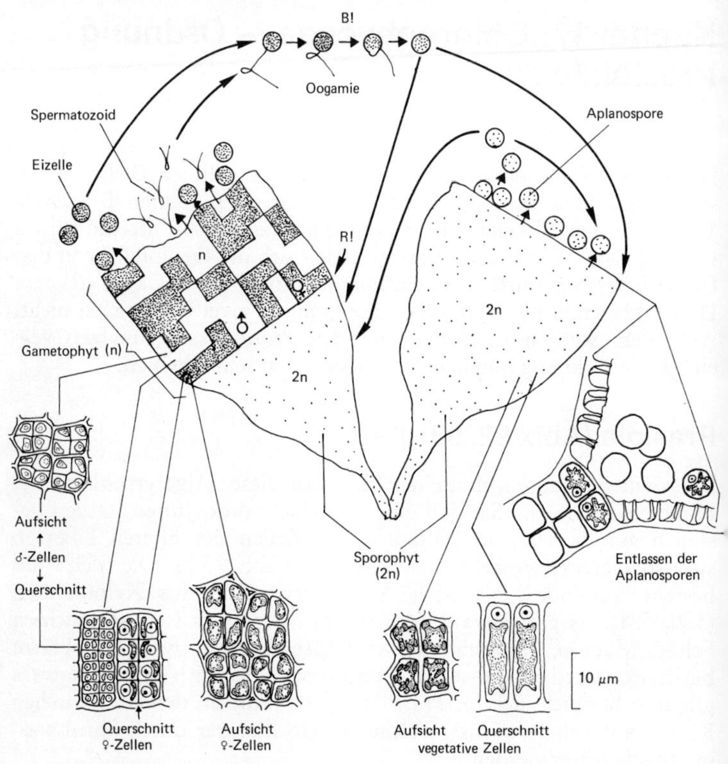

Abb. 92 *Prasiola stipitata*, Lebenszyklus (nach *Friedmann*)

mit kleinen, bleichen Chloroplasten, die man als männliche Zellen bezeichnet. Die andere Hälfte teilt sich in größere, dunklere Zellen mit größeren Chloroplasten, bei denen es sich um weibliche Zellen handelt (Abb. 92 links). Der geschlechtsreife, haploide Thallus besteht dann aus einem Mosaik abwechselnder dunkler, weiblicher und hellerer, männlicher Felder. Da dieselbe Fläche männlicher und weiblicher Felder gebildet wird, kann man eine haplogenotypische Geschlechtsbestimmung annehmen. Bei der geschlechtlichen Reife wird der Inhalt einer Zelle als Gamet freigesetzt. Die Gameten werden meistens gleichzeitig in großen Mengen abgegeben.

Die männlichen Gameten sind zweigeißlige, bewegliche Zellen (Spermatozoiden) (2–7 × 1,8–4 μm), während die weiblichen Gameten unbeweglich sind (Eizellen) (3,2–5 × 4–6,8 μm). Wenn ein Spermatozoid mit einer Geißelspitze eine Eizelle berührt, verklebt die Geißelspitze mit der Eizelle. Dann werden diese Geißel und der Körper des Spermatozoids durch die Eizelle aufgenommen, so daß eine eingeißlige Zygote entsteht, die noch einige Zeit umherschwimmen kann. Die eine Geißel wird dabei hinter der Zygote hergeschleppt. Nach einigen Tagen findet in der zur Ruhe gekommenen Zygote die Karyogamie statt. Die Zygote keimt ohne weitere Ruheperiode zu einer neuen *Prasiola*-Pflanze.

Prasiola stipitata besitzt einen Lebenszyklus, den man zusammenfassend als stark heteromorph diplohaplont bezeichnen kann. Dabei bleiben die männlichen und weiblichen Gametophyten nach der Meiose ein Teil des ursprünglichen diploiden Thallus. Die Art zeigt Oogamie. Man kann jedoch die haploiden männlichen und weiblichen Thallusteile auch als plurilokuläre Gametangien betrachten (vgl. *Phaeophyceae*, S. 149 und Abb. 39). In diesem Fall hätte *Prasiola* einen diplonten Lebenszyklus. Die Wahl der richtigen Bezeichnung des Lebenszyklus hängt hier also von der Definition des Begriffes Gametophyten-Phase ab (vgl. unten den Lebenszyklus von *Ulothrix*, S. 323).

Cylindrocapsa (Abb. 93 b, c)

Die unverzweigten Zellfäden der Alge besitzen dicke Gallertwände. Jede Zelle enthält einen großen sternförmigen Chloroplasten mit einem zentralen Pyrenoid. Die Algen sind oogam (Abb. 93 c). Fünf Süßwasserarten sind bekannt.

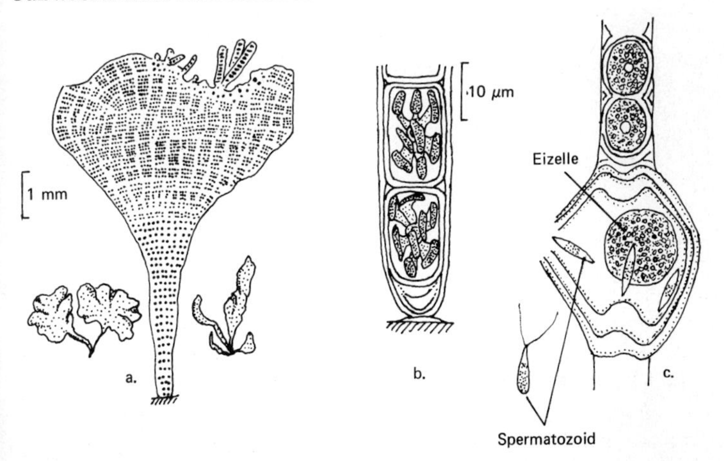

Abb. 93 a) *Prasiola stipitata*, Habitus; b–c) *Cylindrocapsa*, Zellfaden und Oogamie (a nach *Hamel*, b nach *Bourrelly*)

Zu den *Prasiolales* werden auch die Gattungen *Prasiococcus* und *Prasiolopsis* gerechnet (609). *Prasiococcus* ähnelt *Chlorosarcinopsis* (Abb. 84 p–s und S. 300), besitzt jedoch sternförmige Chloroplasten. Bei *Prasiolopsis* bleiben die Zellpakete zu amorphen Thalli vereinigt. *Prasiococcus, Prasiolopsis, Cylindrocapsa* und *Prasiola* werden nur aufgrund eines einzigen Merkmals – des sternförmigen Chloroplasten – in einer Ordnung vereinigt. Diese Ordnung ist unnatürlich. Die Arten könnten zur Zeit besser in verschiedenen Familien der *Ulotrichales* untergebracht werden.

Kapitel 18: Chlorophyceae – Ordnung Ulotrichales

Die Thalli dieser mehrzelligen Grünalgen können aus unregelmäßigen Paketen (Abb. 84 p–s), verzweigten oder unverzweigten Zellfäden (Abb. 94, 95, 99) oder aus Blättern (Abb. 98) bestehen. Die Zellen sind einkernig. Die Ordnung ist wahrscheinlich eine Ansammlung nicht verwandter Formen, da zum Beispiel in der Mitose und Cytokinese große Unterschiede bestehen (S. 309).

Ulothrix zonata (Abb. 94)

Die Arten der Gattung *Ulothrix* bestehen aus unverzweigten Zellfäden, die durch interkalare Zellteilungen wachsen. Alle Zellen eines Fadens können sich mitotisch teilen. Jede Zelle enthält einen Kern und einen ringförmigen, parietalen (wandständigen) Chloroplasten mit einem oder mehreren Pyrenoiden. Es wurden einige Dutzend Süßwasserarten beschrieben; jedoch wurde in einer modernen Bearbeitung der Gruppe diese Zahl zumindest für die Niederlande auf 9 reduziert (341–343). Man findet die Algen vor allem in der kälteren Jahreszeit in strömendem Wasser oder in der Brandungszone von Seen und Kanälen. Im Meer kommen auf Felsküsten und in Quellerrasen noch etwa fünf weitere Arten vor.

Ulothrix zonata ist eine robuste Art, die besonders im Frühling bis zu 30 cm lange, dunkle bis gelbgrüne Watten bilden kann. Die Alge wächst an Steinen festgeheftet in der Spülzone mehr oder weniger nährstoffreicher Kanäle und Seen. Jede Zelle der ausgewachsenen Fäden besitzt einen geschlossen ringförmigen Chloroplasten mit vielen Pyrenoiden (Abb. 94 a, a′).

Lebenszyklus von Ulothrix zonata (Abb. 94)

Sowohl unter Kurztagbedingungen (8 Stunden Licht, 8 °C) als auch unter Langtagbedingungen (16 Stunden Licht, 8 °C) bilden die Fäden ungeschlechtliche, viergeißlige Zoosporen aus, die direkt zu neuen Fäden auswachsen (Abb. 94 a, b, d, e). Pro Zelle werden 2–16 Zoosporen gebildet.

Unter Langtagbedingungen bilden die Fäden zweigeißlige Gameten, die kleiner sind als die viergeißligen Zoosporen. Zoosporen und Gameten werden nicht direkt ins Freie entlassen, sondern zuerst in ein Bläschen entleert (Abb. 94 c, f). Zwischen Gameten, die aus verschieden geschlechtlichen Fäden stammen, tritt isogame

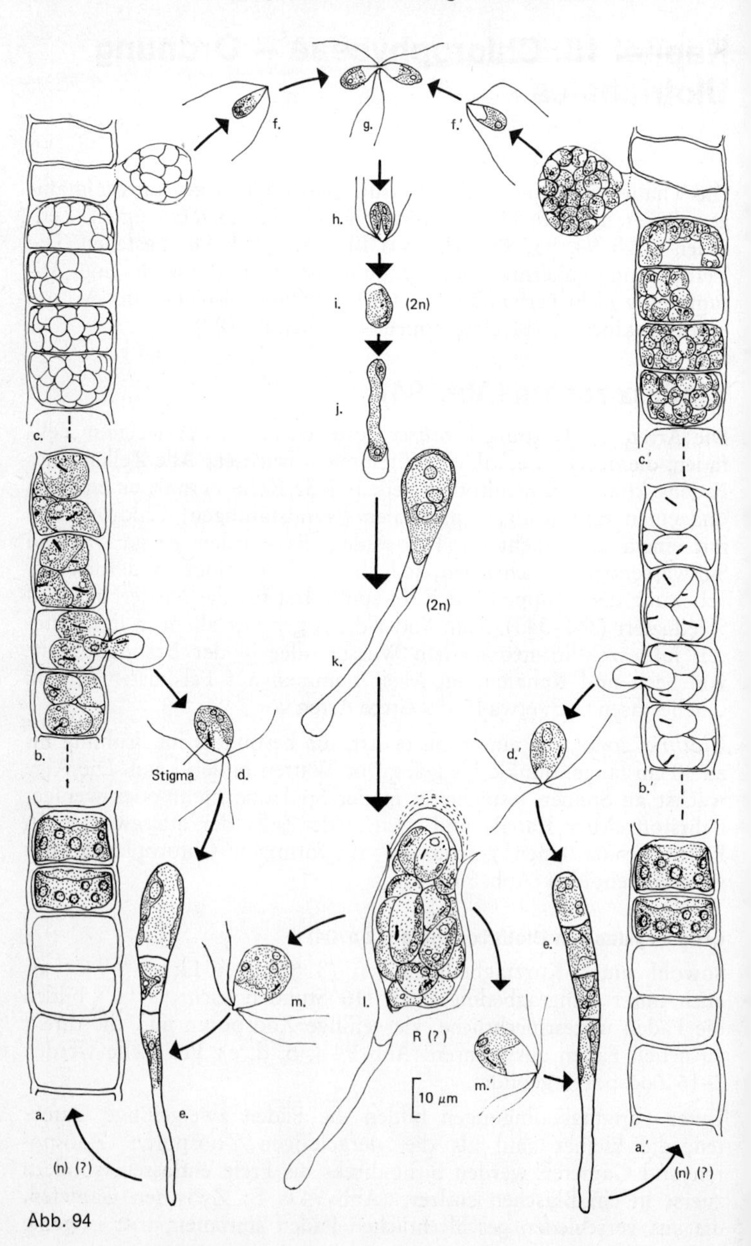

Abb. 94

Kopulation auf (Abb. 94 g). Während die Gameten positiv phototaktisch sind, ist die viergeißlige Planozygote, die durch die Verschmelzung der Gameten entsteht, negativ phototaktisch (Abb. 94 h). Die Zygote heftet sich am Substrat fest und wird unbeweglich.

Nur unter Kurztagbedingungen (8 Stunden Licht, 8 °C) keimt die Zygote und schwillt zu einer großen, dickwandigen, gestielten Zygote an (Abb. 94 l). Diese dickwandige, gestielte Zygote wird auch oft als getrennte, einzellige Sporophytenphase interpretiert. Der Inhalt der reifen Zygote teilt sich bei einer Temperatur von 4 °C und Kurztagbedingungen in 4–16 (meistens 8) viergeißlige Zoosporen auf. Wahrscheinlich findet hierbei die Reduktionsteilung statt. Die Zoosporen wachsen zu neuen (sehr wahrscheinlich haploiden) *Ulothrix*-Fäden heran (Abb. 94 l, m).

Die Eigenschaften des Lebenszyklus von *Ulothrix zonata* können wie folgt zusammengefaßt werden: Die Alge besitzt einen haplonten Zyklus, der durch Heterothallie, Isogamie und eine gestielte Hypnozygote charakterisiert ist. Ungeschlechtliche Vermehrung erfolgt durch viergeißlige Zoosporen.

Wenn die Hypnozygote jedoch als Sporophyten-Phase interpretiert wird, müssen wir den Zyklus zum stark heteromorphen diplohaplonten Typ rechnen. Die Alge besitzt nach dieser Interpretation einen einzelligen, *Codiolum*-artigen Sporophyten. Gestielte Hypnozygoten vom Typ, den wir hier bei *Ulothrix* kennengelernt haben, waren nämlich schon lange unter dem Namen *Codiolum* bekannt (vgl. *Acrosiphoniales,* S. 340). Die Auswahl der passenden Bezeichnung für den Lebenszyklus hängt hier also von der Definition der Begriffe Hypnozygote und Sporophyten-Phase ab.

Ulothrix zonata ist eine Winter- und Frühlingsart, die wahrscheinlich als Hypnozygote übersommert.

Es wurde vorgeschlagen, eine Anzahl morphologisch stark unterschiedlicher Algen, die alle eine *Codiolum*-artige Hypnozygote in ihrem Lebenszyklus besitzen, zu der Klasse *Codiolophyceae* zu vereinigen *(Ulothrix; Monostroma,* S. 337; *Acrosiphonia,* S. 342) (293). Tatsächlich zeigt die Entwicklung dieser Hypnozygote in allen Fällen ein großes Maß von Übereinstimmung. Auch hier handelt es sich

Abb. 94 *Ulothrix zonata,* Lebenszyklus. a, a') Gametophyt; b, b') Zellinhalt in viergeißlige Zoosporen aufgeteilt; c, c') Zellinhalt in zweigeißlige Isogameten aufgeteilt; d, d') ungeschlechtliche viergeißlige Zoospore; e, e') Keimpflanze; f, f', g) Kopulation von Isogameten; h, i) Zygote; k, l) gestielte Zygote; m, m') viergeißlige Zoosporen, wahrscheinlich Meiosporen (nach *Lokhorst* u. *Vroman*)

fast immer um Winter- bis Frühjahrsannuellen, die mit Hilfe ihrer Zygoten übersommern.

Einige andere unverzweigte fadenförmige Ulotrichales

Stichococcus (Abb. 99 h)

Die Zellen der Alge sind kugelig oder zusammengedrückt. Die Fäden zerfallen leicht in einzelne Zellen, die dann wie Vertreter der *Chlorococcales* aussehen. Jede Zelle enthält einen parietalen Chloroplasten ohne Pyrenoide. Die häufigste Art *Stichococcus bacillaris* lebt auf feuchter Erde, nassem Holz und nassen Steinen. Häufig ist sie zum Beispiel auch in Dachrinnen.

Koliella (Abb. 99 c)

Die Alge besteht höchstens aus zwei jeweils dünn auslaufenden Zellen (in Kultur auch aus mehreren Zellen). Die Algen könnten gut zu den *Chlorococcales* gehören. *Koliella longiseta* lebt im Plankton kleiner Süßwasser.

Geminella (Abb. 99 d)

Die Fäden sind von einer dicken Gallertscheide umgeben. Die Zellen liegen oft in Paaren. Die Vermehrung erfolgt durch Fragmentation. Die Gattung gehört zum Süßwasserplankton.

Binuclearia (Abb. 99 e, f, g)

Die Querwände dieser Alge sind stark verdickt und deutlich geschichtet. *Binuclearia tectorum* lebt in Moorsümpfen.

Radiofilum (Abb. 99 a, b)

Die Zellen der Alge sind kugelig oder zusammengedrückt. Die Fäden besitzen eine dicke Gallertscheide. Die Zellwand besteht aus zwei halbkugelförmigen Teilen, die nach der Teilung die Tochterzellen halb umschließen. Manchmal kommen longitudinale Zellteilungen vor. Vermehrung erfolgt durch Fragmentation. Durch Bruchstücke, die innerhalb derselben Gallertscheide weiterwachsen, können Scheinverzweigungen entstehen.

Fott (148) hält *Radiofilum* für einen primitiven Vertreter der *Ulotrichales*, den man als Reihe von Autosporen ansehen muß, die durch eine gemeinsame Gallerthülle umschlossen wird. *Radiofilum* könnte deshalb auch gut zu den *Chlorococcales* gerechnet werden. In jedem Fall betrachtet er diese Gattung als auffallende Übergangsform zwischen *Chlorococcales* und *Ulotrichales*. Zwei weitere Übergangsformen sind *Koliella* (Abb. 99 c) und *Stichococcus* (Abb. 99 h).

Wenn jedoch zwei Ordnungen durch zahlreiche solcher Übergangsformen gleitend verbunden sind, so kann man sich fragen, ob die Ordnungen aufrechterhalten werden sollten.

Die Arten von *Radiofilum* leben im Süßwasser.

Einige Beispiele für verzweigte fadenförmige Ulotrichales

Stigeoclonium (Abb. 95 a)

Aus über das Substrat kriechenden Zellfäden entspringen verzweigte Zellfäden. Aus einer Zelle der Hauptachse können ein oder

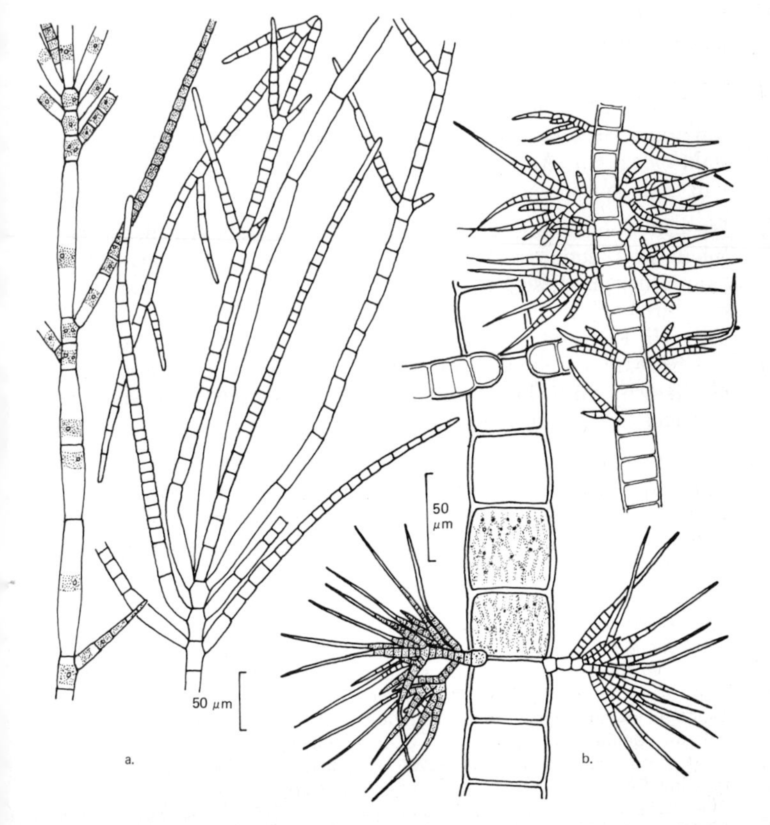

Abb. 95 a) *Stigeoclonium amoenum;* b) *Draparnaldia platyzonata* (nach *Printz*)

zwei Seitenzweige hervorwachsen. Die Zellfäden enden oft in dünnen, bleichen, haarförmigen Fortsätzen. Die Zellen enthalten einen Kern und einen ringförmigen, parietalen Chloroplasten mit einigen Pyrenoiden.

Stigeoclonium kann sich ungeschlechtlich durch viergeißlige Zoosporen vermehren, die an *Carteria* erinnern (vgl. Abb. 79 c). Die Ultrastruktur der Zoosporen (Abb. 96) ähnelt sehr dem Bau von *Chlamydomonas* (S. 266 und Abb. 74, 76). Man kann eine Reihe üblicher Zellorganellen unterscheiden: den Kern mit dem Nucleolus, das endoplasmatische Reticulum, die Ribosomen, die Mitochondrien, die Golgi-Apparate (diese sind wie bei *Chlamydomonas* von Falten des endoplasmatischen Reticulums umschlossen, die mit der Kernmembran in Verbindung stehen), die Chloroplasten, in denen die Thylakoide in variabler Zahl zu Stapeln vereinigt sind, das Pyrenoid im Chloroplasten, die Vakuolen.

Auffallend ist die kontrahierte pulsierende Vakuole, die in dem abgebildeten Schnitt getroffen ist (eine Spore enthält zwei pulsierende Vakuolen, die sich abwechselnd kontrahieren). Mit der pulsierenden Vakuole ist eine Anzahl „haariger" Vesikel verbunden, die ihren Inhalt in die pulsierende Vakuole abzugeben scheinen.

Ein Unterschied zu *Chlamydomonas* sind die zahlreichen, mit einem Inhaltsstoff gefüllten Vesikel, die hier dicht unter dem Plasmalemma liegen. Diese Vesikel verschwinden, wenn die Zoospore sich mit ihrem Vorderende am Substrat festgeheftet hat. Sie könnten vielleicht Klebstoff zum Anheften der Zoospore enthalten oder auch mit primärem Zellwandstoff gefüllt sein, der beim Festheften ausgeschieden wird. Frisch angeheftete Zoosporen sind von einem flockigen Sekret umgeben (365).

Bei den vier Geißeln kann man – wie bei *Chlamydomonas* – verschiedene Gebiete unterscheiden: die Geißel selbst besitzt die typische „2 + 9"-Stuktur aus zwei zentralen und neun doppelten, peripheren Tubuli; das Übergangsgebiet an der Basis zeigt die übliche

---

Abb. 96 *Stigeoclonium*, Zoospore. a) Habitus mit 4 Geißeln, die an der Seite der Apikalpapille entspringen; b) räumliches Schema des Geißelapparats; c) elektronenmikroskopischer Längsschnitt; d) Aufsicht auf die Verankerung des Geißelapparats in der Zelle; e, f, g) Querschnitt durch die Geißel, das Übergangsgebiet zum Basalkörper und den Basalkörper. (CM – Kappenmaterial, hält die Geißelbasen zusammen, GOP – perinukleärer Golgi-Apparat von einer Falte des ER umschlossen, GW2 – zweifaserige Geißelwurzel, GW5 – fünffaserige Geißelwurzel, PV – kontraktierte pulsierende Vakuole, PY – Pyrenoid, RI – Ribosomen im Stroma des Chloroplasten, THY – Thylakoid, V – Vesikel mit Klebstoff oder/und primärem Zellwandstoff) (nach *Manton*)

Sternstruktur; der Basalkörper hat den typischen Bau aus neun in einem Zylinder angeordneten dreifachen Tubuli (Tripletten).

Wie man in der Aufsicht (Abb. 96 d) sehen kann, liegen die vier Geißeln nicht genau radiär angeordnet. Die Geißeln sind unterein-

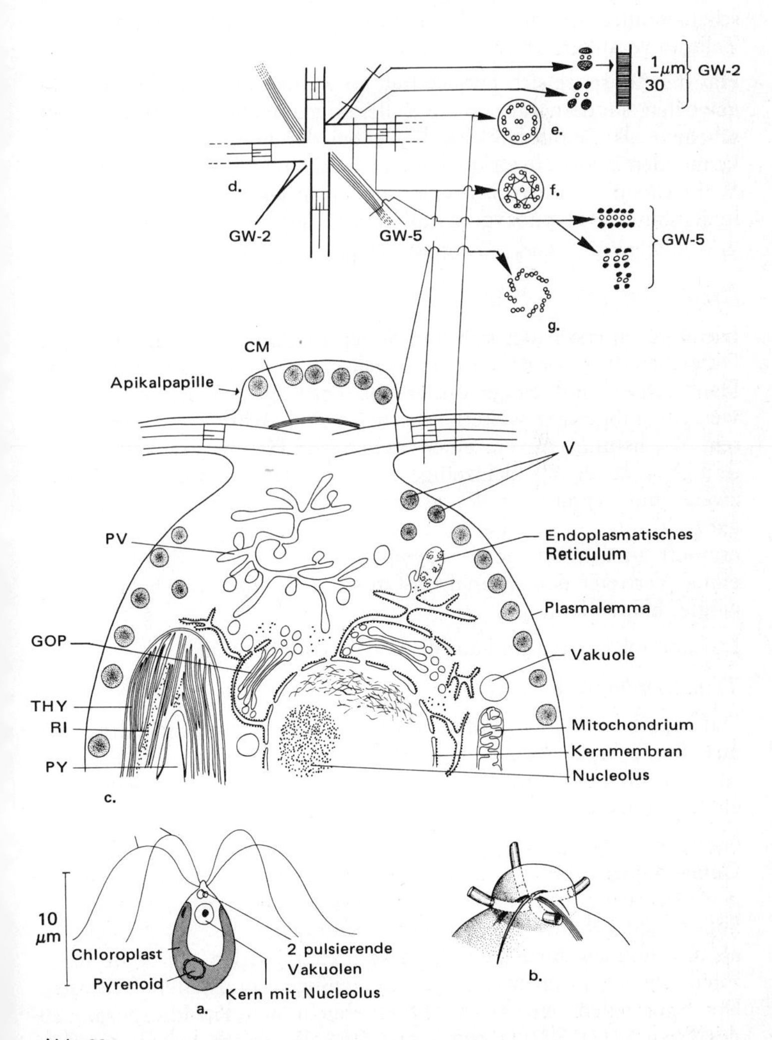

Abb. 96

ander durch „Kappenmaterial“ (capping-material) verbunden, das vielleicht mit dem oberen quergestreiften, fibrillären Band von *Chlamydomonas* vergleichbar ist. Unter dem „Kappenmaterial“ entspringen – wie bei *Chlamydomonas* – vier Wurzeln aus Mikrotubuli. Zwei Wurzeln bestehen aus fünf und zwei aus zwei Mikrotubuli. Die Wurzeln laufen unter dem Plasmalemma nach unten und scheinen auch hier die Funktion zu haben, den Geißelapparat in der Zelle zu verankern (Abb. 96 b).

Hat die Zoospore sich festgeheftet, so werden die Geißeln nicht abgeworfen, sondern ganz in die Zelle aufgenommen. Die Basalkörper scheinen als Centriolen eine Rolle bei der ersten Kernteilung der keimenden Zoospore zu spielen (vgl. S. 274 und S. 84: das Kinetom). Wahrscheinlich besitzt *Stigeoclonium* einen haplonten Lebenszyklus, in dem nur die Hypnozygote diploid ist (180).

Stigeoclonium umfaßt etwa dreißig Süßwasserarten.

Draparnaldia (Abb. 95 b)

Die Alge unterscheidet sich von *Stigeoclonium* durch eine deutliche Differenzierung zwischen Hauptachsen und Seitenzweigen. Die Hauptachsen und einige dickere Seitenzweige können mehr oder weniger unbegrenzt weiterwachsen (es sind Achsen mit unbegrenztem Wachstum). An einzelnen Zellen der Hauptachse können gedrängt verzweigte, kleinzellige determinate Laterale (= Seitenzweige mit begrenztem Wachstum = Kurztriebe) entspringen. Der ganze Thallus ist in eine gemeinsame Gallerte eingebettet. Der Bau erinnert an die Rotalge *Acrosymphyton* (S. 61 und Abb. 15). Auch einige Vertreter der Braunalgen-Ordnung *Chordariales* haben einen vergleichbaren Bau.

Etwa zwanzig Arten sind aus dem Süßwasser bekannt.

Trentepohlia (Abb. 97 a)

Die Alge besteht aus Zellfäden, die auf dem Substrat kriechen und aus denen unverzweigte, aufrechte Fäden entspringen. Die Zellen sind oft durch Hämatochrom rotbraun bis braun gefärbt. Jede Zelle enthält einige Chloroplasten ohne Pyrenoide.

Gameten (zweigeißlige Zoogameten) werden in kugelförmigen Gametangien gebildet, die aus den kriechenden Zellfäden entspringen. Auf den aufrechten Fäden können an hakenförmigen Stielchen Sporangien gebildet werden. Diese Sporangien lösen sich meistens ab und können durch den Wind verbreitet werden, bevor sie ihren Inhalt in Form von zwei- oder viergeißligen Zoosporen freilassen. Die Sporangien von *Trentepohlia* ähneln den Konidiosporangien des Oomyceten *Phytophthora infestans* (Verursacher der Kartoffel-

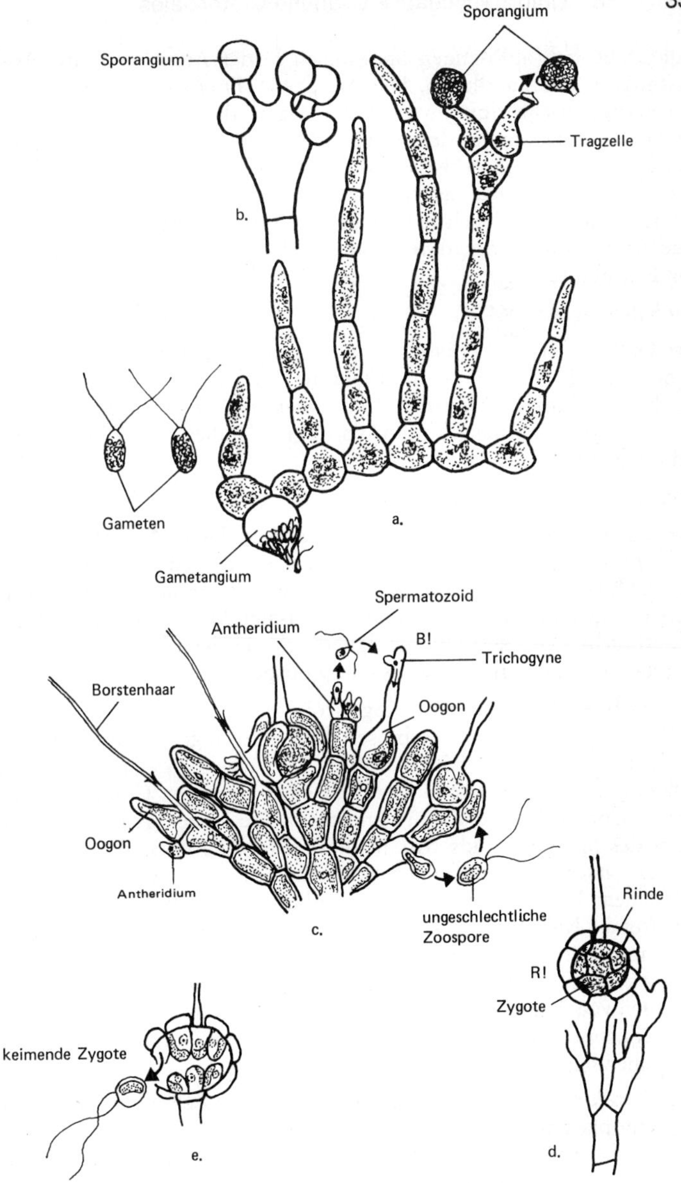

Abb. 97 a) *Trentepohlia aurea;* b) *Cephaleuros virescens;* c–e) *Coleochaete pulvinata* (a, b nach *Fott,* c–e nach *Pringsheim*)

fäule). Die sich ablösenden Sporangien beider Arten sind eine Anpassung an das Landleben. Die Arten von *Trentepohlia* sind nämlich **aerophytische** (luftbewohnende) Algen, die vor allem auf Felsen und Baumstämmen leben. Bei uns kommen die Arten *Trentepohlia aurea* (auf Felsen, Mauern und Baumstümpfen und *Trentepohlia umbrina* (auf Baumrinde) allgemein vor. Die meisten der rund 60 Arten leben jedoch in den Tropen und Subtropen. Einige Arten von *Trentepohlia* sind als Phycobionten ein Bestandteil von Flechten (211).

Cephaleuros (Abb. 97 b)

Die Gattung ist mit *Trentepohlia* verwandt. *Cephaleuros virescens* kommt in den Tropen vor und lebt als Parasit in den Blättern einiger Blütenpflanzen *(Camellia, Rhododendron, Piper, Citrus, Thea)*. *Cephaleuros* kann die Kulturen von Tee in Indien und Zitrusfrüchten in Florida schädigen.

Coleochaete (Abb. 97 c–e)

Die winzigen, scheiben- oder kissenförmigen Pflanzen bestehen aus dicht verzweigten Zellfäden. Jede Zelle enthält einen wandständigen Chloroplasten, in dem ein oder zwei Pyrenoide liegen. Viele Zellen tragen ein farbloses Haar mit basaler Manschette. Die ungeschlechtliche Vermehrung erfolgt durch zweigeißlige Zoosporen. Vegetative Zellen bilden jeweils eine Zoospore.

Die geschlechtliche Fortpflanzung erfolgt durch Oogamie. Vegetative Zellen schnüren kleine, farblose, flaschenförmige Antheridien ab, in denen jeweils ein kleines, farbloses, zweigeißliges Spermatozoid entsteht. Jedes Spermatozoid enthält einen winzigen Chloroplasten. Das Oogon ist flaschenförmig und trägt eine lange Trichogyne. Der Kern des Spermatozoids tritt in die Trichogyne über, deren Wand vorher verschleimt. Die Zygote schwillt an, rundet sich ab und wird von einem Pseudoparenchym aus umliegenden Zellfäden umgeben. Nach einer Ruheperiode keimt die Zygote mit einer Reduktionsteilung und teilt sich in 16–32 Zellen auf. Jede dieser Zellen bildet eine zweigeißlige, haploide Zoospore, die nach dem Aufplatzen der Zygotenwand und des umhüllenden Pseudoparenchyms freikommt. Die Zoosporen wachsen zu neuen Thalli heran. *Coleochaete* besitzt also einen haplonten Lebenszyklus (438).

Die Cytokinese erfolgt durch Bildung einer Zellplatte in einem Phragmoplasten (Typ IV in Abb. 91) (388).

Einige Beispiele für thallöse, blatt- oder schlauchförmige Ulotrichales

Ulva (Meersalat) (Abb. 98)

Die Größe des blattförmigen Thallus kann zwischen einigen Zentimetern und mehr als einem Meter schwanken. Die Pflanzen sind mit einer Haftscheibe an festen Substraten angewachsen. Manche Arten können sich ablösen und als frei treibende Pflanzen weiterwachsen. Das ist zum Beispiel im Wattenmeer der Fall. Der Thallus besteht aus zwei kräftigen, miteinander verwachsenen Zellschichten. Die Keimpflanzen (Abb. 98 d, e, l) ähneln kleinen *Ulothrix*-Pflanzen. Es sind einreihige Zellfäden, die erst in späteren Stadien zu Blättern auswachsen. Jede Zelle enthält einen scheibenförmigen, parietalen Chloroplasten mit einem Pyrenoid (oder mehreren Pyrenoiden) sowie einen Kern.

Der Lebenszyklus von *Ulva lactuca* (Abb. 98) umfaßt eine haploide Gametophyten-Generation und eine diploide Sporophyten-Generation. Die Art besitzt einen isomorph diplohaplonten Lebenszyklus mit Isogamie und haplogenotypischer Geschlechtsbestimmung (25, 140).

In den Randzellen eines haploiden Thallus (Gametophyt) werden durch mitotische Zellteilungen zweigeißlige Gameten gebildet (Abb. 98 f, g, h, i). Gameten, die vom selben Gametophyten stammen, können nicht kopulieren, d. h. sie sind inkompatibel. Es können also (+)- und (–)-Gametophyten unterschieden werden. (+)-Gameten können nur mit (–)-Gameten kopulieren (Abb. 98 j). Durch Verschmelzung zweier haploider Isogameten entsteht eine diploide Zygote (Abb. 98 k), die ohne Ruheperiode direkt auskeimt. Es entsteht eine Keimpflanze, die an *Ulothrix* erinnert (Abb. 98 l). Die Keimpflanze entwickelt sich zu einem diploiden Sporophyten (Abb. 98 b), der dem Gametophyten morphologisch gleicht. Die Zellen in der Randzone des Sporophyten teilen sich mit einer Meiose in eine Anzahl viergeißliger haploider Meiosporen auf (Abb. 98 c). Die eine Hälfte der Meiosporen wächst über ein *Ulothrix*-artiges Keimstadium (Abb. 98 d) zu (+)-Gametophyten heran (Abb. 98 f), während die andere Hälfte der Sporen sich zu (–)-Gametophyten entwickelt (Abb. 98 e, g). Bei der Meiose hat also eine haplogenotypische Geschlechtsbestimmung stattgefunden.

Die Blätter von *Ulva* wachsen durch interkalare Zellteilungen, wobei die neuen Zwischenwände senkrecht zur Ebene des Blattes angelegt werden.

In Europa kommen etwa acht Arten von *Ulva* vor, von denen *Ulva lactuca* am bekanntesten ist (25). Alle *Ulva*-Arten leben im Meer.

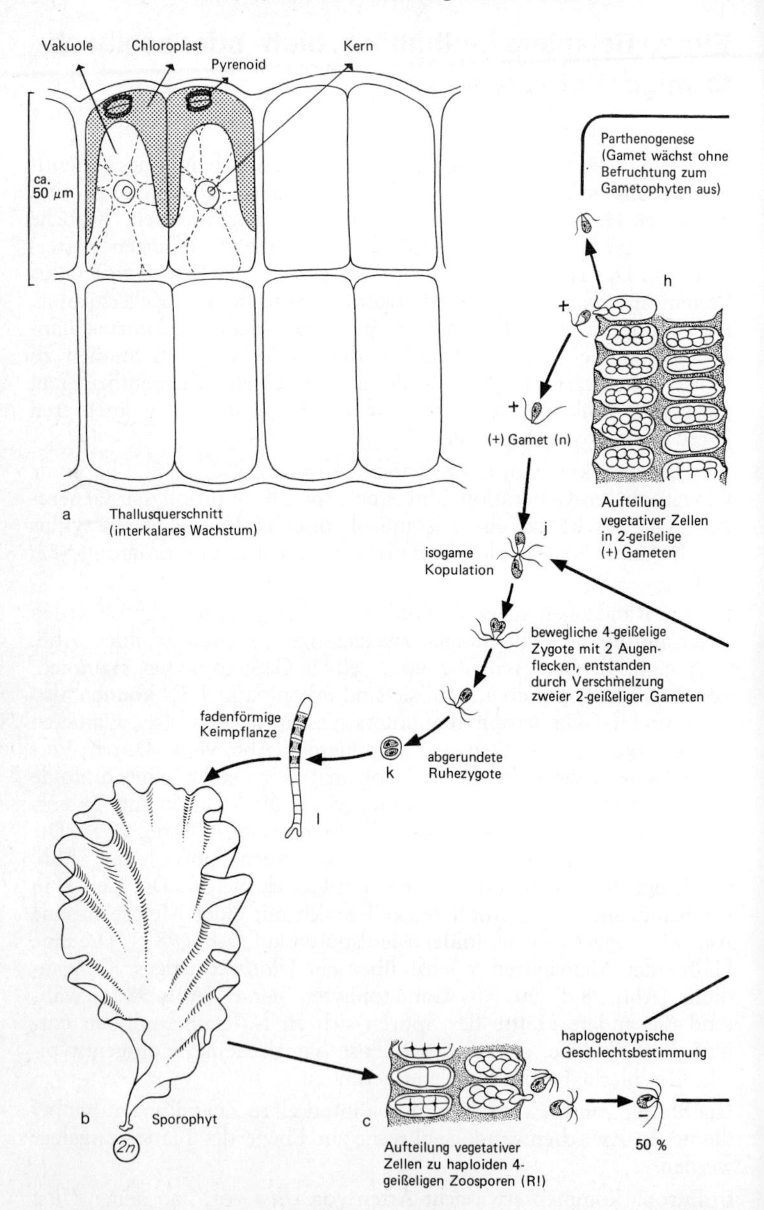

Abb. 98 *Ulva lactuca*, Lebenszyklus

In der Gezeitenzone können sie sich auf Felsküsten oder auf Deichen und Pieren in großen Massen entwickeln. Auch in Lagunen

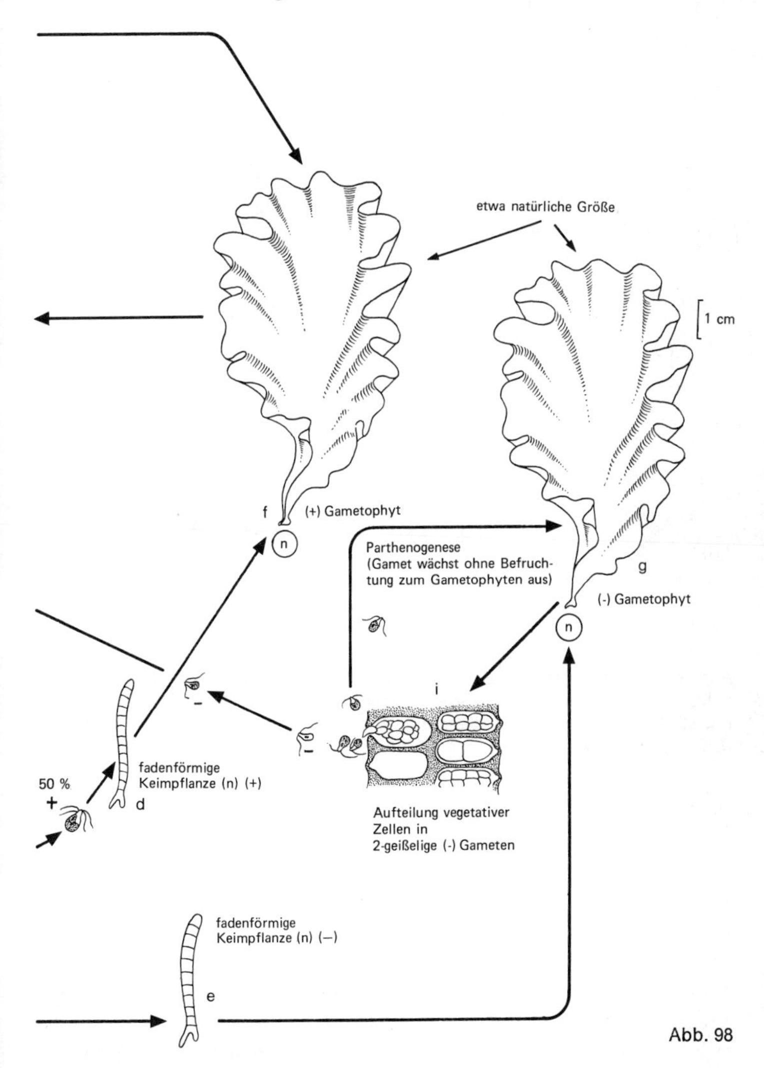

Abb. 98

und Brackwassertümpeln können frei treibende Exemplare von *Ulva* in großen Mengen auftreten. Große Massen von treibendem Meersalat sind zum Beispiel für das Wattenmeer charakteristisch.

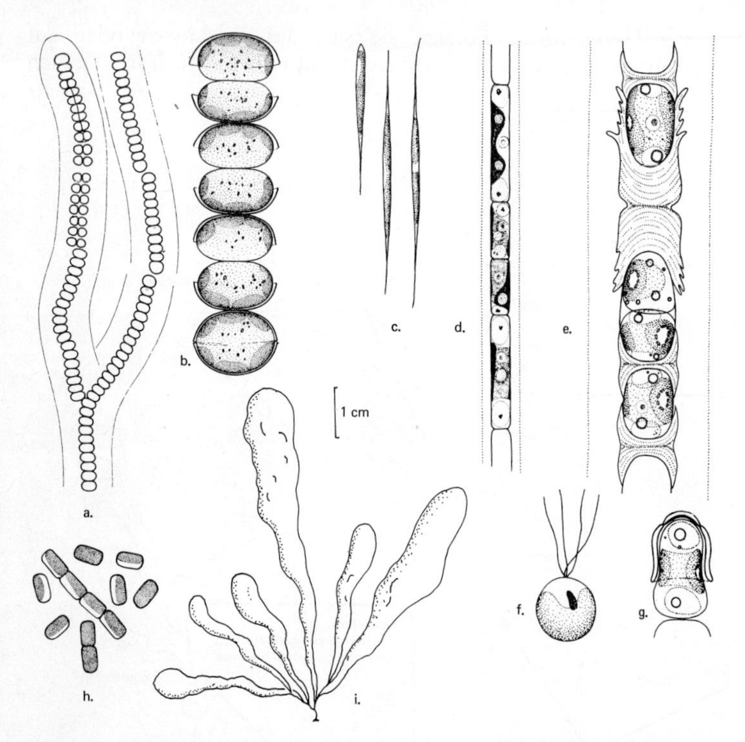

Abb. 99 Einige *Ulotrichales.* a, b) *Radiofilum transversale;* c) *Koliella longiseta;* d) *Geminella minor;* e–g) *Binuclearia tectorum,* Faden, Zoospore und Endzelle; h) *Stichococcus bacillaris;* i) *Enteromorpha compressa* (a–h aus *B. Fott:* Algenkunde. VEB Fischer, Jena 1971)

Enteromorpha (Abb. 99 i)

Die schlauchförmigen Thalli können unverzweigt oder verzweigt sein. Sie werden einige Zentimeter bis einige Dezimeter lang. Die Wand des Thallus ist eine Zellschicht dick. Der Bau der Zellen ist mit der Struktur von *Ulva* identisch. Die beiden Gattungen sind eng verwandt; zwischen ihnen gibt es Übergänge.

In Europa sind etwa zwanzig Arten aus dem Brackwasser und dem Meer bekannt (24). *Enteromorpha* kommt an den gleichen Stellen wie *Ulva* vor (s. oben), wobei die beiden Algen in großen Massen auftreten können.

Arten von *Enteromorpha* mit geschlechtlicher Vermehrung besitzen genau wie *Ulva* einen isomorphen diplohaplonten Lebenszyklus.

Monostroma

Die grünen, blattförmigen Thalli sind nur eine Zellschicht dick. Etwa 15 Arten kommen im Meer vor, während sich im Süßwasser nur eine Art findet.

Abb. 100 zeigt den Lebenszyklus von *Monostroma grevillei*. Die bis zu 20 cm großen, grünen Thalli sind unregelmäßig gefaltet und gewellt (Abb. 100 a, a′). Sie entstehen durch Aufreißen sackförmiger Thalli (Abb. 100 j, j′). Die Art kommt im Frühjahr allgemein an der

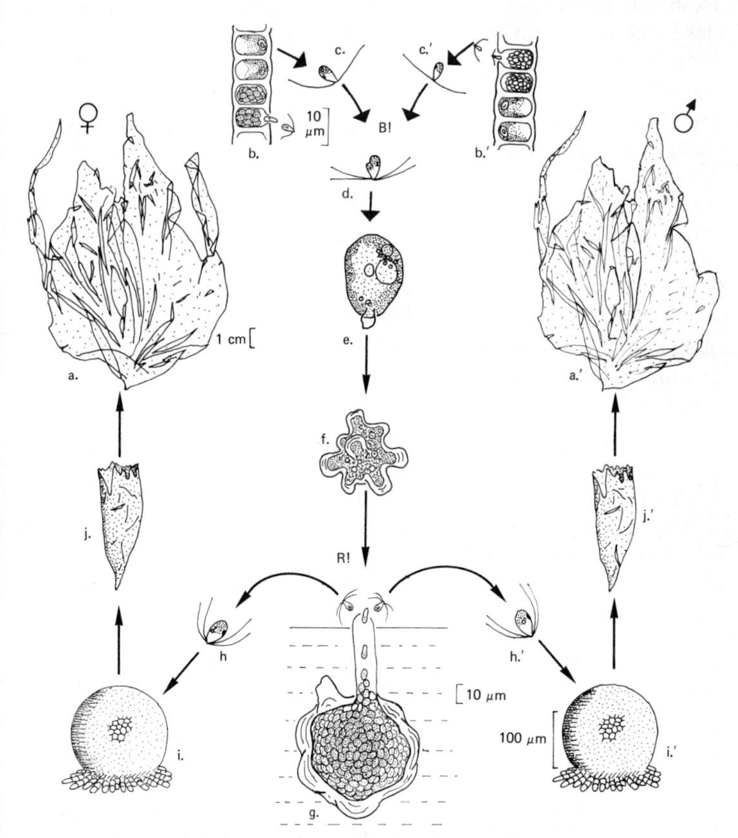

Abb. 100 *Monostroma grevillei.* a, a′) Blattförmiges Stadium; b, b′, c, c′) Bildung weiblicher und männlicher Gameten; d) Anisogamie; e) auswachsende Zygote; g) kalkbohrende Hypnozygote; h, h′) viergeißlige Zoospore; i, i′) junger weiblicher und männlicher Gametophyt; j, j′) sackförmiges Stadium (nach *Kornmann*)

europäischen Atlantikküste in der unteren Gezeitenzone vor. Die blattförmigen Thalli sind haploide Gametophyten. Der weibliche Thallus bildet ewas größere zweigeißlige Gameten als der männliche Thallus (Abb. 100 c, c′). Die anisogame Kopulation (Abb. 100 d) führt zu einer Zygote, deren weitere Entwicklung genau mit den Verhältnissen bei *Ulothrix zonata* übereinstimmt (vgl. Abb. 100 e mit Abb. 94). Diese *Codiolum*-artige Zygote bohrt sich in Kalkschalen von Lamellibranchiaten und Seepocken *(Cirripedia)*, wobei sie einen unregelmäßigen, von Auswüchsen bedeckten Umriß annimmt (Abb. 100 f). In dieser Form zeigt die Zygote viel Ähnlichkeit mit der kalkbohrenden Grünalge *Gomontia*. In den Muscheln sicher verborgen, übersommert *Monostroma* in Form der *Gomontia*-artigen Zygote.

Die Zygote keimt unter Bildung haploider, viergeißliger Meiosporen, die durch einen Entleerungstubus entlassen werden (Abb. 100 g). Jede Meiospore wächst zu einem scheibenförmigen Pflänzchen heran, das auf dem Substrat festgewachsen ist. Die Scheibe wächst durch interkalare Zellteilungen im Zentrum zu einem kugelförmigen Bläschen aus (Abb. 100 i, i′). Das Bläschen reißt an seiner Oberkante auf und wächst zu einem sackförmigen Thallus heran, der weiter aufreißt und so ein Blatt bildet (Abb. 100 j, j′).

Aufgrund seiner *Codiolum*-artigen Hypnozygote könnte *Monostroma grevillei* in die neue Klasse der *Codiolophyceae* eingeordnet werden (S. 325).

In der Gattung *Monostroma* kommen auch andere Typen von Lebenszyklen vor. *Monostroma obscurum* besitzt einen isomorph diplohaplonten Lebenszyklus vom gleichen Typ wie *Ulva lactuca* (Abb. 101). Deshalb wird diese Art jetzt unter dem Namen *Ulvaria obscura* in einer eigenen Gattung eingeordnet. Wahrscheinlich muß auch *Monostroma oxyspermum* aufgrund seiner Thallusentwicklung

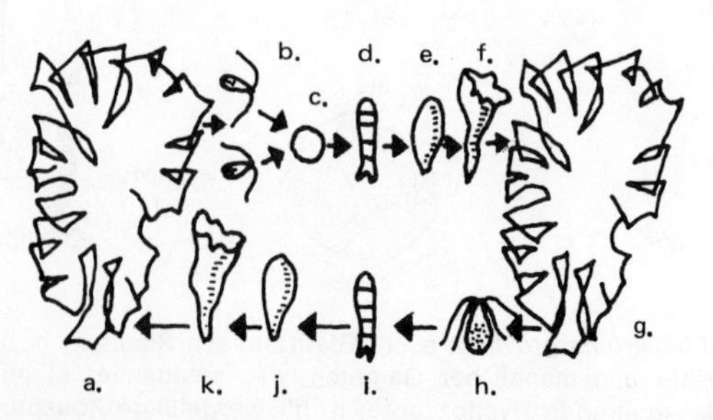

Abb. 101 *Monostroma obscurum,* Lebenszyklus (Erklärung s. Text) (nach *van den Hoek*)

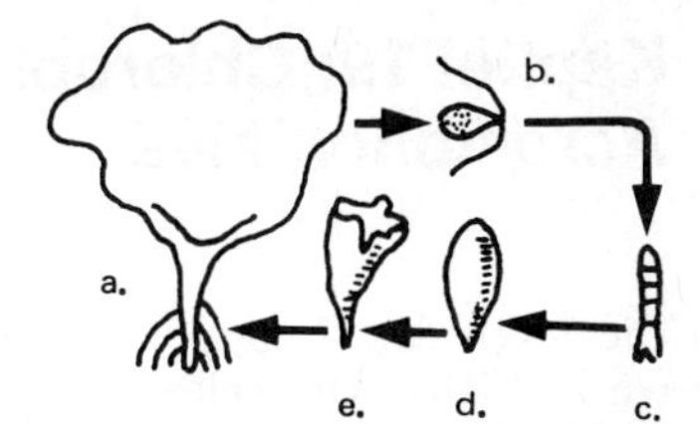

Abb. 102 *Monostroma oxyspermum*, Lebenszyklus (Erklärung s. Text) (nach *van den Hoek*)

in die Gattung *Ulvaria* eingeordnet werden. Die Zoospore wächst hier zu einem Faden aus, der sich zu einem Säckchen entwickelt. Das Säckchen reißt auf und bildet so ein Blatt (Abb. 102). *Monostroma oxyspermum* besitzt nur eine ungeschlechtliche Vermehrung durch zweigeißlige Zoosporen. Die Art ist ein Kosmopolit, der besonders in Lagunen häufig vorkommt.

Aufgrund von Einzelheiten der Lebenszyklen und der Ontogenie können wir bei allen Arten, die *Monostroma* ähnlich sind, nicht weniger als 14 Typen von Lebenszyklen unterscheiden (25, 229, 582). Es ist längst nicht bei allen Arten von „*Monostroma*“ deutlich, zu welcher Gattung sie wirklich gerechnet werden müssen.

Kapitel 19: Chlorophyceae – Ordnung Acrosiphoniales

Die Algen der Gruppe bestehen aus verzweigten oder unverzweigten Zellfäden. Die Zellen sind meistens vielkernig. Der Chloroplast bildet einen wandständigen, perforierten Zylinder. Um die Pyrenoide herum liegt eine große Zahl radial angeordneter Stärkeplättchen (261). Die feste Zellwandfraktion besteht aus filzartig verflochtenen Cellulose II-Fibrillen (im Gegensatz zur kristallinen Cellulose I, wie sie bei den *Cladophorales* vorkommt) (202, 462). Arten mit geschlechtlicher Vermehrung besitzen einen haplonten Zyklus mit *Codiolum*-artiger Hypnozygote (261, 288, 293). Früher wurden die *Acrosiphoniales* zu den *Cladophorales* gerechnet, sie unterscheiden sich von ihnen jedoch deutlich durch den Bau der Zellwand, durch den Bau von Chloroplasten und Pyrenoiden und durch den Lebenszyklus.

Spongomorpha aeruginosa (Abb. 103) (261, 283, 288)

Die Alge hat die Form von ein bis vier Zentimeter großen, kompakten, gelbgrünen Kürbissen. Sie wächst oft auf der Rotalge *Polyides*. Der Thallus besteht aus dicht verzweigten Zellfäden mit einkernigen Zellen. Der Thallus wächst nur durch Längenzunahme der Scheitelzelle. Segmente, die von der Scheitelzelle abgegeben werden, teilen sich später zwar interkalar in ungleich große Zellen auf, diese Zellen strecken sich jedoch nicht mehr in die Länge (292). Seitenzweige entspringen direkt unterhalb von Querwänden, die bei der Teilung der Scheitelzelle entstehen. Kleine, hakenförmige Seitenzweige verklammern den Thallus zu einem mehr oder weniger filzigen Kürbis (Abb. 103 c).

Die Art kommt im Frühling an den atlantischen Küsten vor. Interkalare Zellen teilen ihren Inhalt in zweigeißlige Isogameten auf (Abb. 103 d, e). Die Gameten gelangen durch Poren ins Freie, die mit einem Deckel geschlossen sind. Nach der Isogamie wächst die Zygote zu einer *Codiolum*-artigen, gestielten Hypnozygote aus, die für die Übersommerung sorgt (Abb. 103 h). Diese Hypnozygote lebt eingebettet im Gewebe verschiedener Rotalgen, wofür zum Beispiel die krustenförmige Rotalge *Petrocelis* (Abb. 103 h, i) oder die Rotalge *Polyides* in Frage kommen. Im Winter keimt die Zygote unter Reduktionsteilung und bildet viergeißlige Meiosporen, die jeweils zu einer neuen *Spongomorpha*-Pflanze auswachsen können.

Spongomorpha aeruginosa besitzt einen haplonten Lebenszyklus mit einer typischen *Codiolum*-artigen Hypnozygote. Wenn man die

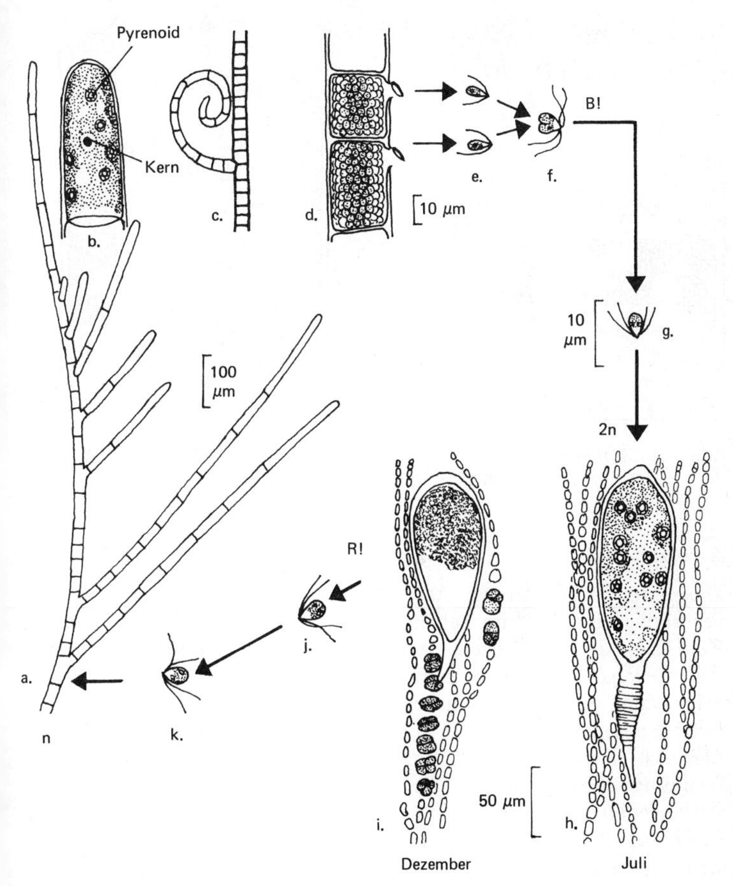

Abb. 103 *Spongomorpha aeruginosa,* Lebenszyklus. a) Gametophyt; b) Zweigspitze; c) hakenförmiger Seitenzweig; d) Gametangien offnen sich mit Poren und Deckeln; e–g) Kopulation; h–i) gestielte Hypnozygote im Gewebe der Rotalge *Petrocelis;* j–k) viergeißlige Meiosporen (nach *Kornmann*)

Hypnozygote als Sporophyten-Phase ansehen will, so hat die Art einen stark heteromorphen Generationswechsel. Die *Acrosiphoniales* könnten aufgrund ihres Lebenszyklus mit der *Codiolum*-artigen Hypnozygote zusammen mit *Ulothrix* und *Monostroma* in einer neuen Klasse *Codiolophyceae* eingeordnet werden (vgl. S. 325). Auch *Urospora,* eine Alge mit unverzweigten Fäden aus mehrkernigen Zellen, gehört hierher.

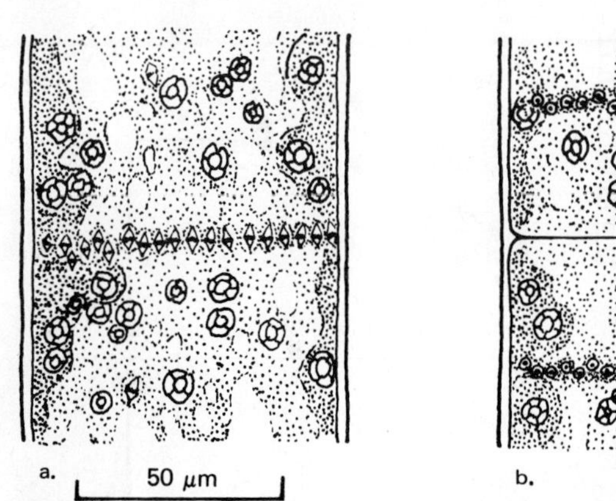
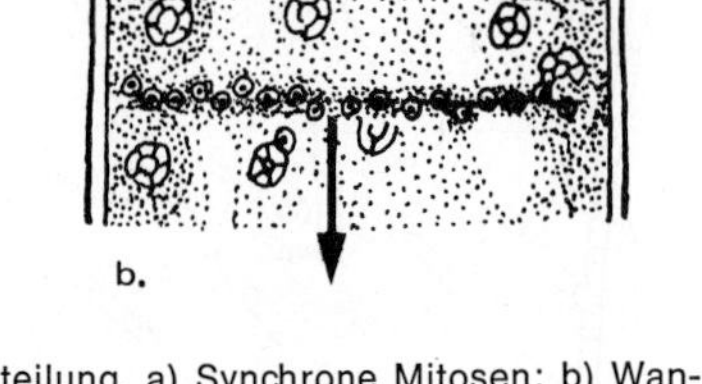

Abb. 104 *Acrosiphonia,* Kern- und Zellteilung. a) Synchrone Mitosen; b) Wanderung der Kerne im Anschluß an die Zellteilung (nach *Kornmann*)

Acrosiphonia

Die Arten der Gattung *Acrosiphonia* ähneln *Spongomorpha* im vegetativen Bau und im Lebenszyklus ganz außerordentlich. Nur die Zellfäden sind im Gegensatz zu *Spongomorpha* etwas dicker und aus vielkernigen Zellen zusammengesetzt. Die Kerne einer Zelle zeigen eine eigenartige synchrone Mitose in der Ebene der zukünftigen Zellteilung (Abb. 104 a) (261, 291): Die Tochterkerne entfernen sich nach der Anlage der neuen Querwand in „geschlossener Ordnung" von der neuen Wand, um sich anschließend im Plasma zu verteilen (Abb. 104 b). Im Gegensatz dazu sind die Kerne von *Cladophora* bei der Teilung im Plasma verteilt, wobei eine Synchronisation kaum zu beobachten ist. Das Mitosebild von *Acrosiphonia* läßt vermuten, daß die Querwand als Zellplatte gebildet wird und vielleicht in einem gemeinsamen Phycoplasten entsteht (Abb. 91). Neuere elektronenmikroskopische Untersuchungen haben dies bestätigt (243). Bei *Cladophora* dagegen scheint das Vorhandensein von Zellplatte und Phycoplast unwahrscheinlich zu sein.

Kapitel 20: Chlorophyceae – Ordnung Cladophorales

Die Algen bestehen aus verzweigten oder unverzweigten Zellfäden. Die Zellen sind vielkernig. Zahlreiche kleine, scheibenförmige Chloroplasten sind meistens in der Zelle zu einem wandständigen Netz vereinigt. In den Chloroplasten liegen Pyrenoide, die meistens von zwei schalenförmigen Stärkekörnern umschlossen sind. Im Zentrum der Zelle liegen einige große Vakuolen. Die feste Zellwandfraktion besteht – wie bei den *Tracheophytina* – überwiegend aus echten Cellulose-I-Mikrofibrillen. Der Lebenszyklus enthält zweigeißlige und viergeißlige Zoiden. Arten mit geschlechtlicher Vermehrung besitzen einen isomorph diplohaplonten Lebenszyklus.

Cladophora (Abb. 105–107)

Die Zellen der verzweigten Fäden sind vielkernig und enthalten zahlreiche eckig scheibenförmige, wandständige Chloroplasten, die zu einem Netz vereinigt sind (Abb. 106 a). Es gibt Süßwasser- und Salzwasserarten. In Europa kommen 9 Süßwasserarten und 25 marine Arten vor (228). Besonders in eutrophem Wasser (Süßwassergräben, Teichen, Buchten usw.) können sich einige *Cladophora*-Arten in großen Massen entwickeln und in dichten Watten an der Oberfläche treiben.

Vegetativer Bau von Cladophora vagabunda (Abb. 105, 107)

Die Art ist an den europäischen Meeresküsten sehr häufig. Sie bildet dichte, meist gelbgrüne, flockige oder kürbisähnliche Thalli, die z. B. in Gezeitentümpeln an Felsküsten und im Wattenmeer vorkommen.

Junge, kräftig wachsende Pflanzen von *Cladophora vagabunda* haben eine akropetale Organisation, bei der die Seitenzweige in akropetaler Reihenfolge angelegt werden (Abb. 105 a). Mit anderen Worten: Der Seitenzweig, der der Spitze am nächsten liegt, wurde als letzter angelegt. Entsprechend liegt der älteste Seitenzweig von der Spitze am weitesten entfernt. Die Seitenzweige werden von der Basis zur Spitze immer jünger und immer kürzer. Die akropetale Organisation hängt eng mit der Tatsache zusammen, daß die Pflanze im wesentlichen durch Teilung der Scheitelzellen und durch Streckung der entstehenden Tochterzellen wächst (apikales Wachstum).

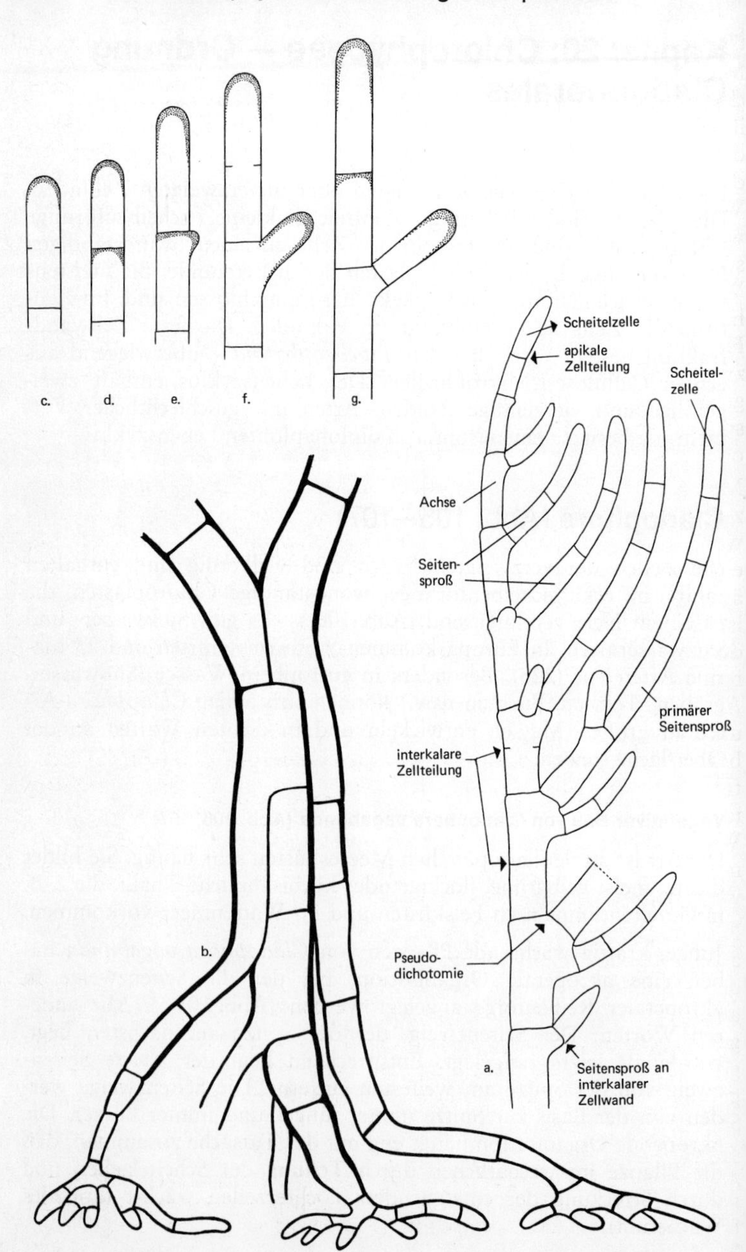
c.
d.
e.
f.
g.
Scheitelzelle
apikale Zellteilung
Scheitel-zelle
Achse
Seiten-sproß
primärer Seitensproß
interkalare Zellteilung
Pseudo-dichotomie
b.
a.
Seitensproß an interkalarer Zellwand

Unter der Scheitelzelle liegt die subapikale Zelle, die in hohem Maße dieselben Fähigkeiten besitzt, wie sie für die Scheitelzelle charakteristisch sind. Beide Zellen zeigen eine Zellstreckung, die in ihrem apikalen Teil konzentriert ist. Bei der subapikalen Zelle sucht diese Streckung sich einen „Ausweg" in einem seitlichen Auswuchs, der zum Ausgangspunkt eines Seitenzweiges wird (Abb. 105 c–g). Wenn die Initiale des Seitenzweiges weit genug ausgewachsen ist, wird sie durch eine Querwand von der Achse getrennt. Die so entstandene Scheitelzelle des Seitenzweiges besitzt im Prinzip dieselben Wachstumsmöglichkeiten wie die Scheitelzelle der Hauptachse. Deshalb kann der auswachsende Seitenzweig die Organisation der Hauptachse wiederholen und ein akropetales Verzweigungssystem zweiter Ordnung bilden. Das Wachstum des Seitenzweiges ist genau wie das Wachstum der Hauptachse im Prinzip unbegrenzt, so daß man von einem Seitenzweig mit unbegrenztem Wachstum oder einer indeterminaten Lateralen sprechen kann.

Man könnte sich vorstellen, daß auf diese Weise akropetale Verzweigungssysteme höherer Ordnung in unbegrenzter Zahl gebildet werden können. Das trifft jedoch nicht zu. Eine Pflanze besitzt nun einmal eine maximale Größe, die bei *Cladophora vagabunda* jedoch äußerst variabel und stark abhängig von den Milieubedingungen ist. Die Maximalgröße hängt meistens von dem Augenblick ab, in dem die Pflanzen fertil werden. Hierbei teilen die Zellen der äußeren (peripheren) Verzweigungssysteme ihren Inhalt in Zoiden auf. Als Folge davon desintegrieren die fertilen Pflanzen bis auf den untersten Teil der Hauptachse und einige Seitenzweige. In heftig bewegtem Wasser, zum Beispiel in Gezeitentümpeln an Felsküsten, tritt die Bildung der Zoiden stärker und schneller ein als an ruhigen und geschützten Stellen. Entsprechend sind im stark bewegten Wasser die Pflanzen viel kleiner (einige Zentimeter bis einige Dezimeter) als an ruhigen Stellen, wo sie mehr als einen Meter lang werden können, wobei sie oft in treibende Massen übergehen.

Neben dem apikalen Wachstum besitzt *Cladophora vagabunda* auch interkalares Wachstum (Abb. 105). In einigem Abstand von der Scheitelzelle können sich interkalare Zellen teilen. In Richtung auf die Basis der Pflanze steigt die Zahl der interkalaren Zellteilungen, wodurch sich der Abstand zwischen den primären Seitenzweigen an der Basis immer mehr vergrößert. Unterhalb der interkalar gebildeten Querwände können sich jedoch sekundäre interkalare Seitenzweige bilden.

Abb. 105 *Cladophora vagabunda,* vegetativer Bau. a) Apikalende einer Pflanze; b) Haftsystem mit Rhizoiden; c–g) Stadium des Scheitelzellenwachstums, Zone des größten Streckungswachstums punktiert

Das Verhältnis zwischen apikalem Wachstum und interkalarem Wachstum kann bei *Cladophora vagabunda* stark variieren. Überwiegt das Apikalwachstum, so entstehen deutlich akropetal organisierte Pflanzen. Überwiegt das interkalare Wachstum, so ist die akropetale Organisation schwer erkennbar oder verschwunden.

Pflanzen, die durch Sporulation auf ihre Hauptachsen reduziert sind, können durch interkalare Zellteilungen weiterwachsen. So entstehen lange, kaum verzweigte Fäden, die fast überhaupt nicht an die akropetal organisierten Ausgangspflanzen erinnern. Aus den beschriebenen Einzelheiten kann man entnehmen, daß *Cladophora vagabunda* eine morphologisch äußerst plastische Art ist. Dasselbe gilt für die meisten anderen *Cladophora*-Arten. Die Folge dieser großen Plastizität war eine beträchtliche Verwirrung in der Systematik der Gattung. Von den etwa 800 für Europa beschriebenen Arten und darunter liegenden systematischen Einheiten blieben bei einer systematischen Revision nur 34 erhalten (228).

Die Pflanze ist mit verzweigten Rhizoiden am Substrat befestigt (Abb. 105 b). Die Rhizoide gehen aus der Basis der Hauptachse und aus einigen Zellen direkt über der Basis hervor. Auch aus den untersten Zellen von Seitenzweigen, die nicht an der Basis entspringen, können Rhizoide nach unten wachsen.

Die feste Zellwandfraktion von *Cladophora* ist aus Mikrofibrillen aufgebaut, die aus Cellulose I bestehen. Diese Modifikation der Cellulose bildet auch den größten Teil der Zellwände höherer Pflanzen *(Tracheophytina)*. Cellulose ist ein β-1,4-Glucan. Die Mikrofibrillen (Dicke etwa 10–25 nm) liegen in Schichten parallel zueinander, wobei sich die Orientierung der Mikrofibrillen von Schicht zu Schicht um etwa 90 Grad verändert (Abb. 106 b). In etwa der Hälfte der Schichten bilden die Mikrofibrillen mit der Längsachse der Zelle einen kleinen Winkel. Die fibrilläre Struktur der Zellwand kann schon mit dem Lichtmikroskop wahrgenommen werden (Abb. 106 d), was darauf hinweist, daß die Fibrillen miteinander Komplexe bilden (298, 462).

Die amorphe Zellwandfraktion besteht überwiegend aus einem Arabinogalactan (einem kompliziert verzweigten Polymer von Arabinose, Galactose und etwas Xylose), an das zahlreiche Sulfatestergruppen gebunden sind (462). Die Zellwand von *Cladophora* (202) (Abb. 106 e) soll aus mikrofibrillären (MS) und amorphen (AS) Schichten bestehen, die einander abwechseln. Jede mikrofibrilläre Schicht ist aus Sublamellen (SB) paralleler Mikrofibrillen aufgebaut. Der dickere, innen gelegene Teil der Wand besteht überwiegend aus Polysacchariden (KS). Ein relativ dünner, an der Außenseite der Wand gelegener Teil (ES) soll überwiegend aus Eiweißen

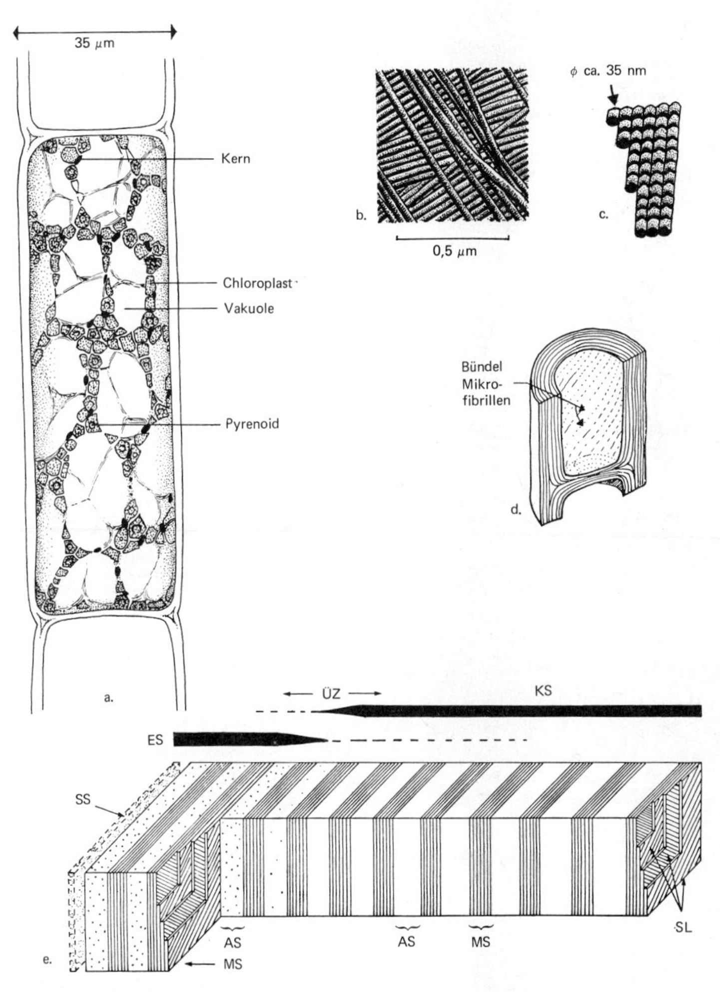

Abb. 106 *Cladophora.* a) Zellbau; b) Cellulosemikrofibrillen der Zellwand; c) Raster aus fast quadratischen Makromolekülen auf dem Plasmalemma; d) schematischer Längsschnitt durch eine Zelle; e) Aufbau der Zellwand, schematisch. (AS – amorphe Schicht, ES – eiweißreiche Schicht, KS – Schicht aus Polysacchariden, MS – mikrofibrilläre Schicht, SL – Sublamellen, SS – schwammige Schicht, ÜZ – Übergangszone) (b nach *Kreger,* c nach *Barnett* u. *Preston,* d–e aus *L. A. Hanric, J. S. Craigie:* J. Phycol. 5 [1969] 89)

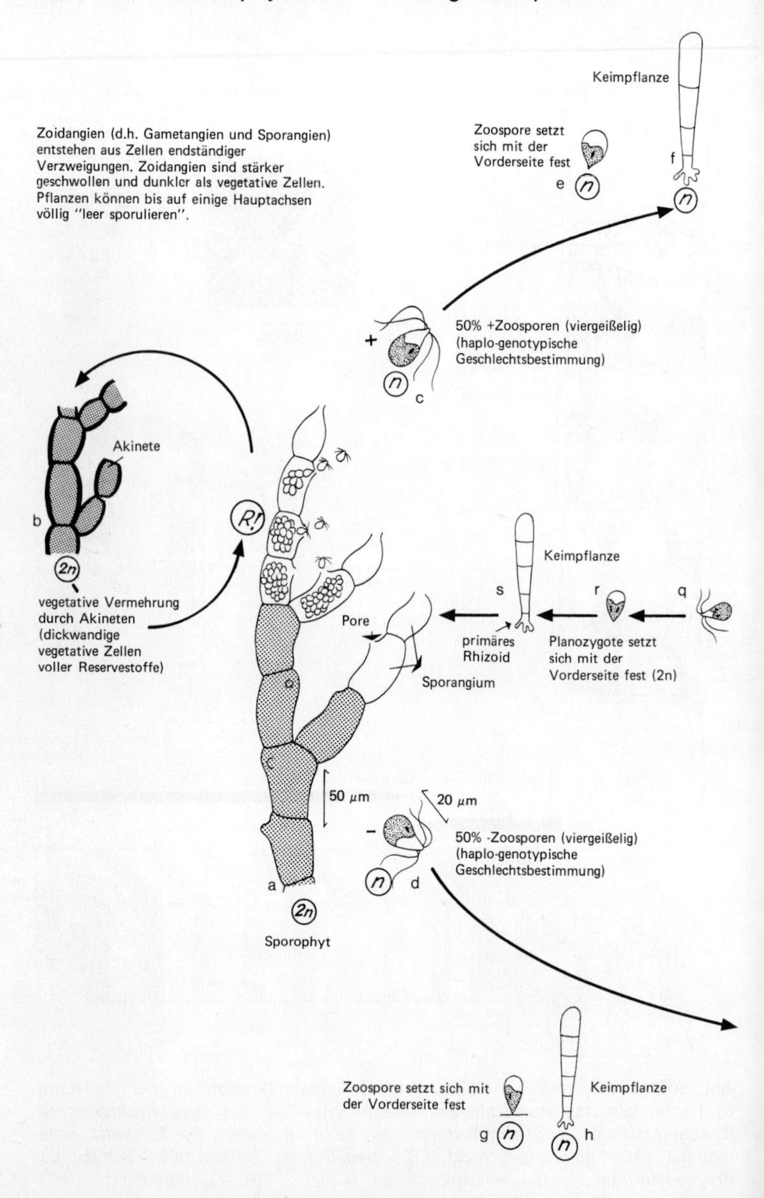

Abb. 107 *Cladophora vagabunda*, Lebenszyklus

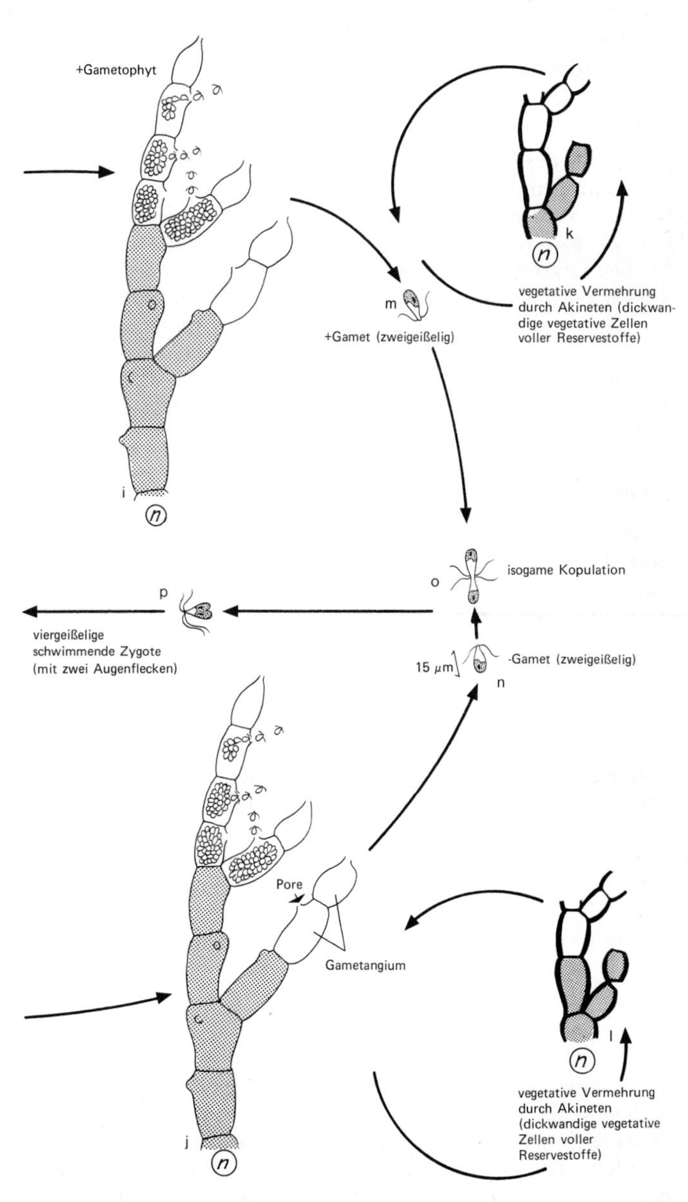
+Gametophyt
k
vegetative Vermehrung durch Akineten (dickwandige vegetative Zellen voller Reservestoffe)
m
+Gamet (zweigeißelig)
i
o
isogame Kopulation
p
viergeißelige schwimmende Zygote (mit zwei Augenflecken)
15 μm
-Gamet (zweigeißelig)
n
Pore
Gametangium
l
vegetative Vermehrung durch Akineten (dickwandige vegetative Zellen voller Reservestoffe)
j

Abb. 107

zusammengesetzt sein. Auch dieser eiweißreiche Wandteil ist abwechselnd aus Schichten von Mikrofibrillen (MS) und amorphen Schichten (AS) aufgebaut. Die Mikrofibrillen sollen hier aus Eiweiß bestehen.

Mit Hilfe der Gefrierätzung gelang es mit dem Elektronenmikroskop auf dem Plasmalemma aktiv wachsender *Cladophora*-Zellen ein Raster zu beobachten, das aus fast viereckigen Granula besteht (Abb. 106 c) (12). Der Durchmesser der Granula ist etwa 35 nm. Bei den Granula könnte es sich um Enzym-Makromoleküle handeln, die für die Polymerisation und Orientierung der Mikrofibrillen sorgen könnten. Die dicht gepackten Granula bilden gerade Reihen, die in zwei fast senkrecht zueinander angeordneten Richtungen verlaufen. Die Granula müßten abwechselnd in der einen und dann in der anderen Richtung Glucosemoleküle zu Cellulose-Mikrofibrillen polymerisieren.

Lebenszyklus von Cladophora vagabunda (Abb. 107)

In den äußeren (peripheren) Verzweigungen einer fertilen Pflanze hört das vegetative Wachstum auf. Die Zellen schwellen etwas an und teilen ihren Inhalt in Zoiden, die durch einen Porus im oberen Ende des Zoidangiums austreten. Im Prinzip kann sich jede vegetative Zelle zu einem Zoidangium entwickeln.

Cladophora vagabunda ist ein isomorpher Diplohaplont mit Isogamie und haplogenotypischer Geschlechtsbestimmung.

Der diploide (2 n) Sporophyt (Abb. 107 a) bildet nach einer Reduktionsteilung (R!) viergeißlige haploide Zoosporen (Abb. 107 c, d), von denen 50 % zu haploiden (+)-Gametophyten und 50 % zu haploiden (–)-Gametophyten auswachsen (Abb. 107 i, j). Die Gametophyten sind dem Sporophyten morphologisch gleich. Die haploiden (n) Gametophyten bilden nach einigen Mitosen haploide zweigeißlige Gameten (Abb. 107 i, j, m, n). Ein (+)-Gamet kopuliert mit einem (–)-Gamet. Da beide Gameten morphologisch gleich sind, handelt es sich um eine isogame Kopulation (Abb. 107 o). Die viergeißlige Planozygote (Abb. 107 p, q) setzt sich fest (Abb. 107 r) und wächst ohne Ruheperiode direkt zu einem diploiden Sporophyten heran (Abb. 107 s, a). Der Zyklus ist geschlossen.

Unter ungünstigen Bedingungen (z. B. Erschöpfung der Nährsalze) bilden vegetative Zellen dicke Wände und große Mengen von Reservestärke. Diese dickwandigen Zellen nennt man **Akineten.** Werden die Lebensbedingungen wieder günstiger, so können die Akineten zu neuen *Cladophora*-Pflanzen auswachsen. Fäden aus Akineten können in Stücke zerbrechen (Abb. 107 b, k, l).

Fortpflanzung von Cladophora glomerata

Cladophora glomerata ist eine sehr häufige Süßwasserart, die in eutrophen Gewässern Steine und feste Substrate dicht unter der Wasseroberfläche bewächst (z. B. in der Spülzone von Seen und Kanälen). In Gräben und Teichen kann die Art die Wasseroberfläche mit dichten Massen treibender Watten bedecken.

Cladophora glomerata ist morphologisch praktisch mit *Cladophora vagabunda* identisch, unterscheidet sich von dieser Art jedoch durch das Fehlen geschlechtlicher Vermehrung. Soweit bekannt, vermehrt sich *Cladophora glomerata* nur ungeschlechtlich durch zweigeißlige Zoosporen.

Einige andere Gattungen der Cladophorales

Chaetomorpha

Die unverzweigten, dicken Fäden des Thallus bestehen aus kurzen Zellen. *Chaetomorpha linum* (100–300 µm dick) bildet frei treibende , krause, haarartige Massen im Brackwasser (z. B. im Wattenmeer).

Rhizoclonium

Die Algen bestehen aus unverzweigten, dünnen Fäden (10–50 µm dick). Es gibt fünf bis zehn Arten. *Rhizoclonium riparium* ist eine sehr häufige Alge im marinen und bracken Milieu. Sie wächst zum Beispiel auf dem nassen Boden der Quellerrasen.

Kapitel 21: Chlorophyceae – Ordnung Siphonocladales

Die verzweigten Thalli sind unterschiedlich gebaut. Die Zellen sind vielkernig. Die zahlreichen kleinen, scheibenförmigen Chloroplasten sind meistens zu einem wandständigen Netz vereinigt. In der Zelle liegen einige zentrale Vakuolen. Die feste Zellwandfraktion besteht überwiegend aus echten Cellulose-I-Mikrofibrillen (wie bei den *Tracheophytina*). Charakteristisch ist die segregative Zellteilung (s. unten). Bei der Fortpflanzung treten zwei- und viergeißlige Zoiden auf. Soweit bekannt, besitzen Arten mit geschlechtlicher Vermehrung einen isomorph diplohaplonten Lebenszyklus. Die Algen kommen in tropischen und subtropischen Meeren vor.

Die *Siphonocladales* unterscheiden sich von den *Cladophorales* nur durch die segregative Zellteilung. Deshalb werden die *Cladophorales* oft auch unter die *Siphonocladales* eingereiht.

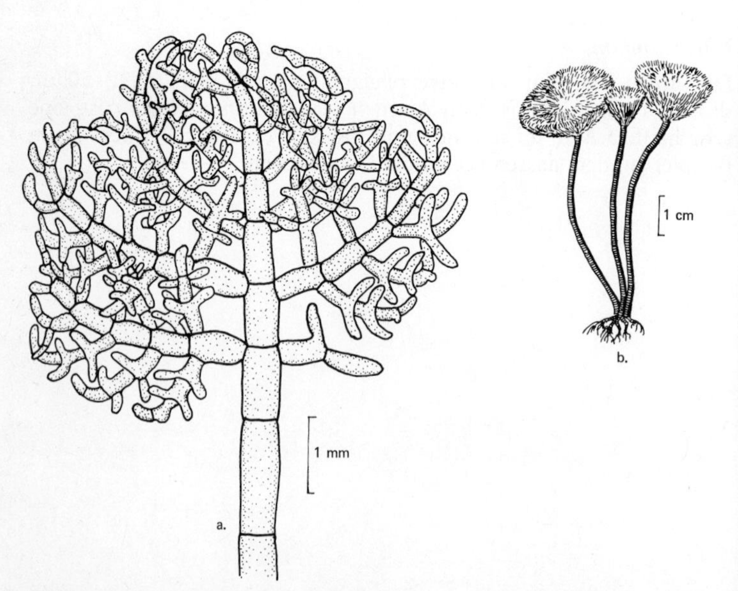

Abb. 108 a) *Struvea anastomosans;* b) *Chamaedoris peniculum* (a nach *Vickers* u. *Shaw,* b nach *Taylor*)

Valonia

Valonia utricularis besteht aus großen, keulenförmigen Zellen, die einige Zentimeter Größe erreichen und die einige laterale Zellen tragen. Bei der segregativen Zellteilung (Abb. 109 b) wird durch eine gewölbte kleine Zellwand eine lokale Anhäufung von Kernen und Chloroplasten abgeschnürt, so daß eine kleine, linsenförmige Zelle entsteht. Liegt eine solche linsenförmige Zelle im apikalen Teil der Mutterzelle, so wächst sie in der Folge zu einer lateralen Zelle aus. Entsteht die linsenförmige Zelle dagegen im basalen Bereich, so entwickelt sie sich zu einem Rhizoid.

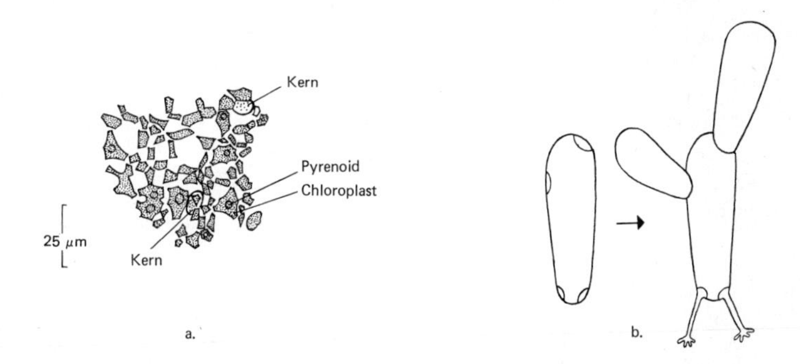

Abb. 109 a) *Valonia,* Chloroplasten der vielkernigen Zellen zu einem wandständigen Netz vereinigt; b) segregative Zellteilung bei *Valonia.* In der Mutterzelle werden linsenförmige Zellen gebildet, die am oberen Zellende zu Seitenzweigen und am unteren Ende zu Rhizoiden auswachsen

Der Lebenszyklus von *Valonia* ist kaum untersucht, was auch für die übrigen *Siphonocladales* gilt. Wahrscheinlich besitzt *Valonia* einen isomorph diplohaplonten Zyklus mit Isogamie (Abb. 110) (58). Auch die Gattungen *Anadyomene* und *Microdictyon,* die manchmal auch zu den *Cladophorales* gerechnet werden (60), besitzen sehr wahrscheinlich einen isomorph diplohaplonten Zyklus (252, 253).

Nach anderen, anfechtbaren Beobachtungen soll *Valonia* ein Diplont sein, bei dem die Meiose bei der Bildung der Gameten erfolgt (518, 532).

Struvea (Abb. 108 a)

Die Algen bestehen aus einer großzelligen Achse mit Seitenzweigen. Achse und Seitenzweige tragen an den Enden dreieckige „Blätter“, die aus dichten Verzweigungssystemen mit relativ kleinen Zellen bestehen. Die Scheitelzellen innerhalb eines „Blattes“ sind mit Haft-

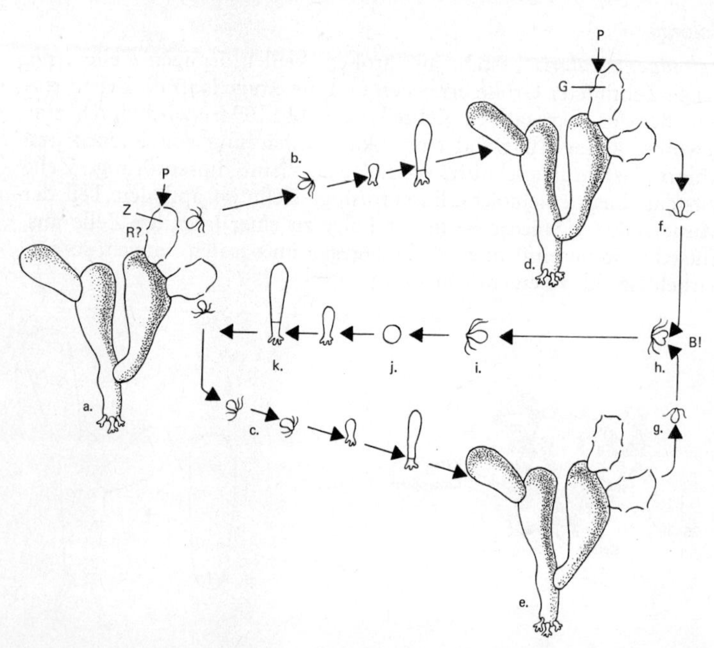

Abb. 110 *Valonia utricularis,* (wahrscheinlicher) Lebenszyklus. a) Sporophyt (?), der Inhalt einer Zelle teilt sich in Zoosporen auf; b, c) viergeißlige (+) und (–) Meiosporen; d, e) (+) und (–) Gametophyt (?), der Zellinhalt einer vegetativen Zelle teilt sich in Gameten auf; f, g) zweigeißlige (+) und (–) Gameten; h) Kopulation; i) viergeißlige schwimmende Zygote; j) diploide Zygote; k) diploide Keimpflanze. (G – Gametangium, P – Papille zum Austritt der Zoiden, Z – Zoosporangium)

scheiben an anderen Zellen befestigt. Die Gattung kommt in den Tropen vor.

Chamaedoris (Abb. 108 b)

Der Thallus besteht aus einer langen, aufrechten Achse mit ringförmigen Einschnürungen, die schwach mit Kalk inkrustiert ist. Terminal trägt die Achse einen schirmförmigen Büschel aus unverkalkten, verzweigten Fäden. *Chamaedoris peniculum* ist eine tropische Art aus dem karibischen Gebiet.

Kapitel 22: Chlorophyceae – Ordnung Caulerpales (= Siphonales)

Die Algen bestehen aus verzweigten, vielkernigen, im Prinzip einzelligen Schläuchen, die jedoch in vielen Fällen in „Kompartimente" unterteilt sind. Die Schläuche sind bei vielen Arten zu einem dichten Geflecht vereinigt, das unterschiedliche makroskopische Formen annehmen kann. Siphonoxanthin und Siphonein, die als akzessorische Pigmente im Chloroplasten liegen, sind wahrscheinlich charakteristisch für die Ordnung (Tab. 2) (276).

Die *Caulerpales* können zusammen mit den *Acrosiphonales*, den *Cladophorales* und den *Siphonocladales* zur siphonalen Organisationsstufe gerechnet werden (S. 98, Tab. 5). FOTT (148) nimmt an, daß die *Caulerpales* sich im Laufe der Evolution aus mehrkernigen *Chlorococcales* entwickelt haben könnten. Die Ordnung enthält etwa 45 Gattungen und 400 Arten. Bis auf einige Ausnahmen *(Bryopsis, Derbesia, Codium)* ist die Ordnung auf tropische und subtropische Meere beschränkt. Die Gattung *Dichotomosiphon* kommt im Süßwasser vor.

Bryopsis (Abb. 111)

Aus Schläuchen, die über das Substrat kriechen, entspringen aufrechte Schläuche, die in mehr oder weniger regelmäßig gefiederten Verzweigungssystemen enden. Die Fieder werden bis etwa 10 cm hoch. Das Protoplasma liegt in einer dünnen wandständigen Schicht, die außen die zahlreichen Kerne und darunter die scheibenförmigen Chloroplasten enthält. In den Chloroplasten liegen für gewöhnlich Pyrenoide. Das Zentrum der Schläuche besteht aus großen Vakuolen. Kleine Seitenzweige, die zu Gametangien werden sollen, werden geraume Zeit nach ihrer Bildung durch einen Pfropf von der Hauptachse getrennt.

An den europäischen Atlantikküsten kommen zwei *Bryopsis*-Arten häufig vor, von denen *Bryopsis plumosa* näher besprochen werden soll. Bei dieser Art stehen sich an der Hauptachse zwei Reihen von kurzen Seitenzweigen gegenüber und bilden so kleine Federn (Abb. 111 a, b, m, n).

Abb. 111 zeigt den Lebenszyklus von *Bryopsis plumosa* (230, 426, 497–499).

1. Es gibt weibliche und männliche Pflanzen von *Bryopsis plumosa*. Eine weibliche Pflanze (Abb. 111 a) bildet kurze Seitenzweige in

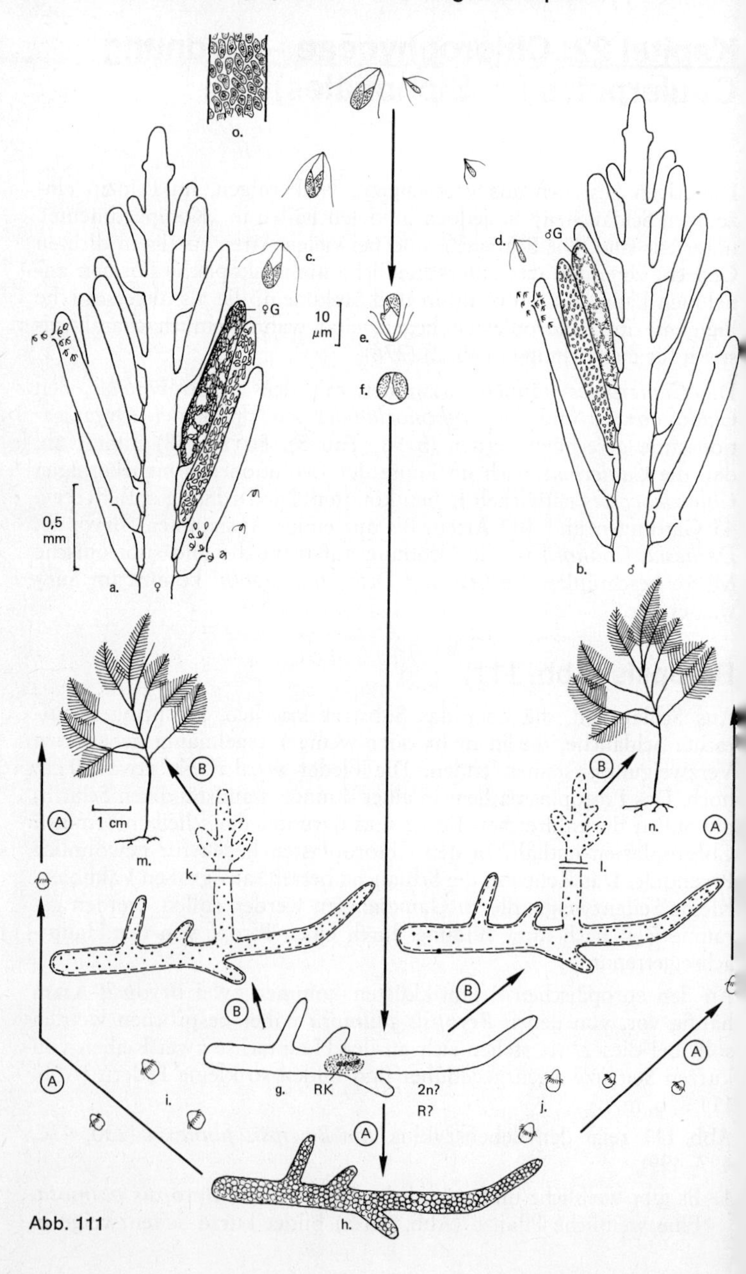

Abb. 111

dunkelgrüne weibliche Gametangien um, deren Inhalt in Form relativ großer, zweigeißliger Zoogameten ins Freie gelangt (Abb. 111 c). Eine männliche Pflanze (Abb. 111 b) bildet kurze Seitenzweige in hellgelbe, bleiche männliche Gametangien um, deren Inhalt in Form relativ kleiner, bleicher, zweigeißliger männlicher Zoogameten freigesetzt wird (Abb. 111 d).

2. Kommen männliche und weibliche Gameten zueinander, so können sie kopulieren (Abb. 111 e). Die auf diese Weise entstehende Planozygote setzt sich fest und entwickelt sich zu einer Zygote (Abb. 111 f).
3. Die Zygote wächst im Laufe von zwei bis drei Monaten langsam zu einem winzigen verzweigten Faden aus, bei dem es sich um den Sporophyten handelt. Der Sporophyt enthält anfangs einen sehr großen Kern mit einem auffallenden, langgestreckten Nucleolus (Abb. 111 g). Im Labor kann der Sporophyt sich in frischem Kulturmedium auf zwei verschiedenen Wegen weiterentwickeln (A und B in Abb. 111). Material aus der Bretagne entwickelt sich auf dem Weg A, während Pflanzen von der niederländischen Küste dem Weg B folgen.
4. Bei der Entwicklung A geht der **Riesenkern** durch eine Anzahl von Teilungen in eine große Zahl kleiner Kerne über. Der Inhalt des Sporophyten teilt sich danach in stephanokonte Zoosporen auf (Abb. 111 h, i, j). Vermutlich findet bei der Bildung der Zoosporen die Reduktionsteilung statt. Die Reduktionsteilung konnte karyologisch nicht nachgewiesen werden. Man kann das Auftreten der Meiose jedoch mit einiger Sicherheit annehmen, da etwa die Hälfte der stephanokonten Zoosporen zu männlichen (Abb. 111 n, b) und die andere Hälfte zu weiblichen (Abb. 111 m, a) Pflanzen auswächst (haplogenotypische Geschlechtsbestimmung).
5. Bei der Entwicklung B geht der Riesenkern ebenfalls durch Teilungen in eine große Zahl kleiner Kerne über. Aus dem Sporophyten entspringt direkt eine neue *Bryopsis*-Pflanze (Abb. 111 k, l). Etwa die Hälfte der so entstandenen Exemplare von

---

Abb. 111 *Bryopsis plumosa,* Lebenszyklus mit zwei möglichen Entwicklungslinien (A und B), vgl. Text. a, b) Fiederende einer weiblichen und einer männlichen Pflanze; c, d) weibliche und männliche Zoogameten; e) Anisogamie; f) Zygote; g) fädiger Sporophyt; h) Inhalt des Sporophyten in stephanokonte Zoosporen aufgeteilt; i, j) stephanokonte Zoosporen; k, l) Gametophyt entspringt direkt am Sporophyt; m, n) Gametophyt; o) Chloroplasten mit Pyrenoiden im vielkernigen vegetativen Ast (G – Gametangium, RK – Riesenkern)

Bryopsis plumosa ist männlich, die andere Hälfte dagegen weiblich. Man vermutet, daß die Meiose stattfindet, bevor die Pflanzen dem Sporophyten entsprießen.

Bei der Entwicklung B wird der kleine, kriechende Faden als Sporophyt interpretiert, der die Fähigkeit zur Sporenbildung verloren hat. Material von *Bryopsis plumosa* aus dem Mittelmeer zeigt beide Entwicklungsmöglichkeiten.

Der Lebenszyklus von *Bryopsis plumosa* kann wie folgt zusammengefaßt werden: Die Art ist zweihäusig (heterothallisch). Sie besitzt einen stark heteromorphen, diplohaplonten Zyklus mit Anisogamie zwischen zweigeißligen Gameten. Ein stark reduzierter, fadenförmiger Sporophyt bildet stephanokonte Zoosporen oder wächst direkt zu einer neuen *Bryopsis*-Pflanze heran.

Bryopsis hypnoides, eine zweite in Europa vorkommende Art, besitzt denselben Lebenszyklus wie *Bryopsis plumosa*, ist jedoch einhäusig (homothallisch), so daß männliche und weibliche Gameten auf derselben Pflanze gebildet werden. Bei Material von *Bryopsis hypnoides* aus Neufundland kann der Sporophyt Gameten produzieren; es kann jedoch auch direkt eine neue Pflanze aus dem Sporophyten hervorwachsen (13).

Interessanterweise hat die Zellwand des Gametophyten eine andere chemische Zusammensetzung als die des Sporophyten. Beim Gametophyten von *Bryopsis* ist Xylan das wichtigste Polysaccharid der festen Zellwandfraktion. Daneben kommt Cellulose vor (245, 298, 462, 499). Die feste Zellwandfraktion des Sporophyten besteht dagegen überwiegend aus Mannan. Die Cellulose in der Zellwand des Gametophyten kann mit Chlorzinkjod und mit dem Vitalfarbstoff Kongorot gefärbt werden, während die Zellwand des Sporophyten sich mit keinem der beiden Farbstoffe färbt. Bildet ein Sporophyt keine Sporen, sondern wächst er direkt zu einem Gametophyten aus, so färbt dieser Gametophyt sich mit den Farbstoffen. Zusätzlich wird aber auch an der Innenwand des Sporophyten eine weitere Wandschicht abgelagert, die sich mit den Farbstoffen anfärbt und von der man annimmt, daß sie neben Cellulose auch Xylan enthält. Diese zusätzliche Schicht ist in Abb. 111 k, l gestrichelt angegeben.

In allen Hand- und Lehrbüchern wird *Bryopsis* als Diplont angesehen, bei dem die Reduktionsteilung bei der Bildung der Gameten erfolgen soll. Diese Auffassung beruht jedoch auf unvollständigen Untersuchungen (531, 644), bei denen es nicht gelang, den gesamten Zyklus im Labor zu kultivieren.

Derbesia marina (Abb. 112)

Aus Schläuchen, die auf dem Substrat kriechen, entstehen aufrechte, akropetal verzweigte Schläuche (vgl. S. 343) von etwa 1–10 cm Höhe. Ältere Seitenzweige besitzen an ihrer Basis eine Querwand. Das Protoplasma liegt in einer dünnen, wandständigen Schicht, die in ihrem äußeren Teil zahlreiche Kerne und darunter scheibenförmige Chloroplasten enthält. Abgesehen von *Derbesia tenuissima* enthalten die Chloroplasten keine Pyrenoide. Im Zentrum der Schläuche liegen große Zellsaftvakuolen. *Derbesia marina* kommt im Mittelmeer und an den atlantischen Küsten Frankreichs und der iberischen Halbinsel vor.

Abb. 112 zeigt den Lebenszyklus von *Derbesia marina* (238, 239, 282, 353, 427).

Derbesia marina hat sich als Sporophyt (Abb. 112 f) eines Lebenszyklus erwiesen, in dem kleine, bis etwa 5 mm große Bläschen den Gametophyten bilden. Diese kugelförmigen Bläschen waren unter dem Namen *Halicystis ovalis* bekannt (Abb. 112 a, b). Die dünne, wandständige Protoplasmaschicht von *Halicystis* enthält die zahlreichen Chloroplasten (ohne Pyrenoide) und die zahllosen Kerne. Im Zentrum liegt eine große Zellsaftvakuole.

Es kommen männliche und weibliche Gametophyten („*Halicystis*-Pflanzen“) vor. Eine fertile männliche Blase (Abb. 112 a) trägt hellgelbgrüne, wandständige Flecken aus Gameten. Die zweigeißligen, bleichen männlichen Gameten (Abb. 112 c) werden durch ein oder mehrere Poren nach außen gepreßt. Eine fertile, weibliche Blase (Abb. 112 b) trägt dunkelgrüne, wandständige Flecken aus Gameten. Die zweigeißligen, dunkelgrünen (einige Chloroplasten enthaltenden) weiblichen Gameten werden durch eine oder mehrere Poren nach außen gepreßt (Abb. 112 d).

Nach der Kopulation zwischen männlichen und weiblichen Gameten (Abb. 112 e) entsteht eine Zygote. Die Zygote wächst ohne Ruheperiode direkt zu einem neuen *Derbesia*-artigen Sporophyten heran (Abb. 112 f). Der fertile Sporophyt trägt birnenförmige Sporangien, deren Inhalt sich nach einer Reduktionsteilung in stephanokonte Zoosporen aufteilt (Abb. 112 f, g, h). Etwa die Hälfte der stephanokonten Zoosporen wächst zu männlichen und die andere Hälfte zu weiblichen Gametophyten heran.

Zusammenfassend kann man sagen, daß *Derbesia marina* ein zweihäusiger, heterothallischer, stark heteromorpher Diplohaplont ist, bei dem Heterogamie zwischen zweigeißligen Gameten auftritt. Der blasenförmige Gametophyt ist stark reduziert. Der Sporophyt bildet

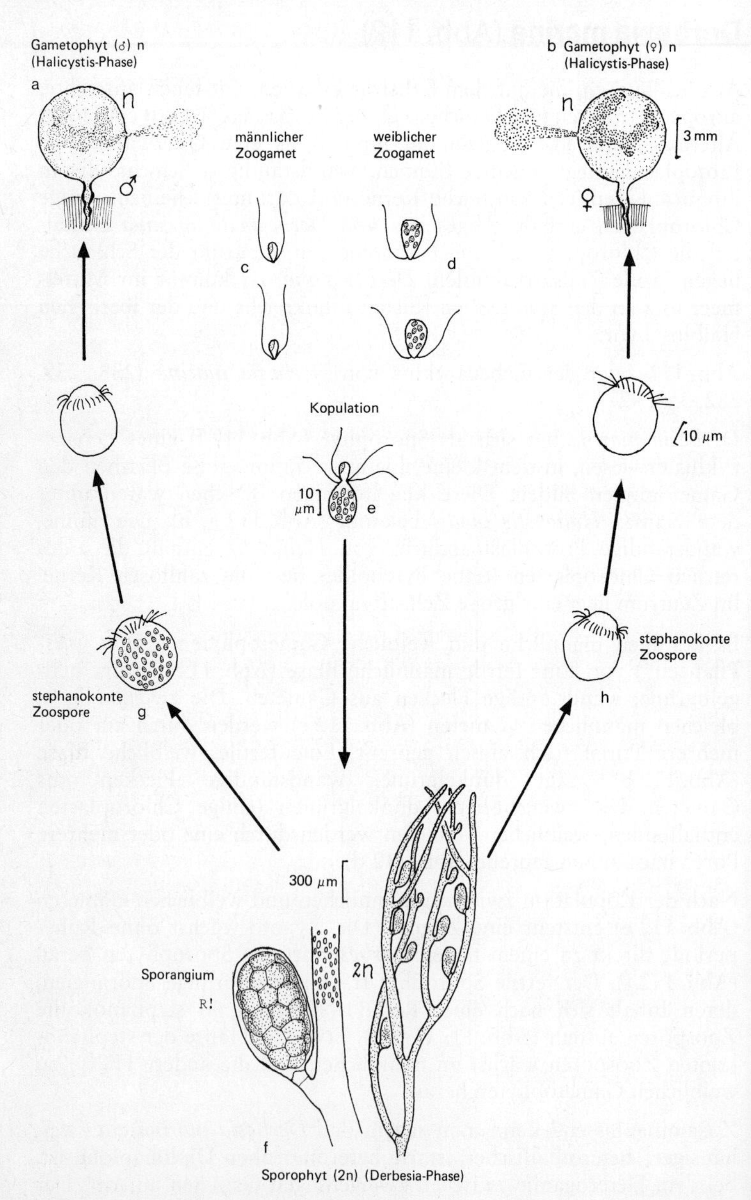

Abb. 112 *Derbesia marina*, Lebenszyklus

nach einer Meiose stephanokonte Zoosporen, die direkt zu Gametophyten auswachsen.

Derbesia tenuissima, eine zweite Art, die ebenfalls an den südlicheren europäischen Küsten vorkommt, besitzt einen ganz ähnlichen Lebenszyklus (133, 353, 501, 641).

Derbesia stimmt mit *Bryopsis* darin überein, daß die Zellwand des Gametophyten sich von der Wand des Sporophyten in ihrer chemischen Zusammensetzung unterscheidet. Wie bei *Bryopsis* ist das wichtigste Polysaccharid der festen Zellwandfraktion des Gametophyten ein Xylan. Zusätzlich kommt Cellulose vor. Die feste Zellwandfraktion des Sporophyten besteht dagegen überwiegend aus Mannan und enthält keine Cellulose (245, 462, 620).

Die Gattungen *Bryopsis* und *Derbesia* werden bis heute in zwei verschiedene Familien, Unterordnungen, Ordnungen (56, 508) oder sogar Klassen eingeordnet, da man die Lebenszyklen der beiden Gattungen für völlig unterschiedlich hielt. Aufgrund der jetzt gefundenen Ergebnisse muß man dagegen die Gattungen für eng verwandt halten. Bei beiden Gattungen enthalten die Zellwände des Gametophyten Xylan und Cellulose und die Zellwände des Sporophyten Mannan und keine Cellulose. Außerdem besitzen beide Gattungen stephanokonte Meiosporen.

Die enge Verwandtschaft zwischen beiden Gattungen wird zusätzlich noch durch das Vorkommen einer Übergangsform wahrscheinlich gemacht: *Bryopsidella* (= *Derbesia) neglecta* bildet nach einer Meiose (500) stephanokonte Zoosporen, die zu einem Gametophyten auswachsen, der unter dem Namen *Bryopsis halymeniae* bekannt ist (247, 248). Auch hier hat die Zellwand des Gametophyten eine andere chemische Zusammensetzung als die des Sporophyten.

Die Lebenszyklen von *Derbesia* und *Bryopsis* können in einer vergleichenden morphologischen Reihe angeordnet werden (Abb. 113). In der Abbildung wird von links nach rechts der Sporophyt immer mehr reduziert, während von rechts nach links eine zunehmende Reduktion des Gametophyten erfolgt (230). Bei *Derbesia lamourouxii* (138) und *Derbesia clavaeformis* (351) wächst die stephanokonte Spore zu einer kompliziert gebauten, kalkinkrustierten Scheibe heran, in der die Zellwände Cellulose enthalten. Bei *Derbesia clavaeformis* entspringt aus diesem reduzierten „Gametophyten" direkt der neue Sporophyt *(Derbesia*-Pflanze). Gameten werden nicht gebildet. Es ist unbekannt, ob in den Sporangien dieser *Derbesia*-Pflanzen eine Reduktionsteilung erfolgt und ob beim Ausprießen des Sporophyten in dem reduzierten scheibenförmigen „Gametophyten" eine vegetative Diploidisierung stattfindet (vgl. die Braunalge *Elachista stellaris,* S. 156). Es ist interessant, daß an

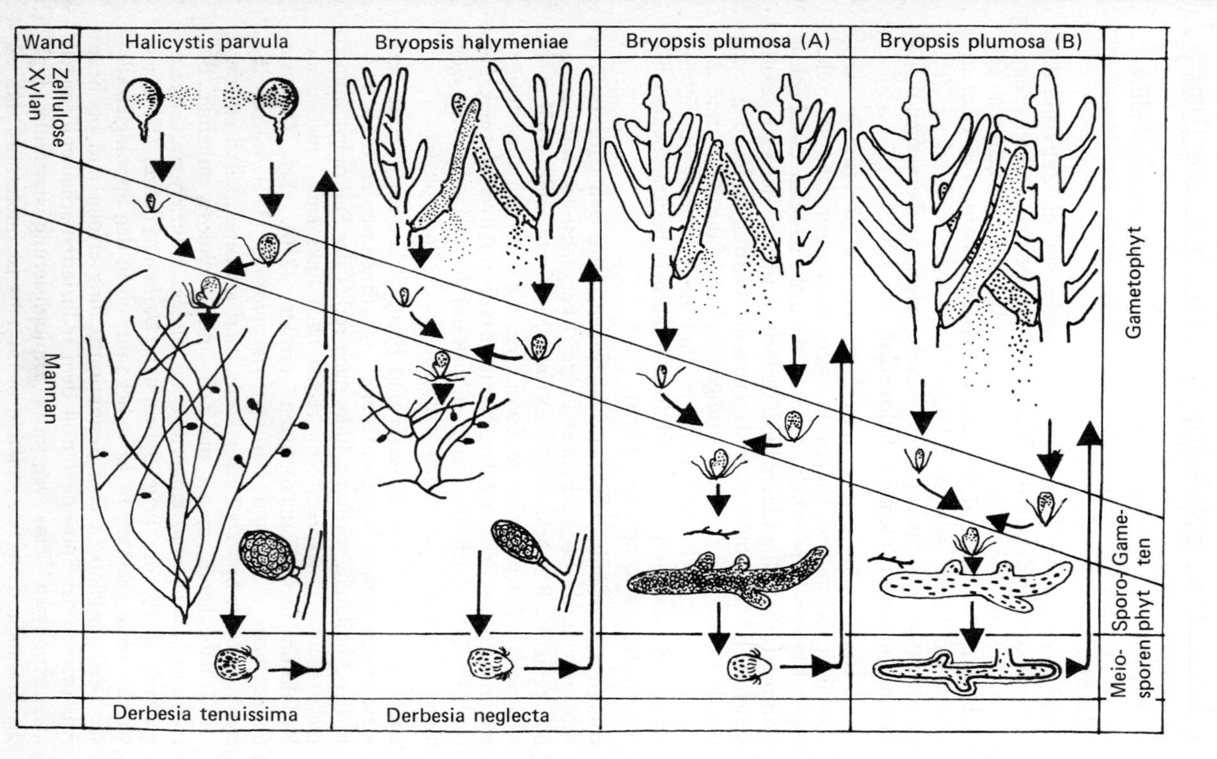

Abb. 113 Vergleich verschiedener Lebenszyklen aus den Gattungen *Bryopsis* und *Derbesia* (nach *Rietema*)

der rechten Seite der vergleichenden Reihe ein stark reduzierter „Sporophyt" steht, der keine Zoosporen mehr bildet, während sich dagegen an der linken Seite ein stark reduzierter „Gametophyt" findet, der keine Gameten mehr hervorbringt. Genau wie bei *Rhodophyta* und *Phaeophyta* kann man die reduzierte Phase, gleichgültig, ob es sich um den Gametophyten oder den Sporophyten handelt, als Mikrothallus bezeichnen, während die stark entwickelte Phase Makrothallus genannt wird (230).

Caulerpa (Abb. 114e–g)

Die Algen bestehen aus kriechenden, schlauchförmigen Stolonen (Ausläufern), die durch Bündel von Rhizoiden befestigt sind. Aus den Stolonen entspringen aufrechte, bis zu einigen Dezimetern hohe, blattartige oder anders geformte Teile. Jede Pflanze, die in ihrer Größe mit kleinen, krautförmigen Angiospermen verglichen werden kann, besteht aus einer einzigen riesigen, vielkernigen Zelle. Der Inhalt einer solchen Zelle besteht aus einer oder mehreren zentralen Zellsaftvakuolen und einer dünnen, wandständigen Schicht von Protoplasma. Hierin liegen Kerne, Chloroplasten und Amyloplasten, die auf die Stärkespeicherung spezialisiert sind. Die Form der Riesenzelle wird durch zahlreiche Balken (Trabeculae) aus Zellwandstoff gestützt, die den Zellraum von Wand zu Wand durchkreuzen.

Die feste Zellwandfraktion von *Caulerpa* besteht überwiegend aus einem β-1,3-Xylan, das wahrscheinlich Mikrofibrillen bildet. Die Xylanfibrillen liegen wahrscheinlich in ein β-1,3-Glucan eingebettet (462).

Alle *Caulerpa*-Arten (etwa 60) kommen in tropischen und subtropischen Meeren vor. Viele Arten kriechen mit ihren Stolonen in der Oberflächenschicht sandiger oder schlammiger Böden und können so auf dem Boden tropischer Lagunen oft einen eindrucksvollen Bewuchs bilden. Andere Arten kriechen mit ihren Stolonen über Felsen.

Aufrechte Teile des Thallus können zweigeißlige Anisogameten bilden, die durch Papillen ins Freie gelangen (547). Man vermutet, daß bei der Bildung der Gameten die Reduktionsteilung stattfindet, so daß *Caulerpa* einen diplonten Lebenszyklus besitzen würde. Der Zyklus wurde jedoch noch nie im Labor voll kultiviert und die karyologischen Untersuchungen zur Reduktionsteilung müssen nachgeprüft werden (533). Der Lebenszyklus von *Caulerpa* ist deshalb noch nicht genau bekannt.

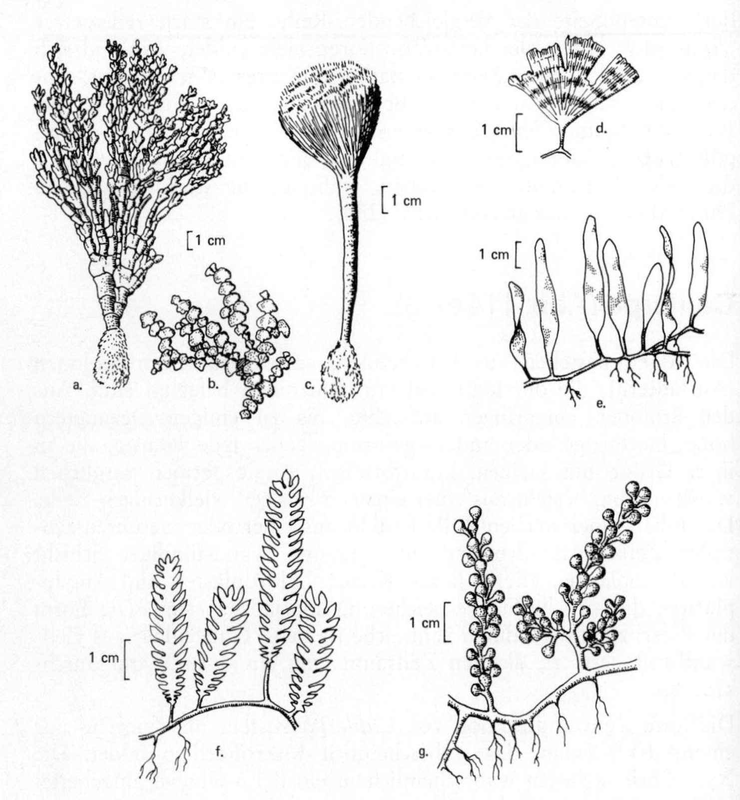

Abb. 114 a) *Halimeda incrassata;* b) *Halimeda opuntia;* c) *Penicillus capitatus;* d) *Udotea petiolata;* e) *Caulerpa prolifera;* f) *Caulerpa mexicana;* g) *Caulerpa racemosa* (a–e nach *Taylor,* f–g nach *Vickers* u. *Shaw*)

Codium (Abb. 115)

Die schwammigen Thalli sind verzweigt und meistens zylindrisch oder klumpig gebaut. Sie können mehr als einen Meter groß werden. Die Thalli bestehen aus einem Geflecht coenocytischer (vielkerniger) Schläuche. Die Schläuche sind durch Zellwandringe in Kompartimente unterteilt. Das zentrale Gewebe besteht aus dicht verflochtenen, fast farblosen Schläuchen. An der Außenseite trägt das Geflecht palisadenartig angeordnete, grüne, keulenförmige Kompartimente („Utriculi"), die zahlreiche Chloroplasten enthalten.

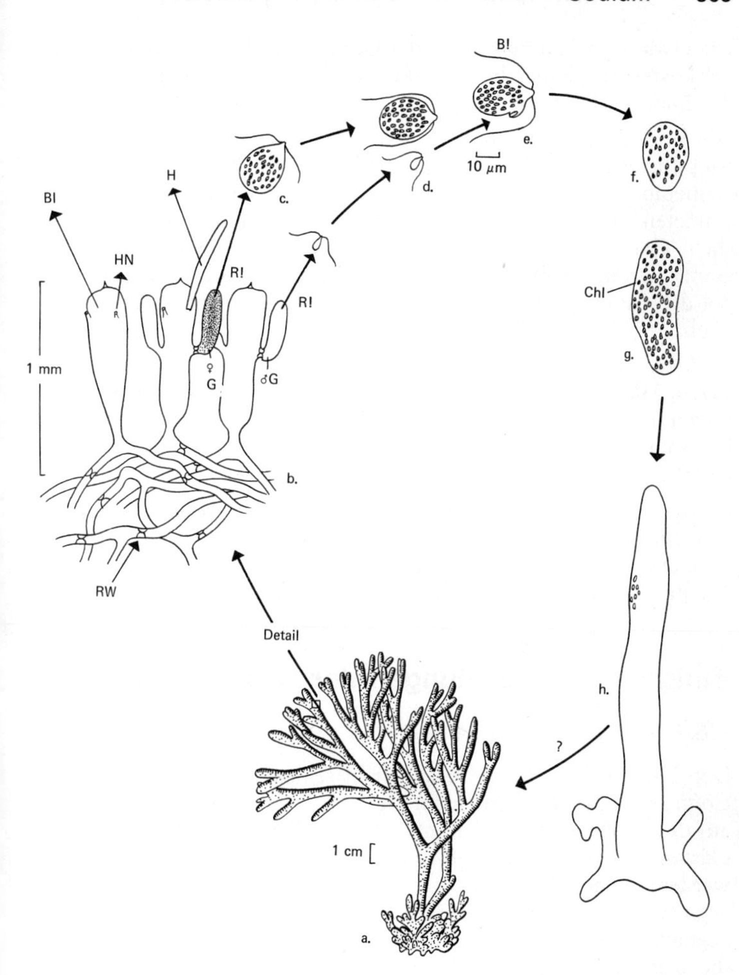

Abb. 115 *Codium fragile,* Lebenszyklus. a) Ausgewachsene Pflanze; b) Detail des Querschnitts; c–e) Anisogamie; f) Zygote; g–h) junge und alte diploide Keimpflanze. (Bl – Bläschen, Chl – Chloroplast ohne Pyrenoid, G – Gametangium, H – Haar, HN – Narbe eines Haars, RW – ringförmiger Wall aus Zellwandmaterial)

Die feste Zellwandfraktion von *Codium* besteht größtenteils aus einem Mannan (aus 1,4 gebundenen β-D-Mannose-Monomeren). Die amorphe Zellwandfraktion ist überwiegend ein Arabinogalactan mit Sulfatester-Gruppen (462).

Die etwa 50 bekannten Arten der Gattung *Codium* kommen an den Felsküsten tropischer bis gemäßigter Meere vor. In den Niederlanden findet man *Codium fragile* in der Osterschelde.

Die keulenförmigen Gametangien (Abb. 115 b) entstehen als Ausstülpungen der Utriculi. Der Inhalt eines gelblichen männlichen Gametangiums teilt sich in winzige, zweigeißlige männliche Gameten auf (Abb. 115 d). Der Inhalt eines dunkelgrünen weiblichen Gametangiums teilt sich in große, zweigeißlige weibliche Gameten auf (Abb. 115 c), die zahlreiche Chloroplasten enthalten. Bei der Gamie handelt es sich um eine ausgesprochene Anisogamie (Abb. 115 e).

Codium soll genau wie *Caulerpa* einen diplonten Lebenszyklus besitzen. Die Reduktionsteilung soll bei der Bildung der Gameten erfolgen (530, 630). Es ist nie gelungen, in Kultur ausgewachsene Pflanzen zu erhalten. Aus diesem Grund ist in Abb. 115 der Pfeil von (h) nach (a) mit einem Fragezeichen versehen.

Einige Populationen von *Codium* bilden nur große zweigeißlige Zoiden, die ohne vorangehende Kopulation direkt auskeimen können. Diese Zoiden werden als weibliche Gameten interpretiert, die sich parthenogenetisch entwickeln (73, 75, 83, 136).

Einige andere Gattungen der Caulerpales

Halimeda (Abb. 114 a, b)

Der Thallus von *Halimeda* ähnelt in seinem Bau der Struktur von *Codium*. Er besteht aus einem Geflecht coenocytischer Hyphen, die an der Außenseite Utriculi tragen, in denen zahlreiche Chloroplasten liegen. Eine *Halimeda*-Pflanze kann einige Dezimeter hoch werden. Sie besteht aus einer großen Zahl herz- oder nierenförmiger Segmente, die mehr oder weniger abgeflacht sein können. Die Segmente sind stark mit Kalk inkrustiert. Nur die Schläuche, die die Segmente miteinander verbinden, sind nicht verkalkt, so daß die Segmente sich in diesen Gelenken gegeneinander bewegen können.

Die feste Zellwandfraktion von *Halimeda* besteht überwiegend aus einem β-1,3-Xylan und stimmt darin mit den Zellwänden von *Caulerpa* und den Gametophyten von *Bryopsis* überein (462).

Die etwa 25 Arten von *Halimeda* findet man an den tropischen und subtropischen Meeresküsten (224). Einige Arten können sich in tropischen Lagunen in solchen Massen entwickeln, daß der Sandboden der Lagunen zum größten Teil aus Kalksand besteht, der aus toten *Halimeda*-Pflanzen gebildet wird. Als Anpassung an das Leben in einer Lagune findet man bei einigen Arten eine große basale Knolle, die die Pflanze im Sandboden verankern kann (Abb. 114 a).

Eine fertile Pflanze von *Halimeda* trägt auf den Rändern der Segmente zahlreiche Trauben aus kugelförmigen Gametangien, die Anisogameten bilden (57, 135). Die Zygote wächst zu einer kugelförmigen Phase aus, aus der eine neue *Halimeda*-Pflanze entsprießt (404).

Udotea (Abb. 114 d)

Auch *Udotea* besteht aus einem Geflecht von Schläuchen. Der Thallus ist fächerförmig. Das wichtigste Polysaccharid der Zellwand ist auch bei *Udotea* ein Xylan. Die Algen der Gattung enthalten Amyloplasten. Die etwa 15 Arten kommen in tropischen und subtropischen Meeren vor.

Die Vermehrung wurde erst kürzlich bei der mediterranen Art *Udotea petiolata* beobachtet (403). Die Art ist holocarp, d. h. der Inhalt einer ganzen Pflanze teilt sich entweder in kleine männliche oder große weibliche, zweigeißlige Gameten auf. Die Gameten gelangen durch Papillen ins Freie, die auf dem Rand der Fächer stehen. Die Zygote wächst zu einer einkernigen, kugelförmigen Phase von 50–90 µm Größe heran, aus der neue *Udotea*-Pflanzen entsprießen. Über den Ort der Meiose ist nichts bekannt (405).

Penicillus (Abb. 114 c)

Der Thallus besteht aus einem Geflecht von Schläuchen. Er hat die Form eines Rasierpinsels. Die etwa fünf Arten kommen in tropischen Meeren vor. In tropischen Lagunen sind die *Penicillus*-Pflanzen mit einem knollenförmigen Fuß im sandigen Boden verankert.

Kapitel 23: Chlorophyceae – Ordnung Dasycladales

Der Thallus besteht aus einer langen, einzelligen, mit Rhizoiden am Substrat befestigten Achse, die mit Kränzen determinater Lateralen (Seitenzweige mit begrenztem Wachstum) besetzt sind. Die Seitenzweige sind meistens dichotom verzweigt. Der vegetative Thallus ist einkernig, wobei der Kern an der Grenze von Rhizoiden und Achse liegt. Das Zentrum der Pflanze wird von einer großen Vakuole eingenommen. Das Protoplasma, das die zahlreichen Chloroplasten (ohne Pyrenoide) enthält, liegt in einer dünnen Schicht der Wand an (Abb. 116 f).

Der Thallus ist mit Kalk inkrustiert. Aus diesem Grund konnten *Dasycladales* sich gut als Fossilien erhalten. Ein charakteristisches Beispiel ist *Batophora oerstedii* (Abb. 117 f, g).

Die feste Zellwandfraktion der bisher untersuchten *Dasycladales* besteht überwiegend aus einem Mannan (wahrscheinlich β-1,4-gebundenen Mannose-Monomeren). Die gametangialen Cysten von *Acetabularia* bestehen jedoch überwiegend aus Cellulose und enthalten nur wenig Mannan (431). Reservepolysaccharide liegen in Körnern in den Chloroplasten und bestehen aus Polymeren von Fructose (Fructan) und Glucose (Glucan). Zusätzlich kommt Fructan in gelöster Form in den Vakuolen vor (462, 485).

Die zehn Gattungen der *Dasycladales* leben an den Küsten tropischer und subtropischer Meere. Vor allem in Lagunen können manche Arten sich in Massen entwickeln. In früheren geologischen Perioden (besonders in Trias und Kreide) war die Ordnung viel formenreicher als heute.

Acetabularia (Abb. 116 a, 117 i)

Acetabularia acetabulum (= mediterranea) ist eine hübsche, fünf bis zehn Zentimeter hohe Grünalge, die an geschützten Stellen der Mittelmeerküste in Gruppen auf Felsen wächst. Die Art kommt auch in sandigen Lagunen des Mittelmeers vor, wo sie auf Muschelschalen festgeheftet ist. Die Alge hat die Form eines Regenschirmes. Ihre Farbe ist weiß, da die Zellen mit Kalk inkrustiert sind.

Lebenszyklus von Acetabularia acetabulum

Die morphologischen Besonderheiten können am besten anhand des Lebenszyklus beschrieben werden (Abb. 116 a) (483, 485).

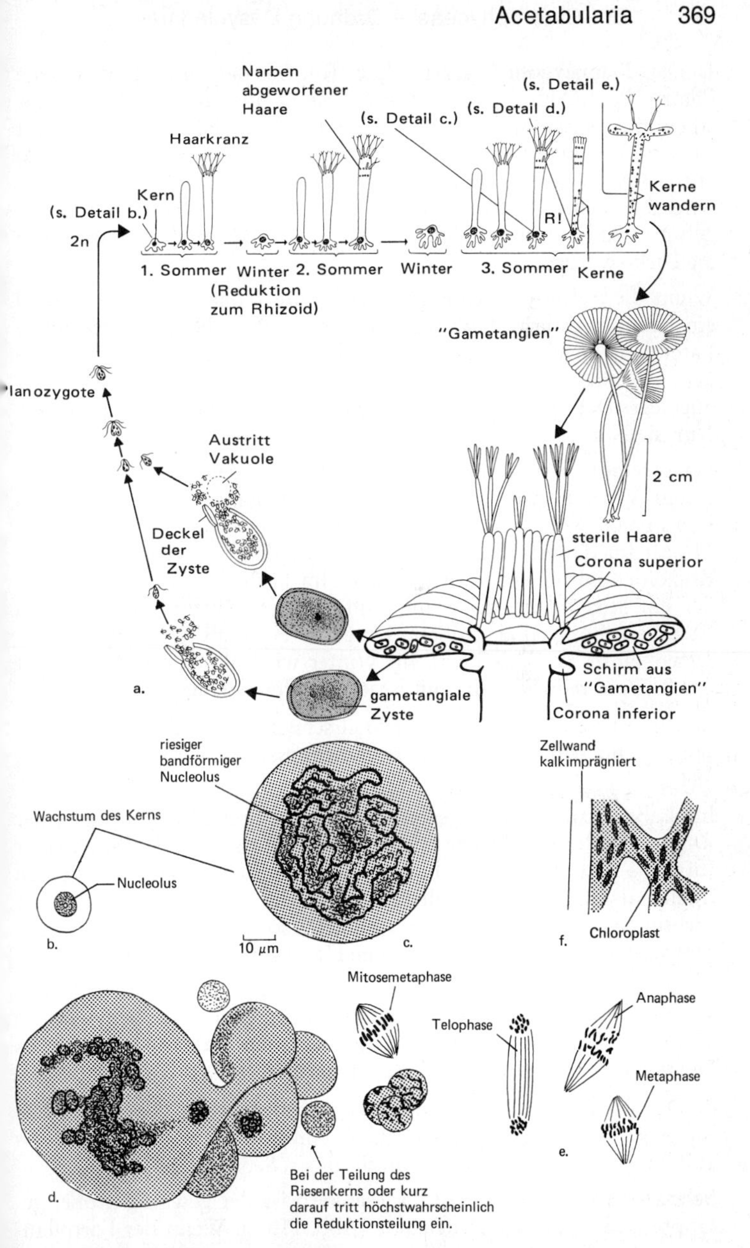

Abb. 116 *Acetabularia acetabulum,* Lebenszyklus (Erklärung s. Text)

1. Die Planozygote wächst ohne Ruheperiode zu einer jungen Pflanze heran. Eine junge Pflanze besteht aus einer Zelle, die aus einem aufrechten und einem kriechenden rhizoidalen Teil aufgebaut ist. Der **Riesenkern** liegt an der Grenze zwischen kriechendem und aufrechtem Teil. Das Wachstum ist apikal. An der Spitze der Zelle wird durch Intussusception fortlaufend neues Zellwandmaterial eingefügt, während im basalen Teil die Zellwand durch Apposition in die Dicke wächst.

Wenn die aufrechte Achse eine bestimmte Höhe erreicht hat, wird ein Kranz zerbrechlicher, dichotom verzweigter Haare (determinate Lateralen) angelegt. Die Achse wächst mittlerweile weiter. In einigem Abstand über dem ersten Haarkranz wird ein zweiter Kranz angelegt. Der erste Haarkranz wird danach allmählich abgeworfen. Nur die Narben der abgeworfenen Haare bleiben über.

Bei *Acetabularia acetabulum* erreicht das Stielchen während der ersten Vegetationsperiode (Sommer) eine Länge von etwa einem Zentimeter, wobei ein bis drei Haarkränze entwickelt werden (Abb. 116 a). Im darauffolgenden Winter wird das Pflänzchen auf einige Rhizoiden mit einem Kern reduziert. Im Frühjahr wächst dann wieder ein Stiel heran, der – mit Hilfe der im Rhizoid gespeicherten Reservestoffe – eine größere Länge erreicht als der Thallus des ersten Jahres (z. B. 2–3 cm). Im Winter wird die Pflanze wieder auf das Rhizoid reduziert, das mit Reservestoffen beladen ist.

Erst im dritten Jahr wächst der Stiel schnell aus, bildet einige Haarkränze und schließlich den Fortpflanzungsschirm (Abb. 116 a) (483, 484).

Im Labor kann man dagegen in zwei bis drei Monaten aus einer Zygote eine fertile Pflanze züchten. Dazu müssen die Kulturen einer (für das Wasser) relativ hohen Lichtintensität ausgesetzt werden (mehr als 2500 Lux). Kultiviert man die Pflanzen bei niedriger Lichtintensität (500 Lux oder weniger), so geht das Längenwachstum weiter, wobei fortdauernd neue Haarkränze gebildet werden.

2. Der Fortpflanzungsschirm (Abb. 116 a) besteht aus einem Kranz seitlich miteinander verwachsener Gametangien. Die Gametangien sind den sterilen determinaten Lateralen (den Haaren) homolog; es handelt sich um fertile determinate Lateralen.

3. Der Riesenkern beginnt sich erst zu teilen, wenn der Schirm fast fertig ist. Der Kern ist inzwischen sehr groß geworden (mehr als 100 µm [vgl. den Riesenkern von *Bryopsis*, S. 357]).

Sehr charakteristisch für den Riesenkern ist der gewaltig große, gelappte und verzweigte Nucleolus (Abb. 116 c). Wenn der Fortpflanzungsschirm fertig ausgebildet ist, teilt sich der große primäre Kern in zahlreiche kleine sekundäre Kerne, die sich ihrerseits durch Mitosen weiterteilen (Abb. 116 e). Die Teilung des primären Kerns ist ein sehr ungewöhnlicher Vorgang, da es so aussieht, als würden die kleineren Kerne durch Knospung vom großen Kern abgeschnürt (Abb. 116 d). Erst kürzlich haben Beobachtungen gezeigt, daß nur der Zygotenkern und damit wahrscheinlich auch der Riesenkern diploid sind. Die Reduktionsteilung erfolgt sehr wahrscheinlich bei der Teilung des primären Kerns (Riesenkern) in sekundäre Kerne. Die meiotische Paarung der homologen Chromosomen wurde erst vor kurzem elektronenmikroskopisch bei der Teilung des Riesenkerns von *Batophora* beobachtet, einer Gattung, die eng mit *Acetabularia* verwandt ist (336). Die so entstandenen zahlreichen kleinen haploiden Kerne (etwa 10 000–15 000) werden durch die Plasmaströmung im Stiel verteilt. Der größte Teil des Protoplasmas mit den darin enthaltenen Kernen bleibt nicht im Stiel liegen, sondern konzentriert sich in den Strahlen des Schirms (den Gametangien).

4. Bei der weiteren Entwicklung wird der Inhalt jedes Gametangiums in einkernige Protoplasten aufgeteilt, die sich jeweils mit einer steifen und dicken Wand umgeben. Diese Gebilde werden als gametangiale Cysten bezeichnet (Abb. 116 a). Nach Bildung der Cysten (Juli–September) ist praktisch der ganze Inhalt des Stiels verbraucht, so daß der Thallus abstirbt.

5. Die gametangialen Cysten von *Acetabularia acetabulum* benötigen eine Ruheperiode, bevor sie keimen können. Bei *Acetabularia moebii, Acetabularia wettsteinii* und bei der Gattung *Batophora* können die Cysten direkt keimen. In der Natur überwintern die Cysten von *Acetabularia acetabulum*, während sie im Labor 0,5 bis 2 Monate im Dunkeln aufbewahrt werden müssen. Die Cysten gelangen ins Freie, wenn der Schirm vergeht. In der Zwischenzeit sind die Cysten mehrkernig geworden. Ihr Inhalt teilt sich danach in zahlreiche zweigeißlige Zoiden auf (Abb. 116 a), die ins Freie entlassen werden, indem sich an der Cyste ein Deckel öffnet.

6. Die freikommenden Gameten verhalten sich als Isogameten. Die Zoiden verschiedener Cysten können miteinander kopulieren (Abb. 116 a). Die Kernverschmelzung wurde mit dem Elektronenmikroskop beobachtet (485). Die Zygote wächst zu einer neuen *Acetabularia*-Pflanze heran. Dabei schwillt der Zygotenkern allmählich zum Riesenkern an.

Bis vor kurzem war der Ort der Meiose nicht sicher bekannt, und man wußte deshalb nicht, welche Phasen diploid und welche haploid sind. Man vermutete zwar, daß die Reduktionsteilung in den Cysten erfolgt, jedoch waren die Beweise wenig überzeugend (485).

Da der Lebenszyklus von *Acetabularia* nur eine vegetative Phase mit einem diploiden Kern (Riesenkern) umfaßt, gehört der Zyklus zum diplonten Typ (Abb. 4). Erst wenn die vegetative Phase ihr Wachstum beendet hat, findet vor der Bildung der Gameten die Reduktionsteilung statt. Dennoch zeigt der Zyklus von *Acetabularia* viele Übereinstimmungen mit dem diplohaplonten Zyklus von *Bryopsis (Caulerpales,* s. S. 355). Bei beiden Gattungen schwillt der Zygotenkern zu einem Riesenkern an, der bei *Bryopsis* im rhizoidförmigen Sporophyten, bei *Acetabularia* in der Rhizoidbasis der vegetativen Phase liegt. Bei beiden Gattungen erfolgt die Reduktionsteilung höchstwahrscheinlich bei der Teilung des Riesenkerns.

Die so entstandenen haploiden Kerne werden bei *Bryopsis* entweder zu den Kernen der stephanokonten Zoosporen (Weg A in Abb. 111), oder zu den vegetativen Kernen eines Gametophyten, der direkt aus dem Sporophyten entsprießt (Weg B in Abb. 111). Der so entstandene Gametophyt erinnert an eine *Acetabularia*-Pflanze direkt vor der Gametenbildung, die ja zu diesem Zeitpunkt ebenfalls zahlreiche haploide Kerne enthält. Während jedoch bei *Bryopsis* das vegetative Wachstum mit den Mitosen parallel läuft, ist bei *Acetabularia* das vegetative Wachstum zum Zeitpunkt der Mitosen schon abgeschlossen. Trotz dieses Unterschiedes lassen die oben beschriebenen Übereinstimmungen eine engere Verwandtschaft zwischen den *Dasycladales* und den *Caulerpales* vermuten, als man bisher angenommen hatte. Dieser Gedanke wird durch die Übereinstimmung in der Zusammensetzung der Zellwände der einzelnen Phasen noch unterstützt. In beiden Fällen enthält die Wand derjenigen Phase, die durch einen Riesenkern gekennzeichnet ist, Mannan, während die Wand der Phase, die die Gameten produziert (Gametangiale Cysten bei *Acetabularia,* Gametophyt bei *Bryopsis),* Cellulose enthält.

Acetabularia ist ein bekanntes Testobjekt für experimentelle morphogenetische Untersuchungen (37, 485).

Einige weitere Vertreter der Ordnung Dasycladales

Batophora (Abb. 117 f, g)

Die Pflanzen sind 3–10 cm hoch. Eine lange Achse ist mit Kränzen dichotom verzweigter determinater Lateralen bekleidet. Die Kränze liegen so weit auseinander, daß sie getrennt zu sehen sind. Die kugelförmigen Zoidangien liegen an den Verzweigungspunkten der determinaten Lateralen (Abb. 117 f). Die hellgrünen Pflanzen sind wenig oder gar nicht mit Kalk inkrustiert.

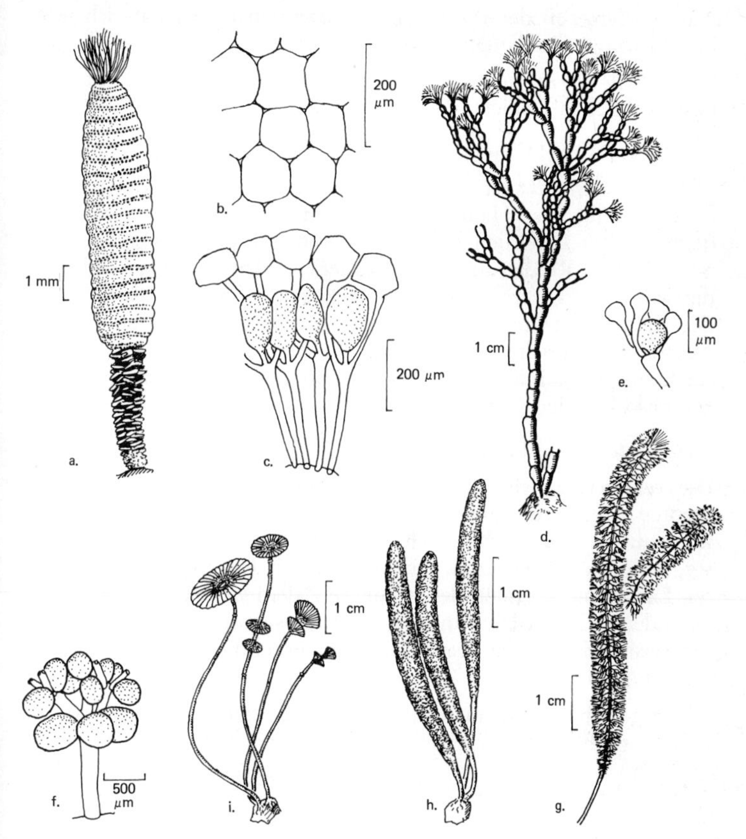

Abb. 117 Einige *Dasycladales;* a) *Neomeris annulata,* Habitus; b) *Neomeris,* Aufsicht; c) *Neomeris,* Gametangien; d, e) *Cymopolia barbata;* f) *Batophora oerstedii,* Gametangien; g) *Batophora oerstedii;* h) *Dasycladus vermicularis;* i) *Acetabularia crenulata.* a–b, d–i nach *Taylor,* c nach *Joly*)

Die Alge lebt in tropischen Lagunen. Sie kann in brackigem (fast süßem) Wasser, aber auch in hypersalinem Wasser (mit einem höheren Salzgehalt als das Meer) vorkommen.

Dasycladus (Abb. 117 h)

Dasycladus vermicularis ist 2–6 cm hoch. Die Achse ist mit dicht zusammenstehenden Kränzen aus dichotom verzweigten determinaten Lateralen bekleidet. Die Alge ist nur wenig mit Kalk inkrustiert.

Am basalen Teil der determinaten Lateralen entwickelt sich je ein kugelförmiges Zoidangium.

Dasycladus vermicularis wächst in flachem Wasser an Felsküsten des karibischen Gebiets, die der Brandung ziemlich ausgesetzt sind.

Neomeris (Abb. 117 a–c).

Neomeris annulata ist 0,5–2,5 cm hoch. Die Achse endet in einem Büschel hellgrüner Haare. Sie ist dicht mit dichotom verzweigten determinaten Lateralen bekleidet, deren abgeplattete Enden zu einer dichten Rinde aneinanderschließen. Am basalen Teil einer determinaten Lateralen entsteht ein keulenförmiges Sporangium. Die Sporangien stehen in deutlich erkennbaren Kränzen (in Abb. 117 a: die doppelten Kränze aus dunklen Punkten). Die Alge ist stark mit Kalk inkrustiert. Sie kommt in flachen Gezeitentümpeln an Felsküsten der Karibik vor.

Cymopolia (Abb. 117 d, e)

Die verzweigte Achse kann 1–2 dm hoch werden. Sie ist aus Segmenten aufgebaut, die sich in Gelenken gegeneinander bewegen können. An jedem Achsenende steht ein Büschel trichotom verzweigter, hellgrüner Haare. Die Achsen sind mit Kränzen aus determinaten Lateralen bekleidet, deren äußere Zellen sich zu einer Rinde aneinanderschließen. Die Rinde ist weiß, da sie mit Kalk inkrustiert ist. Die basale Zelle jeder determinaten Laterale trägt ein kugelförmiges Zoidangium.

Die Alge lebt im warmen, flachen Wasser der Tropen, wo sie auf Felsen und Bruchstücken von Korallen festgeheftet ist.

Kapitel 24: Chlorophyceae – Ordnung Zygnematales

Die Grünalgen dieser Ordnung bestehen aus unverzweigten Fäden, oder sie sind einzellig und aus zwei gleichen Hälften aufgebaut. Jede Zelle besitzt einen Kern und einen oder mehrere Chloroplasten. Die Chloroplasten sind meist gelappt und liegen zentral, können aber auch spiralförmig und parietal angeordnet sein. Begeißelte Stadien kommen im Lebenszyklus nicht vor. Die geschlechtliche Fortpflanzung erfolgt durch Konjugation (Verschmelzung zweier amöboider Protoplasten aus vegetativen Zellen). Die Algen sind Haplonten.

Die Algen leben im Süßwasser, und nur wenige Arten können bis in schwach brackiges Wasser vordringen *(Spirogyra)*. Besonders die Zahl der einzelligen Vertreter ist sehr groß. Man kennt etwa 50 Gattungen mit 4000–6000 Arten (148).

Familie: Zygnemataceae (Abb. 118–120)

Die Algen der Familie bestehen aus unverzweigten Zellfäden. Die Zellwände sind von einer Schleimschicht umgeben, durch die die Fäden sich glitschig anfühlen.

Spirogyra (Abb. 118 a)

Die Zelle enthält ein oder mehrere schraubenförmige, wandständige Chloroplasten, die in regelmäßigen Abständen Pyrenoide enthalten. Der Kern, der in der lebenden Zelle sichtbar ist, ist im Zentrum der Zelle an Protoplasmasträngen aufgehängt, die die große Vakuole durchkreuzen. Die Zellwand besteht aus einer inneren steifen Zellwandfraktion und einer äußeren, schleimigen amorphen Zellwandfraktion. Die äußere Schleimschicht macht die Fäden von *Spirogyra* glitschig, so daß sie zwischen den Fingern durchgleiten, wenn man sie aus dem Wasser zu ziehen versucht. Die feste Zellwandfraktion besteht aus Cellulosemikrofibrillen. Diese sind in einer inneren Schicht quer zur Längsachse der Zelle orientiert, in einer mittleren Schicht sind sie längsorientiert, und in der äußersten Schicht sind sie zu einem Netz verflochten (80, 298).

Die Fäden vieler Arten können leicht an den Querwänden durchbrechen. Die Fäden wachsen durch interkalare Zellteilungen. Die Mitose ist intranukleär, so daß die Kernmembran während des größten Teils der Mitose erhalten bleibt (Abb. 118 b) (152). Die

Querwand wird zum Teil als Zellplatte in einem Phragmoplasten und zum Teil als einwärts wachsendes Septum gebildet (vgl. S. 308 und Abb. 91) (153). Die Bildung des Septums beginnt in der frühen Anaphase (Abb. 118 b, d). An der Bildung des Septums sind kleine

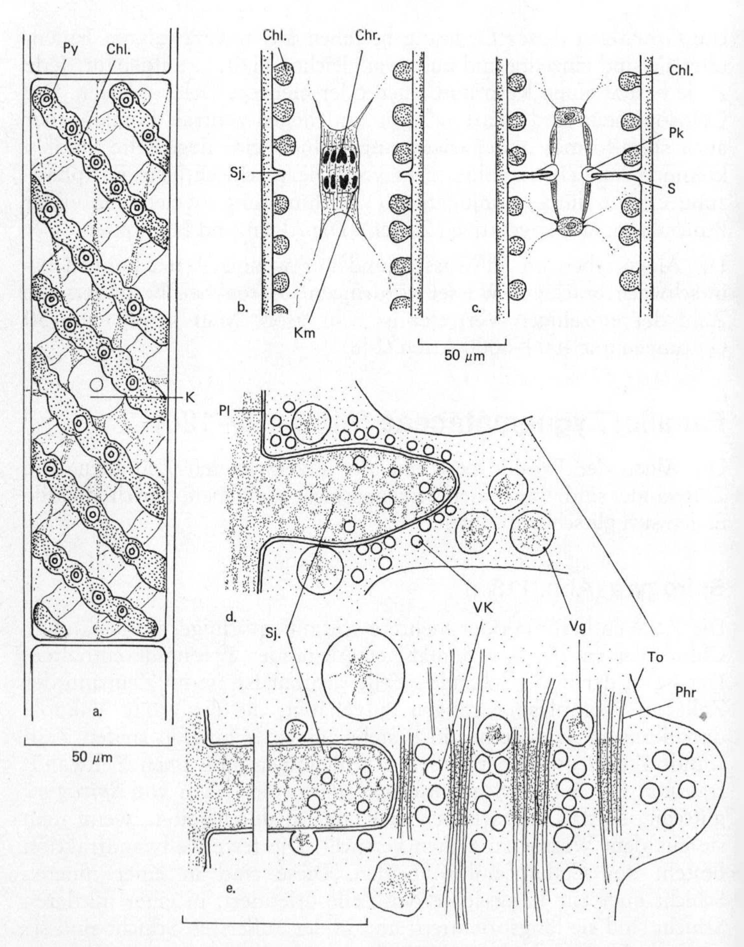

Abb. 118 *Spirogyra.* a) Vegetative Zelle; b, d) frühe Anaphase, Septum wird gebildet; c, e) Telophase, Bildung des Phragmoplasten. (Chl – Chloroplast, Chr – Chromosom, K – Kern, Km – Kernmembran, Phr – Phragmoplast-Mikrotubuli, Pk – Protoplasmakappe, Pl – Plasmalemma, Py – Pyrenoid, S – Septum, Sj – junges einwachsendes Septum, To – Tonoplast, Vg – große Vesikel, Vk – kleine Vesikel) (b–e nach *Fowke* u. *Pickett-Heaps*)

Vesikel (wie sie ähnlich vom Golgi-Apparat abgeschnürt werden) und große Vesikel (mit flockigem Inhalt) beteiligt. Der flockige Inhalt der großen Vesikel ähnelt Zellwandmaterial. Die kleinen Vesikel kann man im Septum intakt wiederfinden.

In der späten Telophase erreicht das wachsende Septum die Kernteilungsspindel, die zu diesem Zeitpunkt hohl ist (Abb. 118 c). In diesem Stadium beginnt die Bildung des Phragmoplasten (Abb. 118 e), der aus longitudinalen Bündeln von Mikrotubuli besteht. Die Mikrotubuli laufen nicht mehr bis zu den Tochterkernen durch. Sie sind in dunkleres Material eingebettet, und zwischen den Bündeln sammeln sich Golgi-Vesikel zu einer Zellplatte.

Geschlechtliche Fortpflanzung von Spirogyra (Abb. 120)

Die geschlechtliche Fortpflanzung – die **Konjugation** – der *Zygnemataceae* ist ein einzigartiger Vorgang, der sehr charakteristisch für die Familie ist. Bei der Konjugation von *Spirogyra* kann man folgende Stadien unterscheiden:

1. (Abb. 120 a). Die Fäden legen sich nebeneinander, wobei sie gleitende Bewegungen ausführen können. Es ist nicht deutlich, ob es

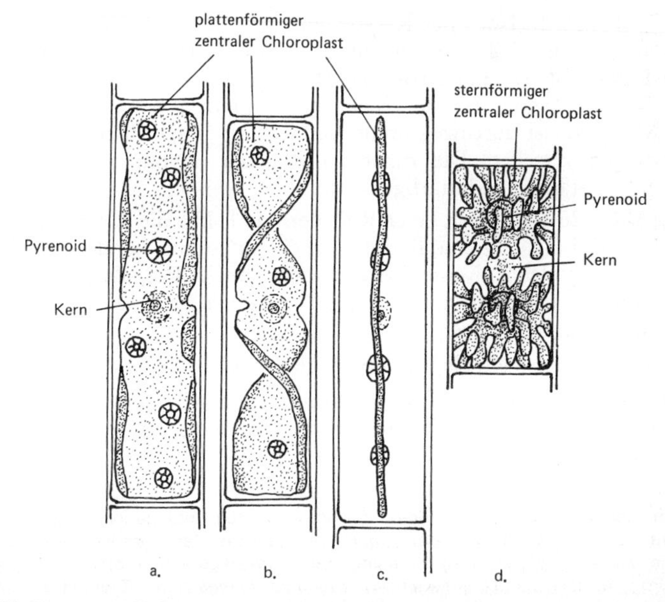

Abb. 119 a–c) *Mougeotia,* Zelle mit lichtinduzierter Drehung des Chloroplasten; d) *Zygnema,* Zelle (a–d nach *Krieger*)

sich hierbei um gerichtete Bewegungen handelt. Die Fäden verkleben paarweise miteinander.

2. (Abb. 120 b). Die Zellen der Fäden liegen paarweise nebeneinander. Jede der beiden Zellen stülpt eine Papille aus, die einander berühren. Manchmal ist die Papille eines (des „männlichen") Fadens etwas größer als die Papille des anderen („weiblichen") Fadens. Da alle (oder sehr viele) Zellen der beiden Fäden Papillen bilden, werden die zwei Fäden langsam auseinandergedrückt. Wenn man einen potentiell geschlechtlichen Faden in ein Medium bringt, das arm an Nährstoffen ist, so bildet er auch dann Papillen, wenn kein zweiter Faden vorhanden ist.
3. Die gemeinsame Wand zwischen den Papillen löst sich auf, so daß zwischen den beiden Zellen ein Verbindungskanal entsteht. Die Protoplasten kontrahieren sich durch Flüssigkeitsverlust,da Wasser mit Hilfe pulsierender Vakuolen ausgeschieden wird.
4. (Abb. 120 c, links). Einer der beiden Protoplasten, den man als männlich bezeichnet, bewegt sich durch den Verbindungskanal zu dem anderen, weiblichen Protoplasten hin.
5. (Abb. 120 c, rechts). Der männliche und der weibliche Protoplast verschmelzen miteinander.
6. (Abb. 120 d). Nach der Karyogamie umhüllen sich die im Umriß elliptischen Zygoten mit einer dicken, dreischichtigen Wand (Endo-, Meso- und Exospor). Die Wand besitzt eine Naht, an der die Zygote bei der Keimung aufplatzen kann. Das dicke Mesospor ist durchweg braun und oft mit artspezifischen Verzierungen versehen. Die ruhenden Zygoten (Hypnozygoten) enthalten Stärke und fettartige Stoffe.
7. (Abb. 120 e–i). Nach einer Ruheperiode keimt die Hypnozygote. Der Teilung geht eine Reduktionsteilung voraus, bei der drei der vier gebildeten Kerne degenerieren (181). Die Zygotenwand platzt an der Naht auf, und die Zygote wächst zu einer einzelligen Keimpflanze aus.

Spirogyra ist also ein Haplont. Nur die Zygote ist diploid.

Der oben beschriebene Typ der Konjugation wird als scalariforme (leiterförmige) Konjugation bezeichnet. Für diese Art der Konjuga-

---

Abb. 120 a–d) *Spirogyra*, Stadien der scalariformen Konjugation; e–g) *Spirogyra*, Reduktionsteilung in der Zygote, bei der drei Kerne degenerieren und einer erhalten bleibt; h–i) Keimung der Hypnozygote von *Spirogyra;* j–k) *Spirogyra*, laterale Konjugation; l) *Zygnema kiangsiense*, Zygoten in den Brücken zwischen den Fäden; m) *Mougeotia sanfordiana*, Zygote in der Brücke zwischen den Fäden (l, m nach *Kolkwitz* u. *Krieger*)

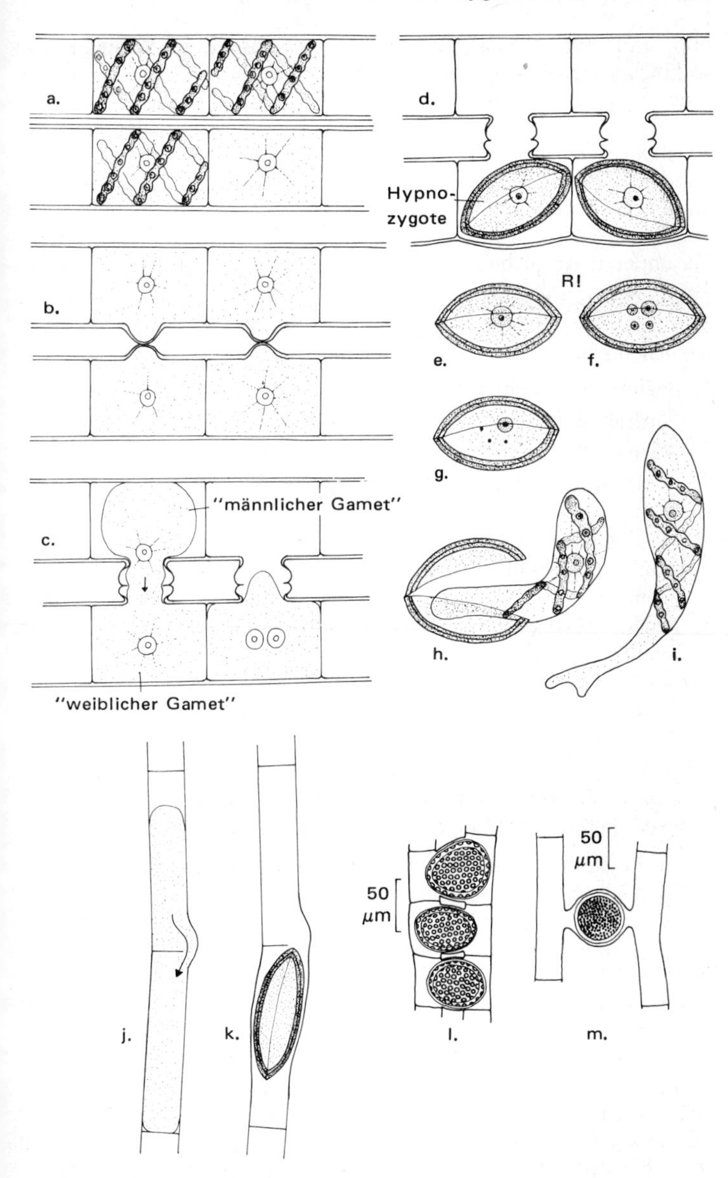
a.
d.
Hypno-
zygote
b.
R!
e.
f.
g.
c.
"männlicher Gamet"
h.
i.
"weiblicher Gamet"
50
μm
50
μm
j.
k.
l.
m.

Abb. 120

tion sind zwei Fäden notwendig. Die zahlreichen Konjugationsschläuche zwischen den beiden Fäden sind die Sprossen der Leiter. Eine andere Art der Konjugation ist die laterale (seitliche) Konjugation (Abb. 120 j, k). Hier werden zwei benachbarte Zellen eines Fadens durch einen seitlichen Konjugationsschlauch miteinander verbunden. Der Inhalt einer Zelle wandert durch den Schlauch in die andere Zelle, um mit deren Inhalt zu verschmelzen. Einige Arten zeigen entweder scalariforme oder laterale Konjugation, während bei anderen Arten beide Typen der Konjugation auftreten können.

Die Entwicklung einer Population von *Spirogyra maxima* konnte in der Natur beobachtet werden (430). Folgende Phasen konnten im zeitlichen Ablauf unterschieden werden:

1. Beginn Juni: Keimung der Zygoten.
2. Nach 4 Wochen: Zwei tellergroße Watten aus vegetativen Fäden.
3. Nach 5 Wochen: Der untersuchte Graben ist in seiner ganzen Länge durch vegetatives Wachstum gefüllt. Beginn der Kopulation.
4. Nach 6 Wochen: Beginn der Zygotenbildung. Da die Zygotenwand noch dünn und farblos ist, sind die Zygoten noch dunkelgrün.
5. Nach 7 Wochen: Die Zygoten haben ein braunes Mesospor gebildet.
6. Nach 9 Wochen: Die Massen der *Spirogyra*-Fäden sind mit den Zygoten auf den Boden des Grabens gesunken. Die leeren Zellwände vergehen.

In der Natur spielt sich also die ganze vegetative Periode von *Spirogyra maxima* in zwei Monaten ab. Die verschiedenen Entwicklungsvorgänge verlaufen außerdem so gut wie synchron.

Auch die Reifungsperiode (Ruheperiode) der Zygoten wurde untersucht (430). Es zeigte sich, daß Zygoten die Fäulnisprozesse, wie sie im Bodenschlamm am natürlichen Standort vorkommen, gut überstehen können. Die Länge der Ruheperiode ist von der Temperatur abhängig. Für die Zygoten von *Spirogyra maxima* beträgt die Ruheperiode bei 4 °C 14 Monate, bei 18–20 °C jedoch 3,5 Monate. Für die Keimung ist eine Belichtung von zwei bis drei Tagen notwendig.

Bei anderen Arten mit dünnerer Zygotenwand ist die obligate Ruheperiode viel kürzer und kann bei einer Temperatur von 18–20 °C in einigen Fällen nur drei bis vier Wochen betragen. Es ist vorstellbar, daß diese Arten im Jahr mehrere Vegetationsperioden haben. Diese artenreiche Gattung – es sind etwa 300 Arten bekannt – ist im Süßwasser weit verbreitet (301, 487, 599). Vor allem im späten

Frühjahr und im Frühsommer kann die Oberfläche kleiner, nährstoffreicher Gräben und Teiche mit dichten Massen von gelbgrünen, schleimigen *Spirogyra*-Watten bedeckt sein.

Einige andere Vertreter der Zygnemataceae

Mougeotia (Abb. 119 a–c, 120 m)

Jede Zelle enthält einen plattenförmigen, axialen Chloroplasten mit Pyrenoiden. Der Chloroplast kann seine Stellung zum Licht verändern. Bei schwachem Licht stellt sich der Chloroplast mit seiner Fläche senkrecht zur Ebene des einfallenden Lichtes, während er sich bei starkem Licht parallel zur Richtung des einfallenden Lichtes ausrichtet (433). Die Zygote liegt bei dieser Gattung im Konjugationskanal. Etwa 100 Arten kommen im Süßwasser vor.

Zygnema (Abb. 119 d, 120 l)

Jede Zelle enthält zwei sternförmige, axiale Chloroplasten, die jeweils ein Pyrenoid besitzen. Die Zygote liegt oft im Konjugationskanal. Etwa 100 Arten kommen im Süßwasser vor.

Familie: Desmidiaceae (Abb. 121–125)

Die Arten der Familie sind einzellig. Die Zellwand besteht aus zwei gleichen Zellhälften (zwei Semizellen), die oft durch eine Einschnürung (Isthmus) voneinander getrennt sind. Etwa 30 Gattungen enthalten rund 5000 Arten (295, 296, 300, 302, 622, 623). Die Systematik dieser Gruppe besonders schöner Algen wird nur von sehr wenigen Spezialisten beherrscht. Besonders in Süßwasser mit einem niedrigen pH-Wert (4–6), zum Beispiel in Moortümpeln und Teichen auf diluvialem Sandboden, kann man eine reich gemischte Desmidiaceen-Flora finden (210). Die meisten Arten sind benthisch und leben auf oder zwischen höheren Wasserpflanzen der Uferzone. Von dort gelangen sie jedoch oft in das Phytoplankton.

Gewässer mit niedrigem pH-Wert sind oft auch oligotroph (arm an Nitraten und Phosphaten). Gewässer mit einem pH-Wert 7 sind dagegen oft eutroph (mehr oder weniger reich an Nitraten und Phosphaten, wodurch eine quantitativ reiche Entfaltung der Algenflora

---

Abb. 121 *Desmidiaceae* und *Mesotaeniaceae*. a) *Gonatozygon brebissonii;* b) *Spirotaenia condensata;* c) *Cylindrocystis brebissonii;* d) *Netrium digitus;* e) *Tetmemorus granulatus;* f) *Closterium lunula;* g) *Pleurotaenium ehrenbergii;* h) *Cosmocladium constrictum;* i) *Xanthidium antilopaeum* (aus *B. Fott:* Algenkunde. VEB Fischer, Jena 1971)

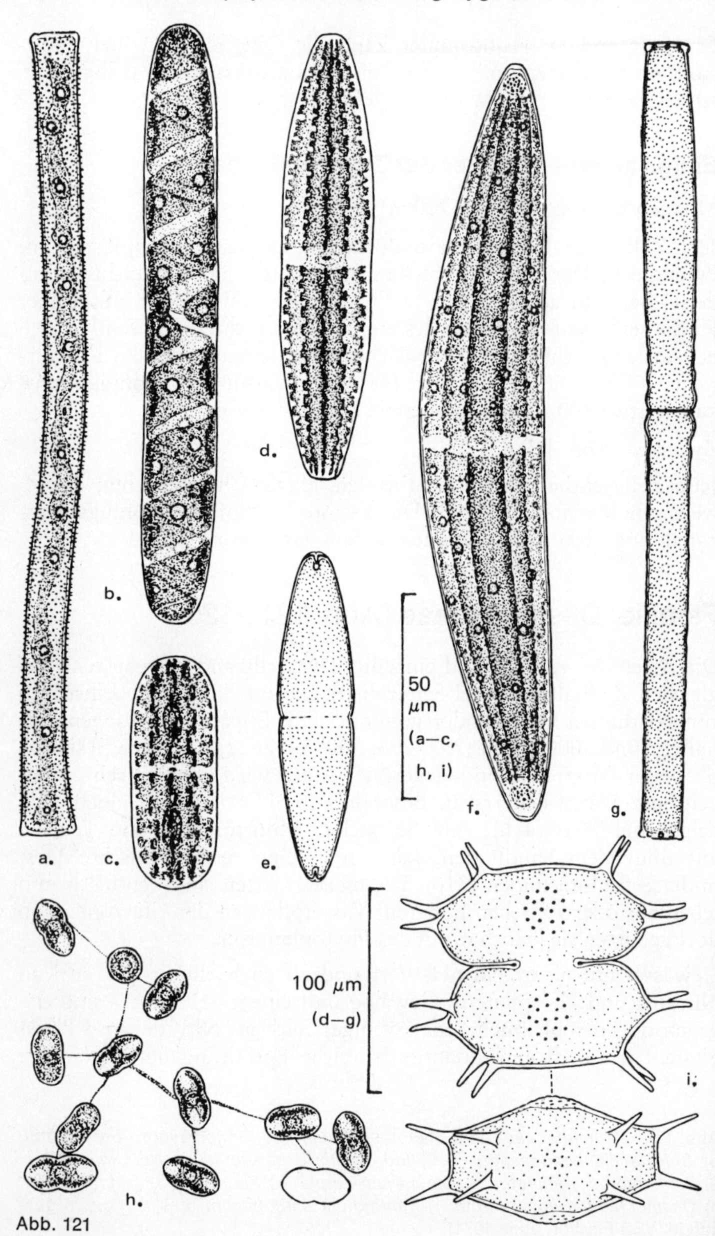

Abb. 121

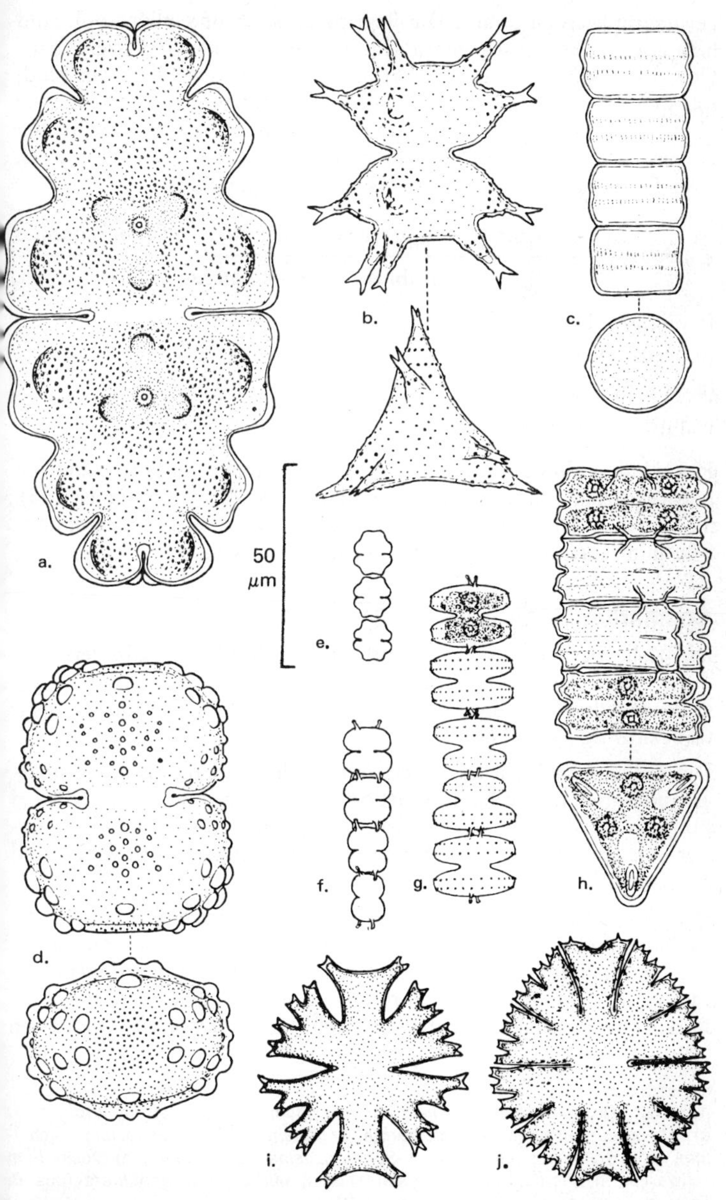

Abb. 122

verursacht werden kann). Die Begriffe eutroph und oligotroph sind hier etwas schematisch gebraucht. Bei dystrophen Gewässern handelt es sich um sehr saure Moortümpel, die arm an Nährsalzen sind, die aber durch gelöste Humusstoffe braun gefärbt sind. Der dänische Hydrobiologe NYGAARD hat einen zusammengesetzten Quotienten (t) entworfen, mit dessen Hilfe man sich einen globalen Eindruck vom Trophiegrad eines Gewässers machen kann (434):

$$t = \frac{\text{Anzahl Arten } \textit{Cyanophyceae} + \textit{Centrales} + \textit{Chlorococcales}}{\text{Anzahl Arten } \textit{Desmidiaceae}}$$

In oligotrophen Seen ist $t < 1$
In dystrophen Seen ist $t = 0–0,3$
In eutrophen Seen ist $t > 1,0$
In stark eutrophen Seen ist $t = 5–20$

Eine Untersuchung an einer Anzahl von Tümpeln in Schottland hat bewiesen, daß diese Korrelation in großen Zügen gültig ist (43). Von etwa 50 Desmidiaceen-Arten fanden sich 59 % in oligotrophem, 8 % in mesotrophem und 24 % in eutrophem Wasser.

Cosmarium botrytis (Abb. 124, 125, 122 d)

Die Zelle besteht aus zwei deutlichen Halbzellen (Semizellen), die durch einen Isthmus voneinander getrennt sind. Die Zelle ist zusammengedrückt (Abb. 124 b, c). Jede Semizelle ist in der Aufsicht trapezförmig (Abb. 124 a).

Die Zellwand besteht aus zwei Hälften, die am Isthmus etwas übereinandergreifen. Die Naht ist jedoch nicht einfach zu sehen. Nur bei konjugierenden (Abb. 125) oder toten Zellen tritt sie deutlich hervor. Die Zellwand ist mit Warzen besetzt. Verzierte Zellwände sind für viele Desmidiaceen charakteristisch.

Die Zellwand wird von zahlreichen Poren durchbohrt, durch die Schleim ausgeschieden wird. Einige Arten können langsame Bewegungen ausführen, die vermutlich mit einer Schleimsekretion in Zusammenhang stehen. Die Sekretion erfolgt durch besonders große Poren an den Enden der Zellen (Abb. 124 d). *Desmidiaceae* lassen

---

Abb. 122 *Desmidiaceae.* a) *Euastrum oblongum;* b) *Staurastrum furcigerum;* c) *Hyalotheca dissiliens;* d) *Cosmarium ungerianum;* e) *Spondylosium pulchellum;* f) *Onychonema filiforme;* g) *Sphaerozosma aubertianum;* h) *Desmidium schwartzii;* i) *Micrasterias crux-melitensis;* j) *Micrasterias papillifera* (aus *B. Fott:* Algenkunde. VEB Fischer, Jena 1971)

Abb. 123
Closterium calosporum, Zygote (nach *Skuja*)

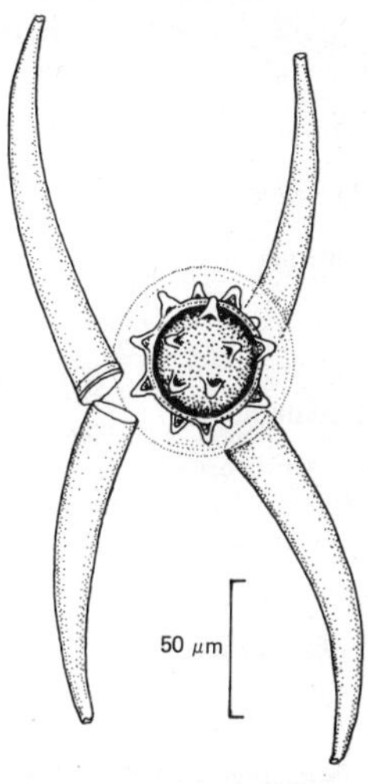

bei ihrer Fortbewegung eine Schleimspur hinter sich zurück. Die Schleimspur kann im mikroskopischen Präparat durch Zugabe von Tusche sichtbar gemacht werden, da sie sich dann als helle Bahn von dem dunklen Feld der Tusche abhebt. Die Bewegungen sind phototaktisch: Desmidiaceen bewegen sich auf schwaches Licht zu und von starkem Licht fort.

Der Kern liegt im Isthmus. Jede Semizelle enthält einen massiven, zentralen Chloroplasten, der das Zellumen zum größten Teil füllt. Jeder Chloroplast enthält zwei Pyrenoide und trägt acht bis zwölf Leisten.

Zellteilung

Der Zellteilung (Abb. 124 e–h) geht eine Kernteilung voraus. Die Kernteilung ist im Gegensatz zu den Verhältnissen bei *Spirogyra* und vielen anderen Grünalgen nicht intranukleär (470, 474). In der Prophase wird die Kernmembran abgebrochen. Während der Mitose beginnt ein Längenwachstum des Isthmus. Außerdem beginnt schon während der Mitose die Anlage einer centripetal einwachsenden Querwand zwischen beiden Tochterzellen (Abb. 124 f). Die Querwand wächst durch Anfügen von Vesikeln mit Zellwandstoff (höchstwahrscheinlich Golgi-Vesikel). Phycoplast oder Phragmoplast fehlen (vgl. dagegen die Zellteilung bei *Spirogyra*, S. 376).

Nach Abschluß der Zellteilung wachsen die beiden Teile des Isthmus, die gerade durch die neue Querwand voneinander getrennt sind, jeweils zu einer neuen Semizelle aus. Gleichzeitig trennen sich

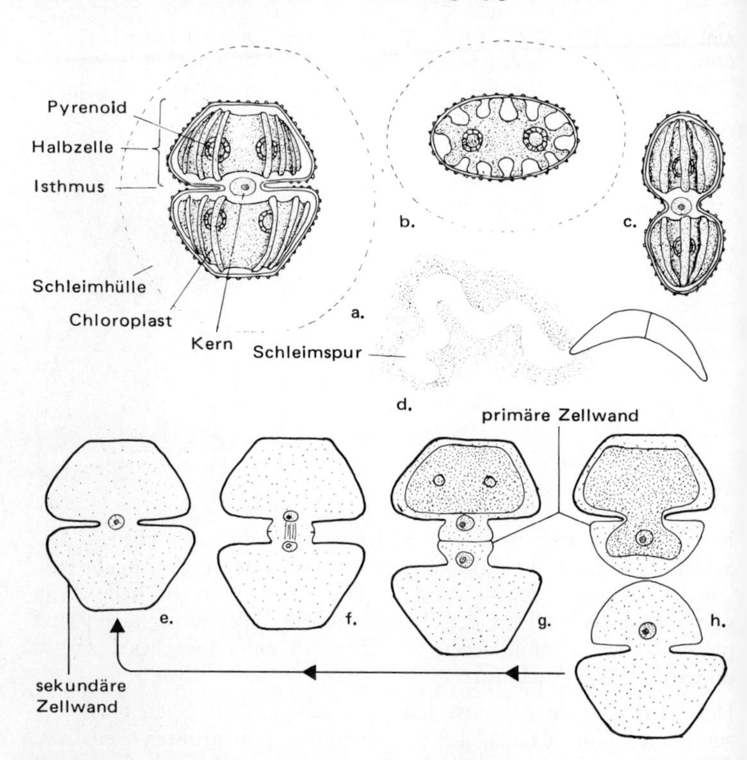

Abb. 124 *Cosmarium botrytis.* a) Aufsicht auf die Breitseite; b) Oberansicht; c) Aufsicht auf die Schmalseite; d) *Closterium,* Bewegung; e–h) *Cosmarium,* Stadien der Zellteilung und der Bildung neuer Semizellen

an der Querwand die neuen Semizellen voneinander (Abb. 124 g, h). Bei der jungen Zellwand der neuen Semizelle handelt es sich um die fein fibrilläre primäre Zellwand. Während des Wachstums der neuen Semizelle lagern Golgi-Vesikel neues primäres Wandmaterial an der primären Wand ab. Gegen die Innenseite der fertigen Primärwand wird die sekundäre Wand abgesetzt, die zum größten Teil aus 30 nm dicken Cellulosemikrofibrillen besteht (268, 344). Flache Golgi-Vesikel lagern auf dem Plasmalemma ein Raster von kugelförmigen Partikeln ab, bei denen es sich wahrscheinlich um die Enzymmoleküle handelt, durch die die Cellulosemikrofibrillen polymerisiert werden (vgl. *Cladophora* Abb. 106 c) (88, 267).

Es ist interessant, daß, ontogenetisch gesehen, hier zwei einzellige Individuen aus einem kurzzeitig zweizelligen Individuum entstehen.

Wenn die Ontogenie eine Wiederholung der Phylogenie ist, so sind die einzelligen *Desmidiaceae* wahrscheinlich abgeleitete Formen mehrzelliger *Zygnematales*. *Cosmarium* kann in dieser Hinsicht mit *Kirchneriella* verglichen werden (S. 300).

Der Chloroplast dringt zur Hälfte in die neu gebildete Zellhälfte ein und teilt sich danach. Die komplizierte Reorganisation des Zellinhaltes wurde bei *Closterium* und *Cosmarium* untersucht (470, 474).

Geschlechtliche Fortpflanzung: Konjugation (Abb. 125)

Cosmarium botrytis ist heterothallisch (549, 551). Der Zyklus wurde anhand unialgaler Kulturen untersucht. Die Hauptpunkte der Konjugation waren schon vorher an Material aus der Natur beobachtet worden (vgl. auch Abb. 123, Konjugation von *Closterium)*.

Nach der Vermischung eines (+)-Klons und eines (–)-Klons kann man in 24–48 Stunden alle Stadien der Konjugation beobachten. Die folgenden Schritte lassen sich unterscheiden:

1. Die konjugationsbereiten Zellen suchen einander aktiv auf. Die Methode dieses Vorgangs ist noch unbekannt. Die kriechenden Zellen lassen hinter sich Schleimspuren zurück.
2. Die Partner eines Paares legen sich aufeinander, wobei ihre Längsachsen senkrecht zueinander ausgerichtet sind. Sie umgeben sich mit einer gemeinsamen Schleimmasse.
3. Die Zellwand jedes Partners platzt an der Naht auf dem Isthmus auf. Aus jeder Zelle tritt ein amöboider Gamet aus. Die Gameten bewegen sich aufeinander zu (Abb. 125 a).
4. Sobald die Gameten einander berühren, verlassen sie schnell ihre Zellwände und verschmelzen in etwa 5 Minuten miteinander. Die so entstandene unregelmäßige Zygote rundet sich ab. Während der Abrundung erscheinen zahlreiche, pulsierende Vakuolen, die nach der Abrundung verschwinden (Abb. 125 c).
5. Nach etwa einer Stunde erscheinen auf der Zygotenwand die ersten Ornamente in Form kleiner Stacheln. Im Laufe der folgenden drei Wochen werden innerhalb der glasigen, stacheligen äußeren Wand (Exospor) eine dicke braune Zwischenwand (Mesospor) (Abb. 125 d) und eine innere Wand (Endospor) abgesetzt. Exospor und Endospor bestehen aus Cellulosemikrofibrillen, die in eine Polysaccharidmatrix eingebettet liegen, während das dicke Mesospor aus einem Gerüst von Cellulosemikrofibrillen aufgebaut wird, das in Sporopollenin eingehüllt ist. Das Sporopollenin verleiht den Zygoten Resistenz gegen Austrocknung, wie es auch bei den Pollen der höheren Pflanzen der Fall ist (269, 270).

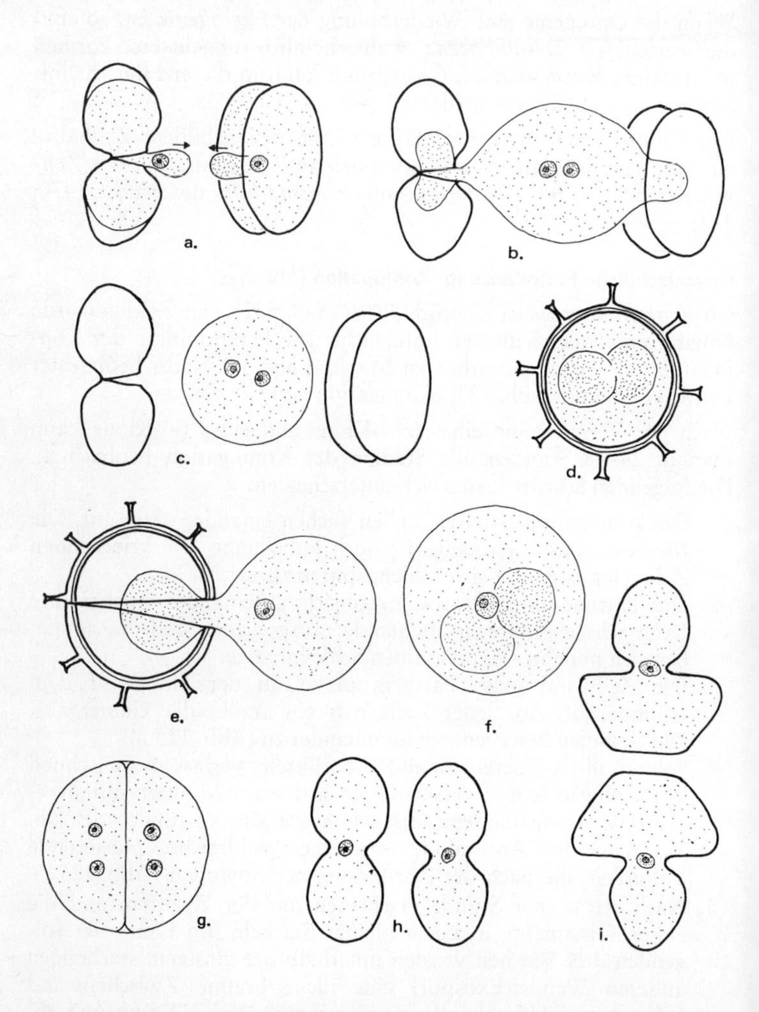

Abb. 125 *Cosmarium botrytis,* Konjugation. a) Papillenförmige Ausstülpungen der Isogameten entstehen; b) Plasmogamie; c) Abrundung der jungen Zygote; d) ausgewachsene Hypnozygote mit stacheliger dicker Wand; e) Keimung der Hypnozygote; f) der ausgetretene Protoplast schwillt auf; g) durch Meiose entstehen zwei zweikernige Zellen. In jeder Zelle degeneriert ein Kern; h) die zwei entstandenen Tochterzellen haben noch nicht die Form der Mutterzelle; i) jede Tochterzelle teilt sich, wobei die neu entstehenden Semizellen die Form von normalen Semizellen erhalten

6. Vor der Keimung benötigen die Hypnozygoten (Ruhezygoten) eine Ruheperiode von mindestens drei Monaten. Sie können trocken aufbewahrt werden. Werden die Zygoten nach drei Monaten in frischem Medium ins Licht gebracht, so kann man nach zwei bis drei Tagen eine reiche Keimung beobachten.
7. Die Zygotenwand platzt auf, und der ungeteilte Protoplast liegt frei im Medium. Der nackte Protoplast schwillt durch Wasseraufnahme stark an. Danach wird er mit einer dünnen Wand umhüllt (Abb. 125 f). Der Protoplast enthält einen diploiden Kern.
8. Innerhalb von zwei Stunden schrumpft er durch Wasserabgabe wieder zusammen. Während dieser Zeit teilt sich der Kern meiotisch (nach anderen Aussagen findet die Meiose noch innerhalb der Zygotenwand statt [38]). Es werden vier haploide Kerne gebildet. Durch Plasmateilung entstehen zwei zweikernige Protoplasten. Von jedem Kernpaar degeneriert ein Kern, wodurch zwei einkernige, haploide Protoplasten entstehen (Abb. 125 g).
9. Die zwei aus der Zygote entstandenen, haploiden Tochterzellen schnüren sich ein, wodurch sie die typische Form einer Desmidiaceen-Zelle annehmen (Abb. 125 h). Sie besitzen jedoch noch nicht die typische Form von *Cosmarium botrytis*.
10. Bei der ersten Zellteilung erhalten die neuen Semizellen die artspezifische Form (Abb. 125 i). Bei den darauf folgenden Teilungen entstehen Zellen, bei denen die Form beider Semizellen für *Cosmarium botrytis* typisch ist.

Die Geschlechtsbestimmung ist haplogenotypisch. Etwa die Hälfte der Nachkommen gehört zum (+)-Geschlecht und die andere Hälfte zum (–)-Geschlecht. Zusammenfassend kann man sagen, daß *Cosmarium botrytis* ein Haplont mit isogamer Konjugation und haplogenotypischer Geschlechtsbestimmung ist.

Einige andere Vertreter der Desmidiaceae

Diese Beispiele sollen einen Eindruck von den bizarren und schönen Formen der *Desmidiaceae* geben.

Closterium (Abb. 121 f, 123)

Die Zellen sind bogenförmig. An den Enden laufen sie spitz aus. Sie sind im Querschnitt rund und besitzen keinen Isthmus. Die Zellwand hat oft feine Längsstreifen und kleine Poren. An beiden Zellenden liegen Vakuolen mit Gipskristallen. Außerdem sind die

Zellenden von großen Poren durchbrochen, durch die zur Fortbewegung Schleim ausgeschieden wird (Abb. 124 d). In Europa leben 85 Arten in saurem bis basischem Wasser.

Pleurotaenium (Abb. 121 g)

Die Zellen sind zylindrisch oder fast zylindrisch mit abgestumpften Enden, auf denen ein Kranz von Warzen sitzt. Der Isthmus ist nur flach. An den Zellenden liegen Vakuolen mit Gipskristallen. Es sind etwa 200 Arten beschrieben.

Tetmemorus (Abb. 121 e)

Die Zellen sind gerade, mit verschmälertem Ende. An jedem Ende liegt eine Einkerbung. Der Isthmus ist flach. Etwa 24 Arten sind bekannt.

Euastrum (Abb. 122 a)

Die Zellen sind zusammengedrückt, etwa zweimal so lang wie breit, mit schmalem, tiefem Isthmus. Die Semizellen sind hoch trapezförmig. Ihr Rand hat zwei oder vier breite, symmetrische Einbuchtungen. An jedem Zellende liegt eine deutliche Einkerbung. Etwa 150 Arten sind bekannt, die fast alle in saurem Wasser vorkommen.

Micrasterias (Abb. 122 i, j)

Die Zellen sind stark abgeplattet und besitzen einen tiefen Isthmus. Jede Semizelle ist durch vier tiefe Einschnitte in fünf Lappen geteilt, die symmetrisch zur Zellachse angeordnet sind. Die einzelnen Lappen sind durch kleinere Einschnitte in kleinere Stücke unterteilt. Die Ränder tragen oft Stacheln oder Zähne. Die Zellwand ist glatt, warzig oder stachelig. Die meisten Arten leben in saurem Wasser.

Cosmarium (Abb. 122 d)

Die Zellen sind abgeflacht, mit deutlichem, meistens tiefem Isthmus. Die Semizellen sind halbkreisförmig, halbelliptisch, nieren- oder trapezförmig. Die Ränder zeigen niemals Einkerbungen oder Einstülpungen. Die Zellwand ist glatt oder warzig ohne Stacheln. Die Gattung ist sehr artenreich. Etwa 1000 Arten sind beschrieben.

Cosmocladium (Abb. 121 h)

Die Zellen ähneln *Cosmarium,* sind jedoch durch Gallertstränge zu einer Kolonie vereinigt. Die Gattung enthält nur einige Arten.

Xanthidium (Abb. 121 i)

Die Form der Zelle ähnelt *Cosmarium.* Die Alge unterscheidet sich jedoch von *Cosmarium* durch die einfachen oder doppelten Stacheln, die auf dem Rand der Zelle stehen.

Staurastrum (Abb. 122 b)

In Apikalansicht sind die Zellen meistens drei-, vier- oder vieleckig. Auf den Eckpunkten stehen oft radiärsymmetrische Ausstülpungen. Manchmal ist die Zelle in Apikalansicht abgeplattet und trägt nur zwei Vorsprünge. Die Zellwand ist glatt mit Poren oder warzig oder stachelig. Zu der Gattung gehören einige hundert Arten, unter denen sich besonders bizarre Desmidiaceen befinden.

Desmidium (Abb. 122 h)

Die Zellen sind zu unverzweigten, fadenförmigen, schraubig gedrehten Kolonien vereinigt, die von einer Gallerthülle umschlossen sind. In der Apikalansicht sind die Zellen dreieckig. Zu der Gattung gehören mehrere Arten.

Hyalotheca (Abb. 122 c)

Die Zellen sind zu unverzweigten, fadenförmigen Kolonien vereinigt. Sie besitzen einen undeutlichen Isthmus. Die Kolonie liegt in einer gemeinsamen Gallertscheide. *Hyalotheca dissiliens* kommt häufig in Moortümpeln vor.

Spondylosium (Abb. 122 e)

Die Zellen ähneln *Cosmarium.* Sie sind durch eine gemeinsame Gallerte zu Ketten vereinigt. Etwa 30 Arten sind bekannt.

Sphaerozosma (Abb. 122 g) (einschließlich *Onychonema)*

Die *Cosmarium*-artigen Zellen sind zu schraubenförmigen Ketten vereinigt. Jedes Zellende trägt zwei Stacheln, wobei Stacheln angrenzender Zellen ineinandergreifen. Jeder Stachel endet in einem Knopf. Von *Sphaerozosma* sind etwa 10 Arten bekannt.

Familie: Mesotaeniaceae

Die Arten sind einzellig. Im Gegensatz zu den *Desmidiaceae* besteht die Zellwand hier nicht aus zwei Zellhälften (Semizellen), die durch eine Naht oder einen Isthmus voneinander getrennt sind.

Spirotaenia (Abb. 121 b)

Die Zellen sind kurz, zylindrisch mit abgerundeten Polen. Der Chloroplast ist schraubenförmig (wie bei *Spirogyra).* Etwa 20 Arten sind bekannt.

Cylindrocystis (Abb. 121 c)

Die Zellen sind zylindrisch mit abgerundeten Polen. Der zentrale Chloroplast ist im Querschnitt sternförmig. In jeder der beiden Zellhälften liegt ein Chloroplast. Etwa 5 Arten sind bekannt. *Cylindrocystis brebissonii* kommt zwischen Torfmoos in Moorsümpfen vor.

Gonatozygon (Abb. 121 a)

Die langgestreckt zylindrischen oder spindelförmigen Zellen haben abgeplattete Enden. Die Wand ist meistens durch Körner oder feine Stacheln rauh. Der Chloroplast ist bandförmig, axial und enthält viele Pyrenoide. Etwa 7 Arten sind bekannt.

Netrium (Abb. 121 d)

Die Zellen sind im Umriß elliptisch. Die Zellwand ist glatt. In jeder Zellhälfte liegt ein Chloroplast, der axial steht. Die Chloroplasten sind im Querschnitt sternförmig.

Kapitel 25: Chlorophyceae – Ordnung Oedogoniales

Die Pflanzen bestehen aus verzweigten oder unverzweigten Zellfäden. Die netzförmigen, wandständigen (parietalen) Chloroplasten enthalten zahlreiche Pyrenoide (Abb. 126). In jeder Zelle liegt ein Kern. Charakteristisch für die Ordnung ist ein bestimmter Typ der Oogamie, bei dem die Hypnozygote in der Zellwand des Oogoniums eingeschlossen bleibt (Abb. 130). Die Algen sind Haplonten. Es kommen Spermatozoiden und Zoosporen vor, die beide stephanokont sind (Geißeln in einem Kranz angeordnet). Sehr eigenartig und für die Ordnung charakteristisch ist die Art der Zellteilung und Zellstreckung.

Oedogonium (Abb. 126–130)

Die unverzweigten Fäden aus zylindrischen Zellen sind anfangs mit halbkugeligen Zellen an anderen Algen, Wasserpflanzen oder festen Substraten festgeheftet, lösen sich jedoch später und können

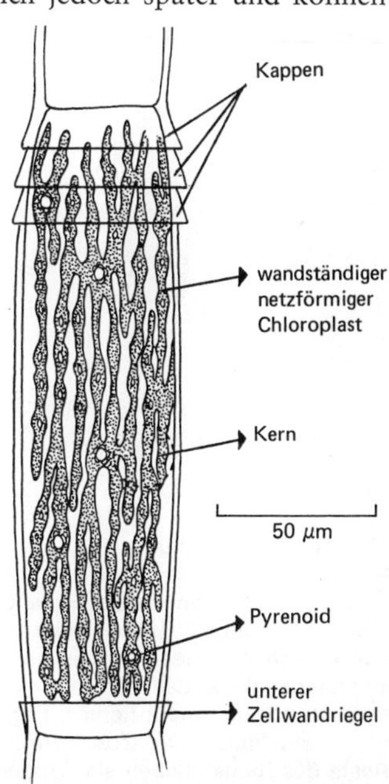

Abb. 126
Oedogonium, vegetative Zelle

im Wasser treibende Massen bilden. Vor allem in mehr oder weniger eutrophem Wasser können Arten der Gattung *Oedogonium* sich im späten Frühjahr und im Sommer in Massen entwickeln. Die Gattung ist sehr groß. Etwa 400 Arten sind bekannt (175, 226, 594).

Vegetative Zellteilung von Oedogonium (Abb. 127 a–d, 128)

Die vegetative Zellteilung von *Oedogonium* ist ein einzigartiger und für die Ordnung charakteristischer Vorgang. Die Zellteilungen sind

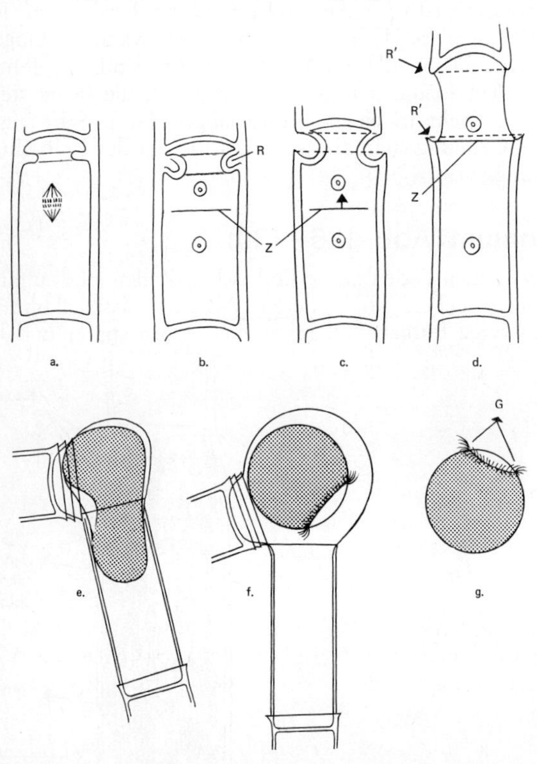

Abb. 127 *Oedogonium.* a–d) Zellteilung und Zellstreckung (a = Anaphase, Anlage des apikalen Zellwandringes; b = fertige Ausbildung des Ringes, Bildung der neuen Zwischenwand; c = die Mutterzellwand reißt am Ring kreisförmig auf, die neue Zwischenwand wandert nach oben; d = der Ring streckt sich zu einer zylindrischen Wand); e–g) vegetative Vermehrung durch stephanokonte Zoosporen (e = die Zellwand bricht auf, der Protoplast kontrahiert sich und quillt hervor; f = eine Zoospore liegt in einer dünnen Blase; g = stephanokonte Zoospore). (G – Geißelkranz, R – Zellwandring, R' – Reste des Rings bleiben als Kappen erhalten, Z – junge Zellwand)

interkalar. In Zellen, die zur Teilung ansetzen, wird während der Mitose dicht unter dem oberen Zellende ein Zellwandring angelegt (Abb. 127 a). Nach der Telophase wird zwischen den beiden Tochterkernen ein Septum (die entstehende Querwand) angelegt, das sich nach oben bewegt (Abb. 127 b, c). Danach reißt die Mutterzellwand an derjenigen Stelle ringförmig auf, an der der Ring befestigt ist. Der Ring streckt sich und geht in einen zylinderförmigen Wandteil über (Abb. 127 d). Die Stelle, an der die Mutterzellwand aufgerissen ist, bleibt in Form zweier feiner, kreisförmiger Riegel oder **Kappen** erkennbar. Das aufwärtswandernde Septum kommt in Höhe des unteren Zellwandriegels zur Ruhe und bildet dort die endgültige Zwischenwand.

Von den beiden Tochterzellen teilt sich meistens die obere erneut. Hierdurch entstehen auf die Dauer am oberen Zellende Stapel von ineinander passenden Kappen, die sehr charakteristisch für *Oedogonium*-Fäden sind (Abb. 126).

Neuere kombinierte licht- und elektronenmikroskopische Untersuchungen haben interessante Besonderheiten der interkalaren Zellteilung von *Oedogonium* ans Licht gebracht (223, 473, 475). Diese Zellteilung soll jetzt anhand der schematischen Abb. 128 ausführlicher besprochen werden. In den schematischen Abbildungen sind Ergebnisse der elektronenmikroskopischen Untersuchungen eingearbeitet. Chloroplasten, Mitochondrien und endoplasmatisches Reticulum sind in den Abbildungen weggelassen, um die Übersichtlichkeit zu erhöhen. Man kann die folgenden Stadien unterscheiden:

a) Interphase (ruhende Zelle). Der Kern liegt etwa in der Mitte der Zelle der Wand an. Die Zellwand besteht aus einer festen Phase und einer äußeren amorphen Phase, die unter dem Elektronenmikroskop schwach fibrillär aussieht. Die äußere amorphe Phase färbt sich mit Ruthenium-Rot. Die Golgi-Apparate zeigen keine Aktivität. Unter der Zellwand verlaufen in der Längsrichtung Mikrotubuli (im allgemeinen verlaufen Mikrotubuli bei Pflanzenzellen unter der Zellwand quer zur Längsrichtung der Zelle).

b) Prophase. Der inzwischen angeschwollene Kern hat sich verlagert und liegt nun etwas weiter oben in der Mitte der Zelle. Die Kernmembran ist an den Enden röhrenförmig ausgezogen. Im Kern tritt die Kontraktion des Chromatins ein. Verteilt im Kern erscheinen gepaarte Centromere, von denen Bündel von Mikrotubuli entspringen. Weitere Mikrotubuli erscheinen im Kernraum getrennt von den Centromeren. An der Außenseite der Kernmembran erscheinen ebenfalls in Längsrichtung verlaufende Mikrotubuli, die dem Kern wahrscheinlich seine Form geben. Die Mitose spielt sich völlig innerhalb der Kernmembran ab und ist deshalb intranukleär (geschlossen). Die

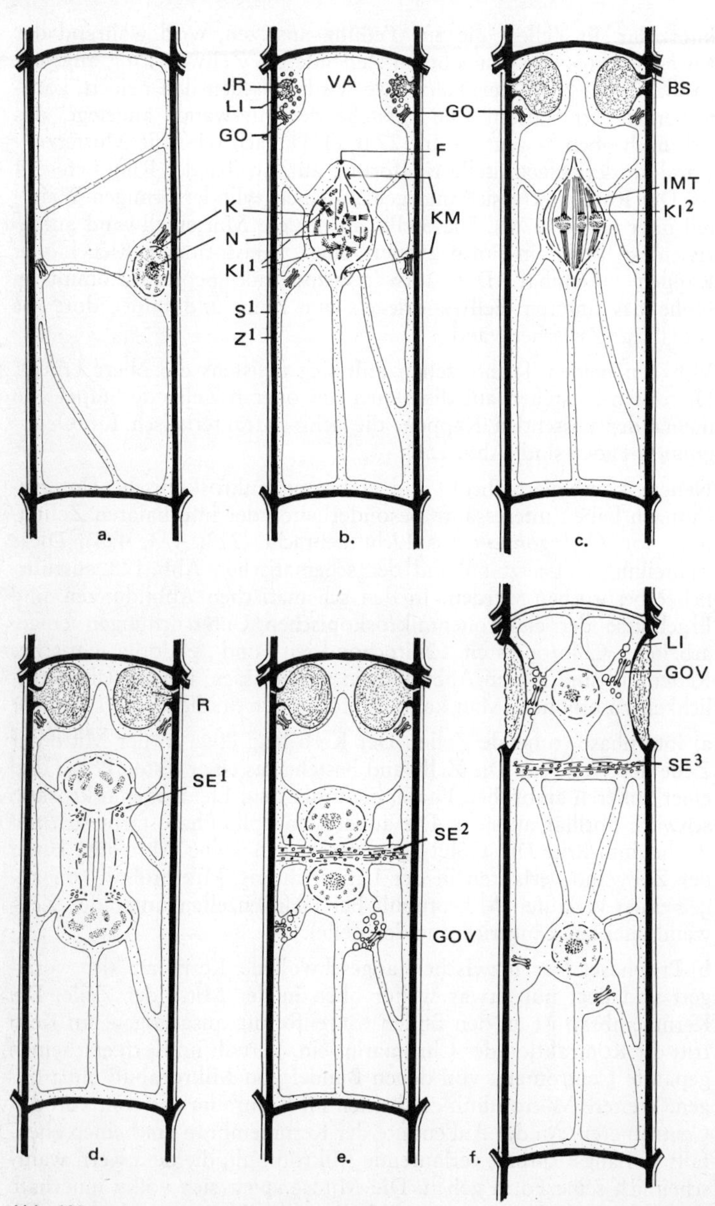
JR
LI
GO
VA
F
K
N
KI1
KM
S1
Z1
BS
GO
IMT
KI2
a.
b.
c.
R
SE1
SE2
GOV
LI
GOV
SE3
d.
e.
f.

Abb. 128

Centromere sind scheibenförmig und zeigen eine komplizierte Struktur. Die Mikrotubuli, die in Bündeln an den Centromeren befestigt sind, kommen an den Kernpolen nicht in einem Centriol zusammen. Aus dem Fehlen der Centriolen bei der Kernteilung von *Oedogonium,* obwohl in den Zoiden Basalkörper vorhanden sind, schließt man, daß diese Organellen für die Mitose nicht unbedingt notwendig sind.

Mittlerweile ist oben in der Zelle der junge Wandring angelegt worden. Der Ring entsteht durch die Verschmelzung von Vesikeln, die sehr wahrscheinlich durch aktive Golgi-Apparate gebildet werden (223).

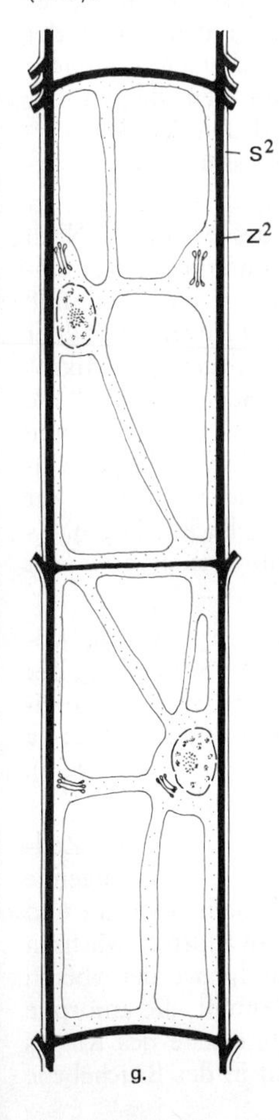

Abb. 128 *Oedogonium,* Stadien der Kern- und Zellteilung. a) Interphase; b) Prophase; c) Metaphase; d) Beginn der Telophase; e) Mitose abgeschlossen; f) Streckung des aufgerissenen Zellwandringes; g) Zellteilung abgeschlossen. (BS – präformierte Bruchstelle der festen Wand, F – Fenestra (Fenster), GO – Golgi-Apparat, GOV – Golgi-Apparat gibt wahrscheinlich Vesikel an die Vakuole ab, IMT – interzonale Mikrotubuli, JR – junger Zellwandring, K – Kern, Ki^1 – verstreut liegende Kinetochoren, Ki^2 – plattenförmige Kinetochoren, KM – Kernmembran läuft an den Enden in Röhren aus, Li – Lippe, N – Nucleolus, R – ausgewachsener Ring, S^1 – Schleimschicht, S^2 – Ringmaterial völlig in amorphe Schleimschicht umgewandelt, SE^1 – Beginn der Septenbildung aus horizontalen Mikrotubuli und Vesikeln, SE^2 – Septum wandert empor, SE^3 – Septum hat seine endgültige Lage eingenommen, VA – Vakuole, Z^1 – feste Zellwandschicht, Z^2 – feste Zellwandschicht, aus den Lippen völlig neu gebildet) (nach *Hill* u. *Machlis; Pickett-Heaps* u. *Fowke*)

c) Metaphase. Die Chromosomen haben sich gerade geteilt. Die scheibenförmigen Centromere und die von Pol zu Pol durchlaufenden (interzonalen) Mikrotubuli sind deutlich erkennbar. Durch Wachstum der interzonalen Mikrotubuli wird die Spindelfigur in der Anaphase deutlich länger.

Der Ring hat fast seine endgültige Größe erreicht. Er besteht aus demselben Stoff wie die amorphe Zellwandfraktion. Nur an den Rändern sitzen dünn auslaufende „Lippen“ des Stoffes, aus dem die feste Zellwandphase aufgebaut ist. In der festen Zellwandphase wird die Aufreißstelle präformiert.

d) Beginn der Telophase. Die Spindelfigur hat ihre größte Länge erreicht und wird in kurzer Zeit kollabieren. An den Seiten der Kerne, die dem Zelläquator zugewandt sind, erscheinen zahlreiche Vesikel und Mikrotubuli. Es handelt sich um den Beginn der Zellplatte, aus der die Querwand entstehen wird. Die Vesikel werden vielleicht vom Golgi-Apparat abgeschieden, sicher ist dies jedoch nicht.

e) Die Kernteilung ist abgeschlossen; Anlage des Septums. Nach dem Kollabieren der Spindelfigur nähern die Tochterkerne sich einander sehr schnell. Zwischen den Tochterkernen ist das „Septum“ gebildet, das aus einer Schicht mit Vesikeln voll Zellwandstoff (der Zellplatte) und mehr oder weniger horizontal liegenden Mikrotubuli (dem Phycoplasten) besteht. Aus dem „Septum“ wird die Querwand entstehen. Der Phycoplast zeigt einige Übereinstimmung mit dem Phragmoplasten der höheren Pflanzen. Ein wichtiger Unterschied ist, daß die Mikrotubuli im Phycoplasten senkrecht zur Zellachse und im Phragmoplasten parallel zur Zellachse liegen. Es ist denkbar, daß hier Kernteilungsmikrotubuli wiederverwendet werden, jedoch ist diese Theorie unbewiesen.

In der unteren Tochterzelle schwellen die Vakuolen stark an, wodurch das „Septum“ nach oben geschoben wird. Die Schwellung der Vakuolen wird wahrscheinlich durch den jetzt sehr aktiven Golgi-Apparat verursacht, der große Vesikel an die Vakuolen abgibt (etwa zu vergleichen mit der Osmoregulation bei *Glaucocystis*, S. 5). Der Ring hat fast den Zeitpunkt des Aufplatzens erreicht.

f) Der Ring ist aufgeplatzt und ist in einen zylinderförmigen Zellwandteil übergegangen. Dieser Vorgang sowie die darauf folgende Zellstreckung finden so explosiv statt, daß der Faden dabei hin und her gebogen wird. Die „Lippen“ aus festem Zellwandstoff wachsen aufeinander zu und werden so die feste Zellwandphase der oberen Tochterzelle bilden. Der Ring selbst ist dazu bestimmt, die amorphe Zellwandphase zu bilden. An der Ober- und Unterseite des Ringes werden die Ränder der ursprünglichen Zellwand in der Bruchebene nach außen gebogen, da die „Lippen“ aus festem Zellwandstoff sich strecken und die alte Wand zur Seite drücken. So entsteht an beiden Seiten der oberen Tochterzelle die typische Zellwandkappe.

In der oberen Tochterzelle tritt nun eine starke Vergrößerung der Vakuolen auf. Die Ursache liegt wahrscheinlich in der Aufnahme von Vesikeln, die durch den aktiven Golgi-Apparat abgeschnürt werden. In beiden Tochterzellen haben die Kerne eine zentrale Lage eingenommen. Das „Septum“ aus Vesikeln und horizontalen Mikrotubuli hat seinen endgültigen Platz an der Unterseite des aufgeplatzten Ringes erreicht.

g) Beide Tochterzellen sind ausgebildet. Die obere Tochterzelle hat durch Zellstreckung ihre endgültige Größe erreicht. Der Golgi-Apparat ist wieder inaktiv geworden. Die Kerne haben ihre Interphase-Stellung an der Zellwand eingenommen. Die Vesikel des „Septums“ sind miteinander verschmolzen und haben so die Querwand gebildet.

Ungeschlechtliche Vermehrung von Oedogonium

Oedogonium vermehrt sich ungeschlechtlich durch stephanokonte Zoosporen (Abb. 127 e–g). Eine Zoospore wird aus dem Inhalt einer vegetativen Zelle gebildet. Meistens handelt es sich um Zellen, die sich aktiv teilen – ein Vorgang, der an einem Stapel von Kappen am Oberende der Zelle sichtbar ist. Der Protoplast einer solchen vegetativen Zelle zieht sich zusammen, die Zellwand platzt dicht unter dem Stapel von Kappen auf, und der Inhalt wird in Form einer hyalinen Blase nach außen gestülpt. Das Bläschen enthält eine stephanokonte Zoospore. Das Freisetzen der Blase dauert etwa 10 Minuten. Danach verschwindet das Bläschen, und die Zoospore schwimmt weg. Die Zoospore kann etwa ein bis zwei Stunden umherschwimmen, bevor sie sich mit dem Vorderende festsetzt und zu einem neuen Faden auswächst.

Die Struktur des Geißelapparates und seiner komplizierten „Wurzelsysteme“ wurde elektronenmikroskopisch untersucht (234, 469).

Geschlechtliche Fortpflanzung von Oedogonium (Abb. 129, 130)

Die Arten von *Oedogonium* sind oogame Haplonten. Die Hypnozygoten bleiben in der Wand des Oogoniums eingeschlossen. Die Spermatozoiden sind stephanokont. Die geschlechtliche Fortpflanzung ist ein komplizierter, durch Hormone geregelter Kettenprozeß (234, 349, 488). Die folgenden Stadien können unterschieden werden (Abb. 129):

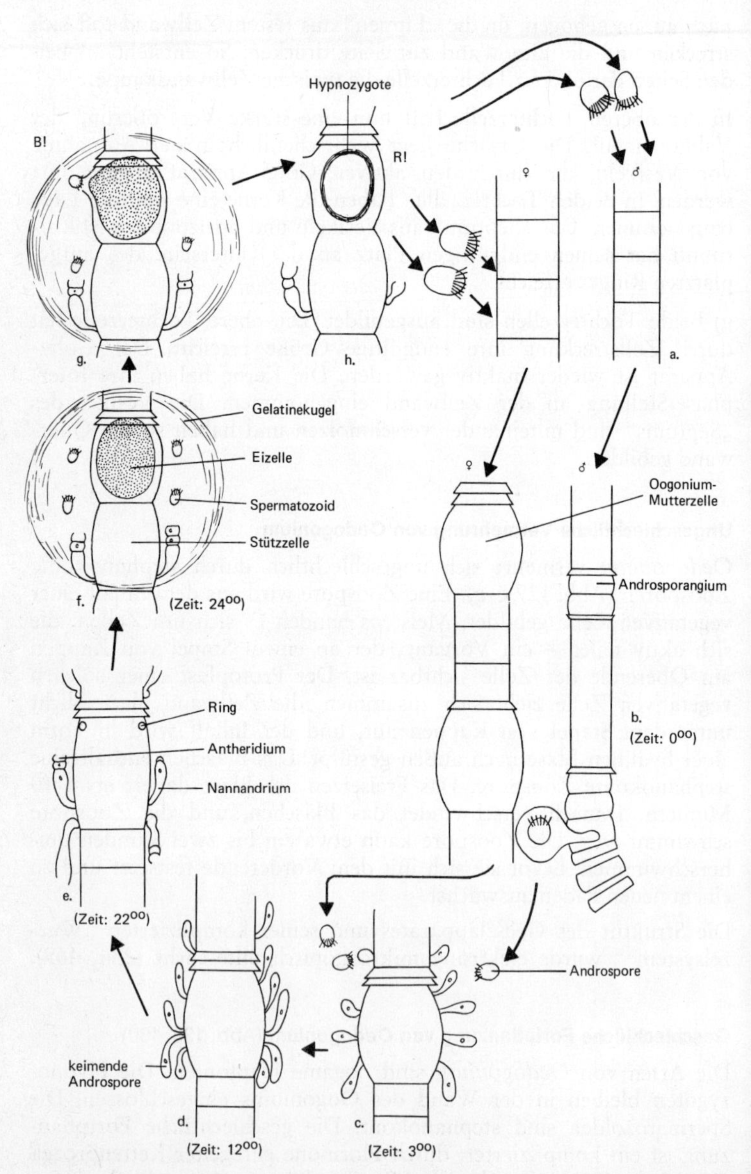

Abb. 129 *Oedogonium*, Lebenszyklus (Erklärung s. Text) (nach *Rawitscher-Kunkel* u. *Machlis*)

a) Durch die Reduktionsteilung (R!) der diploiden Hypnozygote entstehen vier haploide, stephanokonte Meiosporen (233). Vor der Meiose muß die Zygote eine Ruheperiode durchmachen. Zwei der vier Meiosporen wachsen zu relativ dicken weiblichen Fäden und zwei zu dünnen männlichen Fäden aus. Offenbar tritt während der Reduktionsteilung haplogenotypische Geschlechtsbestimmung auf.

Werden die Fäden in einem nährstoffreichen Kulturmedium gezüchtet, so setzen sie die vegetativen Zellteilungen endlos fort.

b) Nach Überbringung in ein ärmeres Kulturmedium werden innerhalb von zwei Wochen in den Fäden die Geschlechtsorgane angelegt.

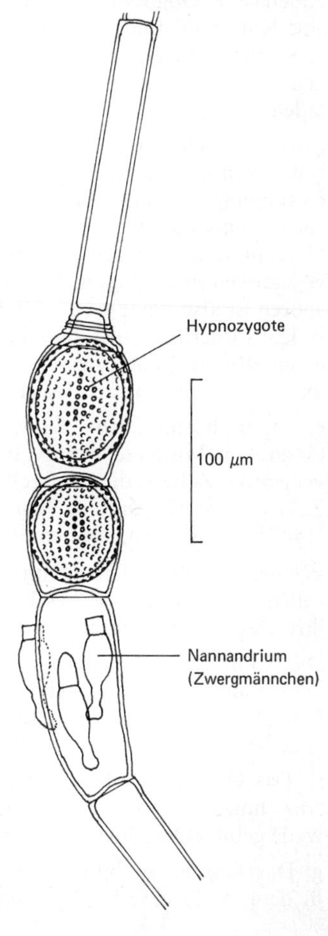

Abb. 130
Oedogonium concatenatum, sexuelle Vermehrung (nach *Hirn*)

Die weiblichen Fäden bilden große, geschwollene Oogonium-Mutterzellen. Die männlichen Fäden bilden kleine, scheibenförmige, in Stapeln angeordnete Androsporangien. Jedes Androsporangium bildet eine stephanokonte Androspore.

c) Die Androsporen werden von einem Stoff angelockt, der von der Oogonium-Mutterzelle ausgeschieden wird (Chemotaxis). Sie schwimmen auf die Oogonium-Mutterzelle zu und heften sich an ihr oder den angrenzenden Zellen fest. Durch einen einfachen Versuch konnte bewiesen werden, daß tatsächlich Chemotaxis vorliegt. Ein Baumwollfaden wurde in eine Kultur getaucht, die nur weibliche Fäden mit Oogonium-Mutterzellen enthielt, um anschließend in eine Kultur männlicher Fäden mit reifen Androsporangien gebracht zu werden. Die Androsporen sammelten sich sofort in großen Mengen auf dem mit weiblichem Hormon durchtränkten Baumwollfaden.

d) Die festgehefteten Androsporen entwickeln sich zu kleinen, einzelligen männlichen Pflanzen, den sogenannten **Zwergmännchen** (Nannandria). Androsporen, die sich an anderen Stellen statt auf einer Oogonium-Mutterzelle festgesetzt haben, können ebenfalls zu **Nannandrien** auswachsen. Einige entwickeln sich auch zu neuen vegetativen männlichen Fäden. Für das Auswachsen der Androsporen ist also keine weitere Induktion durch die Oogonium-Mutterzelle erforderlich. Die Oogonium-Mutterzelle scheidet jedoch irgendeinen Stoff aus, unter dessen Einfluß die oberen Nannandrien empor und die unteren abwärts wachsen.

e) Unter hormonalem Einfluß der Nannandrien teilt sich die Oogonium-Mutterzelle mit Hilfe einer Ringbildung in eine untere vegetative Zelle – die Stützzelle – und in eine obere geschlechtliche Zelle – das Oogonium. Nur Oogonium-Mutterzellen, auf denen Nannandrien sitzen, können diese Teilung ausführen.

Werden weibliche Fäden mit voll entwickelten Oogonium-Mutterzellen wieder in ein reiches Kulturmedium gebracht, so verlieren sie ihre „sexuelle Stimmung“ und teilen sich vegetativ.

Die Nannandrien haben inzwischen am Oberende zwei kleine, scheibenförmige Zellen abgeschnürt, bei denen es sich um Antheridien handelt. In jedem Antheridium werden zwei Spermatozoiden (männliche begeißelte Geschlechtszellen) gebildet.

f) Das Oogonium übt auf die Spermatozoiden eine chemotaktische Anziehungskraft aus. Die Spermatozoiden bleiben in einer mittlerweile gebildeten Schleimkugel gefangen.

g) Das Oogonium bildet eine Öffnung (Porus). Plötzlich erscheint in dem Porus eine Protoplasmapapille. Spermatozoiden, die in der

Nähe sind, versuchen, die Papillen zu berühren. Innerhalb einer Sekunde wird die Papille durch den Porus zurückgezogen, wobei sie ein Spermatozoid mitschleppt. Dieses Spermatozoid befruchtet die Eizelle.

h) Die Zygoten von *Oedogonium* bleiben lange Zeit in den Wänden des Oogoniums liegen. Typisch für *Oedogonium* sind Zellfäden, die in regelmäßigem Abstand Hypnozygoten enthalten. Die Hypnozygoten haben dicke, aus drei Schichten bestehende Wände mit artspezifischen Strukturen.

Die hier beschriebene *Oedogonium*-Art ist zweihäusig. Andere einhäusige Arten bilden männliche und weibliche Geschlechtsorgane auf demselben Faden. Außerdem ist die beschriebene Art nannandrisch, d. h. der Lebenszyklus enthält Zwergmännchen (Nannandrien). Bei vielen Arten fehlen dagegen Nannandrien im Lebenszyklus. Bei diesen Arten bilden die männlichen, scheibenförmigen Zellen keine Androsporen, sondern direkt Spermatozoiden. Solche Arten werden makrandrisch genannt.

Kapitel 26: Klasse Prasinophyceae

Merkmale, die die Klasse von den beiden anderen Klassen der Chlorophytina unterscheiden

1. Meistens entspringen vier gleiche Geißeln am Boden einer apikalen Einbuchtung. Es gibt jedoch auch Arten mit zwei Geißeln oder einer Geißel und ohne apikale Einbuchtung (Abb. 131 e, 132 a).
2. Die Geißeln sind mit Schuppen und feinen Haaren aus organischem Material bekleidet (keine Mastigonemen) (Abb. 131 b, c, d).
3. Die Zelle wird von ein bis mehreren Schichten winziger Schuppen aus organischem Material umhüllt, die nur im Elektronenmikroskop sichtbar sind (Größe etwa 0,05 µm) (Abb. 131 g, 132 e–h).
4. Eine quergestreifte fibrilläre „Wurzel" – der Rhizoplast – verbindet die Geißelbasen mit Chloroplast und Kernoberfläche.
5. Die Klasse umfaßt vor allem einzellige, begeißelte Arten, die also zum monadoiden Organisationsniveau gehören (S. 93). Daneben kommen auch Formen der kapsalen und der kokkalen Organisationsstufe vor.

Größe und Verbreitung der Klasse

Zu dieser Klasse werden etwa dreizehn Gattungen gerechnet: *Halopsphaera,* eine kokkale marine Planktonalge (379); die begeißelten, einzelligen Gattungen *Platymonas* (382, 399), *Mesostigma* (369), *Heteromastix* (384), *Nephroselmis* (457), *Micromonas* (380), *Monomastix* (365), *Pachysphaera* (445), *Pedinomonas* (16, 121), *Pyramimonas* (15, 379, 412, 575, 577), *Scourfieldia* (592), *Spermatozoopsis* und *Asteromonas* (463); die kapsale Gattung *Prasinocladus* (451).

Die meisten der rund 30 Flagellaten, die zu den *Prasinophyceae* gerechnet werden, sind marine Arten. Nur wenige Arten leben im Süßwasser. *Platymonas convolutae* ist der Endosymbiont des marinen Plattwurms *Convoluta roscoffensis* (46, 452).

Eigenschaften der Prasinophyceae

Ein Vergleich zwischen den Merkmalslisten der *Prasinophyceae* (s. oben) und der *Chlorophyceae* (S. 255) zeigt, daß die beiden Klassen sich eigentlich nur durch ein Merkmal voneinander unterscheiden, nämlich durch das Vorkommen von Schüppchen auf Zelloberfläche und Geißeln der *Prasinophyceae*. Die vier auf dem Boden einer apikalen Einbuchtung eingepflanzten Geißeln sind zwar für eine Anzahl der *Prasinophyceae (Platymonas, Pyramimonas, Halosphaera, Prasinocladus)* charakteristisch, den meisten Gattungen fehlt dieses Merkmal jedoch.

Um die Klasse *Prasinophyceae* von der Klasse *Chlorophyceae* zu unterscheiden, müssen wir deshalb absolut sicher sein, daß bei den *Chlorophyceae* keine Schuppen vorkommen. Dabei muß jedoch bemerkt werden, daß im allgemeinen die Abtrennung einer Klasse aufgrund eines einzigen Merkmals als unzulässig gilt.

Die unter den *Prasinophyceae* eingeordneten Grünalgen wurden in den letzten 10–15 Jahren intensiv elektronenmikroskopisch untersucht. Dabei wurde eine Anzahl interessanter und bis dahin unbekannter cytologischer Eigenschaften entdeckt, zu denen auch die Bedeckung der Zelloberfläche mit kleinen Schüppchen gehörte. Der Vorschlag, diese grünen Flagellaten deshalb in einer eigenen Klasse einzuordnen (60, 61), erhielt viel Beifall (507).

Mittlerweile hat man jedoch einige Grünalgen aus sehr unterschiedlichen Ordnungen entdeckt, deren begeißelte Zellen ebenfalls mit Schüppchen bedeckt sind. Diese Schüppchen ähneln den 0,05 µm großen, viereckigen Schüppchen einiger *Prasinophyceae* (Abb. 132 g). Man fand Schüppchen zum Beispiel bei den Spermatozoiden von *Chara* und *Nitella (Charophyceae)*, den Zoosporen von *Coleochaete, Pseudoclonium basiliense, Trichosarcina polymorpha* und bei *Chaetosphaeridium globosum (Ulotrichales)* (393, 396, 400, 411, 466). Außerdem fehlen Schüppchen bei einigen Algen, die vorläufig zu den *Prasinophyceae* gerechnet werden *(Pedinomonas minor* und *Micromonas pusilla)* (121, 380).

Hieraus muß gefolgert werden, daß die Klasse der *Prasinophyceae* zu Unrecht von den *Chlorophyceae* abgegrenzt wurde. Es geschieht in der Systematik häufiger, daß einem neu entdeckten Merkmal ein übermäßiges Gewicht beigemessen wird.

Das Merkmal der quergestreiften fibrillären Geißelwurzel muß in seiner Verbreitung bei noch mehr Grünalgen untersucht werden, bevor man es für wichtige systematische Schlußfolgerungen heranziehen kann.

Einige Beispiele

Platymonas suecica (Abb. 131) (47, 382).

Die Zellen sind grün, eirund und leicht abgeplattet. Vier gleiche Geißeln entspringen am Boden einer spaltförmigen, apikalen Einbuchtung. Der Chloroplast ist vierlappig und hat ein basales

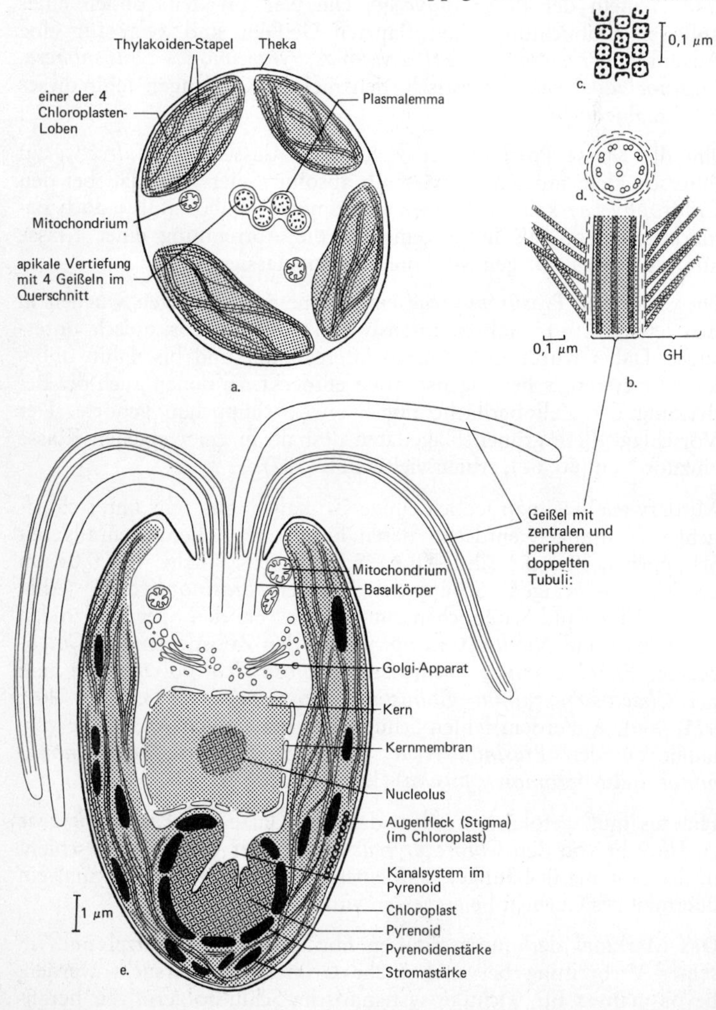

Abb. 131

Pyrenoid. Im Hinterende der Zelle liegt ein Stigma. Die Zellen haben eine Größe von 9–11 × 7–8 × 4,5–6 μm.

Bei elektronenmikroskopischen Untersuchungen ergab sich, daß die Geißeln mit zwei Schichten kleiner Schuppen und zerbrechlichen, leicht abfallenden Härchen bedeckt sind. Die Härchen besitzen eine Zickzackstruktur (Abb. 131 b, c, d). Die Zellen sind von einer Theka umhüllt, die durch die Verkittung sternförmiger Schüppchen entsteht. Diese Schüppchen werden vom Golgi-Apparat geformt und ausgeschieden (Abb. 131 g). Bei der Zellteilung wird für jede der beiden Tochterzellen innerhalb der Theka der Mutterzelle eine neue Theka gebildet (Abb. 131 f). In das Pyrenoid dringt ein verzweigter Cytoplasmakanal ein (Abb. 131 e). Die Cytokinese (Zellteilung) ähnelt sehr den Verhältnissen bei *Chlamydomonas* und erfolgt durch Einschnürung in einem Phycoplasten (Typ II in Abb. 91). Die Spindel wird aus Resten des Rhizoplasten organisiert und ähnelt darin *Ochromonas* (S. 91, Abb. 21) (554).

Platymonas suecica wurde einige Male aus Seewasser an den englischen und schwedischen Küsten isoliert. Andere Arten sind aus dem Meer und aus dcm Süßwasser bekannt.

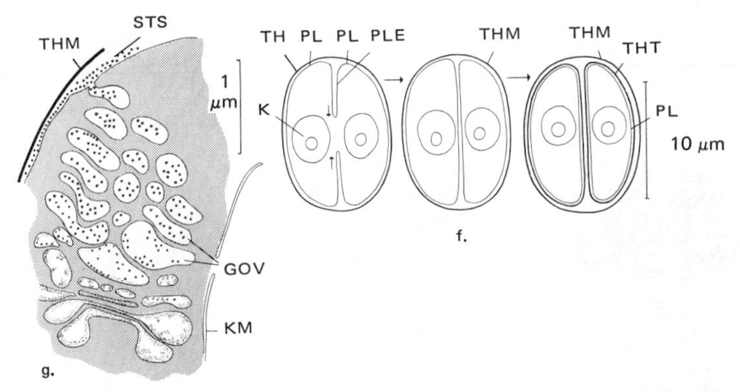

Abb. 131 *Platymonas suecica*. a) Querschnitt durch eine Zelle direkt oberhalb der apikalen Einbuchtung; b) Geißel im Längsschnitt; c) Aufsicht auf die obere Schicht der Geißelschuppen; d) Geißelquerschnitt mit „2 + 9"-Muster; e) Zelle im Längsschnitt; f) letzte Stadien der Zellteilung; g) aktiver Golgi-Apparat scheidet nach der Zellteilung in Vesikeln sternförmige Schüppchen aus, die an der Zelloberfläche zu einer neuen Theka aneinandergeklebt werden. (GH – Geißel mit zwei Lagen aus einander überlappenden Schuppen und mit zerbrechlichen Haaren bekleidet, GOV – Golgi-Vesikel mit sternförmigen Schüppchen, K – Kern, KM – Kernmembran, PL – Plasmalemma, PLE – Einschnürung des Plasmalemmas, STS – sternförmige Schüppchen werden zur Theka zusammengeklebt, TH – Theka, THM – Theka der Mutterzelle, THT – Theka der Tochterzelle) (nach *Manton* u. *Parke*)

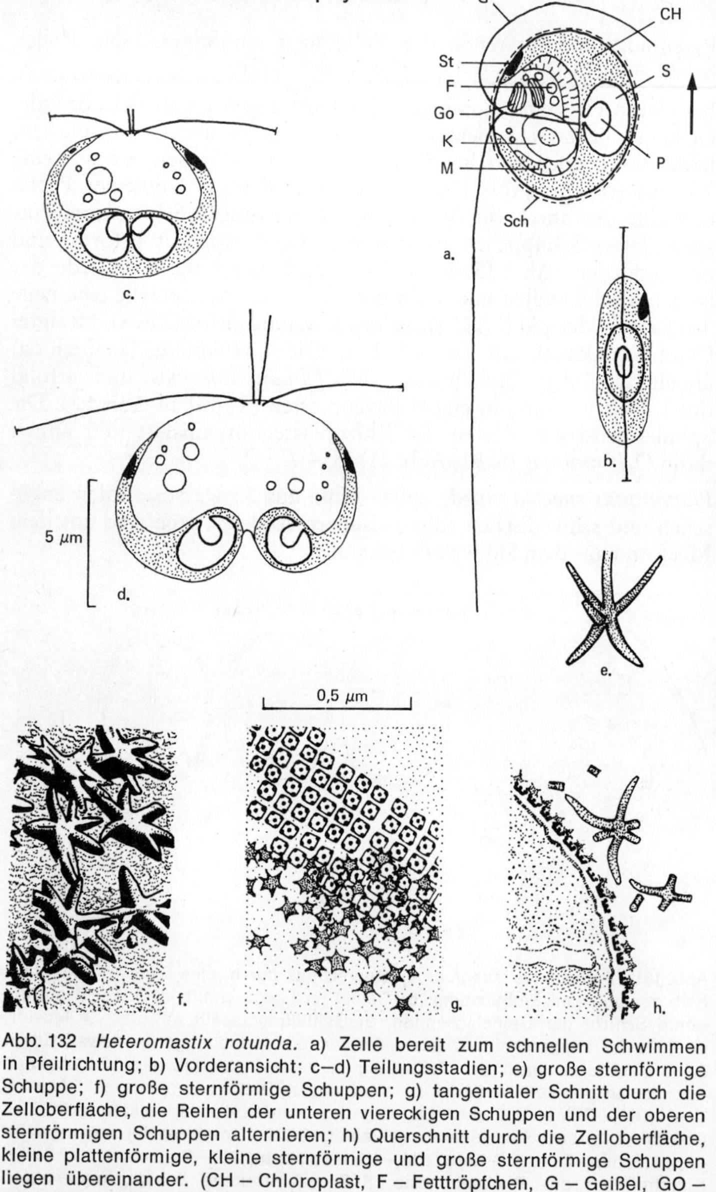

Abb. 132 *Heteromastix rotunda.* a) Zelle bereit zum schnellen Schwimmen in Pfeilrichtung; b) Vorderansicht; c–d) Teilungsstadien; e) große sternförmige Schuppe; f) große sternförmige Schuppen; g) tangentialer Schnitt durch die Zelloberfläche, die Reihen der unteren viereckigen Schuppen und der oberen sternförmigen Schuppen alternieren; h) Querschnitt durch die Zelloberfläche, kleine plattenförmige, kleine sternförmige und große sternförmige Schuppen liegen übereinander. (CH – Chloroplast, F – Fetttröpfchen, G – Geißel, GO – Golgi-Apparat, K – Kern, M – Mitochondrium, P – Pyrenoid, S – Stärkescheide, Sch – Schuppen, St – Stigma) (nach *Manton* u. Mitarb.)

Heteromastix rotunda (Abb. 132) (47, 384)

Die gelbgrünen Zellen sind elliptisch und stark zusammengedrückt (bohnenförmig). Zwei ungleiche Geißeln entspringen seitlich an einer langen Seite der Ellipse. Der Chloroplast ist sichelförmig. Im Hinterende des Chloroplasten liegt ein Pyrenoid mit einer Stärkehülle. Im Vorderende der Zelle liegt in dem Chloroplasten ein Stigma. Die Geißelbasen sind mit einer fibrillären „Wurzel" in der Mitte der konkaven Seite des Chloroplasten befestigt. Meistens ist ein langes Mitochondrium vorhanden, das gegen die konkave Seite des Chloroplasten anliegt. Dicht bei der Geißelbasis liegen einige Golgi-Apparate. Die Zellen haben eine Größe von 4,5–8 × 4,5–6,5 × 2–2,5 µm.

Die Zelloberfläche ist mit drei Schichten von Schuppen bedeckt. Dicht an der Zelloberfläche liegt eine Schicht aus dicht aneinandergepackten viereckigen Schüppchen, die regelmäßige Reihen bilden. Die Schüppchen sind etwa 0,05 µm groß (Abb. 132 g). Darüber liegt eine Schicht aus etwa gleichgroßen, sternförmigen Schüppchen. Diese liegen an den Kreuzungen der freien Bahnen, die die darunterliegenden Reihen viereckiger Schuppen voneinander trennen (Abb. 132 g, h). Die äußerste, recht dünne Schicht wird aus etwa zehnmal so großen sternförmigen Schuppen gebildet (Abb. 132 e, f, h).

Die Geißeln sind mit zwei Schichten kleiner Schuppen und zusätzlich mit Haaren bekleidet, die den Geißelhaaren von *Platymonas* sehr ähneln.

Die drei Typen von Schuppen und die Geißelhaare werden im Golgi-Apparat gebildet und von ihm ausgeschieden. Die Bildung von Zellwandelementen durch den Golgi-Apparat konnte bei *Heteromastix,* bei *Platymonas* und bei *Pyramimonas* mit Sicherheit nachgewiesen werden (412), da die charakteristischen Schüppchen schon in einem frühen Stadium in den Golgi-Zisternen erkennbar sind (Abb. 131 g).

Heteromastix rotunda wurde einige Male aus Seewasser in Quellern und Flußmündungen an der englischen Küste isoliert. Von der Gattung sind auch zwei Süßwasserarten bekannt.

Kapitel 27: Klasse Charophyceae

Merkmale, die die Klasse von den beiden anderen Klassen der Chlorophytina unterscheiden

1. Der makroskopische, bis zu einigen Dezimetern hohe Thallus ist in Knoten (Nodien) und Stengelglieder (Internodien) unterteilt, die einander regelmäßig abwechseln. Jeder Knoten trägt einen Kranz von Seitenzweigen mit begrenztem Wachstum, die meistens „Blätter" genannt werden. Seitenzweige mit unbegrenztem Wachstum entspringen aus den Achseln der „Blätter" (Abb. 135, 136).
2. Junge, sich teilende Zellen sind einkernig, während ältere Zellen mehrkernig sind.
3. Bei der Zellteilung wird die neue Zellwand in einem Phragmoplasten gebildet. Der Vorgang verläuft in derselben Weise, wie er bei höheren Pflanzen üblich ist (vgl. S. 308) (465).
4. In dem wandständigen Protoplasma liegen zahllose runde, scheibenförmige Chloroplasten. In Zellen, die sich in Streckung befinden, teilen sich die Chloroplasten pausenlos (190). Im Zentrum jeder ausgewachsenen Zelle liegt eine große Vakuole. Das Protoplasma in der Nähe dieser zentralen Vakuole zeigt eine fortdauernde und auffallende, in der Längsrichtung verlaufende Strömung.
5. Die feste, fibrilläre Fraktion der Zellwand besteht wie bei den *Tracheophytina* aus „kristalliner" Cellulose (189, 298).
6. Alle *Charophyceae* sind oogame Haplonten. Das eirunde Oogonium besteht aus einer Eizelle, die von einer Hülle steriler Zellen umgeben ist. Das Oogonium wächst immer auf einem Blatt. Das kugelförmige Antheridium enthält zahlreiche vielzellige, spermatogene Fäden. Aus jeder Zelle dieser Fäden entsteht ein Spermatozoid. Die spermatogenen Fäden werden von sterilen Zellen umhüllt. Das Antheridium wächst genau wie das Oogonium immer auf einem Blatt (Abb. 135 c, d, e, 136 b, c).
7. Die *Charophyceae* (Armleuchteralgen) bilden eine deutlich erkennbare Gruppe, die durch ihren charakteristischen vegetativen Bau und ihre Fortpflanzung gut gekennzeichnet sind. Sie unterscheiden sich so sehr von allen anderen Ordnungen der *Chloro-*

phytina, daß sie oft nicht nur wie hier in einer eigenen Klasse, sondern sogar in der eigenen Abteilung *Charophyta* untergebracht werden. Man muß jedoch im Auge behalten, daß die *Chlorophytina* ganz allgemein eine sehr heterogene Algengruppe sind.

Größe und Verbreitung der Klasse

Die meisten Armleuchteralgen wachsen in mehr oder weniger stehendem, hellem Süßwasser wie Gräben, Teichen und Seen, in denen sie eine ausgebreitete Vegetation bilden können. Sie wachsen vor allem in hartem, basischem Wasser (pH $\geq$ 7), in dem die Zellwände oft mit Kalk inkrustiert sind. Einige Arten können erwiesenermaßen relativ hohe Phosphatkonzentrationen ($>$ 20 µg/l) nicht vertragen, so daß sie aus Seen verschwinden, die durch Abwasser eutrophiert sind (143, 145). Auch in mehr oder weniger stillstehendem Brackwasser (z. B. die Ufer der Ostsee, Brackwasserlagunen des Mittelmeers, gezeitenfreie Flußmündungen) können sich einige Armleuchteralgen in Massen entwickeln.

Die *Charales* sind eine sehr alte Gruppe. Verkalkte Hüllen von Zygoten („Gyrogoniten") sind schon aus dem Silur bekannt (187, 188) und wurden in Ablagerungen fast aller späterer Perioden gefunden. Nach einer neuen Weltrevision (633) besteht die Ordnung aus 6 Gattungen und 81 Arten (die sich jedoch aus etwa 400 Taxa unter dem Artenniveau zusammensetzen) (34, 358, 606).

Chara (Abb. 133–135)

Jedes **Internodium** besteht aus einer sehr großen, langgestreckten Zentralzelle, die von einer Rinde (Cortex) aus in der Längsrichtung verlaufenden Zellreihen bedeckt ist. An der Unterseite eines jeden Kranzes aus „Blättern" entspringt ein Kranz aus Stachelzellen, die **„Stipulae"** (oder Stipulodien) genannt werden (Abb. 133 a, 135 b). Die Ausdrücke „Nodien", „Internodien", „Blätter" und „Stipulae" sind der Morphologie der Blütenpflanzen entnommen. Die Organe von *Chara* haben jedoch nichts mit den Organen der höheren Pflanzen zu tun.

Auch die „Blätter" (Seitenzweige mit begrenztem Wachstum) zeigen die Unterteilung in Nodien und Internodien. Die **Nodien** der Blätter tragen Kränze aus durchweg ungleichen, einzelligen Stacheln, die „Blättchen" genannt werden (Abb. 133 a, 135 c). Auf der adaxialen Seite der „Blätter" stehen (bei einhäusigen Formen) paarweise die kugelförmigen Antheridien und die flaschenförmigen Oogonien. Sie

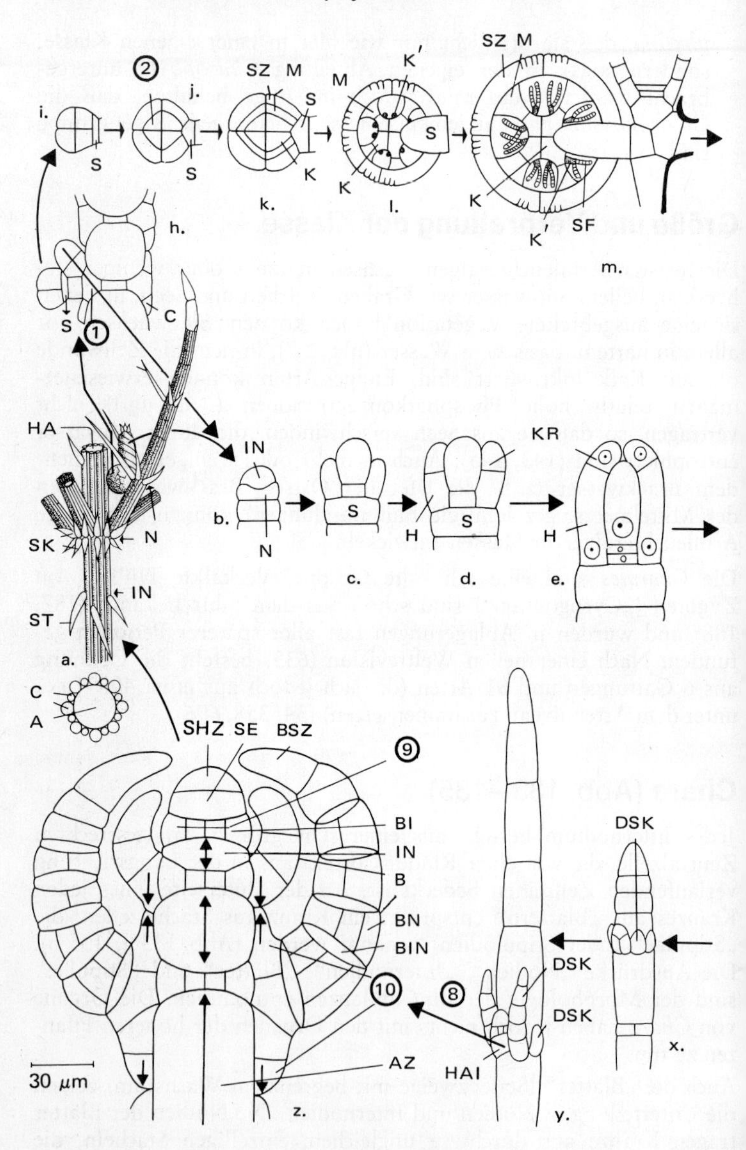

SZ M
K'
2
SZ M
M
j.
i.
S
S
S
S
S
K
K
K
k.
l.
K
SF
K'
h.
m.
C
S
1
HA
IN
KR
b.
S
S
H
H
SK
N
N
c.
d.
e.
IN
ST
a.
C
A
SHZ SE BSZ
9
DSK
BI
IN
B
BN
BIN
DSK
10
8
DSK
x.
AZ
HAI
30 μm
z.
y.

Abb. 133

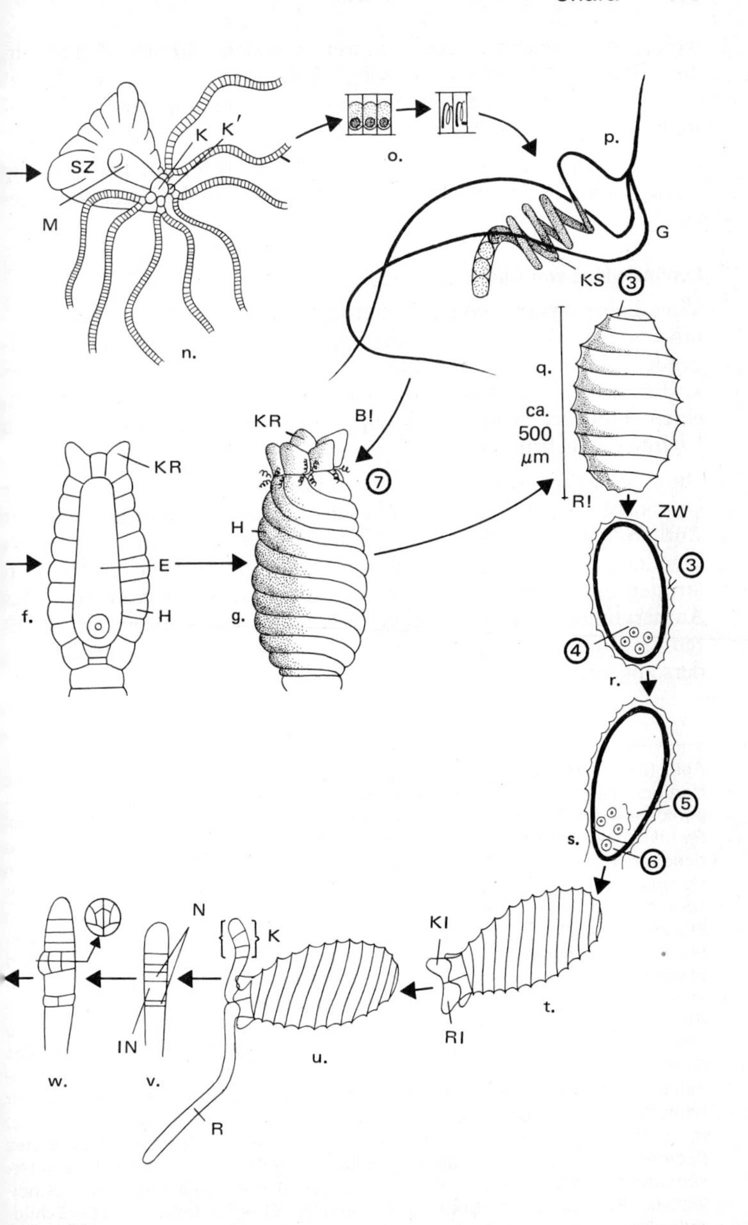
SZ
K
K′
M
n.
o.
p.
G
KS
3
q.
ca.
500
µm
R!
B!
KR
7
KR
E
H
f.
H
g.
ZW
3
4
r.
5
s.
6
t.
KI
RI
u.
K
R
N
IN
v.
w.

Abb. 133

werden mehr oder weniger von zwei speziellen „Blättchen" umhüllt, die „**Bracteolen**" genannt werden (Abb. 135 c). Die Coronula auf dem Oogonium (= das apikale Ende der Berindung der Eizelle) besteht aus 5 Zellen (Abb. 133 g, 135 e).

Die Pflanzen sind mit Rhizoiden im Boden befestigt. Die Gattung enthält rund 20 Arten, die etwa 170 infraspezifische Taxa einschließen.

Lebenszyklus von Chara (Abb. 133)

Vom Lebenszyklus, von der Ontogenie der Fortpflanzungsstrukturen und von der Ontogenie der vegetativen Strukturen soll im folgenden ein detaillierteres Bild gezeichnet werden. Der Sinn dieser ausführlichen, wenn auch schematisierten Darstellung soll es sein, einen Eindruck von der komplizierten Spezialisierung bei den *Charales* zu geben (438, 547).

Die Struktur der weiblichen Fortpflanzungsorgane – der Oogonien – und der männlichen Fortpflanzungsorgane – der Antheridien – ist äußerst kompliziert und zugleich charakteristisch für die ganze Ordnung. Beide Fortpflanzungsorgane entspringen an der adaxialen Seite eines Blattnodiums. Bei *Chara* sitzt das Antheridium immer unter dem Oogonium, während bei den anderen Gattungen die Geschlechtsorgane im Verhältnis zueinander anders angeordnet sind.

Abb. 133 *Chara*, Lebenszyklus (Erklärung s. Text). (1 – periphere adaxiale Nodiumzelle, auf der ein kontrahierter fertiler Kurztrieb angelegt wird, 2 – perikline Teilung des Oktanten, 3 – innere Reste der Hüllfäden, 4 – durch Reduktionsteilung des Zygotenkerns entstehen vier Kerne, 5 – drei Kerne degenerieren, 6 – funktioneller Kern, 7 – durch Öffnungen zwischen den Coronulazellen und den Zellenden der Oogonrinde dringen die Spermatozoiden nach innen, 8 – ein Langtrieb der Keimpflanze wächst zur neuen Pflanze heran, 9 – Nodium; der Längsschnitt zeigt die beiden zentralen Zellen und zwei periphere Blattinitialen, 10 – Rinde entsteht aus aufwärts und abwärts wachsenden Elementen des Nodiums, A – Achse, AZ – sich streckende Achsenzelle, B – Blatt, Bl – Blattinitiale, BIN – Blattinternodium, BN – Blattnodium, BSZ – Blattscheitelzelle, C – Cortex, Rinde, DSK – Kurztriebe (determinate Laterale) der Keimpflanze, E – Eizelle, G – Geißel, H – Hülle des Oogoniums, HA – Hauptachse, HAI – Initiale der Hauptachse, IN – Internodium, K – Capitulumzelle, K' – sekundäre Capitulumzelle, KI – Initiale der Keimpflanze, KR – Coronula, KS – spiralförmiger Kern, M – Manubriumzelle, N – Nodium, R – Rhizoid, RI – Initiale des Rhizoids, S – Stielzelle, SE – erstes Segment, das sich in die bikonkave Nodiumzelle und die bikonvexe Internodiumzelle teilt, SF – sporogene Fäden (Antheridium-Fäden), SHZ – Scheitelzelle, SK – doppelter Kranz aus Stipulae, ST – Stachelzelle, SZ – Schildzelle, ZW – Zygotenwand)

Die Initiale des Antheridiums und die Initiale des Oogoniums entstehen durch Teilung einer Zelle, die von einer peripheren, adaxialen Zelle des Blattnodiums abgeschnürt wurde (Abb. 133 h).

Die erste Zelle, die von der Initiale des Antheridiums abgeschnürt wird, ist die Stielzelle (Abb. 133 h). Die übriggebliebene Scheitelzelle teilt sich danach durch Längswände in vier Zellen. Dieser Quadrant wird seinerseits durch Querwände in acht Zellen, einen Oktanten aufgeteilt (Abb. 133 i). Jede Zelle des Oktanten teilt sich periklin, und anschließend teilen die acht äußeren Zellen sich nochmals periklin. Jede Zelle des Oktanten hat sich also in eine äußere Zelle, die **Schildzelle,** in eine mittlere Zelle, das **Manubrium,** und in eine innere Zelle, die primäre **Capitulumzelle,** aufgeteilt (Abb. 133 j, k). Die Schildzellen wachsen seitlich aus, wodurch im jungen Antheridium die Manubriumzellen und die primären Capitulumzellen auseinandergezogen werden, so daß Hohlräume entstehen. Die Manubriumzellen strecken sich in radialer Richtung. Jede primäre Capitulumzelle (Köpfchenzelle) schnürt jetzt sechs sekundäre Köpfchenzellen ab (Abb. 133 l), die ihrerseits wieder tertiäre Köpfchenzellen abschnüren. Aus den Köpfchenzellen wachsen anschließend die spermatogenen Fäden hervor (Abb. 133 m), die aus etwa fünf bis fünfzig Zellen bestehen können. Der Inhalt jeder dieser Zellen entwickelt sich zu einem Spermatozoid (Abb. 133 n, o, p). Aus den antiklinen Wänden der Schildzellen wachsen Wände in die Zellumina hinein (Abb. 133 n). Die reifen Spermatozoiden haben eine typische Schraubenform (Abb. 133 p). Die Geißeln entspringen unterhalb der Spitze. Das Zytoplasma ist zum größten Teil mit dem schraubenförmigen Kern gefüllt, hinter dem einige, mit Stärke gefüllte Plastiden liegen. Sowohl der Körper als auch die Geißeln der Spermatozoiden sind mit winzigen (0,06–0,075 μm), karoförmigen Schüppchen bedeckt, wie sie in gleicher Form bei den *Prasinophyceae* vorkommen (410, 466).

Am basalen Nodium des Antheridiums fungiert eine adaxiale Zelle als Initiale des Oogoniums. Die Initiale teilt sich in drei Zellen. Die oberste Zelle (eine Internodiumzelle) entwickelt sich zur Eizelle, die mittlere Zelle (eine Nodiumzelle) wächst zu der Rinde des Oogoniums heran, die die Eizelle umhüllt, und die unterste Zelle (eine Internodiumzelle) entwickelt sich zur Stielzelle des Oogoniums (Abb. 133 h, b, c, d). Die Nodiumzelle, aus der die Rinde entsteht, teilt sich in eine zentrale und fünf periphere Zellen. Diese fünf Zellen wachsen zu den stark spiralisierten, linksdrehenden Rindenzellen des Oogoniums heran. Jede von ihnen endet in einer **Coronulazelle** (Abb. 133 f, g).

Das basale Nodium des Antheridiums bildet neben dem Oogonium auch die beiden Bracteolen (Abb. 135 c).

Die Spermatozoiden können durch Spalten zwischen den Coronulazellen und den oberen Enden der Rindenfäden zur Eizelle vordringen. Eines der Spermatozoiden dringt durch die verschleimende Apikalwand in das Ei ein.

Die Zygote scheidet eine dicke Wand ab. Gleichzeitig werden auch die inneren Wände der Rindenzellen, die das Oogonium umhüllen, verdickt und mit Kalk inkrustiert. Der Rest der Rinde vergeht, so daß nur die verdickten Zellwandteile übrig bleiben, die die reife Zygote schraubenförmig umwinden (Abb. 133 q). Die reife Zygote sinkt auf den Grund und keimt nach einer kürzeren oder längeren Ruheperiode.

Die Zygoten einiger Arten von *Chara* keimen am besten unter anaeroben Bedingungen, besonders in einem Boden, der genügend organisches Material enthält, um schon in geringer Tiefe sauerstoffarm zu sein. Diese Bedingung ist wichtig, da für die Keimung auch ausreichend Licht vorhanden sein muß, das auch in relativ hellem Wasser nur in die oberste Bodenschicht vordringen kann. Solche Bedingungen bestehen in den mäßig eutrophen Seen, in denen *Chara* vorkommt (144). Die Keimung der Zygote wird durch den hellroten Wellenbereich (660 nm) des Lichtes ausgelöst. Schon eine kurzzeitige Bestrahlung ist ausreichend. Die Wirkung des hellroten Lichtes wird durch eine Bestrahlung mit Dunkelrot (730 nm) unwirksam gemacht. Vielleicht spielt das Pigment Phytochrom bei der Keimung eine Rolle (579), wie dies bei der Samenkeimung vieler Blütenpflanzen der Fall ist (obligate Lichtkeimer).

Bei der Keimung findet sehr wahrscheinlich die Reduktionsteilung statt (Abb. 133 r, s). Die vierkernige Zygote teilt sich in eine kleine, einkernige, äußere Zelle und eine große, dreikernige, innere Zelle, deren Kerne auf die Dauer degenerieren (Abb. 133 s). Die äußere, einkernige Zelle ist die Initiale der jungen Pflanze, die sich in eine Keimpflanzen-Initiale und eine Rhizoid-Initiale teilt (Abb. 133 t, u). Die Keimpflanze besteht aus einer kleinen Achse, die begrenztes Wachstum zeigt. Die Anzahl der Nodien ist begrenzt (z. B. auf zwei, Abb. 133 v, w, x). An einem Nodium entsteht ein Kranz aus sechs kleinen determinaten Lateralen (= Seitenzweigen mit begrenztem Wachstum = „Blätter"). Aus einem dieser Blätter wächst die Hauptachse der neuen Pflanze hervor (Abb. 133 x, y, z). Die Hauptachse einer Pflanze ist also als Seitenzweig einer Keimpflanze entstanden. Die Achse einer Pflanze wächst vor allem durch die Aktivität einer kuppelförmigen Scheitelzelle (Abb. 133 z). Diese schnürt nach unten Segmente ab, die sich jeweils kurz unter der Spitze in eine bikonkave obere und eine bikonvexe untere Zelle teilen. Die bikonkave obere Zelle teilt sich weiter und wächst zu einem Nodium

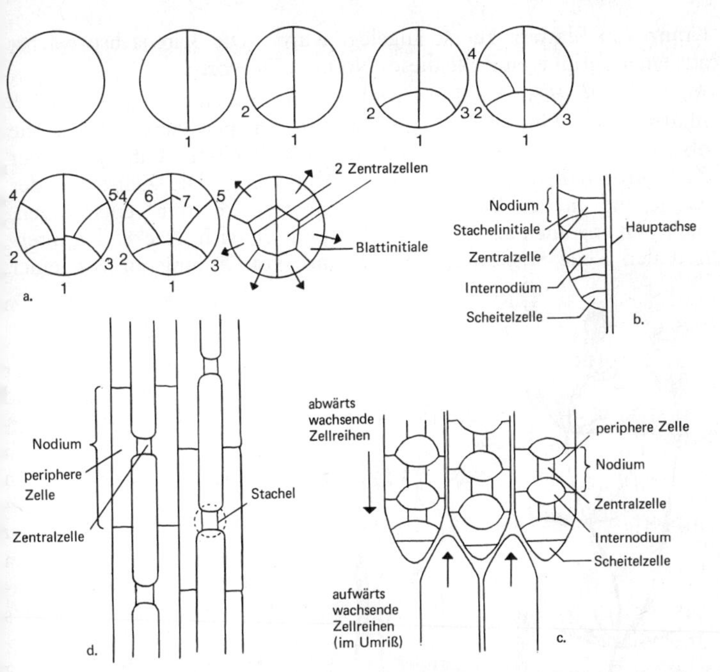

Abb. 134 *Chara.* a) Primäre Nodiumzelle im Querschnitt, Bildung der Segmente. Pfeile geben die Wachstumsrichtung der Blätter an; b) junge Rinde dicht unter der Scheitelzone, Längsschnitt; c) junge Rinde dicht unter der Scheitelzone, Aufsicht; d) fast ausgewachsene Rinde

aus, während die bikonvexe Zelle sich nicht weiter teilt, sondern durch ein enormes Streckungswachstum zu einer langen Internodiumzelle wird.

Die Nodiumzelle teilt sich zuerst durch eine vertikale Wand in zwei gleiche Hälften. Durch einige aufeinanderfolgende Teilungen (Abb. 134 a) entstehen im Nodium zwei zentrale und sechs periphere Zellen, bei denen es sich um die Initialen der sechs kranzförmig angeordneten „Blätter" handelt. Die Blätter wachsen genau wie die Achse durch die Aktivität einer Scheitelzelle, die jedoch schon bald, nachdem sie fünf bis fünfzehn Zellen abgeschnürt hat, ihre Aktivität einstellt und eine konische Form annimmt (Abb. 133 z). Die peripheren Zellen der Blattnodien wachsen zu einzelligen Stacheln aus, die als „Blättchen" bezeichnet werden.

Eine Seitenachse (Laterale mit unbegrenztem Wachstum) (Abb. 135 a) entspringt an dem basalen Nodium des Blattes, das in einem

Kranz von Blättern zuerst angelegt wurde. Die Seitenachse wächst aus einer peripheren Zelle dieses Nodiums hervor.

Auch die Reihen der Rindenzellen entspringen an dem basalen Blattnodium. Eine Reihe entsteht aus der peripheren Zelle, die oberhalb des Blattansatzes liegt und eine weitere Reihe aus einer Zelle unterhalb des Blattansatzes (Abb. 133 z). Die Zellreihen der Rinde, die an den Basen der benachbarten „Blätter" entspringen, schließen eng aneinander. Sie wachsen mit der sich streckenden internodialen Zelle mit, so daß die Pflanze von Anfang an von einer

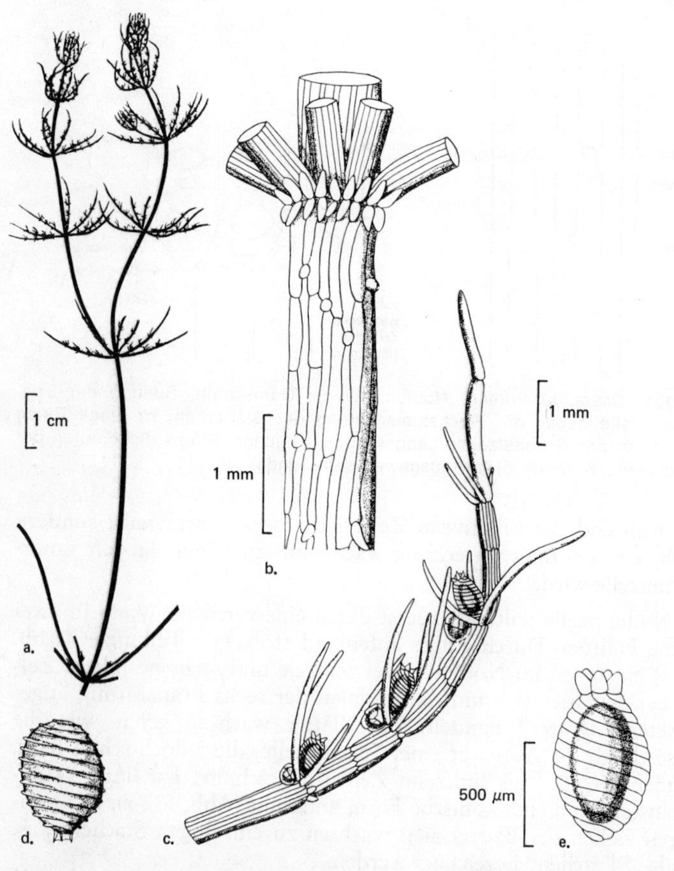

Abb. 135 *Chara vulgaris.* a) Habitus; b) Teil der Achse; c) Blatt mit Oogonien und Antheridien; d) Oospore; e) Oogonium (aus *R. D. Wood, K. Imahori:* Monograph of the Characeae I. Cramer, Weinheim 1964/65)

Rinde bedeckt ist. Die Zellreihen der Rinde, die aus zwei aufeinanderfolgenden Nodien entspringen, treffen einander in der Mitte des Internodiums.

Auch die Rindenzellen zeigen im Prinzip denselben Bau und dieselbe Art des Wachstums wie Hauptachse und „Blätter". Eine Scheitelzelle schnürt Segmente ab, die sich jeweils in ein Nodium und ein Internodium aufteilen (Abb. 134 b, c). Ein Nodium teilt sich durch zwei radiale Wände in eine zentrale und zwei periphere Zellen (Abb. 134 c, d). Bei *Chara globularis* zeigen diese peripheren nodialen Zellen und die internodialen Zellen ein simultanes Streckungswachstum, das das Streckungswachstum der Internodien der Hauptachse widerspiegelt. Auf diese Weise entsteht eine Rinde, die aus dreimal soviel Zellreihen besteht, wie Blätter in einem Kranz vorhanden sind (triplostiche Rinde). Bei anderen Arten bleiben die peripheren nodialen Zellen der Rinde jedoch klein, so daß die Rinde hier vor allem aus den langgestreckten internodialen Zellen besteht. Die Rinde enthält in diesem Fall dieselbe Anzahl von Zellreihen, wie Blätter in den Kränzen vorhanden sind (haplostiche Rinde).

Die zentrale Zelle eines Rindennodiums kann eine kleine Zelle nach außen abschnüren, die unter Umständen zu einem Stachel auswachsen kann (Abb. 134 b; Initiale einer Stachelzelle; 133 a: Stachelzelle).

Aus den unteren Nodien der Hauptachse und den basalen Nodien der Blätter entspringen verzweigte Rhizoiden. Sie wachsen ebenfalls mit Hilfe einer Scheitelzelle, sind jedoch nicht in Nodien und Internodien unterteilt. Es wurde manchmal vermutet, daß die Rhizoiden nicht nur zur Anheftung, sondern auch zur Aufnahme von Nährsalzen dienen; Untersuchungen bestätigen diese Auffassung jedoch nicht (338). Alle Teile der Pflanze konnten im Versuch markiertes Phosphat gleich gut aufnehmen. Die Phosphat-Ionen wurden auch gleichmäßig in alle Teile der Pflanze transportiert, gleichgültig ob sie durch die Rhizoiden oder durch die apikalen Enden der Pflanzen aufgenommen worden waren.

Einige andere Vertreter der Klasse Charophyceae

Lamprothamnium

Die Gattung ähnelt *Chara,* besitzt jedoch keine Rinde. Unter den Blättern steht ein Kranz von Stipulae. Die Coronula besteht aus fünf Zellen. Die Oogonien hängen unter den Antheridien, während bei *Chara* die Anordnung umgekehrt ist. Die drei bekannten Arten sind Bewohner mehr oder weniger stillstehenden Brackwassers (z. B. mediterraner Lagunen).

Nitellopsis

Die Pflanzen haben keine Rinde und keine Stipulae. Die Coronula besteht aus fünf Zellen. *Nitellopsis obtusa* kann sich durch sternförmige Körperchen (Bulbillen) vegetativ vermehren. Die Gattung besteht aus drei Arten, von denen *Nitellopsis obtusa* auch in Europa vorkommt.

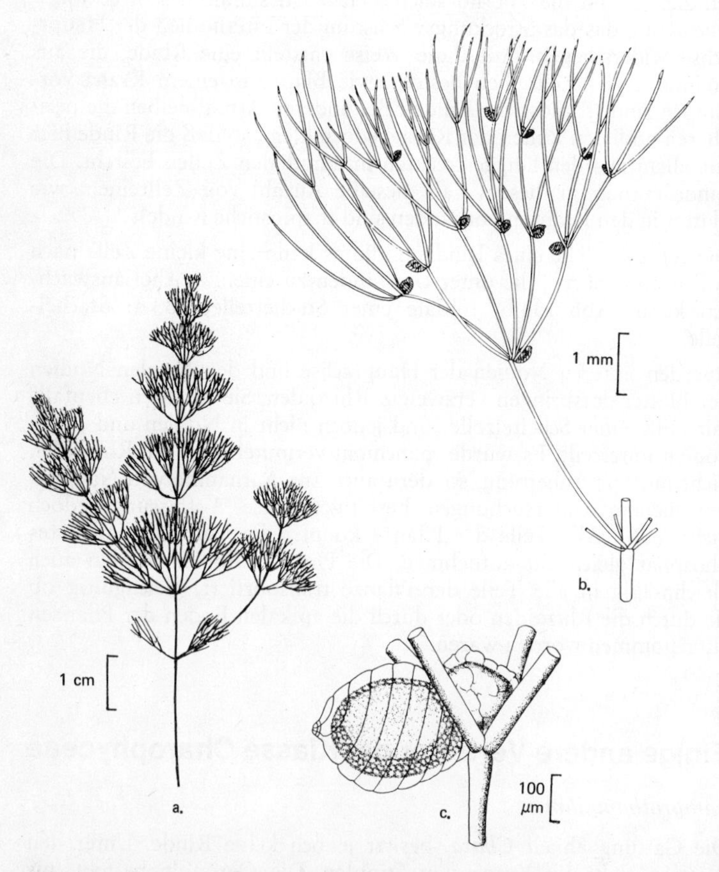

Abb. 136 *Nitella gracilis.* a) Habitus; b) Teil der Achse; c) Oogonium und Antheridium (aus *R. D. Wood, K. Imahori:* Monograph of the Characeae I. Cramer, Weinheim 1964/65)

Nitella (Abb. 136)

Rinde und Stipulae fehlen der Gattung. Die „Blätter“ haben gegabelte Verzweigungen. Die Coronula besteht aus zweimal fünf Zellen. Bei einhäusigen Arten stehen die Antheridien über den Oogonien. Die Gattung besteht aus 53 Arten, die rund 200 Taxa unter dem Artniveau enthalten.

Tolypella

Rinde und Stipulae fehlen der Gattung. Die „Blätter“ sind unverzweigt oder dichotom verzweigt. Sie sind zahlreich und von ungleicher Länge. Die Coronula besteht aus zweimal fünf Zellen. Die zwei Arten der Gattung umschließen 10 Taxa unter dem Artniveau.

Literatur

1 Abbott, B. C., D. Ballantine: The toxin from Gymnodinium venificum Ballantine. J. Mar. Biol. Ass. U. K. 36 (1957) 169–189

2 Abe, K.: Entwicklung der Fortpflanzungsorgane und Keimungsgeschichte von Desmarestia viridis (Müll.) Lamour. Sci. Rep. Tohoku Imp. Univ., Ser. IV, 12 (1938) 475–482

3 Adams, J. A., D. D. Seaton, J. B. Buchanan, M. R. Longbottom: Biological observations associated with the toxic phytoplankton bloom off the East coast. Nature 220 (1968) 24–25

4 Allsopp, A.: Phylogenetic relationships of the Prokaryota and the origin of the eucaryotic cell. New Phytol. 68 (1969) 591–612

5 Andreas, Ch. H.: Experimentele plantensystematiek. Oosthoek, Utrecht 1972

6 Arnott, H. J.: Structure and function of the algal pyrenoid I. Ultrastructure and cytochemistry during zoosporogenesis. J. Phycol. 6 (1970) 14–22

7 Atkinson, A. W., B. E. S. Gunning, P. C. L. Johnsen, W. McCullough: Centrioles and microtubules in Chlorella. Nature, New Biol. 234 (1971) 24–25

8 Baardseth, E.: Localization and structure of alginate gels. Proc. 5th Int. Seaweed Symp. Pergamon Press, Halifax 1966 (S. 19–28)

9 Bajer, A.: Fine structure studies on phragmoplast in cell plate formation. Chromosoma (Berl.) 24 (1968) 383–417

10 Bakker, C.: Een protozo in symbiose met algen in het Veerse Meer. Lev. Natuur 69 (1966) 180–187

11 Bakker, C.: Massale ontwikkeling van ciliaten met symbiontische algen in het Veerse Meer. Lev. Natuur 70 (1967) 166–173

12 Barnett, J. R., R. D. Preston: Arrays of granules with the plasmalemma in swarmers of Cladophora. Ann. Bot. 34 (1970) 1011–1017

13 Bartlett, R. B., G. R. South: Observations on the life-history of Bryopsis hypnoides Lamour. from Newfoundland: a new variation in culture. Acta bot. Neerl. 22 (1973) 1–5

14 Bazin, M. J.: Sexuality in a blue-green alga: genetic recombination in Anacystis nidulans. Nature 218 (1968) 282–283

15 Belcher, J. H.: A study of Pyramimonas reticulata Korshikov (Prasinophyceae) in culture. Nova Hedwigia 15 (1968) 179–190

16 Belcher, J. H.: A morphological study of Pedinomonas major Korschikov. Nova Hedwigia 16 (1968) 131–139

17 Bicudo, C. E. M.: Bjornbergiella, a new genus of Cryptohyceae from Hawaiian soil. Phycologia 5 (1966) 217–221

18 Billard, C., P. Gayral: Two new species of Isochrysis with remarks on the genus Ruttnera. Brit. phycol. J. 7 (1972) 289–297

19 Bird, C. J.: Aspects of the life-history and ecology of Porphyra linearis (Bangiales, Rhodyceae) in nature. Can. J. Bot. 51 (1973) 2371–2179

20 Bisalputra, T.: The origin of the pectic layer of the cell wall of Scenedesmus quadricauda. Can. J. Bot. 43 (1965) 1549–1552

21 Bisapultra, T.: Plastids. In: Algal physiology and biochemistry, hrsg. von W. D. P. Stewart. Blackwell, Oxford 1974 (S. 124–160)

22 Bisapultura, T., T. E. Weier: The cell-wall of Scenedesmus quadricauda. Amer. J. Bot. 50 (1963) 1011–1019

23 Bisapultra, T., T. E. Weier, E. B. Risley, A. H. P. Engelbrecht: The pectic layer of the cell wall of Scenedesmus quadricauda. Amer. J. Bot. 51 (1964) 548–551

24 Bliding, C.: A critical survey of European taxa in Ulvales. Part I. Opera Bot. 3 (1963) 160

25 Bliding, C.: A critical survey of European taxa in Ulvales. Part II. Bot. Not. 121 (1968) 535–629

26 Boardmann, N. K., A. W. Linnane, R. M. Smillie: Autonomy and biogenesis of mitochondria and chloroplasts. North-Holland Publ. Co., Amsterdam 1971

27 Bouck, G. B.: Chromatophore development, pits, and other fine structure in the red alga, Lomentaria bayleyana (Harv.) Farlow. J. Cell Biol. 12 (1962) 553–570

28 Bouck, G. B.: Fine structure and organelle associations in brown algae. J. Cell. Biol. 26 (1965) 523–537

29 Bouck, G. B.: Extracellular microtubules. The origin, structure and attachment of flagellar hairs in Fucus and Ascophyllum antherozoids. J. Cell. Biol. 4 (1969) 65–86

30 Bouck, G. B.: The structure, origin, isolation and composition of the tubular mastigonemes of the Ochromonas flagellum. J. Cell. Biol. 50 (1971) 362–384

31 Bouligand, Y., M. O. Soyer, S. Puiseux-Dao: La structure fibrillaire et l'orientation des chromosomes chez les Dinoflagellées. Chromosoma 24 (1968) 251–287

32 Bourne, V. L., E. Conway, K. Cole: On the ultrastructure of pit connections in the conchocelis phase of the red alga Porphyra perforata. Phycologia 9 (1970) 79–82

33 Bourrelly, P.: Recherches sur le Chrysophycées. Rev. algol., Mém. h. s. 1 (1957) 412

34 Bourrelly, P.: Les algues d'eau douce. Bd. I: Les algues vertes. Boubée, Paris 1966

35 Bourrelly, P.: Les algues d'eau douce. Bd. II. Les algues jaunes et brunes. Boubée, Paris 1968

36 Bourrelly, P.: Les algues d'eau douce. Bd. III. Les algues bleues et rouges. Boubée, Paris 1970

37 Brachet, J., S. Bonotto: Biology of Acetabularia. Academic Press, New York 1970

38 Brandham, P., M. B. E. Godward: Meiosis in Cosmarium botrytis. Can. J. Bot. 43 (1965) 1379–1386

39 Bravo, L. M.: Studies on the life history of Prasiola meridionalis. Phycologia 4 (1965) 177–194

40 Brock, T. D.: Evolutionary and ecological aspects of the Cyanophytes. In: The Biology of Blue-green Algae, hrsg. von N. G. Carr, B. A. Whitton. Blackwell, Oxford 1973 (S. 487–500)

41 Brokaw, C. J.: Flagella. In: Physiology and Biochemistry of Algae, hrsg. von R. A. Lewin. Academic Press, New York 1962 (S. 595–602)

42 Brongersma-Sanders, M.: Mass mortality in the sea. In: Treatise on marine ecology and paleo-ecology, hrsg. von J. W. Hedgpeth. I. The Geological Soc. Amer., Memoirs 67 (1958) 941–1010

43 Brook, A. J.: Planctonic algae as indicators of lake types, with special reference to the Desmidiaceae. Limnol. Oceanogr. 10 (1965) 401–411

44 Brown, R., C. Sister, O. P. Johnson, H. C. Bold: Electron and phasecontrast microscopy of sexual reproduction in Chlamydomonas moewusii. J. Phycol. 4 (1968) 100–120

45 Brown, R. M., W. W. Franke, H. Kleinig, H. Falk, P. Sitte: Scale formation in Chrysophycean algae I. Cellulosic and non cellulosic components made by the Golgi-apparatus. J. Cell. Biol. 45 (1970) 246-271

46 Buchner, P.: Endosymbiose der Tiere mit pflanzlichen Mikroorganismen. Birkhäuser, Basel 1953

47 Butcher, R. W.: An introductory account of the smaller algae of the British coastal waters. Part I: Introduction and Chlorophyceae. Her Majesty's Stationary Office, London 1959

48 Butcher, R. W.: An introductory account of the smaller algae of British coastal waters. Part IV. Crytophyceae. Her Majesty's Stationary Office, London 1967

49 Cadée, G. C., J. Hegeman: Primary production of the benthic microflora living on tidal flats in the Dutch Wadden Sea. Neth. J. Sea Res. 8 (1974) 260–291

50 Calvin, M.: Chemical Evolution. Oxford University Press, London 1969

51 Caram, B.: Recherches sur la reproduction et le cycle sexué de quelques phéophycées. Vie Milieu 16 (1965) 21–221

52 Carr, N. G., B. A. Whitton: The Biology of Blue-green Algae. Blackwell, Oxford 1973

53 Chapman, D. J.: The pigments of symbiotic algae of Cyanophora paradoxa, Glaucocystis nostochinearum and two Rhodophyceae, Porphyridium aeruginosum and Asterocytis ramosa. Arch. Mikrobiol. 55 (1966) 17–25

54 Chapman, D. J.: Biliproteins and bilipigments. In: The Biology of Blue-green Algae, hrsg. von N. G. Carr, B. A. Whitton. Blackwell, Oxford 1973 (S. 162–185)

55 Chapman, V. J.: Seaweeds and Their Uses. 2. Aufl. Methuen, London 1970

56 Chapman, V. J., D. J. Chapman: The Algae. Macmillan, London 1973

57 Chihara, M.: Studies on the life history of green algae in the warm seas around Japan (4). On the life history of Halimeda cuneata Hernig. J. Jap. Bot. 3 (1956) 102–110

58 Chihara, M.: Studies on the life history of the green algae in the warm seas around Japan (9). Supplementary note on the life history of Valonia. J. Jap. Bot. 34 (1959) 257–266
59 Chorin-Kirsh, I., A. M. Mayer: ATP-ase activity in isolated flagella of Chlamydomonas snowiae. Plant Cell Physiol. 5 (1964) 441–445
60 Christensen, T.: Alger. Botanik, Bd. II/2, hrsg. von T. W. Böcher, M. Lange, T. Sørensen. Munksgaard, Kopenhagen 1962
61 Christensen, T.: The gross classification of algae. In: Algae and Man, hrsg. von D .F Jackson. Plenum Press, New York 1964 (S. 59–64)
62 Cole, K., S. Akintobi: The life-cycle of Prasiola meridionalis Setchell and Gardner. Can. J. Bot. 41 (1963) 661–668
63 Coleman, A. W.: Sexuality. In: Physiology and Biochemistry of Algae, hrsg. von R. A. Lewin. Academic Press, New York 1962 (S. 711–729)
64 Colijn, F., C. van den Hoek: The life-history of Sphacelaria furcigera Kütz. (Phaeophyceae). II. The influence of day-length and temperature on sexual and vegetative reproduction. Nova Hedwigia 21 (1971) 899–922
65 Coombs, J., B. E. Volcani: Studies on the biochemistry and fine structure of silica-shell formation in diatoms. Chemical changes in the wall of Navicula pelliculosa during its formation. Planta 82 (1968) 280–292
66 Cortel-Breeman, A. M.: The life-history of Acrosymphyton purpuriferum (J. Ag.) Sjöst. (Rhodophyceae, Cryptonemiales). Isolation of tetrasporophytes. With some remarks on the tetrasporophyte of Bonnemaisonia asparagoides (Woodw.) C. Ag. (Nemalionales). Acta bot. Neerl. 24 (1975) 111–127
67 Cortel-Breeman, A. M., A. ten Hoopen: The shortday response in Acrosymphyton purpuriferum (J. Ag.) Sjöst. (Rhodophyceae, Cryptonemiales). Phycologia 16 (1978)
68 Cortel-Breeman, A. M., C. van den Hoek: Life-history studies on Rhodophyceae I. Acrosymphyton purpuriferum (J. Ag.) Kyl. Acta bot. Neerl. 19 (1970) 265–284
69 Cote, G. T., M. J. Wynne: Endocytosis of Microcystis aeruginosa by Ochromonas danica. J. Phycol. 10 (1974) 397–410
70 Coulson, J. C., G. K. Potts, I. R. Deans, S. M. Fraser: Mortality of shags and other seabirds caused by paralytic shellfish poison. Nature 220 (1968) 23–24
71 Craigie, J. S.: Storage Products. In: Algal Physiology and Biochemistry, hrsg. von W. D. P. Stewart. Blackwell, Oxford 1974 (S. 206–235)
72 Crawford, R. M.: The organic component of the cell wall of the marine diatom Melosira nummuloides (Dillw.) C. Ag. Brit. phycol. J. 8 (1973) 257–266
73 Dangeard, P.: Recherches sur quelques »Codium«. Leur reproduction et leur parthenogénèse. Botaniste 42 (1959) 66–68
74 Dangeard, P.: Sur deux Chlorococcales marines. Botaniste 48 (1965) 65–74
75 Dangeard, P., H. Parriaud: Sur quelques cas de développement apogamique chez deux espèces de Codium de la région Sud-Ouest. C. R. Acad. Sci. (Paris) 243 (1956) 1981–1983
76 Darley, W. M.: Silicification and calcification. In: Algal Physiology and Biochemistry, hrsg. von W. D. P. Stewart. Blackwell, London 1974 (S. 655–675)
77 Darwin, C.: On the Origin of Species by Natural Selection. London 1859
78 Davis, J. S.: The life cycle of Pediastrum simplex. J. Phycol. 3 (1967) 95–103
79 Dawes, C. J.: An ultrastructure study of Spirogyra. J. Phycol. 1 (1965) 121–127
80 Dawes, C. J.: A light and electron microscope survey of algal cell walls II. Chlorophyceae. Ohio J. Sci. 66 (1966) 317–326.
81 Deason, T. R.: Some observations on the fine structure of vegetative and dividing cells of Chlorococcum echinozygotum Starr. J. Phycol. 1 (1965) 97–101
82 Deflandre, G.: Classe des Coccolithophorides. In: Traité de Zoologie. Bd. I/1, hrsg. von P. P. Grassé. Masson, Paris 1952 (S. 439–470)
83 Delépine, R.: Observations sur quelques Codium (Chlorophycées) des côtes françaises. Rev. gén. bot. 66 (1959) 366–394
84 Diwald, K.: Die ungeschlechtliche und geschlechtliche Fortpflanzung von Glenodinium lubinensiforme sp. nova. Flora 32 (1938) 174–192

85 Dixon, P. S.: The structure and development of the reproductive organs and carposporophyte in two British species of Gelidium. Ann. Bot., N. S. 23 (1959) 397–407
86 Dixon, P. S.: Biology of the Rhodophyta. Oliver & Boyd, Edinburg 1973
87 Dixon, P. S., W. N. Richardson: The life-histories of Bangia and Porphyra and the photoperiodic control of spore production. Proc. Int. Seaweed Symp. 6 (1969) 133–139.
88 Dobberstein, B., O. Kiermayer: Das Auftreten eines besonderen Typs von Golgivesikeln während der Sekundärwundbildung von Micrasterias denticulata Bréb. Protoplasma 75 (1972) 185–194
89 Dodge, J. D.: The Dinophyceae. In: The Chromosomes of Algae, hrsg. von M. B. E. Godward. Arnold, London 1966 (S. 96–115)
90 Dodge, J. D.: The fine structure of chloroplasts and pyrenoids in some marine dinoflagellates. J. Cell Sci. 3 (1968) 41–48
91 Dodge, J. D.: A review of the fine structure of algal eyespots. Brit. phycol. J. 4 (1969) 199–210
92 Dodge, J. D.: The ultrastructure of Chroomonas mesostigmatica Butcher (Cryptophyceae). Arch. Mikrobiol. 69 (1969) 206–280
93 Dodge, J. D.: Fine structure of the Pyrrophyta. Bot. Rev. 37 (1971) 481–507
94 Dodge, J. D.: The ultrastructure of the dinoflagellate pusule: a unique osmo-regulatory organelle. Protoplasma 75 (1972) 285–302
95 Dodge, J. D.: The Fine Structure of Algal Cells. Academic Press, London 1973
96 Dodge, J. D.: A survey of chloroplast ultrastructure in the Dinophyceae. Phycologia 14 (1975) 253–263
97 Dodge, J. D., R. M. Crawford: The morphology and fine structure of Ceratium hirundinella (Dinophyceae). J. Phycol. 6 (1970) 137–149
98 Dodge, J. D., R. M. Crawford: A survey of thecal fine structure in the Dinophyceae. Bot. J. Linn. Soc. 63 (1970) 53–67
99 Drew, K. M.: Conchocelis-phase in the life-history of Porphyra umbilicalis (L.) Kütz. Nature 164 (1949) 748
100 Drew, K. M.: Rhodophyta. In: Manual of Phycology, hrsg. von G. M. Smith. Blaisdell, Waltham, Mass. 1951
101 Drew, K. M.: Studies in the Bangioideae III. The life-history of Porphyra umbilicalis (L.) Kütz. var. laciniata (Lightf.) J. Ag. The Conchocelis-phase in culture. Ann. Bot., N. S. 18 (1954) 183–211
102 Drews, G.: Fine structure and chemical composition of the cell envelopes. In: The Biology of Bluegreen Algae, hrsg. von N. G. Carr, B. A. Whitton. Blackwell, Oxford 1973 (S. 99–116)
103 Dring, M. J.: Effects of day-length on growth and reproduction of the Conchocelis-phase of Porphyra tenera. J. Mar. Biol. Ass. U. K. 47 (1967) 501–510
104 Dring, M. J.: Phytochrome in red alga. Porphyra tenera. Nature 215 (1967) 1411–1412
105 Drouet, F.: Revision of the classification of the Oscillatoriaceae. Monogr. Acad. Nat. Sci. (Philadelphia) 16 (1968) 1–341
106 Drouet, F., W. A. Daily: Revision of the coccoid Myxophyceae. Butler Univ. Bot. Stud. 10 (1956) 1–218
107 Drum, R. W., J. T. Hopkins: Diatom locomotion: an explanation. Protoplasma 62 (1966) 1–33
108 Drum, R. W., H. S. Pankratz: Locomotion and raphe structure of the diatom Bacillaria. Nova Hedwigia 10 (1966) 315–317
109 Ebersold, W. T.: Biochemical genetics. In: Physiology and Biochemistry of Algae, hrsg. von R. A. Lewin. Academic Press, New York 1962 (S. 731–739)
110 Echlin, P.: The biology of Glaucocystis nostochinearum I. The morphology and fine structure. Brit. phycol. Bull. 3 (1967) 225–239
111 Eckert, R.: Bioelectric control of bioluminescence in the dinoflagellate Noctiluca. Science 147 (1965) 1140–1145
112 Eichler, A.: Syllabus der Vorlesungen über specielle und medicinisch-pharmaceutische Botanik, 3. Aufl. Berlin 1883
113 Eppley, R. W., O. Holm-Hansen, J. D. H. Strickland: Some observations on the vertical migration of dinoflagellates. J. Phycol. 4 (1968) 333-340
114 van Essen, A.: De Chlorococcales, een belangrijke orde van de groenwieren. Wet. Meded. K. N. N. V. 100 (1974) 87

115 Ettl, H.: Zur Kenntnis der Klasse Volvophyceae. In: Algologische Studien, hrsg. von J. Komárek, H. Ettl. Verlag der Tschechoslowakischen Akademie der Wissenschaften, Prag 1958 (S. 207–289)

116 Ettl, H.: Über pulsierende Vakuolen bei Chlorophyceen. Flora 151 (1961) 88–98

117 Ettl, H.: Beitrag zur Kenntnis der Morphologie der Gattung Clamydomonas Ehrenberg. Arch. Protistenk. 108 (1965) 271–430

118 Ettl, H.: Vergleichende Untersuchungen der Feinstruktur einiger Chlamydomonas-Arten. Öst. bot. Z. 113 (1966) 477–510

119 Ettl, H.: Die Feinstruktur von Cloromonas rosae Ettl. Protoplasma 64 (1967) 134–146

120 Ettl, H.: Chlamydomonas als geeigneter Modellorganismus für vergleichende cytomorphologische Untersuchungen. Arch. Hydrobiol., Suppl. 39, Algol. Stud. 5 (1971) 259–300

121 Ettl, H., I. Manton: Die feinere Struktur von Pedinomonas minor Korschikoff. Nova Hedwigia 8 (1964) 421–444

122 Evans, L. V.: Distribution of pyrenoids among some brown algae. J. Cell Sci. 1 (1966) 449–454

123 Evans, L. V.: Cytoplasmic organelles. In: Algal Physiology and Biochemistry, hrsg. von W. D. P. Stewart. Blackwell, Oxford 1974 (S. 86–123)

124 Evans, L. V., M. S. Holligan: Correlated light and electron microscope studies on brown algae. I. Localization of alginic acid and sulphated polysaccharides in Dictyota. New Phytol. 71 (1972) 1161–1172

125 Evans, L. V., M. S. Holligan: Correlated light and electron microscope studies on brown algae. II. Physode production in Dictyota. New Phytol. 71 (1972) 1173–1180

126 Falkenberg, P.: Die Befruchtung und der Generationswechsel von Cutleria. Mitt. Zool. Stat. Neapel 1 (1879) 420

127 Fan, K. C.: Morphological studies of the Gelidiales. Univ. Calif. Publ. Bot. 32 (1961) 315–368

128 Faust, M. A.: Structure of the periplast of Cryptomonas ovata var. palustris. J. Phycol. 10 (1974) 121–124

129 Fay, P.: The heterocyst. In: The Biology of Blue-green Algae, hrsg. von N. G. Carr, B. A. Whitton. Blackwell, Oxford 1973 (S. 238–259)

130 Feldmann, G.: Le développement des tétraspores de Falkenbergia rufolanosa et le cycle des Bonnemaisoniales. Rev. gén. bot. 72 (1965) 621–626

131 Feldmann, G.: Sur le cycle haplobiontique du Bonnemaisonia asparagoides (Woodw.) Ag. C. R. Acad. Sci. (Paris) 262 (1966) 1695–1698

132 Feldmann, J.: L'ordre des Scytosiphonales. Traveaux botaniques dédiés à R. Maire. Mém. h. s. Soc. Hist. Nat. Afr. Nord 11 (1949) 103–115

133 Feldmann, J.: Sur l'existence d'une alternance de générations entre l'Halicystis parvula et le Derbesia tenuissima (De Not.) Crn. C. R. Acad. Sci. (Paris) 230 (1950) 322–323

134 Feldmann, J.: Ecology of marine algae. In Manual of Phycology, hrsg. von G. M. Smith. Blaisdell, Waltham, Mass. 1951

135 Feldmann, J.: Sur la reproduction sexuée de l'Halimeda tuna (Ell. et Sol.) Lamour. f. platydisca (Decaisne) Barton. C. R. Acad. Sci. (Paris) 233 (1951) 1309–1310

136 Feldmann, J.: Sur la parthénogénèse du Codium fragile (Sur.) Hariot dans la Méditerranée. C. R. Acad. Sci. (Paris) 243 (1956) 305–307

137 Feldmann, J.: Les problèmes actuels de l'alternance de générations chez les algues. Soc. Bot. France, Mémoires (1972) 7–38

138 Feldmann, J., L. Codomier: Sur le développement des zoospores d'une chlorophycée marine: Derbesia lamourouxii (J. Ag.) Solier. C. R. Acad. Sci. (Paris) 278 (1974) 1845–1848

139 Firth, F. E.: The Encyclopedia of Marine Resources. Van Nostrand, New York 1969

140 Föyn, B.: Lebenszyklus und Sexualität der Chlorophycee Ulva lactuca L. Arch. Protistenk. 83 (1934) 154–177

141 Fogg, G. E.: Algal Cultures and Phytoplankton Ecology. Athlone Press, London 1965

142 Fogg, G. E., W. D. P. Stewart, P. Fay, A. E. Walsby: The Bluegreen Algae. Academic Press, New York 1973

143 Forsberg, C.: The vegetation changes in Lake Tåkern. Svensk bot. Tidskr. 58 (1964) 44–54

144 Forsberg, C.: Sterile germination of oospores of Chara and seeds of Najas marina. Physiol. Plantar. 18 (1965) 128–137

145 Forsberg, C.: Nutritional studies of Chara in axenic cultures. Physiol. Plantar. 18 (1965) 275–290

146 Fott, B.: Zur Frage der Sexualität bei den Chrysomonaden. Nova Hedwiga 1 (1959) 115–130

147 Fott, B.: Chloromonadophyceae. In: Das Phytoplankton des Süßwassers, 2. Aufl. 3. Teil, hrsg. von G. Huber-Pestalozzi. Schweizerbart, Stuttgart, 1968

148 Fott, B.: Algenkunde, 2. Aufl. VEB Fischer, Jena 1971

149 Fott, B.: Tetrasporales. In: Das Phytoplankton des Süßwassers, 6. Teil: Chlorophyceae, hrsg. von G. Huber-Pestalozzi. Schweizerbart, Stuttgart 1972

150 Fott, B., J. Ludvik: Über den submikroskopischen Bau des Panzers von Ceratium hirundinella. Preslia 28 (1956) 278–280

151 Fott, B., M. Nováková: A monograph of the genus Chlorella. The freshwater species. In: Studies in Phycology, hrsg. von B. Fott. Schweizerbart, Stuttgart 1969 (S. 10–74)

152 Fowke, L. C., J. D. Pickett-Heaps: Cell-division in Spirogyra. I. Mitosis. J. Phycol. 5 (1969) 240–259

153 Fowke, L. C., J. D. Pickett-Heaps: Cell-division in Spirogyra. II. Cytokinesis. J. Phycol. 5 (1969) 273–281

154 Friedmann, I.: Structure, life-history, and sex determination of Prasiola stipitata Suhr. Ann. Bot., N. S. 23 (1959) 571–594

155 Friedmann, I.: Ecological aspects of the occurrence of meiosis in Prasiola stipitata Suhr. Proc. 4th Int. Seaweed Symp., Biarritz, France 1964 (S. 186–190)

156 Friedmann, I.: Geographic and environmental factors controlling life-history and morphology in Prasiola stipitata Suhr. Öst. bot. Z. 116 (1969) 203–225

157 Friedmann, I., A. L. Colwin, L. H. Colwin: Fine-structural aspects of fertilization in Chlamydomonas reinhardii. J. Cell Sci. 3 (1968) 115–128

158 Friedmann, I., I. Manton: Gametes, fertilization and zygote development in Prasiola stipitata Suhr. I. Nova Hedwigia 1 (1960) 333–344

159 Fries, L.: The sporophyte of Nemalion multifidum (Weber et Mohr) J. Ag. Svensk bot. Tidskr. 61 (1967) 457–462

160 Fries, L.: The sporophyte of Nemalion multifidum (Weber et Mohr) J. Ag. found on the Swedish West coast. Svensk bot. Tidskr. 63 (1969) 139–141

161 Fritsch, F. E.: The structure and reproduction of the algae. I. Cambridge University Press, London 1935

162 Fritsch, F. E.: The structure and reproduction of the algae. II. Cambridge University Press, London 1945

163 Fuhs, G. W.: Bau, Verhalten und Bedeutung der kernäquivalenten Strukturen bei Oscillatoria amoena (Kütz.) Gomont. Arch. Mikrobiol. 28 (1958) 270–302

164 Fuhs, G. W.: Cytology of blue-green algae: light microscopic aspects. In: Algae, Man, and the Environment, hrsg. von D. F. Jackson. Syracuse University Press, New York 1968 (S. 213–233)

165 Fuhs, G. W.: Cytochemical examination. In: The Biology of Blue-green Algae, hrsg. von N. G. Carr, B. A. Whitton. Blackwell, Oxford 1973 (S. 117–143)

166 Fujiyama, T.: On the life-history of Prasiola japonica. J. Fac. Fish. Animal Husbandry Hiroshima Univ. 1 (1955) 15–37

167 Gantt, E.: Micromorphology of the periplast of Chroomonas sp. (Cryptophyceae). J. Phycol. 7 (1971) 177–184

168 Gantt, E., M. R. Edwards, S. F. Conti: Ultrastructure of Porphyridium aerugineum, a blue-green colored Rhodophytan. J. Phycol. 4 (1968) 65–71

169 Gayral, P., C. Haas, H. Lepailleur: Alternance morphologique de générations et alternance de phases chez les Chrysophycées. Bull. Soc. Bot. France, Mémoires (1972) 215–229

170 Geitler, L.: Der Formwechsel der pennaten Diatomeen. Arch. Protistenk. 78 (1932) 1–226

171 Geitler, L.: Cyanophyceae. In: Rabenhorst's Kryptogamen-Flora, Bd. XIV. Akademische Verlagsgesellschaft, Leipzig 1932

172 Geitler, L.: Kopulation und Formwechsel von Eunotia arcus. Öst. bot. Z. 98 (1951) 292–337

173 Geitler, L.: Die sexuelle Fortpflanzung der pennaten Diatomeen. Biol. Rev. 32 (1957) 261–295

174 Geitler, L.: Schizophyzeen. In: Handbuch der Pflanzenanatomie, Bd. VI/1, hrsg. von W. Zimmermann, P. Ozenda. Borntraeger, Berlin 1960

175 Gemeinhardt, K.: Oedogoniales. In: Rabenhorst's Kryptogamenflora, Bd. XII. Akademische Verlagsgesellschaft, Leipzig 1939

176 Gibbs, S. P.: Nuclear envelope chloroplast relationships in algae. J. Cell Biol. 14 (1962) 433–444
177 Gibbs, S. P.: The ultrastructure of the pyrenoids of green algae. J. Ultrastruct. Res. 7 (1962) 262–272
178 Gibbs, S. P.: The ultrastructure of the chloroplasts of algae. J. Ultrastruct. Res. 7 (1962) 418–435
179 Giraud, A., M. Magne: La place de la meiose dans le cycle de développement de Porphyra umbilicalis. C. R. Acad. Sci. (Paris) 267 (1968) 586–588
180 Godward, M. B. E.: The life-cycle of Stigeoclonium amoenum. New Phytol. 41 (1942) 293–301
181 Godward, M. B. E.: The Chlorophyceae. In: The Chromosomes of Algae, hrsg. von M. B. E. Godward. Arnold, London 1966
182 Goodenough, U. W.: Chloroplast division and pyrenoid formation in Chlamydomonas reinhardii. J. Phycol. 6 (1970) 1–6
183 Goodwin, T. W.: Carotenoids and biliproteins. In: Algal Physiology and Biochemistry, hrsg. von W. D. P. Stewart, Blackwell, Oxford 1974 (S. 176–205)
184 Gorham, P. R.: Toxic algae. In: Algae and Man, hrsg. von D. F. Jackson. Plenum Press, New York 1964 (S. 307–336)
185 van Gorkom, H. J., M. Donze: Localization of Nitrogen fixation in Anabaena. Nature 234 (1971) 231–232
186 Graham, H. W.: Pyrrophyta. In Manual of Phycology, hrsg. von G. M. Smith. Blaisdell, Waltham, Mass. 1951 (S. 105–118)
187 Grambast, L. I: Précisions nouvelles sur la phylogénie des Charophytes. Nat. monspel. Ser. bot. 16 (1965) 71–77
188 Grambast, L. J.: Phylogeny of the Charophyta. Taxon 23 (1974) 463–481
189 Green, P. B.: Cell expansion. In: Physiology and Biochemistry of Algae, hrsg. von R. A. Lewin. Academic Press, New York 1962 (S. 625–632)
190 Green, P. B.: Cinematic observations on the growth and division of chloroplasts in Nitella. Amer. J. Bot. 51 (1964) 334–342
191 Green, J. C.: A new species of Pavlova from Madeira. Brit. phycol. Bull. 3 (1967) 299–303
192 Green, J. C.: Studies on the fine structure and taxonomy of flagellates in the genus Pavlova II. A freshwater representative, Pavlova granifera (Mack) comb. nov. Brit. phycol. J. 8 (1973) 1–12
193 Green, J. C., I. Manton: Studies on the fine structure and taxonomy of flagellates in the genus Pavlova. I. A revision of Pavlova gyrans, the type species. J. Mar. Biol. Ass. U. K. 50 (1970) 1113–1130
194 Griffiths, D. J.: The pyrenoid. Bot. Rev. 36 (1970) 29–58
195 Guillard, R. R. L., C. J. Lorenzen: Yellow-green algae with chlorophyllide c. J. Phycol. 8 (1972) 10–14
196 Hämmerling, J. Über die Geschlechtsverhältnisse von Acetabularia mediterranea und A. wettsteinii. Arch. Protistenk. 83 (1934) 57–97
197 Hager, A., H. Stransky: Das Carotinoidmuster und die Verbreitung des lichtinduzierten Xanthophyll-cyclus in verschiedenen Algenklassen. III. Grünalgen. Arch. Mikrobiol. 72 (1970) 68–83
198 Hager, A., H. Stransky: Das Carotinoidmuster und die Verbreitung des lichtinduzierten Xanthophyll-cyclus in verschiedenen Algenklassen. V. Einzelne Vertreter der Cryptophyceae, Euglenophyceae, Bacillariophyceae, Chrysophyceae und Phaeophyceae. Arch. Mikrobiol. 73 (1970) 77–89
199 Halfen, L. N.: Gliding motility of Oscillatoria: ultrastructural and chemical characterization of the fibrillar layer. J. Phycol. 9 (1973) 248-253
200 Halldall, P.: Action spectra of phototaxis and related problems in Volvocales, Ulva-gametes and Dinophyceae. Physiol. Plant. 11 (1958) 118–153
201 Hamel, G.: Chlorophycées des côtes françaises. Rev. algol. 5 (1930–32) 1–54, 383–430. 6 (1930–32) 9–73
202 Hanic, L. A., J. S. Craigie: Studies on the algal cuticle. J. Phycol. 5 (1969) 89–102
203 Hara, Y., M. Chihara: Comparative studies on the chloroplast ultrastructure in the Rhodophyta with special reference to their taxonomic significance. Sci. Rep. Tokyo Kyoiku Daigaku, Sect. B 15 (1974) 209–235
204 Harold, F. M.: Inorganic polyphosphates in biology: structure, metabolism, and function. Bact. Rev. 30 (1966) 772–794
205 Hartmann, T., W. Eschrich: Stofftransport in Rotalgen. Planta 85 (1969) 303–312
206 Hasle, G. R.: More on phototactic migration in marine dinoflagellates. Nytt Mag. Bot. 2 (1954) 139–147

207 Hawkins, A. F., G. F. Leedale: Zoospore structure and colony formation in Pediastrum spp. and Hydrodictyon reticulatum. Ann. Bot. 35 (1971) 201-211

208 Hawkins, E. K.: Observations on the developmental morphology and fine structure of pit connections in red algae. Cytologia 37 (1972) 759–768

209 Heath, I. B., W. M. Darley: Observations on the ultrastructure of the male gametes of Biddulphia levis Ehr. J. Phycol. 8 (1972) 51–59

210 Heimans, J.: Desmidiaceeën in biogeographie en taxonomie. Dodonaea 30 (1962) 239–252

211 Henssen, A., H. M. Jahns: Lichenes. Eine Einführung in die Flechtenkunde. Thieme, Stuttgart 1974

212 Herndon, W.: Studies on chlorosphaeracean algae from soil. Amer. J. Bot. 45 (1958) 298–308

213 Heywood, P.: Structure and origin of flagellar hairs in Vacuolaria virescens. J. Ultrastruct. Res. 39 (1972) 608–623

214 Heywood, P.: Intracisternal microtubules and flagellar hairs of Gonyostomum semen (Ehrenb.) Diesing. Brit. phycol. J. 8 (1973) 43–46

215 Heywood, P.: Mitosis and cytokinesis in the Chloromonadophyceaen alga Gonyostomum semen. J. Phycol. 10 (1974) 355–358

216 Heywood, P., M. B. E. Godward: Chromosome number and morphology in Vacuolaria virescens (Chloromonadophyceae). Ann. Bot. 37 (1973) 423–425

217 Hibberd, D. J.: Observations on the cytology and ultrastructure of Ochromonas tuberculatus sp. nov. (Chrysophyceae), with special reference to the discobolocysts. Brit. phycol. J. 5 (1970) 119–143

218 Hibberd, D. J.: Observations on the cytology and ultrastructure of Chlorobotrys regularis (West) Bohlin with special reference to its position in the Eustigmatophyceae. Brit. phycol. J. 9 (1974) 37–46

219 Hibberd, D. J., A. D. Greenwood, H. B. Griffiths: Observations on the ultrastructure of the flagella and periplast in the Cryptophyceae. Brit. phycol. J. 6 (1971) 61–72

220 Hibberd, D. J., G. F. Leedale: Eustigmatophyceae – a new algal class with unique organization of the motile cell. Nature 225 (1970) 758–760

221 Hibberd, D. J., G. F. Leedale: A new algal class – the Eustigmatophyceae. Taxon 20 (1971) 523–525

222 Hibberd, D. J., G. F. Leedale: Observations on the cytology and ultrastructure of the new algal class, Eustigmatophyceae. Ann. Bot. 36 (1972) 49–71

223 Hill, G. J. C., L. Machlis: An ultrastructural study of vegetative cell division in Oedogonium borisianum. J. Phycol. 4 (1968) 261–271

224 Hillis, L. W.: A revision of the genus Halimeda (order Siphonales.). Inst. mar. Sci. 6 (1959) 321–403

225 Hills, G. J., M. Guerney-Smith, K. Roberts: Structure, composition and morphogenesis of the cell wall of Chlamydomonas reinhardii. II. Electronmicroscopy and optical diffraction analysis. J. Ultrastruct. Res. 43 (1973) 179–192

226 Hirn, K. E.: Monographie und Iconographie der Oedogoniaceae. Acta sci. Fenn. 27 (1900) 1

227 van den Hoek, C.: The algal microvegetation in and on barnacle shells, collected along the Dutch and French coasts. Blumea 9 (1958) 206–214

228 van den Hoek, C.: Revision of the European Species of Cladophora. Brill, Leiden 1963

229 van den Hoek, C.: Taxonomic criteria in four chlorophycean genera. Nova Hedwigia 10 (1966) 367–386

230 van den Hoek, C., A. M. Cortel-Breeman, H. Rietema, J. B. W. Wanders: L'interprétation des données obtenues, par des cultures unialgales, sur les cycles évolutifs des algues. Quelques examples tirés des recherches conduites au laboratoire de Groningue. Soc. Bot. France, Mémoires (1972) 45–66

231 van den Hoek, C., A. Flinterman: The life-history of Sphacelaria furcigera Kütz. (Phaeophyceae). Blumea 16 (1968) 193–242

232 Hoffmann, L. R.: Chemotaxis of Oedogonium sperms. Southwest. Nat. 5 (1960) 111–116

233 Hoffmann, L. R.: Cytological studies of Oedogonium I. Oospore germination in Oedogonium foveolatum. Amer. J. Bot. 52 (1965) 173–181

234 Hoffmann, L. R.: Observations on the fine structure of Oedogonium VI. The striated component of the compound flagellar »roots« of O. cardiacum. Can. J. Bot. 48 (1970) 189–196

235 Hoffmann, L. R., J. Manton: Observations on the fine structure of Oedogonium II. The spermatozoid of O. cardiacum. Amer. J. Bot. 50 (1963) 455–463

236 Hollande, A.: Classe des Chrysomonadines (Chrysomonadina Stein 1878). In: Traité de Zoologie, Bd. I/1, hrsg. von P. P. Grassé. Masson, Paris 1952 (S. 471–570)

237 Hollande, A.: Classe des Chloromonadines. In: Traité de Zoologie, Bd. I/1, hrsg. von P. P. Grassé. Masson, Paris 1952 (S. 227–237)

238 Hollenberg, G. J.: A study of Halicystis ovalis. I. Morphology and reproduction. Amer. J. Bot. 22 (1935) 783–812

239 Hollenberg, G. J.: A study of Halicystis ovalis. II. Periodicity in the formation of gametes. Amer. J. Bot. 23 (1936) 1–3

240 Horne, R. W., D. Davies, K. Norton, M. Gurney-Smith: Electron microscope and optical diffraction studies on isolated cell walls from Chlamydomonas. Nature 232 (1971) 493–495

241 Huber-Pestalozzi, G.: Das Phytoplankton des Süßwassers. Systematik und Biologie, 5. Teil: Chlorophyceae, Ordnung Volvocales. Schweizerbart, Stuttgart 1961

242 Huber-Pestalozzi, G.: Das Phytoplankton des Süßwassers, 2. Aufl., 3. Teil: Cryptophyceae, Chloromonadophyceae, Dinophyceae. Schweizerbart, Stuttgart 1968

243 Hudson, M.: Field, Culture and Ultrastructural Studies on the Marine Green Alga Acrosiphonia in the Puget Sound Region. Diss., Univ. Washington 1974

245 Huizing, H. J., H. Rietema: Xylan and mannan as cell wall constituents of different stages in the life-histories of some siphoneous green algae. Brit. phycol. J. 10 (1975) 13–16

246 Hurdelbrink, L., H. O. Schwantes: Sur le cycle de développement de Batrachospermum. Soc. Bot. France, Mémoires (1972) 269–274

247 Hustede, H.: Über den Generationswechsel zwischen Derbesia neglecta Berth. und Bryopsis halymeniae Berth. Naturwissenschaften 47 (1960) 19

248 Hustede, H.: Entwicklungsphysiologische Untersuchungen über den Generationswechsel zwischen Derbesia neglecta Berth. und Bryopsis halymeniae Berth. Bot. mar. 6 (1964) 134-142

249 Hustedt, F.: Kieselalgen. In: Einführung in die Kleinlebewelt. Franckh (Kosmos), Stuttgart 1956

250 Ingham, H. R., J. Mason, P. C. Wood: Distribution of toxin in molluscan shellfish following the occurrence of mussle toxicity in North-East England. Nature 220 (1968) 25–27

251 Iversen, E. S.: Farming the Edge of the Sea. Fishing News (Books), London 1968

252 Iyengar, M. O. P., K. R. Ramanathan: On the reproduction of Anadyomene stellata (Wulf.) Ag. New Phytol. 19 (1940) 175–176

253 Iyengar, M. O. P., K. R. Ramanathan: On the life-history and cytology of Microdictyon tenius (Ag.) Decsne. New Phytol. 20 (1941) 157–159

254 Jahn, T. L., E. C. Bovee: Locomotive and motile response in Euglena. In: The biology of Euglena I, hrsg. von D. E. Buetow. Academic Press. New York 1968 (S. 45–108)

255 Janet, C.: Le Volvox. Ducourtieux & Gout, Limoges 1912

256 Jarosch, R.: Gliding. In: Physiology and Biochemistry of Algae, hrsg. von R. A. Lewin. Academic Press, New York 1962 (S. 573–581)

257 Jeffrey, C.: Thallophytes and kingdoms. Kew Bull. 25 (1971) 291–299

258 Jeffrey, S. W., Sielicki, M., F. T. Haxo: Chloroplast pigment patterns in Dinoflagellates. J. Phycol. 11 (1975) 374-384

259 Johnson, U. G., K. R. Porter: Fine structure of cell division in Chlamydomonas reinhardii. J. Cell Biol. 38 (1968) 403–425

260 Joly, A. B.: Gêneros de algas marinhas da Costa Atlântica Latino-Americana. Univ. São Paulo 1967

261 Jonsson, S.: Recherches sur les Cladophoracées marines. Ann. Sci. Nat. Bot., Sér. 12, 3 (1962) 25–230

262 Joyon, L.: Appareil de Golgi et sécrétion de la gelée chez la chrysomonadine Hydrurus foetidus (Villars-Trevisan). In: Electron microscopy 1964, hrsg. von M. Titlbach. Proc. 3d European Reg. Conf. Prague 1964 (S. 179–180)

263 Kalkman, C.: Mossen en vaatplanten. Oosthoek, Utrecht 1972

264 Kappers, F. J.: Giftige blauwwieren en de drinkwatervoorziening, H_2O 6 (1973) 396–400

265 Karim, A. G. A., F. E. Round: Microfibrils in the lorica of the freshwater alga Dinobryon. New Phytol. 66 (1967) 409–412

266 Kates, M., B. E. Volcani: Studies on the biochemistry and fine structure of silica-shell formation in diatoms. Lipid components of the cell walls. Z. Pflanzenphysiol. 60 (1968) 19–29

267 Kiermayer, O., B. Dobberstein: Membrankomplexe dictysomaler Herkunft als »Matrizen« für die extraplasmatische Synthese und Orientierung von Mikrofibrillen. Protoplasma 77 (1973) 437–451

268 Kiermayer, O., L. A. Staehelin: Feinstruktur von Zellwand und Plasmamembran bei Micrasterias denticulata Bréb. nach Gefrierätzung. Protoplasma 74 (1972) 227–237

269 Kies, L.: Elektronenmikroskopische Untersuchungen über Bildung und Struktur der Zygotenwand bei Micrasterias papillifera (Desmidiaceae) I. Das Exospor. Protoplasma 70 (1970) 21–47

270 Kies, L.: Elektronenmikroskopische Untersuchungen über Bildung und Struktur der Zygotenwand bei Micrasterias papillifera (Desmidiaceae) II. Die Struktur von Mesospor und Endospor. Protoplasma 71 (1970) 139–146

271 Klaveness, D.: Coccolithus huxleyi (Lohmann) Kamptner I. Morphological investigations on the vegetative cell and the process of coccolith formation. Protistologica 8 (1972) 335–346

272 Klaveness, D.: Coccolithus huxleyi (Lohm.) Kamptn. II. The flagellate cell, aberrant cell types, vegetative propagation and life cycles. Brit. phycol. J. 7 (1972) 300–318

273 Klaveness, D.: The microanatomy of Calyptrosphaera sphaeroidea with some supplementary observations on the motile stage of Coccolithus pelagicus. Norweg. J. Bot. 20 (1973) 151–162

274 Klein, R. M., A. Cronquist: A consideration of the evolutionary and taxonomic significance of some biochemical, micromorphological, and physiological characters in the Thallophytes. Quart. Rev. Biol. 42 (1967) 105–296

275 Kleinig, H.: Über die Struktur von Siphonaxanthine und Siphoneine. Phytochem. 6 (1967) 1681–1686

276 Kleinig, H.: Carotenoids of siphonous green algae: a chemotaxonomic study. J. Phycol. 5 (1969) 281–284

277 Kleinig, H., H. Nitsche, K. Egger: The structure of siphonaxanthine. Tetrahedron Lett. 1969, 5139–5142

278 Knapp, E.: Über Geosiphon pyriforme Fr. Wettst. und intrazelluläre Pilz-Algen Symbiose. Ber. dtsch. bot. Ges. 51 (1933) 210–216

279 Koeman, R. P. T., A. M. Cortel-Breeman: Observations on the life-history of Elachista fucicola (Vell.) Aresch. (Phaeophyceae) in culture. Phycologia 15 (1976) 107–117

280 Kolkwitz, R., H. Krieger: Zygnemales. Rabenhorst's Kryptogamenflora, Bd. XIII/2. Akademische Verlagsgesellschaft, Leipzig 1941

281 Koop, M.-U.: Über den Ort der Meiose bei Acetabularia mediterranea. Protoplasma 85 (1975) 109–114

282 Kornmann, P.: Zur Entwicklungsgeschichte von Derbesia und Halicystis. Planta 28 (1938) 464–470

283 Kornmann, P.: Über Spongomorpha lanosa und ihre Sporophytenformen. Helgol. wiss. Meeresunters. 7 (1961) 195–205

284 Kornmann, P.: Zur Entwicklung von Monostroma grevillei zur systematischen Stellung von Gomontia polyrhiza. Vorträge aus dem Gesamtgebiet der Botanik. Dtsch. bot. Ges., N. F. 1 (1962) 37–39

285 Kornmann, P.: Die Entwicklung von Monostroma grevillei. Helgol. wiss. Meeresunters. 8 (1962) 195–202

286 Kornmann, P.: Der Lebenszyklus von Desmarestia viridis. Helgol. wiss. Meeresunters. 8 (1962) 287–292

287 Kornmann, P.: Eine Revision der Gattung Acrosiphonia. Helgol. wiss. Meeresunters. 8 (1962) 219–242

288 Kornmann, P.: Zur Biologie von Spongomorpha aeruginosa (Linnaeus) van den Hoek. Helgol. wiss. Meeresunters. 11 (1964) 200–208

289 Kornmann, P.: Der Lebenszyklus von Acrosiphonia arcta. Helgol. wiss. Meeresunters. 11 (1964) 110–117

290 Kornmann, P.: Was ist Acrosiphonia arcta? Helgol. wiss. Meeresunters. 12 (1965) 40–51

291 Kornmann, P.: Zur Analyse des Wachstums und des Aufbaus von Acrosiphonia. Helgol. wiss. Meeresunters. 12 (1965) 219–238

292 Kornmann, P.: Wachstum und Aufbau von Spongomorpha aeruginosa (Chlorophyta, Acrosiphoniales). Blumea 15 (1967) 9–16

293 Kornmann, P.: Codiolophyceae, a new class of Chlorophyta. Helgol. wiss. Meeresunters. 25 (1973) 1–13
294 Kornmann, P., P.-H. Sahling: Zur Taxonomie und Entwicklung der Monostroma-Arten von Helgoland. Helgol. wiss. Meeresunters. 8 (1962) 302–320
295 Kosinskaja, E. K.: Conjugatae (I). In Flora plantarum cryptogamarum URSS, Bd. II. Akad. Nauk SSSR, Moskau 1952
296 Kosinskaja, E. K.: Conjugatae (II). Teil I. In Flora plantarum cryptogamarum URSS, Bd. V. Akad. Nauk SSSR, Moskau 1960
297 Kramer, D.: Fine structure of growing cellulose fibrils of Ochromonas malhamensis Pringsheim (syn. Poteriochromonas stipitata Scherffel). Z. Naturforsch. 6 (1970) 281–289
298 Kreger, D. R.: Cell walls. In: Physiology and Biochemistry of Algae, hrsg. von R. A. Lewin. Academic Press, New York 1962 (S. 315–335)
299 Kreger, D. R., J. van der Veer: Paramylon in a chrysophyte. Acta bot. Neerl. 19 (1970) 401–402
300 Krieger, H.: Die Desmidiaceen. Rabenhorst's Kryptogamenflora, Bd. XIII. Akademische Verlagsgesellschaft, Leipzig 1933–39
301 Krieger, H.: In: R. Kolkwitz, H. Krieger: Zygnemales. Rabenhorst's Kryptogamenflora, Bd. XIII. Akademische Verlagsgesellschaft, Leipzig 1941–44
302 Krieger, H., J. Gerloff: Die Gattung Cosmarium. Lief. 1 u. 2. Cramer, Weinheim 1962, 1965
303 Kubai, D. F., H. Ris: Division of the dinoflagellate Gyrodinium cohnii (Schiller). A new type of nuclear reproduction. J. Cell Biol. 40 (1969) 508–528
304 Kuckuck, P.: Beiträge zur Kenntnis der Meeresalgen. Über den Generationswechsel von Cutleria multifida (Engl. Bot.) Grev. Wiss. Meeresunters., N. F. Helgol. 3 (1899) 95–117
305 Kuckuck, P., W. Nienburg: Fragmente einer Monographie der Phaeosporeen. Wiss. Meeresunters., N. F. Helgol. 17 (1929) 1–93
306 Kugrens, P., J. A. West: Ultrastructure of spermatial development in the parasitic red algae Levringiella gardneriana and Erythrocystis saccata. J. Phycol. 8 (1972) 331–343
307 Kuhl, A.: Phosphate metabolism of green algae. In: Algae, Man and the Environment, hrsg. von D. F. Jackson. Syracuse University Press, New York 1968 (S. 37–52)
308 Kumke, J.: Beiträge zur Periodicität der Oogon-Entleerung bei Dictyota dichotoma (Phaeophyta). Z. Pflanzenphysiol. 70 (1973) 191–210
309 Kurogi, M.: Species of cultivated Porphyras and their life-histories (Study of the life-history of Porphyra II). Bull. Tohoku Reg. Fish. Res. Lab. 18 (1961) 1–115
310 Kurogi, M.: Seaweeds. Recent laver cultivation in Japan. Fish. news int., july/sept. 1963, 3
311 Kylin, H.: Studien über die Entwicklungsgeschichte der Florideen. Kungl. Svenska Vetensk. Akad. Handl. 63 (1923) 39
312 Kylin, H.: Entwicklungsgeschichtliche Florideenstudien. Lunds Universitets Årsskrift, N. F. Avd. 2, 24 (1928) 127
313 Kylin, H.: Über die Entwicklungsgeschichte der Florideen. Lunds Universitets Årsskrift., N. F. Avd. 2,26 (1930) 5–103
314 Kylin, H.: Die Gattungen der Rhodophyceen. Gleerups, Lund 1956
315 Lang, N. J.: Electron-microscopic demonstration of plastids in Polytoma. J. Protozool. 10 (1963) 333–339
316 Lang, N. J.: Ultrastructure of the blue-green algae. In: Algae, Man, and the Environment, hrsg. von D. F. Jackson. Syracuse University Press, New York 1968
317 Lang, N. J., B. A. Whitton: Arrangement and structure of thylakoids. In: The Biology of Blue-green Algae, hrsg. von N. G. Carr, B. A. Whitton. Blackwell, Oxford 1973 (S. 66–79)
318 Leadbeater, B. S. C.: Preliminary observations on differences of scale morphology at various stages in the life cycle of »Apistonema-Syracosphaera« sensu von Stosch. Brit. Phycol. J. 5 (1970) 57–69
319 Leadbeater, B. S. C., J. D. Dodge: The fine structure of Woloszynskia micra sp. nov., a new marine dinoflagellate. Brit. phycol. Bull. 3 (1966) 1–17
320 Leadbeater, B. S. C., J. D. Dodge: An electron microscope study of dinoflagellate flagella. J. gen. Microbiol. 46 (1967) 305–314
321 Leadbeater, B. S. C., J. D. Dodge: An electron microscope study of nuclear cell division in a dinoflagellate. Arch. Mikrobiol. 57 (1967) 239–254

322 Leadbeater, B. S. C., I. Manton: Chrysochromulina camella sp. nov. and cymbum sp. nov., two new relatives of C. strobilus Parke and Manton. Arch. Mikrobiol. 68 (1969) 116–132
323 Leedale, G. F.: Pellicle structure in Euglena. Brit. phycol. Bull. 2 (1964) 291–306
324 Leedale, G. F.: Euglenoid flagellates. Prentice-Hall, Englewood Cliffs, N. J. 1967
325 Leedale, G. F.: How many are the kingdoms of organisms? Taxon 23 (1974) 261–270
326 Leedale, G. F., B. S. C. Leadbeater, A. Massalski: The intracellular origin of flagellar hairs in the Chrysophyceae and Xanthophyceae. J. Cell Sci. 6 (1970) 701–719
327 Lembi, C., N. J. Lang: Electron microscopy of Carteria and Chlamydomonas. Amer. J. Bot. 52 (1965) 464–477
328 Levine, R. P.: Genetic dissection of photosynthesis. Science 162 (1968) 768–771
329 Levine, R. P., W. T. Ebersold: The genetics and cytology of Chlamydomonas. Ann. Rev. Microbiol. 14 (1960) 197–216
330 Levring, T., H. A. Hoppe, O. J. Schmid: Marine Algae. A survey of research and utilization. Cram, de Gruyter & Co, Hamburg 1969
331 Lewin, J. C.: Silicification. In: Physiology and Biochemistry of Algae, hrsg. von R. A. Lewin. Academic Press, New York 1962 (S. 445–455)
332 Lewin, R.: Physiology and Biochemistry of Algae. Academic Press, New York 1962
333 Lewin, R.: Biochemical taxonomy. In: Algal Physiology and Biochemistry, hrsg. von W. D. P. Stewart. Blackwell, Oxford 1974 1–39
334 Lewin, R., N. W. Withers: Extraordinary pigment composition of a prokaryotic alga. Nature 256 (1975) 735–737
335 Lichtlé, C., G. Giraud: Aspects ultrastructuraux particuliers au plaste du Batrachospermum virgatum (Sirdt) Rhodophycée – Némalionale. J. Phycol. 6 (1970) 281–289
336 Liddle, L., Berger, S., M. S. Schweiger: Ultrastructure during development of the nucleus of Batophora oerstedii (Chlorophyta, Dasycladaceae). J. Phycol. 12 (1976) 261–272
337 Linnaeus, C.: Genera plantarum. Holmiae 1754
338 Littlefield, L., C. Forsberg: Absorption and translocation of Phosphorus 32 by Chara globularis Thuill. Physiol. Plant. 18 (1965) 291–296
339 Logan, B. W., R. Rezak, R. N. Ginsburg: Classification and environmental significance of algal stromatolites. J. Geol. 72 (1964) 68–83
340 Loiseaux, S., J. A. West: Brown algal mastigonemes: comparative ultrastructure. Trans. Amer. Microsc. Soc. 89 (1970) 54
341 Lokhorst, G. M., M. Vroman: Taxonomic stúdy on three freshwater Ulothrix species. Acta bot. Neerl. 21 (1972) 449–480
342 Lokhorst, G. M., M. Vroman: Taxonomic studies on the genus Ulothrix (Ulotrichales, Chlorophyceae) II. Acta bot. Neerl. 23 (1974) 369–398
343 Lokhorst, G. M., M. Vroman: Taxonomic studies on the genus Ulothrix (Ulotrichales, Chlorophyceae) III. Acta bot. Neerl. 23 (1974) 561–602
344 Lott, J. N. A., G. H. Harris, C. D. Turner: The Wall of Cosmarium botrytis. J. Phycol. 8 (1972) 232–236
345 Lucas, I. A. N.: Observations on the fine structure of the Cryptophyceae. I. The genus Cryptomonas. J. Phycol. 6 (1970) 30–38
346 Lucas, I. A. N.: Observations on the ultrastucture of representatives of the genera Hemiselmis and Chroomonas (Cryptophyceae). Brit. Phycol. J. 5 (1970) 29–37
347 Lüning, K.: Seasonal growth of Laminaria hyperborea under recorded underwater light conditions near Helgoland. In: Proc. 4th European Marine Biol. Symp., hrsg. von D. J. Crisp. Cambridge University Press, London 1971 (S. 347–361)
348 Lüning, K., K. Schmitz, J. Willenbrink: CO_2-fixation and translocation in benthic marine algae. III. Rates and ecological significance of translocation in Laminaria hyperborea and L. saccharina. Mar. Biol. 23 (1973) 275–281
349 Machlis, L., G. G. C. Hill, K. E. Steinback, W. Reed: Some characteristics of the sperm attractant from Oedogonium cardiacum. J. Phycol. 10 (1974) 199–204
350 Mackie, W., R. D. Preston: Cell wall and intercellular polysaccharides. In: Algal Physiology and Biochemistry, hrsg. von W. D. P. Stewart. Blackwell, Oxford 1974 (S. 40–85)

351 MacRaild, G. N., H. B. S. Womersley: The morphology and reproduction of Derbesia clavaeformis (J. Agardh) De Toni (Chlorophyta). Phycologia 13 (1974) 83–93

352 Magne, F.: La structure du noyau et le cycle nucléaire chez le Porphyra linearis Greville. C. R. Acad. Sci. (Paris) 234 (1952) 986–988

353 Magne, F.: Sur la présence de l'Halicystis ovalis (Lyngb.) Areschoug et du Derbesia marina (Lyngb.) Kjellm. dans la Manche. Bull. Soc. Bot. France 103 (1956) 488–490

354 Magne, F.: Recherches caryologiques chez les Floridées (Rhodophycées). Cah. Biol. Mar. Roscoff 5 (1964) 461–671

355 Magne, F.: Sur l'existence, chez les Lemanea (Rhodophycées, Némalionales), d'un type de cycle de développement encore inconnu chez les algues rouges. C. R. Acad. Sci. (Paris) 264 (1967) 2632–2633

356 Magne, F.: Sur le déroulement et le lieu de la méiose chez les Lémanéacées (Rhodophycées, Némalionales). C. R. Acad. Sci. (Paris) 265 (1967) 670–673

357 Magne, F.: Le cycle de développement des Rhodophycées et son évolution. Soc. Bot. France, Mémoires 1972, 247–268

358 Maier, E. X.: De kranswieren (Charophyta) van Nederland. Wet. Meded. K. N. N. V. 93 (1972) 43.

359 Mandelli, E.: Carotenoid pigments of the dinoflagellate Glenodinium foliaceum Stein. J. Phycol. 4 (1968) 347–348

360 Manton, I.: Observations with the electron microscope on the internal structure of the zoospore of a brown alga (Scytosiphon lomentarius). J. exp. Bot. 8 (1957) 294–303

361 Manton, I.: Observations on the internal structure of the spermatozoids of Dictyota. J. exp. Bot. 10 (1959) 448–461

362 Manton, I.: Observations on the fine structure of the zoospore and the young germling of Stigeoclonium. J. exp. Biol. 15 (1964) 399–411

363 Manton, I.: Further observations on the fine structure of the haptonema in Prymnesium parvum. Arch. Mikrobiol. 49 (1964) 315–330

364 Manton, I.: Observations on scale production in Prymnesium parvum. J. Cell Sci. 1 (1966) 375–380

365 Manton, I.: Electron microscopical observations on a clone of Monomastix scherffelii in culture. Nova Hedwigia 14 (1967) 1–11.

366 Manton, I.: Further observations on the microanatomy of the haptonema in Chrysochromulina chiton and Prymnesium parvum. Protoplasma 66 (1968) 35–54

367 Manton, I., B. Clarke: Electron microscope observations on the zoospores of Pylaiella and Laminaria. J. exp. Bot. 2 (1951) 242–246

368 Manton, I., B. Clarke: Observations with the electron microscope on the internal structure of the spermatozoid of Fucus. J. exp. Bot. 7 (1955) 416–432

369 Manton, I., H. Ettl: Observations on the fine structure of Mesostigma viride Lauterborn. J. Linn. Soc. (Bot.) 59 (1965) 175–184

370 Manton, I., I. Friedmann: Gametes, fertilization and zygote development in Prasiola stipitata Suhr. II. Nova Hedwigia 1 (1960) 443–462

371 Manton, I., K. Kowallik, H. A. von Stosch: Observations on the fine structure and development of the spindle at mitosis and meiosis in a marine centric diatom (Lithodesmium undulatum). I. Preliminary survey of mitosis in spermatogonia. J. Microsc. 89 (1969) 295–320

372 Manton, I., K. Kowallik, H. A. von Stosch: Observations on the fine structure and development of the spindle at mitosis and meiosis in a marine centric diatom (Lithodesmium undulatum). II. The early meiotic stages in male gametogenesis. J. Cell Sci. 5 (1969) 271–298

373 Manton, I., K. Kowallik, H. A. von Stosch: Observations on the fine structure and development of the spindle at mitosis and meiosis in a marine centric diatom (Lithodesmium undulatum). III. The later stages of meiosis I in male gametogenesis. J. Cell Sci. 6 (1970) 131–157

374 Manton, I., K. Kowallik, H. A. von Stosch: Observations on the fine structure and development of the spindle at mitosis and meiosis in a marine centric diatom (Lithodesmium undulatum). IV. The second meiotic division and conclusion. J. Cell Sci. 7 (1970) 407–444

375 Manton, I., G. F. Leedale: Observations on the fine structure of Prymnesium parvum Carter. Arch. Mikrobiol. 45 (1963) 285–303

376 Manton, I., G. F. Leedale: Observations on the microanatomy of Crystallolithus hyalinus Gaarder et Markali. Arch. Mikrobiol. 47 (1963) 115–136

377 Manton, I., G. F. Leedale: Observations on the microanatomy of Coccolithus pelagicus and Cricosphaera carterae, with reference to the origin of coccoliths and scales. J. Mar. Biol. Ass. U. K. 49 (1969) 1–16

378 Manton, I., K. Oates, G. Gooday: Further observations on the chemical composition of thecae of Platymonas tetrathele West (Prasinophyceae) by means of x-ray microanalyser electronmicroscope (EMMA). J. exp. Bot. 24 (1973) 223–229

379 Manton, I., K. Oates, M. Parke: Observations on the fine structure of the Pyramimonas stage of Halosphaera and preliminary observations on the three species of Pyramimonas. J. Mar. Biol. Ass. U. K. 43 (1963) 225–238

380 Manton, I., M. Parke. Further observations on small green flagellates with special reference to possible relatives of Chromulina pusilla Butcher. J. Mar. Biol. Ass. U. K. 39 (1960) 275–278

381 Manton, I., M. Parke: Preliminary observations on scales and their mode of origin in Chrysochromulina polylepis sp. nov. J. Mar. Biol. Ass. U. K. 42 (1962) 565–578

382 Manton, I., M. Parke: Observations on the fine structure of two species of Platymonas, with special reference to flagellar scales and the mode of origin of the theca. J. Mar. Biol. Ass. U. K. 45 (1965) 743–754

383 Manton, I., L. S. Peterfi: Observations on the fine structure of coccoliths, scales and the protoplast of a freshwater coccolithiphorid, Hymenomonas roseola Stein, with supplementary observation on the protoplast of Cricophaera carterae. Proc. roy. Soc. (Lond.) B 172 (1969) 1–15

384 Manton, I., D. G. Rayns, H. Ettl, M. Parke: Further observations on green flagellates with scaly flagella; the genus Heteromastix Korschikoff. J. Mar. Biol. Ass. U. K. 45 (1965) 241–255

385 Manton, I., H. A. von Stosch: Observations on the fine structure of the male gamete of the marine centric diatom Lithodesmium undulatum. J. roy. Microsc. Soc. 85 (1966) 119–134

386 Marchant, H. J., J. D. Pickett-Heaps: Ultrastructure and differentiation of Hydrodictyon reticulatum. Austr. J. biol. Sci. 23 (1970) 1173–1186

387 Marchant, H. J., J. D. Pickett-Heaps: Ultrastructure and differentiation of Hydrodictyon reticulatum IV. Conjugation of gametes and the development of zygospores and azygospores. Austr. J. biol. Sci. 25 (1972) 279–291

388 Marchant, H. J., J. D. Pickett-Heaps: Mitosis and cytokinesis in Coleochaete scutata. J. Phycol. 9 (1973) 461–471

389 Margulis, L.: Origin of Eukaryotic Cells. Yale University Press, New Haven, Conn. 1970

390 Margulis, L.: Symbiosis and evolution. Sci. Amer. 225 (1971) 48–57

391 Massalski, A., G. F. Leedale: Cytology and ultrastructure of the Xanthophyceae I. Comparative morphology of the zoospores of Bumilleria sicula Borzi and Tribonema vulgare Pascher. Brit. phycol. J. 4 (1969) 159–180

392 Mattox, K. R., K. D. Stewart: Observations on the zoospores of Pseudenclonium basiliense and Trichosarcina polymorpha (Chlorophyceae). Can. J. Bot. 51 (1973) 1425–1430

393 Mattox, K. R., K. D. Stewart: A comparative study of cell division in Trichosarcina polymorpha and Pseudenclonium basiliense (Chlorophyceae). J. Phycol. 10 (1974) 447–456

394 Mattox, K. R., K. D. Stewart, G. L. Floyd: The cytology and classification of Schizomeris leibleinii (Chlorophyceae) I. The vegetative thallus. Phycologia 13 (1974) 63–69

395 McBride, G. E.: Cytokinesis in the green alga Fritschiella tuberosa. Nature 216 (1967) 939

396 McBride, G. E.: Ultrastructure of the Coleochaete scutata-zoospore. J. Phycol. 4 (1969)

397 McCully, M. E.: Correlated light and electronmicroscope studies on the cell walls of Fucus. Proc. 5th Int. Seaweed Symp. Halifax 1966 (S. 167)

398 McCully, M. E.: Histological studies on the genus Fucus. Protoplasma 42 (1966) 287–305

399 McLacklan, J., M. Parke: Platymonas impellucida sp. nov. from Puerto Rico. J. Mar. Biol. Ass. U. K. 47 (1967) 723–733

400 McLaughlin, J. J. A., P. Zahl: Endozoic algae. In: Symbiosis I, hrsg. von S. M. Henry. Academic Press, New York 1966

401 Meeks, J. C.: Chlorophylls. In: Algal Physiology and Biochemistry, hrsg. von W. D. P. Stewart. Blackwell, Oxford 1974 (S. 161–175).

402 Meeuse, B. J. D.: Storage products. In: Physiology and Biochemistry of Algae, hrsg. von R. A. Lewin. Academic Press, New York 1962 (S. 289–313)

403 Meinesz, A.: Sur la reproduction sexuée de l'Udotea petiolata (Turr.) Boerg. C. R. Acad. Sci. (Paris) 269 (1969) 1063–1065

404 Meinesz, A.: Sur le cycle de l'Halimeda tuna (Ellis et Solander) Lamouroux (Udotéacée, Caulerpale). C. R. Acad. Sci. (Paris) 275 (1972) 1363–1365

405 Meinesz, A.: Sur le cycle d'Udotea petiolata (Turra) Boergesen (Caulerpale, Udotéacée). C. R. Acad. Sci. (Paris) 275 (1972) 1975–1977

406 Mereschkowsky, C.: Über Natur und Ursprung der Chromatophoren im Pflanzenreiche. Biol. Zbl. 25 (1905) 593–604

407 Mignot, J. P.: Etude ultrastructurale de Cyathomonas truncata (flagellé cryptomonadine). J. Microsc. 4 (1965) 239–252

408 Millington, W. F., S. R. Gawlik: Silica in the wall of Pediastrum. Nature 216 (1967) 68

409 Moestrup, Ø.: On the fine structure of the spermatozoids of Vaucheria sescuplicaria and on the later stages in spermatogenesis. J. Mar. Biol. Ass. U. K. 50 (1970) 513–523

410 Moestrup, Ø.: The fine structure of the mature spermatozoids of Chara corallina, with special reference to microtubules and scales. Planta 93 (1970) 295–308

411 Moestrup, Ø.: New observations on scales in green algae. Brit. Phycol. J. 8 (1973) 214

412 Moestrup, Ø., M. A. Thomsen: An ultrastructural study of the flagellate Pyramimonas orientalis with particular emphasis on Golgi apparatus activity and the flagellar apparatus. Protoplasma 81 (1974) 247–269

413 Moner, J. G., G. B. Chapman: Cell wall formation in Pediastrum biradiatum as revealed by the electron microscope. Amer. J. Bot. 50 (1963) 992–998

414 Moor, H.: Der Feinbau der Microtubuli in Hefen nach Gefrierätzung. Protoplasma 64 (1967) 89–103

415 Müller, D. G.: Untersuchungen zur Entwicklungsgeschichte der Braunalge Ectocarpus siliculosus aus Neapel. Planta 68 (1966) 57–68

416 Müller, D. G.: Generationswechsel, Kernphasenwechsel und Sexualität der Braunalge Ectocarpus siliculosus im Kulturversuch. Planta 75 (1967) 39–54

417 Müller, D. G.: Versuche zur Charakterisierung eines Sexuallockstoffes bei der Braunalge Ectocarpus siliculosus I. Methoden, Isolierung und gaschromatografischer Nachweis. Planta 81 (1968) 160–168

418 Müller, D. G.: Diploide heterozygote Gametophyten bei der Braunalge Ectocarpus siliculosus. Naturwissenschaften 57 (1970) 357–358

419 Müller, D. G.: Studies on reproduction in Ectocarpus siliculosus. Soc. Bot. France, Mémoires (1972) 87–98

420 Müller, D. G.: Detection and identification of sex attractants in three marine brown algae. 8th Int. Seaweed Symp. Abstracts 1974 (S. 1)

421 Müller, D. G., H. Falk: Flagellar structure of the gametes of Ectocarpus siliculosus (Phaeophyta) as revealed by negative staining. Arch. Mikrobiol. 91 (1973) 313–322

422 Müller, D. G., L. Jaenicke: Fucoserraten, the female sex attractant of Fucus serratus L. FEBS Lett. 30 (1973) 137–139

423 Müller, D. G., L. Jaenicke, M. Donike, T. Akintobi: Sex attractant in a brown alga: chemical structure. Science 171 (1971) 815–817

424 Müller, E., W. Loeffler: Mykologie, 2. Aufl. Thieme, Stuttgart 1971

425 Nakamura, Y., M. Tatewaki: The life-history of some species of the Scytosiphonales. Scient. Pap. Inst. Algol. Res. Hokkaido Univ. 6 (1975) 57–93

426 Neumann, K.: Protonema mit Riesenkern bei der siphonalen Grünalge Bryopsis hypnoides und weitere cytologische Befunde. Helgol. wiss. Meeresunters. 19 (1969) 45–57

427 Neumann, K.: Beitrag zur Cytologie und Entwicklung der siphonalen Grünalge Derbesia marina. Helgol. wiss. Meeresunters. 19 (1969) 355–375

428 Newton, L.: A Handbook of the British Seaweeds. British Museum, London 1931

429 Nichols, B. W.: Lipid composition and metabolism. In: The Biology of Blue-green Algae, hrsg. von N. G. Carr, B. A. Whitton. Blackwell, Oxford 1973 (S. 144–161)

430 Nipkov, F.: Über die Sexual- und Dauerperioden einiger Zygnemales aus schweizerischen Kleingewässern. Schweiz. Z. Hydrol. 24 (1962) 1–43

431 Nisizawa, K., K. Kuroda, Y. Tomita, H. Shimahara: Main cell wall constituents of the cysts of Acetabularia. Bot. mar. 17 (1974) 16–19

432 Norris, R. E.: Unarmoured marine dinoflagellates. Endeavour 25 (1966) 124–128

433 Nultsch, W.: Movements. In: Algal Physiology and Biochemistry, hrsg. von W. D. P. Stewart. Blackwell, Oxford 1974 (S. 864–893)

434 Nygaard, C.: Hydrobiological study on some Danish ponds and lakes. Kong. Dan. Vidensk. Selsk. 7 (1949) 1–263

435 Oakley, B. R., J. D. Dodge: Kinetochores associated with the nuclear envelope in the mitosis of a dinoflagellate. J. Cell Biol. 63 (1974) 322–325

436 O'Colla, P. S.: Mucilages. In: Physiology and Biochemistry of Algae, hrsg. von R. A. Lewin. Academic Press, New York 1962 (S. 337–356)

437 Ogino, C.: Tannins and vacuolar pigments. In: Physiology and Biochemistry of Algae, hrsg. von R. A. Lewin. Academic Press, New York 1962 (S. 437–443)

438 Oltmanns, F.: Morphologie und Biologie der Algen. I. Chrysophyceae – Chlorophyceae, 2. Aufl. Fischer, Jena 1922

439 Oltmanns, F.: Morphologie und Biologie der Algen, II. Phaeophyceae – Rhodophyceae, 2. Aufl. Fischer, Jena 1922

440 Paddock, T. B. B.: A possible aid to survival of the marine coccolithophorid Crisosphaera and similar organisms. Brit. Phycol. Bull. 3 (1968) 519–523

441 Pankratz, H. S., C. C. Bowen: Cytology of blue-green algae. I. The cells of Symploca muscorum. Amer. J. Bot 50 (1963) 387–399

442 Papenfuss, G.: Phaeophyta. In: Manual of Phycology, hrsg. von G. M. Smith. Blaisdell, Waltham, Mass. 1951 (S. 119–166)

443 Parke, M.: A contribution to knowledge of the Mesogloiaceae and associated families. Univ. Liverpool, publ. Hartl. Bot. Labs. 9 (1933) 43, 11T

444 Parke, M.: Some remarks concerning the class Chrysophyceae. Brit. Phycol. Bull. 2 (1961) 47–55

445 Parke, M.: The genus Pachysphaera (Prasinophyceae). In: Some Contemporary Studies in Marine Science, hrsg. von H. Barnes. Allen & Unwin, London 1966 (S. 555–563)

446 Parke, M.: The production of calcareous elements by benthic algae belonging to the class Haptophyceae (Chrysophyta). In: Proceedings of the 2nd Planktonic Conference, Roma 1970, hrsg. von A. Farinacci. 1971 (S. 929–937)

447 Parke, M., I. Adams: The motile (Crystallolithus hyalinus Gaarder et Markali) and non-motile phases in the life-history of Coccolithus pelagicus (Wallich) Schiller. J. Mar. Biol. Ass. U. K. 39 (1960) 263–274.

448 Parke, M., P. S. Dixon: Check-list of British marine algae – second revision. J. Mar. Biol. Ass. U. K. 48 (1968) 783–832

449 Parke, M., J. W. G. Lund, I. Manton: Observations on the biology and fine structure of the type species of Chrysochromulina (C. parva Lackey) in the English Lake District. Arch. Mikrobiol. 42 (1962) 333–352

450 Parke, M., I. Manton: Studies on marine flagellates VI. Chrysochromulina pringsheimii sp. nov. J. Mar. Biol. Ass. U. K. 42 (1962) 391–404

451 Parke, M., I. Manton: Preliminary observations on the fine structure of Prasinocladus marinus. J. Mar. Biol. Ass. U. K. 45 (1965) 525–536

452 Parke, M., I. Manton: The specific identity of the algal symbiont in Convoluta roscoffensis. J. Mar. Biol. Ass. U. K. 47 (1967) 445–464

453 Parke, M., I. Manton, B. Clarke: Studies on marine flagellates II. Three new species of Chrysochromulina. J. Mar. Biol. Ass. U. K. 34 (1955) 579–609

454 Parke, M., I. Manton, B. Clarke: Studies on marine flagellates III. Three further species of Chrysochromulina. J. Mar. Biol. Ass. U. K. 35 (1956) 387–414

455 Parke, M., I. Manton, B. Clarke: Studies on marine flagellates IV. Morphology and microanatomy of a new species of Chrysochromulina. J. Mar. Biol. Ass. U. K. 37 (1958) 209–228

456 Parke, M., I. Manton, B. Clarke: Studies on marine flagellates V. Morphology and microanatomy of Chrysochromulina strobilus sp. n. J. Mar. Biol. Ass. U. K. 38 (1959) 169–188

457 Parke, M., D. G. Rayns: Studies on marine flagellates VII. Nephroselmis gilva sp. nov. and some allied forms. J. Mar. Biol. Ass. U. K. 44 (1964) 209–217

458 Parker, B. C.: Translocation in the giant kelp Macrocystis I. Rates, direction, quantity of C^{14}-labelled products and fluorescence. J. Phycol. 1 (1965) 42–46

459 Parker, B. C.: Translocation in Macrocystis III. Composition of the sieve tube exudate and identification of the major C^{14}-labelled products. J. Phycol. 2 (1966) 38–46

460 Parker, B. C., J. Huber: Translocation in Macrocystis II. Fine structure of the sieve tubes. J. Phycol. 1 (1965) 172–179

461 Pascher, A.: Heterokonten. Rabenhorst's Kryptogamenflora, Bd. XI. Akademische Verlagsgesellschaft, Leipzig 1939

462 Percival, E., R. H. McDowell: Chemistry and Enzymology of Marine Algal Polysaccharides. Academic Press, London 1967

463 Peterfi, L. S., I. Manton: Observations with the electron microscope on Asteromonas gracilis Artari emend. (Stephanoptera gracilis [Artari] Wisl.) With some comparative observations on Dunaliella sp. Brit. Phycol. Bull. 3 (1968) 423–440

464 Petersen, J. B., J. B. Hansen: On the scales of some Synura species. Biol. Medd. Dan. Vidensk. Selsk. 23 (1956) 3–28

465 Pickett-Heaps, J. D.: Ultrastructure and differentiation in Chara sp. II. Mitosis. Austr. J. biol. Sci. 20 (1967) 883–894

466 Pickett-Heaps, J. D.: Ultrastructure and differentiation in Chara (fibrosa) IV. Spermatogenesis. Austr. J. biol. Sci. 21 (1968) 655–690

467 Pickett-Heaps, J. D.: The evolution of the mitotic apparatus: an attempt at comparative ultrastructural cytology in dividing plant cells. Cytobios 3 (1969) 257–280

468 Pickett-Heaps, J. D.: Mitosis and autospore-formation in the green alga Kirchneriella lunaris. Protoplasma 70 (1970) 325–347

469 Pickett-Heaps, J. D.: Reproduction by zoospores in Oedogonium. I. Zoosporogenesis. Protoplasma 72 (1971) 275–314

470 Pickett-Heaps, J. D.: Cell division in Cosmarium botrytis. J. Phycol. 8 (1972) 343–360

471 Pickett-Heaps, J. D.: Cell division in Stichococcus. Brit. phycol. J. 9 (1974) 63–73

472 Pickett-Heaps, J. D.: Green Algae. Structure, reproduction and evolution in selected genera. Sinauer, Sunderland, Mass. 1975 (S. 606)

473 Pickett-Heaps, J. D., L. C. Fowke: Cell division in Oedogonium I. Mitosis, cytokinesis, and cell elongation. Austr. J. biol. Sci. 22 (1969) 857–894

474 Pickett-Heaps, J. D., L. C. Fowke: Mitosis, cytokinesis, and cell elongation in the desmid, Closterium littorale. J. Phycol. 6 (1970) 189–215

475 Pickett-Heaps, J. D., L. C. Fowke: Cell division in Oedogonium II. Nuclear division in O. cardiacum. Austr. J. biol. Sci. 23 (1970) 71–92

476 Pickett-Heaps, J. D., L. C. Fowke: Cell division in Oedogonium, III. Golgi bodies, wall structure, and wall formation in O. cardiacum. Austr. J. biol. Sci. 23 (1970) 261–271

477 Pienaar, R. N.: The fine structure of Cricosphaera carterae. I. External morphology. J. Cell Sci. 4 (1969) 461–567

478 Pienaar, R. N.: The fine structure of Hymenomonas (Cricosphaera) carterae II. Observations on scale and coccolith production. J. Phycol. 5 (1969) 321–331

479 Pocock, M. A.: Hydrodictyon: a comparative biological study. J. S. Afr. Bot. 26 (1960) 167–319

480 Pringsheim, N.: Beiträge zur Morphologie und Systematik der Algen. III. Die Coleochaeteen. Jahrb. Wiss. Bot. 2 (1860) 1–38

481 Printz, H.: Die Chaetophoralen der Binnengewässer (eine systematische Übersicht). Hydrobiologia 24 (1964) 1–376

482 Prud'homme van Reine: persönliche Mitteilung

483 Puiseux-Dao, S.: Recherches biologiques et physiologiques sur quelques Dasycladacées, en particulier la Batophora Oerstedii J. Ag. et l'Acetabularia mediterranea Lam. Rev. gén. Bot. (1962) 409–503

484 Puiseux-Dao, S.: Les Acétabulaires, matérial de laboratoire. Les résultats obtenus avec ces Chlorophycées. Ann. Biol. 2 (1963) 99–154

485 Puiseux-Dao, S.: Acétabularia and cell biology. Logos Press, London 1970
486 Ramus, J.: The production of extracellular polysaccharides by the unicellular red alga Porphyridium aerugineum. J. Phycol. 8 (1972) 97–111
487 Randhawa, M. S.: Zygnemaceae. Indian Council of Agricultural Research, New Delhi 1959
488 Rawitscher-Kunkel, E., L. Machlis: The hormonal integration of sexual reproduction in Oedogonium. Amer. J. Bot. 49 (1962) 177–183
489 Ray, S. M., W. B. Wilson: Effects of unialgal and bacteria-free cultures of Gymnodinium breve on fish. Fish Wildl. Serv. 57, Bull. 123 (1957) 469–496
490 Rayns, D. G.: Alternation of generations in a coccolithophorid Cricosphaera carterae (Braarud et Fagerl.) Braarud. J. Mar. Biol. Ass. U. K. 42 (1962) 481–484
491 Reháková, H.: Die Variabilität der Arten der Gattung Oocystis A. Braun. In: Studies in Phycology, hrsg. von B. Fott. Schweizerbart, Stuttgart 1969 (S. 145–196)
492 Reinke, J.: Atlas Deutscher Meeresalgen I. Parey, Berlin 1889
493 Reinke, J.: Atlas Deutscher Meeresalgen II. Parey, Berlin 1892
494 Rentschler, H.: Photoperiodische Induktion der Monosporenbildung bei Porphyra tenera Kjellm. (Rhodophyta, Bagiophyceae). Planta 76 (1967) 65–74
495 Richardson, W. N., P. S. Dixon: Life-history of Bangia fuscopurpurea (Dillw.). Lyngb. in culture. Nature 218 (1968) 496–497
496 Ricketts, T. R.: Chlorophyll c in some members of the Chrysophyceae. Phytochemistry 4 (1965) 725–730
497 Rietema, H.: A new type of life-history in Bryopsis. Acta bot. Neerl. 18 (1969) 615–619
498 Rietema, H.: Life-histories of Bryopsis plumosa from European coasts. Acta bot. Neerl. 19 (1970) 859–866
499 Rietema, H.: Life-history studies in the genus Bryopsis (Chlorophyceae). IV. Life-histories in Bryopsis hypnoides Lamx. from different points along the European coasts. Acta bot. Neerl. 20 (1971) 291–298
500 Rietema, H.: A morphological, developmental, and caryological study on the life-history of Bryopsis halymeniae (Chlorophyceae). Neth. J. Sea Res. 5 (1972) 445–457
501 Rietema, H.: The influence of day length on the morphology of the Halicystis parvula phase of Derbesia tenuissima (De Not.) Crn. (Chlorophyceae, Caulerpales). Phycológia 12 (1973) 11–16
502 Rietema, H.: Comparative investigations on the life-histories and reproduction of some species in the siphoneous green algal genera Bryopsis and Derbesia. Diss., Groningen 1975
503 Ringo, D. L.: Flagellar motion and fine structure of the flagellar apparatus in Chlamydomonas. J. Cell. Biol. 33 (1967) 543–571
504 Roberts, K., M. Guerney-Smith, G. J. Hills: Structure, composition and morphogenesis of the cell wall of Chlamydomonas reinhardii. J. Ultrastruct. Res. 40 (1972) 599–613
505 Robinson, D. G., K. D. Preston: Studies on the fine structure of Glaucocystis nostochinearum Itzigs. Membrane morphology and taxonomy. Brit. Phycol. J. 6 (1971) 113–128
506 Robinson, G. A.: Distribution of Gonyaulax tamarensis Lebour in the Western North Sea in April, May and June 1968. Nature 220 (1968) 22–23
507 Round, F. E.: The taxonomy of the Chlorophyta II. Brit. phycol. J. 6 (1971) 235–264
508 Round, F. E.: The Biology of the Algae. 2. Aufl. Arnold, London 1973
509 Russell, G.: The Phaeophyta: a synopsis of some recent developments. Oceanogr. mar. Biol., Ann. Rev. 11 (1973) 45–88
510 Sagan, L.: On the origin of the mitosing cell. J. theoret. Biol. 14 (1967) 225–274
511 Sager, R.: Genes outside the chromosomes. Sci. Amer., Jan. (1965) 71–79
512 Sager, R.: Nuclear and cytoplasmic inheritance in green algae. In: Algal Physiology and Biochemistry, hrsg. von W. D. P. Stewart. Blackwell, Oxford 1974 (S. 314–345)
513 Sager, R., G. L. Palade: Structure and development of the chloroplast in Chlamydomonas. J. biophys. biochem. Cytol. 3 (1957) 463–488
514 Sarjeant, W. A. S.: The xanthidia. Endeavour 25 (1966) 33–39
515 Sauvageau, C.: Sur l'alternance des générations chez le Nereia filiformis Zan. Bull. Station Biol. Arcachon 24 (1927) 357–367
516 Scagel, R. F.: The Phaeophyceae in perspective. Oceanogr. mar. Biol., Ann. Rev. 4 (1966) 123–194

517 Scagel, R. F., R. J. Bandoni, G. E. Rouse, W. B. Schofield, J. R. Stein, T. M. C. Taylor: An Evolutionary Survey of the Plant Kingdom. Wadsworth, Belmont, Calif. 1965
518 Schechner-Fries, M.: Der Phasenwechsel von Valonia utricularis (Roth) Ag. Öst. bot. Z. 83 (1934) 241–254
519 Schiller, J.: Coccolithineae. In: Rabenhorst's Kryptogamenflora, Bd. X/2. Akademische Verlagsgesellschaft, Leipzig 1930
520 Schiller, J.: Dinoflagellatae I. In: Rabenhorst's Kryptogamenflora, Bd. X. 3. Abt. Akademische Verlagsgesellschaft, Leipzig 1933
521 Schiller J.: Dinoflagellatae II. In: Rabenhorst's Kryptogamenflora, Bd. X. 3. Abt. Akademische Verlagsgesellschaft, Leipzig 1937
522 Schmitz, K., K. Lüning, J. Willenbrink: CO_2-Fixierung und Stofftransport in benthischen marinen Algen. II. Zum Ferntransport ^{14}C-markierter Assimilate bei Laminaria hyperborea und Laminaria saccharina. Z. Pflanzenphysiol. 67 (1972) 418–429
523 Schnepf, E.: Zur Feinstruktur von Geosiphon pyriforme. Arch. Mikrobiol. 49 (1964) 112–131
524 Schnepf, E., G. Deichgräber: Über das Vorkommen und den Bau gestielter »Hüllen« bei Ochromonas malhamensis Pringsheim und O. sociabilis nom. prov. Pringsheim. Arch. Mikrobiol. 63 (1960) 15–25
525 Schnepf, E., G. Deichgräber: Über die Feinstruktur von Synura petersenii unter besonderer Berücksichtigung der Morphogenese ihrer Kieselschuppen. Protoplasma 60 (1969) 85–106
526 Schnepf, E., W. Koch: Über die Entstehung der pulsierenden Vacuolen von Vacuolaria virescens (Chloromonadophyceae) aus dem Golgi-Apparat. Arch. Mikrobiol. 54 (1966) 229–236
527 Schnepf, E., W. Koch, G. Deichgräber: Zur Cytologie und taxonomischen Einordnung von Glaucocystis. Arch. Mikrobiol. 55 (1966) 149–174
528 Schreiber, E.: Über die Entwicklungsgeschichte und die systematische Stellung der Desmarestiaceen. Z. Bot. 25 (1932) 561–582
529 Schulz-Baldes, M., R. Lewin: Fine structure of Synechocystis didemni (Cyanophyta: Chroococcales). Phycologia 15 (1976) 1–6
530 Schussnig, B.: Der Generations- und Phasenwechsel bei den Chlorophyceen. Öst. bot. Z. 79 (1930) 58–77
531 Schussnig, B.: Der Generations- und Phasenwechsel bei den Chlorophyceen. III. Öst. bot. Z. 81 (1932) 296–298
532 Schussnig, B.: Der Kernphasenwechsel von Valonia utricularis (Roth) Ag. Planta 28 (1938) 43–59
533 Schussnig, B.: Ein Beitrag zur Entwicklungsgeschichte von Caulerpa prolifera. Bot. Not. (1939) 75–96
534 Schussnig, B.: Handbuch der Protophytenkunde, Bd. I. V.E.B. Fischer, Jena 1953
535 Schuster, F. L.: The gullet and trichocysts of Cyathomonas truncata. Exp. Cell Res. 49 (1968) 277–284
536 Schwimmer, M., D. Schwimmer: The Role of Algae and Plankton in Medicine. Grune & Stratton, New York 1962
537 Schwimmer, M., D. Schwimmer: Medical aspects of phycology. In: Algae, Man, and the Environment, hrsg. von D. F. Jackson. Syracuse University Press, New York 1968 (S. 279–358)
538 Seliger, H. H., W. D. McElroy: Light: Physical and Biological Action. Academic Press, New York 1965
539 Simon-Bichard-Bréaud, J.: Un appareil cinétique dans les gamétocystes mâles d'une Rhodophycée: Bonnemaisonia hamifera Hariot. C. R. Acad. Sci. (Paris) 273 (1971) 1272–1275
540 Simon-Bichard-Bréaud, J.: Formation de la crypte flagellaire et évolution de son contenu au cours de la gamétogénèse mâle chez Bonnemaisonia hamifere Hariot (Rhodophycée). C. R. Acad. Sci. (Paris) 274 (1972) 1796–1799
541 Sitte, P.: Submikroskopische Cytologie der eukaryotischen Zelle. Fortschr. Bot. 28 (1966) 14–28
542 Skoczylas, O.: Über die Mitose von Ceratium cornutum und einigen anderen Peridineen. Arch. Protistenk. 103 (1958) 193–228
543 Skuja, H.: Grundzüge der Algenflora und Algenvegetation der Fjeldgegenden um Abisko in Schwedisch-Lappland. Nova Acta Regiae Soc. Sci. Upsal., Ser. IV, 18 (1964) 465–469
544 Slaniks, T., S. P. Gibbs: The fine structure of mitosis and cell division in the chrysophycean alga Ochromonas danica. J. Phycol. 8 (1972) 243–256
545 Smayda, T. J., B. J. Boleyn: Experimental observations on the flotation of marine diatoms. I. Limnol. Oceanogr. 10 (1965) 499–506

546 Smith, G. M.: The Fresh-water Algae of the United States. 2. Aufl. McGraw-Hill, New York 1950

547 Smith, G. M.: Cryptogamic Botany, Bd. I. Algae and Fungi. McGraw-Hill, New York 1955

548 Sotsuka, T., T. Nakano: Some species of Vaucheria collected from the Southwestern part of Japan. Hikobia 6 (1971) 131–138

549 Starr, R.: Heterothallism in Cosmarium botrytis var. subtumidum. Amer. J. Bot. 41 (1954) 601–607

550 Starr, R.: A comparative study of Chlorococcum Meneghini and other spherical, zoospore reproducing genera of the Chlorococcales. Indiana Univ. Publ. Sci., Ser. 20, VII (1955) 111

551 Starr, R.: Zygospore germination in Cosmarium botrytis var. subtumidum. Amer. J. Bot. 42 (1955) 577–581

552 Starr, R., L. Jaenicke: Purification and characterization of the hormone initiating sexual morphogenesis in Volvox carteri f. nagariensis Iyengar. Proc. Nat. Acad. Sci. USA 71 (1974) 1050–1054

553 Stewart, K. D., K. R. Mattox: Comparative cytology evolution and classification of the green algae with some consideration of the origin of other organisms with chlorophylls a and b. Bot. Rev. 41 (1975) 104–135

554 Stewart, K. D., K. R. Mattox, C. D. Chandler: Mitosis and cytokinesis in Platymonas subcordiformis, a scaly green monad. J. Phycol. 10 (1974) 65–79

555 Stewart, K. D., K. R. Mattox, G. L. Floyd: Mitosis, cytokinesis, the distribution of plasmodesmata, and other cytological characteristics in the Ulotrichales, Ulvales, and Chaetophorales: phylogenetic and taxonomic considerations. J. Phycol. 9 (1973) 128–141

556 Stewart, W. D. P.: Nitrogen fixation. In: The Biology of Blue-green Algae, hrsg. von N. G. Carr, B. A. Whitton. Blackwell, Oxford 1973 (S. 260–278)

557 Stoddart, D. R.: Ecology and morphology of recent coral reefs. Biol. Rev. 44 (1969) 433–497

558 Stoermer, E. F., H. S. Pankratz, C. C. Bowen: Fine structure of the diatom Amphipleura pellucida II. Cytoplasmic fine structure and frustule formation. Amer. J. Bot. 52 (1965) 1067–1078

559 von Stosch, H. A.: Oogamy in a centric diatom. Nature 165 (1950) 531–533

560 von Stosch, H. A.: Entwicklungsgeschichtliche Untersuchungen an zentrischen Diatomeen I. Die Auxosporenbildung von Melosira varians. Arch. Mikrobiol. 16 (1951) 101–135

561 von Stosch, H. A.: Die Oogamie von Biddulphia mibiliensis und die bisher bekannten Auxosporenbildungen bei den Centrales. VIIIe Congr. Int. Bot. Rapp. Comm. Sect. 17 (1954) 58–68

562 von Stosch, H. A.: Ein morphologischer Phasenwechsel bei einer Coccolithophoride. Naturwissenschaften 42 (1955) 423

563 von Stosch, H. A.: Entwicklungsgeschichtliche Untersuchungen an zentrischen Diatomeen II. Geschlechtszellenreifung, Befruchtung und Auxosporenbildung einiger grundbewohnender Biddulphiaceen der Nordsee. Arch. Mikrobiol. 23 (1956) 327–365

564 von Stosch, H. A.: Der Geißelapparat einer Coccolithophoride. Naturwissenschaften 45 (1958) 140–141

565 von Stosch, H. A.: Kann die oogame Araphidee Rhabdonema adriaticum als Bindeglied zwischen den beiden großen Diatomeengruppen angesehen werden? Ber. dtsch. bot. Ges. 71 (1958) 221–249

566 von Stosch, H. A.: Entwicklungsgeschichtliche Untersuchungen an zentrischen Diatomeen III. Die Spermatogenese von Melosira moniliformis Agard. Arch. Mikrobiol. 31 (1958) 274–282

567 von Stosch, H. A.: Zum Problem der sexuellen Fortpflanzung in der Peridineengattung Ceratium. Helgol. wiss. Meeresunters. 10 (1964) 140–152

568 von Stosch, H. A.: Sexualität bei Ceratium cornutum (Dinophyta). Naturwissenschaften 52 (1965) 112–113

569 von Stosch, H. A.: Haptophyceae. In: H. Ettl, D. G. Müller, K. Neumann, H. A. von Stosch, W. Weber. Vegetative Fortpflanzung, Parthenogenese und Apogamie bei Algen. W. Ruhland (Hrsg.): Handbuch der Pflanzenphysiologie Bd. 18. Springer, Berlin 1967 (S. 597–776)

570 von Stosch, H. A.: La signification cytologique de la »cyclose nucléaire« dans le cycle de vie des Dinoflagellées. Soc. Bot. France, Mémoires (1972) 201–212

571 von Stosch, H. A.: Observations on vegetative reproduction and sexual life cycles of two freshwater dinoflagellates, Gymnodinium pseudopalustre Schiller and Woloszynskia apiculata sp. nov. Brit. phycol. J. 8 (1973) 105–134
572 von Stosch, H. A., G. Drebes: Entwicklungsgeschichtliche Untersuchungen an zentrischen Diatomeen IV. Die Planktondiatomee Stephanopyxis turris – ihre Behandlung und Entwicklungsgeschichte. Helgol. wiss. Meeresunters. 11 (1964) 209–257
573 von Stosch, H. A., G. Theil, K. V. Kowallik: Entwicklungsgeschichtliche Untersuchungen an zentrischen Diatomeen. V. Bau und Lebenszyklus von Chaetoceros didymum, mit Beobachtungen über einige andere Arten der Gattung. Helgol. wiss. Meeresunters. 25 (1973) 384–445
574 Stransky, H., A. Hager: Das Carotinoidmuster und Verbreitung des lichtinduzierten Xanthophyllcyclus in verschiedenen Algenklassen. II. Xanthophyceae. Arch. Mikrobiol. 71 (1970) 164–190
575 Swale, E. M. F.: A third layer of body scales in Pyramimonas tetrarhynchus Schmarda. Brit. Phycol. J. 8 (1973) 95–99
576 Swale, E. M. F., J. H. Belcher: Morphological observations on wild and cultured material of Rhodochorton investiens (Lenormand) nov. comb. (Balbiania investiens [Lenorm.] Sirodot). Ann. Bot., N. S. 27 (1963) 281–290
577 Swale, E. M. F., J. H. Belcher: The external morphology of the type species of Pyramimonas (P. tetrarhynchus Schmarda) by electron microscopy. J. Linn. Soc. (Bot.) 79 (1968) 77–81
578 Sweeney, B. M., J. W. Hastings: Rhythms. In: Physiology and Biochemistry of Algae, hrsg. von R. A. Lewin. Academic Press, New York 1962
579 Takatori, S., K. Imahori: Light reactions in the control of oospore germination of Chara delicatula. Phycologia 10 (1971) 221–228
580 Takeda, H., K. Nisizawa, T. Miwa: Histochemical and chemical studies on the cell wall of Prasiola japonica. Bot. Mag. Jap. 80 (1967) 109–117
581 Takeda, H., K. Nisizawa, T. Miwa: A xylomannan from the cell wall of Prasiola japonica Yatabe. Sci. Rep. Tokyo Kyoiku Daigaku 13 (1968) 183–198
582 Tatewaki, M.: Culture studies on the life-history of some species of the genus Monostroma. Sci. Pap. Inst. Algol. Res. Hokkaido Univ. 6 (1969) 1–56
583 Taylor, D. T.: The cellular interactions of algae invertebrate symbiosis. Advanc. mar. Biol. 11 (1973) 1–56
584 Taylor, F. J. R.: Implications and extensions of the serial endosymbiosis theory of the origin of Eukaryotes. Taxon 23 (1974) 229–258
585 Taylor, F. J. R.: Non-helical transverse flagella in dinoflagellates. Phycologia 14 (1975) 45–47
586 Taylor, F. J. R., D. J. Blackbourne, J. Blackbourne: Ultrastructure of the chloroplasts and associated structures within the marine ciliate Mesodinium rubrum (Lohmann). Nature 224 (1969) 819–821
587 Taylor, W. R.: Marine Algae of the Northeastern Coast of North America. 2. Aufl. University of Michigan Press, Ann Arbor 1957 (S. 509)
588 Taylor, W. R.: Marine Algae of the Eastern Tropical and Subtropical Coasts of the Americas. University of Michigan Press, Ann Arbor 1960
589 Tewari, K. K.: Genetic autonomy of extranuclear organelles. Ann. Rev. Plant Physiol. 22 (1971) 141–168
590 Thakur, M., M. B. E. Godward: The cytology of members of the Cryptophyceae. Brit. phycol. Bull. 2 (1965) 518
591 Thomas, E. A.: Hydrodictyon reticulatum und seine Beziehung zur Saprobität im Zürichsee und in der Glatt. Vjschr. Naturforsch. Ges. Zürich 106 (1961) 450–456
592 Throndson, J.: Flagellates of Norwegian coastal waters. Nytt. Mag. 16 (1969) 161–216
593 Thuret, G., E. Bornet: Etudes phycologiques. Paris 1878
594 Tiffany, L. H.: The Oedogoniaeceae. Columbus, Ohio 1930
595 Tomas, R. N., E. R. Cox: Observations on the symbiosis of Peridinium balticum and its intracellular alga I. Ultrastructure. J. Phycol. 9 (1973) 304–323
596 Toth, R., D. R. Markey: Synaptonemal complexes in brown algae. Nature 243 (1973) 236–237
597 Trainor, F. R., C. A. Burg: Scenedesmus obliquus sexuality. Science 148 (1965) 1094–1095

598 Trainor, F. R., R. J. McLean: A study of a new species of Spongiochloris introduced into sterile soil. Amer. J. Bot. 51 (1964) 57–60

599 Transeau, E. N.: The Zygnemataceae. Ohio State University Press, Columbus, Ohio 1951

600 Triemer, R. E., R. M. Brown: Cell division in Chlamydomonas moewusii. J. Phycol. 10 (1974) 419–433

601 Uherkovich, G.: Die Scenedesmus-Arten Ungarns. Ungarische Akademie der Wissenschaften, Budapest 1966

602 Umezaki, I.: The tetrasporophyte of Nemalion vermiculare Suringar. Rev. Algol., N. S. 9 (1967) 19–24

603 Valkanov, A.: Über die Entwicklung von Hymenomonas coccolithophora Conard. Rev. Algol., N. S. 6 (1962) 220–226

604 van der Veer, J.: Pavlova mesolychnon (Chrysophyta), a new species from the Tamar Estuary, Cornwall. Acta bot. Neerl. 18 (1969) 496–510

605 van der Veer, J.: Pavlova helicata, a new species from the Frisian Island Schiermonnikoog, the Netherlands. Nova Hedwigia 23 (1972) 131–159

606 Verdam, H. D.: The Netherlands' Charophytes. Blumea 3 (1938) 5–33

607 Vickers, A., M. H. Shaw: Phycologia barbadensis. Paris 1908

608 Vielhaben, V.: Zur Deutung des semilunaren Fortpflanzungszyklus von Dictyota dichotoma. Z. Bot. 51 (1963) 156–173

609 Vischer, W.: Über primitivste Landpflanzen. Ber. schweiz. bot. Ges. 63 (1953) 169–193

610 Vogel, K., B. J. D. Meeuse: Characterization of the reserve granules from the dinoflagellate Thecadinium inclinatum Balech. J. Phycol. 4 (1968) 317–318

611 Waaland, J. R., D. Branton: Gas vacuole development in a blue-green alga. Science 163 (1969) 1339–1341

612 Wall, D., B. Dale: The »hystrichosphaeroid« resting spore of the dinoflagellate Pyrodinium Bahamense, Plate 1906. J. Phycol. 5 (1969) 140–149

613 Wall, D., R. R. L. Guillard, B. Dale: Marine dinoflagellate cultures from resting spores. Phycologia 6 (1967) 83–86

614 Walsby, A. E.: Gas vacuoles. In: The Biology of Blue-green Algae, hrsg. von N. G. Carr, B. A. Whitton. Blackwell, Oxford 1973

615 Wanders, J. B. W., C. van den Hoek, E. N. Schillern-Van Nes: Observations on the life-history of Elachista stellaris (Phaeophyceae) in culture. Neth. J. Sea Res. 5 (1972) 458–491

616 Wawrik, F.: Sexualität bei Cryptomonas sp. und Chlorogonium maximum. Nova Hedwigia 18 (1970) 283–292

617 Wehrmeyer, W.: Struktur, Entwicklung und Abbau von Trichocysten in Cryptomonas und Hemiselmis (Cryptophyceae). Protoplasma 70 (1970) 295-315

618 van der Werff, A., H. Huls: Diatomeeën-Flora van Nederland. Abcoude, Nederland 1957–74

619 Werz, G., H. Clauss: Über chemische Natur der Reserve-Polysaccharide in Acetabularia-Chloroplasten. Planta 95 (1970) 165–168

620 Werz, M., K. Zetsche: Biochemische Aspekte des heteromorphen Generationswechsels von Halicystis-Derbesia. Ber. dtsch. bot. Ges. 83 (1970) 229–230

621 West, J. A.: The life-histories of Rhodochorton purpurum and Rh. tenue in culture. J. Phycol. 5 (1969) 12–21

622 West, W., G. S. West: A Monograph of the British Desmidiaceae, Bde. I–IV. Ray Society, London 1904, 1905, 1908, 1912

623 West, W., G. S. West, N. Carter: A Monograph of the British Desmidiaceae, Bd. V. Ray Society, London 1923

624 Whittle, S. J.: The major chloroplast pigments of Chlorobotrys regularis (West) Bohlin (Eustigmatophyceae) and Ophiotytium majus Naegeli (Xanthophyceae). Brit. phycol. J. 11 (1976) 111–114

625 Whittle, S. J., P. J. Casselton: The chloroplast pigments of some green and yellow-green algae. Brit. phycol. J. 4 (1969) 55–64

626 Whittle, S. J., P. J. Casselton: The chloroplast pigments of the algal classes Eustigmatophyceae and Xanthophyceae. I. Eustigmatophyceae. Brit. Phycol. J. 10 (1975) 179–191

627 Whittle, S. J., P. J. Casselton: The chloroplast pigments of the algal classes Eustigmatophyceae and Xanthophyceae. II. Xanthophyceae. Brit. phycol. J. 10 (1975) 192–204

628 Whitton, B. A., N. G. Carr, I. W. Craig: A comparison of the fine structure and nucleicacid biochemistry of chloroplasts in blue-green algae. Protoplasma 72 (1971) 325–357

629 Wiese, L.: On sexual agglutination and mating type substances (gamones) in isogamous heterothallic Chlamydomonas I. Evidence of the identity of the gamones with the surface components responsible for sexual flagellar contact. J. Phycol. 1 (1965) 46–54

630 Williams, M. M.: Cytology of the gametangia of Codium tomentosum (Stackh.) Proc. Linn. Soc. New S. Wales 50 (1925) 98–111

631 Witman, G. B., K. Carlson, J. Berliner, J. L. Rosenbaum: Chlamydomonas flagella. I. Isolation and electrophoretic analysis of microtubules, matrix, membranes and mastigonemes. J. Cell Biol. 54 (1972) 507–539

632 Wood, P. S.: Dinoflagellate crop in the North Sea. Introduction. Nature 220 (1968) 21

633 Wood, R. D., K. Imahori: A revision of the Characeae. Bd. I u. II Cramer, Weinheim 1964, 1965

634 Wynne, M. J.: Life-history and systematic studies of some Pacific North American Phaeophyceae (Brown Algae). Univ. Calif. Publ. Bot. 50 (1969) 1–88

635 Wynne, M. J.: Culture studies of Pacific coast Phaeophyceae. Soc. Bot. France, Mémoires (1972) 129–144.

636 Yabu, H.: Early development of several species of Laminariales in Hokkaido. Mem. Fac. Fish. Hokkaido Univ. 12 (1964) 1–72

637 Yamanouchi, S.: The life-history of Polysiphonia violacea. Bot. Gaz. 42 (1906) 401–449

638 Yamanouchi, S.: Cytology of Cutleria and Aglaozonia. Bot. Gaz. 48 (1909) 380

639 Yentsch, C. S.: Marine plankton. In: Physiology and Biochemistry of Algae, hrsg. von K. A. Lewin. Academic Press, New York 1962 (S. 771–797)

640 Zajic, J. E.: Properties and Products of Algae. Plenum Press, New York 1970

641 Ziegler, J. R., J. M. Kingsbury: Cultural studies on the marine green alga Halicystis parvula – Derbesia tenuissima I. Normal and abnormal sexual and asexual reproduction. Phycologia 4 (1964) 105–116

642 Zimmermann, W.: Die Telomtheorie. Fischer, Stuttgart 1965

643 Zingmark, R. G.: Sexual reproduction in the dinoflagellate Noctiluca miliaris Suriray. J. Phycol. 6 (1970) 122–126

644 Zinnecker, E.: Reduktionsteilung, Kernphasenwechsel und Geschlechtsbestimmung bei Bryopsis plumosa (Huds.) Ag. Öst. bot. Z. 84 (1935) 53–72

Erklärung der Fachausdrücke

Abaxiale Seite: die von der zentralen Achse abgewendete Seite eines Organs.

Acronema: feines Haar, das das Ende einer Geißel bildet.

Adaxiale Seite: die der zentralen Achse zugewendete Seite eines Organs.

Aerob: an sauerstoffreiches Milieu gebunden.

Aerophytisch: in der Luft lebend.

Akinet: dickwandige Ruhespore, die direkt aus einer vegetativen Zelle entsteht.

Akropetale Organisation: Verzweigungssystem, dessen Seitenäste in akropetaler Folge gebildet werden. Die jüngsten und kürzesten Seitenzweige liegen in der Scheitelzone.

Akzessorisches Pigment (Nebenpigment): gibt die aufgenommene Lichtenergie für die Photosynthese an das Chlorophyll weiter.

Amöboider Organismus: ohne Zellwand mit Pseudopodien, die als plastisch verformbare Ausstülpungen für die Fortbewegung und die Aufnahme fester Nahrungspartikel dienen.

Ampulle (bei Euglenophyceae): kolbenförmige Vertiefung am Vorderende der Zelle.

Amyloplast: farbloser Plastid, der zur Stärkespeicherung dient.

Anaerob: an sauerstofffreies Milieu gebunden.

Anaphase: Stadium der Mitose, in dem die Chromatiden (Tochterchromosomen) zu den Polen der Kernspindel zu wandern beginnen.

Anastomose: Verschmelzungspunkt, z. B. zwischen den Zellen zweier Fäden.

Androgamon: Geschlechtsstoff, der von männlichen Gameten ausgeschieden wird und bei weiblichen Gameten eine sexuelle Reaktion auslöst (z. B. Verkleben der Geißeln).

Anisogameten: verschiedengeschlechtliche Gameten, bei denen der weibliche Gamet größer ist als der männliche.

Anisogamie (= Heterogamie): Gamie (= Verschmelzung) zweier Anisogameten.

Antapikale Hälfte (der Dinophyceen-Zelle): hintere Zellhälfte (= Hypocone).

Antheridium: Zelle, deren Inhalt sich in männliche Gameten aufteilt oder in der sich männliche Kerne differenzieren.

Antherozoide = Spermatozoide

Antiapex (bei Dinophyceen-Zellen): Hinterende der Zelle.

Antiklin: senkrecht zur Oberfläche.

Apex (bei Dinophyceen-Zellen): Spitze oder Vorderende der Zelle.

Apikale Hälfte (der Dinophyceen-Zelle): vordere Zellhälfte (= Epicone).

Apikales Wachstum = Spitzenwachstum.

Aplanosporen: unbewegliche Sporen, die durch Aufteilung des Protoplasten einer Zelle (Sporangium) entstehen. Aplanosporen sollen zwar keine Geißeln, aber einige Eigenschaften begeißelter Zellen besitzen (pulsierende Vakuolen, Augenfleck).

Apposition: Dickenwachstum der Zellwand durch Ablagerung von Baumaterial gegen ihre Innenwand.
Äquatorialebene = Kernäquator.
Arabinogalactan: Polysaccharid, Polymer aus Arabinose und Galactose.
Assimilator (bei Phaeophyceae): Zellfaden, dessen Zellen zahlreiche Chloroplasten enthalten und der der Photosynthese dient.
ATP: Adenosintriphosphat
Aufeinanderfolgende Zweiteilung (successive bipartition): aufeinanderfolgende Teilungen einer einkernigen Zelle, bei denen auf jede Kernteilung eine Durchschnürung des Plasmas folgt. Nach dem Abschluß aller Teilungen umgeben die Tochterzellen sich mit einer Wand.
Augenfleck (Stigma): roter Fleck, meistens in einzelligen oder koloniebildenden, begeißelten Algen: wahrscheinlich mit Bedeutung für die Photorezeption; Feinstruktur aus Carotinoidkugeln.
Autosporen: unbewegliche Sporen, die in einer Mutterzelle entstehen und von Anfang an die Form der Mutterzelle besitzen.
Autotroph: mit der Fähigkeit, unter Einsatz von Lichtenergie (photoautotroph) oder chemischer Energie (chemoautotroph) aus anorganischen Substanzen organische Stoffe zu synthetisieren.
Auxiliarmutterzelle (bei Rhodophyceae): Zelle, die die Auxiliarzelle abschnürt.
Auxiliarzelle (bei Rhodophyceae): eine plasmareiche Zelle, in die der diploide Zygotenkern injiziert wird (oder ein diploider Kern, der durch ein oder mehrere Teilungen aus dem Zygotenkern entstanden ist). Aus der Auxiliarzelle wächst der Gonimocarp hervor.
Auxospore (bei Bacillariophyceae): eine stark vergrößerte, besonders gebaute Diatomeenzelle, in der eine stark vergrößerte normale Diatomeenzelle gebildet wird, durch die vorangegangene Verkleinerungen bei vegetativen Zellteilungen kompensiert werden. Die Auxospore ist oft gleichzeitig die Zygote.
Axenische Kultur: Kultur einer Art, die von allen anderen Organismen (auch Bakterien) frei ist.
Axial: zur Achse gehörend; die Achse bildend.
Axialer Chloroplast: in der Achse eines Zellfadens liegender Chloroplast.
Axiales Filament: Zellfaden, der in einem fädigen Verzweigungssystem die Achse bildet.
Axonema: die in einem Zylinder angeordneten 9 doppelten, peripheren Tubuli (Dubletten) und 2 zentralen Tubuli, die für die Geißeln der Eukaryota charakteristisch sind.
Basalkörper: Unterende der Geißel, das in der Zelle liegt, bestehend aus 9 in einem kurzen Zylinder angeordneten dreifachen Tubuli (Tripletten); charakteristisch für die Geißeln der Eukaryota.
Benthisch: zum Benthos gehörend.
Benthos: Organismen, die auf dem Boden eines Gewässers leben.
Bildungsseite des Golgi-Apparates: die Seite, an der der Golgi-Apparat durch Anfügung von Vesikeln des endoplasmatischen Reticulums oder der Kernmembran wächst.
Biolumineszens: aktive Lichtausstrahlung durch lebende Organismen.
Blatt (bei Charophyceae): kranzförmig angeordnete Kurztriebe.

Blättchen (bei Charophyceae): kleine, kranzförmig angeordnete Kurztriebe auf dem „Blatt".
Bracteolen (bei Charophyceae): „Blättchen" neben den Oogonien und Antheridien.
Capitulumzelle (bei Charophyceae): Zelle im Antheridium, die die spermatogenen Fäden trägt.
Centriol: Zellorganelle mit derselben Struktur wie der Basalkörper (s. oben). Centriolen liegen bei vielen Eukaryoten an den Polen der Kernspindel, die vermutlich von hieraus organisiert wird.
Centromer (= Kinetochor): Struktur, durch die ein Chromosom an seinem Chromosomenmikrotubulus befestigt ist.
Centroplasma (bei Cyanophyceae): zentraler, pigmentloser Teil des Protoplasmas der Zelle.
Chemokinese: ungerichtete Bewegung von Zoogameten, ausgelöst durch chemische Stoffe, die von Gameten des anderen Geschlechts abgegeben werden.
Chemotaxis: Bewegung, deren Richtung durch einen chemischen Reiz bestimmt wird.
Chloroplast: Plastid, der an Thylakoide gebundenes Chlorophyll enthält. Er kann zusätzlich akzessorische Pigmente enthalten.
Chondriom: Gesamtheit der Mitochondrien einer Zelle.
Chromatoplasma (bei Cyanophyceae): peripheres Plasma der Zelle, das Thylakoide und die daran gebundenen Photosynthesepigmente enthält.
Chromosomenmikrotubuli: s. Kernspindel
Cilien = Geißeln
Coccolithen (bei Coccolithophoraceae): Kalkschuppen, die die Oberfläche einzelliger, flagellater Algen bedecken.
Conchospore: Spore, die vom kalkbohrenden Sporophyten der Rotalgengattungen Porphyra und Bangia gebildet wird; wahrscheinlich eine Meiospore.
Copula: Zwischenband zwischen Schale (Valva) und Gürtel (Pleura) einer Kieselalge.
Coronula (bei Charophyceae): Krönchen am Oberende eines Oogoniums, das aus den Endzellen der Fäden besteht, die das Oogonium berinden.
Cortex = Rinde.
Costa: Leiste
Cryptostoma (bei Fucales, Phaeophyceae): in die Thallusoberfläche eingesenkte Höhlung, auf deren Boden ein Bündel Phaeophyceenhaare steht.
Cyanophycinkorn (bei Cyanophyceae): Korn aus Reserveeiweiß, ausschließlich Polymer der beiden Aminosäuren Arginin und Asparagin.
Cyste: Zelle, die durch eine dicke Wand gegen ungünstige Umweltbedingungen (Trockenheit, Kälte, Wärme, Nahrungsmangel) geschützt ist.
Cystokarp (bei Rhodophyceae): von einer Hülle (Pericarp) umschlossenes Gonimocarp.
Cytogamie: Gamie von Geschlechtszellen.
Cytokinese: Teilung des Cytoplasmas, meistens direkt nach der Kernteilung.

Cytopharynx: permanente Einbuchtung der Zelloberfläche, durch die Nahrung aufgenommen und in Nahrungsvakuolen überführt wird (bei einigen Urtieren).

Cytostoma: permanenter Zellmund bei einigen einzelligen Urtieren und Algen (z. B. Noctiluca), durch den Nahrung aufgenommen wird.

Dauerspore = Hypnospore.

Determinate Laterale (= Kurztrieb): Seitenast mit begrenztem Wachstum, der schnell seine endgültige Länge erreicht und oft einen charakteristischen Bau besitzt.

Dichotomie: gabelförmige Verzweigung, die aus zwei gleichen Scheitelzellen hervorgeht, welche als Tochterscheitelzellen durch die Längsteilung einer Mutterscheitelzelle entstanden sind.

Dikotyl: mit zwei Keimblättern.

Dinokaryon (bei Dinophyceae): Kern, in dem die Chromosomen während der Interphase kontrahiert sind.

Diploid: mit zwei homologen Chromosomensätzen (= mit zwei homologen Genomen).

Diplohaplonter Lebenszyklus: Lebenszyklus mit einer diploiden und einer haploiden vegetativen Phase. Die diploide Phase entsteht durch Auswachsen einer diploiden Zygote, die durch Verschmelzung zweier haploider Gameten entstanden ist. Die haploide Phase entsteht durch Auswachsen einer haploiden Meiospore, die durch Meiose aus einer Zelle der diploiden Phase entstanden ist.

Diplonter Lebenszyklus: Lebenszyklus, der nur eine diploide vegetative Phase besitzt. Nur die durch Meiose gebildeten Gameten sind haploid.

Diplophase: diploide vegetative Phase eines Lebenszyklus.

Diskobolocyste (bei einigen Chrysophyceae): dicht unter der Zelloberfläche gelegenes, scheibenförmiges Körperchen, das bei Reizung ausgeschleudert wird.

DNS: Desoxyribonukleinsäure; wichtigste Komponente der Chromosomen, Träger der Erbeigenschaften.

Dorsiventral: mit unterschiedlicher Rückseite (z. B. konvex) und Bauchseite (z. B. konkav oder flach).

Dublette: s. Axonema.

Durchgehende Mikrotubuli = interzonale Spindelmikrotubuli.

Dystrophes Gewässer: saure, oligotrophe, durch Humussäuren braun gefärbte Moorseen.

Einschneidige Scheitelzelle: s. Scheitelzelle

Eizelle: unbeweglicher weiblicher Gamet, der im Verhältnis zum männlichen begeißelten oder unbegeißelten Gameten relativ groß ist.

Ejektosom (bei Cryptophyceae): unter der Zelloberfläche gelegenes Körperchen, das bei Reizung ausgeschleudert wird. Es besteht aus einem eng aufgerollten Band, das sich beim Ausschleudern entrollt.

Endknoten = polare Noduli.

Endogene Cyste (bei Chryso- und Xanthophyceae): Cyste, deren Wand im Protoplasten einer einzelligen Alge gebildet wird.

Endolithisch: in Stein lebend.

Endophyt: Pflanze, die im Gewebe anderer Pflanzen lebt, ohne dort zu parasitieren.

Endoplasmatisches Reticulum: netzförmiges System flacher und röhrenförmiger, von Membranen umschlossener Räume im Protoplasma.
Endospor: innerste Wandschicht einer dickwandigen Spore oder Zygote.
Endosporen (bei Cyanophyceae): Sporen, die sich innerhalb der Zellwand einer Zelle durch Teilung des Protoplasten bilden.
Endosymbiont: Symbiosepartner, der im Gewebe oder in der Zelle des anderen Symbiosepartners lebt.
Epicone = apikale Hälfte der Dinophyceen-Zelle.
Epilithisch: auf Steinen festgeheftet wachsend.
Epiphytisch: auf anderen Pflanzen festgeheftet wachsend, ohne auf ihnen zu parasitieren.
Epipleura (bei Bacillariophyceae): ringförmige Seitenwand der Epitheka.
Epitheka: obere Hälfte des Cellulosepanzers bei Dinophyceae oder obere Hälfte (Deckel) des Kieselsäurepanzers (Frustula) bei Bacillariophyceae.
Epivalva (bei Bacillariophyceae): flache Oberseite der Epitheka.
Eukaryotisch: mit Eigenschaften der Eukaryota (mit Kern, Mitochondrien, endoplasmatischem Retikulum, Golgi-Apparat, „2 + 9"-Struktur der Geißel).
Eutroph: nährstoffreich (gemeint ist entweder „reich an Nährsalzen" oder „mit hoher Primärproduktion").
Eutrophiertes Gewässer: Wasser, das (meistens) durch Verschmutzung eutroph wurde.
Exogene Cyste (bei Chryso- und Xanthophyceae): Cyste, deren Wand gegen die Außenseite des Protoplasten einer einzelligen Alge angelagert wird.
Exospor: äußerste Wandschicht einer dickwandigen Spore oder Zygote.
Exosporen (bei Cyanophyceae): Sporen, die von einer Sporenmutterzelle durch Abschnürung gebildet werden.
Filament: Zellfaden.
Flagellat: begeißelt
Flimmergeißel (= pleuronematische Geißel): mit zwei Reihen von Flimmern bekleidete Geißel.
Flimmern (= Mastigonemen): steife, etwa 15 nm dicke Seitenhaare einer Geißel, die aus einer Basis, einem Schacht und einigen endständigen Haaren bestehen.
Fortschreitende Durchschnürung (= „progressive cleavage"): Zellteilung, bei der zuerst durch Kernteilungen mehrere Kerne entstehen, bevor durch sich verzweigende Invaginationen des Plasmas mehrere einkernige Tochterzellen entstehen, die sich anschließend mit einer Zellwand umgeben.
Fructan: Polysaccharid, Polymer der Fructose.
Frustulum (bei Bacillariophyceae): Kieselpanzer einer Kieselalge.
Fusionszelle (bei Rhodophyceae): entsteht durch Verschmelzung der Auxiliarzelle mit ein oder mehreren Nachbarzellen. Aus der Fusionszelle wächst das Gonimocarp hervor.
Galactan: Polysaccharid, Polymer der Galactose.
Gamet: haploide Geschlechtszelle. Durch Verschmelzung zweier haploider Gameten entsteht die diploide Zygote.

Gametangium: Zelle (oft mit besonderer Form), deren Inhalt sich in Gameten aufteilt.

Gametophyt: Gameten bildende Phase des Lebenszyklus.

Gamie: Gametenverschmelzung.

Gamon: s. Androgamon und Gynogamon.

Gasvakuole (bei Cyanophyceae): unregelmäßige, mit Gas gefüllte Räume in der Zelle, die sich aus einer großen Zahl dicht gepackter Gasvesikel zusammensetzen.

Gasvesikel (bei Cyanophyceae): kleine, gasgefüllte, zylindrische Bausteine der Gasvakuolen.

Geißel (bei Eukaryota): langgestreckte, zylindrische Ausstülpung der Zelle mit charakteristischer Innenstruktur aus 9 peripheren doppelten Tubuli und 2 zentralen Tubuli (Axonema), die zur Fortbewegung dient.

Geißelanschwellung (= Paraflagellarkörper): Schwellung an der Basis einer Geißel, die oft gegen den Augenfleck angepreßt liegt. Ein Zusammenhang mit der Lichtrezeption wird angenommen.

Geißelkanal: schmale Einstülpung des Plasmalemmas, an deren Boden eine Geißel entspringt (bei Dinophyceae) oder ein Kanal in der Zellwand, durch den die Geißel läuft (bei Chlamydomonas und anderen Chlorophyceae).

Geißelporus (bei Dinophyceae): äußere Öffnung des Geißelkanals.

Geißelwurzeln: wurzelförmige Strukturen aus Mikrotubuli oder quergestreiften Strängen, durch die die Geißeln in der Zelle verbunden sind. Sie dienen wahrscheinlich zur Verankerung der Geißeln.

Geschlossene Mitose (= intranukleäre Mitose): Mitose, die innerhalb der intakten Kernmembran stattfindet.

Glucan: Polysaccharid, Polymer der Glucose.

Golgi-Apparat: ein für Eukaryota typisches Zellorganell, das aus einem Stapel flacher, am Rande aufgeblasener, scheibenförmiger Zisternen besteht. Die Zisternen schnüren Vesikel ab, die unterschiedliche Stoffe (z. B. Wandmaterial) enthalten.

Gonidium: Fortpflanzungszelle; bei Volvocales (Chlorophyceae) eine vergrößerte Zelle, die zu einer Tochterkolonie auswächst.

Gonimoblast (bei Rhodophyceae): diploider Zellfaden, der Karposporen bildet. Er entwickelt sich aus der Zygote oder einer Auxiliarzelle, die den Zygotenkern oder einen Tochterkern des Zygotenkerns aufgenommen hat.

Gonimokarp (bei Rhodophyceae): die Gesamtheit einer Gruppe von Gonimoblasten.

Gruppenbildung (= clumping): Bildung dichter Gruppen von Zoogameten zweierlei Geschlechts durch Verklebung der Geißeln unmittelbar vor der Verschmelzung der Gameten.

Gürtel: 1. Querfurche bei Dinophyceae; 2. Seite (Pleura) der schachtelförmigen Kieselschale (Frustula) der Bacillariophyceae.

Gürtellamelle: Lamelle aus drei Thylakoiden, die an der Peripherie des Chloroplasten parallel zur Chloroplastenmembran verläuft.

Gynogamon: Sexualstoff, der durch weibliche Gameten ausgeschieden wird und bei männlichen Gameten eine sexuelle Reaktion verursacht (z. B. Verschmelzung der Geißeln).

Haplogenotypische Geschlechtsbestimmung: Trennung der unterschiedlichen Geschlechter bei der Meiose, bei der die homologen Chromosomen mit den Allelen für „männlich“ (oder +) und „weiblich“ (oder –) getrennt werden. Die Meiosporen mit dem männlichen (oder +) Allel wachsen zu haploiden (oder +) Pflanzen heran, während sich die Meiosporen mit „weiblichem“ (oder –) Allel zu haploiden „weiblichen“ (oder –) Pflanzen entwickeln. Es entstehen 50 % „männliche“ (oder +) und 50 % „weibliche“ (oder –) Pflanzen.

Haploid: mit einem Satz von Chromosomen und deshalb mit einem einfachen Genom.

Haplonter Lebenszyklus: besteht nur aus einer haploiden vegetativen Phase; nur die Zygote ist diploid.

Haplophase: haploide vegetative Phase eines Lebenszyklus.

Haptonema (bei Haptophyceae): fadenförmiges, neben der Geißel implantiertes Anhängsel, das im Querschnitt 6 oder 7 sichelförmig angeordnete einfache Tubuli und eine Ausstülpung des endoplasmatischen Reticulums enthält.

Heterocyste (bei Cyanophyceae): unterscheidet sich von normalen vegetativen Zellen durch den glasigen, oft gelblichen, homogenen Inhalt und durch die dicke Wand, die dort, wo die Heterocyste an Nachbarzellen grenzt, mit einer Verdickung in die Heterocyste hineinragt. In der Heterocyste wird Luftstickstoff fixiert.

Heterogamie = Anisogamie.

Heterokonte Zoide: Zoide mit einer nach vorn gerichteten Flimmergeißel und einer nach hinten gerichteten glatten Geißel.

Heteromorpher diplohaplonter Lebenszyklus: diplohaplonter Lebenszyklus, bei dem die diploide vegetative Phase und die haploide vegetative Phase sich morphologisch unterscheiden.

Heterothallisch: Gameten einer haploiden Pflanze können nicht miteinander kopulieren, weil sie inkompatibel sind. Zur Kopulation werden zwei sexuell unterschiedliche haploide Pflanzen benötigt. Eine der beiden Pflanzen bildet z. B. kleine männliche Gameten (Mikrogameten), während die andere Pflanze große weibliche Gameten (Makrogameten) bildet. Sehen die Gameten morphologisch gleich aus, so spricht man von einem (+) und (–) Geschlecht.

Heterotroph: Ernährung durch organische Stoffe, die von anderen Organismen gebildet wurden.

Holocarp: der gesamte Inhalt einer vegetativen Pflanze teilt sich in Fortpflanzungszellen auf.

Hologamie: Gamie, bei der zwei ganze Organismen verschmelzen.

Homothallisch: Gameten einer haploiden Pflanze können miteinander kopulieren, weil sie kompatibel sind. Die Gameten können untereinander morphologisch gleich sein (Isogameten), oder es treten kleine männliche Gameten (Mikrogameten) und große weibliche Gameten (Makrogameten) auf.

Hormogonium (bei Cyanophyceae): mehrzelliges Fragment eines Zellfadens, das zur vegetativen Vermehrung dient und häufig aktive, gleitende Bewegungen ausführen kann.

Hyphe: farbloser Zellfaden eines Pilzmycels; wird auch für farblose Zellfäden im Mark von Laminaria und anderen Laminariales (Phaeophyceae) gebraucht.
Hypnospore: Dauerspore; dickwandige Ruhespore, die erst nach einer obligaten Ruhezeit keimen kann.
Hypocone = antapikale Hälfte der Dinophyceen-Zelle.
Hypogyne Zelle (bei Rhodophyceae): Zelle unter dem Karpogon.
Hypopleura (bei Bacillariophyceae): ringförmige Seitenwand der Hypotheka.
Hypotheka: 1. untere Hälfte des Cellulosepanzers bei Dinophyceae; 2. untere Hälfte des Kieselpanzers (Frustula) bei Bacillariophyceae.
Hypovalva (bei Bacillariophyceae): flache Unterseite der Hypotheka.
Hystrichosphaere: rundes Mikrofossil mit stacheligen Ausstülpungen (häufig eine fossile Cyste einer Dinophycee).
Indeterminate Laterale (= Langtrieb): Seitenzweig mit unbegrenztem Wachstum, der oft den Bau der Hauptachse wiederholt.
Initiale, Initialzelle: erste Zelle, aus der eine Pflanze oder ein Gewebe hervorwächst.
Inkompatibel: s. heterothallisch.
Interkalares Wachstum: Wachstum in der Mitte eines Zellfadens oder eines Gewebes (nicht an der Spitze = apikales Wachstum; nicht an der Basis).
Internodium (bei Charophyceae, Tracheophytina): Teil der Achse zwischen zwei Knoten (Nodien).
Interphase: das Stadium im Kernzyklus zwischen zwei Kernteilungen.
Interzonale Spindelmikrotubuli (durchgehende Spindelmikrotubuli): Spindelmikrotubuli, die während der Mitose von einem Kernpol zum anderen durchgehen. Durch Längenzunahme während der Anaphase können sie die Chromosomen auseinanderdrücken.
Intranukleäre Mitose = geschlossene Mitose.
Intussusception: Wachstum einer Struktur durch Einlagerung neuen Materials in die schon vorhandene Struktur.
Invagination (des Plasmalemmas): oft ringförmige Einstülpung des Plasmalemmas, die bei einer Zellteilung auftritt.
Isogameten: männliche und weibliche Gameten, die äußerlich gleich aussehen.
Isogamie: Gamie von Isogameten.
Isokont: mit zwei gleichen Geißeln.
Isomorpher diplohaplonter Lebenszyklus: diplohaplonter Lebenszyklus, bei dem diploide vegetative Phase und haploide vegetative Phase gleich aussehen.
Kallose: amorphes Polysaccharid aus Glucose-Einheiten in β-1,3-Stellung, das alte Siebgefäße bei Tracheophytina und Laminariales verstopft.
Kanalraphe (bei einigen pennaten Bacillariophyceae): röhrenförmige Struktur, die auf der Frustula in Längsrichtung verläuft und durch einen Spalt mit der Außenwelt und durch Löcher mit der Zelle in Verbindung steht. Funktion bei der Fortbewegung.
Kapsal = tetrasporal.
Karpogonium (bei Rhodophyceae): Oogon, das aus einem geschwollenen Basalteil (mit dem weiblichen Kern) und einem langgestreckten, farb-

losen Ende (Trichogyne) besteht, mit dem der männliche Gamet (Spermatium) verschmilzt.

Karposporangium (bei Rhodophyceae): Zelle, deren Inhalt sich zu Karposporen differenziert.

Karpospore (bei Rhodophyceae): diploide Spore, die vom Gonimokarp gebildet wird.

Karposporophyt (bei Rhodophyceae): das Gonimokarp interpretiert als eigene Phase des Lebenszyklus, die auf dem Gametophyten parasitiert.

Karyogamie: Verschmelzung zweier haploider Kerne zu einem diploiden Kern.

Kernäquator (= Äquatorialebene): Ebene in der Mitte zwischen den beiden Chromosomensätzen während der Anaphase und Telophase der Mitose.

Kernäquivalent = Nukleoplasma.

Kernspindel: ellipsoides Bündel aus Spindelmikrotubuli (lichtmikroskopisch: Spindelfasern), die in zwei Polen zusammenlaufen und bei Mitose und Meiose auftreten. Die Kernspindel besteht aus Mikrotubuli, die von Pol zu Pol reichen (durchgehende Mikrotubuli) und aus Mikrotubuli, die die Chromosomen mit dem Pol verbinden (Chromosomenmikrotubuli).

Kinetochor = Centromer.

Kinetom: die Gesamtheit von Centriolen, Basalkörpern und Geißeln einer Zelle.

Kompatibel: s. homothallisch, heterothallisch.

Konjugation: Verschmelzung zweier unbegeißelter Gameten (wird manchmal auch synonym mit Gamie gebraucht).

Konzeptakel (bei Fucales, Phaeophyceae): urnenförmige Einbuchtung der Thallusoberfläche, auf deren Boden die Gametangien stehen.

Kopulation: Verschmelzen zweier begeißelter Gameten oder eines begeißelten mit einem unbegeißelten Gameten (wird auch als Synonym von Gamie gebraucht).

Kurztrieb = determinate Laterale.

Lagune: flacher, vom Meer abgeschnittener Salzwasser- oder Brackwassersee.

Lamelle (im Chloroplast): Stapel von Thylakoiden, der sich durch den gesamten Chloroplasten hindurchzieht.

Längsfurche (bei Dinophyceae) (= Sulcus): Furche der Zelloberfläche, die vom Vorderende zum Hinterende verläuft und in der die Längsgeißel schlägt.

Längsgeißel: s. Längsfurche.

Langtrieb = indeterminate Laterale.

Laterales Filament: Seitenzweig eines Zellfadens.

Lipide: wasserunlösliche Ester einer Fettsäure.

Lokulus: kleine Kammer, z. B. des plurilokulären Zoidangiums bei Phaeophyceae.

Lysosom: Vesikel, das Enzyme beinhaltet, die unterschiedliche Stoffe abbauen können; manchmal auch: Vesikel, welche Reste von Organellen (oft Membranen) enthalten, die abgebrochen werden.

Makrandrisch (bei Oedogoniales, Chlorophyceae): ohne Zwergmännchen (Nannandrien). Die geschlechtlichen Zoiden, die von männlichen Zellfäden gebildet werden, fungieren direkt als männliche Gameten und wachsen nicht erst zu winzigen männlichen Pflanzen (Zwergmännchen) aus.

Makrogamet: relativ großer, weiblicher Gamet.

Makrothallusphase: relativ große und morphologisch meistens stark differenzierte Phase eines heteromorphen Lebenszyklus.

Mannan: Polysaccharid, Polymer der Mannose.

Manubriumzellen (bei Charophyceae): handgriffförmige, radiär ausgerichtete Zellen im Inneren des durch Schildzellen nach außen begrenzten Antheridiums.

Mark: Gewebe im zentralen Teil des Thallus.

Mastigonem = Flimmer.

Maupas-Körper (bei Cryptophyceae): mit Membranresten gefüllte Vesikel im Vorderende der Zelle; wahrscheinlich Lysosomen.

Medulla = Mark.

Meiose: Kernteilung, bei der die diploide Chromosomenzahl (2n) zu einem haploiden Chromosomensatz (n) halbiert wird, wobei jeder haploide Kern einen homologen Chromosomensatz erhält. Die Meiose besteht aus zwei Teilungen, so daß aus dem diploiden Kern vier haploide Kerne entstehen.

Meiosporangium: Zelle, oft mit besonderer Form, deren Inhalt sich in Meiosporen aufteilt.

Meiosporen: Sporen, die durch eine Meiose entstehen und deshalb haploid sind.

Meristem: Gewebe mit großer Zellteilungsaktivität.

Meristoderm: Oberflächengewebe (Epidermis) mit großer Zellteilungsaktivität.

Mesospor: mittlere Wandschicht einer dickwandigen Spore oder Zygote.

Mesotroph: zwischen eutroph und oligotroph.

Metaphase: Kernteilungsstadium, bei dem die maximal kontrahierten Chromosomen sich in der Mitte der Zelle (Kernäquator) anordnen, kurz bevor die Chromatiden zu den Spindelpolen auseinanderweichen.

Metaphaseplatte: plattenförmige Anordnung der Chromosomen im Kernäquator während der Metaphase.

Mikrogamet: kleiner männlicher Gamet.

Mikrothallusphase: relativ kleine und morphologisch meistens wenig differenzierte Phase eines heteromorphen Lebenszyklus.

Mitochondrium: von einer Doppelmembran begrenztes Organell eukaryotischer Zellen, bei dem die innere Membran mit Platten oder Röhren in den Innenraum vorgewölbt ist; das Mitochondrium ist für die Zellatmung verantwortlich.

Mitose: Kernteilung, bei der nach der Verdoppelung aller Chromosomen jeder Tochterkern einen identischen Chromosomensatz erhält, der auch mit dem Chromosomensatz des Mutterzellkerns identisch ist.

Monadoid: zu einer begeißelten Zelle (Monade) gehörend.

Monophyletisch: von einem einzigen Vorfahren abstammend.

Monosporangium: Sporangium, in dem nur eine Spore (Monospore) gebildet wird.

Monospore: Spore, die als einzige in einem Sporangium gebildet wird.

Multiaxialer Typ (= Springbrunnentyp): Thallus, bei dem der zentrale Teil der Achse aus zahlreichen gleichwertigen, etwa parallel verlaufenden, axialen Zellfäden besteht.

Mycobiont: Pilzpartner einer Flechte.

Nahrungsvakuole: Vakuole, in der durch Phagozytose aufgenommene, feste Nahrungspartikel verdaut werden.

Nannandrisch (bei Oedogoniales, Chlorophyceae): mit Zwergmännchen (Nannandrien). Die geschlechtlichen Zoiden männlicher Zellfäden fungieren als Sporen (Androsporen), die zu winzigen männlichen Pflänzchen (Nannandrien) auswachsen. Diese bilden männliche Gameten (Spermatozoiden).

Nannandrium: s. nannandrisch.

Nematocyste: Zellorganell, das bei Reizung einen harpunenförmigen Stachel ausschleudert.

Nodium (bei Charophyceae und Tracheophytina): Knoten; Teil der Achse, aus dem ein oder mehrere Blätter oder Seitenäste abzweigen.

Nukleoplasma (bei Cyanophyceae): Teil des Centroplasmas, in dem die DNS liegt.

Offene Mitose: Mitose, während der die Kernmembran verschwindet.

Oligotrophes Gewässer: nährstoffarmes Gewässer; Bedeutung: entweder „arm an Nährsalzen“ oder auch „mit geringer Primärproduktion“.

Ontogenie: Entwicklungsgang vom jüngsten Stadium bis zum ausgewachsenen Organismus.

Oogam: geschlechtliche Fortpflanzung ist hier eine Oogamie.

Oogamie: Verschmelzung eines relativ kleinen männlichen Gameten mit einem relativ großen, unbeweglichen weiblichen Gameten (Eizelle).

Oogonium: Zelle (oft mit besonderer Form), deren Inhalt sich in Eizellen aufteilt. Eizellen können das Oogonium verlassen oder darin eingeschlossen bleiben.

Oogoniummutterzelle: Zelle, die das Oogonium abschnürt.

Osmoregulation: Regulation des osmotischen Drucks in einer Zelle. Wenn der Zellsaft gegenüber dem umgebenden Wasser hypertonische Eigenschaften besitzt, muß das eindringende Wasser z. B. durch pulsierende Vakuolen aus der Zelle ausgeschieden werden.

Ostiolum: Öffnung, z. B. des Cystokarps der Rhodophyceae.

Palmelloid = tetrasporal.

Papille: Ausstülpung der Zellwand (z. B. Apikalpapille bei Chlamydomonas).

Paraflagellarkörper = Geißelanschwellung.

Paraphyse: steriler Zellfaden zwischen Fortpflanzungsstrukturen.

Parasit: Organismus, der auf Kosten eines Wirtsorganismus lebt.

Parenchym: Grundgewebe einer Pflanze, meistens aus isodiametrischen oder wenig gestreckten, gleichaussehenden, lebenden Zellen.

Parietaler Chloroplast: Chloroplast, der gegen die Zellwand anliegt.

Pellicula (= Periplast): im wesentlichen aus Eiweiß bestehendes Häutchen einiger einzelliger Algen (Chloromonadophyceae, Euglenophyceae).

Perennieren: ein ganzes Jahr oder mehrere Jahre leben.

Perikarp (bei Rhodophyceae): die oft urnenförmige Hülle eines Cystokarps.

Periklin: parallel zur Oberfläche.
Perinukleär: rund um den Kern liegend.
Periplast = Pellicula.
Perizentralzellen: Zellen, die um die zentrale (axiale) Zelle herum liegen.
Perizonium (bei Pennales, Bacillariophyceae): Auxosporenwand, die aus verkieselten Querbändern aufgebaut ist.
Phaeophyceenhaar: zerbrechliches Haar mit einem Basalmeristem und oft mit einer basalen Manschette. Das Haar ist fast farblos, da es stark reduzierte Chloroplasten enthält.
Phagotropher, einzelliger Organismus: feste Nahrungspartikel fressend, die mit Hilfe von Pseudopodien in eine Nahrungsvakuole aufgenommen und darin verdaut werden.
Photoautotrophie: Bildung organischer Stoffe, wobei das Licht als Energiequelle dient, das durch die Photosynthesepigmente aufgenommen wird.
Phototaxis: Bewegung auf das Licht zu (positive Phototaxis) oder vom Licht weg (negative Phototaxis).
Phragmoplast: die durchgehenden Spindelmikrotubuli sowie u. U. weitere peripher zugefügte Mikrotubuli, die in der Telophase an der Bildung der neuen Zellwand aus der Zellplatte im Zelläquator beteiligt sind.
Phycobilisomen (bei Cyanophyceae und Rhodophyceae): kugelförmige oder scheibenförmige Körperchen auf den Thylakoiden, die die akzessorischen Pigmente Phycoerythrin und Phycocyanin enthalten.
Phycobiont: Algenpartner einer Flechte.
Phycoplast: Ansammlung von Mikrotubuli in der Fläche der Äquatorialebene während der Telophase. In dieser Ebene erfolgt die Zellteilung, z. B. durch Bildung einer Wand aus einer Zellplatte.
Phylloid: blattförmiges Organ.
Phylogenie: die evolutionäre Abstammung von Organismen. Im strengen Sinn: evolutionäre Abstammung von Phyla, d. h. Hauptgruppen des Tierreichs.
Physiologische Anisogamie: Gamie zweier gleich aussehender aber im Verhalten unterschiedlicher Gameten; der männliche Gamet bewegt sich zum weiblichen Gameten hin.
Phytoplankton: frei im Wasser schwebende (oder schwach schwimmende) mikroskopisch kleine Algen.
Planktisch: zum Plankton gehörend.
Plankton: frei im Wasser schwebende (oder schwach schwimmende) mikroskopisch kleine Organismen.
Planozygote: mit Hilfe von Geißeln schwimmende Zygote. Die Geißeln stammen von den zwei Gameten her, die zur Zygote verschmolzen sind.
Plasmalemma: Grenzmembran der Zelle nach außen hin.
Plasmodesmen: dünne Protoplasmaverbindungen zwischen zwei Zellen.
Plasmodium: vielkerniger Protoplast ohne Zellwand und mit amöboider Bewegung.
Plasmogamie: Verschmelzung der Protoplasten zweier Gameten.
Plastide: von einer Doppelmembran begrenztes, oft scheiben- oder bandförmiges Organell, das entweder an Thylakoide gebundene Photo-

synthesepigmente enthält (Chloroplast) oder Kohlenhydrate speichert (Amyloplast).

Plastidom: die Gesamtheit der Plastiden einer Zelle.

Pleura = Gürtel

Pleuronematische Geißel = Flimmergeißel.

Ploidie: Zahl der vollständigen Chromosomensätze in der Zelle.

Plurilokuläres Zoidangium (bei Phaeophyceae): Gebilde mit zahlreichen Kammern (Lokuli); in jeder Kammer entsteht eine Zoide.

Plurizoide (bei Phaeophyceae): Zoide aus einem plurilokulären Zoidangium.

Polarer Nodulus: 1. Wandverdickung einer Heterocyste bei Cyanophyceae; 2. Verdickung am Schalenende einer mit einer Raphe versehenen pennaten Kieselalge.

Polares Fenster: Öffnungen der Kernmembran an den Enden der Kernspindel bei der geschlossenen Mitose.

Polyeder: unregelmäßig vieleckige Zelle im Lebenszyklus einiger Chlorococcales (z. B. Hydrodictyon, Pediastrum), die aus der Meiospore entsteht und selbst junge Kolonien bildet.

Polyphosphatkorn: mikroskopisch kleines Korn aus hochpolymerem Phosphat.

Polyphyletisch: von vielen verschiedenen Vorfahren abstammend.

Polysaccharid: Makromolekül, das aus Zuckermonomeren aufgebaut ist.

Polysiphon: vielschläuchig; aus einigen aneinandergedrückten, parallel verlaufenden Reihen langgestreckter Zellen bestehend.

Porus: Öffnung, Loch.

Primärproduktion: Produktion organischer Stoffe durch photosynthetisierende Pflanzen pro Zeiteinheit und pro Oberfläche oder Volumen.

Proboscis: Rüssel oder rüsselförmige, durch Mikrotubuli gestützte Ausstülpung am Vorderende der Spermatozoiden von Fucus (Phaeophyceae) und Vaucheria (Xanthophyceae).

Progressive cleavage = fortschreitende Durchschnürung.

Prokarp (bei einigen Rhodophyceae): kompaktes weibliches Fortpflanzungsgewebe, das aus einem kurzen Karpogonast besteht, der auf einer Tragzelle sitzt. Diese ist zugleich Auxiliarzelle oder trägt einen kurzen Auxiliarzellast.

Prokaryotisch: mit Eigenschaften der Prokaryota (DNS ohne Kernmembran frei im Protoplasma, Thylakoiden nicht im Chloroplasten sondern frei im Protoplasma, keine Mitochondrien, kein Golgi-Apparat, kein ER).

Propagulum: morphologisch spezialisierte vegetative Struktur, die zur vegetativen Vermehrung dient.

Prophase: frühes Stadium der Mitose und Meiose, in dem die Chromosomen sichtbar werden, die in der vorhergehenden Interphase meistens durch Entspiralisierung nicht mehr zu unterscheiden sind.

Pseudodichotomie: scheinbare Dichotomie; einer der Gabeläste entsteht als Seitenast einer Hauptachse; die scheinbar gleichwertige Gabelung entsteht durch die weitere Entwicklung (vgl. Dichotomie).

Pseudoparenchym: Gewebe aus dicht zusammengelagerten Zellfäden, das im Querschnitt einem Parenchym ähnelt.

Pseudopodium: plastisch verformbare Ausstülpung einer nackten Zelle; dient zur Fortbewegung und zur Aufnahme fester Nahrungspartikel.
Pulsierende Vakuole: sich rhythmisch kontrahierendes Bläschen, das Flüssigkeit (u. U. zusammen mit Exkreten) aus der Zelle entfernt (vgl. Osmoregulation).
Pusule (bei Dinophyceae): mehr oder weniger verzweigtes, von einer Plasmamembran umhülltes Röhrensystem, das mit der Außenwelt in Verbindung steht.
Pyknotischer Kern: Kern, dessen Inhalt sich durch Degeneration verdichtet.
Pyrenoid: eine lichtmikroskopisch sichtbare, meistens kugelförmige oder ellipsoide Struktur in oder am Chloroplasten, die wenig oder keine Thylakoiden enthält. In der Nähe des Pyrenoids werden Reserve-Polysaccharide gebildet (bei Chlorophyta innerhalb und bei anderen Abteilungen außerhalb des Chloroplasten).
Querfurche (bei Dinophyceae): Gürtel. Grube, die zwischen Vorderende und Hinterende der Zelle liegt und in der die Quergeißel verläuft.
Quergeißel (bei Dinophyceae): s. Querfurche.
Quergestreifte Wurzel (= Rhizoplast): quergestreifter, wurzelförmiger Strang, der von den Basalkörpern der Geißeln zur Mitte der Zelle verläuft (vgl. Geißelwurzel).
Raphe (bei Bacillariophyceae, Pennales): in der Schale einiger pennater Kieselalgen in Längsrichtung verlaufender Spalt mit einer Funktion bei der gleitenden Bewegung.
Reduktionsteilung = Meiose.
Rezeptakel: spezialisierte Struktur, die Fortpflanzungsorgane trägt; bei Fucales (Phaeophyceae) die angeschwollenen Thallusenden, in die die Konzeptakel eingebettet sind.
Rhizoid: ein- oder mehrzelliger, abwärtswachsender, gebogener, wurzelförmiger Zellfaden, der zur Festheftung dient.
Rhizoplast = quergestreifte Wurzel.
Rhizopodium: dünnes, fadenförmiges Pseudopodium.
Rinde: Grundgewebe zwischen der Außenseite und dem Zentralgewebe (Mark oder bei höheren Pflanzen der Gefäßteil).
Saprotroph: sich von organischen Stoffen ernährend, die zum Teil außerhalb des Plasmalemmas abgebrochen und durch das Plasmalemma aufgenommen werden.
Schale (= Valva) (bei Bacillariophyceae): flache Ober- und Unterseite des Frustulums.
Scheinverzweigung: unechte Verzweigung eines Zellfadens, der von einer Gallertscheide umgeben ist. Nach Bruch des Fadens wachsen ein oder beide Fadenenden seitwärts aus der Scheide heraus.
Scheitelzelle: Spitzenzelle eines Zellfadens oder eines Thallus, die oft für das Spitzenwachstum verantwortlich und damit eine Initialzelle ist. Einschneidige Scheitelzellen schnüren nur in einer Richtung Tochterzellen ab, zweischneidige in zwei Richtungen usw.
Schildzelle (bei Charophyceae): schildförmige Zellen, die die Außenwand des Antheridiums bilden.
Schleimkörper (bei einzelligen, begeißelten Algen): Schleimvesikel, die unter dem Plasmalemma liegen und oft bei Reizung entleert werden.

Segretative Zellteilung (bei Siphonocladales, Chlorophyceae): ein vielkerniger Protoplast teilt sich in ein oder mehrere, oft runde Tochterprotoplasten, die sich danach mit einer Wand umgeben. Jede Tochterzelle entwickelt sich durch Streckungswachstum zu einer ausgewachsenen Zelle.

Sekretionsseite (des Golgi-Apparates): Seite, an der die Golgi-Vesikel abgeschnürt werden.

Selbststeril (= selbstinkompatibel): s. heterothallisch.

Siebgefäß, Siebröhre: Röhre im Leitbündel einer Gefäßpflanze (Tracheophytina), die durch Siebplatten unterteilt wird. Die Siebplatte ist von einer großen Zahl von Protoplasmasträngen durchbrochen. Die Siebröhre dient zum Transport organischer Stoffe.

Siphonal: schlauchförmig und vielkernig.

Sommerannuell: Die Entwicklung von der Spore oder Zygote über das ausgewachsene Stadium bis zum Tod erfolgt in einem Sommer.

Sorus: Gruppe von Sporangien.

Spermatangiophor (bei Rhodophyceae): Spermatangien tragende Struktur.

Spermatangium (bei Rhodophyceae): Zelle, deren Inhalt sich zu einem Spermatium differenziert.

Spermatangium-Mutterzelle (bei Rhodophyceae): Zelle, die das Spermatangium abschnürt.

Spermatium (bei Rhodophyceae): männliche, unbewegliche oder schwach amöboid bewegliche Gameten.

Spermatogener Faden (bei Charophyceae): Zellfaden, in dem jede Zelle ein Spermatozoid bildet. Spermatogene Fäden liegen im Antheridium.

Spermatozoid (= Antherozoid): im Antheridium gebildeter männlicher Gamet, der sich mit Hilfe von Geißeln bewegen kann.

Spermium (bei Bacillariophyceae, Centrales): beweglicher männlicher Gamet mit einer Flimmergeißel, der durch eine Meiose gebildet wird.

Spindel = Kernspindel.

Spindelfäden (= Spindelmikrotubuli): s. Kernspindel.

Spitzenwachstum: Wachstum mit einer Scheitelzelle oder einem Apikalmeristem.

Sporangium: Zelle (oft besonders geformt), deren Inhalt sich in Sporen aufteilt. Die Sporen liegen einige Zeit innerhalb der Zellwand, bevor sie freigesetzt werden.

Spore: allgemeiner Ausdruck für ungeschlechtliche Fortpflanzungszellen.

Sporogen: Sporen bildend.

Sporophyt: Phase des Lebenszyklus, die Meiosporen bildet.

Sporopollenin: sehr widerstandsfähiges, gegen Austrocknung schützendes Zellwandmaterial, das bei Sporen und Pollenkörnern der Gefäßpflanzen vorkommt; tritt auch bei einigen einzelligen (Chlorella) und koloniebildenden (Scenedesmus) Grünalgen auf.

Springbrunnentyp = multiaxialer Typ.

Stephanokont: mit einer Anzahl gleicher, kranzförmig angeordneter Geißeln.

Stigma = Augenfleck.

Stipulae (bei Charophyceae): kranzförmig angeordnete Stachelzellen unter einem Kranz von „Blättern“.

Stolon: kriechender Stengelabschnitt oder kriechender Zellfaden.
Streckungswachstum: durch Zellstreckung und nicht durch Zellteilung verursachtes Wachstum.
Subapikale Zelle: Zelle unter der Scheitelzelle.
Successive bipartition = aufeinanderfolgende Zweiteilungen.
Sulcus = Längsfurche.
Symbiont: Organismus, der mit einem anderen Organismus in Symbiose lebt.
Symbiose: sehr enges Zusammenleben zweier Partner, das für beide Partner mit Vorteilen verbunden ist (z. B. Pilz und Alge in einer Flechte).
Synzoospore (bei Vaucheria, Xanthophyceae): große, vielkernige Zoospore mit zahlreichen Geißelpaaren.
Teilungsgrube: ringförmige Invagination, die für die Zellteilung (Cytokinese) verantwortlich ist.
Telophase: letztes Stadium der Kernteilung, bei dem sich an den Spindelpolen die Tochterkerne neu bilden.
Tetrasporal (= kapsal, = palmelloid): ähnlich wie Tetraspora (Chlorophyceae), d. h. mit freien Zellen, die in eine gemeinsame Gallerthülle eingeschlossen sind.
Tetrasporangium: Meiosporangium mit 4 Meiosporen.
Tetraspore: eine der vier Meiosporen eines Tetrasporangiums.
Tetrasporophyt: Tetrasporen bildende Phase des Lebenszyklus.
Thallus: undifferenzierte Pflanzenkörper ohne Blätter, Stengel und Gefäße. In der Praxis alle Algen und Pilze, auch wenn hier eine Differenzierung in zahlreiche blattähnliche und stengelähnliche Gebilde vorkommt.
Theka: Gehäuse oder Panzer einiger einzelliger Algen (Bacillariophyceae, Dinophyceae, Prasinophyceae) (vgl. Frustulum).
Thylakoid: flaches, scheibenförmiges Vesikel, das durch zwei parallele Plasmamembranen begrenzt wird (Gesamtdicke ca. 15 nm), die die Photosynthesepigmente tragen.
Tonoplast: Plasmamembran um die Vakuole herum.
Trabeculae (bei Caulerpa, Chlorophyceae): Balken aus Zellwandmaterial, die die vielkernigen, kugelförmigen oder blattförmigen Schläuche von Caulerpa durchziehen und stützen.
Tragzelle (des Karpogonastes bei Rhodophyceae): besonders geformte Zelle, die den Karpogonast trägt.
Trichal: aus Zellfäden bestehend.
Trichoblast (bei Rhodophyceae): verzweigter, farbloser oder fast farbloser Zellfaden, der das Aussehen eines Haarbüschels hat.
Trichocysten (bei Chloromonadophyceae, Dinophyceae): längliche, unter der Zelloberfläche gelegene, von einer Membran umgebene Organellen, die bei Reizung der Zelle Schleimhaare ausschleudern.
Trichogyne: haarförmige Ausstülpung des Oogoniums bei Rhodophyceae und einigen Ascomyceten. Durch die Trichogyne wird der männliche Kern aufgenommen.
Trichom (bei Cyanophyceae): Zellfaden (ohne Berücksichtigung der Gallertscheide).

Trichothallisches Wachstum: Wachstum eines Zellfadens durch ein räumlich begrenztes, interkalares Meristem (erkennbar als ein Stapel kurzer, plasmareicher Zellen).
Trichotomie: Verzweigung in Form einer dreizinkigen Gabel.
Triplet: s. Basalkörper.
Trompetenhyphe (bei Laminariales, Phaeophyceae): hyphenförmiger Zellfaden im Mark, der an den Querwänden trompetenförmig angeschwollen ist.
Tubulus: allgemeine Bezeichnung für eine röhrenförmige Struktur (vgl. z. B. Axonema).
Tüpfel: Durchbrechung der Zellwand, wodurch die Nachbarzellen durch Plasmastränge miteinander verbunden sind.
Unechte Verzweigung = Scheinverzweigung.
Unialgale Kultur: Kultur einer Algenart, die außerdem noch Bakterien enthält.
Uniaxialer Typ (= Zentralfadentyp): Thallus, bei dem der zentrale Teil der Achse nur aus einem axialen Zellfaden besteht.
Unilokuläres Zoidangium (bei Phaeophyceae): einkammriges Zoidangium, dessen Inhalt sich in zahlreiche Zoiden aufteilt. Meistens ein Meiosporangium.
Unizoide (bei Phaeophyceae): Zoide aus einem unilokulären Zoidangium.
Utriculus: Bläschen. Bei einigen Caulerpales (z. B. Codium) die blasenförmigen, zu einer Palisade vereinigten Schlauchenden, die zahlreiche Chloroplasten enthalten.
Vakuole: großer, von einer Plasmamembran (Tonoplast) umgebener Zellsaftraum der Zelle.
Valva = Schale.
Valvaransicht (bei Bacillariophyceae): Schalenansicht.
Vegetative Zellteilung: direkt auf die Kernteilung folgende Zellteilung, bei der gleichzeitig zwischen den Tochterzellen eine gemeinsame Zellwand gebildet wird.
Ventralkammer (bei Dinophyceae): Einbuchtung an der Bauchseite der Zelle, an der Kreuzung von Querfurche und Längsfurche. Hier entspringen die Geißeln.
Vesikel: jedes kleine, von einer einfachen Membran begrenzte cytoplasmatische Bläschen.
Wasserblüte: sehr starke Entwicklung des Phytoplanktons, durch die das Wasser oft eine auffallende Farbe (rot oder grün) bekommt.
Wurzel = Geißelwurzel.
Xylan: Polysaccharid, Polymer der Xylose.
Xylomannan: Polysaccharid, Polymer von Xylose und Mannose.
Zelläquator: Ebene in der Mitte der Zelle, die während der Mitose mit dem Kernäquator zusammenfällt und in der die neue Wand zwischen den Tochterzellen gebildet wird.
Zellplatte: Vesikel mit Wandmaterial, die während der Zellteilung in einer Platte angeordnet werden und die später durch Verschmelzen zur neuen Querwand werden.
Zellumen: Raum innerhalb der Zellwand.

Zentraler Nodulus (= Zentralknoten): Verdickung in der Mitte der Schale (Valva) bei denjenigen pennaten Bacillariophyceae, die eine Raphe besitzen.
Zentralfadentyp = uniaxialer Typ.
Zentralknoten = zentraler Nodulus.
Zentralzelle: zentrale (axiale) Zelle, die von einigen Perizentralzellen umringt wird.
Zisterne: flacher, von einer Plasmamembran umschlossener Raum in der Zelle (z. B. Golgi-Zisterne, ER-Zisterne).
Zoidangium: Zelle (oft mit besonderer Form), deren Inhalt sich in Zoiden aufteilt. Die Zoiden bleiben kurze Zeit innerhalb der Zellwand, bevor sie freigesetzt werden.
Zoide: begeißelte, frei schwimmende Fortpflanzungszelle.
Zoochlorelle: einzellige, endosymbiotische Grünalge in einem Tier (z. B. Chlorella in Chlorohydra).
Zoogamet: begeißelter Gamet.
Zoospore: begeißelte Spore.
Zooxanthelle: einzellige, endosymbiotische Dinophycee in einem Tier (z. B. Gymnodinium in Riffkorallen).
Zweischneidige Scheitelzelle: s. Scheitelzelle.
Zwergmännchen = s. nannandrisch.
Zygotän: Stadium der meiotischen Prophase, in dem die Paarung der homologen Chromosomen erfolgt.
Zygote: das diploide Verschmelzungsprodukt zweier Gameten.

Sachverzeichnis

Hinweise auf Abbildungen werden durch kursiv gedruckte Seitenzahlen gegeben, Gattungs- und Artnamen sind ebenfalls kursiv gedruckt.

B

D

E

H

I

J

K

N

O

P

U

V

W

X

Z

Entwicklungsphysiologie der Pflanzen

Eine Einführung

Von Prof. Dr. G. Fellenberg, Braunschweig

1978. XII, 244 Seiten, 101 Abbildungen
20 Tabellen ⟨flexibles Taschenbuch⟩
DM 16,80
ISBN 3 13 557101 7

Allgemeine Genetik

Von Prof. Dr. W. Gottschalk, Bonn

Zeichnungen von W. Irmer und Mitarbeitern
Bonn

1978. VIII, 364 Seiten, 141 Abbildungen
7 Tabellen ⟨flexibles Taschenbuch⟩ DM 16,80
ISBN 3 13 508901 0

Gemeinschaftsausgabe mit dem Deutschen Taschenbuch Verlag, München

---

Analytische Elektrophoreseverfahren

Praktikum der Proteinuntersuchung in Elektrophorese, Elektrofokussierung und Isotachophorese

Von Priv.-Doz Dr. R. Blaich, Siebeldingen

1978. VI, 118 Seiten, 39 Abbildungen
25 Tabellen ⟨flexibles Taschenbuch⟩
DM 14,80
ISBN 3 13 554501 6

Sexual- und Entwicklungsbiologie des Menschen

Von Prof. Dr. H. Walter, Bremen

1978. VIII, 264 Seiten, 89 Abbildungen
in 128 Einzeldarstellungen, 27 Tabellen
⟨flexibles Taschenbuch⟩ DM 14,80
ISBN 3 13 558701 0

Gemeinschaftsausgabe mit dem Deutschen Taschenbuch Verlag, München

Georg Thieme Verlag Stuttgart